焊工
完全自学一本通
（图解双色版）

张能武　周斌兴　主编

U0261482

化学工业出版社
·北京·

内容简介

为了满足现代焊接技术人员对提高理论技术水平和实际动手操作技能的需求，本书以理论结合实践的方式详细介绍了焊工常用基础知识、焊接材料、焊条电弧焊、氩弧焊、埋弧焊、CO_2 气体保护焊、气焊与气割、电阻焊、电渣焊、等离子弧焊接、钎焊与扩散焊、激光焊、高频焊、焊接缺陷及处理、焊接应力与变形等焊接生产过程中所需内容，并根据国家职业技能标准介绍了焊接机器人的基础知识和操作。

本书以好用、实用为编写原则，注重操作技能技巧分享，实例贯穿全书，所有案例均来自生产实际。全书内容系统全面，由浅入深，循序渐进，图表翔实，实用性强，可作为焊工自学用书或培训教材，也可供焊接相关专业师生阅读参考。

图书在版编目（CIP）数据

焊工完全自学一本通：图解双色版 / 张能武，周斌兴主编 .—北京：化学工业出版社，2021.4（2025.4 重印）
ISBN 978-7-122-38536-9

Ⅰ．①焊⋯　Ⅱ．①张⋯②周⋯Ⅲ．①焊接 - 基本知识　Ⅳ.①TG4

中国版本图书馆 CIP 数据核字（2021）第 028137 号

责任编辑：曾　越　　　　　　　　　文字编辑：陈　喆
责任校对：张雨彤　　　　　　　　　装帧设计：王晓宇

出版发行：化学工业出版社（北京市东城区青年湖南街 13 号　邮政编码 100011）
印　　装：涿州市般润文化传播有限公司
787mm×1092mm　1/16　印张 30　字数 803 千字　2025 年 4 月北京第 1 版第 4 次印刷

购书咨询：010-64518888　　　　　　售后服务：010-64518899
网　　址：http://www.cip.com.cn
凡购买本书，如有缺损质量问题，本社销售中心负责调换。

定　　价：99.00 元

前　言

焊接技术是现代工业生产中不可缺少的重要加工工艺，被广泛应用于机械制造、造船、车辆、建筑、航空、航天、电工电子、矿山等各个行业。随着现代科学的进步，焊接新工艺、新材料、新装备不断涌现，现代化、自动化水平不断提高，为了满足焊接技术人员不断提高理论技术水平和实际动手操作技能的需求，我们组织编写了本书。

本书主要内容包括：焊工常用基本知识、焊接材料、焊条电弧焊、氩弧焊、埋弧焊、CO_2 气体保护焊、气焊与气割、电阻焊、电渣焊、等离子弧焊接、钎焊与扩散焊、激光焊、高频焊、焊接缺陷及处理、焊接应力与变形、焊接机器人等。

本书在编写时以好用、实用为原则，指导自学者快速入门、步步提高，逐渐成为焊接加工行业的骨干。以图解的形式，配以简明的文字说明具体的操作过程与操作工艺，有很强的针对性和实用性，注重操作技能技巧分享，实例贯穿全书，所有案例均来自生产实际，并吸取一线工人师傅的经验总结。

本书图文并茂，内容丰富，浅显易懂，取材实用而精练，可作为焊工上岗前培训教材和自学用书，也可供焊接相关专业师生阅读参考。

本书由张能武、周斌兴主编。参加编写的人员还有：周文军、陶荣伟、许佩霞、王吉华、高佳、钱革兰、魏金营、王荣、邵健萍、邱立功、任志俊、陈薇聪、唐雄辉、刘文花、张茂龙、钱瑜、张道霞、李稳、邓杨、唐艳玲、张业敏、章奇、陈锡春、方光辉、刘瑞、周小渔、胡俊、王春林、过晓明、李德庆、沈飞、刘瑞、庄卫东、张婷婷、赵富惠、袁艳玲、蔡郭生、刘玉妍、王石昊、刘文军、徐嘉翊、孙南羊、吴亮、刘明洋、周韵、刘欢等。我们在编写过程中得到了江南大学机械工程学院、江苏机械工程学会、无锡机械工程学会等单位的大力支持和帮助，在此表示感谢。

由于时间仓促，编者水平有限，书中不足之处在所难免，敬请广大读者批评指正。

编者

目录

第八章 其他焊接方法 /301

第九章 焊接缺陷及处理 /380

第十章　焊接应力与变形　/400

第一章
焊工常用基本知识

第一节　焊接方法的分类与选择

一、焊接方法的分类

　　根据母材是否熔化将焊接方法分成压力焊、熔化焊和钎焊三大类，然后再根据加热方式、工艺特点或其他特征进行下一层将分类，如表 1-1 所示。这种方法的最大优点是层次清楚，主次分明，是最常用的一种分类方法。

表 1-1　焊接方法的分类

第一层次（根据母材是否熔化）		第二层次	第三层次	第四层次	代号	是否易于实现自动化
压力焊	利用摩擦、扩散和加压等物理作用，克服两个连接表面的不平度，除去氧化膜及其他污染物，使两个连接表面上的原子相互接近到晶格距离，从而在固态条件下实现连接的方法	闪光对焊	—	—	24	—
		电阻对焊	—	—	25	▲
		冷压焊	—	—	—	△
		超声波焊	—	—	41	▲
		爆炸焊	—	—	441	△
		锻焊	—	—	—	△
		扩散焊	—	—	45	△
		摩擦焊	—	—	42	▲
熔化焊	利用一定的热源，使构件的被连接部位局部熔化成液体，然后再冷却结晶成一体的方法	电弧焊	熔化极电弧焊	手工电弧焊	111	△
				埋弧焊	121	▲
				熔化极气体保护焊（GMAW）	131	▲
				CO_2 气体保护焊	135	▲
				螺柱焊	—	△

第一层次 （根据母材是否熔化）		第二层次	第三层次	第四层次	代号	是否易于实现自动化
熔化焊	利用一定的热源，使构件的被连接部位局部熔化成液体，然后再冷却结晶成一体的方法	电弧焊	非熔极电弧焊	钨极氩弧焊（GTAW）	141	▲
				等离子弧焊	15	▲
				氢原子焊	—	△
		气焊	氧 - 氢火焰	—	313	△
			氧 - 乙炔火焰	—	311	△
			空气 - 乙炔火焰	—	—	△
			氧 - 丙烷火焰	—	312	△
			空气 - 丙烷火焰	—	—	△
		铝热焊	—	—	71	△
		电渣焊	—	—	72	▲
		电子束焊	高真空电子束焊			▲
			低真空电子束焊			▲
			非真空电子束焊			▲
		激光焊	—	CO₂ 激光焊		▲
			—	YAG 激光焊		▲
		电阻点焊			21	▲
		电阻缝焊			22	▲
钎焊	采用熔点比母材低的材料作钎料，将焊件和钎料加热至高于钎料熔点但低于母材熔点的温度，利用毛细作用使液态钎料充满接头间隙，熔化钎料润湿母材表面，冷却后结晶形成冶金结合的方法	火焰钎焊	—	—	912	△
		感应钎焊	—	—		△
		炉中钎焊	空气炉钎焊	—		△
			气体保护炉钎焊	—		△
			真空炉钎焊	—		△
		盐浴钎焊	—	—		△
		超声波钎焊	—	—		△
		电阻钎焊	—	—		△
		摩擦钎焊	—	—		△
		金属浴钎焊	—	—		△
		放热反应钎焊	—	—		△
		红外线钎焊	—	—		△
		电子束钎焊	—	—		△

注：▲—易于实现自动化；△—难以实现自动化。

焊接工艺对能源的要求是能量密度大、加热速度快，以减小热影响区，避免接头过热。焊接用的能源主要有电弧、火焰、电阻热、电子束、激光束、超声波、化学能等。

电弧是应用最广泛的一种焊接热源，主要用于电弧焊、堆焊等。电渣焊或电阻焊利用电阻热进行焊接。锻焊、摩擦焊、冷压焊及扩散焊等利用机械能进行焊接，通过顶压、锤击、摩擦等手段，使工件的结合部位发生塑性流变，破坏接合面上的金属氧化膜，并在外力作用下将氧化物挤出，实现金属的连接。气焊依靠可燃气体（如乙炔、氢、天然气、丙烷、丁烷等）与氧混合燃烧产生的热量进行焊接。热剂焊利用金属与其他金属氧化物间的化学反应所产生的热量作能源，利用反应生成的金属为填充材料进行焊接，应用较多是铝热剂焊。爆炸焊利用炸药爆炸释放的化学能及机械冲击能进行焊接。常用焊接热源的主要特性见表1-2。

表 1-2　常用焊接热源的主要特性

焊接热源	最小加热面积 /cm²	最大功率密度 /（W·cm²）	正常温度 /K
氧 - 乙炔火焰	10^{-2}	2×10^3	3470
手工电弧焊电弧	10^{-3}	10^4	6000
钨极氩弧（TIG）	10^{-3}	1.5×10^4	8000
埋弧自动焊电弧	10^{-3}	2×10^4	6400
电渣焊热源	10^{-3}	10^4	2273
熔化极氩弧（MIG）	10^{-4}	$10^4 \sim 10^5$	—
CO_2 焊电弧	10^{-4}	$10^4 \sim 10^5$	—
等离子弧	10^{-5}	1.5×10^5	$18000 \sim 24000$
电子束	10^{-7}	—	—
激光束	10^{-8}	—	—

常用的焊接方法有手工电弧焊、CO_2 焊、埋弧自动焊、钨极氩弧焊、熔化极氩弧焊、电渣焊、电子束焊、激光焊、电阻焊、钎焊等，见表 1-3。

表 1-3　常用的焊接方法

类别	说　明
手工电弧焊	手工电弧焊是目前应用最广泛的一种焊接方法。其优点是应用灵活、方便、适用性最强，而且设备简单，特别适合于焊接全位置短焊缝、自动焊难以焊接的焊缝。手工电弧焊时，焊件厚度不受限制，但焊件厚度较大时经济效益降低，而且随着厚度的增大，焊接缺陷增多。因此，工件厚度较大时应尽量采用埋弧焊或电渣焊。 手工电弧焊的主要缺点是生产率低、劳动强度大、对焊工技术水平的依赖性强且对焊工健康的影响大
埋弧自动焊	这种焊接方法适合于厚度在 4mm 以上的低碳钢、低合金钢、不锈钢等的焊接。一般情况下，只能进行平焊及船形焊。埋弧焊允许使用的电源较大，熔敷速度及熔透能力大，中等厚度的板不用开坡口，焊接生产率比手工电弧焊高得多。这种方法的焊缝质量稳定、劳动条件好且对焊工的技术水平依赖性小
电渣焊	电渣焊是一种适用于大厚度钢板的高效焊接方法。板件厚度超过 30mm 时就可考虑采用电渣。厚度大于 50mm 时，电渣焊的经济效益就超过埋弧焊。电渣焊有丝极、板极及熔嘴电渣焊三种。变断面或断面复杂的焊件必须采用熔嘴电渣焊。 电渣焊是利用电阻热熔化金属的焊接方法，整个焊接过程中无电弧和飞溅，生产率高，热效率高达 80%（埋弧焊为 60%），且电能与焊接材料消耗比埋弧焊少（仅为 1/20）。电渣焊的缺点是焊缝及热影响区的组织粗大，降低了焊接接头的塑性与冲击韧性，焊后必须对工件进行正火处理
熔化极气体保护焊	常用的熔化极气体保护焊有 CO_2 焊、熔化极惰性气体保护焊（MIG）以及活性气体保护焊（MAG）。CO_2 焊是一种生产率高、成本低的焊接方法。主要用于低碳钢及低合金钢的焊接。其优点是可进行各种位置的焊接，既可焊薄板，也可焊厚板，而且焊接速度较快，熔敷效率较高，便于实现自动化。 熔化极惰性气体保护焊可焊接所有金属。由于焊丝的载流能力大，与非熔化极惰性气体保护焊相比，该方法的熔深能力大，焊接生产率高。特别适用于有色合金、不锈钢的中厚板的焊接。活性气体保护焊主要用于低碳钢、低合金钢及不锈钢的焊接
非熔化极气体保护焊（TIG）	它是用钨作电极，用惰性气体作保护气体的一种焊接方法。优点是焊接质量好，可焊接所有金属，特别适用于焊接铝、钛、镁等活性金属以及不锈钢，也用于重要钢结构的打底焊。由于受钨极载流能力的限制，所焊的焊件厚度有限，焊接速度及生产率也较低
电阻焊	电阻焊是一种机械化程度及生产率较高的焊接方法。这种焊接方法主要用于焊接厚度小于 3mm 的薄件，对于棒材、轴、钻杆、管子等可进行电阻对焊，电阻焊接头质量对焊接部位的污染物非常敏感，焊前准备工作要求较严格，必须清除接头处的油污、锈、氧化皮等，生产中应有相应的辅助设备。电阻焊主要适用于大批量生产，电阻焊机的功率一般较大，结构复杂，价格贵
等离子弧焊	等离子弧是一种压缩的钨极氩弧，具有较高的能量密度及挺直度。利用穿孔工艺进行焊接时，对于一定厚度范围内的大多数金属，可以采用单面焊双面成形方法进行焊接。采用微束等离子工艺进行焊接时，可焊接超薄板（可焊接的最薄厚度为 0.01mm）。这种方法的缺点是设备较复杂，对焊接工艺参数的控制要求较严格
高能束焊接	高能束焊接主要有激光束及电子束两种。由于激光束及电子束的能量密度大，因此，这两种焊接方法具有熔深大、熔宽小、焊接热影响区小、焊接变形小、接头性能好等特点。既可对很薄的材料进行精密焊接，又可对很厚的材料进行焊接。设备价格较贵，运行成本也较高，目前主要用于质量要求高的产品以及难焊材料的焊接

类别	说明
钎焊	加热温度较低，母材不熔化，因此焊接热循环对母材性能的影响较小，焊件变形及残余应力也较小。这种方法不但可焊接几乎所有的金属，而且还可焊接异种金属、金属与非金属、非金属与非金属，尤其适合于焊接形状复杂的制品。但钎焊接头强度不高、工作温度较低。因此一般用于受载荷不大、工作温度较低的接头的焊接

二、焊接方法的选择

选择的焊接方法首先应能满足技术要求及质量要求，在此前提下，尽可能地选择经济效益好、劳动强度低的焊接方法。表1-4给出了不同金属材料适用的焊接方法，不同焊接方法所适用材料的厚度不同。

不同焊接方法对接头类型、焊接位置的适应能力是不同的。电弧焊可焊接各种形式的接头，钎焊、电阻点焊仅适用于搭接接头。大部分电弧焊接方法均适用于平焊位置，而有些方法，如埋弧焊、射流过渡的气体保护焊不能进行空间位置的焊接。表1-5给出了常用焊接方法适用的接头形式及焊接位置。

尽管大多数焊接方法的焊接质量均可满足使用要求，但不同方法的焊接质量，特别是焊缝的外观质量仍有较大的差别。产品质量要求较高时，可选用氩弧焊、电子束焊、激光焊等。质量要求较低时，可选用手工电弧焊、CO_2焊、气焊等。

表1-4　不同金属材料适用的焊接方法

材料	厚度/mm	手工电弧焊	埋弧焊	熔化极气体保护焊 喷射过渡	潜弧	脉冲喷射	短路过渡	管状焊丝气体保护焊	钨极气体保护焊	等离子弧焊	电渣焊	气电立焊	电阻焊	闪光焊	气焊	扩散焊	摩擦焊	电子束焊	激光焊	硬钎焊 火焰钎焊	炉中钎焊	感应加热钎焊	电阻加热钎焊	浸渍钎焊	红外线钎焊	扩散钎焊	软钎焊
铸铁	3～6	○	—	—	—	—	—	—	—	—	—	—	—	—	○	—	—	—	—	○	—	—	—	—	—	○	○
	6～19	○	○	○	—	—	—	—	—	—	—	—	—	—	○	—	—	—	—	○	—	—	—	—	—	○	—
	≥19	○	○	○	—	—	—	—	—	—	—	—	—	—	○	—	—	—	—	—	—	—	—	—	—	—
碳钢	≤3	○	—	—	○	○	○	○	—	○	—	—	○	○	○	—	○	○	○	○	○	○	○	○	○	○	○
	3～6	○	○	○	○	○	○	○	○	○	—	—	○	○	○	—	○	○	○	○	○	○	○	○	○	○	○
	6～19	○	○	○	○	—	○	○	○	○	○	○	○	○	○	—	○	○	○	○	○	○	○	—	—	○	○
	≥19	○	○	○	—	—	—	○	○	—	○	○	○	—	—	—	○	○	—	—	—	—	—	—	—	—	—
低合金钢	≤3	○	—	—	○	○	○	○	○	○	—	—	○	○	○	—	○	○	○	○	○	○	○	○	○	○	○
	3～6	○	○	○	○	○	○	○	○	○	—	—	○	○	○	—	○	○	○	○	○	○	○	○	○	○	○
	6～19	○	○	○	○	—	○	○	○	○	○	○	○	○	—	—	○	○	○	○	○	○	○	—	—	○	○
	≥19	○	○	○	—	—	—	○	○	—	○	○	○	—	—	—	○	○	—	—	—	—	—	—	—	—	—
不锈钢	≤3	○	—	—	○	○	○	○	○	○	—	—	○	○	○	—	○	○	○	○	○	○	○	○	○	○	○
	3～6	○	○	○	○	○	○	○	○	○	—	—	○	○	○	—	○	○	○	○	○	○	○	○	○	○	○
	6～19	○	○	○	○	—	○	○	○	○	○	○	○	○	—	—	○	○	○	○	○	○	○	—	—	○	○
	≥19	○	○	○	—	—	—	○	○	—	○	○	○	—	—	—	○	○	—	—	—	—	—	—	—	—	—
镍及其合金	≤3	○	—	—	○	○	○	○	○	○	—	—	○	○	○	—	○	○	○	○	○	○	○	○	○	○	○
	3～6	○	○	—	○	○	○	○	○	○	—	—	○	○	○	—	○	○	○	○	○	○	○	○	○	○	○
	6～19	○	○	○	○	—	○	○	○	○	○	○	○	○	—	—	○	○	○	○	○	○	○	—	—	○	○
	≥19	○	○	○	—	—	—	○	○	—	○	○	○	—	—	—	○	○	—	—	—	—	—	—	—	—	—

材料	厚度/mm	手工电弧焊	埋弧焊	熔化极气体保护焊				管状焊丝气体保护焊	钨极气体保护焊	等离子弧焊	电渣焊	气电立焊	电阻焊	闪光焊	气焊	扩散焊	摩擦焊	电子束焊	激光焊	硬钎焊							软钎焊
				喷射过渡	潜弧	脉冲喷射	短路过渡													火焰钎焊	炉中钎焊	感应钎焊	电阻加热钎焊	浸渍钎焊	红外线钎焊	扩散钎焊	
铝及其合金	≤3	—	—	○	—	○			○	○	—	—	○	○	○	○	○	○	○	○	○	○	○	○	○	○	○
	3～6	—	○	○	○	○			○						○				○								
	6～19	—		○										○					○								
	≥19	—		○							○	○		○													
钛及其合金	≤3																										
	3～6																										
	6～19																										
	≥19																										
铜及其合金	≤3																										
	3～6																										
	6～19																										
	≥19																										
镁及其合金	≤3																										
	3～6																										
	6～19																										
	≥19																										
难熔金属	≤3																										
	3～6																										
	6～19																										
	≥19																										

注：○—被推荐的焊接方法。

表1-5　常用焊接方法适用的接头形式及焊接位置

适用条件		手工电弧焊	埋弧焊	电渣焊	熔化极气体保护焊				氩弧焊	等离子弧焊	气电立焊	电阻点焊	缝焊	凸焊	闪光对焊	气焊	扩散焊	摩擦焊	电子束焊	激光焊	钎焊
					喷射过渡	潜弧	脉冲喷射	短路过渡													
碳钢	对接	☆	☆	☆	☆	☆	☆	☆	☆	☆	☆	○	○	○	☆	☆	☆	☆	☆	☆	○
	搭接	☆	☆	★	☆	☆	☆	☆	☆	☆		☆	☆	☆		☆	☆	☆	★	☆	☆
	角接	☆	☆	★	☆	☆	☆	☆	☆	☆	★					☆	☆	☆	☆	☆	☆
焊接位置	平焊	☆	☆	○	☆	☆	☆	☆	☆	☆	☆	—	—	—	—	☆	—	—	☆	☆	—
	立焊	☆	○	○	★	○	☆	☆	☆	☆	☆	—	—	—	—	☆	—	—	○	☆	—
	仰焊	☆	○	○	☆	○	☆	☆	☆	☆	☆	—	—	—	—	☆	—	—	○	☆	—
	全位置	☆	○	○	☆	○	☆	☆	☆	☆	☆	—	—	—	—	☆	—	—	☆	☆	—
设备成本		低	中	高	中	中	中	中	低	高	高	高	高	高	高	低	高	高	高	高	低
焊接成本		低	低	低	中	低	中	低	中	中	中	中	中	中	低	中	高	低	高	中	中

注：☆—好；★—可用；○——一般不用。

自动化焊接方法对工人的操作技术水平要求较低，但设备成本高，管理及维护要求也高。手工电弧焊及半自动 CO_2 焊的设备成本低，维护简单，但对工人的操作技术水平要求较高。电子束焊、激光焊、扩散焊设备复杂，辅助装置多，不但要求操作人员有较高的操作水平，还应具有较高的文化层次及知识水平。选用焊接方法时应综合考虑这些因素，以取得最佳的焊接质量及经济效益。

第二节　焊接接头及焊缝形式

一、焊接接头的特点及形式

1. 焊接接头的特点

焊接接头是一个化学和力学不均匀体，焊接接头的不连续性体现在四个方面：几何形状不连续、化学成分不连续、金相组织不连续、力学性能不连续。

影响焊接接头的力学性能的因素主要有焊接缺陷、接头形状的不连续性、焊接残余应力和变形等。常见的焊接缺陷的形式有焊接裂纹、熔合不良、咬边、夹渣和气孔。焊接缺陷中的未熔合和焊接裂纹，往往是接头的破坏源。接头的形状和不连续性主要是焊缝增高及连接处的截面变化造成的，此处会产生应力集中现象，同时由于焊接结构中存在着焊接残余应力和残余变形，导致接头力学性能的不均匀。在材质方面，不仅有热循环引起的组织变化，还有复杂的热塑性变形产生的材质硬化。此外，焊后热处理和矫正变形等工序，都可能影响接头的性能。

2. 焊接接头的形式

焊接生产中，由于焊件厚度、结构形状和使用条件不同，其接头形式和坡口形式也不同，焊接接头形式可分为对接接头、搭接接头、T 形接头及角接接头四种。

（1）对接接头

对接接头是焊接结构中使用最多的一种接头形式。按照焊件厚度和坡口准备的不同，对接接头一般可分为卷边、不开坡口、V 形坡口、X 形坡口、单 U 形坡口和双 U 形坡口等形式，如图 1-1 所示。

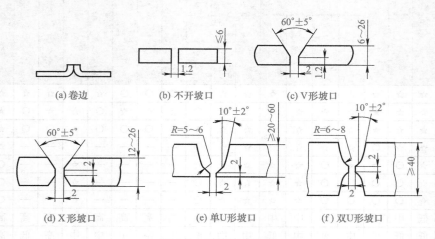

(a) 卷边　　(b) 不开坡口　　(c) V 形坡口

(d) X 形坡口　　(e) 单 U 形坡口　　(f) 双 U 形坡口

图 1-1　对接接头形式

（2）搭接接头

搭接接头根据其结构形式和对强度的要求，可分为不开坡口、圆孔内塞焊、长孔内角焊三种形式，如图 1-2 所示。

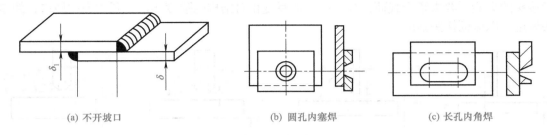

| (a) 不开坡口 | (b) 圆孔内塞焊 | (c) 长孔内角焊 |

图 1-2 搭接接头形式

不开坡口的搭接接头，一般用于 12mm 以下钢板，其重叠部分 ≥ 2（$\delta_1+\delta$），并采用双面焊接。这种接头的装配要求不高，接头的承载能力低，所以只用在不重要的结构中。

当遇到重叠钢板的面积较大时，为了保证结构强度，可根据需要分别选用圆孔内塞焊和长孔内角焊的接头形式。这种形式特别适于被焊结构狭小处以及密闭的焊接结构。圆孔和长孔的大小和数量应根据板厚和对结构的厚度要求而定。

开坡口是为了保证焊缝根部焊透，便于清除熔渣，获得较好的焊缝成形，而且坡口能起调节基本金属和填充金属比例的作用。钝边是为了防止烧穿，钝边尺寸要保证第一层焊缝能焊透。间隙也是为了保证根部能焊透。

选择坡口形式时，主要考虑的因素有保证焊缝焊透，坡口形状容易加工，尽可能提高生产效率、节省焊条，焊后焊件变形尽可能小。

钢板厚度在 6mm 以下时，一般不开坡口，但重要结构，当厚度在 3mm 时就要求开坡口。钢板厚度为 6～26mm 时，采用 V 形坡口，这种坡口便于加工，但焊后焊件容易发生变形。钢板厚度为 12～60mm 时，一般采用 X 形坡口，这种坡口比 V 形坡口好，在同样厚度下，它能减少焊着金属量 1/2 左右，焊件变形和内应力也比较小，主要用于大厚度及要求变形较小的结构中。单 U 形和双 U 形坡口的焊着金属量更少，焊后产生的变形也小，但这种坡口加工困难，一般用于较重要的焊接结构。

对于不同厚度的板材焊接时，如果厚度差（$\delta_1-\delta$）未超过表 1-6 的规定，则焊接接头的基本形式与尺寸应按较厚板选取；否则，应在较厚的板上做出单面或双面的斜边，如图 1-3 所示，其削薄长度 $L \geq 3（\delta-\delta_1）$。

表 1-6 厚度差范围　　　　　　　　　　　　　　　　　　　　　　mm

较薄板的厚度	2～5	6～8	9～11	≥ 12
允许厚度差	1	2	3	4

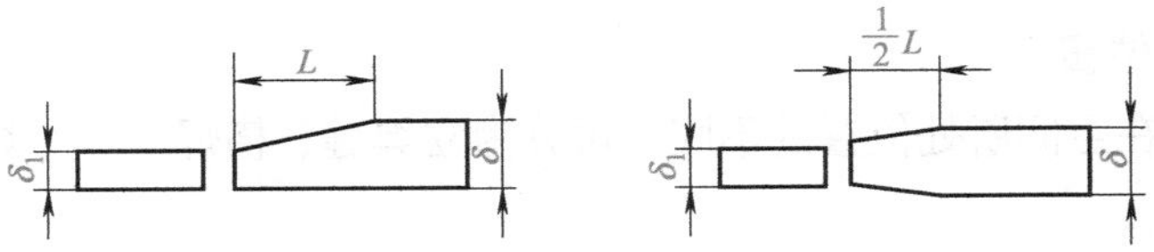

图 1-3 不同厚度板材的对接

（3）T 形接头

T 形接头形式如图 1-4 所示。这种接头形式应用范围比较广，在船体结构中，约 70% 的焊缝是采用这种接头形式。按照焊件厚度和坡口准备的不同，T形接头可分为不开坡口、单边V形坡口、K形坡口以及双U形坡口四种形式。

当T形接头作为一般连接焊缝，并且钢板厚度为2～30mm时，可不必开坡口。若T形接头的焊缝，要求承受载荷，则应按钢板厚度和对结构的强度要求，开适当的坡口，使接头焊透，以保证接头强度。

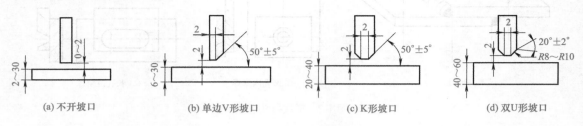

(a) 不开坡口　　　(b) 单边V形坡口　　　(c) K形坡口　　　(d) 双U形坡口

图1-4　T形接头形式

（4）角接接头

角接接头形式如图1-5所示。根据焊件厚度和坡口准备的不同，角接接头可分为不开坡口、单边V形坡口、V形坡口以及K形坡口四种形式。

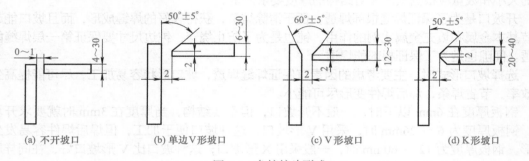

(a) 不开坡口　　　(b) 单边V形坡口　　　(c) V形坡口　　　(d) K形坡口

图1-5　角接接头形式

二、焊缝

1. 焊缝的基本形状及尺寸

焊缝形状和尺寸通常是指焊缝的横截面而言，各种焊接接头的焊缝形状特征的基本尺寸如图1-6所示。c为焊缝宽度，简称熔宽；s为基本金属的熔透深度，简称熔深；h为焊缝的堆敷高度，称为余高；焊缝熔宽与熔深的比值称为焊缝形状系数ψ，即$\psi = c/s$；焊缝形状系数ψ对焊缝质量影响很大，当ψ选择不当时，会使焊缝内部产生气孔、夹渣、裂纹等缺陷。通常，形状系数ψ控制在1.3～2较为合适。这对熔池中气体的逸出以及防止夹渣、裂纹等均有利。

2. 焊缝的空间位置

按施焊时焊缝在空间所处位置的不同，可分为立焊缝、横焊缝、平焊缝及仰焊缝四种形式，如图1-7所示。

3. 焊缝的符号及应用

焊缝符号一般由基本符号与指引线组成，必要时还可以加上辅助符号、补充符号、引出线和焊缝尺寸符号；并规定基本符号和辅助符号用粗实线绘制，引出线用细实线绘制。其主要用于金属熔化焊及电阻焊的焊缝符号表示。

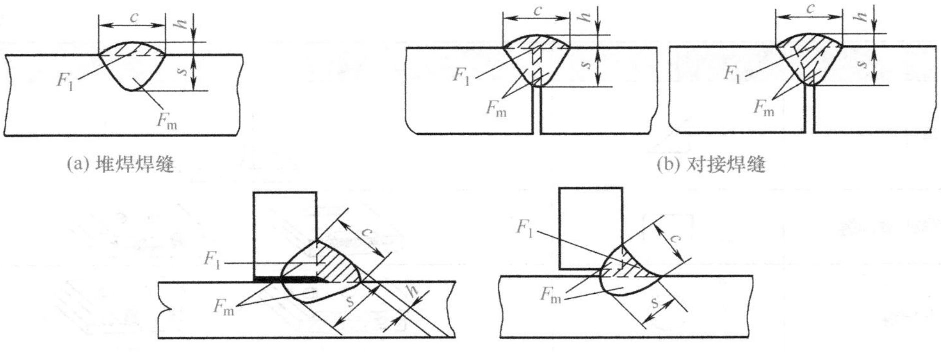

(a) 堆焊焊缝　　(b) 对接焊缝　　(c) 角接焊缝

图 1-6　各种焊接接头的焊缝形状特征的基本尺寸

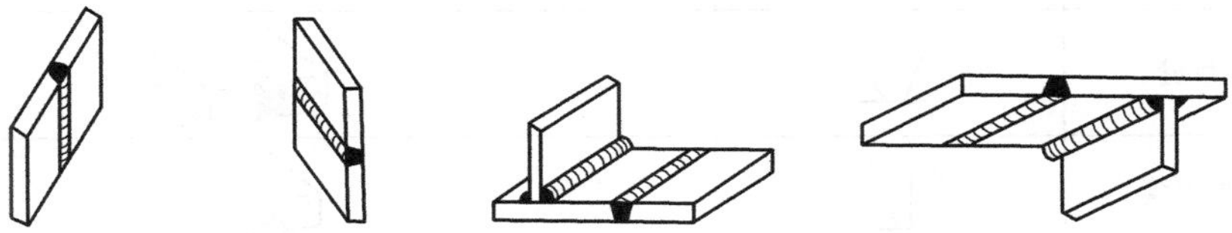

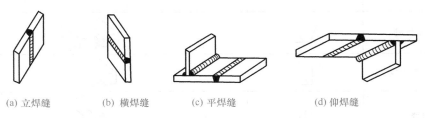

(a) 立焊缝　　(b) 横焊缝　　(c) 平焊缝　　(d) 仰焊缝

图 1-7　各种位置的焊缝

（1）基本符号

根据国标 GB/T 324—2008《焊接符号表示法》的规定，基本符号是表示焊缝横剖面形状的符号，它采用近似于焊缝横剖面形状的符号来表示。焊接的基本符号见表 1-7。

表 1-7　焊缝的基本符号

名　称	符　号	图　示
卷边焊缝（卷边完全熔化）	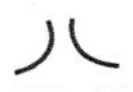	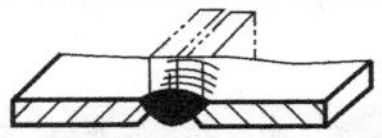
I 形焊缝		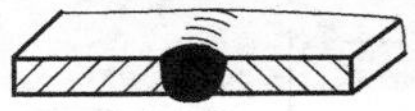
V 形焊缝		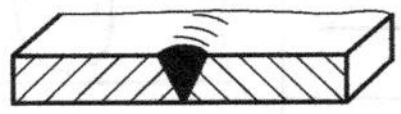
单边 V 形焊缝	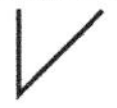	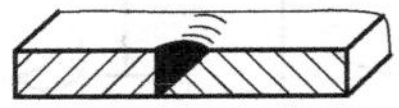
带钝边 V 形焊缝	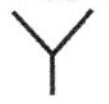	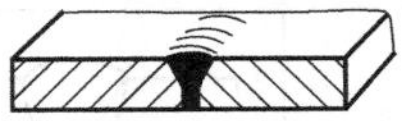
带钝边单边 V 形焊缝	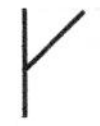	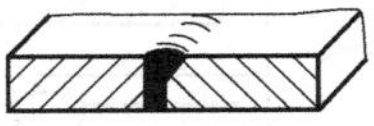
带钝边 U 形焊缝	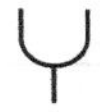	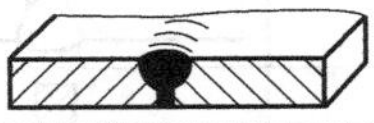
带钝边 J 形焊缝	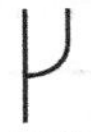	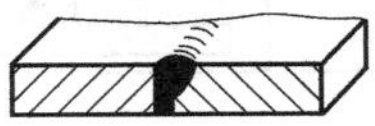
封底焊缝	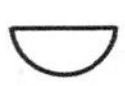	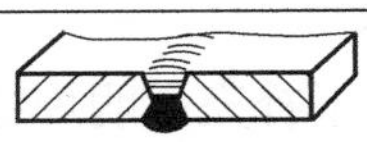

名 称	符 号	图 示
角焊缝	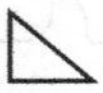 △	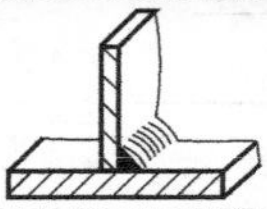
塞焊缝或槽焊缝	⊓	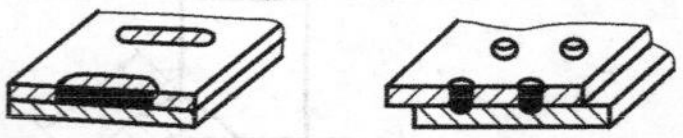
点焊缝	○	 电阻焊　　　熔焊
缝焊缝	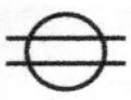 ⊖	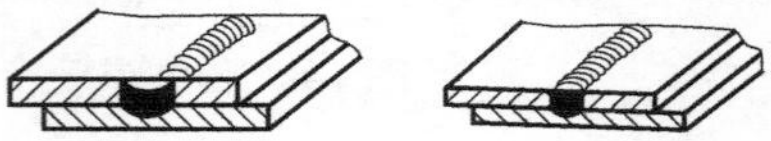 电阻焊　　　熔焊
陡边 V 形焊缝	 ⅄	
陡边单 V 形焊缝	 ⅃	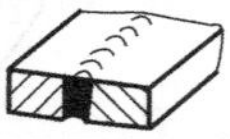
端焊缝	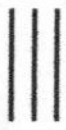 ‖‖	
堆焊缝	 ⌒⌒	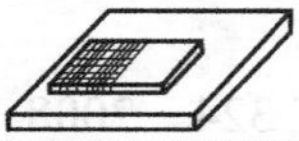

（2）辅助符号

辅助符号是表示焊缝表面形状特征的符号，符号及其应用见表1-8。如不需要确切说明焊缝表面形状，可以不用辅助符号。

表 1-8　辅助符号及其应用

名称	符号	图示	说明	辅助符号应用示例 焊缝名称	符号
平面符号	 ⎯		焊缝表面齐平（一般通过加工）	平面 V 形对接焊缝	
凹面符号	 ⌣	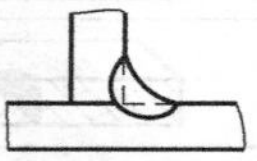	焊缝表面凹陷	凹面角焊缝	
凸面符号	 ⌢	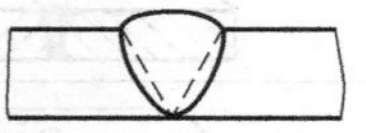 	焊缝表面凸起	凸面 V 形焊缝	
				凸面 X 形对接焊缝	
圆滑过渡符号	 ⌐		角焊缝具有平滑过渡的表面	平滑过渡熔为一体的角焊缝	

（3）补充符号

补充符号是为了补充说明焊缝的某些特征而采用的符号，见表1-9。

表 1-9　补充符号

名称	符号	图示	说明
带垫板符号	▭		表示焊缝底部有垫板
三面焊缝符号	⊏		表示三面带有焊缝
周围焊缝符号	○		表示环绕工件周围焊缝
现场焊缝符号	⚑	—	表示现场或工地上进行焊接
尾部符号	<	—	尾部可标注焊接方法数字代号（按 GB/T 5185—2005）、《焊接及相关工艺方法代号》、验收标准、填充材料等。相互独立的条款可用斜线"/"隔开

4. 焊缝标注的有关规定

（1）基本符号相对基准线的位置

图 1-8 所示为指引线中箭头线和接头的关系。图 1-9 所示为基本符号相对基准线的位置，如果焊缝在接头的箭头侧 [图 1-8（a）]，则将基本符号标注在基准线的实线侧 [图 1-9（a）]。如果焊缝在接头的非箭头侧 [图 1-8（b）]，则将基本符号标注在基准线的虚线侧 [图 1-9（b）]。标注对称焊缝和双面焊缝时，基准线可以不加虚线，如图 1-9（c）、（d）所示。

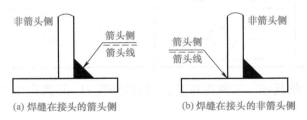

(a) 焊缝在接头的箭头侧　　　　　(b) 焊缝在接头的非箭头侧

图 1-8　指引线中箭头线和接头的关系

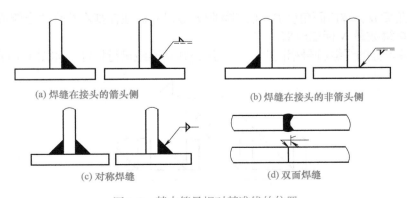

(a) 焊缝在接头的箭头侧　　　　　(b) 焊缝在接头的非箭头侧

(c) 对称焊缝　　　　　(d) 双面焊缝

图 1-9　基本符号相对基准线的位置

（2）焊缝尺寸符号及标注位置

表1-10 焊缝尺寸符号及标注位置

名称	符号	图示	名称	符号	图示
δ	工作厚度		K	焊脚高度	
S	焊缝有效厚度		d	熔核直径	
c	焊缝宽度		l	焊缝长度	
b	根部间隙		R	根部半径	
p	钝边高度		n	焊缝段数	
e	焊缝间隙		N	相同焊缝数量	
α	坡口角度		H	坡口深度	
β	坡口面角度		h	余高	

① 焊缝横剖面上的尺寸，如钝边高度 p、坡口深度 H、焊脚高度 K、焊缝宽度 c 等标在基本符号左侧。

② 焊缝长度方向的尺寸，如焊缝长度 l、焊缝间隙 e、焊缝段数 n 等标注在基本符号的右侧。

③ 坡口角度 α、坡口面角度 β、根部间隙 b 等尺寸标注在基本符号的上侧或下侧。

④ 相同焊缝数量 N 标在尾部。

当若干条焊缝的焊缝符号相同时，可使用公共基准线进行标注，如图1-10所示。

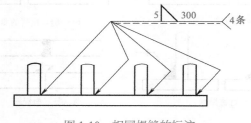

图1-10 相同焊缝的标注

第三节　焊接工艺资料及参数

一、焊接方法在图样上的表示代号

表 1-11　焊接方法在图样上的表示代号

代号	焊接方法	代号	焊接方法
1	电弧焊	181	碳弧焊
11	无气体保护电弧焊	185	旋弧焊
13	熔化极气体保护焊	2	电阻焊
111	手弧焊（涂料焊条熔化极电弧焊）	21	点焊
112	重力焊（涂料焊条重力电弧焊）	22	缝焊
113	光焊丝电弧焊	221	搭接缝焊
114	药芯焊丝电弧焊	223	加带缝焊
115	涂层焊丝电弧焊	23	凸焊
116	熔化极电弧点焊	24	闪光焊
118	躺焊	25	电阻对焊
12	埋弧焊	29	其他电阻焊方法
121	丝极埋弧焊	291	高频电阻焊
122	带极埋弧焊	3	气焊
131	MIG 焊：熔化极惰性气体保护焊	31	氧 - 燃气焊
135	MAG 焊：熔化极非惰性气体保护焊（含 CO_2 气体保护焊）	311	氧 - 乙炔焊
136	非惰性气体保护药芯焊丝电弧焊	312	氧 - 丙烷焊
137	非惰性气体保护熔化极电弧点焊	313	氢 - 氧焊
14	非熔化极气体保护电弧焊	32	空气 - 燃气焊
141	TIG 焊：钨极惰性气体保护焊	322	空气 - 丙烷焊
142	TIG 点焊	33	氧 - 乙炔喷焊
149	原子氢焊	4	压焊
15	等离子弧焊	41	超声波焊
151	大电流等离子弧焊	42	摩擦焊
152	微束等离子弧焊	43	锻焊
153	等离子弧粉末堆焊（喷焊）	44	高机械能焊
154	等离子弧填丝堆焊（冷、热丝）	441	爆炸焊
155	等离子弧 MIG 焊	45	扩散焊
156	等离子弧点焊	47	气压焊
18	其他电弧焊方法	48	冷压焊
7	其他焊接方法	919	扩散硬钎焊
71	铝热焊	923	摩擦硬钎焊
72	电渣焊	924	真空硬钎焊
73	气电立焊	93	其他硬钎焊方法
74	感应焊	94	软钎焊
75	光束焊	941	红外线软钎焊
751	激光焊	942	火焰软钎焊
752	弧光光束焊	943	炉中软钎焊
753	红外线焊	944	浸沾软钎焊
77	储能焊	945	盐浴软钎焊
78	螺柱焊	946	感应软钎焊
781	螺柱电弧焊	947	超声波软钎焊
782	螺柱电阻焊	948	电阻软钎焊
9	钎焊（硬钎焊、软钎焊、钎接焊）	949	扩散软钎焊
91	硬钎焊	951	波峰浇铸软钎焊
911	红外线硬钎焊	952	烙铁软钎焊
912	火焰硬钎焊	953	摩擦软钎焊
913	炉中硬钎焊	954	真空软钎焊
914	浸沾硬钎焊	96	其他软钎焊方法
915	盐浴硬钎焊	97	钎接焊
916	感应硬钎焊	971	气体钎接焊
917	超声波硬钎焊	972	电弧钎接焊
918	电阻硬钎焊		

二、焊接标注

1. 指引线

表1-12　指引线

图示	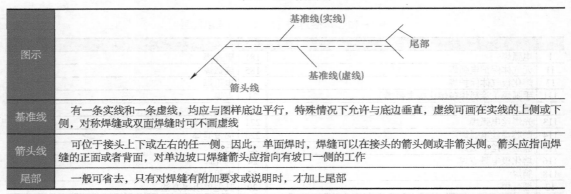
基准线	有一条实线和一条虚线，均应与图样底边平行，特殊情况下允许与底边垂直，虚线可画在实线的上侧或下侧，对称焊缝或双面焊缝时可不画虚线
箭头线	可位于接头上下或左右的任一侧。因此，单面焊时，焊缝可以在接头的箭头侧或非箭头侧。箭头应指向焊缝的正面或者背面，对单边坡口焊缝箭头应指向有坡口一侧的工作
尾部	一般可省去，只有对焊缝有附加要求或说明时，才加上尾部

2. 焊缝尺寸和符号的标注原则与方法

表1-13　焊缝尺寸和符号的标注原则与方法

图示	$\alpha \cdot \beta \cdot b$ $p \cdot H \cdot K \cdot h \cdot S \cdot R \cdot c \cdot d$ (基本符号) $n \times l(e)$ $p \cdot H \cdot K \cdot h \cdot S \cdot R \cdot c \cdot d$ (基本符号) $n \times l(e)$ N 或 $p \cdot H \cdot K \cdot h \cdot S \cdot R \cdot c \cdot d$ (基本符号) $n \times l(e)$ $p \cdot H \cdot K \cdot h \cdot S \cdot R \cdot c \cdot d$ (基本符号) $n \times l(e)$ N $\alpha \cdot \beta \cdot b$
基本符号	①焊缝在接头的箭头侧时，基本符号标在基准线的实线侧 ②焊缝在接头的非箭头侧时，基本符号标在基准线的虚线侧 ③对称焊缝或双面焊缝时，可不加虚线，基本符号在基准线两侧
焊缝的形状和尺寸	①焊缝截面尺寸。标在基本符号左侧 ②焊缝长度尺寸。标在基本符号右侧 ③坡口角度。标在基本符号的上部或下部 ④根部间隙。标在基本符号的上部或下部
其他	相同焊缝的数量符号、焊接方法代号、检验方法代号、其他要求和说明等标在尾部右侧

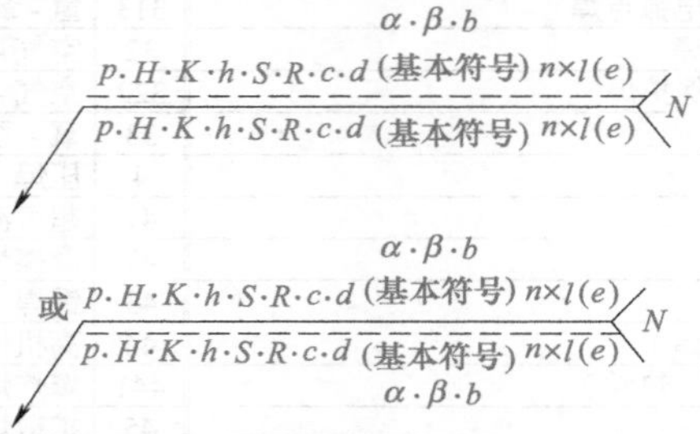

3. 标注方法示例

表1-14　标注方法示例

接头形式	标注方法	标注含义
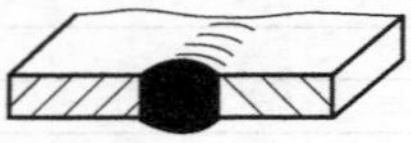	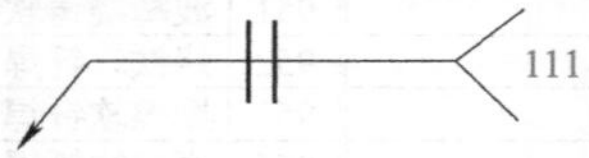 ‖ 111	不开坡口，手工电弧焊双面焊
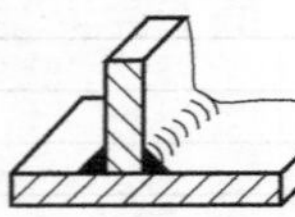	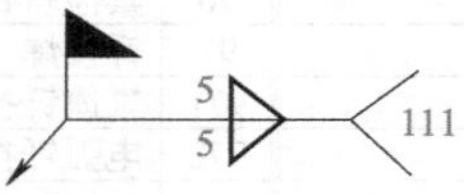 5 / 5 ▽ 111	两面对称焊脚尺寸 $K=5\text{mm}$ 的角焊缝，在工地上用焊条电弧焊施焊

接头形式	标注方法	标注含义
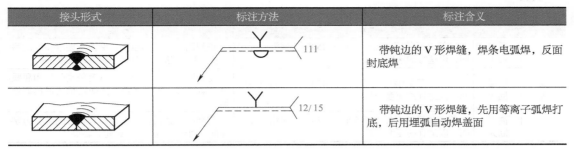	111	带钝边的 V 形焊缝，焊条电弧焊，反面封底焊
	12/15	带钝边的 V 形焊缝，先用等离子弧焊打底，后用埋弧自动焊盖面

三、焊接常用数据

1. 常用金属的熔点与密度

表 1-15　常用金属的熔点与密度

金属名称		熔点 /℃	密度 /(g/cm³)	金属名称		熔点 /℃	密度 /(g/cm³)
铁	Fe	1538	7.85	镁	Mg	650	1.74
铜	Cu	1083	8.96	铅	Pb	327	10.4
铝	Al	660	2.7	锡	Sn	231	7.3
钛	Ti	1677	4.51	银	Ag	960	10.49
镍	Ni	1453	8.9	钨	W	3380	19.3
铬	Cr	1903	7.19	锰	Mn	1244	7.43

2. 常用的热处理方法及用途

表 1-16　常用的热处理方法及用途

热处理方法	分类	工艺过程	目的与用途
退火	完全退火	将钢件加热至 Ac_3 以上 30～50℃，保温一段时间，随炉缓冷至 500℃以下后出炉空冷	目的是细化晶粒、均匀组织、降低硬度、充分消除应力 用于亚共析钢的铸件、锻件、热轧型材及焊接件
	球化退火	将钢件加热至 Ac_1 以上 20～30℃，保温一段时间，随炉缓冷至 500℃以下后出炉空冷，或在 600～700℃等温退火	目的是消除网状渗碳体，为过共析钢和共析钢的淬火进行预处理 用于工具钢、轴承钢锻压后的处理
	去应力退火	将钢加热至 500～650℃，经一段时间保温后缓慢冷却，至 300℃以下出炉	消除铸件、锻件、焊接件、热轧件和挤压件的内应力
	扩散退火	钢件加热至 1050～1150℃，保温 10～20h，然后缓慢冷却	均匀组织，但晶粒粗大，之后要进行一次完全退火以细化晶粒
	等温退火	将钢加热至 Ac_3 以上保温一定时间，冷却至珠光体形成温度（一般为 600～700℃），进行等温转变处理，然后便可快速冷却至常温。合金钢等温 3～4h，碳钢为 1～2h	适用于奥氏体比较稳定的合金钢
正火		将钢加热至 Ac_3 或 Ac_{cm} 以上 40～60℃，保温后从炉中取出，在空气中冷却	细化晶粒，获得一定的综合力学性能
淬火	单液	将钢加热至 Ac_3 或 Ac_1 以上 30～50℃，保温后从炉中取出，投入介质（水或油）中冷却。合金钢用油淬；碳钢用水淬	工艺简单
	双液	将钢加热至 Ac_3 或 Ac_1 以上 30～50℃，保温后从炉中取出，先投入水中冷却至 300℃，再投入油中缓慢冷却	防止变形和开裂

热处理方法	分类	工艺过程	目的与用途
回火	低温回火	将淬火后的钢加热至 150～250℃，保温一段时间，以适宜的速度冷却	得到回火马氏体组织，保持高硬度和高的耐磨性。用于刃具、滚动轴承及模具的处理
	中温回火	将淬火后的钢加热至 350～450℃，保温一段时间，以适宜的速度冷却	得到回火屈氏体组织，具有较高弹性和屈服点，韧性好。用于弹簧、滚动轴承及模具的处理
	高温回火	将淬火后的钢加热至 500～650℃，保温一段时间，以适宜的速度冷却	获得回火索氏体组织，具有较好的综合力学性能，用于处理连杆、齿轮、轴等

3. 焊缝无损检测的符号

表 1-17　焊缝无损检测的符号

名称	代号	名称	代号	名称	代号
无损检测	NDT	磁粉探伤	MT	射线探伤	RT
声发射检测	AET	中子射线探伤	NRT	测厚	TM
涡流探伤	ET	耐压试验	PRT	超声波探伤	UT
泄漏探伤	LT	渗透探伤	PT	目视检查	VT

四、焊接电流

焊接电流是最重要的工艺参数，必须选用得当。电流过大，会使焊条芯过热，药皮脱落，又会造成焊缝咬边、烧穿、焊瘤等缺陷，同时金属组织也会因过热而发生变化；若电流过小，则容易造成未焊透、夹渣等缺陷。

1. 焊接电流的选择

焊接时决定焊接电流的依据很多，如焊条类型、焊条直径、焊件厚度、接头形式、焊缝位置和层数等，但主要是焊条直径和焊缝位置。

焊条直径越大，熔化焊条所需要的电弧热能就越大，故焊接电流应相应增大。焊接电流应随焊条直径的增大而增大，一般按式（1-1）进行计算：

$$I=Kd \tag{1-1}$$

式中　I——焊接电源，A；

　　　d——焊条直径，mm；

　　　K——经验系数。

焊条直径 d 与经验系数 K 的关系见表 1-18。

表 1-18　焊条直径 d 与经验系数 K 的关系

焊条直径 d/mm	1～2	2～4	4～6
经验系数 K	25～30	30～40	40～60

有的资料上还介绍了另外一个计算焊接电流的公式，见式（1-2）：

$$I=10d^2 \tag{1-2}$$

式中，各字母的意义与式（1-1）相同。在选择焊接电流时，公式的计算只是一个参数数据，焊接时还应根据电弧的燃烧情况适当调整。为了使用方便，焊接电流可按表 1-19 选择。

表 1-19　焊接电流与焊条直径的关系

焊条直径 /mm	2.0	2.5	3.2	4.0	5.0	6.0
平焊电流 /A	40～50	60～80	90～120	140～160	200～250	280～350
立焊电流 /A	35～45	50～70	80～110	120～140	180～220	—
仰焊电流 /A	35～40	45～65	80～100	110～120	—	—

根据以上公式求得的焊接电流只是一个大概数值，实际生产中还要考虑下列因素的影响。

① 焊件导热快时，焊接电流可以小些；而回路电阻高，焊接电流就要大些。

② 如果焊条直径不变，焊接厚板的电流要比焊接薄板的电流要大。使用碱性焊条时，焊接电流一般要比酸性焊条小一些。

③ 焊接平焊缝时，由于运条和控制熔池中的熔化金属比较容易，因此可选用较大的电流进行焊接。立焊与仰焊用焊接电流要比平焊小 15%～20%，而角焊电流比平焊电流要大。

④ 快速焊接电流要大于一般焊速的电流。

2. 焊接电流大小的实际判断

施焊前根据上述公式考虑到各种因素粗略地选好电流后，可在废钢板上引弧进行试焊，然后根据熔池大小、熔化深度、焊条的熔化情况鉴别焊接电流是否适当。

电流适当时，不仅电弧吹力、熔池深浅、焊条熔化速度、飞溅等都适当，而且熔渣和铁水容易分离。焊接的焊缝表面整齐光滑，没有过多的飞溅，成形美观，焊道边缘与基本金属熔合平整，两侧成缓坡状，熔深符合要求。

电流过大时，电弧声音大，弧光强，焊条有较大的爆裂声，熔化金属飞溅多，焊条熔化很快并且过早发红，熔池过大、过深，药皮呈块状脱落，焊缝下陷，甚至烧穿。焊接的焊缝，其两边飞溅金属增多，焊道过宽，熔池又深又大，表面不整齐。熔池中有时产生裂纹，焊道两侧边缘咬边现象严重。

电流过小时，引燃电弧困难，弧光很弱，电弧断断续续，焊条熔化慢，很容易粘在焊件上，金属熔滴堆积在焊件表面，熔化金属与熔渣混在一起分不清楚。由于基本金属加热不足，熔池小，熔深浅，焊缝窄而高且高低不平，波纹不一致，焊缝两侧边缘与基本金属熔合不良，易形成急坡。

五、电弧电压

电弧电压是由电弧长度决定的。电弧长，则电弧电压高；电弧短，则电弧电压低。电弧长短对焊缝质量有极大的影响。一般电弧的长度超过焊条的直径称为长弧，小于焊条的直径称为短弧。用长弧焊接时，电弧引燃不稳定，所得到的焊缝质量较差，表面鱼鳞不均匀，焊缝熔深较浅，当焊条熔滴向熔池过渡时，周围空气容易侵入，导致产生气孔，而且熔化金属飞溅严重，造成浪费。因此，施焊时应该采用短弧，才能保证焊缝质量。一般弧长按下述经验公式确定，即

$$L=(0.5～1)d \tag{1-3}$$

式中　L ——电弧长度，mm；

　　　d ——焊条直径，mm。

六、焊接速度

焊接速度就是焊条沿焊接方向移动的速度，应该在保证焊缝质量的前提下，采用较大

直径的焊条和焊接电流，并按具体条件，适当加大焊接速度，以提高生产效率，保证获得熔深、余高和宽窄都较一致的焊缝。

关于焊条牌号和弧焊电源种类的选择，这里不再重复。焊接时应根据具体工作条件及焊工技术熟练程度，合理选用焊接规范参数。

第四节 焊接辅助工艺

在焊接生产中，为了保证焊接质量，对于一些强度较高的钢，往往要采取适当的辅助工艺措施。

一、焊前热处理

焊前热处理的目的是消除工件的硬度和化学不均匀性。对于一些淬火钢，焊前应进行退火或正火。

焊件的预热应根据工件的情况和环境灵活掌握。对于同一种钢材，环境温度不同，其预热温度也有差别，具体的预热温度在材料焊接时详述。预热温度、方法和用途见表1-20。

表1-20 预热温度、方法和用途

预热温度	预热方法	加热区域	用途
根据材料和环境温度确定，加热温度一般为 50 ～ 400℃，铸铁热焊可达 600 ～ 700℃	氧 - 乙炔焰跟踪加热	焊缝两侧 75mm 以上	薄件长焊缝
	高频感应加热		薄件长焊缝
	地炉加热	焊缝两侧	厚件短焊缝
	碳火炉整体加热	整体	小件

二、焊后热处理

焊接缺陷（裂纹）的出现是与冷却速度直接相关的。对于某些材料，往往在焊后对工件进行适当加热，以降低其冷却速度。焊后热处理时，应控制每一次加热时工件的温度。

焊后热处理的方法有焊后正火、焊后高温回火、去应力退火和脱氢处理、水淬等，具体工艺方法见表1-21。

表1-21 焊后热处理工艺方法

工艺名称	工艺方法	用途
焊后正火	将焊件焊后立即加热至 Ac_1 或 Ac_{cm} 以上 40 ～ 60℃，保温一段时间，然后在空气中冷却	消除应力、均匀组织、消除内应力、改善切削加工性能
焊后高温回火	将焊件焊后立即加热至 Ac_1 以下某一温度，保温一段时间，然后在空气中冷却	消除焊接残余应力、稳定组织、稳定尺寸、减小脆性、防止开裂
去应力退火	将焊件加热至500 ～ 650℃，保温一段时间，然后缓慢冷却	消除焊接残余应力、防止开裂
脱氢处理	将焊件加热到200℃以上，保温 2h	使工件内的氢扩散出来，防止产生延迟裂纹
水淬	为防止高铬铁素体钢析出脆性相，焊后将焊件加热至 900℃以下水淬，以得到均一的铁素体组织	使接头组织均匀化，提高塑性和韧性，但只适用于高铬钢

不同材料的焊后热处理温度不同，如果选择不当，不但不会使焊件的性能提高，而且可能使力学性能和物理、化学性能恶化，甚至会造成热处理缺陷。表1-22 为各种材料的焊后

热处理温度。

表 1-22　各种材料的焊后热处理温度

几种结构钢的正火温度		常用金属材料回火温度	
材料	正火温度 /℃	材料	回火温度 /℃
20	890 ～ 920	结构钢	580 ～ 680
35	860 ～ 890	奥氏体不锈钢	850 ～ 1050
45	840 ～ 870	铝合金	250 ～ 300
16Mn	900 ～ 930	镁合金	250 ～ 300
14MnNb	900 ～ 930	钛合金	550 ～ 600
15MnV	950 ～ 980	铌合金	1100 ～ 1200
15MnTi	950 ～ 980	铸铁	600 ～ 650
16MnNb	950 ～ 980	15MnV	550 ～ 570
20Cr	860 ～ 890	15MnTi	550 ～ 570
20CrMnTi	950 ～ 970	16MnNb	550 ～ 570
40Cr	850 ～ 870	18Mn2MoVA	650 ～ 670
40MnB	860 ～ 900		
35CrMo	850 ～ 870		

三、其他工艺

1. 固溶处理

焊接奥氏体不锈钢，容易产生耐晶间腐蚀能力下降的问题，即晶间因产生碳化铬使其铬含量低于 12%，通过固溶处理，可以使碳化铬分解，并使碳和铬都固溶到钢中，使其恢复耐腐蚀能力。固溶处理是将焊后的不锈钢焊件加热至 1000 ～ 1150℃，保温一段时间，使碳完全溶解在奥氏体中，然后使其快速（水中）冷却的工艺。保温时间根据焊件厚度确定，工件越厚，保温时间越长，保温时间按 2min/mm 计算。此工艺只用于不锈钢和奥氏体耐热钢焊件。

2. ACI 焊道

为了改善熔合区的韧性和抗裂性，特别是对于可能产生一定硬化倾向的低合金高强钢，同时也为了消除可能的应力集中根源（咬边缺陷等），有关资料推荐在熔合线表面焊接一道焊道，称为 ACI 焊道，如图 1-11 所示。ACI 焊道对前一焊道也有退火作用。

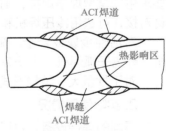

图 1-11　ACI 焊道的运用

第五节　焊 接 设 备

一、焊接设备的分类

目前，焊接设备的主要类型如图 1-12 所示。

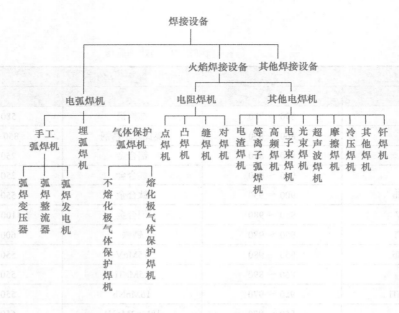

图 1-12 焊接设备的主要类型

二、选用焊接设备的一般原则

焊接设备的选用是制定焊接工艺的重要内容，涉及的因素较多，但应注意如下几方面的因素。

1. 被焊结构的技术要求

被焊结构的技术要求，包括被焊结构的材料特性、结构特点、尺寸、精度要求和结构的使用条件等。

如果焊接结构材料为普通低碳钢，选用弧焊变压器即可；如果焊接结构要求较高，并且要求用低氢型焊条焊接，则要选用直流弧焊机；如果是厚大件焊接，则可选用电渣焊机；棒材对接，可选用冷压焊机和电阻对焊机。

对活性金属或合金、耐热合金和耐腐蚀合金，根据具体情况，可选用惰性气体保护焊机、等离子弧焊机、电子束焊机等。

对于批量大、结构形式和尺寸固定的被焊结构，可以选用专用焊机。

2. 实际使用情况

不同的焊接设备，可以焊接同一焊件，这就要根据实际使用情况，选择较为合适的焊接设备。

对焊后不允许再加工或热处理的精密焊件，应选用能量集中、不需添加填充金属、热影响区小、精度高的电子束焊机。

3. 考虑经济效益

焊接时，焊接设备的能源消耗是相当可观的，选用焊接设备时，应考虑在满足工艺要求的前提下，尽可能选用耗电少、功率因数高的设备。

三、电焊机型号及代表符号

① 电焊机型号的编制排列次序。

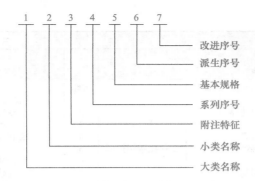

```
1  2  3  4  5  6  7
                  └─ 改进序号
               └──── 派生序号
            └─────── 基本规格
         └────────── 系列序号
      └───────────── 附注特征
   └──────────────── 小类名称
└─────────────────── 大类名称
```

② 电焊机分类名称及代表符号（见表1-23、表1-24）。

表 1-23　电焊机型号代表符号

第一字母		第二字母		第三字母		第四字母		第五字母	
代表字母	大类名称	代表字母	小类名称	代表字母	附注特征	数字序号	系列序号	单位	基本规格
A	弧焊发电机	X P D	下降特性 平特性 多特性	省略 D Q C T H	电动机驱动 单纯弧焊发电机 汽油机驱动 驱动柴油机 驱动拖拉机 汽车驱动	省略 1 2	直流 交流发电机整流 交流	A	额定焊接电流
Z	弧焊整流器	X P D	下降特性 平特性 多特性	省略 M L E	一般电源 脉冲电源 高空载电压 交直流两用电源	省略 1 3 4 5 6 7	磁放大器或饱和电抗器式 动铁芯式 动线圈式 晶体管式 晶闸管式 变换抽头式 逆变式	A	额定焊接电流
B	弧焊变压器	X P	下降特性 平特性	L	高空载电压	省略 1 2 3 5 6	磁放大器或饱和电抗器式 动铁芯式 串联电抗器式 动线圈式 晶闸管式 变换抽头式	A	额定焊接电流
M	埋弧焊机	Z B U D	自动焊 半自动焊 堆焊 多用	省略 J E M	直流 交流 交直流 脉冲	省略 2 3 9	焊车式 横臂式 机床式 焊头悬挂式	A	额定焊接电流
W	TIG焊机	Z S D Q	自动焊 手工焊 点焊 其他	省略 J E M	直流 交流 交直流 脉冲	省略 1 2 3 4 5 6 7 9	焊车式 全位置焊车式 横臂式 机床式 旋转焊头式 台式 焊接机器人 变位式 真空充气式	A	额定焊接电流

第一字母		第二字母		第三字母		第四字母		第五字母	
代表字母	大类名称	代表字母	小类名称	代表字母	附注特征	数字序号	系列序号	单位	基本规格
N	MIG/MAG焊机	Z B D U G	自动焊 半自动焊 点焊 堆焊 切割	省略 M C	直流 脉冲 二氧化碳保护焊	省略 1 2 3 4 5 6 7	焊车式 全位置焊车式 横臂式 机床式 旋转焊头式 台式 焊接机器人 变位式	A	额定焊接电流
H	电渣焊机	S B D R	丝板 板极 多用极 熔嘴	—	—	—	—	A	额定焊接电流
D	点焊机	N R J Z D B	工频 电容储能 直流冲击波 次级整流 低频 逆变	省略 K W	一般点焊 快速点焊 网状点焊	省略 1 2 3 6	垂直运动式 圆弧运动式 手提式 悬挂式 机器人式	kV·A J kV·A	额定容量 最大贮能 额定容量
T	凸焊机	N R J Z D B	工频 电熔储量 直流冲击波 次级整流 低频 变频	—	—	省略	垂直运动式	kV·A J	额定容量 最大贮能
F	缝焊机	N R J Z D B	工频 电容储能 直流冲击波 次级整流 低频 逆变	省略 Y P	一般缝焊 挤压缝焊 垫片缝焊	省略 1 2 3	垂直运动式 圆弧运动式 手提式 悬挂式	kV·A J kV·A	额定容量 最大贮能 额定容量
U	对焊机	N R J Z D B	工频 电容储能 直流冲击波 次级整流 低频 逆变	省略 B Y G C T	一般对焊 薄板对焊 异型截面对焊 钢窗闪光对焊 自行车轮圈对焊 链条对焊	省略 1 2 3	固定式 弹簧加压式 杠杆加压式 悬挂式	kV·A J kV·A	额定容量 最大储能 额定容量
L	等离子弧焊机和切割机	G H U D	切割 焊接 堆焊 多用	省略 R M J S F E K	直流等离子 熔化极等离子 脉冲等离子 交流等离子 水下等离子 粉末等离子 热丝等离子 空气等离子	省略 1 2 3 4 5 8	焊车式 全位置焊车式 横臂式 机床式 旋转焊头式 台式 手工等离子	A	额定焊接电流
S	超声波焊机	D F	点焊 缝焊	—	—	省略 2	固定式 手提式	kW	发生器输入功率
E	电子束焊枪	Z D B W	高真空 低真空 局部真空 真空外	省略 Y	静止式电子枪 移动式电子枪	省略 1	二极枪 三极枪	kV mA	加速电压 电子束流
G	光束焊机	S	光束	—	—	1 2 3 4	单管 组合式 折叠式 横向流动式	J kW	输出能量 输出功率

第一字母		第二字母		第三字母		第四字母		第五字母	
代表字母	大类名称	代表字母	小类名称	代表字母	附注特征	数字序号	系列序号	单位	基本规格
Y	冷压焊机	D U	点焊 光束	—	—	省略 2	固定式 手提式	kN	顶锻压力
C	摩擦焊机	省略 C D	一般旋转 惯性式 振动式	省略 S D	单头 双头 多头	省略 1 2	卧式 立式 倾斜式	KN	顶锻压力
Q	钎焊机	省略 Z	电阻钎焊 真空钎焊	—	—	—	—	kV·A	额定容量
P	高频焊机	省略 C	接触加热 感应加热	—	—	—	—	kV·A	额定容量
R	螺柱焊机	Z S	自动 手工	M N R	埋弧 明弧 电容	—	—	A J	额定电流 最大储能
J	其他焊机	K X	真空扩散 旋弧焊机	省略 D	单头 多头	省略 1	卧式 立式	M³ kN	真空容量 顶锻压力
K	控制器	D F T U	点焊 缝焊 凸焊 对焊	省略 F Z	同步控制 非同步控制 质量控制	1 2 3	分立元件 集成电路 微机	kV·A	额定容量

表 1-24　附加特征名称及其代表符号

大类名称	附加特征名称	简称	代表符号
弧焊发电机	同轴电动发电机组 单一发电机 汽油机拖动 柴油机拖动	单 汽 柴	D Q C
弧焊整流器	硒整流器 硅整流器 锗整流器	硒 硅 锗	X G Z
弧焊变压器	铝绕组	铝	L
埋弧焊机	螺柱焊	螺	L
明弧焊机	氩 氢 二氧化碳 螺柱焊	氩 氢 碳 螺	A H C L
对焊机	螺柱焊	螺	L

③ 特殊环境的代表字母见表 1-25。

表 1-25　特殊环境的代表字母

特殊环境名称	代表字母	特殊环境名称	代表字母
热带	T	高原	G
湿热带	TH	水下	S
干热带	TA		

四、电焊机结构及使用维护

（一）通用直流电焊机的结构与维修

1. 弧焊发电机式直流电焊机的结构与维修

（1）直流弧焊发电机结构原理

直流弧焊发电机是一种特殊直流发动机，它具有调节装置，用以获得所需的电流输出范围，并有指示装置，用以指示输出数值。

表 1-26 给出了 3 种不同类型的直流弧焊发电机的工作原理及接线图。

表 1-26　3 种不同类型的直流弧焊发电机的工作原理及接线图

发电机类型	工作原理及接线图
裂极式直流弧焊发电机	AX-320（TA-320）型三电刷裂极式直流弧焊发电机的电气接线图如图 1 所示 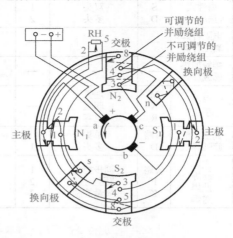 图 1　AX-320 型三电刷裂极式直流弧焊发电机的电气接线图 　　在结构上，弧焊发电机有 4 个不是交替分布的磁极，其中，两个北极 N_1、N_2 和两个南极 S_1、S_1 相邻地分布着，所以它实质上是 1 台两极直流发电机。4 个磁极中，N_1、S_1 称为主极，旋转截面狭窄，磁路容易饱和而；N_2、S_2 称为交极，铁芯截面较大，磁路不易饱和 　　直流弧焊发电机有两组并联的并励线圈，一组分布在 4 个磁极上的是不可调节的，另一组可以调节的分布在两个交极上 　　弧焊发电机空载时，虽然主磁路饱和，但交极未饱和，因此，发电机的总磁通能产生足够大的感应电动势满足引弧要求。当发电机带上负载后，由于电枢反应使交极产生去磁作用，而主极则因磁路已经饱和而没有多大的增磁作用。所以，随负载增大，发电机的总磁通将大大减少，这将使发电机感应电动势也大大减少，从而使弧焊发电机获得了陡降的外特性 　　同时由于主磁饱和，在各种负载情况下，电刷 a、c 间的电压几乎不变，因此，并励线圈如同接在恒压源上 　　焊接电流的调节分为粗调和细调两种。粗调可用手柄移动刷架，粗调共有 3 挡位置，可定位在机盖上的外凹槽中。若顺发电机转向移动刷架，可使工作电流减小；反之，将增大工作电流。细调可用手轮改变并励线圈励磁电路中变阻器的电阻值，来实现按粗调 3 挡电流范围内，进行电流的细调节
换向极去磁式直流弧焊发电机	AX3-300-2 型换向极去磁式直流弧焊发电机共有 4 个主极和 4 个换向极。它与一般直流发电机不同的是，其磁极极靴两边不对称，其中一边较突出，另一边则较短，具有倾斜而非均匀的空气隙。换向极铁芯也较宽，起磁分路的作用。在 3 个主极上绕有并励线圈，余下的 1 个主极上则绕他励线圈。此外，在 4 个主极上都绕串励线圈，其电气接线图如图 2 所示 　　弧焊发电机的工作原理：由于串励线圈接成积复励，则当负载增大时，串励线圈产生的磁通使主极迅速饱和，主极部分的磁通成为漏磁通经过换向极的前极尖（突出的极靴）、磁轭而回到主极。发电机负荷越大，漏磁就越多，因此通过主极与电枢的磁通大大减少，从而获得陡降的外特性 　　他励线圈由三相异步电动机定子的一相线圈抽头经整流器供电 　　焊接电流的调节分粗调和细调两种：粗调节分为两挡，有"大"和"小"标号的单掷开关，它是由将他励和并励线圈中的附加电阻分别接入或断开而获得；细调节可用手轮改变电刷位置进行调节。如需要变换极性，只要扳动标有"顺"和"倒"标号的双掷开关，不必更换焊接回路的连接线

发电机类型	工作原理及接线图
换向极去磁式直流弧焊发电机	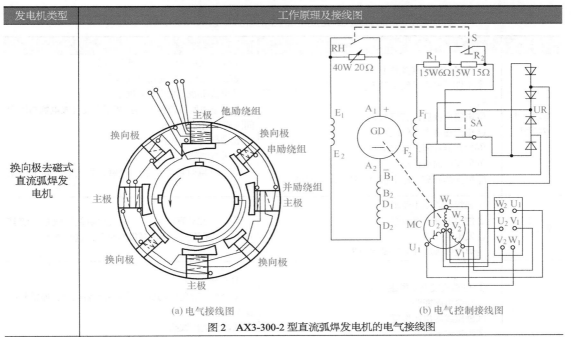 (a) 电气接线图　　　　(b) 电气控制接线图 图2　AX3-300-2型直流弧焊发电机的电气接线图
差复励式直流弧焊发电机	AX1-500（AB-500）型直流弧焊发电机的电气接线图如图3所示 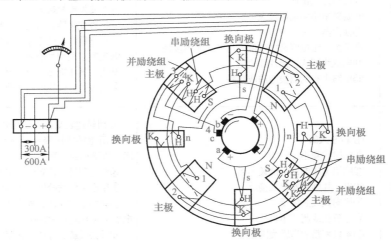 图3　AX1-500型直流弧焊发电机的电气接线图 弧焊发电机在上，共有4个主极和4个换向极，并有串励和并励两组线圈，其中并励线圈分布在4个主极上，并接在工作电刷及辅助电刷c上；串励线圈分布在两个主磁极上，与电枢线圈（a刷）串接，并有抽头。串励线圈所产生的磁通与主磁通方向相反 当发电机空载时，利用剩磁进行自励，发电机空载电压上升，此时由于没有负载电流，发电机不产生电枢反应，故没有去磁作用。因而，使发电机获得较高、稳定的空载电压，便于引弧 当发电机负载时，发电机中的合成主磁通 $\sum\Phi$ 由并励磁通 Φ_1、串励磁通 Φ_2 和电枢反应磁通 Φ_a 三部分组成，即 $\sum\Phi = \Phi_1 + \Phi_2 + \Phi_a$。由于 Φ_2 与 Φ_a 在主极一边的方向相反，因此随焊接电流变化而变化的 Φ_2 与 Φ_a，基本上能相互抵消。所以在电刷 a 与 c 之间产生的电动势由 Φ_1 决定，故用它来自励并联线圈所建立的磁通 Φ_1，不会随焊接电流而改变。但在主极的另一边，Φ_2 与 Φ_1 方向相同，且与 Φ_1 方向相反起着去磁作用。所以，发电机随焊接电流增加，使 $\sum\Phi$ 减小，焊机的端电压也随之下降，从而获得了陡降的外特性 当发电机短路时，由于 Φ_2 与 Φ_a 急剧增加，因此使 $\sum\Phi$ 变得很小，甚至使 $\sum\Phi$ 为0，并使弧焊机输出电压接近于零，从而限制输出电流 弧焊机的焊接电流有粗调和细调两种。粗调是用改接在接线端子板上串励线圈的匝数来实现；细调则用改变并励线圈回路中变阻器的阻值来实现

（2）弧焊发电机式直流电焊机常见故障现象、原因与检修方法

表1-27　弧焊发电机式直流电焊机常见故障现象、原因与检修方法

故障现象	故障原因	排除方法
电刷下火花过大	①电刷与换向器接触不良 ②个别电刷刷绳线接触不良，引起同组其他电刷过载 ③电刷更换后没有研磨好 ④电刷在盒中卡住或跳动 ⑤换向器片间云母突出 ⑥刷架歪曲或松动 ⑦换向器分离，即个别换向片凸出或凹进	①仔细观察接触表面，清除污物 ②紧固无火花电刷刷绳线节点 ③重新研磨或减小负载试运行 ④磨小电刷或调整电刷弹簧压力及检查电刷与刷盒间隙应不超过0.3mm ⑤进行换向器拉槽 ⑥重新调整或紧固 ⑦不严重时可用细磨石研磨，若无效，须上车床加工
剩磁消失	①弧焊机长期不使用 ②使用前受过激烈振动 ③发电机反转 ④焊机修理或保养后剩磁消失	用6～12V直流电源，通入励磁绕组数秒，使其磁化。如无效，可将电源极性对调，重新磁化
发电机电压不能建立	①自励式发电机剩磁消失 ②励磁电路断路 ③励磁线圈出线接反 ④励磁线圈短路 ⑤旋转方向错误 ⑥励磁电路中电阻过大 ⑦换向器脏污 ⑧至少一组电刷磨损过度或与换向器不接触 ⑨电枢线圈或换向片间短路 ⑩电路中有两点接地造成短路	①充磁 ②检查励磁电路与变阻器连接是否松脱，如松脱应紧固 ③调换两出线头 ④用电桥测量电阻并排除 ⑤改变发电机转向 ⑥检查变阻器，将它短路后再试 ⑦用略蘸汽油的干净抹布擦净换向器 ⑧更换相同牌号的新电刷 ⑨用片间压降法检查，并排除短路点 ⑩用校验灯或绝缘电阻表检查，并排除短路点
发电机电压达不到额定值	①转速太低 ②励磁线圈小 ③刷架（或电刷）位置不当 ④串、并励线圈相互接反 ⑤换向极线圈接反 ⑥过负载或调节不当 ⑦4只复励的串励线圈接反	①用转速表测量提高发电机转速至额定值 ②用电桥或压降法检测每一线圈，修理或调换电阻、压降小的线圈 ③调整刷杆座位置到输出电压最高处 ④用指南针法分别检查后纠正 ⑤同排除方法④，换向极与主磁极极性关系为顺发电机旋转方向n—N—s—S ⑥减去过载部分或重新调节 ⑦互换串励线圈两个接线头

2. 单相硅整流二极管直流电焊机的结构与维修

（1）整流弧焊机的结构原理

整流式直流弧焊机是一种将交流电经过整流二极管整流后变成直流电的弧焊机。由于一般都采用硅整流二极管，故又称为硅整流弧焊机。采用硅整流器做整流元件称为硅整流弧焊机，采用硅材料晶闸管整流称为硅晶闸管整流器。它与旋转式直流弧焊机相比，具有体积小、效率高、工作可靠、使用寿命长及维护简单等优点。

最简单的整流弧焊机是在BX1-330型交流焊机的基础上增加硅整流器做整流元件及风机，ZXG-150型焊条电弧焊整流器线路图如图1-13所示。

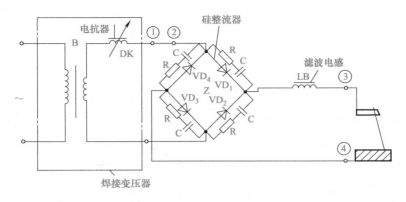

图 1-13　ZXG-150 型焊条电弧焊整流器线路图

交流电压 U 正半周时，电流正半周经 VD_1、LB、负载、VD_3 形成回路，负载上电压 $U_负$ 为上正下负。U 负半周时，电流负半周经 VD_2、负载、VD_4 形成回路，负载上电压 $U_负$ 仍为上正下负，实现了全波整流。经四只二极管 VD 整流出来的脉动电压再经电感 LB 滤波后即为直流电压。整流二极管多选用面接触型二极管，其额定电流应大于电路电流。

（2）ZXG-150 型焊机常见故障现象、原因与检修方法

表 1-28　ZXG-150 型焊机常见故障现象、原因与检修方法

故障现象	故障原因	检修方法
无输出	①弧焊变压器损坏 ②电抗器损坏 ③滤波电感损坏	①重新绕制变压器 ②查修电抗器 DK ③检修滤波电感 CB
开机烧熔断器	①弧焊变压器短路 ②整流管击穿短路 ③保护电容损坏	①修复 ②更换整流管 ③更换保护电容
焊接时，电压突然降低	主回路短路或整流元件击穿，控制回路断线	更换元件修复线路，并检查保护线路；检修控制回路，并修复
电流调节不良	控制线圈匝间短路，电流控制器接触不良，控制整流回路击穿	消除短路，包括重绕线圈；使电流控制器接触良好；更换已损元件
空载电压太低	电网电压太低，变压器一次线圈匝间短路，磁力启动器接触不良	调整电压值；消除短路，包括重绕线圈；使磁力启动器接触良好
风扇电动机不转	熔体烧断，电动机线圈断线或按钮开关触点接触不良	更换熔体；重焊或重绕线圈，修复或更换按钮开关

3. 三相硅整流二极管直流电焊机的结构与维修

（1）ZXG-500 型弧焊机的结构原理

ZXG 系列弧焊机可用作手工电弧焊电源和钨极氩弧焊电源，其中 ZXG-500 型弧焊机还可用作自动或半自动埋弧焊电源及碳弧切割电源。

ZXG-500 型硅整流式直流弧焊机的电气原理及自饱和电抗器结构如图 1-14、图 1-15 所示，其系统结构说明见表 1-29。

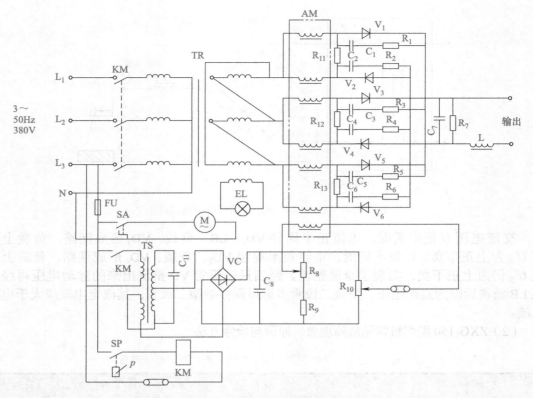

图 1-14 ZXG-500 型硅整流式直流弧焊机电气原理

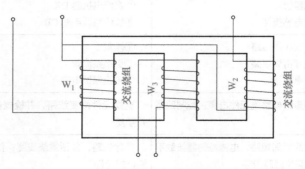

图 1-15 自饱和电抗器结构

表 1-29 ZXG-500 型硅整流式直流弧焊机控制系统结构说明

结构	说　明
三相整流变压器 TR	提供硅整流器低压电源
内反馈三相磁放大器（简称磁放大器）	磁放大器是弧焊机的主要部件，它由 6 只自饱和电抗器（放大元件）与 6 只硅整流二极管组成内反馈的三相桥式整流电路。它的作用是将交流电变换为直流电，并获得陡降的外特性
自饱和电抗器	自饱和电抗器由 3 只铁芯组成，每只铁芯上装有交流线圈，每只铁芯两旁的铁心柱上的两部分交流线圈串起来，使该内反馈电流（指整流后的直流分量）产生的磁通与直流控制线圈产生的磁通相叠加。直流控制线圈装在中间铁芯上，为 6 元件所共用，内反馈（指整流后的交流分量）的电流所产生的交流磁通在共用的控制线圈中所感应的电动势总和为零。自饱和电抗器的铁芯采用冷轧硅钢片，切忌敲打振动，以防磁性能变坏

结构	说　明
硅整流器组	硅整流器组由 6 只硅整流元件组成，并分别与 6 个放大元件串联后，接成三相桥式整流电路。由于焊机经常处于空载—负载—短路的交替工作状态，故将产生很高的瞬时过电压及过电流冲击。硅整流元件采用阻容吸收电路作过电压保护，并采用风压开关 SP，使焊机在不小于 5m/s 风速的冷却条件下才能工作
输出电抗器	输出电抗器串接在焊接回路中，作滤波用，使整流后的直流电更平直，还可以减小金属飞溅，使电弧稳定
铁磁谐振式稳压器	为了减小电网电压的波动对焊接电流的影响，磁放大器控制线圈的电源采用铁磁谐振式稳压器。它输出 25V 交流电压，经单相桥式整流后供给控制线圈，作直流励磁用
通风机组	焊机各部件的安装应适应不同的冷却要求。风由下部和两侧面板上的进风窗进入焊机，经过输出电抗器、饱和电抗器及三相整流变压器后，再冷却硅整流器组，最后由背面的面板中部排风窗口排出。特别是硅整流器组应安置在出风口处，确保被安装在前面的通风机冷却。风压开关 SPA 装在出风口处，它由 1 只微动开关及具有杠杆机构的叶片组成。当风扇鼓风时，叶片受风压吹开使杠杆机构动作，从而使微动开关动作，接通整机电路，弧焊机才能工作。当风扇停止鼓风时，由于微动开关复位，使电路断开，即整个弧焊机停电。必须注意，严禁在风扇不鼓风的情况下，用外力使微动开关动作，强迫弧焊机进行焊接

（2）ZXG7-300-1 型弧焊整流器的结构与工作原理

ZXG7-300-1 型弧焊整流器由电源变压器、磁饱和电抗器、硅整流器和相应的控制电路组成，单独使用可作为手工电弧焊电源，配备 NSA-300 型氩弧焊控制箱，便成为 NSA4-300 型直流钨极氩弧焊机，主要用于钢、不锈钢构件的焊接，也可用于铜、银、钛等金属的焊接。

ZXG7-300-1 型弧焊整流器结构如图 1-16 所示。ZXG7-300-1 型弧焊整流器各部分的结构和作用见表 1-30。

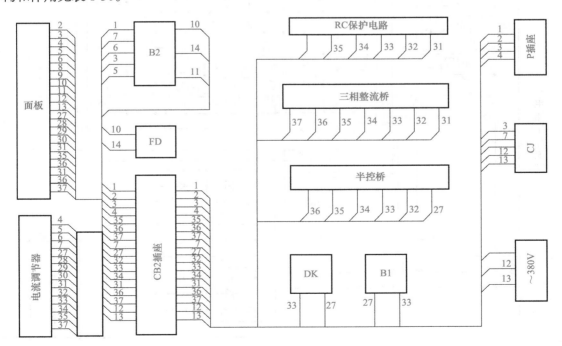

图 1-16　ZXG7-300-1 型弧焊整流器结构

表 1-30　ZXG7-300-1 型弧焊整流器各部分的结构和作用

部件名称	结构和作用
主要电源变压器和饱和电抗器组	主电源变压器为三相降压变压器，一次侧、二次侧均为星形连接，引入磁饱和电抗器使电流具有垂直下降的外特性，因而焊接电流稳定。调节电抗器控制线圈中的直流控制电流，即可改变电抗器的输出特性，实现电流无级调节，变压器二次侧线圈和饱和电抗器一组工作线圈共用，结构紧凑
三相硅整流电路	三相硅整流电路由 6 只 250V、200A 硅整流元件连接成三相桥式全波整流回路，输出电流波纹小，并有防止瞬时冲击电压的阻容保护装置。整流器的输出特性是垂直下降的，故不可能出现过载情况，因此不需要过载保护装置
焊接电流调节器	焊接电流调节器由晶闸管半控桥电路及异相触发电路和焊接电流衰减装置等组成，以调节磁饱和电抗器的直流控制电流，具有电流反馈，使焊接电流稳定。焊接电流衰减装置能适应焊缝及闭合缝焊接的需要、改善焊接收尾阶段的焊缝质量
机架和控制电路	机架由扁钢焊接而成，下部有 4 个滚轮，顶部设有供吊装用的吊环，以便于搬运，在机架的正面板上装有电源开关、焊接电流调节旋钮、衰减时间开关、调节旋钮及指示灯、电流表、电压表，后面板的下方设有交流 380V 电源的接线板及连接氩弧焊控制箱的四芯插座，机架的中层隔板上装有辅助电源变压器，作为控制电路的电流，并有交流 110V 外输出作为氩弧焊控制箱电源
通风机	通风机是一单相 220V、1400r/min 的电动机拖动，接通电源开关、通风机即可运转

ZXG7-300-1 型弧焊整流器主电路及氩弧焊引弧器电路工作原理见表 1-31。

表 1-31　ZXG7-300-1 型弧焊整流器主电路及氩弧焊引弧器电路工作原理

类别	说　　明
主电路工作原理	主电路工作原理如图 1 所示

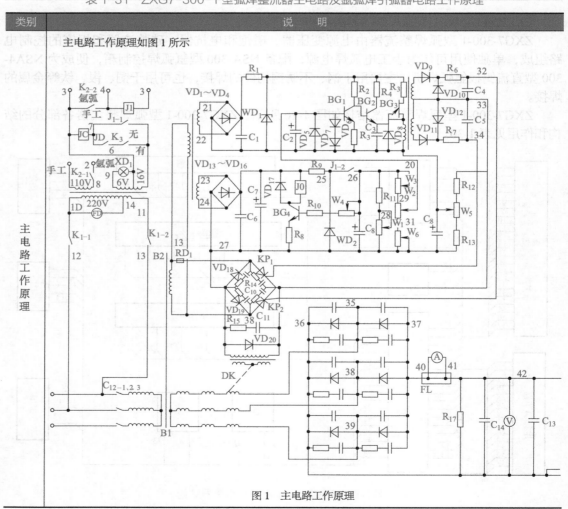

图 1　主电路工作原理

类别	说　　明
主电路工作原理	当整流器单独使用时，将焊接转换开关 K_2 放到"手工焊"位置，使用焊钳，即可进行手工电弧焊操作。当整流器配备氩弧焊控制箱，作氩弧焊使用时，将焊接转换开关 K_2 放到"氩弧焊"位置。整流器辅助电源变压器设有交流110V，向外输出作为氩弧焊控制箱电源。整流器使用时，接上电源，将电源开关 K_1 放到"通"位置，接通辅电源变压器 B_2，指示灯 XD_1 亮，同时通风机 FD 运转，在"手工"焊时，接点3、4已直接接通；作"氩弧"焊时，揿下焊炬手把上的按钮开关，通过氩弧焊控制箱的程序工作，使接点3、4接通。继电器接通，使交流接触器合闸，整流器进入工作状态。 　　转动焊接电流调节旋钮，通过电位器 W_2 对应的电阻值的改变去控制电流信号，改变晶闸管移相导通角，晶闸管半控电路输出电压及磁饱和电抗器 DK 的直流控制电流随之改变，即可获得焊接电流的调节。 　　当需要电流衰减时，将电流衰减开关 K_3 放到"有"位置，使继电器 JD 的触点串接在 JC 同路中。焊接将要结束时，松开焊炬手把上的按钮开关，通过氩弧焊控制箱的程序工作，使3、4接点断开、J_1 断开，此时，JC 通过 JD 仍然接通，故焊接电流继续维持，但 J_1 断开使电流调节器中的接点25、26断开，控制电流信号靠电容器 C_8 放电来供给，使焊接电流随着控制信号 C_8 放电电流的逐渐减少而逐步衰减，同时 JD 的吸合电流也由于 C_8 的放电逐渐减小而逐步衰减时间后才释放，切断 JC，整流器恢复到准备工作状态 　　电流衰减时间的细调节，借助转动衰减时间旋钮，改变电容 C_8 的放电电阻 W_2 来达到
氩弧焊引弧器电路	本整流器和氩弧焊控制箱（氩弧焊起弧器）配合作氩弧焊机使用时，用户只需外配氩气及气体减压流量计（JL-15型）、冷却水就成为全套焊接设备。弧焊机引弧器电路如图2所示 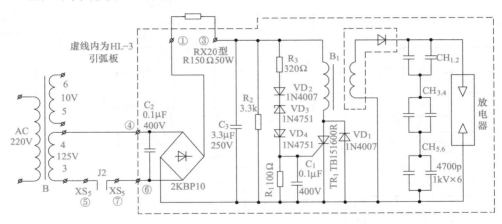 图2　弧焊机引弧器电路 　　焊接控制系统主要是控制箱，控制箱的作用是控制引弧、控制气路和水路系统。引弧器主要有高频引弧器和脉冲引弧器等 　　①高频引弧器，氩气是较难电离的气体的一种，所以引弧困难，若采用短路引弧法，由于钨极与工件接触可能会出现夹钨的缺陷，则手工钨极氩弧焊通常采用高频引弧器来引弧，高频引弧器是通过在钨极与焊件之间另加的高频高压击穿钨极与焊件之间的氩气而引弧 　　②脉冲引弧器，它的作用是当采用交流电源时，焊接电流通过电位改变极性时，在负半波开始的瞬间，另用一个外加脉冲电压使电弧重复引燃，从而达到稳弧的目的 　　由于现在多使用逆变式或直流脉冲机，所以下面简要介绍引弧器工作原理及常见故障维修。 　　接通电源，按下焊钳手柄的联动开关，触发开关 K（图中未标）接通且继电器 J_2（图中未标）动作。电源变压器 B 的③—④线圈125V交流电压通过 J_2、C_2 和整流全桥限流电阻 R，为引弧电路提供工作电压。该工作电压一方面通过晶闸管 TR_1 向升压变压器 B_1 提供脉冲电源，另一方面通过限流电阻 R_3、二极管 VD_2 及两只反向串联的稳压二极管 VD_3、VD_4 向 TR_1 的触发极提供触发电压，其中 R_1、C_1 起移相作作用。这样 TR_1 的间歇导通在 B_1 的一次侧线包中产生脉冲振荡电流，经过耦合，在二次侧感应出高压。通过 VD_1 内部高压二极管的整流、$CH_{1\sim6}$ 高压电容滤波后，在引弧放电器两端产生一定的高压，从而放电引弧 　　使用时如无电弧或电弧不稳定，应打开设备外壳，观察引弧板上的放电器有无灰尘、铁屑等异物而引起的短路情况，高压接头是否脱落，或紧固螺钉是否松动而引起放电间隙过小或过大，使引弧困难 　　排除以上故障后通电试机，检测引弧板下变压器 B 的④—⑥间是否有约125V交流电。如无，听听控制电路的电磁阀有无动作声。如有，则说明手柄开关完好，按动手柄开关时 J_2 应有振动感。如无或虽有，但④—⑥间无125V交流电，则可能是 J2 线包坏或触点接触不良。如有125V电压，关机后用万用表电阻挡测试①—③之间应有150Ω的阻值，这是一个 BX20型 50W、150Ω 的大功率电阻，安装在机器内部并通过引线连接到引弧板上。如引线断，则引弧板因失电而不工作

类别	说　明
氩弧焊引弧器电路	若引弧板上的①—③、④—⑥间电压都正常，则故障在引弧板上。拆下引弧板，据图提供的参数进行检查，其中 VD₃、VD₄ 是 30V 的稳压二极管，损坏后可用国产的 2CW19F/30V、2CW118/30V′等型号代替。B₁ 为专用升压变压器，可用黑白电视机常用的全联一体化高压包代替。替换时高压包的⑤、⑧脚分别接到电源正极和晶闸管正极，而④脚和高压线则接到高压电容上 　　维修完成后应注意，在调整放电器时，一定要用一把带有绝缘手柄的螺丝刀触碰放电器的两端间隙放去残余电压，以免遭到高压电击 　　注意：在应急修理时，还可用霓虹灯高压变压器（或电子高压变压器）代替整块高压板

（3）ZXG-1000R 焊接整流器的结构原理

ZXG-1000R 焊接整流器（以下简称焊机）为具有下降电压特性的焊机，焊机具有优良的工作性能，可用作在焊药层下进行自动埋弧焊的焊接电源，也可作 CO_2 气体保护焊的焊接电源和碳弧切割的电源。ZXG-1000R 焊接整流器控制系统电气原理如图 1-17 所示，其结构说明见表 1-32。

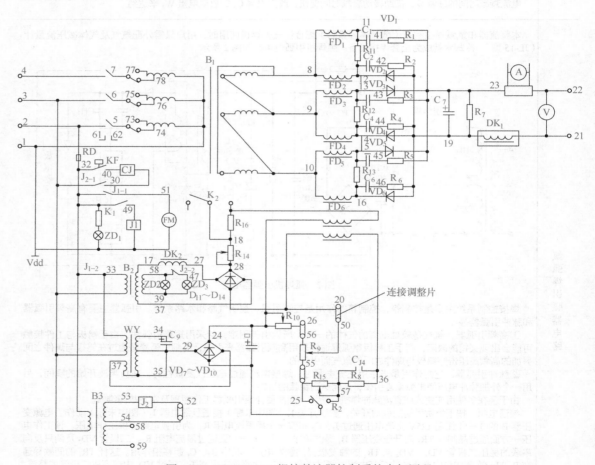

图 1-17　ZXG-1000R 焊接整流器控制系统电气原理

表 1-32 ZXG-1000R 焊接整流器控制系统结构说明

结构	说　明
焊机的启动	使用焊机时，将电源开关 K 置于接通位置，此时通风电动机 FM 运转，当风量达到一定值时，即以一定压力掀开 KF，使交流接触 CJ 吸引线圈通电，继而使主变压器一次侧通过 CJ 的主触头与电网接通，于是磁放大器开始工作，输出一定的直流电压，即可开始焊接工作

结构	说　明
焊机空载电压的调节	焊机具有可改变的两挡空载电压,对于埋弧焊接来讲,是为适应电弧电压反馈自动调节系统(变速送丝)和电弧电流自动调节系统(等速送丝)。一般地采用变速送丝时,焊机的空载电压调为较高值。采用等速送丝时,焊机的空载电压调为较低值。焊机空载电压的调整依靠改变在焊机背面下方的接线板上接线片的接线方法来完成
焊接电流的调节	焊接时为了调节焊接电流,首先将电流调节开关 K_2 置于"大"或"小",然后依靠调节面板上的焊接电流控制器 R_9,用以改变磁式放大器控制线圈中磁通势大小,从而调整输出(焊接)电流的大小,满足焊接需要 为了减小电网电压波动对焊接电流的影响,保持焊机具有良好性能,磁放大器控制线圈的电源采用带有电网电压的硅整流电路,促使控制电流随电网电压产生相反的变化,减小输出(焊接)电流的变化
过电压保护	硅整流元件虽有很多优点,但它耐过电压和过电流的冲击能力较差,一次侧的开断,网路电压的波动,熔断器突然断开等都可能造成过电压。在焊接过程中,焊机经常处于空载—负载—短路相互交替的工作状态,在焊机的输出端也经常会产生很高的瞬时过电压,因此必须采取一定的抑制方法或保护措施,以防止烧坏硅管。采用硅整流元件及输出端并接电阻电容进行瞬时过电压抑制保护,防止瞬变过电压击穿硅管
硅整流器组冷却保护	硅整流元件必须在不小于 5m/s 风速下工作。风速降低,叶片复位,风压开关 KF 因其本身的弹性而跳开,即切断交流接触器 CJ 控制回路,从而使焊机主电路与电网断开。通风电动机由熔断器 RD 进行过载及短路保护

(4)整流二极焊机使用与维修

表 1-33　整流二极焊机使用与维修

项目	说　明
焊机使用的注意事项	①在接收新焊机时,必须仔细观察焊机有什么地方损坏 ②接收新焊机时,或长期未运行之后,则在使用前,必须进行焊机的绝缘电阻检查,与电网有联系的线路及线圈应不低于 $0.5M\Omega$;与电网无联系的线圈及线路应不低于 $0.2M\Omega$。如果绝缘电阻低于上述值,焊机必须给予干燥处理。例如置于干燥处,靠近锅炉或电炉等 注:在进行绝缘电阻检查时,焊机中硅整流元件应用导线短接(可用导线将输出端短接)
焊机允许在下列工作条件下工作	①海拔高度不超过 1000m ②周围介质温度不超过 +40℃ ③空气相对湿度不超过 85%
整流二极焊机常见故障原因、现象与检修方法	整流二极焊机常见故障原因、现象与检修方法见表1-34

表 1-34　整流二极焊机常见故障原因、现象与检修方法

故障原因	故障现象	检修方法
箱壳漏电	①电源线接线不慎碰箱壳 ②变压器、磁放大器(饱和电抗器)、电源开关以及其他电气元件或接线碰箱壳 ③未接地线或接触不良	①找到碰触点断开即可 ②找到碰触点断开即可 ③接妥接地线
空载电压太低	①电源电压过低 ②变压器一次侧线圈匝间短路 ③磁力起动器接触不良	①调整电压额定值 ②找到短路点撬开加绝缘 ③清理触点使接触良好
焊接电流调节失灵或调节过程中电流突然降低	①磁放大器控制线圈 KF 匝间短路或烧断 ②焊接电流控制器接触不良 ③稳压变压器线圈短路或断开 ④电感 DK2 损坏 ⑤电窬器 C9 损坏 ⑥硅整流元件中有击穿现象	①短路可撬开加绝缘,如断路则应找到断点重新焊接,并加绝缘 ②修复或更换 ③修复或更换 ④修复或更换 ⑤更换 ⑥更换击穿的硅整流元件

故障原因	故障现象	检修方法
焊接电流调节范围小	①控制电流值未达到要求 ②控制线圈 FK 极性接反 ③磁放大器（饱和电抗器）铁芯受振性能变坏	①检查线路有否接触不良，如有则修复 ②更换极性 ③调换铁芯
焊接时焊接电流不稳定，有较大波动现象	①稳压线路接触不良 ②交流接触器抖动 ③风压开关抖动 ④控制线圈接触不良 ⑤线路中接触不良	①修复稳压线路 ②修复或更换 ③修复或更换 ④查找接触不良点修复 ⑤查找接触不良点修复
通风电动机不转	①熔体熔断 ②电动机线圈断线 ③按钮开关触头接触不良 ④电动机离心开关接触不良或损坏	①更换熔体 ②修复电动机或更换 ③更换或修复按钮开关 ④调整离心开关触点或更换
工作时焊接电压突然降低	①主线路部分或全部短路 ②主变压器或磁放大器短路 ③硅整流器击穿短路	①修复线路 ②查找短路点并修复 ③检查保护电阻，电容接触是否良好。更换同型号同规格整流器

（二）通用交流电焊机的结构与维修

交流电焊机是目前国内使用最为广泛的焊机，多数是动铁芯式漏磁式。交流弧焊变压器基本工作原理如图 1-18 中所示，W_1 是一次绕组，W_2 是二次绕组。W_1 和 W_2 绕在同一铁芯上，一次绕组将电能传给铁芯，使铁芯中产生交变磁场，然后铁芯又把磁能传给二次绕组，使二次绕组产生感应电动势。

变压器一、二次绕组感应的电动势之比等于其匝数之比，其计算式为

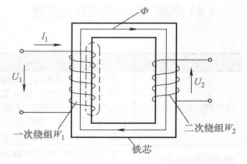

图 1-18 交流弧焊变压器基本工作原理

$$K = \frac{U_1}{U_2} = \frac{N_1}{N_2}$$

式中 K——变压器的电压比；

N_1，N_2——一、二次绕组的匝数。

1. 动圈电流调节式交流电焊机的结构与维修

① 动圈电流调节式交流电焊机的结构　BX3-300、BX3-500 等弧焊变压器外形与结构如图 1-19（a）所示，其构造原理如图 1-19（b）所示。

由图 1-19（b）可知，焊机的下降外特性是因动线圈（二次线圈）和静线圈（一次线圈）之间距离 L，产生了漏抗作用而形成的。

焊机的电流调节就是用摇动手柄调节动、静线圈间的距离 l，从而改变了焊机漏抗的大小，由此可获得不同的焊接电流。

动圈式交流弧焊机是为矿山和矿井巷道专门设计制造的交流手弧电焊机，它既可以使用矿用 660V 交流电源供电，也可以使用普通 380V 交流电源供电，可供单人手工操作，适用于焊接 3～30mm 厚的低碳钢、低合金钢及各种不同的机械结构，也可进行结构的填补工作，使用 1.5～6mm 的涂药焊条。在整个电流调节范围内，可保持焊弧稳定，焊接时飞溅小，焊缝平滑。

负载持续率为焊接电流接通时间与焊接周期之比，即负载持续率 $= t/T \times 100\%$，式中，

t 为焊接电流接通时间，s；T 为整个周期（工作和休息时间之总和）5min。

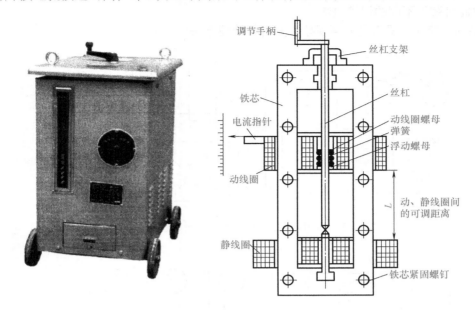

(a) 外形与结构

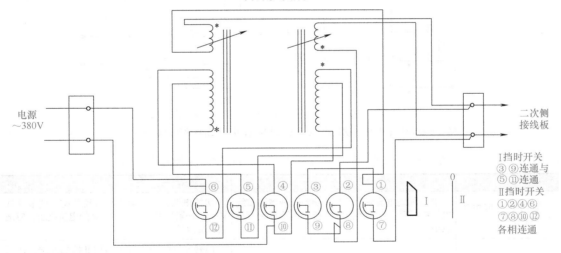

"↑" 指上时，逆时针转90°为 I 挡，顺时针转90°为 II 挡

(b) 构造原理

图 1-19　BX3 系列动圈电流调节式交流电焊机外形、结构与构造原理

该焊机电流调节为两挡，I、II 两挡换接由组合转换开关一次完成，焊接电流细调节靠转动手柄，调节二次侧线圈位置，改变漏抗的大小来实现。

BX3 系列交流矿用焊机使用时要特别注意转换开关位置。BX3-300K、BX3-500K 及 BX3-630K 矿用交流弧焊机的输入电源为 380V 和 660V 两用。需特别注意的是，使用 380V 电源时，660V 转换开关必须放在 "0" 位置；使用 660V 电源时，380V 转换开关必须放在 "0" 位置，否则容易烧坏焊机。

② 动圈式交流电焊机的故障分析与故障维修　动圈式交流弧焊变压器，焊接时电流不能调节。动圈式交流弧焊变压器，其外特性是因动、静绕组之间有距离，产生了漏抗作用而

形成的。电焊机的电流调节就是用摇动手柄调节动、静绕组的距离，从而改变了电焊机漏抗的大小，由此可获得不同的焊接电流。

BX3 系列交流弧焊机常见故障现象、分析与处理方法见表 1-35。

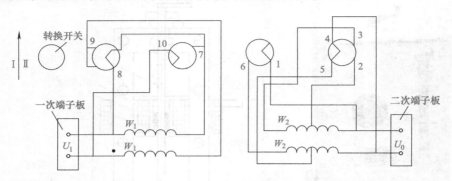

图 1-21　KDH 型开关的弧焊变压器接线图

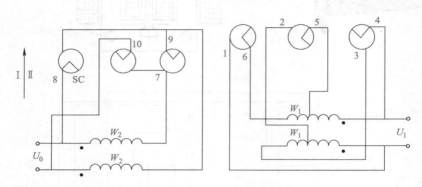

图 1-21　E119 型开关的弧焊变压器接线图

U_1——次电压；W_1——次绕组；U_0—空载电压；W_2—二次绕组；SC—转换开关

表 1-35　BX3 系列交流弧焊机常见故障现象、分析与处理方法

故障现象	故障分析	处理方法
使用中发现电流不能调节	有可能是电流调节机构不灵活，或者是重绕电抗绕组后，匝数不足，焊接电流不能调节得较小	切掉电源，拆开电焊机传动机构，调节丝杠转动的松紧程度，如果是重绕的电抗绕组，应适当增加匝数
在换上新的转换开关以后，发现 I 挡和 II 挡不能调节	—	用转换开关来实现 I 挡和 II 挡的换接，使用起来很不方便，但动圈式交流弧焊变压器种类很多，线路接线也有差别，常用的转换开关有 KDH 型开关和 E119 型开关。转换开关与绕组的正确接线如图 1-20 和图 1-21 所示
动圈式交流弧焊变压器（BX3-300型）电焊机使用正常，但电流调节机构的手柄摇动困难	BX3-300 型动圈式交流弧焊变压器结构见图 1-19（a）所示。由其工作原理可知，电焊机的下降外特性是因动、静绕组之间有距离 L，产生了漏抗作用而形成的。电焊机的电流调节，就是用摇动手柄调节动、静绕组间的距离 L，从而改变了焊机漏抗的大小，由此可获得不同的焊接电流 该焊机出现电流调节时手柄摇动困难，说明电流调节机构不灵活。由结构图 1-19（a）可知，这是由于调节丝杠转动松紧程度的浮动螺母拧得过紧，弹簧压力过大所致	拧松浮动螺母，使弹簧的压力降低，动线圈螺母与丝杠的转动配合就会放松，手摇丝杠调节电流时就不会吃力了

故障现象	故障分析	处理方法
在动圈式交流弧焊变压器（BX3-300型）电焊机使用过程中（焊接）正常，但在调节电流时达不到标牌所标的最大电流值	由其工作原理可知，动、静绕组间的间距 L 最小时电焊机的电流最大，如果电焊机的动绕组活动空间受阻（有障碍物）使两绕组的间距没有达到设计的最小值时，电焊机电流便不会达到标志的最大值。另外，电焊机动绕组各接头处如果接触不良，也会因接触电阻增大而使电流减小	①仔细检查动绕组滑道上有无障碍物，使动、静绕组的间距可调，达到设计的最小值 ②清理动绕组各接头的接触面，并拧紧螺钉，使接触电阻最小 ③更换不合格的转换开关，清理各接头接触面，拧紧接线螺钉 ④如果以上几点措施仍达不到要求，可适当减少静绕组的匝数，使电焊机的空载电压提高，可使电流增大。但是，采用这一措施后，电焊机的其他参数也会相应改变，如焊接电流的下限也会提高等，这一点应要注意
动圈式交流弧焊变压器（BX3 300型）电焊机使用正常，但在调节电流时达不到标牌所标的最小电流值	动圈式交流弧焊机的电流调节，是靠改变动、静绕组的间距 L 来调节弧焊变压器输出电流的。当 L 最小时，变压器的漏抗最小，所以电焊机电流最大；反之，当 L 最大时，漏抗最大，而电焊机电流最小 该电焊机的动绕组虽已调到最高处，却没有达到设计的 L 最大值，所以，实测电流仍达不到电焊机铭牌上所标的最小电流值	处理方法：根据具体电焊机结构实际情况，在确保电焊机质量的前提下对阻止动绕组调高的障碍物予以清理，使 L 尽可能达到设计最大值 当对阻止动绕组调高的障碍物予以清理，使 L 尽可能达到设计最大值仍达不到要求时，可适当增加静绕组匝数，使电焊机空载电压适当降低，可以实现电焊机最小电流。但是，这样做电焊机的最大电流也会相应下降一些
在现场施工时造成（没有及时给电焊机罩上防雨设施）交流弧焊变压器受到大雨的淋湿（绕组），不能正常使用	故障分析及处理：交流弧焊变压器因受大雨的淋湿（绕组）可有以下几种方法进行干燥处理 ①自然干燥法。对于被淋湿但受潮不严重的电焊机可采用此方法。此方法简单、经济。将受潮的交流电焊机机壳打开，置于干燥通风处，晾晒 2～3 天就可以了 ②炉中烘干法。将受潮的交流电焊机放置在大型的烘炉中加温烘烤，在 80～90℃温度下烘烤 2～3h 便可。但要注意烘烤前应将电焊机上的不耐热的电气元件拆下来，待电焊机烘烤完毕冷却后再装上去 ③烘干干燥法。对于被淋湿但受潮严重的电焊机，将电焊机置于板式电热器（1～2kW）焦炭炉上方 200～300mm 处烤 3～5h（要注意看护被烘烤的弧焊变压器），也可以用电热风机进行吹干。但此法需要边吹边检查电焊机的绝缘情况，隔一段时间进行一次绝缘测试，直至绝缘良好，便可使用 ④通电干燥法：可选用一台直流弧焊发电机作电源，将被干燥的交流电焊机作负载，将电源接入负载的二次输出端，合上电源开关，将直流弧焊发电机的电流调节在 50～100A，电流由小到大缓慢增加。通电约 1h 便可。这是利用电流的热效应使交流电焊机自身发热干燥 交流电焊机干燥以后，应使用 500V 的兆欧表检测电焊机的绝缘状况。一次组对地绝缘电阻不应低于 5.0MΩ；二次绕组对地绝缘电阻不应低于 2.5MΩ 以上两项检查都合格后，该电焊机便可放心地使用了。如果检查绝缘不合格，说明电焊机干燥得不彻底，绝缘物中仍有残留潮气，仍需继续干燥处理，直至绝缘检查合格为止

BX3 系列交流弧焊机常见故障现象、引起原因及排除方法见表 1-36。

表 1-36 BX3 系列交流弧焊机常见故障现象、引起原因及排除方法

故障现象	产生原因	排除方法
引线接线处过热	接线处接触电阻过大或接线处紧固件太松	松开接线，用砂纸或小刀将接触导电处清理出金属光泽，然后拧紧螺钉或螺母
焊机过热	①变压器过载 ②变压器线圈短路 ③铁心螺杆绝缘损坏	①减小使用电流，按规定负载运行 ②撬开短路点加垫绝缘，如短路严重应更换线圈 ③恢复绝缘
焊机外壳带电	①一次侧线圈或二次侧线圈碰壳 ②电源线碰壳 ③焊接电缆碰壳 ④未接地或接地不良	①检查碰触点，并断开触点 ②检查碰触点，并断开触点 ③检查碰触点，并断开触点 ④接好接地线，并使接触良好
焊机电压不足	①二次侧线圈有短路 ②电源电压低 ③电源线太细，压降压大 ④焊接电缆过细，压降太大 ⑤接头接触不良	①消除短路处 ②调整电压达到额定值 ③更换粗电源线 ④更换粗电缆 ⑤使接头接触良好

故障现象	产生原因	排除方法
焊接电流过小	①焊接电缆过长 ②焊接电缆盘成盘状，电感大 ③电缆线有接头或与工件接触不良	①减小电缆长度或加大电缆直径 ②将电缆由盘形放开 ③使接头处接触良好，与工件接触良好
焊接电流不稳定	焊接电缆与工件接触不良	使焊接电缆与工件接触良好
焊机输出电流过大或过小	①电路中起感抗作用的线圈绝缘损坏，引起电流过大 ②铁芯磁路中绝缘损坏产生涡流，引起电流过小	①检查电路绝缘情况，排除故障 ②检查磁路中的绝缘情况，排除故障
焊机"嗡嗡"声响强烈	①二次侧线圈短路 ②二次侧线圈短路或使用电流过大过载	①检查并消除短路处 ②检查并消除短路，降低使用电流，避免过载使用
焊机有不正常的噪声	①安全网受电磁力产生振动 ②箱壳固定螺钉松动 ③侧罩与前后罩相碰 ④机内螺钉、螺母松动	①检查并消除振动产生的噪声 ②拧紧箱壳固定螺钉 ③检查并消除相碰现象 ④打开侧罩检查并拧紧螺钉螺母
熔丝熔断	①电源线接头处相碰 ②电线接头碰壳短路 ③电源线破损碰地	①检查并消除短路处 ②检查并消除短路处 ③修复或更换电源线

2. 抽头式交流弧焊机的结构与维修

（1）抽头式交流弧焊机的结构

目前普通抽头交流电焊机以小型焊机为主，是一种供单人操作的交流电焊机，有自然冷却和强迫风冷两种。焊机的空载电压为75V，工作电压为40V，焊接电流调节范围为120～550A。普通交流电焊机的外形及构造原理如图1-22所示，它具有体积小、重量轻、效率高及性能良好等特点。

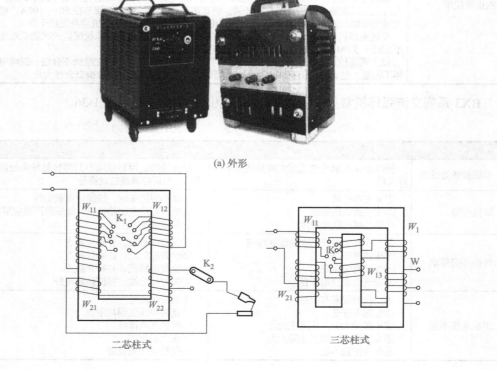

(a) 外形

二芯柱式　　　　　　　　三芯柱式

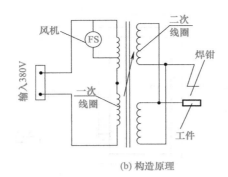

(b) 构造原理

图 1-22 普通交流电焊机的外形及构造原理

由接线图可知，它也是一台具有两只或三只铁芯的柱式降压变压器。其一次侧、二次侧线圈分装于主铁芯两侧。通过调整一次侧抽头可使焊接电流在较大范围内调节，以适应焊接规范的需要。

（2）抽头式交流弧焊机常见故障分析与处理方法

表 1-37 抽头式交流弧焊机常见故障分析与处理方法

故障现象	故障分析	处理方法
电焊机在连续使用不久就打不着火了，过一会儿又好了，总是这样时好时坏的	该抽头式交流弧焊变压器在一次电路里串接了温度开关（温度继电器）ST，它放置在工作温度最高的地方（绕组处），当电焊机工作一段时间之后，绕组发热，当温度达到预定值时，温度开关 ST 的触点打开，切断了输入电路，致使交流电焊机停止工作，从而防止绕组由于温升过高而烧坏，从使电焊机得到保护。停一段时间，绕组热量散发之后，温度开关复位，又自行接通电焊机的一次电路，电焊机重新投入工作	此故障并非交流弧焊机真正故障，它是抽头式交流电焊机工作过程中的正常现象。根据抽头式交流弧焊机的标准规定，电焊机厂家在设计中必须装设该热保护装置。在使用时该电焊机稍冷降温之后便可正常使用了
抽头式交流弧焊变压器一次、二次绕组接线正确，就是焊接时打不着火，只是"嘶啦、嘶啦"有火花而不起弧，通过检测，电焊机进线电源电压只有 160 ~ 170V	在电焊机设计时考虑到电网电压的波动，即电网波动在 +5% ~ −10% 范围内电焊机才能正常使用。现在电网电压向下波动，波动幅度为 $$\frac{160-220}{220} \times 100\% = -27\%$$ $$\frac{170-220}{220} \times 100\% = -22.7\%$$ 13X6-20 型交流弧焊变压器的空载电压额定是 50V，在电网 −22.7% ~ −27% 的波动下才有 36.5 ~ 38.65V，这么低的空载电压显然是打不着电弧的，只能打火花。因此，上述交流电焊机本身无故障，打不着电弧是电网电压太低的缘故	①避开电网用电高峰期再使用 ②如果因工作任务紧而需要时，可用一个调压器（或稳压器）来保证其施工进度
抽头式交流弧焊变压器在使用中冒烟烧毁，但在开机检查后发现两个变压器芯柱中的一个绕组烧了，而另一个绕组仍完好（绝缘良好），没有过热现象	由图 1-33 所示可知，电焊机的一次绕组 W_1 是由基本绕组和抽头绕组所组成的，约占 W_1 的 2/3（设置 6 个抽头）绕在左侧铁芯柱上，另 1/3 绕在右侧铁芯上，也设置 6 个抽头，以便和左侧相匹配。二次绕组 W_2 绕在右侧芯柱上 W_1 绕组外侧。电焊机烧毁的是右侧芯柱上的一次、二次组绕在一起的绕组，而左侧的一次绕组 W_1 完好无损。所以，根据上述故障情况，对右侧绕组进行大修	①要做好原始记录（如绕向、匝数、导线的截面、规格） ②计算铜导线的实际需要量，进行备线。仿照原绕组，做胎具（按绕组的制作方法进行）进行绕制并干燥处理 ③按接线图接线，按原结构恢复（安装），并进行试验，要求符合绝缘标准

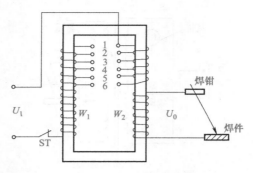

图 1-30　BX6 120 型弧焊变压器电路接线图

（3）抽头式弧焊机常见故障现象、可能原因与检修方法

表 1-38　抽头式弧焊机常见故障现象、可能原因与检修方法

故障现象	可能原因	检修方法
焊机不起弧	①电源没有电压 ②焊机接线错误 ③电源电压太低 ④焊机线圈有断路或短路 ⑤电源线或焊接电线截面太小 ⑥地线和工件接触不良	①检查电源开关、熔断器及电源电压，修复故障 ②检查变压器一次线圈和二次线圈接线是否错误，如有接错应按正确接法重新接线 ③可用大功率调压器调压或改变一次侧组成抽头接线，以提高二次电压 ④断路找到断路点用焊接方法焊接，短路撬开短路点加垫绝缘，如短路严重，则应重新更换线圈 ⑤正确选用截面足够的导线 ⑥使地线和工件接触良好
焊机线圈过热	①焊机长时间过载 ②焊机线圈短路或接地 ③通风机工件不正常 ④线圈通风道堵塞	①按负载持续率及焊接电流正确使用 ②重绕线圈，更换绝缘 ③如反转，则应改变接线端使风机正转；不转，则检查风机供电及风机是否损坏，损坏应更换 ④清理线圈通风道，以利散热
焊机铁心过热	①电源电压超过额定电压 ②铁芯硅钢片短路，铁损增加 ③铁芯夹紧螺杆及夹件的绝缘损坏 ④重绕一次线圈后，线圈匝数不足	①检查电源电压，并与焊机铭牌电压相对照，给输入电压降压，选择合适挡位，进行调压，使之相符 ②清洗硅钢片，并重刷绝缘漆 ③修复或更换绝缘 ④检查线圈匝数，并验算有关技术参数，添加线圈
电源侧熔体经常熔断	①电源线有短路或接地 ②一次端子板有短路现象 ③一次线圈对地短路 ④一次、二次线圈之间短路 ⑤焊机长期过载，绝缘老化以致短路 ⑥大修后线圈接线错误	①检查更换 ②清理修复或更换 ③检查线圈接地处，修复并增加绝缘 ④查找短路点，撬开加好绝缘 ⑤涂绝缘漆或重绕线圈 ⑥检查线圈接线，并改正错误接线
焊接电流过小	①焊接电缆截面不足或距离过长，使电压过大 ②二次接线端子过热烧焦 ③电源电压不符，例如应该接 380V 的焊机，错接在 220V 的电源上 ④地线与工件接触不良 ⑤焊接电缆盘成线圈状	①正确选用电缆截面，重新确定长度，应在焊机要求的距离内工作 ②修复或更换端子板和接线螺栓等，并应紧固 ③检查电源电压，并与焊机铭牌上的规定相符 ④将地线与工件搭接好 ⑤尽量将焊接电缆放直
焊接电流不可调	电抗器线圈重绕后与原匝数不对（匝数少）	按原有匝数绕制
焊机外壳漏电	①线圈对地绝缘不良 ②电源线不慎碰机壳 ③焊接电缆线不慎碰机壳 ④一次、二次线圈碰地 ⑤焊机外壳无接地线，或有接地线，但接触不良	①测量各线圈对地绝缘电阻，加热绝缘 ②检查碰触点，并断开触点 ③检查碰触点，并断开触点 ④查找碰地点撬开，加热绝缘 ⑤安装牢固的接地线

故障现象	可能原因	检修方法
焊接过程中电流不稳	①电源电压波动太大 ②可动铁芯松动 ③电路连接处螺栓松动，使焊接时接触电阻时大时小	①如测量结果确属电网电压波动太大，可避开用电高峰使用焊机；如果是输入线接不良，应重新接线 ②紧固松动处 ③检查焊机，拧紧松动螺栓
焊机振动及响声过大	①动铁芯上的螺杆或拉紧弹簧松动、脱落 ②铁芯摇动手柄等损坏 ③线圈有短路	①加固动铁芯、拉紧弹簧 ②修复摇动机构、更换损坏零件 ③查找短路点，并加热绝缘或重绕线圈

（三）交、直流两用电焊机的结构与维修

1. 结构与工作原理

ZXE1 系列交直流两用硅整流焊机由动铁芯式焊接变压器、整流器组、电抗器及开关等主要部件组成。

ZXE1 系列交直流弧焊机电路原理如图 1-24 所示。

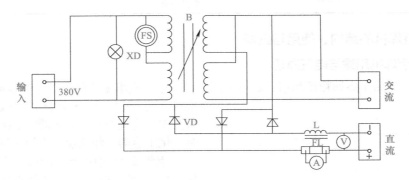

图 1-24 ZXE1 系列交直流弧焊机电路原理

ZXE1 系列为单相动铁芯磁分路式电焊机。变压器 B 采用三个铁芯柱，一次侧、二次侧线圈分别放置在动铁芯两侧，一次侧和二次侧分成上下两部分线圈，固定在主铁芯上，中间铁芯柱为可移动的，称为动铁心，构成磁分路，移动铁芯位置就能改变输出焊接电流的大小；硅整流器由 4 个硅整流器元件组成单相桥或全波整流电路；输出电抗器串接在焊接回路中，起滤波作用，使整流后的直流电更平直，以稳定电弧、减少金属飞溅。

2. 交直流两用电焊机的维修

表 1-39 交直流两用电焊机常见故障现象、产生原因及检修方法

故障现象	产生原因	检修方法
焊机输出端不引弧，无电流输出	①输入端电源无电压输入 ②开关损坏或内部接线脱落	①检查输入电源断路器或熔丝是否完好 ②拆去外壳，检查有否脱线或脱焊，并焊接或旋紧螺钉
焊机引弧困难或易断弧	①网络电压过低或输入电压低于额定输入电压 ②输出电缆线过长或截面积过小	①按要求输入额定电压 ②按输出电流大小配置足够载面积的电缆线，且电缆长度不宜超过 10m，并保护搭铁电缆线工件的接触良好
焊机工作后发烫、温度升高或有不正常气味冒出	①未按额定负载持续率工作或焊机选型过小 ②新焊机初次工作有轻微的绝缘漆气味 ③线圈短路	①按铭牌上所标负载率掌握焊机工作时间，不宜大电流长时间连续焊接 ②属于正常现象 ③二次侧线圈匝间短路处拨开后包扎，线圈短路损坏严重需返厂检查修复

故障现象	产生原因	检修方法
冷却风扇不转	①风机电源插线脱落或接触不良 ②风机损坏	①重新插上或夹紧 ②更换新风机
焊机噪声过大	①外壳或底架螺钉松动 ②动铁芯振动 ③线圈或铁芯紧固螺栓不紧	①重新紧固螺钉 ②调整动铁芯螺钉，使弹簧片压力加大 ③压紧铁芯紧固螺栓或线圈紧固螺栓
机箱内发出很响的"嗡……"短路声	一般判定为D1～D4中的二极管损坏	脱开二极管的连接线，用万用表欧姆挡测量正、反向电阻，正向电阻值为几百欧姆，反向电阻值为几千欧姆。若正反向都为几百欧姆，则应更换二极管
焊机电流无法达到最大	①输入电源线截面积过小 ②输出电缆过小或过长 ③动铁芯无法摇出来	①按铭牌一次侧电流选择足够大的电源线 ②加大焊接电缆线或减短过长的焊接电缆线 ③检查机械运动部分排除机械故障
外壳带电	①电源接线处有碰壳 ②焊机内部有线碰壳 ③线圈搭铁 ④过分潮湿 ⑤焊钳潮湿或地面潮湿	①检查接线是否安全 ②拆除外壳，检查是否有线与外壳相碰 ③找到搭铁短路点，修复 ④将外壳良好接地 ⑤输出为安全电压，有轻微麻感属正常，穿绝缘鞋、戴绝缘手套

（四）点焊机的结构、使用与维修

1. 普通点焊机用途与电气原理

点焊机广泛用于金属箱柜制造、建筑机械修理制造、汽车零部件、自行车零部件、异形标准件、工艺品、电子元器件、仪器仪表、电气开关、电缆制造、过滤器、消声器、金属包装、化工容器、丝网及网筐等金属制品行业。

点焊机可对中低碳钢板、不同厚度的金属板材、钢板与工件及各种有色金属异形件进行高质量、高效率的焊接。

点焊机可根据客户需要配备可靠性高的KD2-160A、KD3-160A型点凸焊微机控制器。点凸焊微机控制器能准确控制焊接工艺过程中的"压紧""焊接""维持""休止"4个程序时间，焊接时间可在 0.02～4s 范围任意调整。工作稳定，不受人为因素的影响，从而保证了每个焊点的质量，使同批工件各焊点质量完全一致。

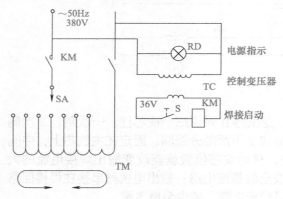

图 1-25　DN-10-25 型普通点焊机的电气原理

KM—接触器；RD—指示灯；SA—转换开关；TC—控制变压器；TM—焊接变压器；S—脚踏开关

DN-10-25 型普通点焊机的电气原理如图 1-25 所示。

2. 使用方法

① 焊接时应先调节电极杆的位置，使电极刚好压到焊件时，电极臂保持互相平行。

② 电流调节开关的级数可按焊件厚度与材质而定。电极压力的大小可通过调整弹簧压力螺母，改变其压缩程度而获得。

③ 在完成上述调整后，可先接通冷却水后再接通电源准备焊接。焊接过程：焊件置于两电极之间，踩下脚踏板，并使上电极与焊件接触并加压，在继续压下脚踏板时，电源触头开关接通，变压器开始工作，二次侧回路通电使焊件加热。当焊接一定时间后松开脚踏板时电极上升，借弹簧的拉力先切断电源而后恢复原状，单点焊接过程结束。

④ 焊件准备及装配：钢焊件焊前须清除油污、氧化皮及铁锈等，对热轧钢，焊接处最好先经过酸洗、喷砂或用砂轮清除氧化皮。未经清理的焊件虽能进行点焊，但是严重降低了电极的使用寿命，同时降低点焊的生产效率和质量。对于有薄镀层的中低碳钢，可以直接施焊。

⑤ 用户在使用时可参考 1-40 给出的工艺数据。

表 1-40　工艺数据

类别	说　明
焊接时间	在焊接中低碳钢时，本焊机可利用强规范焊接法（瞬时通电）或弱规范焊接法（长时通电）。在大量生产时应采用强规范焊接法，它能提高生产效率、减少电能消耗及减轻工件变形
焊接电流	焊接电流决定于焊件的大小、厚度及接触表面的情况。通常金属电导率越高，电极压力越大，焊接时间应越短，此时所需的电流密度也随之增大
电极压力	电极对焊件施加压力的目的是为了减小焊点处的接触电阻，并保证焊点形成时所需要的压力
电极的材料及直径	电极由铬锆铜加工而成，其接触面的直径大致如下： ① $\delta \leqslant 15mm$ 时，电极接触面直径 $2\delta \pm 3$（mm） ② $\delta \geqslant 2mm$ 时，电极接触面直径 $15\delta \pm 5$（mm） ③ δ 为两焊件中较薄焊件的厚度（mm） ④ 电极直径不宜过小，以免引起过度的发热及迅速的磨损
焊点的布置	焊点的距离越小，电流的分流现象越多，且使点焊处的压力减少，从而削弱焊点强度

3. 点焊机的故障检修

（1）点焊机的维护方法

焊机必须妥善接地后方可使用，以保障人身安全。焊机使用前要用 500V 兆欧表测试焊机高压侧与机壳之间绝缘电阻不低于 25MΩ 方可通电。维修时先切断电源，再开箱检查。

焊机先通水后施焊，严禁无水工作。冷却水应保证在 $0.15 \sim 0.2MPa$ 进水压力下供应 $5 \sim 30℃$ 的工业用水。冬季焊机工作完毕后应用压缩空气将管路中的水吹净以免冻裂水管。焊机引线不宜过细过长，焊接时的电压降不得大于初始电压的 5%，初始电压不能偏离电源电压的 ±10%。

焊机使用时，如发现交流接触器吸合不实，说明电网电压过低，用户应该首先解决电源问题再使用。气动点焊机的易损件有上、下电极动触头及静触头，如图 1-26 所示。

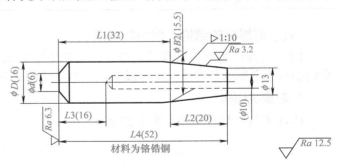

图 1-26　气动点触头形状

（2）点焊机常见故障现象、原因与排除方法

表 1-41　点焊机常见故障现象、原因与排除方法

故障现象	故障原因	排除方法
踏下脚踏板时焊机不工作，电源指示灯不亮	①检查电源电压是否正常；检查控制系统是否正常 ②检查脚踏开关触点、交流接触器触点、分头换挡开关是否接触良好或烧损	①查换控制系统损坏元件 ②查换脚踏开关触点、交流接触器触点、分头换挡开关
电源指示灯亮，工件压紧不焊接	①检查脚踏板行程是否到位，脚踏开关是否接触良好 ②检查压力杆弹簧螺钉是否调整适当	①调整脚踏板行程到位，使其接触良好 ②调整压力杆弹簧螺钉适当

故障现象	故障原因	排除方法
焊接时出现不应有的飞溅	①检查电极是否氧化严重 ②检查焊接工件是否严重锈蚀接触不良 ③检查调节开关是否挡位过高 ④检查电极压力是否太小，焊接程序是否正确	①电极氧化更换 ②使其接触良好 ③调整调节开关到合适位置 ④调整电极压力
焊点压痕严重并有挤出物	①检查电流是否过大 ②检查焊接工件是否有凹凸不平 ③检查电极压力是否过大，电极头形状、截面是否合适	①调整电流合适 ②处理焊接工件使其平整 ③调整电极压力，修复或互换电极头形状、截面合适
焊接工件强度不足	①检查电极压力的大小，检查电极杆是否紧固好 ②检查焊接能量是否太小，焊接工件是否锈蚀严重，使焊点接触不良 ③检查电极头截面是否因为磨损而增大，造成焊接能量减小 ④检查电极和铜软联的接合面是否严重氧化	①调整电极压力、紧固电极杆 ②调整焊接能量，清洗焊接工件使焊点接触良好 ③打磨电极头截面或更换 ④重新连接电极和铜软联
焊接时交流接触器响声异常	①检查交流接触器进线电压在焊接时是否低于自身释放电压300V ②检查电源引线是否过细过长，造成线路压降太大 ③检查网路电压是否太低，不能正常工作 ④检查主变压器是否有短路，造成电流太大	①检查交流输入电压 ②查换电源引线 ③网路电压正常后再工作 ④修换主变压器
焊机出现过热现象	①检查电极座与机体之间绝缘电阻是否不良，造成局部短路 ②检查进水压力、水流量、供水温度是否合适，检查水路系统是否有污物堵塞，造成因为冷却不好使电极臂、电极杆、电极头过热 ③检查铜软联和电极臂、电极杆和电极头接触面是否氧化严重，造成接触电阻增加发热严重 ④检查电极头截面是否因磨损增加过多，使焊机过载而发热 ⑤检查焊接厚度、负载持续率是否超标，使焊机过载而发热	①查换电极座与机体之间的绝缘电阻 ②调整进水压力、水流量、供水温度，清除水路系统污物堵塞 ③重新连接铜软联和电极臂、电极杆和电极头 ④修复检查电极头 ⑤调整焊接厚度或更换焊机

（五）对焊机的结构、使用与维修

UN1对焊机为杠杆加压式对焊机，可用电阻焊和闪光焊法对低碳钢、中碳钢、部分合金钢和有色金属的各种棒、环、板条、管等型材进行焊接，用途广泛。

1. 对焊机结构

UN1系列对焊机电路如图1-27所示。

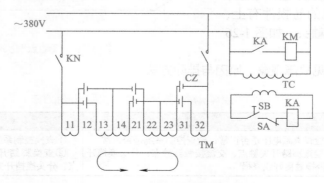

图1-27　UN1系列对焊机电路图

TM—焊接变压器；CZ—接触缸；KM—交流变频器；TC—控制变压器；KA—中间继电器；

SB—按钮；SA—行程开关

左右两电极分别通过多层铜皮与焊接变压器二次侧线圈的导体连接，焊接变压器的二次侧线圈采用循环水冷却。在焊接处的两侧及下方均有防护板，以免熔化金属溅入变压器及开关中。焊工须经常清理防护板上的金属溅末，以免造成短路等故障。

UN1 系列对焊机的结构说明见表 1-42。

表 1-42　UN1 系列对焊机的结构说明

类别	说　明
送料机构	送料机构能够完成焊接中所需要的熔化及挤压过程，它主要包括操纵杆、可动横架及调节螺钉等。当将操纵杆在两极位置中移动时，可获得电极的最大工作行程
开关控制	按下按钮，此时接通继电器，使交流接触器吸合，焊接变压器接通。移动操纵杆可实施电阻焊或闪光焊。当焊件因塑性变形而缩短，达到规定的顶锻留量时，行程螺钉触动行程开关使电源自动切断。控制电源由二次侧电压为 36V 的控制变压器供电，以保证操作者的人身安全
钳口（电极）	左右电极座上装有下钳口、杠杆式夹紧臂、夹紧螺钉，另有带手柄的套钩用以夹持夹紧臂。下钳口为铬锆铜，其下方为垫以通电的铜块，由两楔形铜块组成，用以调节所需的钳口高度
电气装置	焊接变压器为铁壳式，其一次侧电压为 380V，变压器一次侧线圈为盘式线圈，二次侧线圈为 3 块周围焊有铜水管的铜板并联而成。焊接时按焊件大小选择调节级数，以取得所需要的空载电压（表 1-43）

表 1-43　变压器各调节级的二次侧空载电压值

级数	插头位置			二次侧空载电压 /V				
	I	II	III	UN1-25	UN1-40	UN1-75	UN1-100	UN-150
1	2	2	2	3.28	4.32	4.32	4.50	7.04
2	1			3.45	4.58	4.63	4.75	7.45
3	2	1		3.62	4.75	4.87	5.05	7.91
4	1			3.84	5.07	5.28	5.45	8.44
5	2	2	1	4.17	5.42	5.59	5.85	9.05
6	1			4.47	5.85	6.13	6.35	9.74
7	2	1		4.75	6.13	6.55	6.90	10.5
8	1			5.13	6.55	7.30	7.60	11.5

变压器至电极由多层薄铜片连接。

焊接过程通电时间的长短，可由焊工通过按钮开关及行程开关控制。

2. 对焊机使用方法

① UN1-25 型对焊机为手动偏心轮夹紧机构。其底座和下电极固定在焊机座板上，当转动手柄时，偏心轮通过夹具上板对焊件加压，上下电极间距离可通过螺钉来调节。

② UN1-40、UN1-75、UN1-100、UN1-150 型对焊机先按焊件的形状选择钳口，如焊件为棒材，可直接用焊机配置钳口；如焊件为异形，应按焊件形状定做钳口。

③ 调整钳口，使钳口两中心线对准，将两试棒放于下钳口定位槽内，观看两试棒是否对应整齐。如能对齐，焊机即可使用；如对不齐，应调整钳口。调整时先松开紧固螺钉，再调整调节螺杆，并适当移动下钳口，获得最佳位置后，拧紧紧固螺钉。

④ 按焊接工艺的要求，调整钳口的距离。当操纵杆在最左端时，钳口（电极）间距应等于焊件伸出长度与挤压量之差；当操纵杆在最右端时，电极间距相当于两焊件伸出长度，再加 2～3mm（即焊前之原始位置），该距离调整由调节螺钉获得。

⑤ 试焊：在试焊前为防止焊件的瞬间过热，应逐级增加调节级数。在闪光焊时须使用较高的二次侧空载电压。闪光焊过程中有大量熔化金属飞溅，焊工须戴深色防护眼镜。

低碳钢焊接时，最好采用闪光焊接法。在负载持续率为 20% 时，可焊最大的钢件截面参见技术数据表 1-44 所示。

有色金属焊接时，应采用电阻焊接法。

碳钢焊件的闪光焊接规范可参考表 1-44 给出的数据。

表 1-44　碳钢焊件的闪光焊接规范

参数	焊接规范
电流密度	烧化过程中，电流密度通常为 6 ～ 25A/mm²，较电阻焊时所需的电流密度低 20% ～ 50%
焊接时间	在无预热的闪光焊时，焊接时间视焊件的截面及选用的功率而定。当电流密度较小时，焊接时间即延长，通常为 2 ～ 20s
烧化速度	烧化速度决定于电流密度、预热程度及焊件大小。在焊接小截面焊件时，烧化速度最大可为 4 ～ 5mm/s；而焊接大截面时，烧化速度则小于 2mm/s
顶锻压力	顶锻压力不足可能造成焊件的夹渣及缩孔。在无预热闪光焊时，顶锻压力应为 500 ～ 700MPa；而预热闪光焊时，顶锻压力则为 300 ～ 400MPa
顶锻速度	为减少接头处金属的氧化，顶锻速度应尽可能地高，通常等于 15 ～ 30mm/s

3. 对焊机的维护

① 本焊机有 4 个 φ18mm 安装孔，用螺钉固定于地面，不需要特殊地基。

② 焊机必须妥善接地后方可使用，以保障人身安全。焊机使用前要用 500V 绝缘电阻表测试，焊机高压侧与外壳之间的绝缘电阻不低于 25MΩ 方可通电。工作时不允许调节插把开关。

③ 焊机先通水后施焊，严禁无水工作。冷却水应保证在 0.15 ～ 0.2MPa 进水压力下供应 5 ～ 30℃的工业用水。冬季焊机工作完毕后必须用压缩空气将管路中的水吹净，以免冻裂水管。

④ 焊机引线不宜过细、过长，焊接时的电压降不得大于初始电压的 10%，初始电压不能偏离电源电压的 ±10%。

⑤ 焊机操作时应戴手套、围裙和防护眼镜，以免火星飞出烫伤。滑动部分应保持良好润滑，使用完后应清除金属溅末。

⑥ 新焊机开始使用 24h 后应将各部件螺钉紧固一次。

⑦ 焊机不能受潮，以防漏电。

⑧ 焊机使用场地应无严重影响焊机绝缘性能的腐蚀性气体、化学性堆积物及腐蚀性、爆炸性、易燃性介质。

⑨ 焊机工作时应按照负载持续率工作，不允许超载使用。

4. 对焊机的故障现象、原因与排除方法

表 1-45　对焊机的故障现象、原因与排除方法

故障现象	故障原因	排除方法
按下控制按钮，焊机不工作	①检查电源电压是否正常 ②检查控制线路接线是否正常 ③检查交流接触器是否正常吸合 ④检查主变压器线圈是否烧坏	①调整电源电压至正常 ②检修控制线路接线至正常 ③修换交流接触器 ④修换主变压器线圈
松开控制按钮或行程螺钉触动行程开关，变压器仍然工作	①检查控制按钮，行程开关是否正常 ②检查交流接触器、中间继电器衔铁是否被油污粘连不能断开，造成主变压器持续供电	①修换控制按钮、行程开关 ②修换交流接触器、中间继电器衔铁
焊接不正常，出现不应有的飞溅	①检查工件是否不清洁、有油污或锈痕 ②检查丝杆压紧机构是否能压紧工件 ③检查电极钳口是否光洁、有无铁锈	①清洗工件油污、锈痕 ②修换丝杆压紧机构 ③修换电极钳口

续表

故障现象	故障原因	排除方法
下钳口（电极）调节困难	①检查电极、调整块间隙是否被飞溅物阻塞 ②检查调整块，下钳口调节螺杆是否烧损、烧结，变形严重	①清理电极、调整块间隙飞溅物 ②清理矫正调整块，下钳口调节螺杆
不能正常焊接，交流接触器出现异常响声	①焊接时测量交流接触器进线电压是否低于自身释放电压300V ②检查引线是否太细太长，压降太大 ③检查网络电压是否太低，不能正常工作 ④检查主变压器是否有短路，造成电流太大	①调整电压为300V ②更换引线 ③正常后工作 ④修换主变压器

（六）缝焊机的结构与维修

缝焊机种类较多，下面以 FNZ-40 型龙门式自动缝焊机为例进行介绍。

1. 缝焊机工作过程

（1）FNZ-40 型龙门式自动缝焊机接线图

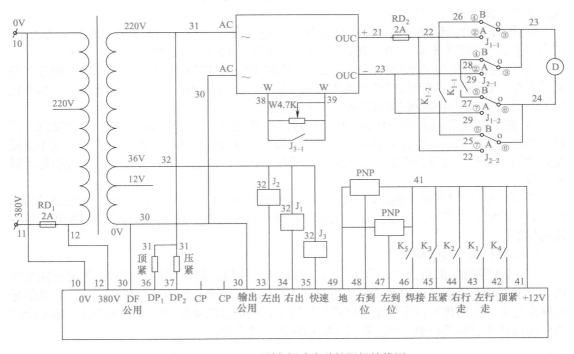

图 1-28　FNZ-40 型龙门式自动缝焊机接线图

（2）点焊工作过程

① 通过调节控制器面板上的焊接能量可以改变焊接输出电压。顺时针调节能够提高电压；逆时针调节可以降低输出电压。

② 通过调节控制器面板上休止时间旋钮可以改变焊接时间长短，顺时针调节能够增加焊接时间，逆时针调节可以缩短点焊时间。

③ 把点焊焊接电极压紧在要焊接的工件上，轻轻按动焊接开关，就可以按预先设定的焊接时间和焊接能量进行焊接了。

④ 焊接完毕要把点焊电极拿开远离焊接工件，避免缝焊时打火，造成点焊电极烧坏，无法正常使用。

（3）缝焊工作过程

① 通过调节面板上焊接时间编码开关数据，可以修改相应的焊接时间参数。

第一位是从电动机转动到给电时间，"0"为0.5s，"1"为10s，其余数字不可使用。

第二位是全自动焊接过程的从开始压紧到电动机转动时间，8、9数字不可使用，其余数字延时时间如下：

$0 \rightarrow 0.6s$　$1 \rightarrow 0.8s$　$2 \rightarrow 10s$　$3 \rightarrow 12s$　$4 \rightarrow 14s$　$5 \rightarrow 16s$　$6 \rightarrow 18s$　$7 \rightarrow 20s$

第三位是缝焊工作时间，一般选择为 4～9s。

第四位是有无脉冲时间，0为有脉冲，1～3为无脉冲连续焊接。

第五位是缝焊休息时间，一般选择为 3～9s。

② 通过调节控制器面板上焊接能量，可以调节焊接变压器输出电压，顺时针调节输出电压增高，逆时针调节输出电压降低。使用时应配合变压器挡位和工件厚薄、速度快慢仔细调整，以确保焊接强度达到工件要求。

③ 正常焊接速度的调节。打开右侧门，在下侧有一个调节行走速度的旋钮，顺时针调节速度加快，逆时针调节速度减慢。如果速度调到最快位置，控制功能的最快速度就不能体现出来了，此点应引起注意。

④ 焊接压力的调整。通过调整压紧气缸的进气压力，就可以改变焊接时的压力大小，压力表的调节范围为 0.15～0.5MPa，对应电极压力为 4.5～15.5MPa。

⑤ 行走行程到位的确定和调整。要根据焊接工件长度对左右两个方向的到位接近开关进行调整，右侧为焊接到位自动停止和回位定位点，左侧为自动回位的停止定位点，如果定位不准确，则有可能影响到焊接长度的自动控制。

⑥ 如果修改了焊接时间的编码开关位置，一定要按一下控制器前面板上的"复位"按钮，或者关闭控制器电源开关20s以上，然后再重新打开电源开关，否则修改的数据不能被微处理器采集到，计算机仍然会按照原来的数据进行工作，这一点在使用时一定要引起足够的重视。

⑦ 由于缝焊时消耗电能比较多，建议在使用设备时不要超过焊接设备的额定容量和额定负载持续率，也不要在不放置焊接工件的前提下进行空焊，否则会容易损坏焊轮和焊接变压器等部件。

（4）缝焊动作及焊接工作

① 按下控制盒面板上"左行走"或"右行走"按钮，缝焊焊轮将按最快的速度向左或向右快速运动，以便快速找到要焊接的位置，在行走过程中遇到左到位或右到位的检测信号就停止行走，此时再按行走按钮也就不起作用了，除非按的是反方向的行走按钮，则不受同方向限位开关信号的控制。该按钮按下时相应指示灯会亮。

注意 💡

　　绝对禁止同时按下"左行走""右行走"两个按钮，同时按下两个按钮有可能使程序出错或损坏直流电动机的调速控制部分。当有快速制动停止要求时，可以打开右侧门下侧的制动扳动钮子开关，扳到"有"位置就可以实现能耗快速制动，减少因电机行走惯性带来的定位不准确的问题。

在快速行走状态下，焊接开关、压紧按钮不起作用。

② 按下控制盒面板上"顶紧"按钮，主机右侧顶紧气缸开始动作，把下电极工装的芯

轴顶紧，当需要松开时，只要再按一下"顶紧"按钮就可以了。在任何状态下都可以使用"顶紧"按钮顶紧或松开下电极工装芯轴。该按钮为机械自锁，工作时指示灯不亮。

③ 按下控制盒面板上"压紧"按钮，上电极轮执行压紧工作，当需要松开抬起时再按一下"压紧"按钮。该按钮为程序自锁方式，按下的时间不要超过 1s，否则程序会压紧本应松开的循环动作，影响设备的正常使用，该按钮按下瞬间，按钮上指示灯会亮。

④ 在焊轮压紧工件状态下，按下"左行走"或"右行走"按钮，焊轮会按设定的正常焊接速度向左或向右行走，以便观察焊缝是否已经对齐焊轮的位置，也可以利用正常焊接的行走速度确定左右两个到位控制是否准确。当行走到限位位置时会停止行走，在限位状态下，再按下该方向的行走按钮也是不起作用的。抬起"左行走"或"右行走"按钮，焊轮随即停止行走。

⑤ 在焊轮压紧工件左行走或右行走状态下，踏下焊接开关，就可以对工件进行焊缝焊接，抬起开关延时 0.2s 停止焊接。如果在踏下焊接开关的时候左行走或右行走到位，程序会自动停止焊接和行走。这种焊接方式可以两个方向进行焊接，尤其是焊接比较短的工件或进行补焊时非常实用。

⑥ 在焊轮压紧工件状态下，踏下焊接的脚踏开关，程序会自动控制电动机转动向右行走，延时 0.5s 或 1s 开始送电进行焊接，此时抬起脚踏开关仍然保持焊接，当焊接到右限位开关位置时停止焊接和行走。延时 0.2s 抬起焊轮，延时 1s 自动控制焊轮快速向左运动，走到左限位开关位置时自动停止，完成整个焊接过程。

如果在焊接过程中需要中途停止，脚踏一下焊接的脚踏开关即可，需继续焊接时再踏一下脚踏开关即可。

这种方法非常适合比较长的工件进行焊接，焊接过程中不用一直踏着开关，也避免了焊接过程中不小心抬起脚造成焊接突然中断因而影响工件。

⑦ 在未压紧状态下进行焊接。在未压紧状态下踏下脚踏开关，程序会按传统的缝焊程序进行工作，先是控制上焊轮向下运动压紧工作，从开始压紧到电动机转动的延时时间由控制器面板上焊接时间第二位确定，范围为 0.6 ~ 20s。从电动机转动到焊接给电的延时由焊接时间的第一位确定，为 0.5s 或 1s。进入焊接过程中可以选择连续焊接或脉冲焊接，与传统控制方式完全一样。当焊接到右侧限位位置时，无论是否踏下开关，程序都会控制焊轮抬起延时自动快速回到左端起始位置停止。

在这种焊接模式下，任何时候抬起脚踏开关都会立即停止焊接、行走及压紧，在正常焊接中不能抬起脚踏开关，否则将会造成焊接的中断。这种方式适合于比较短的焊接工件或者已经习惯了压紧焊接维持休止的老焊接模式。这种焊接方法的缺点是：如果压紧到焊接时间控制不好，就会造成提前给电工件打火烧坏工件，或者是起始位置留边太长的距离不进行焊接，因此控制好起始位置和调整合适的压紧时间是焊好工件的关键。

关于上述几种缝焊焊接方法，每一种方法都有它有优点和缺点，用户应根据实际情况进行选用。

2. 设备的维护

在焊接过程中不能调整设备的电流分挡开关、能量调节旋钮、脉冲选择开关，否则有可能影响焊接或损坏焊接设备。

焊机各活动部分及电动机减速箱传动机构应经常保持润滑。焊接工件应在清理干净后进行施焊，以免因为工件或者焊接电极上有尘土、氧化、锈斑等损坏焊接电极及滚轮。焊机使用一段时间后应该对焊接电极进行清理，保证焊接面干净。

当焊机在零摄氏度以下工作时，应采取必要的防寒防冻措施。

当焊机长时间不用时，应该将整个焊接设备用防尘的设施套起来，尤其是焊接电极和焊轮时更应该注意防尘和防潮。电源的闸刀开关也要拉下来，防止产生触电的危险，延长设备的使用寿命。当重新使用设备时，一定要认真检查一下，看看设置的参数是否正确，机械润滑部分是否需要加注润滑油，用绝缘摇表测量设备的绝缘情况，确认无误后才能开机试验。

第六节 焊接识图

一、机械图样中的焊缝符号

在工程图样中表示焊缝有两种方法，即图示法和标注法。在实际中，尽量采用符号标注法表示，以简化和统一图样上的焊缝画法，在必要时允许辅以图示法。如在需要表示焊缝断面形状时，可按机械制图方法绘制焊缝局部剖视图或放大图，必要时也可用轴测图示意。

1. 图示法

GB/T 324—2008《焊缝符号表示法》和 GB/T 12212—2012《技术制图 焊缝符号的尺寸、比例及简化表示法》规定，可用图示法表示焊缝，主要内容如图 1-29 所示。

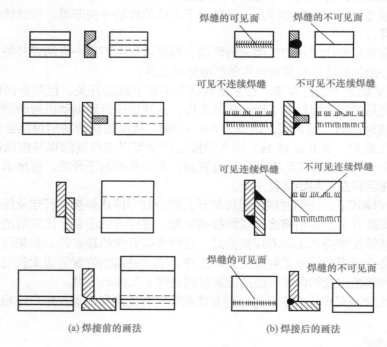

(a) 焊接前的画法　　　　　　　(b) 焊接后的画法

图 1-29　焊缝的规定画法

① 焊缝画法如图 1-30 和图 1-31（表示焊缝的一系列细实线段允许用徒手绘制）所示。也允许采用粗实线（2b～3b）表示焊缝，如图 1-32 所示。但在同一图样中，只允许采用一种画法。

② 在表示焊缝端面的视图中，通常用粗实线绘出焊缝的轮廓。必要时，可用细实线画出焊接前的坡口形状等，如图 1-33 所示。

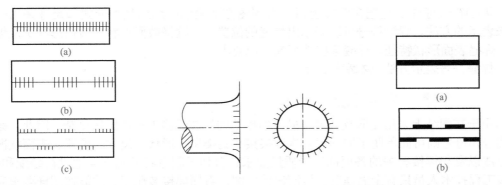

图 1-30　用细实线表示焊缝（一）　图 1-31　用细实线表示焊缝（二）　图 1-32　用粗实线表示焊缝

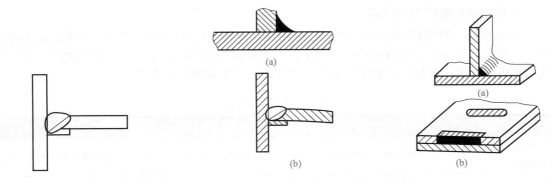

图 1-33　用粗实线表示焊缝端面　图 1-34　焊缝金属熔焊区剖视图表示法　　图 1-35　焊缝轴测图表示法

③ 在剖视图或断面图上，焊缝的金属熔焊区通常应涂黑表示，如图 1-34（a）所示。若同时需要表示坡口等的形状，熔焊区部分也可按第②条的规定绘制，如图 1-34（b）所示。

④ 用轴测图示意地表示焊缝的画法，如图 1-35 所示。

⑤ 局部放大图。必要时，可将焊缝部位放大并标注焊缝尺寸符号或数字，如图 1-36 所示。

⑥ 当在图样中采用图示法绘出焊缝时，通常应同时标注焊缝符号，如图 1-37 所示。

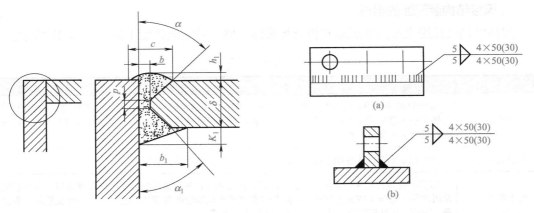

图 1-36　焊缝区的局部放大图　　　　　　图 1-37　图示法配合焊缝符号的标注方法

2. 标注法

为使图样清晰并减轻绘图工作量，可按相关标准规定的焊缝符号表示焊缝，即标注法。

焊接符号标注法是把在图样上用技术制图方法表示的焊缝基本形式和尺寸采用一些符号来表示的方法。焊缝符号可以表示出焊缝的位置、焊缝横截面形状（坡口形状）及坡口尺寸、焊缝表面形状特征、焊缝某些特征或其他要求。

焊缝符号表示方法见本章第二节。

二、焊接结构装配图的识读

由于在图纸上采用图形及文字来描述焊接结构的装配施工条件比较复杂，因此，采用各种代号和符号则可简单明了地画出结构焊接接头的类型、形状、尺寸、位置、表面状况、焊接方法以及与焊接有关的各项标准的质量要求，有利于制造者准确无误地进行装配和施工。焊接工程技术人员只有全面理解、搞清设计意图，看懂焊接装配图，才能按图样要求完成结构的焊接装配，制造出合格的焊接产品。

1. 焊接结构装配图的特点

焊接结构装配图是焊接结构生产全过程的核心，组件、部件图成为连接产品装配图与结构图的桥梁。能否正确理解执行焊接装配图，将直接关系到焊接结构的质量和生产效率。与其他装配图相比，焊接结构装配图的表达方法具有表 1-46 所示的特点。

表 1-46　焊接结构装配图的特点

类别	说　明
焊接结构图的结构比较复杂	因为组成焊接结构的构件较多，当焊接成一个整体时，在视图上会出现较复杂的图线
焊接结构装配图中的焊缝符号多	在焊接结构装配图上，为了正确地表示焊接接头、焊接方法等内容，常采用焊缝符号和焊接方法代号在图样上进行表述。所以在读图时，就必须弄清楚图中的各种符号所代表的焊接接头形式、焊接方法以及焊缝形式和尺寸等
焊接结构图中的剖面、局部放大图较多	因为焊接结构件的构件间连接处较多，所以在基本视图上往往不容易反映出节点的细小结构，常采用一些断面图或局部放大图等，来表达焊缝的结构尺寸和焊缝形式
焊接结构图需要作放样图	焊接结构图不管多么复杂，在制造时，对某些组成的构件必须放出实样，对构件间的一些交线，在放样时也应该准确绘出

2. 焊接结构装配图的组成

焊接结构装配图主要用来制造和检验焊接结构件，其组成如图 1-38 及表 1-47 所示。

表 1-47　焊接结构装配图的组成

类别	说　明
一组图形	用一般和特殊的表达方法，正确、完整、清晰地表达装配体的工作原理、零件之间的装配关系、连接关系和零件的主要结构形状。对于焊接结构装配图来说，除包含与焊接有关的内容外，还有其他加工所需的全部内容
必要的尺寸	标注出表示装配体性能、规格及装配、检验、安装时所需的尺寸
技术要求	用文字说明装配体在装配、检验、调试、使用和维护时需遵循的技术条件和要求等。焊接装配图是用代号（符号）或文字等注写出结构件在制造和检验时的各项质量要求的，如焊缝质量、表面修理、校正、热处理以及尺寸公差、形状和位置公差等
零件序号、标题栏和明细栏	序号是对装配体上的每一种零件按顺序编号；标题栏一般应注明单位名称、图样名称、图样代号、绘图比例、装配体的质量，以及设计、审核人员签名和签名日期等；明细栏应填写零件的序号、名称、数量、材料等内容

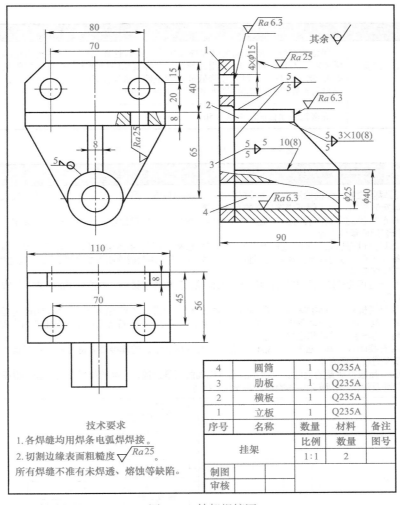

图 1-38　挂架焊接图

4	圆筒	1	Q235A	
3	肋板	1	Q235A	
2	横板	1	Q235A	
1	立板	1	Q235A	
序号	名称	数量	材料	备注
挂架		比例	数量	图号
		1:1	2	
制图				
审核				

技术要求

1.各焊缝均用焊条电弧焊焊接。

2.切割边缘表面粗糙度 $\sqrt{Ra25}$ 。

所有焊缝不准有未焊透、熔蚀等缺陷。

3. 焊接装配图的要求

表 1-48　焊接装配图的要求

类别	说　明
焊接符号和焊接方法代号标注的要求	有关焊接符号和焊接方法代号标注方面的要求，要符合国家相关标准的规定
焊接结构加工的尺寸公差与配合要求	为确保焊接结构的使用性能，保证互换性，降低成本，规定焊接结构件的尺寸在一个范围内变动，这就是焊接结构图的尺寸公差。如果相互配合的工件的尺寸误差都处于公差范围之内，则构件之间的结合就能够达到预定的配合要求 在焊接装配图上对于焊接结构的标注都是统一的，但不规定具体的装配焊接顺序要求，因为一般结构都是由若干构件组成的，经常会因为生产条件、产量大小等因素，在其装配焊接过程中采用多种不同的方案来实现。技术人员和操作工就必须对焊接装配图进行分析比较，编制合理的焊接装配工艺文件。分析工艺方案时应主要从以下两方面考虑 　①确保结构符合焊接装配图的外形尺寸，满足设计要求。在结构生产中，会有很多因素影响焊接装配工艺，从而改变结构的几何尺寸。其中最重要的是焊接变形。因此，在进行工艺分析时，首先要分析结构形式、焊缝的分布及其对焊接变形的影响，然后再针对焊接变形的性质和影响因素，设计几套装配焊接方案进行比较，分析论证后确定最佳方案，以达到焊接装配图的要求 　②焊接残余应力对结构外形尺寸有一定的影响。对于某些刚度大的结构，由于焊接应力过大会产生裂纹。较薄的结构由于过大的压应力则会使结构失稳，造成波浪变形。这些都会严重影响焊接结构的尺寸精度

类别	说　明
焊接结构质量检验项目要求	保证焊接结构质量就是确保焊接接头的综合性能良好，即结构的几何尺寸符合设计图样要求（不允许超差），使用性能达到图样要求中所规定的指标（如使用寿命、工作条件等），制造过程中尽可能在降低成本的条件下提高生产效率。一般在焊接装配图上，对焊接装配质量都有明确的等级标准要求（表1-49）
焊接检验项目	焊接检验项目说明见表1-50

表 1-49　焊接结构质量检验项目要求

类别	说　明
焊接检验过程的组成	①焊前检验。焊前检验主要是对焊前准备情况的检查，是贯彻预防为主的方针，最大限度地避免或减少焊接缺陷的产生，保证焊接质量的有效措施 　焊前检验的主要内容有基本金属质量检验、焊接材料质量检验、焊接结构设计鉴定、焊接备料检查和焊接装配质量检查等 　②焊接过程检验。焊接过程除了形成焊缝的过程，还包括后热和焊后热处理过程。焊工直接操纵焊接设备并能充分接近焊接区和随时调整焊接参数，以适应焊缝成形质量的要求，因此通过焊工自检，能预先控制焊接质量 　焊接过程检验的主要内容有焊接规范的检验、复核焊接材料、焊接顺序的检查、检查焊道表面质量和后热等 　③焊后检验。焊接结构虽然在焊前和焊接过程中都进行了有关检验，但由于制造过程中外界因素的变化或规范、能源的波动等仍有可能产生焊接缺陷，因此必须进行焊后检验。其主要内容有外观检查、无损检测、力学性能检验和金相检验等 　④安装调试质量的检验。包括两方面：一是对现场组装的焊接质量进行检验；二是对产品制造时的焊接质量进行现场复查 　⑤产品服役质量的检验。包括产品运行期间的质量监控、产品检修质量的复查、服役产品质量问题现场处理及焊接结构破坏事故的现场调查与分析等
常用的焊接检验方法	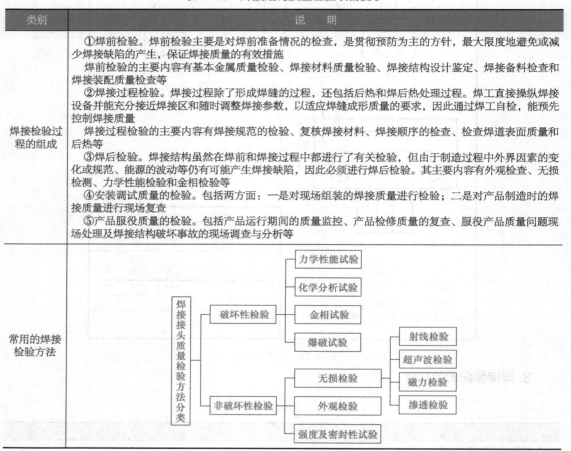

表 1-50　焊接检验项目说明

类别	说　明
整体焊接结构质量	主要指结构的几何尺寸与性能，应根据对图样标准的要求逐项测量
焊缝质量	焊缝质量的高低直接关系到结构强度及安全运行问题，低劣的焊缝质量常会导致重大事故的发生，所以对焊缝要严格执行无损检测标准。根据焊接装配图的要求，焊缝质量检验可以采用不同的方法 　①凡要求外观检验的焊缝均可用肉眼及放大镜检验，如咬边、烧穿、未焊透及裂纹等，并检查焊缝外形尺寸是否符合要求 　②角焊缝表面缺陷可用磁粉检验、着色探伤、荧光探伤等检验 　a. 磁粉检验是将焊件在强磁场中磁化，使磁力线通过焊缝，遇到焊缝表面或接近表面处的缺陷时，产生漏磁而吸引撒在焊缝表面的磁性氧化铁粉。根据铁粉被吸附的痕迹就能判断缺陷的位置和大小。磁粉检验仅适用于检验铁磁性材料表面或近表面处的缺陷

类别	说　明
焊缝质量	b. 着色探伤法就是将擦洗干净的焊件表面喷涂渗透性良好的红色着色剂，待渗透到焊缝表面的缺陷内，将焊件表面擦净。再涂上一层白色显示液，待干燥后，渗入焊件缺陷中的着色剂由于毛细作用被白色显示剂所吸附，在表面呈现出缺陷的红色痕迹 　　c. 荧光探伤和着色探伤这两种渗透检验可用于任何表面光洁的材料 　　③要求Ⅱ级以上焊缝质量时可采用X射线检测法、γ射线检测法、超声波检测法检验 　　当射线透过被检验的焊缝时，如有缺陷，则通过缺陷处的射线衰减程度较小，因此在焊缝背面的底片上感光较强，底片冲洗后，会在缺陷部位显示出黑色斑点或条纹。X射线照射时间短、速度快，但设备复杂、费用大，穿透能力较γ射线小，被检测焊件厚度应小于30mm 　　γ射线检验设备轻便、操作简单，穿透能力强，能照透300mm的钢板。透照时不需要电源，野外作业方便。但检测小于50mm以下焊缝时，灵敏度不高 　　超声波检验是利用超声波能在金属内部传播，并在遇到两种介质的界面时会发生反射和折射的原理来检验焊缝内部缺陷的。当超声波通过探头从焊件表面进入内部，遇到缺陷和焊件底面时，发生反射，由探头接收后在屏幕上显示出脉冲波形。根据波形即可判断是否有缺陷和缺陷位置。但不能判断缺陷的类型和大小。由于探头与检测件之间存在反射面，因此超声波检查时应在焊件表面涂抹耦合剂 　　此外，还要根据图样要求做焊接接头常规力学性能试验、金相组织检验等 　　影响焊接质量的因素很多，如金属材料的焊接性、焊接工艺、焊接规范、焊接设备以及焊工的操作熟练程度等。焊接检验的目的，就是要通过焊接前和焊接过程中对上述因素以及对焊成的焊件进行全面仔细的检查，发现焊缝中的缺陷并提交有关部门进行处理，以确保质量

三、常见焊接装配工艺

装配是将焊前加工好的零、部件，采用适当的工艺方法，按生产图样和技术要求连接成部件或整个产品的工艺过程。装配工序的工作量大，占整体产品制造工作量的30%～40%，且装配的质量和顺序将直接影响焊接工艺、产品质量和劳动生产率，所以提高装配工作的效率和质量，对缩短产品制造周期，降低生产成本，以及保证产品质量等方面，都具有重要意义。

1. 装配方式的分类

表1-51　装配方式的分类

类别	说　明
按结构类型及生产批量的大小分类	①单件、小批量生产。单件、小批量生产的结构经常采用画线定位的装配方法。该方法所用的工具、设备比较简单，一般是在装配台上进行。画线法装配工作比较繁重，要获得较高的装配精度，要求装配工人必须具有熟练的操作技术 ②成批生产。成批生产的结构通常在专用的胎架上进行装配。胎架是一种专用的工艺装备，上面有定位器、夹紧器等，具体结构是根据焊接结构的形状特点设计的
按工艺过程分类	①由单独的零件逐步组装成结构。装配结构简单的产品，可以是一次装配完毕后进行焊接；装配复杂构件，大多数是装配与焊接交替进行 ②由部件组装成结构。装配一作是将零件组装成部件后，再由部件组装成整个结构并进行焊接
按装配工作地点分类	①固定式装配。装配工作在固定的工作位置上进行，这种装配方法一般用在重型焊接结构或产量不大的情况下 ②移动式装配。焊件沿一定的工作地点按工序流程进行装配 在工作地点上设有装配用的胎具和相应的工人。这种装配方式在产量较大的流水线生产中应用广泛，但有时为了使用某种固定的专用设备，也常采用这种装配方式

2. 装配的基本条件

在金属结构装配中，将零件装配成部件的过程称为部件装配，简称部装；将零件或部件装配成最终产品的过程称为总装。通常装配后的部件或整体结构直接送入焊接工序，但有些产品先要进行部件装配焊接，经校正变形后再进行总装。无论何种装配方案都需要对零件进行定位、夹紧和测量，这是装配的三个基本条件，其说明见表1-52。

表 1-52 装配的基本条件

类别	说　明
定位	定位就是确定零件在空间的位置或零件间的相对位置。图 1-39 所示为在平台上装配工字梁。工字梁的两翼板的相对位置是由腹板和挡铁来定位的，它们的端部由挡铁来定位。平台的工作面既是整个工字梁的定位基准面，又是结构的支承面
夹紧	夹紧就是借助通用或专用夹具的外力将已定位的零件加以固定的过程。如图 1-39 中的翼板与腹板间的相对位置确定后，是通过调节螺钉来实现的
测量	在装配过程中，需要对零件间的相对位置和各部件尺寸进行一系列的技术测量，从而鉴定定位的正确性和夹紧力的效果，以便进行调整

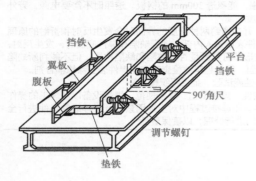

图 1-81　装配工字梁

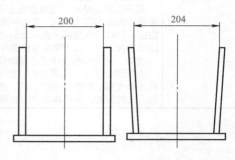

图 1-82　槽形梁的工艺尺寸

　　上述 3 个基本条件是相辅相成的。定位是整个装配过程中的关键，定位后不进行夹紧就难以保证和保持定位的可靠与准确；夹紧是在定位准确的基础上的夹紧，离开定位，夹紧就失去了意义；测量是为了保证装配的质量，但在有些情况下，可以不进行测量，如一些胎夹具装配、定位元件的装配等。

　　零件的正确定位，不一定与产品设计图上的定位一致，而是从生产工艺的角度，考虑焊接变形后的工艺尺寸，如图 1-40 所示的槽形梁，设计尺寸应保持两槽板平行，而在考虑焊接收缩变形后，工艺尺寸为 204mm，使槽板与底板有一定的角度，正确的装配应该是按工艺尺寸进行的。

3. 装配的基本方法

（1）装配前的准备

　　充分、细致的装配前准备工作是高质高效完成装配工作的有力保证，一般包括表 1-53 所示个方面。

表 1-53　装配前的准备

类别	说　明
熟悉产品图样和工艺规程	要清楚各部件之间的关系和连接方法，并根据工艺规程选择好装配基准和装配方法
装配现场和装配设备的选择	依据产品大小和结构复杂程度选择和安置装配平台和装配胎架。装配工作场地应尽量设置在起重设备工作区间内，对场地周围进行必要的清理，达到场地平整、清洁，通道通畅
工量具的准备	装配中常用的工、量、夹具和各种专用吊具，都必须配齐组织到场。 　此外，根据装配需要配置的其他设备，如焊机、气割设备、钳工操作台和风动砂轮机等，也必须安置在规定的场所
零、部件的预检和除锈	产品装配前，对于从上道工序转来或从零件库中领取的零、部件都要进行核对和检查，对零、部件连接处的表面进行去毛刺、除锈垢等清理工作
适当划分部件	对于比较复杂的结构，往往将部件装焊之后再进行总装，应将产品划分为若干部件，既可以提高装配、焊接质量，减小焊接变形，又可以提高生产效率

（2）零件的装配方法

焊接结构生产中应用的装配方法很多，可根据结构的形状尺寸、复杂程度以及生产性质等进行选择。装配方法按定位方式不同可分为画线定位装配和工装定位装配，按装配地点不同可分为焊件固定式装配和焊件移动式装配，见表1-54。

表 1-54　零件的装配方法

类别		说　明
画线定位装配法		利用在零件表面或装配台表面画出焊件的中心线、接合线和轮廓线等作为定位线，来确定零件间的相互位置，并焊接固定进行装配 图1（a）为以画在焊件底板上的中心线和接合线作定位基准线，以确定槽钢、立板和三角形加强肋的位置；图1（b）为利用大圆筒盖板上的中心线和小圆筒上的等分线（也常称其为中心线）来确定两者的相对位置 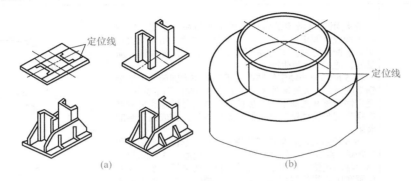 图 1　画线定位装配示例 图2所示为钢屋架的画线定位装配。先在装配平台上按1∶1的实际尺寸面出屋架零件的位置和接合线（称地样），如图2（a）所示；然后依照地样将零件组合起来，如图2（b）所示。此装配法也称"地样装配法" 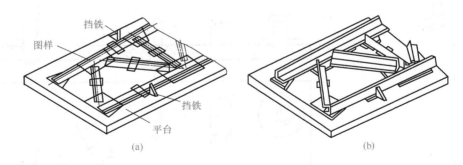 图 2　钢屋架的画线定位装配法
工装定位装配法	样板定位装配法	它是利用样板来确定零件的位置、角度等，然后夹紧并经定位焊完成装配的装配方法，常用于钢板与钢板之间的角度装配和容器上各种管口的安装 如图3所示为斜T形结构的样板定位装配，根据斜T形结构立板的斜度，预先制作样板，装配时在立板与平板接台线位置确定后，即以样板去确定立板的倾斜度，使其得到准确定位后施行定位焊。 断面形状对称的结构，如钢屋架、梁、柱等结构，可采用样板定位的特殊形式——仿形复制法进行装配。图4所示为简单钢屋架仿形复制装配：将图4中用"地样装配法"装配好的半片屋架吊起翻转后放置在平台上作为样板，在其相应位置放置对应的节点板和各种杆件，用夹具卡紧后进行定位焊，便复制出与仿模对称的另一半片屋架。这样连续地复制装配出一批屋架后，即可组成完整的钢屋架

续表

类别		说明
工装定位装配法	样板定位装配法	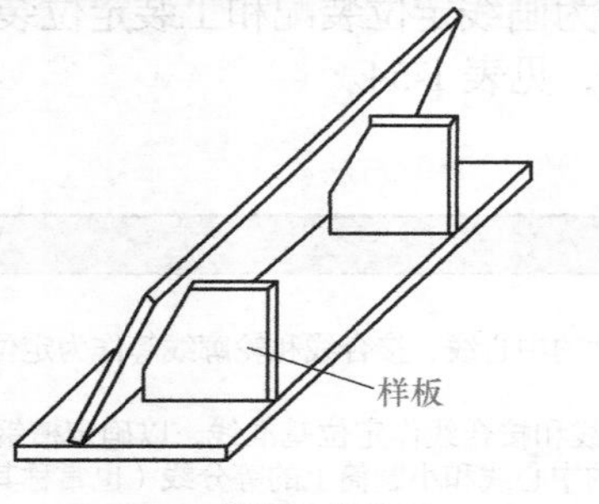 图3　样板定位装配 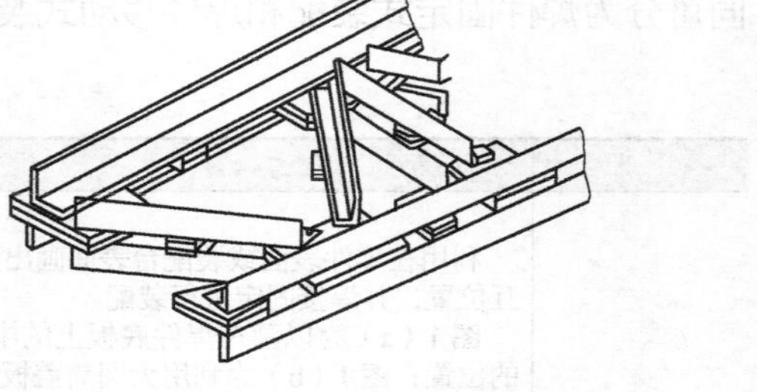 图4　钢屋架仿形复制装配
工装定位装配法	定位元件定位装配法	它是用一些特定的定位元件（如板块、角钢、销轴等）构成空间定位点，来确定零件的位置并用装配夹具夹紧装配的方法。该方法不需要画线，装配效率高，质量好，适用于批量生产 图5所示为挡铁定位装配法示例。在大圆筒外部加装钢带圈时，在大圆筒外表面焊上若干挡铁作为定位元件，确定钢带圈在圆筒上的高度位置，并用弓形螺旋夹紧器把钢带圈与筒体壁夹紧密贴，定位焊牢，完成钢带圈的装配 图6所示为双臂角杠杆的焊接结构，它由3个轴套和2个臂杆组成。装配时，臂杆之间的角度和3孔间的距离用活动定位销和固定定位销定位，两臂杆的水平高度位置和中心线位置用挡铁定位，两端轴套高度用支承垫定位，然后夹紧，定位焊完成装配。它的装配全部用定位器定位后完成，装配质量可靠，生产率高 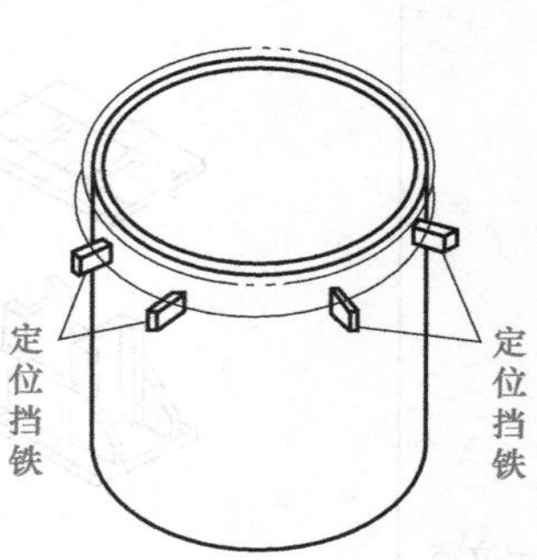 图5　挡铁定位装配法 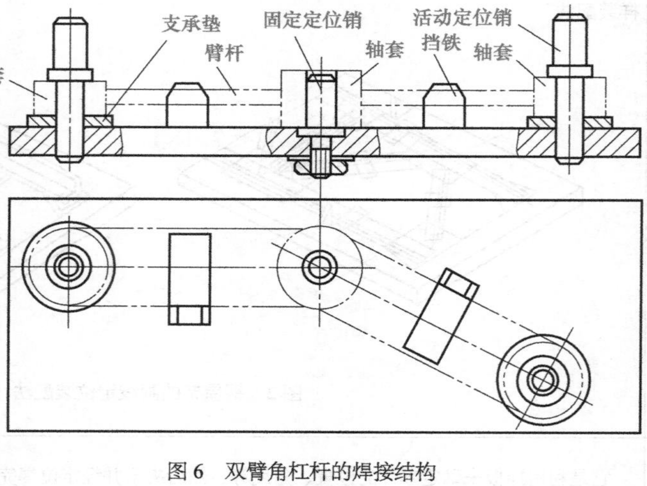 图6　双臂角杠杆的焊接结构 注意：用定位元件定位装配时，要考虑装配后焊件的取出问题。因为零件装配时是逐个分别安装上去的，自由度大，而装配完后，零件与零件已连成一个整体，如果定位元件布置不适当，则装配后焊件难以取出
工装定位装配法	胎夹具（又称胎架）装配法	对于批量生产的焊接结构，若需装配的零件数量较多。内部结构又不很复杂时，可将焊件装配所用的各定位元件、夹紧元件和装配胎架三者组合为一个整体，构成装配胎架

类别	说　明
工装定位装配法	**胎夹具（又称胎架）装配法**

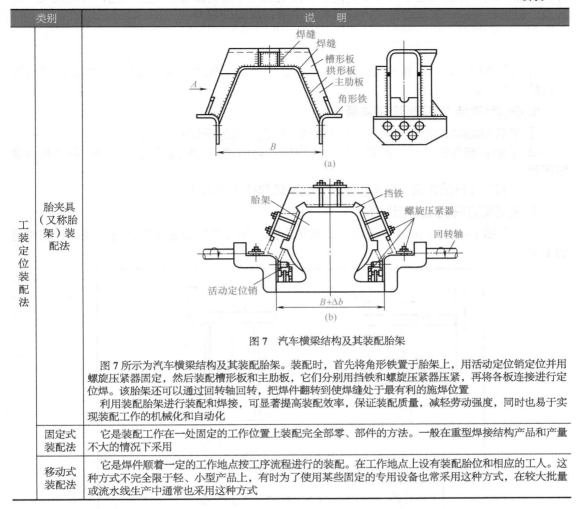

图 7　汽车横梁结构及其装配胎架

图 7 所示为汽车横梁结构及其装配胎架。装配时，首先将角形铁置于胎架上，用活动定位销定位并用螺旋压紧器固定，然后装配槽形板和主肋板，它们分别用挡铁和螺旋压紧器压紧，再将各板连接进行定位焊。该胎架还可以通过回转轴回转，把焊件翻转到使焊缝处于最有利的施焊位置

利用装配胎架进行装配和焊接，可显著提高装配效率，保证装配质量，减轻劳动强度，同时也易于实现装配工作的机械化和自动化

类别	说　明
固定式装配法	它是装配工作在一处固定的工作位置上装配完全部零、部件的方法。一般在重型焊接结构产品和产量不大的情况下采用
移动式装配法	它是焊件顺着一定的工作地点按工序流程进行的装配。在工作地点上设有装配胎位和相应的工人。这种方式不完全限于轻、小型产品上，有时为了使用某些固定的专用设备也常采用这种方式，在较大批量或流水线生产中通常也采用这种方式

（3）装配中的定位焊

定位焊用来固定各焊接零件之间的相互位置，以保证整体结构件得到正确的几何形状和尺寸。定位焊的焊缝一般比较短，而且该焊缝作为正式焊缝留在焊接结构之中，故所使用的焊条或焊丝应与正式焊缝所使用的焊条或焊丝同牌号、同质量。

进行定位焊时应注意以下几点。

① 定位焊焊缝较短，并且要求保证焊透，故应选用直径小于 4mm 的焊条或直径小于 1.2mm 的焊丝（CO_2 气保护焊）。又由于焊件温度较低、热量不足而容易产生未焊透，故定位焊的焊接电流应较焊接正式焊缝时大 10%～15%。

② 定位焊缝有未焊透、夹渣、裂纹、气孔等焊接缺陷时，应该铲掉并重新焊接，不允许将缺陷留在焊缝内。

③ 定位焊缝的引弧和熄弧处应圆滑过渡，否则，在焊接正式焊缝时在该处易产生未焊透、夹渣等缺陷。

④ 定位焊缝的长度和间距根据板厚选取，一般长度为 15～20mm，间距为 50～300mm，薄板取小值，厚板取大值。对于强行装配的结构，因定位焊缝要承受较大的外力，应根据具体情况适当加长定位焊缝长度，并适当缩小间距。对于装配后需吊运的大焊

件，定位焊缝应保证吊运中零件不分离，因此对起吊中受力部分的定位焊缝，可增大尺寸或数量。最好在完成一定量的正式焊缝以后再吊运，以保证安全。

四、焊接装配图识图举例

在工业生产中，从机器的设计、制造、装配、检验、使用到维修及技术交流，经常需要识读结构的装配图。

1. 识读焊接结构装配图的基本要求

① 了解装配体的名称、作用、工作原理、结构及总体形状的大小。

② 了解各部件的名称、数量、形状、作用。它们之间的相互位置、装配关系以及拆装顺序等。

③ 了解各零件的作用、结构特点、传动路线和技术要求等。

2. 装配图的识读方法与步骤

下面以图 1-41 所示的支座的焊接结构图为例，简要说明读图的方法与步骤，其说明见表 1-55。

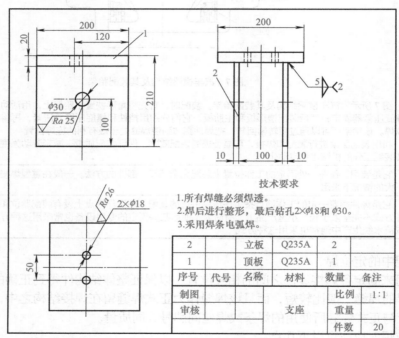

图 1-41　支座的焊接结构图

表 1-55　装配图的识读方法与步骤

类别	说　明
看标题栏	由标题栏概括了解部件的名称、制件的材料、数量、型材的标记、图样比例等 图 1-41 所示为该装配体的名称是支座结构，由立板和顶板组焊而成。材料为普通碳素结构钢，绘图比例为 1：1
分析视图想象形状	先找出主视图，明确零件图所用的表达方式及各个视图间的关系等。对剖视图和断面图，找到剖切位置和投影方向。对局部视图、斜视图的部分，要找到表示投影部位的字母和投影方向的箭头，检查有无局部放大图和简化画法等 支座的结构较简单，是由 3 个基本视图组成的，都是外形图。在左视图中标出了焊缝尺寸，并表达了立板的位置，俯视图上给出了两个孔的位置 从形体分析可知，三块板均为矩形板

类别	说　　明
分析尺寸	根据形体分析和结构分析，了解定形、定位和总体尺寸，分析标注尺寸所用的基准 ①焊接结构装配图的尺寸 　a. 定形尺寸。表示结构构件各组成部分长、宽、高3个方向的大小尺寸。在图41中，标注了3个组成部分的大小尺寸 　b. 定位尺寸。表示结构件各组成部分的相对位置的尺寸 　c. 总体尺寸。表示结构外形大小的尺寸 　d. 配合尺寸。表示构件之间相互配合的尺寸。配合尺寸也叫装配尺寸，为保证部件的装配质量，必须要看懂装配图上的装配尺寸 　e. 安装尺寸。表示装配体安装到其他装配图或地基上所需的尺寸 ②确定尺寸的基准。基准是确定结构件上构件位置的一些点、线、面，也是标注尺寸的起点。一般选择下面两种基准 　a. 设计基准。标注设计尺寸的起点称为设计基准 　b. 工艺基准。结构件在装配定位或加工测量时使用的基准 在焊接结构件上通常选取主要的装配面、支撑面、对称面、主要加工面或回转体的轴线作尺寸基准 ③分析尺寸。在支座结构图中，长度方向、高度方向、宽度方向的尺寸基准均是中心对称平面。该结构的总体尺寸为200mm、200mm、210mm，两个立板的定位尺寸为100mm。ϕ18mm孔焊后加工，它的定位尺寸为120mm、50mm；ϕ30mm孔的定位尺寸为100mm、100mm
了解技术要求	焊接结构图的技术要求有用文字说明的，也有用代（符）号标注的。对这部分内容应能看懂表面粗糙度、尺寸与配合公差、形位公差，以及焊接要求，如焊接方法、焊缝符号、焊缝质量要求、焊后校正和热处理方法等 支座的技术要求在图中分为两部分：一部分是文字说明，如焊缝质量要求、焊后校正、焊接方法等；另一部分是在图中相应位置用代（符）号标注出来的，如各孔的表面粗糙度符号、焊缝符号等

第七节　焊工安全技术

一、焊接的有害因素

焊接有害因素分为化学有害因素和物理有害因素两大类。前者主要是焊接烟尘和有害气体，后者有电弧辐射、热辐射、高频电磁场、放射线和噪声等。受害面最广的是焊接烟尘和有害气体。

焊接烟尘和有害气体的产生及其成分与所用的焊接方法和焊接材料密切相关。下面是产生焊接烟尘和有毒气体的基本情况。

① 高温焊接热源使熔化金属或金属化合物蒸发、凝结和氧化而产生烟尘，其强烈程度与热源集中或热输入有关。

② 焊件表面存在的涂层或镀层（如含锌或镀铬等），会产生相应的烟尘。

③ 钢材的焊条电弧焊、CO_2气体保护焊以及自动保护焊丝电弧焊产生较大的烟尘和有害气体。烟尘主要成分是铁、硅、锰，其中主要毒物是锰。采用镀铜焊丝的气体保护焊的烟尘中还存在毒物铜。采用低氢型焊条，烟尘中的主要成分和毒物是氟，特别是可溶氟。

④ 焊条电弧焊的烟尘中含有较多量的Fe_3O_3，毒性不大，颗粒较细，约$\leqslant 5\mu m$，但长期接触可能形成电焊尘肺。

⑤ 碳弧气刨时烟尘较大，其中还存在有毒成分铜，它来自镀铜电极。

⑥ 毒性气体主要是臭氧（O_3）和氮氧化物（NO_x，主要是NO和NO_2）。它们是由电弧的紫外线辐射作用于环境空气中的氧和氮而产生。臭氧的浓度与焊接材料、保护气体和焊接工艺参数有关。

⑦ 铝和铝合金氩弧焊的有毒气体主要是臭氧和氮氧化物，其中熔化极氩弧焊的臭氧含量最高。其他非铁金属（如铜、铅、镍、镁及其合金等）的氩弧焊，尚存在有相应金属

烟尘。

⑧ CO_2 气体保护焊起弧时 CO 含量较高，在封闭空间内焊接时应引起注意，一般需采取通风措施。

一般而言，烟尘越稀，电弧辐射越弱，有毒气体含量越低；反之，电弧辐射越强，有毒气体含量越高。

表 1-56 为几种焊接（切割）方法的发尘量，表 1-57 为常用结构钢焊条烟尘的化学成分。

表 1-56　几种焊接（切割）方法的发尘量

焊接方法	焊条或焊丝	施焊时每分钟的发尘量 /（mg/min）	每公斤焊接材料的发尘量 /（g/kg）
焊条电弧焊	低氢型焊条（J507，ϕ4）	350 ～ 450	11 ～ 16
	钛钙型焊条（J422，ϕ4）	200 ～ 280	6 ～ 8
自保护焊	药芯焊丝（ϕ3.2）	2000 ～ 3500	20 ～ 25
CO_2 焊	实心焊丝（ϕ1.6）	450 ～ 650	5 ～ 8
	药芯焊丝（ϕ1.6）	700 ～ 900	7 ～ 10
氩弧焊	实心焊丝（ϕ1.6）	100 ～ 200	2 ～ 5
埋弧焊	实心焊丝（ϕ5）	10 ～ 40	0.1 ～ 0.3

表 1-57　常用结构钢焊条烟尘的化学成分（质量分数）　　　　　　　　%

焊条牌号	Fe_3O	SiO_2	MnO	TiO_2	CaO	MgO	Na_2O	K_2O	CaF_2	KF	NaF
J421	45.31	21.12	6.97	5.18	0.31	0.25	5.81	7.01	—	—	—
F422	48.12	17.93	7.18	2.61	0.95	0.27	6.03	6.81	—	—	—
F507	24.93	5.62	6.30	1.22	10.34	—	6.39	—	18.92	7.95	13.71

二、焊接卫生措施

焊接卫生措施可以从焊接工艺、焊接材料、通风和个人防护方面改善安全卫生条件。

1. 焊接工艺措施

① 提高焊接机械化、自动化程度。这不仅能提高焊接生产效率与产品质量，而且有效地改善劳动条件，减少焊接烟尘和有害气体对操作者的危害。

② 推广采用单面焊双面成形工艺。容器、管道采用这种工艺，可避免操作者在狭窄空间内施焊，极大地改善了劳动卫生条件。

③ 推广采用重力焊工艺。重力又称滑轨式焊接工艺，它是一种采用专用的铁粉型高效长焊条，一人可同时操作 2 ～ 10 台重力焊装置，既提高了焊接效率，又改善了劳动条件。

④ 氩弧焊工艺中，可在氩气中加入少量的一氧化氮，施焊时两者可发生反应，使电弧周围的臭氧含量降低。等离子弧切割中提高电压，降低电流，可降臭氧含量。

⑤ 采用水槽式等离子弧切割台，或采用水弧切割，即以一定角度和流速的水均匀地向等离子弧喷射，可使部分烟尘及有害气体溶入水中，减少作业场所污染程度。

⑥ 扩大压焊使用范围，压焊如电阻焊、摩擦焊、真空扩散焊等，对环境的污染较小，且焊接质量好，易于实现焊接自动化作业。

2. 焊接材料措施

① 选用低尘、低毒电焊条。通过调整焊条药皮成分，在保证焊条基本性能的条件下，尽量降低加入药皮材料中的烟尘及有毒气体的发生量，如低毒低氢型焊条，控制发尘量和

氟、锰含量；不锈钢低尘低毒焊条，控制烟尘中可熔性铬的含量等。

② 在焊条标准中做出规定，限制各类焊条发尘量不允许超过规定的最大值。

② 采用低尘的药芯焊丝。

3. 通风措施

焊接通风是防止焊接烟尘和有害气体对人体危害的最重要措施，也是降低焊接热影响的主要措施。凡在车间内各种容器及舱室内进行焊接作业时，都应采取通风措施，以保证作业人员的身体健康。

通风的方法按换气范围分有局部通风和全面通风两类，前者是直接从焊接工作点捕集烟尘，经净化后排放，效果好；后者对整个车间进行通风换气，它不受焊接工艺影响。按推动空气流动的动力分有机械通风和自然通风两类，前者以风机作为动力，换气量稳定，风压较大；后者不需动力，受环境变化影响较大，换气量不够稳定。

全面通风可采用全面自然通风和全面机械通风。全面自然通风是通过车间侧窗及天窗实现通风换气；全面机械通风则通过管道及风机等组成的通风系统实现全车间的通风换气，其方法可以是上抽排烟、下抽排烟和横向排烟。全面通风应保持每个焊工的通风量不小于 $57m^3/min$。

局部通风主要通过局部排风的方式进行，可分为固定式局部排风系统和可移式小型排烟除尘机组两类。局部排风系统由排烟罩风管、净化装置和风机等组成。局部排风时，焊接烟尘和有毒气体刚一发生，便被近距离的排风罩口迅速吸走。因此，所需风量小。若焊接工作点附近的风速控制在 30m/min 以内，不会破坏焊接的气体保护。风量可按表 1-58 选取。

表 1-58　局部通风软管直径与风量

排风罩离电弧或焊炬的距离 /mm	风机最小风量 / (m³/h)	软管直径[①] /mm
100 ～ 150	144 260	38 76
100 ～ 200	470	90
200 ～ 250	720	110
250 ～ 300	1020	140

① 按管内风速 100 ～ 120m/min 来决定。

4. 个人防护措施

作业人员必须佩戴个人防护用品，焊工的防护用品主要有工作服、工作帽、电焊面罩（或头盔）、护目镜、电焊手套、口罩、防毒面具、绝缘鞋、鞋套、套袖等。进行高空焊接作业时，不需佩戴安全帽、安全带等。

所有防护用品必须是符合国家标准的合格产品，例如焊工护目镜必须符合 GB/T 3609.1—2008《职业眼面部防护　焊接防护第 1 部分：焊接防护具》要求，焊工护目遮光镜片选用见表 1-59。

表 1-59　焊工护目遮光镜片选用

焊接、切割种类	镜片遮光量			
	焊接电流 /A			
	≤ 30	> 30 ～ 75	> 75 ～ 200	> 200 ～ 400
电弧焊	5 ～ 6	7 ～ 8	8 ～ 10	11 ～ 12
碳弧气刨	—	—	10 ～ 11	12 ～ 14
焊接辅助工	3 ～ 4			

三、焊接与切割劳动保护技术

1. 个人保护技术要点

表 1-60　个人保护技术要点

项目	保护技术要点
焊接与切割操作	①焊接与切割工人应经过安全教育，并接受专业安全理论和实际训练，经考试合格持有证书并体格健康的人 ②从事电焊的工作人员，应了解所操作焊机的结构和性能，能严格执行安全操作规程，正确使用防护用品，并掌握触电急救的方法 ③焊接或切割盛装过易燃易爆物料（油、漆料、有机溶剂、脂等）、强氧化物或有毒物料的各种容器（桶、罐、箱等）、管段、设备，必须遵守《化工企业焊接与切割中的安全》标准相应章节的规定，采取安全措施，并获得本企业和消防管理部门的动火证明后，才能进行焊接或切割工作 ④工作地点应有良好的天然采光和局部照明，并应符合《企业照明设计标准》的有关规定，保证工作面照度达到 50～100lx ⑤焊接工作地点的防暑降温及冬季采暖应符合国家标准的有关规定 ⑥在狭窄和通风不良的地沟、坑道、检查井、管段、容器、半封闭地段等处进行气焊、气割工作应在地面上进行调试焊割炬混合气，并点好火，禁止在工作地点调试和点火，焊、炬都应随人进出 ⑦在封闭容器、罐、桶、舱室中焊接、切割，应先打开施焊工作物的孔、洞，使内部空气流通，以防焊工中毒、烫伤，必要时应有专人监护，工作完毕和暂停时，焊割炬和胶管等都应随人进出，禁止放在工作点 ⑧禁止在带压力或带电压以及带有压力、电压的容器、罐、柜、管道、设备上进行焊接或切割工作。在特殊情况下，需要在不可能泄压、切断气源工作时，向上级主管安全部门申请，批准后方可动火 ⑨应防止由于焊接、切割中的热能传到结构或设备中，使工程中的易燃保温材料，或滞留的易燃易爆气体发生着火、爆炸 ⑩登高焊接、切割，应根据作业高度环境条件，定出危险区的范围，禁止在作业下方及危险区内存放可燃、易爆物品和停留人员 ⑪焊工在高处作业，应备有梯子、带有栏杆的工作平台、标准安全带、安全绳、工具袋及完好的工具和防护用品 ⑫焊接、切割现场禁止把焊接电缆、气体胶管、钢绳混绞在一起 ⑬焊工在多层结构或高空构架上进行交叉作业时，应戴符合有关标准规定的安全帽 ⑭焊接、切割用的气体胶管和电缆应妥善固定。禁止缠在焊工身上使用 ⑮在已停车的机器内进行焊接与切割，必须彻底切断机器（包括主机、辅机、运转机构）的电源和气源，锁住启动开关，并应设置"修理施工禁止转动"的安全标志或由专人负责看守 ⑯直接在水泥地面上切割金属材料，可能发生爆炸，应有防火花喷射造成烫伤的措施 ⑰对悬挂在起重机吊钩上的工件和设备，禁止电焊工切割。如必须这样做应采取可靠的安全措施，并经企业安全技术部门批准，才能进行 ⑱焊接、切割使用的气瓶或换下来用完的气瓶，应避免被现场杂物遮盖掩埋 ⑲露天作业遇到六级大风或下雨时，应停止焊接、切割工作
防护眼镜与面罩	①防止焊接弧光和火花烫伤的危害，应按有关标准要求选用适合作业条件的遮光镜片 ②焊工用面罩有手持式和头戴式两种，面罩和头盔的壳体应选用难燃或不燃的且无刺激皮肤的绝缘材料制成。罩体应遮住脸面和耳部，结构牢靠，无漏光 ③头戴式面罩，用于各类电弧焊或登高焊接作业，重量不应超过 560g ④辅助焊工应根据工作条件，选戴遮光性能相适应的面罩和防护眼镜 ⑤气焊、气割作业，应根据焊接、切割工件板的厚度，选用相应型号的防护眼镜片 ⑥焊接、切割的准备、清理工作，如打磨焊口、清除焊渣等，应使用镜片不易破碎成片的防渣眼镜
防护工作服	①焊工工作服应根据焊接与切割工作的特点选用 ②棉帆布工作服广泛用于一般焊接、切割工作，工作服的颜色为白色 ③气体保护焊在紫外线作用下，有产生臭氧等气体时选用粗毛呢或皮革等面料制成的工作服，以防焊工在操作中被烫伤或体温增高 ④全位置焊接工作的焊工应配用皮制工作服 ⑤在仰焊、切割时，为了防止火星、熔渣从高处溅落到头部和肩上，焊工应在颈部围毛巾，穿着用防燃材料制成的披肩、长袖套、围裙和鞋盖等 ⑥焊工穿用的工作服不应潮湿。工作服的口袋应有袋盖，上身应遮住腰部，裤长应罩住鞋面，工作服上不应有破损、孔洞和缝隙，不允许沾有油、脂 ⑦焊接与切割作业的工作服，不能用一般合成纤维织物制作

项目	保护技术要点
防护手套	①焊工手套应选用耐磨、耐辐射热的皮革或棉帆布和皮革合制材料制成，其长度不应小于300mm，要缝制结实。焊工不应戴有破损和潮湿的手套 ②焊工在可能导电的焊接场所工作时，所用的手套应该用具有绝缘性能的材料（或附加绝缘层）制成，并经耐电压5000V试验合格后，方能使用
其他防护用品	①电焊、切割工作场所，由于弧光辐射、溶渣飞溅，影响周围视线，应设置弧光防护室防或护屏。防护屏应选用不燃材料制成，其表面涂上黑色或深灰色油漆，高度不应低于1.8m，下部留有25cm流通空气的空隙 ②焊工登高或在可能发生堕落的场所进行焊接、切割作业时所用的安全带，应符合GB6095—2009《安全带》的要求。安全带上安全绳的挂钩应挂牢 ③焊工用的安全帽应符合GB2811—2019《安全帽》的要求 ④焊工使用的工作具袋，桶应完好无孔洞。焊工常用的手锤、渣铲、钢丝刷等工具应连接牢固 ⑤焊工所用的移动式照明灯具的电源线，应采用YQ或YQW型橡胶套绝缘电缆，导线完好无破损，灯具开关无漏电，电压应根据现场情况确定或用12V的安全电压，灯具的灯泡应有金属网罩防护

2. 焊接作业的通风与防火技术要点

表1-61 焊接作业的通风与防火技术要点

项目	保护技术要点
通风	①应根据焊接作业环境、焊接工作量、焊条（剂）种类、作业分散程度等情况，采取不同通风排烟尘措施（如全面通风换气、局部通风、小型电焊排烟机组等）或采用各种送气面罩，以保证焊工作业点空气质量达到相关标准中的有关规定 ②当焊工作业室内高度（净）低于3.5～4m或单个焊工工作空间小于200m³时，当工作间（室、舱、柜等）内部结构影响空气流动，而焊接工作的烟尘及有害气体浓度超相关标准的规定时，应采取全面通风换气 ③采用局部通风或小型通风机组等换气方式，其罩口风量、风速应根据罩口至焊接作业点的控制距离及控制风速计算。罩口的控制风速应大于0.5m/s，并使罩口尽可能接近作业点，使用固定罩口时的控制风速不小于1～2m/s。罩口的形式应结合焊接作业点的特点 ④当采用下抽风式工作台时，使工作台上网格筛板上的抽风量均匀分布，并保持工作台面积抽风量每平方米大于3600m³/h ⑤焊炬上装的烟气吸收器，应能连续抽出焊接烟气 ⑥在狭窄、局部空间内焊接、切割时，应采取局部通风换气。应防止焊接空间积聚有害或窒息气体，同时还应有专人负责监护工作 ⑦焊接、切割等工作，如遇到粉尘和有害烟气又无法采用局部通风措施时，应采用送风呼吸器 ⑧选用低噪声通风除尘设施，保证工作地点环境机械噪声值不超过声压85dB
防火	①在企业规定的禁火区内，不准焊接。需要焊接时，必须把工件移到指定的动火区内或在安全区进行 ②焊接作业的可燃、易燃物料，与焊接作业火火源距离不应小于10m ③焊接、切割作业时，如附近墙体和地面上留有孔、洞、缝隙以及运输带连通孔口等部位留有孔洞，都应采取封闭或屏蔽措施 ④焊接、切割工作地点有以下情况时禁止焊接与切割作业 a.堆存大理易燃物料（如漆料、棉花、硫酸、干草等），而又不可能采取防护措施时 b.可能形成易燃易爆蒸气或积聚爆炸性粉尘时 ⑤在易燃易爆环境中焊接、切割时，应按化工企业焊接、切割安全专业标准有关的规定执行 ⑥焊接、切割场地或工作地区必须配有 a.足够的水源、干砂、灭火工具和灭火器材，存放的灭火器材应经过检验合格的、有效的 b.应根据扑救物料的燃烧性能，选用灭火器材，见表1-62 ⑦焊接、切割工作完毕应及时清理现场，彻底消除火种，经专人检查确认完全消除危险后，方可离开现场

表1-62 灭火器性能及使用方法

种类	泡沫灭火器	二氧化碳灭火器	1211灭火机	干粉灭火机	红卫九一二灭火机
药剂	装碳酸氢钠发沫剂和硫酸铝溶液	装液态二氧化碳	装二氟氯一溴甲烷	装小苏打或钾盐干粉	装二氟二溴液体
用途	扑灭油类火灾	扑救贵重仪器设备，不能用于扑救钾、钠、镁、铝等物质火灾	扑救各种油类、精密仪器高压电器设备	扑救石油产品、有机溶剂、电气设备、液化石油气、乙炔气瓶等火灾	扑救天然气石油产品和其他易燃易爆化工产品等火灾

种类	泡沫灭火器	二氧化碳灭火器	1211灭火机	干粉灭火机	红卫九一二灭火机
注意事项	冬季防冻结，定期更换	防喷嘴堵塞	防受潮日晒半年检查一次，充装药剂	干燥通风防潮，半年称重一次	在高温下，分解产生毒气，注意现场通风和呼吸道防护

四、焊接电源的安全措施

1. 安装时的安全措施

① 安装焊接电源时，要注意配电系统开关，熔断器、漏电保护开关等是否合格、齐全；导线绝缘是否完好；电源功率是否够用。当电焊机空载电压较高，而又在有触电场合作业时，则必须采用空载自动断电装置。焊接引弧时电源开关自动闭合，停止焊接、更换焊条时，电源开关自动断开。

② 焊接变压器的一次线圈与二次线圈之间、引线与引线之间、线组和引线与外壳之间，其绝缘电阻不得小于$1M\Omega$。绕组或线圈引出线穿过设备外壳时应设绝缘板；穿过设备外壳的铜螺栓接线柱，应加设绝缘套和垫圈，并用防护盖盖好。有插销孔分接头的焊机，插销孔的导体应隐蔽在绝缘板之内。

③ 为了确保安全，不发生触电事故，所有电焊机及其他焊接设备的外壳都必须接地。在电源为三线三相制或单相制系统中，应安设保护接地线。在电网为三相四线制中性点接地系统中，应安设保护接零线。

弧焊变压器的二次线圈与焊件相接的一端，也必须接地或接零。当一次线圈与二次线圈的绝缘击穿，高压出现在二次回路时，这种接地和接零能保证焊工的安全。但必须指出，二次线圈一端接地或接零时，焊件则不应接地或接零，否则一旦二次回路接触不良，大的焊接电流可能将接地或接零线熔断，不但使焊工安全受到威胁，而且易引起火灾。

④ 安装多台焊接变压器时，应分接在三相电网上，尽量使电网中三相负载平衡。

⑤ 空载电压不同的电焊机不能并联使用其原因是并联时在空载情况下各焊接变压器间会出现不均衡环流。焊接变压器并联时，应将它们的初级绕组接在电网的同一相，次级绕组也必须同相相连。

⑥ 硅整流焊机通常都有风扇，以便对硅整流元件和内部线圈进行通风冷却。拉线时要保证风扇转向正确，通风窗离墙壁和其他挡物之间不应小于30mm，以使电焊机内部热量顺利排出。

⑦ 在室内焊接时，电焊机应放在通风良好的干燥场所，不允许放在高湿度（相对湿度超过90%）、高温度（周围空气温度超过40℃）以及有腐蚀性气体等不良场所。

⑧ 在户外露天焊接时，必须把电焊机放在避雨、通风的地方并予以防护。如果必须把电焊机放在潮湿处进行工作，则要加强安全措施，并在焊机下部垫上木板或橡胶板，焊接工作结束后，应立即将焊机移放在干燥处。

2. 使用时的安全措施

① 电焊机的工作负荷应依照设计规定，不得任意长时间超载运行。

② 电焊机的接地装置必须定期进行检查，以保证其可靠性，移动式电焊机在工作前必须接地，并且接地工作必须在接通电源之前做好。接地时应首先将接地导线接在接地干线上，然后再将其接到设备上；拆除地线的顺序则与此相反。

③ 凡是在有接地（或接零）线的工件上（如机床上的部件等）进行焊接时，应将焊件上的接地线（或接零线）暂时拆除，焊完后再恢复。其目的是防止一旦焊接回路接触不良，

大的焊接工作电流可能会通过接地线或接零线将地线或零线熔断。在焊接与大地紧密相连的工件（如水道管路、房屋立柱等）时，如果焊件本身接地电阻小于 4Ω，则应将电焊机二次线圈一端的接地线（或接零线）的接头暂时解开，焊完后再恢复。总之，焊接变压器二次端与焊件不应同时存在接地（或接零）装置。

④ 在焊接过程中偶有短路是允许的，但短路时间不可过长，否则会发生焊接电源过热，特别是硅整流式焊接电源易被烧坏。

⑤ 焊接电源在启动以后，必须要有一定的空载运行时间，观察其工作、声音是否正常等。在调节焊接电流及极性开关时，也要在空载下进行。

⑥ 根据各类焊接电源的特点，在使用中应注意观察易出问题的地方，如旋转式直流弧焊电源电刷打火是否过大、弧焊整流器的空冷风扇是否正常等。发现有异常现象时，要立刻切断电源检查，较大的故障应找电工检修。

⑦ 电焊机内部要保持清洁，应定期用压缩空气吹净灰尘。使用新焊机或启用长期停用的焊机时，应仔细观察电焊机有无损坏处。在使用焊机前，必须按照产品说明书和有关技术要求进行检验。初、次级线圈的绝缘电阻达不到要求时，应予以干燥处理，损坏、失效处需及时修复。

⑧ 焊接作业结束后，及时切断焊机电源。

五、焊钳和焊接电缆的安全要求

1. 焊钳

焊钳是用来夹持焊条传递电流的，是电焊工的重要工具。焊钳必须符合以下安全要求。

① 焊钳应保证在任何斜度下都能夹紧焊条，而且更换焊条方便。能使电焊工不必接触导电体部分即可迅速更换焊条。

② 焊钳必须具有良好的绝缘和隔热能力。由于电阻热，特别是焊接电流较大时，焊把往往发热烫手。因此，手柄的绝热层要求绝热性能良好。

③ 焊钳与电缆的连接应简便可靠。橡胶包皮要有一段深入钳柄内部，使导体不外露，起到屏护作用。

④ 焊钳的弹簧失效时，应立即更换。钳口处应经常保持清洁。

⑤ 焊钳应结构轻便，易于操作。焊钳的质量一般为 $400 \sim 700g$。

2. 焊接电缆

焊接电缆是连接电焊机和焊钳等的绝缘导线，应符合以下安全要求。

① 焊接电缆应具有良好的导电能力和绝缘外层。一般是用紫铜制成，外包胶皮绝缘套。

② 焊接电缆应轻便柔软，能任意弯曲和扭转，便于操作。因此，必须用多股细导线组成。焊机与焊钳连接的焊接电缆的长度，应根据工作时的具体情况，一般以 $20 \sim 30m$ 为宜。太长会增大电压降，太短则操作不方便。

③ 焊接电缆的过度超载是绝缘损坏的主要原因。焊接电缆选择时，应根据焊接电流的大小和所需电缆的长度，按规定选用较大的截面积，以防止由于导体过热而烧坏绝缘层。

④ 焊接电缆应用整根的，一般中间不得有接头。如需用短线接长时，则接头部分不应超过两个，接头部分应用铜导体做成，要坚固可靠，如接触不良，则会产生高温。要保证焊接电缆绝缘良好。

⑤ 严格禁止利用厂房的金属结构、管道、轨道或其他金属物的搭接来代替焊接电缆使用。

⑥ 不得将焊接电缆放在电弧附近或炽热的焊缝金属旁，避免高温烧坏绝缘层，同时也要避免碾压和磨损等。

⑦ 电焊机与电力网连接的电源线，由于其电压较高，除保证具有良好的绝缘外，长度越短越好，一般以不超过3m为宜。如确需用较长的导线，应采取间隔的安全措施，即应离地面2.5m以上沿墙用瓷瓶布设，不得将电源导线拖在工作现场的地面上。

六、焊条电弧焊安全技术

电焊工在焊条电弧焊操作时接触电的机会比较多。一般焊接设备所用的电源电压为220V或380V，电焊机的空载电压一般在60V以上，而40V的电压就会对人身造成危险。因而防触电是电焊工操作安全技术的首要内容。

1. 焊接触电事故

焊接触电事故，常在以下情况发生。

① 手和身体某部碰到裸露的接线头、接线柱、极板、导线及破皮或绝缘失效的电线、电缆而触电。

② 在更换焊条时，手或身体某部位接触焊钳带电部分，而脚和其他部位对地面或金属结构之间绝缘不好。如在金属容器、管道、锅炉内或在金属结构潮湿的地方焊接时，最容易发生触电事故。

③ 焊接变压器的一次绕组和二次绕组之间的绝缘损坏时，手或身体部位碰到二次线路的裸导体面时触电。

④ 电焊设备的罩壳漏电，人体碰触罩壳而触电。

⑤ 由于利用厂房的金属结构、管道、轨道、天车吊钩或其他金属物搭接作为焊接回路而发生触电事故。

⑥ 防护用品的缺陷或违反安全操作规程发生触电事故。

⑦ 在危险环境中作业。电焊工作业的危险环境一般指：潮湿；有导电粉尘；被焊件直接与泥、砖、湿木板、钢筋混凝土、金属或其他导电材料铺设的地面接触；炎热、高温、焊工身体能够同时在一方面接触接地导体，另一方面接触电气设备的金属外壳。

在焊接作业中，对于预防触电，要随时随地引起高度警惕。

2. 焊接触电的防护措施

电焊工应按照以下安全用电规程操作。

① 焊接工作前，应先检查焊机、设备和工具是否安全，如焊机外壳接地、焊机各接线点接触是否良好、焊接电缆的绝缘有无损坏等。

② 改变焊机接头、更换焊件需要改接二次回路时、转移工作地点、更换熔丝以及焊机发生故障需检修时，必须在切断电源后才能进行。推拉闸刀开关时，必须戴绝缘手套，同时头部偏斜，以防电弧火花灼伤脸部。

③ 更换焊条时，焊工必须使用焊工手套，要求焊工手套保持干燥、绝缘可靠。对于空载电压和焊接电压较高的焊接操作和在潮湿环境操作时，焊工应用绝缘橡胶衬垫确保焊工与焊接件绝缘。特别是在夏天由于身体出汗后衣服潮湿，不得靠在焊件、工作台上，以防止触电。

④ 在金属容器内或狭小工作场所焊接金属结构时，必须采取专门防护措施。必须采用绝缘橡胶衬垫、穿绝缘鞋、戴绝缘手套，以保障焊工身体与带电体绝缘。要有良好的通风和照明措施。必须采用绝缘和隔热性能良好的焊钳。须有两人轮换工作，互相照顾，或有人监护，随时注意焊工的安全动态，遇危险时立即切断电源，进行抢救。

⑤ 在光线不足的较暗环境工作，必须使用手提工作行灯；一般环境使用的照明行灯电压不超过 36V；在潮湿、金属容器等危险环境，照明行灯电压不得超过 12V。

⑥ 加强电焊工的个人防护。个人防护用具包括完好的工作服、焊工用绝缘手套、绝缘套鞋及绝缘垫板等。绝缘手套不得短于 300mm，应用较柔软的皮革或帆布制作，经常保持完好和干燥。焊工在操作时不应穿有铁钉的鞋或布鞋，因为布鞋极易受潮导电。在金属容器内操作时，焊工必须穿绝缘套鞋。电焊工的工作服必须符合规定，穿着完好，一般焊条电弧焊穿帆布工作服，氩弧焊等穿毛料或皮工作服。

⑦ 焊接设备的安装、检查和修理必须由电工来完成。设备在使用中发生故障时，焊工应立即切断电源，并通知维修部门检修，焊工不得自行修理。

⑧ 遇有人触电时，不得赤手去拉触电人，应迅速切断电源。焊工应掌握对触电人的急救方法。

七、气体保护焊安全技术

气体保护焊安全技术除遵守焊条电弧的有关规定外，还应注意以下几点。

① 应定期检查焊机内的接触器、断电器的工作元件、焊枪夹头的夹紧力和喷嘴的绝缘性能等。

② 高频引弧焊机装有高频引弧装置时，焊接电缆都应有铜网编织的屏蔽套，并可靠接地。根据焊接工艺要求，尽可能使用高压脉冲引弧、稳弧装置，防止高频电磁场的危害。

③ 焊机在使用前应检查供气、供水系统，不得在漏水、漏气情况下运行。

④ 磨削钨极棒的砂轮须设良好的排风装置，并戴口罩操作。钍钨极有放射危害，推荐使用放射线剂量小的铈钨极或钇钨极。铈钨极、钇钨极和钍钨极的性能和放射性剂量见表 1-63。

表 1-63　不同钨极性能和放射剂量

牌号	氧化物质量分数 /%	α 射线剂量（Li/kg）	电子逸出功	使用寿命	反复引弧能力 /%
Wce20	1.8 ～ 2.2	2.42×10^{-8}	低	高	100
WY20	> 1.31	5.25×10^{-8}	更低	更高	100
WTh15	1.5 ～ 2.0	3.64×10^{-5}	中	中	65

注：上海市郊泥土中 α 射线剂量为（2.0 ～ 4.3）$\times 10^{-8}$Li/kg。

⑤ 移动焊机时，应取出机内易损电子器件，单独搬运。

⑥ 盛装保护气体的高压气瓶应小心轻放，竖立固定，防止倾倒。气瓶与热源距离大于 3m。

⑦ 采用电热器使二氧化碳气瓶内液态二氧化碳充分气化时，电压应低于 36V，外壳接地可靠。工作结束时立即切断电源和气源。

⑧ 在焊接场所应采取通风和送风措施，及时排出施焊中产生的有害物质。

⑨ 选用粗毛呢或皮革等面料制成的工作服，以防止焊工在操作中被烫伤和体温升高。

⑩ 在氩气中加入质量分数为 0.3% 的一氧化碳，可使臭氧的发生量降低 90%，已推广使用。

八、埋弧焊安全技术

埋弧焊安全技术除遵守焊条电弧焊的有关规定外，还应注意以下几点。

① 埋弧焊机控制箱外壳和接线板上的罩壳必须盖好。

② 埋弧焊用电缆必须符合焊机额定焊接电流的容量，连接部分要拧紧，并应经常检查

焊机各部分导线的接触点是点良好，绝缘性能是否可靠。

③ 半机械化埋弧焊的焊接手把应旋转妥当，以防止短路。

④ 埋弧焊机发生电气故障时，必须切断电源，由电工修理。

⑤ 埋弧焊过程中应保持焊接连续覆盖，以免焊剂中断，露出电弧。同时，焊接作业时应戴普通防护眼镜。

⑥ 灌装、清扫、回收焊剂应采取防尘措施，防止焊工吸入焊剂粉尘。如采用利用压缩空气的吸压式焊剂回收输送器。

⑦ 在调整送丝机构及焊机工作时，手不得触及送丝机械滚轮。

⑧ 在转胎上施焊的焊件应压紧、卡牢，防止松脱掉下砸伤人。

⑨ 焊接转胎及其他辅助设备和装置的机械传动部分，应加装防护罩。

⑩ 清除焊渣时要戴上平光护目镜。

九、等离子弧焊接与切割安全技术

等离子弧焊接与切割安全技术除遵守焊条电弧焊、气体保护焊有关规定外，还应注意以下几点。

① 等离子弧焊接与切割用电源的空载电压较高，尤其是手工操作时有电击的危险。因此，电源在使用时必须可靠接地。其枪体用手触摸部分必须可靠绝缘。

② 等离子弧较其他电弧的光辐射强度更大，操作时工人应戴上良好的面罩、手套，颈部也要保护。面罩除具有黑色目镜外，最好加上吸收紫外线的镜片。

③ 焊接、切割工作地点应设有工作台，并采用有效的局部排烟和净化装置，或设水浴工作台等。

④ 等离子弧割炬应保持电极与喷嘴同心，要求供气、供水系统密封严谨，不漏气、不漏水。

⑤ 等离子弧易产生高强度、高频率的噪声，尤其是大功率等离子弧切割时，操作者必须戴耳塞。也可以采用水中切割法，利用水来吸收噪声。

⑥ 等离子弧焊接和切割采用高频引弧，要求接地可靠。转移弧引移后，应立即可靠地切割高频振荡电源。

十、电阻焊安全技术

电阻焊安全技术除遵守焊条电弧焊有关规定外，还应注意以下几点。

① 装有电容储能装置的电阻焊机，在密封的控制箱门上应有联锁机械，当开门时应使电容短路，手动操作开关亦应有附加电容短路安全措施。

② 施焊时，焊接控制装置的柜门必须关闭。

③ 控制箱等装置的检修和调整必须由专业人员进行。

④ 复式、多工位操作的焊机，应在每个工位上装有紧急制动按钮。

⑤ 焊机的脚踏开关应有牢固的防护罩，防止意外开启。

⑥ 手提式焊机的构架，应能经受操作中产生的振动，吊挂的变压器应有坠落的保险装置，并应进行检查。

⑦ 电阻焊机作业点应设有防止工件产生电火花、飞溅的防护板和防护屏。

⑧ 缝焊作业焊工必须注意电极的转动方向，防止滚轮切伤手指。

⑨ 焊机的作业场所应保持干燥，地面应铺设防滑板。外水冷式焊机的焊工作业时应穿绝缘鞋。

⑩ 焊接工作结束后应切断电源，冷却水应延长 10min 后再关闭。在气温较低时还应排

除水路内的积水，防止结冰。

十一、碳弧气刨安全技术

碳弧气刨安全技术除遵守焊条电弧焊的有关规定外，还应注意以下几点。

① 碳弧气刨时电流较大，要防止焊机过载发热。

② 碳弧气刨时烟尘大，因碳棒使用沥青黏结而成，表面镀铜，在烟尘中含有质量分数为 1%～1.5% 的铜，并在产生的有害气体中含有毒性较大的苯类有机化合物，所以操作者应佩戴送风式面罩。在作业场地必须采取排烟除尘措施，加强通风。为了控制烟尘的污染，可应用水弧气刨，即在碳弧气刨的基础上增加供水系统，并对碳弧气刨枪进行改动，保证碳经气刨枪喷出挺拔的水雾，达到消烟除尘的目的。

十二、容器焊接作业安全技术

除遵守一般焊接作业的规定外，容器焊接作业还应注意以下几点。

① 在密闭容器、罐、桶舱室中焊接、切割，应先打开施焊工作物的孔、洞、使内部空气流通，以防止焊工中毒、烫伤，必要时应设专人监护。工作完成或暂停时，焊接工具、电缆等应随人带出，不得放在工作地点。

② 在狭窄和通风不良的容器、管段、坑道、半封闭地段等处焊接时，必须采取专门的防护措施，通过橡胶衬垫、穿绝缘鞋、戴绝缘手套等措施确保焊工与带电体绝缘，并有良好的通风和照明。

③ 容器内作业须使用 12V 灯具照明，灯泡要有金属网罩防护。容器内潮湿不应进行电焊作业。

④ 在必要情况下，容器内作业人员应佩戴呼吸器和救生索。

⑤ 焊补化工容器前，必须用惰性较强的介质（如氮气、二氧化碳气、水蒸气或水）将容器原有可燃物或有毒物质彻底排出，然后再实施焊补，即置换焊补。经对容器内、外壁彻底清洗置换后，容器内的可燃物质含量应低于该物质爆炸下限的 1/3。有毒物质含量应符合（GB 9448—1999）《焊接与切割安全》的有关规定时随时进行检测。

⑥ 焊补带压不置换化工容器时，容器中可燃气体的含氧量的质量分数应控制在 1% 以下；被焊被容器必须保持一定的、连续稳定的正压。正压值可根据实际情况控制在 1.5～5kPa。超过规定要求时应立即停止作业。

⑦ 带压不转换焊补作业时，如发生猛烈喷火，应立即采取灭火措施。火焰熄灭前不得切断容器内燃气源，并要保持系统内足够的稳定压力，以防容器内吸入空气形成混合气而发生爆炸事故。

⑧ 转换焊补、带压不转换焊补作业均必须办理动火审批手续，制定现场安全措施和落实监督责任制度后方可实施焊接作业。

十三、电焊工高处作业安全技术

① 在高处作业时，电焊工首先要系上带弹簧钩的安全带，并把自身系在构架上。为了保护下面的人不致被落下的熔融金属滴和熔渣烧伤，或被偶然掉下来的金属物等砸伤，要在工作处的下方搭设平台，平台上应铺设铁皮或石棉板。高出地面 1.5m 以上的脚手架和吊空平台的铺板须用不低于 1m 高的栅栏围住。

② 在上层施工时，下面必须装上护栅以防火花、工具和零件及焊渣等落下伤人。在施焊现场 5m 范围内的刨花、麻絮及其他可燃材料必须清除干净。

③ 在高处作业的电焊工必须配用完好的焊钳、附带全套备用镜的盔式面罩、锋利的錾

子和手锤，不得用盾式面罩代替盔式面罩。焊接电缆要紧绑在固定处。严禁绕在身上或搭在背上工作。

④ 焊接用的工作平台，应保证焊工能灵活方便地焊接各种空间位置的焊缝。安装焊接设备时，其安装地点应使焊接设备发挥作用的半径越大越好。使用活动的电焊机在高处进行焊条电弧焊时，必须采用外套胶皮软管的电源线；活动式电焊机要放置平稳，并有完好的接地装置。

⑤ 在高处焊接作业时，不得使用高频引弧器，以防万一麻电、失足坠落。高处作业时应有监护人，密切注意焊工安全动态，电源开关应设在监护人近旁，遇到紧急情况时应立即切断电源。高处作业的焊工，当进行安装和拆卸工作时，一定要戴安全帽。

⑥ 遇到雨、雾、雪、阴冷和干冷天气时，应遵照特种规范进行焊接工作。电焊工工作地点应加以防护，免受不良天气影响。

⑦ 电焊工除掌握一般操作安全技术外，高处作业的焊工一定要经过专门的身体检查，通过有关高处作业安全技术规则考试才能上岗。

十四、焊接作业的防火防爆措施

① 在焊接现场要有必要的防火设备和器材，如消火栓、砂箱、灭火器。电气设备失火，应立即切断电源，采用干粉灭火。

② 禁止在储有易燃、易爆物品的房间或场地进行焊接。在可燃性物品附近进行焊接作业时，必须有一定的安全距离，一般距离应大于 5m。

③ 严禁焊接装有可燃性液体和可燃性气体的容器及具有压力的压力容器和带电的设备。

④ 对于存有残余油脂、可燃液体、可燃气体的容器，应先用蒸汽吹洗或用碱水冲洗，然后开盖检查，确定冲洗干净时方能进行焊接。对密封容器不准进行焊接。

⑤ 在周围空气中含有可燃气体和可燃粉尘的环境严禁焊接作业。

十五、触电急救

1. 现场抢救要点

（1）迅速使触电者脱离电源

发现有触电者时切不可惊惶失措，应采取措施尽快使触电者脱离电源，这是减轻伤害和救护的关键。脱离 1000V 以下电源的方法有切断电源、挑开电源、拉开触电者、割断电源线。切断电源即断开电源开关，拔出插头或按下停电按钮。挑开电源必须使用绝缘物（如干燥的木棒、绳索等）挑开电线或电气设备，使之与触电者脱离。若触电者俯仰在漏电设备上，或电源线被压在触者身下，抢救人员应穿上绝缘鞋，或站在干燥的木板上，用干燥的绳索套在触电者身上，使触电者被拉开，脱离电源。若触电现场远离电源开关、挑开电线或触电者肌肉收缩紧握电线时，可用带有绝缘胶套的钳子剪断电线。脱离 1000V 以上高压电源时，应立即通知有关部门停电；抢救者穿绝缘靴、戴绝缘手套，用符合电源电压等级的绝缘棒或绝缘钳，使触电者脱离电源；用安全的方法使线路短路，迫使保护器件动作，断开电源。

（2）准确及时实行救治

触电者脱离电源后，抢救人员必须在现场及时就地实施救治，千万不能停止救治措施而等待急救车或长途运送医院。抢救奏效的关键是迅速，而迅速的关键是必须准确就地救治。救治实施人工呼吸或胸外心脏按压等方法，要坚持不断，不可轻率停止，即使在运送医院途中也不能中止。直到触电者恢复自主呼吸和心跳后，即可停止人工呼吸或胸外心脏按压。

当触电者具有以下 5 个征象时，方可停止抢救；若其中一个征象未出现，也应该努力抢救到底。

①心跳、呼吸停止；

②瞳孔散大；

③出现尸斑；

④出现尸僵；

⑤血管硬化或肛门松弛。

2. 对症救治方法

① 对神志清醒、能回答问话，只感到恶心、乏力、四肢发麻的轻症状触电者，就地休息 1 ～ 2h，并请医生现场诊断和观察。

② 对神志不清或失去知觉，但呼吸正常的触电者，可抬到附近空气清新的干燥地方，解开衣服，暂不做人工呼吸，请医生尽快到现场急救。

③ 对无知觉、无呼吸，但有心脏跳动的触电者，要采用人工呼吸救治。采用口对口呼吸的效果为好，其操作要领如下。

a. 使触电者仰卧，清除口中血块和呕吐物后使其头部尽量后仰，鼻孔朝天，下颚尖部与胸大致保持同一水平线上。救护人员在触电者头部一侧，掐住触电者的鼻子，使其嘴巴张开，准备接受吹气。

b. 救护人做深呼吸后，紧贴触电者的口鼻吹气，为时约 2s，并观察触电者的胸部是否膨胀，以确定吹气效果和适度是否得当。

c. 救护人吹气完毕换气时，应立即离开触电者嘴部，并放松掐紧的鼻子，让他自行呼吸，为时 3s。按照上述步骤反复循环进行。

④ 触电者心脏停止跳动，但呼吸未停，应当采用胸外挤压法救治。其操作要领如下。

a. 触电者仰卧在比较坚实的地面或木块上，姿势同人工呼吸法。

b. 救护人跪在触电者腰部一侧或骑跪在他身上，两手相叠，手掌根部在两乳头之间略下一点。

c. 手掌根部用力向下按压，压陷 3 ～ 4cm，压出心脏的血液，随后迅速放松，让触电者胸廓自动复原，血液充满心脏。按上述动作反复循环进行，每分钟挤压 60 次为宜。

⑤ 触电者心跳和呼吸均已停止，则人工呼吸和胸外挤压交替进行。每次对口吹气 2 ～ 3 次，再进行心脏按压 10 ～ 15 次，照此反复循环进行。

第二章

焊接材料

第一节　焊　条

一、焊条的组成及作用

涂有药皮的供手弧焊用的熔化电极称为焊条。它由焊芯和药皮两部分组成。通常焊条引弧端有倒角，药皮被除去一部分，露出焊芯端头。有的焊条引弧端涂有黑色引弧剂，引弧更容易。在靠近夹持端的药皮上印有焊条型号。

1. 焊芯

焊条中被药皮包裹的具有一定长度和直径的金属芯称为焊芯。焊接时，焊芯有两个作用：一是导通电流，维持电弧稳定燃烧；二是作为填充的金属材料与熔化的母材共同形成焊缝金属。

焊条电弧焊时，焊芯熔化形成的填充金属占整个焊缝金属的 50% ～ 70%，所以，焊芯的化学成分及各组成元素的含量，将直接影响焊缝金属的化学成分和力学性能。碳钢焊芯中各组成元素对焊接过程和焊缝金属性能的影响见表 2-1。

表 2-1　碳钢焊芯中各组成元素对焊接过程和焊缝金属性能的影响

组成元素	影响说明	质量分数
碳（C）	焊接过程中碳是一种良好的脱氧剂，在高温时与氧化合生成 CO 或 CO_2 气体，这些气体从熔池中逸出，在熔池周围形成气罩，可减小或防止空气中氧、氮与熔池的作用，所以碳能减少焊缝中氧和氮的含量。但碳含量过高时，由于还原作用剧烈，会增加飞溅和产生气孔的倾向，同时会明显地提高焊缝的强度、硬度，降低焊接接头的塑性，并增大接头产生裂纹的倾向	小于 0.10% 为宜
锰（Mn）	焊接过程中锰是很好的脱氧剂和合金剂。锰既能减少焊缝中氧的含量，又能与硫化合生成硫化锰（MnS）起脱硫作用，可以减小热裂纹的倾向。锰可作为合金元素渗入焊缝，提高焊缝的力学性能	0.30% ～ 0.55%
硅（Si）	硅也是脱氧剂，而且脱氧能力比锰强，与氧形成二氧化硅（SiO_2）。但它会增加熔渣的黏度，黏度过大会促使非金属夹杂物的生成。过多的硅还会降低焊缝金属的塑性和韧性	一般限制在 0.04% 以下

组成元素	影响说明	质量分数
铬（Cr）和镍（Ni）	对碳钢焊芯来说，铬与镍都是杂质，是从炼钢原料中混入的。焊接过程中铬易氧化，形成难熔的氧化铬（Cr_2O_3），使焊缝产生夹渣。镍对焊接过程无影响，但对钢的韧性有比较明显的影响。一般低温冲击值要求较高时，可以适当掺入一些镍	铬的质量分数一般控制在 0.20% 以下，镍的质量分数控制在 0.30% 以下
硫（S）和磷（P）	硫、磷都是有害杂质，会降低焊缝金属的力学性能。硫与铁作用能生成硫化铁（FeS），它的熔点低于铁，因此使焊缝在高温状态下容易产生热裂纹。磷与铁作用能生成磷化铁（Fe_3P 和 Fe_2P），使熔化金属的流动性增大，在常温下变脆，所以焊缝容易产生冷脆现象	一般不大于 0.04%，在焊接重要结构时，要求硫与磷的质量分数不大于 0.03%

（1）焊芯的作用

焊芯在电弧的作用下熔化后，作为填充金属与熔化了的母材混合形成焊缝。

（2）焊芯分类及牌号

① 焊芯分类。根据 GB/T 14957—1994《熔化焊用钢丝》标准规定，专门用于制造焊芯和焊丝的钢材可分为碳素结构钢和合金结构钢两类。

② 焊芯牌号编制。焊芯牌号一律用汉语拼音字母 H 作字首，其后紧跟钢号，表示方法与优质碳素结构钢、合金结构钢相同。若钢号末尾注有字母 A，则为高级优质焊丝，硫、磷含量较低，其质量分数 ≤ 0.030%。若末尾注有字母 E 或 C 为特级焊条钢，硫、磷含量更低，E 级硫、磷质量分数 ≤ 0.020%，C 级硫、磷质量分数 ≤ 0.015%。

2. 药皮

压涂在焊芯表面的涂料层称为药皮。由于焊芯中不含某些必要的合金元素，且焊接过程中要补充焊芯烧损（氧化或氮化）的合金元素，所以焊缝具有的合金成分均需通过药皮添加。

（1）焊条药皮的作用及焊条药皮组成物分类

表 2-2　焊条药皮的作用及焊条药皮组成物分类

类别		说　明
焊条药皮的作用	稳弧作用	焊条药皮中含有稳弧物质，可保证电弧容易引燃和燃烧稳定
	保护作用	焊条药皮熔化后产生大量的气体笼罩着电弧区和熔池，基本上能把熔化金属与空气隔绝开，保护熔融金属，熔渣冷却后，在高温焊缝表面上形成渣壳，可防止焊缝表面金属不被氧化并减缓焊缝的冷却速度，改善焊缝金属的危害
	冶金作用	药皮中加有脱氧剂和合金剂，通过熔渣与熔化金属的化学反应，可减少氧、硫有害物质对焊缝金属的危害，使焊缝金属获得符合要求的力学性能
	渗合金	由于电弧的高温作用，焊缝金属中所含的某些合金元素被烧损（氧化或氮化），这样会使焊缝的力学性能降低。通过在焊条药皮中加入铁合金或纯合金元素，使之随药皮的熔化而过渡到焊缝金属中去，以弥补合金元素烧损和提高焊缝金属的力学性能
	改善焊接的工艺性能	通过调整药皮成分，可改变药皮的熔点和凝固温度，使焊条末端形成套筒，产生定向气流，有利于熔滴过渡，可适应各种焊接位置的需要
焊条药皮组成物分类	焊条药皮为多种物质的混合物，主要有以下 4 种类型	
	矿物类	主要是各种矿石、矿砂等。常用的有硅酸盐矿、碳酸盐矿、金属矿及萤石矿等
	铁合金和金属类	铁合金是铁和各种元素的合金。常用的有锰铁、硅铁、铝粉等
	化工产品类	常用的有水玻璃、钛白粉、碳酸钾等
	有机物类	主要有淀粉、糊精及纤维素等
	焊条药皮的组成较为复杂，每种焊条药皮配方中都有多种原料。按其作用不同可分为稳弧剂、造渣剂、造气剂、脱氧剂、合金剂、稀渣剂、黏结剂和增塑剂 8 类	
	稳弧剂	稳弧剂主要由碱金属或碱金属的化合物组成，如钾、钠、钙的化合物等。主要作用是改善焊条引弧性能和提高焊接电弧的稳定性

类别		说　明
焊条药皮组成物分类	造渣剂	这类药皮组成物能熔成一定密度的熔渣浮于液态金属表面，使之不受空气侵入，并具有一定的黏度和透气性，与熔池金属进行必需的冶金反应能力，保证焊缝金属的气量和成形美观。如钛铁矿、赤铁矿、金红石、长石、大理石、萤石、钛白粉等
	造气剂	造气剂的主要作用是产生保护气体，同时也有利于熔滴过渡。这类组成物有碳酸盐类矿物和有机物，如大理石、白云石和木粉、纤维素等
	脱氧剂	脱氧剂的主要作用是对熔渣和焊缝金属脱氧。常用的脱氧剂有锰铁、硅铁、钛铁、铝铁、石墨等
	合金剂	合金剂的主要作用是向焊缝金属中渗入必要的合金成分，补偿已经烧损或蒸发的合金元素和补加特殊性能要求的合金元素。常用的合金剂有铬、钼、锰、硅、钛、钒的铁合金等
	稀渣剂	稀渣剂的主要作用是降低焊接熔渣的黏度，增加熔渣的流动性。常用稀渣剂有萤石、长石、钛铁矿、金红石、锰矿等
	黏结剂	黏结剂的主要作用是将药皮牢固地黏结在焊芯上。常用黏结剂是水玻璃
	增塑剂	增塑剂的主要作用是改善涂料的塑性和滑性，使之易于用机器涂在焊芯上。如云母、白泥、钛白粉等

（2）焊条药皮的类型

根据药皮组成中主要成分的不同，焊条药皮可分为表 2-3 所示 8 种不同的类型。

表 2-3　焊条药皮的类型

类别	说　明
氧化钛型（简称钛型）	药皮中氧化钛的质量分数大于或等于 35%，主要从钛白粉和金红石中获得
钛钙型	药皮中氧化钛的质量分数大于 30%，钙和镁的碳酸盐矿石的质量分数为 20% 左右
钛铁矿型	药皮中含钛铁矿的质量分数大于或等于 30%
氧化铁型	药皮中含有大量氧化铁及较多的锰铁脱氧剂
纤维素型	药皮中有机物的质量分数在 15% 以上，氧化钛的质量分数为 30% 左右
低氢型	药皮主要组成物是碳酸盐和氟化物（萤石）等碱性物质
石墨型	药皮中含有较多的石墨
盐基型	药皮主要由氯化物和氟化物组成

常用焊条药皮的类型、主要成分及其工艺性能见表 2-4。

表 2-4　常用焊条药皮的类型、主要成分及其工艺性能

类型	主要成分	工艺性能	适用范围
钛型	氧化铁（金红石或钛白粉）	焊接工艺性能良好，熔深较浅。交直流两用，电弧稳定，飞溅小，脱渣容易。能进行全位置焊接，焊缝美观，但焊接金属塑性和抗裂性能较差	用于一般低碳钢结构的焊接，特别适用于薄板焊接
钛钙型	氧化钛与钙和镁的碳酸盐矿石	焊接工艺性能良好，熔深一般。交直流两用，飞溅小，脱渣容易	用于较重要的低碳钢结构和强度等级较低的低合金结构钢一般结构的焊接
钛铁矿型	钛铁矿	焊接工艺性能良好，熔深较浅。交直流两用，飞溅一般，电弧稳定	
氧化铁型	氧化铁矿及锰铁	焊接工艺性能差，熔深较大，熔化速度快，焊接生产率高。飞溅稍多，但电弧稳定，再引弧容易。立焊与仰焊操作性差。焊缝金属抗裂性能良好。交直流两用	用于较重要的低碳钢结构和强度等级较低的低合金结构钢的焊接，特别适用于中等厚度以上钢板的平焊
纤维素型	有机物与氧化钛	焊接时产生大量气体，保护熔敷金属，熔深大。交直流两用，电弧弧光强，熔化速度快。熔渣少，脱渣容易，飞溅一般	用于一般低碳钢结构的焊接，特别适宜于向下立焊和深熔焊接
低氢型	碳酸钙（大理石或石灰石）、萤石和铁合金	焊接工艺性能一般，焊前焊条需烘干，采用短弧焊接。焊缝多具有良好的抗裂性能、低温冲击性能和力学性能	用于低碳钢及低合金结构钢的重要结构的焊接

二、焊条的类型、选择和用途

（一）铸铁焊条（GB/T 10044—2006）

1. 铸铁焊条的直径和长度

表 2-5　铸铁焊条的直径和长度　　　　　　　　　　　　　　　　　　mm

焊芯类别	焊条直径		焊条长度	
	基本尺寸	极限偏差	基本尺寸	极限偏差
铸造焊芯	4.0	±0.3	350～400	±4.0
	5.0、6.0、8.0、1.0		350～500	
冷拔焊芯	2.5	±0.5	200～300	±2.0
	3.2、4.0、5.0		300～450	
	6.0		400～500	

注：允许以直径 3mm 的焊条代替直径 3.2mm 的焊条，以直径 5.8mm 的焊条代替直径 6.0mm 的焊条。

2. 铸铁焊条型号及用途

表 2-6　铸铁焊条型号及用途

型号	药皮类型	焊接电流	用途
EZFe-2	氧化型	交、直流	用于一般铸铁件缺陷的修补及长期使用的旧钢锭模。焊后不宜进行切削加工
EZFe-2	钛钙铁粉	交、直流	一般灰口铸铁件的焊补
EZC	石墨型	交、直流	工件预热至 400℃以上的一般灰铸铁件的焊补
EZCQ	石墨型	交、直流	焊补球墨铸铁件
EZNi-1	石墨型	交、直流	焊补重要的薄铸铁件和加工面
EZNiFe-1	石墨型	交、直流	用于重要灰铸铁及球墨铸铁的焊补。对含磷较高的铸铁件焊接，也有良好的效果
EZNiFeCu	石墨型	交、直流	
EZNiCu-1	石墨型	交、直流	适用于灰铸铁件的焊补。焊前可不进行预热，焊后可进行切削加工

注：1. EZ- 铸铁用焊条。

2. 焊条主要尺寸（mm）：①冷拔焊芯。直径为 2.5、3.2、4、5、6；长度为 200～500。②铸造焊芯。直径为 4、5、6、8、10；长度为 350～500。

（二）堆焊焊条（GB/T 984—2001）

堆焊主要用于提高工件表面的耐磨性、耐腐蚀性、耐热性等，也用于修复磨损或腐蚀的表面。按照 GB/T 1984—2001《堆焊焊条》标准，堆焊焊条的型号，按熔敷金属化学成分和药皮类型划分。

1. 堆焊焊条药皮类型

表 2-7　堆焊焊条药皮类型

药皮类型	焊条型号	焊接电源	药皮特点说明
特殊型	ED××-00	交流或直流	—
钛钙型	ED××-03	交流或直流	药皮含 30% 以上的氧化钛和 20% 以下的钙或镁的碳酸盐矿石。熔渣流动性良好，电弧较稳定，熔深适中，脱渣容易，飞溅少，焊波美观
石墨型	ED××-08	直流	药皮主要组成是碳酸盐和萤石，碱性熔渣，流动性好，焊接工艺性能一般，焊波较高，焊接时要求药皮很干燥，电弧很短。这类焊条具有良好的抗热裂和力学性能

药皮类型	焊条型号	焊接电源	药皮特点说明
低氢钠型	ED××-15	交流或直流	同低氢钠型焊条的各种特性。在药皮中加入稳弧剂,可用交流电源施焊
低氢钾型	ED××-16	交流或直流	除含有碱性药皮外,加入了较多的石墨,使焊缝获得较高的游离碳或碳化物。焊接时烟雾较大,工艺性较好,飞溅少,熔深较浅,引弧容易。这种焊条药皮强度较差,在包装、运输、保管中应注意

2. 堆焊焊条的尺寸

表 2-8　堆焊焊条的尺寸 　　　　　　　　　　　　　　mm

类别	冷拔焊芯		铸造焊芯		复合焊芯		碳化钨管状	
	直径	长度	直径	长度	直径	长度	直径	长度
基本尺寸	2.0 2.5 3.2 4.0	230～300 300～50	3.2 4.0 5.0	230～350	3.2 4.0 5.0	230～350	2.5 3.2 4.0 5.0	230～350
	5.0 6.0 8.0	350～450	6.0 8.0	300～350	6.0 8.0	300～350	6.0 8.0	300～350
极限偏差	±0.08	±3.0	±0.5	±10	±0.5	±10	±10	±10

注:根据供需双方协议,也可生产其他尺寸的堆焊焊条。

3. 堆焊焊条的型号及用途

表 2-9　堆焊焊条型号及用途

型号	药皮类型	焊接电流	堆硬层硬度 HRC ≥	用途
EDPMn2-15	低氢钠型	直流反接	22	低硬度常温堆焊及修复低碳、中碳和低合金钢零件的磨损表面。堆焊后可进行加工
EDPCrMo-A1-03	钛钙型	交、直流	22	用于受磨损的低碳钢、中碳钢或低合金钢机件表面,特别适用于矿山机械与农业机械的堆焊与修补之用
EDPMn3-15	低氢钠型	直流反接	28	用于堆焊受磨损的中、低碳钢或低合金钢的表面
EDPCuMo-A2-03	钛钙型	交、直流	30	用于受磨损的低、中碳钢或低合金钢机件表面,特别适宜于矿山机械与农业机械磨损件的堆焊与修补之用
EDPMn6-15	低氢钠型	直流反接	50	用于堆焊常温高硬度磨损机件表面
EDPCrMo-A3-03	钛钙型	交、直流	40	用于常温堆焊磨损的零件
EDPCrMo-A4-03	钛钙型	交、直流	50	用于单层或多层堆焊各种磨损的机件表面
EDPMn-A-16 EDPMn-B-16	低氢钾型	交、直流反接	(HB) ≥170	用于堆焊高锰钢表面的矿山机械或锰钢道岔
EDPCrMn-B-16	低氢钾型	交、直流反接	≥20	用于耐气蚀和高锰钢
EDD-D-15	低氢钠型	直流反接	≥55	用于中碳钢刀具毛坯上堆焊刀口,达到整体高速度,亦可作刀具和工具的修复
EDRCrMoWV-A1-03	钛钙型	交、直流	≥55	用于堆焊各种冷冲模及切削刀具,亦可修复要求耐磨性能的机件

续表

型号	药皮类型	焊接电流	堆硬层硬度 HRC ≥	用途
EDRCrW-15	低氢钠型	直流反接	48	用于铸、锻钢上堆焊热锻模
EDRCrMnMo-15	低氢钠型	直流反接	40	
EDCr-A1-03	钛钙型	交、直流	40	为通用性表面堆焊焊条，多用于堆焊碳钢或合金钢的轴、阀门等
EDGr-A1-15	低氢钠型	直流反接	40	
EDCr-A2-15	低氢钠型	直流反接	37	多用于高压截止阀密封面
EBCr-B-03	钛钙型	交、直流	45	多用于碳钢或合金钢的轴、阀门等
EDGr-B-15	低氢钠型	直流反接	45	
EDCrNi-C-15	低氢钠型	直流反接	37	多用于高压阀门密封面
EDZCr-C-15	低氢钠型	直流反接	48	用于堆焊要求耐强烈磨损、耐腐蚀或耐气蚀的场合
EDCoCr-A-03	钛钙型	交、直流	40	用于堆焊在650℃时仍保持良好的耐磨性和一定的耐腐蚀性的场合
EDCoCr-B-03	钛钙型	交、直流	44	

注：1. ED—堆焊焊条。

2. 焊条主要尺寸（mm）：焊芯直径为3.2、4、5、6、7、8；焊芯长度为300、350、400、450。

（三）碳钢焊条（GB/T 5117—2012）

1. 碳钢焊条型号

碳钢焊条的型号按熔敷金属力学性能、药皮类型、焊接位置、电流类型、熔敷金属化学成分和焊后状态等进行划分。焊条型号由5部分组成。

① 第一部分用字母E表示焊条。

② 第二部分为字母E后面的紧邻两位数字，表示熔敷金属的最小抗拉强度代号，见2-10。

表2-10 碳钢焊条熔敷金属抗拉强度代号

抗拉强度代号	43	50	55	57
最小抗拉强度/MPa	430	490	550	570

③ 第三部分为字母E后面的第三和第四两位数字，表示药皮类型、焊接位置和电流类型，见表2-11。

表2-11 碳钢焊条药皮类型和代号

代号	药皮类型	焊接位置①	电源类型
03	钛型	全位置②	交流和直流正、反接
10	纤维素	全位置	直流反接
11	纤维素	全位置	交流和直流反接
12	金红石	全位置②	交流和直流正接
13	金红石	全位置②	交流和直流正、反接
14	金红石+铁粉	全位置②	交流和直流正、反接
15	碱性	全位置②	直流反接
16	碱性	全位置②	交流和直接反接
18	碱性+铁粉	全位置②	交流和直接反接
19	钛铁矿	全位置②	交流和直流正、反接

代号	药皮类型	焊接位置[①]	电源类型
20	氧化铁	全位置[②]	交流和直接正接
24	金红石＋铁粉	PA、PB	交流和直接正、反接
27	氧化铁＋铁粉	PA、BP	交流和直接正、反接
28	碱性＋铁粉	PA、PB、PC	交流和直接反接
40	不做规定	由制造商确定	由制造商确定
45	碱性	全位置	直流反接
48	碱性	全位置	交流和直流反接

① 焊接位置见 GB/T 16672—1996《焊缝工作位置　倾角和转角的定义》，其中 PA 表示平焊、PB 表示平角焊、PC 表示横焊、PG 表示向下立焊。

② 此处"全位置"并不一定包含向下立焊，由制造商确定。

④ 第四部分为熔敷金属的化学成分分类代号，可为"无标记"或一字线"—"后的字母、数字或字母和数字的组合，见表 2-12。

表 2-12　碳钢焊条熔敷金属化学成分分类代号

分类代号	主要化学成分的名义含量（质量分数）/%				
	Mn	Ni	Cr	Mo	Cu
无标记、—1、—P1、—P2	1.0	—	—	—	—
—1M3	—	—	—	0.5	—
—3M2	1.5	—	—	0.4	—
—3M3	1.5	—	—	0.5	—
—N1	—	0.5	—	—	—
—N2	—	1.0	—	—	—
—N3	—	11.5	—	—	—
—3N3	1.5	1.5	—	—	—
—N5	—	2.5	—	—	—
—N7	—	3.5	—	—	—
—N13	—	6.5	—	—	—
—N2M3	—	1.0	—	0.5	—
—NC	—	0.5	—	—	0.4
—CC	—	—	0.5	—	0.4
—NCC	—	0.2	0.6	—	0.5
—.NCC1	—	0.6	0.6	—	0.5
—.NCC2	—	0.3	0.2	—	0.5
—G	其他成分				

⑤ 第五部分为熔敷金属的化学成分代号之后的焊后状态代号，其中"无标记"表示焊态，"P"表示热处理状态，"AP"表示焊态和焊后热处理两种状态均可。除以上强制分类代号外，根据供需双方协商，可在型号后依次附加可选代号：a. 字母 u，表示在规定试验温度下，冲击吸收能量可以达到 47J 以上；b. 扩散氢代号 Hx，其中 x 代表 15、10 或 5，分别表示每 100g 熔敷金属中扩散氢含量的最大值（mL）。

碳钢焊条的尺寸和公差见表 2-13、型号和性能见表 2-14。

表 2-13　碳钢焊条的尺寸和公差（GB/T 25775—2010）　　　　mm

焊芯直径	1.6、2.0、2.5	3.2、4.0、5.0、6.0	8.0
直径公差	±0.06	±0.10	0.10
焊条长度	200～350	275～450①	275～450①
长度公差	±5	±5	±5

注：根据供需双方协商，允许制造成其他尺寸的焊接材料。
① 对于特殊情况，如重力焊焊条，焊条长度最大可至 1000mm。

表 2-14　碳钢焊条的型号和性能

型号	药皮类型	焊接位置	机械性能		焊接电源
			抗拉强度 σ_b/MPa	延伸率 δ/%	
E4300 E4301 E4303	特殊型 钛铁矿型 钛钙型	平、立、仰、横焊	430	20	交、直流
E4310 E4311	高纤维素钠型 高纤维素钾型				直流反接 交、直流反接
E4312 E4313	高钛钠型 高钛钾型			16	交、直流正接 交、直流
E4315 E4316	低氢钠型 低氢钾型			20	直流反接 交、直流反接
E4320	氧化铁型	平焊、平角焊			交、直流反接
E4322		平角焊		不要求	交、直流正接、
E4323 E4324	铁粉钛钙型 铁粉钛型	平焊、平角焊		20 16	交、直流反接
E4327	铁粉氧化铁型	平焊 平角焊	430	20	交、直流 交、直流正接
E4328		平、平焊			交、直流反接
E5001 E5003 E5010 E5011 E5014 E5015 E5016 E5018 E5018M	钛铁矿型 钛钙型 高纤维素钠型 高纤维素钾型 铁粉钛型 低氢钠型 低氢钾型 铁粉低氢钾型 铁粉低氢型	平、立、仰、横焊	490	20	交、直流
					直流反接 交、直流反接
				16	交、直流
				20	直流反接
					交、直流反接
					直流反接
				16	
E5023 E5024 E5027	铁粉钛钙型 铁粉钛型 铁粉氧化铁型	平、平角焊			交或直流、反接
					交或直流正接
E5028	铁粉低氢型	平、仰、横、立、向下焊		20	交或直流反接
E5048					

2. 碳钢焊条焊接工艺性能对比

表 2-15　碳钢焊条的焊接工艺性能对比

焊接工艺性能	J421 钛型	J422 铸钙型	J423 钛镁矿型	J424 氧化铁型	J425 纤维素型	J426 低氢型	J427 低氢型
熔渣特性	酸性、短渣	酸性、短渣	酸性、较短渣	酸性、长渣	酸性、较短渣	碱性、短渣	碱性、短渣

焊接工艺性能	J421 钛型	J422 铸钙型	J423 钛镁矿型	J424 氧化铁型	J425 纤维素型	J426 低氢型	J427 低氢型
电弧稳定性	柔和、稳定	稳定	稳定	稳定	稳定	较差、交直	较差、直流
电弧吹力	小	较小	稍大	最大	最大	稍大	稍大
飞溅	少	少	由	中	多	较多	较多
焊缝外观	纹细、美	美	美	稍粗	稍粗	粗	稍粗
熔深	小	中	稍大	最大	大	中	中
咬边	小	小	中	大	小	小	小
焊脚形状	凸	平	平、稍凸	平	平	平或凸	平或凸
脱渣性	好	好	好	好	好	较差	较差
熔化系数	中	中	稍大	大	大	中	由
粉尘	少	少	稍大	多	少	多	多
平焊	易	易	易	易	易	易	易
立向上焊	易	易	易	不可	极易	易	易
立向下焊	易	易	易	不可	易	易	易
仰焊	稍易	稍易	困难	不可	极易	稍难	稍难

3. 碳钢焊条药皮类型及用途

表 2-16 碳钢焊条药皮类型及用途

药皮类型	焊条型号	药皮类型及工艺性能	用途
钛铁矿型	E4301 E5001	药皮中含有钛铁矿大于或等于30%,熔渣流动性良好,电弧吹力较大,熔深大,熔渣覆盖性好,容易脱渣,飞溅一般,焊波整齐,适用于全位置焊接,焊接电源为交流或直流正、反接	焊接较重要的碳钢结构
钛钙型	E4303 E5003	药皮中含有30%以上的氧化钛和20%以下的钙或镁的碳酸盐矿,熔渣流动性良好,容易脱渣,电弧稳定,熔深适中,飞溅少,焊波整齐,适用于全位置焊接,焊接电源为交流或直流正、反接	碳钢结构
铁粉钛钙型	E4323 E5023	熔敷效率高,适用于平焊、平角焊,药皮类型及工艺性能与钛钙型基本相似,焊接电源为交流或直流正、反接	焊接较重要的碳钢结构
高纤维素钠型	E4310 E5010	药皮中纤维素含量较高,电弧稳定,焊接时有机物在电弧区分解,产生大量气体,保护熔敷金属。电弧吹力大,熔深大,熔化速度快,熔渣少,脱渣容易,熔渣覆盖较差。通常,限制采用大电流焊接,这类焊条适用于全位置焊接,特别适合立焊、仰焊的多道焊及有较高射线探伤要求的焊缝。焊接电流为直流反接	主要用于一般碳钢结构,如管道焊接等
高纤维素钾型	E4311 E5011	药皮在高纤维素钠型焊条的基础上添加了少量的钛与钾化合物,电弧稳定。焊接电源为交流或直流反接。适用于全位置焊接,焊接工艺性能与高纤维素钠型焊条相似,但采用直流反接时熔深较浅	
高钛钠型	E4312	药皮中含有35%以上的氧化钛,还含有少量的纤维素、锰、铁、硅酸盐及钠水玻璃等。电弧稳定,再引弧容易,适用于立向上或立向下焊接。焊接电源为交流或直流正接	主要焊接一般低碳钢结构、薄板,也可用于盖面焊
高钛钾型	E4313	药皮与高钛钠型相同,采用钾水玻璃作黏结剂,电弧比高钛钠型稳定,工艺性能好,焊缝成形比高钛钠型好。这类焊条适用于全位置焊接。焊接电源为交流或直流正、反接	
铁粉钛型	E5014 E4324	药皮在高钛钾型的基础上添加了铁粉,熔敷效率高,适用于全位置焊接。焊缝表面光滑,焊波整齐,脱渣性好,角焊缝略凸。焊接电源为交流或直流正、反接	主要焊接一般低碳钢结构
	E5024	药皮与E5014相同,但铁粉量高,药皮较厚,熔敷效率高,适用于平焊、平角焊,飞溅少,焊缝表面光滑。焊接电源为交流或直流正、反接	

药皮类型	焊条型号	药皮类型及工艺性能	用途
氧化铁型	E4320	药皮中含有大量的氧化铁及较多的锰铁脱氧剂,电弧吹力大,熔深大,电弧稳定,再引弧容易,熔化速度快,覆盖性好,焊缝成形美观,飞溅稍大,焊接电源为交流或直流正、反接	主要用于较重要的碳钢结构,不宜焊接薄板,适用于平焊、平角焊
	E4322	药皮工艺性能基本与E4320相似,但焊缝较凸,焊接电源为交流或直流正、反接	适用于薄板的高速焊、单道焊
铁粉氧化铁型	E4327 E5027	药皮工艺性能基本与E4320相似,添加了大量铁粉,熔敷效率很高,电弧吹力大,焊缝成形好,飞溅少,脱渣性好,焊缝稍凸,适用于交流或直流正接,可大电流进行焊接	主要用于较重要的碳钢结构,不宜焊接薄板,适用于平焊、平角焊
低氢钠型	E4315 E5015	药皮主要组成物是碳酸盐矿和萤石,碱度较高,熔渣流动性好,焊接工艺性能一般,焊波较粗,角焊缝略凸,熔深适中,脱渣性尚可。焊接时要求焊条进行烘干,并采用短弧焊。这类焊条可全位置焊接,焊缝金属具有良好的抗裂性能和力学性能。焊接电源为直流反接	主要用于重要的碳钢结构,也可焊接与焊条强度相当的低合金结构钢结构
低氢钾型	E4316 E5016	药皮在低氢钠型的基础上添加了稳弧剂、钾水玻璃等,电弧稳定。工艺性能、焊接位置与低氢钠型相同,焊缝金属具有良好的抗裂性能和力学性能。焊接电源为交流或直流反接	
	E5016-1	除取E5016的锰含量上限外,其工艺性能和焊缝化学成分与E5016一样。这类焊条可全位置焊接,焊缝成形好,但角焊缝较凸	用于焊缝脆性转变温度较低的结构
铁粉低氢型	E5018	药皮在E5015、E5016的基础上添加约25%左右的铁粉,药皮略厚,焊接电源为交流或直流反接。焊接时,应采用短弧。飞溅较少,熔深适中,熔敷效率高	主要焊接重要的碳钢结构,也可焊接与焊条强度相当的低合金结构钢,结构E4328、E5028适用于平焊、平角焊
	E5048	具有良好的立向下焊性能,其余与E5018相同	
	E4328 E5028	药皮与E5016焊条相似,但添加了大量铁粉,药皮很厚,熔敷效率高。焊接电源为交流或直流反接	
	E5018M	低温冲击韧性好,耐吸潮性优于E5018,为获得最佳力学性能,焊接采用直流反接	主要焊接重要的碳钢结构、高强度低合金结构钢
	E5018-1	除取E5018的锰含量上限外,其余与E5018相似	用于焊缝脆性转变温度较低的结构

(四)结构钢焊条

选用结构钢焊条,应根据线材强度等级,一般按"等强"的原则选择,另外,要考虑焊缝在结构中的承载能力,对于重要结构,应选用碱性低氢型、高韧性焊条。常用结构钢焊条牌号及主要用途见表2-17。

表2-17 常用结构钢焊条牌号及主要用途

型号	牌号	药皮类型	电源	主要用途
—	J350	—	直流	专用于微碳纯铁氨合成塔内件等焊接
E4300	J420G	特殊型	交、直流	用于高温高压电站碳钢管道的焊接
E4313	J421	高钛钾型		焊接一般薄板碳钢结构,高效率焊条
	J421X			
E4324	J421Fe	铁粉钛型		焊接较重要的碳钢结构,高效率焊条
	J421Fe-13			
E4303	J422	钛钙型		
	J422Fe			

型号	牌号	药皮类型	电源	主要用途
E4323	J422Fe-13	铁粉钛型	交、直流	焊接较重要碳钢结构、高速重力焊条。常用于焊接低碳钢结构
	J422Fe-16			
E4301	J421FeZ-13	钛铁矿型		
	J433			
E4320	J424	氧化铁型		
E4327	J424Fe-14	铁粉氧化铁型		焊接低碳钢结构、高效率焊条
E4311	J425	高纤维素钾型		焊接低碳钢结构，适用于立向下焊
E4316	J426	低氢钾型	直流	焊接重要结构的低碳钢、一般低合金钢结构等，如锅炉、压力容器、压力管道等
E4315	J427	低氢钠型		
	J427Ni			
5024	J501Fe-15	铁粉钛型	交、直流	焊接 16Mn 钢及某些低合金钢结构
	J501Fe-18			焊接低碳钢及船用 A 级、D 级钢结构
	J501Z-18			焊接低碳钢及低合金钢平角焊，高效率焊条
5003	J502	钛钙型		焊接 16Mn 钢及某些低合金钢结构
	J502Fe			
5023	J502Fe-15	铁粉钛钙型		焊接低碳钢及一般低合金钢结构，高效率焊条
	J502Fe-16			
—	J502CuP	钛钙型		用于铜磷系列耐大气、海水、硫化氢等腐蚀的结构，如机车车辆、近海工程结构等
E5003-G	J502Cu7Ni			
	J502WCu			
	J502CuCrNi			
E5001	J503	钛铁矿型		焊接 16Mn 钢及某些同等级低合金钢结构
	J503Z			焊接 16Mn 及低合金钢结构，重力高效率焊条
E5027	J504Fe	铁粉氧化铁型		焊接 16Mn 及同等级的低合金钢结构，高效率焊条
	J504Fe-14			
E5011	J505	高纤维素钾型		焊接 16Mn 钢及某些低合金钢结构
	J505MoD			用于不清焊根的打底层焊接
E5016	J506	低氢钾型		焊接中碳钢及重要的低合金钢结构
	J506GM			用于压力容器、石油管道船舶等结构
	J506X			抗拉强度为 490MPa 级，立向下焊条
	J506DF			同 J506 焊条，发尘量低，可用于容器内焊接
	J506D			用于不清焊根的打底层焊接
E5018	J506Fe	铁粉低氢型		焊接 16Mn 钢及低合金钢结构，高效率焊条
E5018-1	J506Fe-1			用于焊接 16MnR 钢及低合金钢结构
E5028	J506Fe-16	铁粉低氢型		焊接 16Mn、16MnR 等钢以及某些低合金钢结构，高效率焊条
	J506Fe-18			
E5018	J506LMA	铁粉低氢型		用于低碳钢、低合金钢的船舶结构
E5016-G	J506WCu	低氢钾型		用于耐大气腐蚀结构焊接，如 09MnCuPTi 钢
	J506G			适用于采油平台、高压容器、船舶等重要结构的焊接
	J506RH			
	J506CuNi			适用于 490MPa 级耐候钢结构焊接

型号	牌号	药皮类型	电源	主要用途
E5015-G	J507CuNi			适用于490MPa级耐候钢结构焊接
E5015	J507			焊接低合金、中碳钢，如16MnR钢等重要的低合金钢结构
	J507H			
E5015-G	J507R	低氢钠型	直流	用于锅炉、压力容器、船舶、海洋工程等重要结构的焊接
	J507GR			
E5015	J507DF			低尘焊条，适于密闭容器内焊接
E5015-G	J507RH			用于船舶、高压容器等重要设备焊接
E5015	J507X			强度为490MPa级，立向下焊条
	J507XG			用于管子的立向下焊
	J507D			用于管道用厚壁容器的打底层焊
E5018	J507Fe	铁粉低氢型	交、直流	高效焊条，焊接重要低合金钢结构
E5028	J507Fe-16			
E5015-G	J507Mo	低氢钠型	直流	用于耐高温硫化物钢，如12A1MoV、12SiMoVNb等钢的焊接
	J507MoNb			
	J507MoW			用于耐大气、海水腐蚀钢结构的焊接
	J507CrNi			
E5018	J507FeNi	铁粉低氢型	交、直流	用于中碳钢或低温压力容器的焊接
E5015-G	J507MoWNbB	低氢钠型	直流	用于耐高温氢、氮、氨腐蚀钢，如12SiMoVNb钢的焊接
	J507NiCrP			用于耐大气、海水腐蚀钢的焊接
	J507SL			用于厚度8mm以下低碳钢、低合金钢表面渗铝结构
E5501-G	J533	钛铁矿型	交、直流	焊接相应强度等级低合金钢结构
E5516-G	J556	低氢钾型		焊接中碳钢及低合金钢结构，如15MnTi、15MnV钢等
E5515-G	J557	低氢钠型	直流	焊接中碳钢及相应强度低合金钢结构，如14MnMoV钢等
	J557Mo			
	J557MoV			
E5516-G	J556RH	低氢钾型	交、直流	用于海上平台、压力容器等结构焊接
E6016-D1	J606			焊接中碳钢及相应强度等级低合金钢结构，如15MnVN钢等
E6015-D1	J607	低氢钠型	直流	焊接相应强度等级低合金钢结构
E6015	J607RH			
E7015	J707			焊接相应强度等级低合金钢结构，如18MnMoNb等
E7515	J757			焊接相应强度等级低合金钢重要结构
E8515	J857			焊接相应强度等级低合金钢重要结构，如30CrMo等

（五）低合金钢焊条

低合金钢焊条按熔敷金属的抗拉强度分为E50、E55、E60、E70、E80、E85、E90、E100等系列。低合金钢焊条的型号和类型见表2-18。

此外，碳钢及合金钢焊条，在改进工艺性能、改善劳动条件、提高焊接效率和提高焊缝金属性能等方面，开发出了一批新的产品，这些新型焊条的型号及用途见表2-19。

表 2-18　低合金钢焊条的型号和类型

焊条型号	药皮类型	焊接位置	电流种类
E50 系列：熔敷金属的抗拉强度≥490MPa（50kgf/mm²）			
E5003××	钛钙型	平、立、横、仰	交流或直流正、反接
E5010-×	高纤维素钠型		直流反接
E5011××	高纤维素钾型		交流或直流反接
E5015-×	低氢钠型		直流反接
E5016-×	低氢钾型		交流或直流反接
E5018-×	铁粉氧化铁型		
E5020-×	高氧化铁型	平角焊	交流或直流正接
		平	交流或直流正、反接
E5027-×	铁粉氧化铁型	平角焊	交流或直流正接
		平	交流或直流正、反接
E5500-×	特殊型	平、立、横、仰	交流或直流正、反接
E5503-×	钛钙型		
E5510-×	高纤维素钠型		直流反接
E5511-×	高纤维素钾型		交流或直流反接
E5513-×	高钛钾型		交流或直流正、反接
E5515-×	低氢钠型		直流反接
E5516-×	低氢钾型		交流或直流反接
E5518-×	铁粉低氢钾型		
E60 系列：熔敷金属的抗拉强度≥590MPa（60kgf/mm²）			
E6000-×	特殊型	平、立、横、仰	交流或直流正、反接
E6010-×	高纤维素钠型		直流反接
E6011-×	高纤维素钾型		交流或直流反接
E6013-×	高钛钾型		交流或直流正、反接
E6015-×	低氢钠型		直流反接
E6016-×	低氢钾型		交流或直流反接
E6018-×	铁粉低氢钾型		
E70 系列：熔敷金属的抗拉强度≥690MPa（70kgf/mm²）			
E7010-×	高纤维素钠型	平、立、横、仰	直流反接
E7011-×	高纤维素钾型		交流或直流反接
E7003-×	高钛钾型		交流或直流正、反接
E7015-×	低氢钠型		直流反接
E7016-×	低氢钾型		交流或直流反接
E7018-×	铁粉低氢钾型		
E80 系列：熔敷金属的抗拉强度≥780MPa（80kgf/mm²）			
E8015-×	低氢钠型	平、立、横、仰	直流反接
E8016-×	低氢钾型		交流或直流反接
E8018-×	铁粉低氢钾型		
E85 系列：熔敷金属的抗拉强度≥830MPa（85kgf/mm²）			
E8515-×	低氢钠型	平、立、横、仰	直流反接
E8516-×	低氢钾型		交流或直流反接
E8518-×	铁粉低氢钾型		
E90 系列：熔敷金属的抗拉强度≥880MPa（90kgf/mm²）			
E9015-×	低氢钠型	平、立、横、仰	直流反接
E9016-×	低氢钾型		交流或直流反接
E9018-×	铁粉低氢钾型		
E100 系列：熔敷金属的抗拉强度≥980MPa（100kgf/mm²）			
E10015-×	低氢钠型	平、立、横、仰	直流反接
E10016-×	低氢钾型		交流或直流反接
E10018-×	铁粉低氢钾型		

注：1. 后缀 × 代表熔敷金属化学成分分类代号，如 A1、B1、B2 等。
2. 1kgf/mm²=9.8MPa，全书余同。

表 2-19　新型焊条的型号及用途

名称	型号（牌号）	主要用途
盖面焊条	E5016（J506GM）	用于船舶、工程机械、压力容器等表面焊缝
底层焊条	E5011、E5016、FA015（J505MoD、J506D、J507D）	专用于厚壁容器及钢管的打底层焊，单面焊双面成形焊缝
低尘低毒焊条	E5016、E5015（J506DF、J507DF）	主要用于通风不良时的低碳钢、低合金钢焊接，如 Q345、16MnR、09Mn2V 等钢的焊接
铁粉高效焊条	E5024、E5023、E5028 等（J501Fe15、J506Fe16、J506Fe18 等）	熔敷效率高达 130%，主要用于低合金钢焊接，如 Q345、16MnR 等钢的焊接
重力焊条	E5024、E5001 等（JS01218、J503Z 等）	名义效率可达 130%，焊条较长（500～1000mm）在引弧端涂有引弧剂，主要用于低合金钢，如 Q345、16Mn 等
立向下焊条	E5016、E5015（J506X、J507X）	主要用于低碳钢、低合金钢焊接，角接、搭接的焊缝
管子立向下焊条	E5015（J507XG）	主要用于钢管对接的下向焊，单面焊双面成形，如天然气管道的焊接等
超低氢焊条	E5016-1、E5015-1（J506H、J507H）	按国际标准 ISO 规定，焊后用水银法测定，熔敷金属扩散氢含量小于 5mL/（100g）的焊条为超低氢焊条。主要用于压力容器、采油平台等重要结构
高韧度焊条	E5015G（J507GH）	能满足压力容器、锅炉、船舶、海洋工程的低温韧性要求。有良好的断裂韧度
高韧性超低氢焊条	ES016-G、E5015-G、E5516-G、E6015-G、E7015-G（J506RH、J507RH、J556RH、J607RH、J707RH）	焊缝有良好的抗裂性和低温韧性。主要用于压力容器、采油平台等重要焊接结构
耐吸潮焊条	E5018（J506LMA）	主要用于高湿度条件下焊接，从焊条烘干箱中取出后，在使用期内，药皮能符合含水量的规定

（六）加强钢焊条（GB/T 5118—2012）

1. 加强钢焊条熔敷金属抗拉强度代号

表 2-20　加强钢焊条熔敷金属抗拉强度代号

抗拉强度代号	50	52	55	62
最小抗拉强度 /MPa	490	520	550	620

2. 加强钢焊条型号及性能

表 2-21　热强钢焊条的型号及性能

型号	药皮类型	焊接位置	抗拉强度 R_m/MPa ≥	断后伸长率 A/% ≥	电流类型
E5003-X	钛钙型	平、立、仰、横焊	490	20	交流或直流正、反接
E5010-X	高纤维素钠型				直流反接
E5011-X	高纤维素钾型				交流或直流反接
E5015-X	低氢钠型			22	直流反接
E5016-X	低氢钾型				交流或直流反接
E5018-X	铁粉低氢型				

型号	药皮类型	焊接位置	抗拉强度 R_m/MPa ≥	断后伸长率 A/% ≥	电流类型
E5020X	高氧化铁型	平角焊	490	20	交流或直流正接
		平焊			交流或直流正、反接
E5027-X	铁粉氧化铁型	平角焊			交流或直流正接
		平焊			交流或直流正、反接
E5500-X	特殊型	平、立、仰、横焊	550	14	交流或直流
E5503-X	钛钙型				
E5510-X	高纤维素钠型			17	直流反接
E5511-X	高纤维素钾型				交流或直流反接
E5513-X	高钛钾型			14	交流或直流
E5515-X	低氢钠型			17	直流反接
E5516-X	低氢钾型			17	交流或直流反接
E5518-X	铁粉低氢型				
E5516-C3	低氢钾型			22	
E5518-C3	铁粉低氢型				
F6000-X	特殊型	平、立、仰、横焊	590	14	交流或直流正、反接
E6010-X	高纤维素钠型			15	直流反接
E6011-X	高纤维素钾型				交流或直流反接
E6013-X	高钛钾型			14	交流或直流反接
E6015-X	低氢钠型			15	直流反接
E6016-X	低氢钾型		590	15	交流或直流反接
E6018-X	铁粉低氢型				
E6018-M				22	
E7010-X	高纤维素钠型	平、立、仰、横焊	690	15	直流反接
E7011-X	高纤维素钾型				交流或直流反接
E7013-X	高钛钾型			13	交流或直流正、反接
E7015-X	低氢钠型				直流反接
E7016-X	低氢钾型			15	交流或直流反接
E7018-X	铁粉低氢型				
E7018-M				18	
E7515-X	低氢钠型		740	13	直流反接
E7516-X	低氢钾型				交流或直流反接
E7518-X	铁粉低氢型				
E7518-M				18	
E8015-X	低氢钠型		780	13	直流反接
E8016-X	低氢钾型				交流或直流反接
E8018-X	铁粉低氢型				

型号	药皮类型	焊接位置	抗拉强度 R_m/MPa ≥	断后伸长率 A/% ≥	电流类型
E8515-X	低氢钠型	平、立、仰、横	830	12	直流反接
E8516-X	低氢钾型				交流或直流反接
E8518-X	铁粉低氢型				交流或直流反接
E8518-M	铁粉低氢型			15	交流或直流反接
E9015-X	低氢钠型		880	12	直流反接
E9016-X	低氢钾型				交流或直流反接
E9018-X	铁粉低氢型				交流或直流反接
E10015-X	低氢钠型		980		直流反接
E10016-X	低氢钾型				交流或直流反接
E10018-X	铁粉低氢型				交流或直流反接

注：后缀字母 X 代表熔敷金属化学成分分类代号。例如：A—碳钼钢焊条；B—铬钼钢焊条；C—镍钢焊条；NM—镍钼钢焊条；D—锰钼钢焊条等。

（七）不锈钢电焊条型号（GB/T 983—2012）

表 2-22　不锈钢电焊条型号

型号	药皮类型	焊接位置	力学性能		焊接电流
			抗拉强度 σ_b/MPa	延伸率 δ/%	
EA10-16	钛钙型	平、立、仰、横焊	450	15	交或直流正、反接
E410-15	低氢型				直流反接
E430-16	钛钙型				交或直流正、反接
E430-15	低氢型				直流反接
E308L-16			510	30	交或直流正、反接
E308-16	钛钙型		550		交或直流正、反接
E308-15	低氢型				直流反接
E347-16	钛钙型		520		交或直流正、反接
E347-15	低氢型				直流反接
E318V-16	钛钙型		540	25	交或直流正、反接
E318V-15	低氢型				直流反接
E309-16	钛钙型				交或直流正、反接
E309-15	低氢型				直流反接
E309Mo-16	钛钙型		550		交或直流正、反接
E310-16	钛钙型				交或直流正、反接
E310-15	低氢型				直流反接
E310Mo-16	钛钙型			25	交或直流正、反接
E16-25MoN-16	钛钙型		610	30	交或直流正、反接
E16-25MoN-15	低氢型				直流交接

注：1. 型号中，E—焊条。如有特殊要求的化学成分，则用该成分的元素符号标注在数字后面；另用字母 L 和 H，分别表示较低、较高碳含量；R 表示碳、磷、硅含量均较低。

2. 焊条尺寸（mm）：直径为 2、2.5、3.2、4、5、6、7、8；长度为 200、250、300、350、400、450。

（八）有色金属焊条型号

表 2-23　有色金属焊条型号

型号	抗拉强度 /MPa	延伸率 δ/%	用　　途
ECu	170	20	用于脱氧铜、无氧铜及韧性（电解）铜的焊接。也可用于这些材料的修补和堆焊以及碳钢和铸铁上堆焊。用脱氧铜可得到机械和冶金上无缺陷焊缝
ECuSi-A ECuSi-B	250 270	22 20	用于焊接铜硅合金 ECuSi 焊条，偶尔用于铜、异种金属和某些铁基金属的焊接，硅青铜焊接金属很少用作堆焊承截面，但常用于经受腐蚀的区域堆焊
ECuSn-A ECuSn-B	250 270	15 12	ECuSn 焊条用于连接类似成分的磷青铜，它们也用于连接黄铜。如果焊缝金属对于特定的应用具有满意的导电性和耐腐蚀性，也可用于焊接铜。ECuSn-B 焊条具有较高的锡含量，因而焊缝金属比 ECuSn-A 焊缝金属具有更高的硬度及拉伸和屈服强度
ECuNiA ECuNi-B	270 350	20 20	ECuNi 类焊条用于锻造的或铸造的 70/30、80/20 和 90/10 铜镍合金的焊接，也用于焊接铜镍包覆钢的包覆，通常不需预热
ECuAl-A ECuAl-B ECuAl-C ECuAlNi ECuMnAlNi	410 450 390 490 520	20 10 15 13 15	用在连接类似成分的铝青铜、高强度铜锌合金、硅青铜、锰青铜、某些镍基合金、多数黑色金属与合金及异种金属的连接。ECuAl-B 焊条用于修补铝青铜和其他铜合金铸件；ECuAl-B 焊接金属也用于高强度耐磨和耐腐蚀承受面的堆焊；ECuAlNi 焊条用于铸造和锻造的镍铝青铜材料的连接或修补。这些焊接金属也可用于在盐和微水中需高耐腐蚀、耐浸蚀或气蚀的应用中；ECuMnAlNi 焊条用于铸造或锻造的锰镍铝青铜材料的连接或修补。具有耐蚀性
TAl TAlSi TAlMn	64 118 118	— — —	TAl 用于纯铝及要求不高的铝合金工件焊接。TAlSi 用于铝、铝硅合金板材、铸件、一般铝合金及硬铝的焊接。不宜焊铝镁合金。TAlMn 除用于焊接铝锰合金外，也可用于焊接纯铝及其他铝合金

注：焊条尺寸（mm）：①铜基焊条。直径为 2.5、3.2、4、5、6；长度为 300、350。②铝基焊条。直径为 3.2、4、5、6；长度为 345、350、355。

（九）铝及铝合金焊条（GB/T 3669—2001）

焊芯直径为 3.2mm、4mm、5mm；焊条长度为 345 ～ 355mm。

铝及铝合金焊条牌号及主要用途见表 2-24。

表 2-24　铝及铝合金焊条牌号及主要用途

牌号	型号	药皮类型	焊接电源	焊芯材质	主要用途
L109	TAl	盐基型	直流	纯铝	焊接纯铝板、纯铝容器
L209	TAlSi	盐基型	直流	铝硅合金	焊接铝板，铝硅铸件，一般铝合金、锻铝、硬铝（铝镁合金除外）
L309	TAlMn	盐基型	直流	铝锰合金	焊接铝锰合金，纯铝、其他铝合金

（十）铜及铜合金焊条（GB/T 3670—1995）

焊芯直径为 3.2mm、4mm、5mm；焊条长度为 350mm。

铜及铜合金焊条牌号及主要用途见表 2-25。

表 2-25　铜及铜合金焊条牌号及主要用途

牌号	型号	药皮类型	焊接电源	焊芯材质	主要用途
T107	TCu	低氢型	直流	纯铜	焊接铜零件，也可用于堆焊耐海水腐蚀碳钢零件
T207	TCuSi-B	低氢型	直流	硅青铜	焊接铜、硅青铜和黄铜零件，或堆焊化工机械、管道内衬

牌号	型号	药皮类型	焊接电源	焊芯材质	主要用途
T227	TCuSn-B	低氢型	直流	锡磷青铜	用于铜、黄铜、青铜、铸铁及钢零件；广泛用于堆焊锡磷青铜轴衬、船舶推进器叶片等
T237	TCuAl-C	低氢型	直流	铝锰青铜	用于铝青铜及其他铜合金焊接，也适用于铜合金与铜的焊接
T307	TCuNi-B	低氢型	直流	铜镍合金	焊接导电铜排、铜热交换器等，或堆焊耐海水腐蚀铜零件以及焊接有耐腐蚀要求的镍基合金

（十一）镍及镍合金焊条（GB/T 13814—2008）

1. 镍及镍合金焊条尺寸及夹持端长度

表 2-26　镍及镍合金焊条尺寸及夹持端长度　　　　　　　　　　　　mm

焊条直径	2.0	2.5	3.2	4.0	5.0
焊条长度	230～300		250～350		
夹持端长度	10～20			15～25	

2. 镍及镍合金焊条熔敷金属力学性能

表 2-27　镍及镍合金焊条熔敷金属力学性能

焊条型号	化学成分代号	屈服强度[1] R_{eL}/MPa	抗拉强度 R_m/MPa	伸长率 A/%
		≥		
镍				
ENi2061	NiTi3	200	410	18
ENi2061A	NiNbTi			
镍铜				
ENi4060	NiCu30Mn3Ti	200	480	27
ENi4061	NiCu27Mn3NbTi			
镍铬				
ENi6082	NiCr20Mn3Nb	360	600	22
ENi6231	NiCr22W14Mo	350	620	18
镍铬铁				
ENi6025	NiCr25Fe10AlY	400	690	12
ENi6062	NiCr15Fe8Nb	360	550	27
ENi6093	NiCr15Fe8NbMo	360	650	18
ENi6094	NiCr14Fe4NbMo			
ENi6095	NiCr15Fe8NbMoW			
ENi6133	NiCr16Fe12NbMo	360	550	27
ENi6152	NiCr30Fe9Nb			
ENi6182	NiCr15Fe6Mn			
ENi6333	NiCr25Fe16CoNbW	360	550	18
ENi6701	NiCr36Fe7Nb	450	650	8
ENi6702	NiCr28Fe6W			
ENi6704	NiCr25Fe10Al3YC	400	690	12
ENi8025	NiCr29Fe30Mo	240	550	22
ENi8165	NiCr25Fe30Mo			

焊条型号	化学成分代号	屈服强度[1] R_{eL}/MPa	抗拉强度 R_m/MPa ≥	伸长率 A/%
镍钼				
ENi1001 ENi1004	NiMo28Fe5 NiMo25Cr5Fe5	400	690	22
ENi008 ENi1009	NiMo19WCr NiMo20WCu	360	650	22
ENn062	NiMo24Cr8Fe6	360	550	18
ENn066	NiMo28	400	690	22
ENi1067	NiMo30Cr	350	690	22
ENi1069	NiMo28Fe4Cr	360	550	20
镍铬钼				
ENi6002	NiCr22Fe118Mo	380	650	18
ENi6012	NiCr22Mo9	410	650	22
ENi6022 ENi6024	NiCr21Mo13W3 NiCr26Mo14	350	690	22
ENi6030	NiCr29Mo5Fe15W2	350	585	22
ENi6059	NiCr23Mo16	350	690	22
ENi6200 ENi6275 ENi6276	NiCr23Mo16Cu2 NiCr16Mo16Fe5W3 NiCr15Mo15Fe6W4	400	690	22
ENi6205 ENi6452	NiCr25Mo16 NiCr19Mo15	350	690	22
ENi6455	NiCr16Mo15Ti	300	690	22
ENi6620	NiCr14Mo7Fe	350	620	32
ENi6625	NiCr22Mo9Nb	420	760	27
ENi6627	NiCr21MoFeNb	400	650	32
ENi6650	NiCr20Fe14Mo11WN	420	660	30
ENi6686	NiCr21Mo16W4	350	690	27
ENi6985	NiCr22Mo7Fe19	350	620	22
镍铬钴钼				
ENi6117	NiCr22Co12Mo	400	620	22

①屈服发生不明显时，应采用0.2%的屈服强度（$R_{p0.2}$）。

三、焊条的选用、保管及使用

1. 焊条的选用

正确地选择焊条，拟定合理的焊接工艺，才能保证焊接接头不产生裂纹、气孔、夹渣等缺陷，才能满足结构接头的力学性能和其他特殊性能的要求，从而保证焊接产品的质量。在金属结构的焊接中，选用焊条应注意以下几条原则。

①考虑母材的力学性能和化学成分。焊接结构通常是采用一般强度的结构钢和高强度结构钢。焊接时，应根据设计要求，按结构钢的强度等级来选用焊条。值得注意的是，钢材一般按屈服强度等级来分级，而焊条是按抗拉强度等级来分级的。因此，应根据钢材的抗拉强度等级来选择相应强度或稍高强度的焊条。但焊条的抗拉强度太高会使焊缝强度过高而对接头有害。同时，还应考虑熔敷金属的塑性和韧性不低于母材。当要求熔敷金属具有良好的塑性和韧性时，一般可选择强度低一级的焊条。

对合金结构钢来说，一般不要求焊缝与母材成分相近，只有焊接耐热钢、耐蚀钢时，为了保证焊接接头的特殊性能，则要求熔敷金属的主要合金元素与母材相同或相近。当母材中碳、硫、磷等元素含量较高时，应选择抗裂性好的低氢型焊条。

② 考虑焊接结构的受力情况。由于酸性焊条的焊接工艺性能较好，大多数焊接结构都可选用酸性焊条焊接。但对于受力构件，或工作条件要求较高的部位和结构，都要求具有较高的塑性、韧性和抗裂性能，则必须使用碱性低氢型焊条。

③ 考虑结构的工作条件和使用性能。根据焊件的工作条件，包括载荷、介质和温度等，选择相应的能满足使用要求的焊条。如高温或低温条件下工作的焊接结构应分别选择耐热钢焊条和低温钢焊条；接触腐蚀介质的焊接结构应选择不锈钢焊条；承受动载荷或冲击载荷的焊接结构应选择强度足够、塑性和韧性较好的碱性低氢型焊条。

④ 考虑劳动条件和劳动生产率。在满足使用性能的情况下，应选用高效焊条，如铁粉焊条、下行焊条等。当酸性焊条和碱性焊条都能满足焊接性能要求时，应选用酸性焊条。

2. 焊条的保管

焊条保管的好坏，直接影响着焊接质量。因此，《焊条质量管理规程》对焊条的生产制造、入库保管、施工使用等都有明确的规定。

① 对入库的焊条，应具有生产厂出具的产品质量保证书或合格证书。在焊条的包装上应标有明确的型号（牌号）标识。

② 对焊接锅炉、压力容器等重要承载结构所用的焊条，还必须在使用前进行质量复验，否则不准使用。

③ 对存放焊条的一级库房，要求干燥、通风良好，室内温度一般保持在 10 ～ 15℃范围内，最少不能低于 5℃，相对湿度小于 60%。

④ 在库内存放的焊条，不准堆放在地面上，要用木方垫高，一般距地面应不少于200mm。各种焊条应设好标识，按品种、牌号、批次、规格等分类堆垛。垛间及四周墙壁之间，应留有一定的距离，上下左右都能使空气流通，防止焊条受潮。

3. 焊条的使用

应熟悉各种焊条的类别、性能、用途以及使用要点。了解焊条的说明书中各项技术指标，合理、正确使用焊条。焊条的药皮容易吸潮，使焊缝产生气孔、氢致裂纹等缺陷。为了保证焊接质量，焊条在使用前必须进行烘干。烘干焊条时，由于各种焊条药皮的组成不同，对烘干的温度要求也不一样。因此，对不同牌号的焊条，不能同时放在一起烘干。各种焊条的烘干规范见表 2-28。

表 2-28 各种焊条的烘干规范

焊条种类	型号或牌号	吸潮度 /%	烘干温度 /℃	保温时间 /min
低碳钢焊条	钛钙型 J422 钛铁矿型 J423 低氢型 J427	≥ 2 ≥ 5 ≥ 0.5	150 ～ 200 150 ～ 200 300 ～ 400	30 ～ 60
高强度钢、低温钢、耐热钢焊条	高强度钢 J507、J557、J607、J107 低温钢（低氢型） 耐热钢	≥ 0.5	300 ～ 400 350 ～ 400 350 ～ 400	30 ～ 60 60 60
不锈钢焊条	铬不锈钢 （低氢型） （钛钙型） 奥氏体不锈钢 （低氢型） （钛钙型）	≥ 1	300 ～ 350 200 ～ 250 300 ～ 350 200 ～ 250	30 ～ 60

焊条种类	型号或牌号	吸潮度 /%	烘干温度 /℃	保温时间 /min
堆焊焊条	钛钙型	≥ 2	150 ～ 250	30 ～ 60
	低碳钢焊卷（低氢型）	≥ 0.5	300 ～ 350	
	合金钢焊芯（钛钙型）	≥ 1	150 ～ 250	
铸铁焊条	石墨型 Z308 等	≥ 1.5	70 ～ 120	30 ～ 60
	低氢型 Z116 等	≥ 0.5	300 ～ 350	
铜、镍及其合金焊条	低氢型		300 ～ 350	30 ～ 60
	钛钙型	12	200 ～ 250	30 ～ 60
	石墨型		70 ～ 150	30

第二节　焊　丝

焊丝是焊接时作为填充金属或同时作为导电的金属丝，是埋弧焊、气体保护焊、电渣焊等各种焊接工艺方法的焊接材料。

一、焊丝的分类

焊丝的分类方法很多，可分别按其适用的焊接方法、被焊材料、制造方法与焊丝的形状等从不同角度对焊丝进行分类。目前较常用的是按制造方法和其适用的焊接方法进行分类，焊丝有实芯焊丝和药芯焊丝两类。

1. 实芯焊丝的分类

实芯焊丝是目前最常用的焊丝，由热轧线材经拉拔加工而成，为了防止焊丝生锈，需对焊丝（除不锈钢焊丝）表面进行特殊处理，目前主要是镀铜处理，包括电镀、浸铜及化学镀铜处理等方法。

实芯焊丝包括埋弧焊、电渣焊、CO_2 气体保护焊、氩弧焊、气焊以及堆焊用的焊丝。实芯焊丝的分类及应用特点见表 2-29。

表 2-29　实芯焊丝的分类及应用特点

分类	第二层次分类	应用特点
埋弧焊和电渣焊用焊丝	低碳钢用焊丝	埋弧焊、电渣焊时电流大，要采用粗焊丝，焊丝直径 3.2 ～ 6.4mm
	低合金高强钢用焊丝	
	CrMo 耐热钢用焊丝	
	低温钢用焊丝	
	不锈钢用焊丝	
	表面堆焊用焊丝	焊丝因含碳或合金元素较多，难于加工制造，目前主要采用液态连铸拉丝方法进行小批量生产
气体保护焊用焊丝	TIG 焊用焊丝	一般不加充焊丝，有时加填充焊丝。手工填丝为切成一定长度的焊丝，自动填丝时采用盘式焊丝
	MIG 和 MAG 焊用焊丝	主要用于焊接低合金钢、不锈钢等
	CO_2 焊用焊丝	焊丝成分中应有足够数量的脱氧剂，如 Si、Mn、Ti 等。如果合金含量不足，脱氧不充分，将导致焊缝中产生气孔；焊缝力学性能（特别是韧性）将明显下降
自保护焊用焊丝		除提高焊丝中的 C、Si、Mn 的含量外，还要加入强脱氧元素 Ti、Zr、Al、Ce 等

（1）埋弧焊和电渣焊用焊丝

埋弧焊和电渣焊时焊剂对焊缝金属起保护和冶金处理作用，焊丝主要作为填充金属，同时向焊缝添加合金元素，两者直接参与焊接过程中的冶金反应，焊缝成分和性能是由焊丝和焊剂共同决定的。

根据被焊材料的不同，埋弧焊用焊丝又分为低碳钢用焊丝、低合金高强钢用焊丝、CrMo耐热钢用焊丝、低温钢用焊丝、不锈钢用焊丝、表面堆焊用焊丝等。

（2）气体保护焊用焊丝

气体保护焊分为惰性气体保护焊（TIG、MIG）和活性气体保护焊（MAG）。惰性气体主要采用Ar，活性气体主要采用CO_2。MIG焊接时一般采用Ar+2%O_2或Ar+5%CO_2；MAG焊接时采用CO_2、Ar+CO_2或Ar+O_2。

根据焊接方法的不同，气体保护焊用焊丝分为TIG焊用焊丝，MIG和MAG焊用焊丝、CO_2焊用焊丝等。

（3）自保护焊用实芯焊丝

利用焊丝中含有的合金元素在焊接过程中进行脱氧、脱氮，以消除从空气中进行焊接熔池的氧和氮的不良影响。因此，除提高焊丝中的C、Si、Mn含量外，还要加入强脱氧元素Ti、Zr、Al、Ce等。

2. 药芯焊丝的分类

药芯焊丝是将药粉包在薄钢带内卷成不同的截面形状经轧拔加工制成的焊丝。药芯焊丝也称为粉芯焊丝、管状焊丝或折叠焊丝，用于气体保护焊、埋弧焊和自保护焊，是一种很有发展前途的焊接材料。药芯焊丝粉剂的作用与焊条药皮相似，区别在于焊条的药皮涂敷在焊芯的外层，而药芯焊丝的粉剂被钢带包裹在芯部。药芯焊丝可以制成盘状供应，易于实现机械化焊接。

药芯焊丝的分类较复杂，根据焊丝结构，药芯焊丝可分为有缝焊丝和无缝焊丝两种。无缝焊丝可以镀铜，性能好、成本低，已成为今后发展的方向。

（1）按是否使用外加保护气体分类

根据是否有保护气体，药芯焊丝可分为气体保护焊丝（有外加保护气）和自保护焊丝（无外加保护气）。气体保护药芯焊丝的工艺性能和熔敷金属冲击性能比自保护的好，但自保护药芯焊丝具有抗风性，更适合在室外或高层结构现场使用。

药芯焊丝可作为熔化极（MIG、MAG）或非熔化极（TIG）气体保护焊的焊接材料。TIG焊接时，大部分使用实芯焊丝作填充材料。焊丝内含有特殊性能的造渣剂，底层焊接时不需充氩保护，芯内粉剂会渗透到熔池背面，形成一层致密的熔渣保护层，使焊道背面不受氧化，冷却后该焊渣极易脱落。

MAG焊接是CO_2焊和Ar加超过5%的CO_2或超过2%的O_2等混合气体保护焊的总称。由于加入了一定量的CO_2或O_2，氧化性较强。MIG焊接是纯Ar或在Ar中加少量活性气体（≤2%的O_2或≤5%的CO_2）。

气电立焊用药芯焊丝是专用于气体保护强制成形焊接方法的一种焊丝。为了向上立焊，熔渣不能太多，故该焊丝中造渣剂的比例为5%～10%，同时含有大量的铁粉和适量的脱氧剂、合金剂和稳弧剂，以提高熔敷效率和改善焊缝性能。

（2）按药芯焊丝的横截面结构分类

药芯焊丝的截面形状对焊接工艺性能与冶金性能有很大影响。根据药芯焊丝的截面形状可分为简单断面的O形和复杂断面的折叠形两类，折叠形又可分为梅花形、T形、E形和中间填丝形等。药芯焊丝的截面形状如图2-1所示。

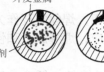

外皮金属

粉剂

图 2-1　药芯焊丝的截面形状

一般来说，药芯焊丝的截面形状越复杂越对称，电弧越稳定，药芯的冶金反应和保护作用越充分。但是随着焊丝直径的减小，这种差别逐渐缩小，焊丝直径一般采用 O 形截面，大直径（≥2.4mm）药芯焊丝多采用 E 形、T 形等折叠形复杂截面。

（3）按药芯中有无造渣分类

药芯焊丝芯部粉剂的成分与焊条药皮相似，根据药芯焊丝内填料粉剂中有无造渣剂可分成熔渣型（有造渣剂）和金属粉型（无造渣剂）两类。在熔渣型药芯焊丝中加入粉剂，主要是为了改善焊缝金属的力学性能、抗裂性及焊接工艺性能。

这些粉剂有脱氧剂（硅铁、锰铁）、造渣剂（金红石、石英等）、稳弧剂（钾、钠等）、合金剂（Ni、Cr、Mo 等）及铁粉等。按照造渣剂的种类及渣的碱度可分为钛型（又称金红石型、酸性渣）、钛钙型（又称金红石碱型、中性或弱碱性渣）、钙型（碱性渣）。

钛型渣系药芯焊丝的焊道成形美观，全位置焊接工艺性能优良，电弧稳定，飞溅小，但焊缝金属的韧性和抗裂性稍差。钙型渣系药芯焊丝焊缝金属的韧性和抗裂性优良，但焊道成形和焊接工艺性稍差。钛钙型渣系介于上述两者之间。几种典型药芯焊丝中的粉剂及熔渣成分见表 2-30。

表 2-30　几种典型药芯焊丝中的粉剂及熔渣成分　　　　　　　　　%

成分	钛型（酸性渣）		钛钙型（碱性或中性渣）		钙型（碱性渣）	
	粉剂	熔渣	粉剂	熔渣	粉剂	熔渣
SiO_2	21.0	16.8	17.8	16.1	7.5	14.8
Al_2O_3	2.1	4.2	4.3	4.8	0.5	—
TiO_2	40.5	50.0	9.8	10.8	—	—
ZrO_2	—	—	6.2	6.7	—	—
CaO	0.7	—	9.7	10.0	3.2	11.3
Na_2O	1.6	2.8	1.9	—	—	—
K_2O	1.4	—	1.5	2.7	0.5	—
CaF_2	—	—	18.0	24.0	20.5	43.5
MnO	—	21.3	—	22.8	—	20.4
Fe_2O_3	—	5.7	—	2.5	—	10.3
CO_2	0.5	—	—	—	2.5	—
C	0.6	—	0.3	—	1.1	—
Fe	21.1	—	24.7	—	55.0	—
Mn	15.8	—	13.0	—	7.2	—
AWS 型号	E70T-1 或 E70T-2		70T-1		E70T-1 或 E70T-5	

金属粉型药芯焊丝几乎不含造渣剂，焊接工艺性能类似于实芯焊丝，但电流密度更大。具有熔敷效率高、熔渣少的特点，抗裂性能优于熔渣型药芯焊丝。这种焊丝粉芯中大部分是金属粉（铁粉、脱氧剂等），其造渣量仅为熔渣型药芯焊丝的 1/3，多层焊可不清渣，使焊接生产率进一步提高，此外，还加入了特殊的稳弧剂，飞溅小，电弧稳定，而且焊缝扩散氢含量低，抗裂性能得到改善。

目前我国药芯焊丝产品品种主要有钛型气保护、碱性气保护和耐磨堆焊（主要是埋弧堆焊类）三大系列，适用于碳钢、低合金高强钢、不锈钢等，大体可满足一般工程结构焊接需求。在产品质量方面，用于结构钢焊接的 E71T-1 钛型气保护药芯焊丝产品质量已经有了突破性的提高，而碱性药芯焊丝的产品质量有待进一步提高。在气体保护电弧焊中，以药芯焊丝代替实芯焊丝进行焊接，这在技术上是一大进步。

二、焊丝的正确使用和保管

1. 焊丝的正确使用

① 焊丝一般以焊丝盘、焊丝卷及焊丝筒的形式供货。焊丝表面必须光滑平整，如果焊丝生锈，必须用焊丝除锈机除去表面氧化皮才能使用。

② 对同一型号的焊丝，当使用 $Ar-O_2-CO_2$ 为保护气体焊接时，熔敷金属中的 Mn、Si 和其他脱氧元素的含量会大大减少，在选择焊丝和保护气体时应加以注意。

③ 一般情况下，实芯焊丝和药芯焊丝对水分的影响不敏感，不需做烘干处理。

④ 焊丝购货后应存放于专用焊材库（库中相对湿度应低于 60%），对于已经打开包装的未镀铜焊丝或药芯焊丝，如无专用焊材库，应在半年内使用。

2. 焊丝的储存与保管

（1）焊丝的储存

① 在仓库中储存未打开包装的焊丝，库房的保管条件为室温 10～15℃（最高为 40℃）以上，最大相对湿度为 60%。

② 存放焊丝的库房应该保持空气的流通，没有有害气体或腐蚀性介质（如 SO_2 等）。

③ 焊丝应放在货架上或垫板上，存放焊丝的货架或垫板与墙或地面的距离应不小于 250mm，防止焊丝受潮。

④ 进库的焊丝，每批都应有生产厂家的质量保证书和产品质量检验合格证书。焊丝的内包装上应有标签或其他方法标明焊丝的型号、国家标准号、生产批号、检验员号、焊丝的规格、净质量、制造厂名称及地址、生产日期等。

⑤ 焊丝在库房内应按类别、规格分别堆放，防止混用、误用。

⑥ 尽量减少焊丝在仓库内的存放期限，按"先进先出"的原则发放焊丝。

⑦ 发现包装破损或焊丝有锈迹时，要及时通报有关部门，经研究、确认之后再决定是否用于产品的焊接。

（2）焊丝在使用中的保管

① 打开包装的焊丝，要防止油、污、锈、垢的污染，保持焊丝表面的洁净、干燥，并且在 2 天内用完。

② 焊丝当天没用完，需要在送丝机内过夜时，要用防雨雪的塑料布等将送丝机（或焊丝盘）罩住，以减少与空气中潮湿气体接触。

③ 焊丝盘内剩余的焊丝若在两天以上的时间不用时，应该从焊机的送丝机内取出，放回原包装内，并将包装的封口密封，然后再放入有良好保管条件的焊丝仓库内。

④ 对于受潮较严重的焊丝，焊前应烘干，烘干温度为 120～150℃，保温时间为 1～2h。

第三节　焊　　剂

焊剂是指焊接时，能够熔化形成熔渣和气体，对熔化金属起保护作用的一种颗粒状物质。焊剂的作用与电焊条药皮相类似，主要用于埋弧焊和电渣焊。

对焊剂的基本要求：具有良好的工艺性能。焊剂应有良好的稳弧、造渣、成形和脱渣性，在焊接过程中，生成的有害气体要尽量少，具有良好的冶金性能。通过适当的焊接工艺，配合相应的焊丝，能获得所需要的化学成分和力学性能的焊缝金属，并有良好的焊缝成形。

一、埋弧焊剂的分类

表 2-31　埋弧焊剂的分类

分类依据	类型	说　明
按制造方法分类	熔炼焊剂	根据焊剂的形态不同，有玻璃状、结晶状、浮石状等熔炼焊剂
	烧结焊剂	把配制好的焊剂湿料加工成所需要的颗粒，在 750～1000℃下烘焙，干燥制成的焊剂
	陶质焊剂	把配制好的焊剂湿料加工成所需颗粒，在 30～500℃下，烘焙干燥制成的焊剂
按焊剂碱度分类	碱性焊剂	碱度 $B_1 > 1.5$
	酸性烛剂	碱度 $B_1 < 1$
	中性焊剂	碱度 $B_1=1.0～1.5$
按主要成分含量分类		高硅型（含 $SiO_2 > 30\%$）、中硅型（含 SiO_2 10%～30%）、低硅型（含 $SiO_2 < 10\%$）
		高锰型（含 MnO > 30%）、中锰型（含 MnO2%～30%）、低锰型（含 MnO < 2%）
		高氟型（含 $CaF_2 > 30\%$）、中氟型（含 CaF_2 10%～30%）、低氟型（含 $CaF_2 < 10\%$）

二、埋弧焊剂型号、牌号的编制及用途

1. 低合金钢埋弧焊用焊丝和焊剂（GB/T 12470—2003）

完整的焊丝 - 焊剂型号示例如下：

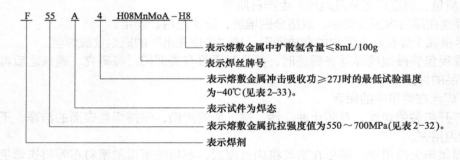

```
F  55  A  4  H08MnMoA－H8
```

- 表示熔敷金属中扩散氢含量≤8mL/100g
- 表示焊丝牌号
- 表示熔敷金属冲击吸收功≥27J时的最低试验温度为-40℃(见表2-33)。
- 表示试件为焊态
- 表示熔敷金属抗拉强度值为550～700MPa(见表2-32)。
- 表示焊剂

表 2-32　熔敷金属抗拉强度

焊剂型号	抗拉强度 σ_b/MPa	屈服强度 $\sigma_{0.2}$ 或 σ_s/MPa	伸长率 δ_s/%
F48××—H×××	480～660	400	22
F55××—H×××	550～700	470	20
F62××—H××	620～760	540	17
F69××—H×××	690～830	610	16
F76××—H×××	760～900	680	15
F83××—H×××	830～970	740	14

注：表中单值均为最小值。

表 2-33 熔敷金属冲击吸收功

焊剂型号	冲击吸收功 /J	试验温度 /℃
F×××0—H×××		0
F×××2—H×××		-20
F×××3—H×××		-30
F×××4—H×××		-40
F×××5—H×××	≥ 27	-50
F×××6—H×××		-60
F×××7—H×××		-70
F×××10—H×××		-100
F×××Z—H×××	不要求	

2.碳素钢埋弧焊用焊剂（GB/T 5293—1999）

① 型号表示方法。焊剂的型号根据埋弧焊焊缝金属的力学性能划分。焊剂型号的表示方法如下：

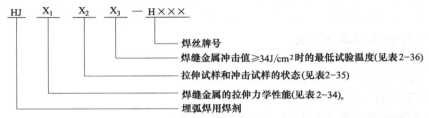

满足如下技术要求的焊剂才能在焊剂包装或焊剂使用说明书上标记出"符合 GB/T 5293—1999HJX$_1$X$_2$X$_3$—H×××"。

② 焊缝金属拉伸力学性能。各种型号焊剂的焊缝金属的拉伸力学性能应符合表 2-34 的规定。

表 2-34 焊缝金属拉伸力学性能要求——第一位数字含义

焊剂型号	抗拉强度 /MPa	屈服强度 /MPa	伸长率 /%
HJ3X$_2$X$_3$—H×××	412 ～ 550	≥ 304	
HJ4X$_2$X$_3$—H×××		≥ 330	≥ 22.0
HJ5X$_2$X$_3$—H×××	480 ～ 5647	≥ 400	

③ 试样状态。各种型号焊剂的焊缝金属的试样状态应符合表 2-35 的规定。

表 2-35 试样状态——第二位数字的含义

焊剂型号	试样状态	焊剂型号	试样状态
HJX$_1$0K$_2$—H×××	焊态	HJX$_1$1K$_3$—H×××	焊后热处理状态

④ 焊缝金属的冲击值。各种型号焊剂的焊缝金属的冲击值应符合表 2-36 的规定。

表 2-36 焊缝金属冲击值要求——第三位数字的含义

焊剂型号	试验温度 /℃	冲击值 /（J/cm²）
HJX$_1$X$_2$0—H×××		无要求
HJX$_1$X$_2$1—H×××	0	
HJX$_1$X$_2$2—H×××	-20	
HJX$_1$X$_2$3—H×××	-30	
HJX$_1$X$_2$4—H×××	-40	≥ 34
HJX$_1$X$_2$5—H×××	-50	
HJX$_1$X$_2$6—H×××	-60	

⑤ 焊接试板射线探伤。焊接试板应达到 GB/T 3323—2005《金属熔化焊焊接接头射线照相》的 I 级标准。

⑥ 焊剂颗粒度。焊剂颗粒度一般分为两种：一种是普通颗粒度，粒度为 40 ～ 8 目；另一种是细颗粒度，粒度为 60 ～ 14 目。进行颗粒度检验时，对于普通颗粒度的焊剂，颗粒度小于 40 目的不得大于 5%；颗粒度大于 8 目的不得大于 20%。对于细颗粒度的焊剂，颗粒度小于 60 目的不得大于 5%；颗粒度大于 14 目的不得大于 2%。若需方要求提供其他颗粒度焊剂时，由供需双方协商确定颗粒度要求。

⑦ 焊剂含水量。出厂焊剂中水的质量分数不得大于 0.10%。

⑧ 焊剂机械夹杂物。焊剂中机械夹杂物（碳粒、铁屑、原材料颗粒、铁合金凝珠及其他杂物）的质量分数不得大于 0.30%。

⑨ 焊剂的焊接工艺性能按规定的工艺参数进行焊接时，焊道与焊道之间及焊道与母材之间均熔合良好，平滑过渡没有明显咬边；渣壳脱离容易；焊道表面成形良好。

⑩ 焊剂的硫、磷含量焊剂的硫质量分数不得大于 0.060%；磷含量不得大于 0.080%。若需方要求提供硫、磷含量更低的焊剂时，由供需双方协商确定硫、磷含量要求。

3. 国产焊剂牌号的表示方法

（1）熔炼焊剂

熔炼焊剂的牌号的含义如下。

① 牌号用 "HJ" 表示熔炼焊剂。

② 第一位数字表示焊剂中氧化锰含量（表 2-37）。

③ 第二位数字表示二氧化硅及氟化钙含量（表 2-38）。

④ 第三位数字表示同一类型焊剂的不同牌号，按 0、1、2……顺序排列。

表 2-37　氧化锰含量

牌号	焊剂种类	氧化锰含量 / %	牌号	焊剂种类	氧化锰含量 / %
HJ1××	无锰	< 2	HJ3××	中锰	10 ～ 30
HJ2××	低锰	2 ～ 15	HJ4××	高锰	> 30

表 2-38　二氧化硅及氟化钙含量

牌号	焊剂种类	二氧化硅及氟化钙含量 / %	
		SiO$_2$	CaF$_2$
HJ×1×	低硅低氟	≤ 10	≤ 10
HJ×2×	中硅低氟	10 ～ 30	≤ 10
HJ×3×	高硅低氟	≥ 30	≤ 10
HJ×4×	低硅中氟	≤ 10	10 ～ 30
HJ×5×	中硅中氟	10 ～ 30	10 ～ 30
HJ×6×	高硅中氟	≥ 30	10 ～ 30
HJ×7×	低硅高氟	≤ 10	≥ 30
HJ×8×	中硅高氟	10 ～ 30	≥ 30

熔炼焊剂的牌号、类型及成分列于表2-39。

表 2-39　熔炼焊剂的牌号、类型及成分

牌号	焊剂类型	焊剂组成成分 / %
HJ130	无锰高硅低氟	$SiO_2 35 \sim 40$, $CaF_2 4 \sim 7$, $MgO 14 \sim 19$, $CaO 10 \sim 18$, $Al_2O_3 12 \sim 16$, $TiO_2 7 \sim 11$, $FeO 2.0$, $S \leqslant 0.05$, $P \leqslant 0.05$
HJ131	无锰高硅低氟	$SiO_2 34 \sim 38$, $CaF_2 2 \sim 5$, $CaO 48 \sim 55$, $Al_2O_3 6 \sim 9$, $R_2O \leqslant 3$, $FeO \leqslant 1.0$, $S \leqslant 0.05$, $P \leqslant 0.08$
HJ150	无锰中硅中氟	$SiO_2 21 \sim 23$, $CaF_2 25 \sim 33$, $Al_2O_3 28 \sim 32$, $MgO 9 \sim 13$, $CaO 5 \sim 7$, $S \leqslant 0.08$, $P \leqslant 0.08$
HJ151	无锰中硅中氟	$SiO_2 24 \sim 30$, $CaF_2 18 \sim 14$, $Al_2O_3 22 \sim 30$, $MgO 13 \sim 20$, 其他元素总量 $\leqslant 8$, $CaO \leqslant 6$, $FeO \leqslant 1.0$, $S \leqslant 0.07$, $P \leqslant 0.08$
HJ172	无锰低硅高氟	$MnO 1 \sim 2$, $SiO_2 3 \sim 6$, $CaF_2 45 \sim 55$, $Al_2O_3 28 \sim 35$, $CaO 2 \sim 5$, $ZrO_2 2 \sim 4$, $NaF 2 \sim 3$, $R_2O \leqslant 3$, $FeO \leqslant 0.8$, $S \leqslant 0.05$, $P \leqslant 0.05$
HJ230	低锰高硅低氟	$MnO 5 \sim 10$, $SiO_2 40 \sim 46$, $CaF_2 7 \sim 11$, $Al_2O_3 10 \sim 17$, $MgO 10 \sim 14$, $CaO 8 \sim 14$, $FeO \leqslant 1.5$, $S \leqslant 0.05$, $P \leqslant 0.05$
HJ250	低锰中硅中氟	$MnO 5 \sim 8$, $SiO_2 18 \sim 22$, $CaF_2 23 \sim 30$, $Al_2O_3 18 \sim 23$, $MgO 12 \sim 16$, $CaO 4 \sim 8$, $R_2O \leqslant 3$, $FeO \leqslant 1.5$, $S \leqslant 0.05$, $P \leqslant 0.05$
HJ251	低锰中硅中氟	$MnO 7 \sim 10$, $SiO_2 18 \sim 22$, $CaF_2 23 \sim 30$, $Al_2O_3 18 \sim 23$, $MgO 14 \sim 17$, $CaO 3 \sim 6$, $FeO \leqslant 1.0$, $S \leqslant 0.08$, $P \leqslant 0.05$
HJ252	低锰中硅中氟	$MnO 2 \sim 5$, $SiO_2 18 \sim 22$, $CaF_2 18 \sim 24$, $Al_2O_3 22 \sim 28$, $MgO 17 \sim 23$, $CaO 2 \sim 7$, $FeO \leqslant 1.0$, $S \leqslant 0.07$, $P \leqslant 0.08$
HJ260	低锰高硅中氟	$MnO 2 \sim 4$, $SiO_2 29 \sim 34$, $CaF_2 20 \sim 25$, $Al_2O_3 19 \sim 24$, $MgO 15 \sim 18$, $CaO 4 \sim 7$, $FeO \leqslant 1.0$, $S \leqslant 0.07$, $P \leqslant 0.07$
HJ330	中锰高硅低氟	$MnO 22 \sim 26$, $SiO_2 44 \sim 48$, $CaF_2 3 \sim 6$, $MgO 16 \sim 20$, $Al_2O_3 \leqslant 4$, $CaO \leqslant 3$, $FeO \leqslant 1.5$, $R_2O \leqslant 1$, $S \leqslant 0.06$, $P \leqslant 0.08$
HJ350	中锰中硅中氟	$MnO 14 \sim 19$, $SiO_2 30 \sim 35$, $CaF_2 14 \sim 20$, $Al_2O_3 13 \sim 18$, $CaO 10 \sim 18$, $FeO \leqslant 1.0$, $S \leqslant 0.06$, $P \leqslant 0.07$
HJ351	中锰中硅中氟	$MnO 14 \sim 19$, $SiO_2 30 \sim 35$, $CaF_2 14 \sim 20$, $Al_2O_3 13 \sim 18$, $CaO 10 \sim 18$, $TiO_2 2 \sim 4$, $FeO \leqslant 1.0$, $S \leqslant 0.04$, $P \leqslant 0.05$
HJ360[①]	中锰中硅中氟	$MnO 20 \sim 26$, $SiO_2 33 \sim 37$, $CaF_2 10 \sim 19$, $Al_2O_3 11 \sim 15$, $MgO 5 \sim 9$, $CaO 4 \sim 7$, $FeO \leqslant 1.0$, $S \leqslant 1.0$, $P \leqslant 1.0$
HJ430	高锰高硅低氟	$MnO 38 \sim 47$, $SiO_2 38 \sim 45$, $CaF_2 5 \sim 9$, $Al_2O_3 11 \sim 15$, $MgO 5 \sim 9$, $CaO \leqslant 6$, $Al_2O_3 \leqslant 5$, $FeO \leqslant 1.8$, $S \leqslant 0.06$, $P \leqslant 0.08$
HJ431	高锰高硅低氟	$MnO 34 \sim 38$, $SiO_2 40 \sim 44$, $CaF_2 3 \sim 7$, $MgO 5 \sim 8$, $CaO \leqslant 3$, $Al_2O_3 \leqslant 4$, $Fe \leqslant 1.8$, $S \leqslant 0.06$, $P \leqslant 0.08$
HJ433	高锰高硅低氟	$MnO 40 \sim 47$, $SiO_2 42 \sim 45$, $CaF_2 2 \sim 4$, $CaO \leqslant 4$, $Al_2O_3 \leqslant 3$, $FeO \leqslant 1.8$, $R_2O \leqslant 0.5$, $S \leqslant 0.06$, $P \leqslant 0.08$
HJ434	高锰高硅低氟	$MnO 35 \sim 40$, $SiO_2 40 \sim 45$, $CaF_2 4 \sim 8$, $CaO 3 \sim 9$, $TiO_2 1 \sim 8$, $Al_2O_3 \leqslant 6$, $MgO \leqslant 5$, $FeO \leqslant 1.5$, $S \leqslant 0.05$, $P \leqslant 0.05$

① 用于电渣焊，其余均用于弧焊。

（2）烧结焊剂

烧结焊剂的牌号含义如下。

① 牌号每一位用"SJ"表示。

② 第一位数字表示型号规定的渣系类型。

③ 牌号第二位、第三位数字表示同一渣系类型焊剂的不同牌号，按01、02、…、09顺序排列。

常用烧结焊剂牌号及主要用途列于表2-40。

表 2-40　常用烧结焊剂牌号及主要用途

牌号	焊剂类型	主要用途
SJ101	氟碱型	用于埋弧焊、焊接多种低合金结构钢，如压力容器、管道、锅炉等
SJ301	硅钙型	
SJ401	硅锰型	配合 H08MnA 焊丝，焊接低碳钢及低合金钢
SJ501	铝钛型	用于埋弧焊，配合 H08MnA、H10Mn2 等焊丝，焊接低碳钢、低合金钢，如 16MnR、16MnV 等
SJ502	铝钛型	

各种常用焊剂配用焊丝及主要用途列于表 2-41。

表 2-41　各种常用焊剂配用焊丝及主要用途

牌号	焊剂粒度 /mm	配用焊丝	适用电源种类	主要用途
HJ130	0.4～3	H10Mn2	交、直流	焊接优质碳素结构钢
HJ131	0.25～1.6	Ni 基	交、直流	Ni 基合金钢
HJ150	0.25～3	2Cr13、3Cr2W8	直流	轧辊堆焊
HJ172	0.25～2	相应钢焊丝	直流	焊接高铬铁素体钢
HJ173	0.25～2.5	相应钢焊丝	直流	Mn-Al 高合金钢
HJ230	0.4～3	H08MnA、H10Mn2	交、直流	焊接优质碳素结构钢
HJ250	0.4～3	低合金高强度钢	直流	低合金高强度钢
HJ251	0.4～3	CrMo 钢	直流	焊接珠光体耐热钢
HJ260	0.25～2	不锈钢	直流	不锈钢、轧辊堆焊等
HJ330	0.4～3	H08MnA、H10Mn2	交、直流	焊接优质碳素结构钢
HJ350	0.4～3	MnMo、MnSi 高强度焊丝	交、直流	重要结构高强度钢
HJ430	0.14～3	H08Mn	交、直流	优质碳素结构钢
HJ431	0.25～1.6	H08MnA、H10MnA	交、直流	优质碳素结构钢
HJ433	0.25～3	H08A	交、直流	普通碳素钢
SJ101	0.3～2	H08MnA、H10MnMoA	交、直流	低合金结构钢
SJ301	0.3～2	H10Mn2、H08CrMnA	交、直流	普通结构钢
SJ401	0.3～2	H08A	交、直流	低碳钢、低合金钢
SJ501	0.3～2	H08A、H08MnA	交、直流	低碳钢、低合金钢
SJ502	0.3～2	H08A	交、直流	重要低碳钢及低合金结构钢

三、焊剂的选择与使用

表 2-42　焊剂的选择与使用

项目	说　明
焊剂的基本要求	①焊剂应具有良好的冶金性能。焊剂配以适宜的焊丝，选用合理的焊接规范，焊缝金属应具有适宜的化学成分和良好的力学性能，以满足焊接产品的设计要求 ②应有较强的抗气孔和抗裂纹能力 ③焊剂应有良好的焊接工艺性 ④焊剂应有一定的颗粒度。焊剂的粒度一般分为两种：一种是普通粒度为 2.5～0.45mm（8～40 目）；另一种是细粒度 1.25～0.28mm（14～60 目）。小于规定粒度的细粉一般不大于 5%，大于规定粒度的粗粉不大于 2% ⑤焊剂应具有较低的含水量和良好的抗潮性 ⑥焊剂中机械夹杂物（炭粒、铁屑、原料颗粒及其他杂物）其质量分数不应大于 0.30% ⑦焊剂应有较低的硫、磷含量。其质量分数一般为 S ≤ 0.06%，P ≤ 0.08%

项目	说　明
焊剂选择原则	①焊接低碳钢时，一般选择高硅高锰型焊剂。若采用含 Mn 的焊丝，则应选择中锰、低锰或无锰型焊剂 ②焊接低合金高强度钢时，可选择中锰中硅或低锰中硅等中性或弱碱性焊剂。为得到更高的韧性，可选用碱度高的熔炼型或烧结型焊剂，尤以烧结型为宜 ③焊接低温钢时，宜选择碱度较高的焊剂，以获得良好的低温韧性。若采用特制的烧结焊剂，它向焊缝中过渡 Ti、B 元素，可获得更优良的韧性 ④耐热钢焊丝的合金含量较高时，宜选择扩散氢量低的焊剂，以防止产生焊接裂纹 ⑤焊接奥氏体等高合金钢时，应选择碱度较高的焊剂，以降低合金元素的烧损，故熔炼型焊剂以无锰中硅高氟型为宜
焊剂使用时的注意事项	①使用前应将焊剂进行烘干，熔炼型焊剂通常在 250～300℃焙烘 2h，烧结型焊剂通常在 300～400℃焙烘 2h ②焊剂堆高影响到焊缝外观和经 X 射线合格率。单丝焊接时，焊剂堆高通常为 25～35mm；双丝纵列焊接时，焊剂堆高一般为 30～45mm ③当采用回收系统反复使用焊剂时，焊剂中可能混入氧化铁皮和粉尘等，焊剂的粒度分布也会改变。为保持焊剂的良好特性，应随时补加新的焊剂，且注意清除焊剂中混入的渣壳等杂物 ④注意清除坡口上的锈、油等污物，以防止产生凹坑和气孔 ⑤采用直流电源时，一般均采用直流反接，即焊丝接正极

为了保证焊接质量，焊剂在保存时应注意防止受潮，搬运焊剂时，防止包装破损。使用前，必须按规定温度烘干并保温，酸性焊剂在 250℃烘干 2h；碱性焊剂在 300～400℃烘干 2h，焊剂烘干后应立即使用。使用回收的焊剂，应清除掉其中的渣壳、碎粉及其他杂物，与新焊剂混合均匀并按规定烘干后使用。使用直流电源时，均采用直流反接。

第四节　钎　料

一、钎料的分类及对钎料的要求

1. 钎料的分类

钎料通常按熔化的温度范围分为两大类：液相线温度低于 450℃时称为软钎料，也称作易熔钎料或低温钎料，软钎料有铅基、锡基、锌基、铟基等合金钎料。液相线高于 450℃的称为硬钎料，也称难熔钎料或高温钎料，它们分为铝基、锰基、铜基、镁基、镍基、银基、粉状、膏状等 8 种。

2. 对钎料的基本要求

钎料是指钎焊时用作形成焊缝的填充材料。钎料又称焊料，是钎焊过程中在低于母材熔点的温度下熔化并填充接头间隙的金属或合金。为符合钎焊工艺要求和获得优质的钎焊接头，钎料应满足以下几项基本要求。

① 钎料应具有合适的熔化温度范围，至少应比母材的熔化温度范围低几十摄氏度。

② 在钎焊温度下，应具有良好的润湿性，以保证充分填满钎缝间隙。

③ 钎料与母材应有扩散作用，以使其形成牢固的结合。

④ 钎料应具有稳定和均匀的成分，尽量减少钎焊过程中合金元素的损失。

⑤ 所获得的钎焊接头应符合产品的技术要求，满足力学性能、物理化学性能、使用性能方面的要求。

⑥ 钎料的经济性要好。应尽量少含或不含稀有金属和贵重金属。

二、软钎料的类型、规格及用途

软钎料用于低温钎焊，包括锡基、铅基、镉基、镓基、铋基、铟基钎料等。软钎料可以制成丝状、片状、粉状及膏状等。真空级钎料的型号、特点及用途见表2-43。

表2-43　真空级钎料的型号、特点及用途

型号（牌号）	特点及用途
BAg99.5-V（DHLAg）	用于分步钎焊的第一步
BAg72Cu-V（DHLAgCu28）	应用广泛，流性好，适用于分步焊的最后一步，焊黑色金属、母材表面需镀铜或镍
BAg71CuNi-V（DHLAgC28-1）	对黑色金属的润湿能力优于BAg72Cu-V，可用于黑色金属钎焊
BAg50Cu-V（DHLAgCu50）	可以润湿黑色金属，与BAg72Cu-V配合可进行分步焊
BCu99.95-V（DHLCu）	用于分步焊第一步钎焊
BAg68CuPd-V（DHLAgCu27-5）	钯大大改善对黑色金属的润湿能力，用途与BAg72Cu-V类似
BAg68CuPd-V（DHLCuGe12）	它是金镍和金铜钎料的代用品
（DHLAuCu20）	用于工作温度高的场合
（DHLAuNi17.5）	
（HLAgCu24-15）	—
（HLAgCu28-10）	
（HLAgCu31-10）	

注：表格内数值表示千分数。

1. 锡基钎料

锡铅合金是应用最早的一种软钎料。含锡量在61.9%时，形成锡铅低熔点共晶，熔点183℃。随着含铅量的增加，强度提高，在共晶成分附近强度更高。锡在低温下易发生锡疫现象，因此锡基钎料不宜用于在低温工作的接头钎焊。铅有一定的毒性，不宜钎焊食品用具。在锡铅合金基础上，加入微量元素，可以提高液态钎料的抗氧化能力，适用于波峰焊和浸沾焊。加入锌、锑、铜的锡基钎料，有较高的抗蚀性、抗蠕变性，焊件能承受较高的工作温度。这种钎料可制成丝、棒、带状供货，也可制成活性松香芯焊丝。松香芯焊丝常用的牌号有HH50G、HH60G等。

锡基钎料的牌号和用途见表2-44。

表2-44　锡基钎料的牌号和用途

牌号	熔化温度/℃		用途
	固相线	液相线	
HLSn90Pb，料604	183	220	钣金件钎焊，机械零件、食品盒钎焊
HLSn60Pb，料600	183	193	印制电路板波峰焊、浸焊、电器钎焊
HLSn50Pb，料613	183	210	电器、散热器、钣金件钎焊
HLSn40Pb2，料603	183	235	电子产品、散热器、钣金件钎焊
HLSn30Pb2，料602	183	256	电线防湿套、散热器、食品盒钎焊
HLSn18Pb60-2，料601	244	277	灯泡基底、散热器、钣金件、耐热电气元件钎焊
HLSn5.5Pb9-6	295	305	灯泡、钣金件、汽车车壳外表面涂饰
HLSn25Pb73-2	—	265	电线防腐套、钣金件钎焊
HLSn55Pb45	183	200	电子、机电产品钎焊

2. 铅基钎料

铅基钎料耐热性比锡基钎料好，可以钎焊铜和黄铜接头。HLAgPh97的抗拉强度达

30MPa，工作温度在200℃时仍然有11.3MPa，可钎焊在较高温度环境中的器件。在铅银合金中加入锡，可以提高钎料的润湿能力，加Sb可以代替Ag的作用。铅基钎料的牌号和熔化温度见表2-45。

表2-45 铅基钎料的牌号和熔化温度

钎料牌号	熔化温度/℃	
	液相线	固相线
HLAgPb97	300	305
HLAgPb92-5.5	295	305
HLAgPb83.5-15-1.5	265	270
HLAgPb65-30-5	225	235
Pb90AgIn	290	294

3. 镉基钎料

镉基钎料是软钎料中耐热性最好的一种，具有良好的抗腐蚀能力。这种钎料含银量不宜过高，超过5%时熔化温度将迅速提高，结晶区间变宽。镉基钎料用于钎焊铜及铜合金时，加热时间要尽量缩短，以免在钎缝界面生成铜镉脆化物相，使接头强度大为降低。镉基钎料的牌号和用途见表2-46。

表2-46 镉基钎料的牌号和用途

钎料牌号	熔化温度/℃	抗拉强度/MPa	用 途
HLAgCd96-1	234～240	110	用于较高温度的铜及铜合金零件，如散热器等
Cd84ZnAgNi	360～380	147	用于300℃以上工作的铜合金零件
Cd82ZnAg	270～280	—	用途同上，但加锌可减少液态氧化
Cd79ZnAg	270～285	200	
HL508	320～360	—	

4. 低熔点钎料

低熔点钎料主要指镓基、铋基、铟基钎料。镓基钎料熔点很低，一般为10～30℃。渗入Cu和Ni或Ag粉制成复合钎料，涂在要焊的位置，在一定温度下，放置24～48h，因扩散形成钎焊接头。这种钎焊多用于砷化镓元件及微电子器件的钎焊。铋的熔点271℃，它与铅、锡、镉、铟等元素能形成低熔点共晶，铋基钎料较脆，对钢、铜的润湿差，若钎焊钢和铜时，需在表面镀锌、锡或银。这种钎料适用于热敏感元器件的钎焊和加热温度受限制的工件钎焊。铟的熔点156.4℃，它与锡、铅、锌、镉、铋等元素形成低熔点共晶。铟基钎料在碱性介质中抗腐蚀能力较强，对金属和非金属都有较高的润湿能力。钎焊的接头电阻率低，导电性和延伸性好，适合不同热膨胀系数材料的钎焊。在真空器件、玻璃、陶瓷和低温超导器件钎焊领域获得了广泛应用。

三、硬钎料的类型、规格及用途

1. 铜基钎料（GB/T 6418—2008）

铜基钎料主要用于钎焊铜和铜合金，也钎焊钢件及硬质合金刀具，钎焊时必须配用钎焊熔剂（铜磷钎料钎焊紫铜除外）。

① 铜基钎料的型号、类别和规格见表2-47及表2-48。

② 铜基钎料供货规格及允许偏差见表2-49。

③ 各种铜基钎料的主要用途见表2-50。

表2-47　铜基钎料的型号和类别

类别	钎料型号	类别	钎料型号
高铜钎料	BCu87	铜磷钎料	BCu95P
	BCu99		BCu94P
	BCu100-A		BCu93P-A
	BCu100-B		BCu93P-B
	BCu100（P）		BCu92P
	BCu99Ag		BCu92PAg
	BCu97Ni（B）		BCu91PAg
铜锌钎料	BCu48ZnNi（Si）		BCu89PAg
	BCu54Zn		BCu88PAg
	BCu57ZnMnCo		BCu87PAg
	BCu58ZnMn		BCu80AgP
	BCu58ZnFeSn（Ni）（Mn）（Si）		BCu76AgP
	BCu59Zn（Sn）（Si）（Mn）		BCu75AgP
	BCu60Zn（Sn）		BCu80SnPAg
	BCu60ZnSn（Si）		BCu87PSn（Si）
	BCu60Zn（Si）		BCu86SnP
	BCu60Zn（Si）（Mn）		BCu86SnPNi
			BCu92PSb
其他钎料	BCu94Sn（P）	其他钎料	BCu92AlNi（Mn）
	BCu88Sn（P）		BCu92Al
	BCu98Sn（Si）（Mn）		BCu89AlFe
	BCu97SiMn		BCu74MnAlFeNi
	BCu96SiMn		BCu84MnNi

表2-48　铜基钎料的规格　　　　　　　　　　　　　　　　　　　mm

类型	厚度	宽度	类型	厚度	宽度
带状钎料	0.05～2.0	1～200	丝状钎料		无首选直径
棒状钎料	（直径）1、1.5、2、2.5、3、4、5	（长度）450、500、750、1000	其他钎料		由供需双方协商

表2-49　铜基钎料供货规格及允许偏差　　　　　　　　　　　　　　mm

牌号	供货规格			允许偏差	包状方式
BCu58ZnMn	带状	厚	0.4	＋0.05～0.01	合装
		宽	15、18、20	±1.0	
		长	100、200	±2.0	
	丝状直径		$\phi4$、$\phi5$	±0.10	
BCu60ZnSn-R BCu58ZnFe-R BCu60ZnNi-R	丝状	直径	$\phi1$、$\phi2$	±0.03	圈装
			$\phi3$、$\phi4$ $\phi5$、$\phi6$	±0.03	
		长度	1000	±2.0	
BCu54Zn	丝状	直径	$\phi3$、$\phi4$ $\phi5$、$\phi6$	±0.05	

表 2-50　各种铜基钎料的主要用途

牌号	主要用途
BCu	主要用于还原性气氛、惰性气氛和真空条件下，钎焊碳钢、低合金钢、不锈钢和镍、钨、钼及其合金制件
BCu54Zn（H62、HL103、HL102、HL101）	H62 用于受力大的铜、镍、钢制件钎焊 HL103 延性差，用于不受冲击和弯曲的铜及其合金制件 HL102 性能较脆，用于不受冲击和弯曲的、含铜量大于 69% 的铜合金制件钎焊 HL101 性能较脆，用于黄铜制件钎焊
BCu58ZnMn（HL105）	由于 Mn 提高了钎料的强度、延伸性和对硬质合金的润湿能力，所以，广泛用于硬质合金刀具、横具和矿山工具钎焊
BCu48ZnNi-R	用于有一定耐高温要求的低碳钢、铸铁、镍合金制件钎焊，也可用于硬质合金工具的钎焊
BCu92PSb（HL203）	用于电机与仪表工业中不受冲击载荷的铜和黄铜件的钎焊
BCu80PAg	银提高了钎料的延伸性和导电性，用于电冰箱、空调器等行业中，要求较高的部件钎焊
BCu80PSnAg	用于要求钎焊温度较低的铜及合金的钎焊，若要进一步提高接头导电性，可改用 HLAgCu70-5 或 HLCuP6-3
HLCuGe10.5	HLCuGe10.5 和 HLCuGe12、HLCuGe8 主要用于铜、可代合金、钼的真空制件的钎焊
HLCuNi30-2-0.2	主要用于不锈钢件钎焊。若要降低焊接温度，可改用 HLCuZ 钎料。若用火焰钎焊，需要改善工艺性时，可改用 HLCuZa 钎料
HLCu4	用气体保护焊不锈钢，钎焊马氏体不锈钢时，可将淬火处理与钎焊工序合并进行。接头工作温度高达 538℃

2. 银基钎料（GB/T 10046—2008）

银基钎料主要用于气体火焰钎焊、炉中钎焊或浸粘钎焊、电阻钎焊、感应钎焊和电弧钎焊等，可钎焊大部分黑色和有色金属（熔点低的铝、镁除外），一般必须配用银钎焊熔剂。

① 银基钎料的规格及分类见表 2-51 及表 2-52。

② 银基钎料的规格、允许偏差、主要特点和用途见表 2-53、表 2-54。

表 2-51　银基钎料的规格　　　　　　　　　　　　　　mm

类型	厚度	宽度
带状钎料	0.05 ～ 2.0	1 ～ 200
棒状钎料	（直径）1、1.5、2、2.5、3、5	（长度）450、500、750、1000
丝状钎料	无首选直径	
其他钎料	由供需双方协商	

表 2-52　银基钎料的分类

分类	钎料型号	分类	钎料型号
银铜	BAg72Cu		BAg30CuZnSn
银锰	BAg85Mn		BAg34CuZnSn
银铜锂	BAg72CuLi		BAg38CuZnSn
	BAg5CuZn（Si）	银铜锌锡	BAg40CuZnSn
	BAg12CuZn（Si）		BAg45CuZnSn
	BAg20CuZn（Si）		BAg55CuZnSn
	BAg25CuZn		BAg56CuZnSn
	BAg30CuZn		BAg60CuZnSn
	BAg35CuZn		BAg20CuZnCd
银铜锌	BAg44CuZn		BAg21CuZnCd
	BAg45CuZn		BAg25CuZnCd
	BAg50CuZn		BAg30CuZnCd
	BAg60CuZn		BAg35CuZnCd
	BAg63CuZn	银铜锌镉	BAg40CuZnCd
	BAg65CuZn		BAg45CdZnCu
	BAg70CuZn		BAg50CdZnCu
银铜锡	BAg60CuSn		BAg40CuZnCd
银铜镍	BAg56CuNi		BAg50ZnCdCu
银铜锌锡	BAg25CuZnSn	银铜锌铟	BAg40CuZnIn
	BAg34CuZnIn	银铜锌镍	BAg54CuZnNi
银铜锌铟	BAg30CuZnIn	银铜锡镍	BAg25CuSnNi
	BAg56CuZnIn	银铜锌镍锰	BAg25ZnCuMnNi
银铜锌镍	BAg40CuZnNi	银铜锌镍锰	BAg27ZnCuMnNi
	BAg49ZnCuNi		BAg49ZnCuMnNi

表 2-53　银基钎料的规格及允许偏差　　　　　　　　　　　　　　mm

供货状态	基本尺寸和允许偏差			
	直径	极限偏差	长度	极限偏差
丝状（盘圈）	0.5、0.1、1.5、2.0	±0.05	—	—
	2.5、3.0、4.0		400、450、500	±3
	厚度	极限偏差	宽度	极限偏差
带状	0.05	±0.01	20、30、410、50、80、100、150	±2
	0.1、0.15	±0.02		
	0.2	±0.3		

表 2-54　银基钎料的主要特点和用途

牌号	主要特点和用途
BAg72Cu	不含易挥发元素，对铜、镍润湿性好，导电性好。用于铜、镍真空和还原性气氛中钎焊
BAg72CuLi	锂有自钎剂作用，可提高对钢、不锈钢的润湿能力。适用保护气氛中沉淀硬化不锈钢和1Cr18Ni9Ti的薄件钎焊。接头工作温度达428℃。若沉淀硬化热处理与钎焊同时进行，改用BAg92CuLi效果更佳
BAg10CuZn	含Ag少，便宜。钎焊温度高，接头延伸性差。用于要求不高的铜、铜合金及钢件钎焊

牌号	主要特点和用途
BAg25CuZn	含 Ag 较低,有较好的润湿和填隙能力。用于随动荷、工作表面平滑、强度较高的工件,在电子、食品工业中应用较多
BAg45CuZn	用性能和作用与 BAg25CuZn 相似,但熔化温度稍低。接头性能较优越,要求较高时选
BAg50CuZn	与 BAg45CuZn 相似,但结晶区间扩大了。适用钎焊间隙不均匀或要求圆角较大的零件
BAg60CuZn	不含挥发性元素。用于电子器件保护气氛和真空钎焊与 BAg50Cu 配合可进行分步焊,BAg50Cu 用于前步,BAg60CuSn 用于后步
BAg40CuZnCd	熔化温度是银基钎料中最低的,钎焊工艺性能很好。常用于铜、铜合金、不锈钢的钎焊,尤其适宜要求焊接温度低材料,如铍青铜、铬青铜、调质钢的钎焊。焊接要注意通风
BAg50CuZnCd	与 BAg40CuZnCd 和 BAg45CuZnCd 相比,钎料加工性能较好,熔化温度稍高,用途相似
BAg35CuZnCd	结晶温度区间较宽,适用于间隙均匀性较差的焊缝钎焊,但加热速度应快,以免钎料在熔化和填隙产生偏析
BAg50CuZnCdNi	Ni 提高抗蚀性,防止了不锈钢焊接接头的界面腐蚀。Ni 还提高了对硬质合金的润湿能力,适用于硬质合金钎焊
BAg40CuZnSnNi	取代 BAg35CuZnCd,可以用于火焰、高频钎焊。可以焊接接头间隙不均匀的焊缝
BAg56CuZnSn	用锡取代镉,减小毒性,可代替 BAg50CuZnCd 钎料,钎焊铜、铜合金、钢和不锈钢等。但工艺性稍差
BAg85Mn(HL320)	银基合金中高温性能最好的一种,可以用于工作温度 427℃ 以下的零件。但对不锈钢接头有焊缝腐蚀倾向
BAg70CuTi2.5(TY-3) BAg70 CuTi4.5(TY-8)	这类银、铜、钛合金对 75 氧化铝陶瓷、95 氧化铝陶瓷、镁、橄榄石瓷、滑石瓷、氧化铝、氮化硅、碳化硅、无氧铜、可伐合金、钼、铌等均有良好的润湿性。因此可以不用金属化处理,直接进行陶瓷钎焊及陶瓷与金属的钎焊

3. 铝基钎料

铝基钎料是用于焊接铝及铝合金构件,以硅合金为基础,根据不同的工艺要求,加入铜、锌、镁、锗等元素,组成不同牌号的铝基钎料。可满足不同的钎焊方法、不同铝合金工件钎焊的需要。

各种铝基钎料的特点和用途见表 2-55。

表 2-55 各种铝基钎料的特点和用途

钎料牌号	熔化温度范围 /℃	特点和用途
HLAlSi7.5	577～613	流动性差,对铝的熔蚀小,制成片状用于炉中钎焊和浸粘钎焊
HLAlSi10	577～591	制成片状用于炉中钎焊和浸沾钎焊,钎焊温度比 HLAlSi7.5 低
HLAlSi12	577～582	是一种通用钎料,适用于各种钎焊方法,具有极好的流动性和抗腐蚀性
HLAlSiCu10	521～583	适用于各种钎焊方法。钎料的结晶温度间隔较大,易于控制钎料流动
Al12SiGeLa	572～597	铈、镧的变质作用使钎焊接头延性优于用 HLAlSi 钎料钎焊的接头延性
HL403	516～560	适用于火焰钎焊。熔化温度较低,容易操作,钎焊接头的抗腐蚀性低于铝硅钎料
HL401	525～535	适用于火焰钎焊。熔化温度低,容易操作,钎料脆,接头抗腐蚀性比用铝硅钎料钎焊的低
F62	480～500	用于钎焊固相线温度低的铝合金,如 LH11、钎焊接头的抗腐蚀性低于铝硅钎料
Al60GeSi	440～460	铝基钎料中熔点最低的一种,适用于火焰钎焊、性能较脆、价贵
HLAlSiMg 7.5-1.5	559～607	真空钎焊用片状钎料,根据不同钎焊温度要求选用
HLAlSiMg 10-1.5	559～579	
HLAlSiMg 12-1.5	559～569	真空钎焊用片状、丝状钎料,钎焊温度比 HLAlSiMg7.5-1.5 和 HLAlSiMg10-1.5 钎料低

表2-56 各种材料组合所适用的钎料

材料	Al及其合金	Be、V、Zr及其合金	Cu及其合金	Mo、Nb、Ta、W及其合金	Ni及其合金	Ti及其合金	碳素钢及低合金钢	铸铁	工具钢	不锈钢
铸铁	不推荐	Ag-	Ag-Sn-Pb Au Cu-Zn Cd	Ag- Cu Ni	Ag- Cu Cu-Zn Ni	Ag-	Ag-Cu-Zn Sn-Pb	Ag-Cu-Zn Ni Sn-Pb	—	—
碳素钢及低合金钢	Al-Si	Ag-	Ag-Sn-Pb Au Cu-Zn Cd	Ag- Cu Ni	Ag-Sn-Pb Au-Cu-Zn Ni	Ag-	Ag-Cu-Zn Au-Ni-Cd-Sn-Pb Cu	—	—	—
工具钢	不推荐	不推荐	Ag- Cu-Zn Ni	不推荐	Ag-Cu Cu-Zn Ni	不推荐	Ag-Cu Cu-Zn Ni	Ag- Cu-Zn Ni	Ag-Cu Cu-Ni-	—
不锈钢	Al-Si	Ag-	Ag-Cd- Au-Sn-P Cu-Zn	Ag- Cu Ni-	Ag-Ni-Au- Pb-Cu- Sn-Pb-Mn-	Ag-	Ag-Sn-Pb Au-Cu- Ni-	Ag-Cu- Ni-Sn-Pb	Ag-Cu-Ni-	Ag-Ni Au-Pd- Cu-Sn-Pb Mn
Al及其合金	Al-Sn-Zn Zn-Al Zn-Cd	—	—	—						
Be、V、Zr及其合金	不推荐	无规定	—	—						
Cu及其合金	Sn-Zn Zn-Cu Zn-Al	Ag-	Ag-Cd- Cu-P Sn-Pb	不推荐						
Mo、Nb、Ta、W及其合金	不推荐	无规定	Ag-	无规定						
Ni及其合金	不推荐	Ag-	Ag-Au-Cu-Zn	Ag-Au-Ni-	Ag-N-Au- Pd-Cu-Mn-					
Ti及其合金	Al-Si	无规定	Ag-	无规定	Ag-	无规定				

四、钎料的选用

钎焊时钎料的选择原则有以下几方面。

① 根据钎焊接头的使用要求选择。对于钎焊接头强度要求不高，或工作温度不高的接头，可采用软钎焊。对于高温强度、抗氧化性要求较高的接头，应采用镍基钎料。

② 根据钎料与母材的相互作用选择。应当选择避免与母材形成化合物的钎料，因为化合物大多硬而脆，使钎焊接头变脆、质量变坏。

③ 根据钎焊方法及加热温度选择。不同的钎焊方法对于钎料的要求不同，真空钎焊要求钎料不含高蒸气压元素，烙铁钎焊只适用于熔点较低的软钎料，电阻钎焊则要求钎料的电阻率高一些。

对于已经调质处理的焊件，应选择加热温度低的钎料，以免使焊件退火。对于冷作硬化的铜材，应选用钎焊温度低于300℃的钎料，以防止母材钎焊后发生软化。

④ 根据经济分析钎料。在满足使用要求及钎焊技术要求的条件下，选用价格便宜的钎料。

各种材料组合所适用的钎料见表2-56。

第五节　其他焊接材料

一、气体保护焊用气体

气体保护焊时，保护气体即是焊接区的保护介质，也是产生电弧的气体介质。因此，保护气体的特性不仅影响保护效果，而且也影响到电弧和焊丝金属熔滴过渡特性、焊接过程冶金特性以及焊缝的成形与质量等。例如，保护气体的密度对保护作用就有明显的影响。如果选用的保护气体密度比空气大，则从喷嘴喷出后易排挤掉焊接区中的空气，并在熔池及其附近区域的表面上造成良好的覆盖层，而此时起到良好的保护作用。

保护气体的电、热物理性能，如电离势、热容量及电弧电压等，它们不仅影响电弧的引燃特性、稳弧性及弧态，而且影响到对焊件的加热和焊缝成形尺寸，见表2-57。

表2-57　保护气体的物理性质

气体	电离势/V	热导率（300K）/[MW/（m·K）]	热容量（300K）/[J/（mol·K）]	分解度 5000K	电弧电压/V	稳弧性
He	24.5	156.7	150.05	不分解	—	好
Ar	15.7	17.9	15.01	不分解	—	极好
N_2	14.5	26.0	29.12	0.038	20～30	满意
CO_2	14.3	16.8	31.17	0.99	26～28	好
O_2	13.6	26.3	29.17	0.97	—	—
H_2	13.5	186.9	28.84	0.96	4565	好
空气	—	26.2	29.17	—	—	—

保护气体的物理化学性能，不仅决定焊接金属（如电极与焊件）是否产生冶金反应与反应剧烈程度，并影响焊丝末端、过渡熔滴及熔池表面的形态等，最终会影响到焊缝成形与质量。

因此在气体保护焊工作中，尤其是用熔化极焊接时，不能仅从保护作用角度来选定保护气体种类，而应根据上述各方面的要求，综合地考虑选用合适的保护气体，以获得最好的焊接工艺与保护性能，所以合理选用保护气体是一项很重要且具有实际意义的工作，其选用说明见表2-58。

表2-58　保护气体的选用说明

类别	说　明
氢气	氢气是一种还原性气体，在一定的条件下能使某些金属氧化物或氮化物还原。氢的密度很小，且热导率大，因此用氢作焊接保护气，对电弧有较强的冷却作用。另外，氢是一种分子气体，在弧柱中会吸热分解成原子氢，这样将产生两种对立的作用：一种是原子氢流到较冷的焊件表面上时，会复合成分子氢而释放出化学能，对焊件起补充加热作用；另一种是原子氢在高温时能溶解于液体金属中，其溶解度随温度降低而减小。因此，液体金属冷凝时析出的氢若来不及外逸，易在焊缝金属中出现气孔、白点等缺陷。所以单纯用氢气作焊接保护气，只在原子氢焊时采用，因为原子氢焊成的焊缝金属冷却速度较慢，能使金属中溶解的氢析出并外逸，故不易引起焊缝缺陷

| 氩气 | 氩气是一种惰性气体，几乎不与任何金属产生化学反应，也不溶于金属中。氩气的热物理性能使得其在焊接区中能起到良好的保护作用，具有很好的稳弧特性。因此，在气体保护焊中，氩气主要用作焊接有色金属及其合金、活泼金属及其合金以及不锈钢与高温合金等。
 氩气作为焊接保护气，一般要求纯度为99.9%～99.999%。不同材料氩弧焊时，对氩气纯度的要求见表1。 |

表1　不同材料对氩弧焊氩气的纯度要求

焊接材料	采用的电流种类及电源极性	氩气纯度/%
钛及钛合金	直流正极性	99.98
铝及铝合金	交流	99.9
镁合金	交流	99.9
铜及铜合金	直流正极性	99.7
不锈钢及耐热钢	直流正极性	99.7

类别	说　明
氮气	氮气也是一种分子气体，但在高温下不像氢气那么容易分解。 氮对铁、钛等金属在高温时有较强的化学作用，且容易和氧化合成一氧化氮而进入熔池，使焊缝金属发脆，因而焊接这些金属不能用氮气保护气。但是氮对铜不产生化学作用，同时氮是促进奥氏体化的元素，在奥氏体不锈钢中有较大的溶解度，所以在焊接铜及其合金或者氮合金化奥氏体钢时，可采用氮气作为焊接保护气。此外，在等离子弧切割工作中，也常采用氮作离子气与保护气
氦气	氦气也是一种惰性气体，其电离电位很高，故焊接时引弧困难，电弧引燃特性差。但是氦气和氩气比较，由于氦的电离电位高、热导率大，故在相同的焊接电流和电弧长度下，氦弧的电弧电压比氩弧的高，使电弧具有较大的电功率，传递给焊件的热量也较大。可用于厚板、高热导率或高熔点的金属、热敏感材料 氦作为保护气体，由于密度比空气小，故要有效地保护焊接区，其流量应比氩气大得多。另外，氦比氩更稀缺，价格也非常昂贵。目前多数国家只在特殊场合下，如焊接核反应堆时才选用氦作保护气

| 二氧化碳（CO_2） | CO_2是一种多原子气体，它在高温时要吸热分解成一氧化碳和氧。因此，用CO_2气体作焊接保护气，对电弧有较强的冷却作用，且具有氧化性。焊接试验表明，若用CO_2气体作保护气体，必须采取有效的工艺措施，如采用具有较强脱氧能力的焊丝或另加焊剂等，才能保证焊缝金属的冶金质量。CO_2气体主要用于焊接低碳钢和低合金结构钢。焊接用液态二氧化碳技术要求见表2 |

表2　焊接用液态二氧化碳技术要求　　　　　　　　　　　%

指标名称	I类	II类		
		一级	二级	三级
CO_2含量	≥99.8	≥99.5	≥99.0	≥99.0
水分含量	≤0.005	≤0.05	≤0.10	—

随着焊接技术的发展，尤其是熔化极气体保护焊的发展和逐步扩大应用范围，选择保护气体时要考虑的因素也随之增加，一般有如下几方面
①保护气体应对焊接区中的电弧与金属（包括电极、填充焊丝、熔池与处于高温的焊缝及其邻近区域）起到良好的保护作用
②保护气体作为电弧的气体介质，应有利于引燃电弧和保持电弧稳定燃烧（稳定电弧阴极斑点、减小电弧飘荡等）
③保护气体应有助于提高对焊件的加热效率，改善焊缝成形
④熔化极气体保护焊时，保护气体应促使获得要求的熔滴过渡特性，减小金属飞溅
⑤保护气体在焊接过程中的有害冶金反应应能进行控制
⑥保护气体应容易制取和价格低廉，以降低焊接生产成本

根据上述原则，目前可供选用的保护气体除单一成分的气体外，还广泛采用由不同成分气体组成的混合保护气，其目的是使混合保护气具有良好的综合性能，以适应不同的金属材料和焊接工艺的需要，促使获得最佳的保护效果、电弧特性、熔滴过渡特性以及焊缝成形与质量等。

二、气体保护焊用钨极材料

由金属钨棒作为 TIG 焊或等离子弧焊的电极为钨电极，简称钨极，属于不熔化电极。

对于不熔化电极的基本要求是：能传导电流，较强的电子发射能力，高温工作时不熔化和使用寿命长等。金属钨能导电，其熔点（3141℃）和沸点（5900℃）都很高，电子逸出功为 405eV，发射电子能力强，是最适合作电弧焊的不熔化电极。

国内外常用钨极主要有纯钨极、钍钨极、铈钨极和锆钨极等四种，其牌号及特性见表 2-59。

表 2-59　钨极的牌号及特性

钨极类型	牌号	特性
纯钨极	W₁	熔点、沸点高，不易熔化蒸发、烧损。但电子发射能力较差，不利于电弧稳定燃烧。另外，电流承载能力低，抗污染性能差
	W₂	
钍钨极	WTh-7	电子发射能力强，允许电流密度大，电弧燃烧稳定，寿命较长。但钍元素具有一定的放射性，使用中磨削时要注意安全防护
	WTh-10	
	WTh-15	
铈钨极	WCe-20	电子逸出功低，引弧和稳弧不亚于钍钨极，化学稳定性高，允许电流密度大，无放射性，适用于小电流焊接
锆钨极	WZr	性能介于纯钨和钍钨之间。在需要防止电极污染焊缝金属的特殊条件下使用，焊接时，电极尖端易保持半球形，适用交流焊接

三、碳弧气刨用碳电极

焊接生产常用的碳棒有圆碳棒和矩形碳棒两种。前者主要用于焊缝清根、背面开槽及清除焊接缺陷等，后者用于刨除焊件上残留的临时焊道和焊疤，清除焊缝余高和焊瘤，有时也用于作碳弧切割。

对碳棒的要求是导电良好、耐高温、不易折断和价格低廉等。一般采用镀铜实心碳棒，镀铜层厚为 0.3 ～ 0.4mm。碳棒的质量和规格都由国家标准规定。根据各种刨削工艺需要，可以采用特殊的碳棒。例如：用管状碳棒可扩宽槽道底部；用多角形碳棒可获得较深或较宽的槽道；用于自动碳弧气刨的头尾可以自动接续的自动气刨碳棒；加有稳弧剂的碳棒可用于交流电气刨。

第三章
焊条电弧焊

第一节 操作基础

　　焊条电弧焊是用手工操纵焊条进行焊接的电弧焊接方法，如图3-1所示。操作时，焊条与焊件分别作为两个电极。利用焊条与焊件之间产生的电弧热量来熔化焊件金属，冷却后形成焊缝。它是熔化焊中最基本的一种焊接方法，也是目前焊接生产中使用最为广泛的焊接方法。其所需设备简单，操作方便灵活，适用于各种条件下的焊接，特别适用于形状复杂、焊缝短小、弯曲或各种空间位置的焊缝的焊接。

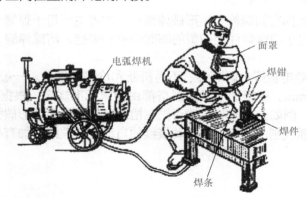

图 3-1　焊条电弧焊操作示意图

一、焊条电弧焊的工作原理及应用范围

1. 焊条电弧焊的工作原理

　　焊接时，将焊条与焊件之间接触短路引燃电弧，电弧的高温将焊条与焊件局部熔化，熔化了的焊芯以熔滴的形式过渡到局部熔化的焊件表面，融合在一起形成熔池。药皮熔化过程中产生的气体和液态熔渣，不仅使熔池和电弧周围的空气隔绝，而且与熔融金属发生一系列

冶金反应，随着电弧沿焊接方向不断移动，熔池液态金属逐步冷却结晶，形成符合要求的优质焊缝。焊条电弧焊的工作过程如图3-2所示。

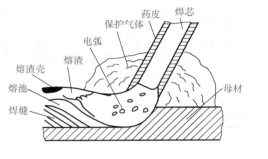

图3-2 焊条电弧焊的工作过程

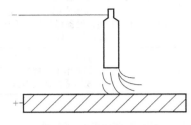

图3-3 电弧偏吹现象

2. 焊条电弧焊的应用范围

表3-1 焊条电弧焊的应用范围

焊件材料	适用厚度/mm	主要接头形式
低碳钢、低合金钢	2～50	对接、T形接、搭接、端接、堆焊
铝、铝合金	≥3	对接
不锈钢、耐热钢	≥2	对接、搭接、端接
紫铜、青铜	≥2	对接、堆焊、端接
铸铁	—	对接、堆焊、补焊
硬质合金	—	对接、堆焊

二、焊条电弧焊的特点与优缺点

1. 焊条电弧焊的特点

焊条电弧焊的特点是设备简单、操作方便、灵活，可达性好，能进行全位置焊接，适合焊接多种金属。电弧偏吹是进行焊条电弧焊时的一种常见现象。电弧偏吹是指弧柱轴线偏离焊条轴线的现象，如图3-3所示。

电弧偏吹的种类：由于弧柱受到气流的干扰或焊条药皮偏心所引起的偏吹；采用直流焊机，焊接角焊缝时引起的偏吹；由于某一磁性物质改变磁力线的分布而引起的偏吹。

克服偏吹的措施：尽量避免在有气流影响下焊接；焊条药皮的偏心度应控制在技术标准之内；将焊条顺着偏吹方向倾斜一个角度；焊件上的接地线尽量靠近电弧燃烧处；加磁钢块，以平衡磁场；采用短弧焊接或分段焊接的方法。

2. 焊条电弧焊的优点与缺点

表3-2 焊条电弧焊的优点与缺点

类别		说　明
优点	适应性强	对于不同的焊接位置、接头形式、焊件厚度及焊缝，只要焊条所能达到的任何位置，均能进行方便的焊接。对一些单件、小件、短的、不规则的空间任意位置以及不易实现机械化焊接的焊缝，更显得机动灵活，操作方便

类别		说　明
优点	应用范围广	焊条电弧焊的焊条能够与大多数焊件金属性能相匹配，因而接头的性能可以达到被焊金属的性能。不但能焊接碳钢和低合金钢、不锈钢及耐热钢，对于铸铁、高合金钢及有色金属等也可以焊接。此外，还可以进行异种钢焊接、各种金属材料的堆焊等
	成本较低	焊条电弧焊使用交流或直流焊机进行焊接，这些焊机结构简单，价格便宜，维护保养方便，设备轻便易于移动，且焊接不需要辅助气体保护，并具有较强的抗风能力。因此投资少，成本相对较低，一般小厂和个人都买得起，这是它应用广泛的原因之一
缺点		①焊接过程不能连续地进行，生产率低 ②采用手工操作，劳动强度大，并且焊缝质量与操作技术水平密切相关 ③不适合活泼金属、难熔金属及薄板的焊接

三、焊条电弧焊的焊接工艺

（一）焊接参数的选择

1. 电源种类及极性

　　焊接电流种类的选择：主要根据焊条药皮类型，低氢钠型焊条采用直流反接；低氢钾型焊条和酸性焊条直流、交流均可采用，一般可用交流。

　　极性是指直流焊机输出端正、负极的接法。焊件接正极，焊钳、焊条接负极称为正接；焊件接负极，焊钳、焊条接正极称为反接。

　　焊条电弧焊要求采用陡降外特性的直流或交流电源。电源类型对电弧稳定性、电弧偏吹（磁偏）和噪声的影响见表 3-3。碱性焊条一般采用直流反接；酸性焊条交流和直流正、反接均可，在用直流焊机焊接时，焊厚板用正接，焊薄板用反接。直流弧焊机正接和反接如图 3-4 所示，低氢钠型和低氢钾型焊条用反接。

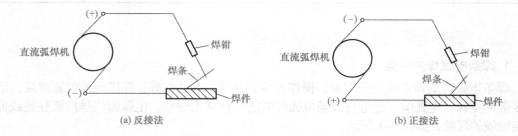

图 3-4　直流弧焊机正接和反接

表 3-3　电源类型对电弧稳定性、电弧偏吹（磁偏）和噪声的影响

项目	弧焊发电机	弧焊整流器	弧焊变压器
电源种类	直流	直流	交流
电弧稳定性	好	好	较差
电弧偏吹（磁偏）	较大	较大	很小
噪声	很小	很小	较小

2. 焊接规范的选择

　　（1）常用的焊条电弧焊焊接参数

表 3-4　常用的焊条电弧焊焊接参数

焊缝空间位置	焊缝断面形式	焊件厚度或焊脚尺寸/mm	第一层焊缝		其他各层焊缝		封底焊缝	
			焊条直径/mm	焊接电流/A	焊条直径/mm	焊接电流/A	焊条直径/mm	焊接电流/A
平对接焊		2	2	55～60	—	—	2	55～60
		2.5～3.5	3.2	90～120			3.2	90～120
		4～5	3.2	100～130			3.2	100～130
			4	160～200			4	160～210
			5	200～260	—	—	5	220～250
		5～6	4	160～210	—	—	3.2	100～130
							4	180～210
		≥8	4	160～210	4	160～210	4	180～210
					5	220～280	5	220～260
		≥12	4	160～210	4	160～210	—	—
					5	220～280	—	—
立对接焊		2	2	50～55	—	—	2	50～55
		2.5～4	3.2	80～110			3.2	80～110
		5～6	3.2	90～120	—	—	3.2	90～120
		7～10	3.2	90～120	4	120～160	3.2	90～120
			4	120～160			3.2	90～120
		≥11	3.2	90～120	4	120～160	3.2	90～120
			4	120～160	5	160～200		
		12～18	3.2	90～120	4	120～160	—	—
			4	120～160				
		≥19	3.2	90～120	4	120～160		
			4	120～160	5	160～200		
横对接焊		2	2	50～55	—	—	2	50～55
		2.5	3.2	80～110	—	—	3.2	80～110
		3～4	3.2	90～120			3.2	90～120
			4	120～160			4	120～160
		5～8	3.2	90～120	3.2	90～120	3.2	90～120
					4	140～160	4	120～160
		≥9	3.2	90～120	4	140～160	3.2	90～120
			4	140～160			4	120～160
		14～18	3.2	90～120	4	140～160	—	—
			4	140～160				
		≥19	4	140～160	4	140～160		
仰对接焊		2	—	—	—	—	2	50～65
		2.5	—	—	—	—	3.2	80～110
		3～5	—	—	—	—	3.2	90～110
							4	1 20～160
		5～8	3.2	90～120	3.2	90～120	—	—
					4	140～160		
		≥9	3.2	90～120	4	140～160	—	—
			4	140～160				

焊缝空间位置	焊缝断面形式	焊件厚度或焊脚尺寸/mm	第一层焊缝		其他各层焊缝		封底焊缝	
			焊条直径/mm	焊接电流/A	焊条直径/mm	焊接电流/A	焊条直径/mm	焊接电流/A
仰对接焊		12~18	3.2	90~120	4	140~160	—	—
			4	140~160				
		≥19	4	140~160	4	140~160	—	—
平角接焊		2	2	55~65	—	—	—	—
		3	3.2	100~120	—	—	—	—
		4	3.2	100~120	—	—	—	—
			4	160~200	—	—	—	—
		5~6	4	160~200	—	—	—	—
			5	220~280	—	—	—	—
		≥7	4	160~200	5	220~230	—	—
			5	220~280	5	220~230	—	—
			4	160~200	4	160~200	4	160~220
					5	220~280		
立角接焊		2	2	50~60				
		3~4	3.2	90~120				
		5~8	3.2	90~120				
			4	120~160				
		9~12	3.2	90~120	4	120~160		
			4	120~160				
		—	3.2	90~120	4	120~160	3.2	90~120
			4	120~160				
仰角接焊		2	2	50~60	—	—		
		3~4	3.2	90~120	—	—		
		5~6	4	120~160	—	—		
		≥7	4	140~160	4	140~160		
		—	3.2	90~120	4	140~160	3.2	90~120
			4	140~160			4	140~160

（2）焊接电弧电压的选择

电弧电压主要由电弧长度决定。一般电弧长度为焊条直径1/2～1倍，相应的电弧电压为16～25V。碱性焊条弧长应为焊条直径的1/2，酸性焊条的弧长应等于焊条直径。

（3）焊条直径的选择

表3-5 焊条直径的选择

类型	参数说明					
按焊件厚度选择	开坡口多层焊的第一层和非平焊位置焊缝焊接，应该采用比平焊缝小的焊条直径。焊条直径与焊件厚度的关系见表1					
	<div align="center">表1 焊条直径与焊件厚度的关系</div>					mm
	焊件厚度	≤1.5	2	3	4~5	6~12	>13
	焊条直径	1.5	2	3.2	3.2~4	4~5	4~6

类型	参数说明
按焊接位置选择	为了在焊接过程中获得较大的熔池，减少熔化金属下淌，在焊件厚度相同的条件下，平焊位置所用的焊条直径，比其他焊接位置要大一些；立焊位置所用的焊条直径≤5mm；横焊及仰焊时，所用的焊条直径≤4mm
按焊接层次选择	多层多道焊缝进行焊接时，如果第一层焊道选用的焊条直径过大，焊接坡口角度、根部间隙过小，焊条不能深入坡口根部，导致产生未焊透缺陷。所以，多层焊道的第一层焊道应采用的焊条直径为2.5～3.2mm，以后各层焊道可根据焊件厚度选用较大直径焊条焊接

（4）焊接电流数值的选择

表 3-6　焊接电流数值的选择

类型	参数说明
按焊条直径选择	①查表法。 各种直径焊条适用的焊接电流参考值 | 焊条直径/mm	1.6	2.0	2.5	3.2	4.0	5.0	5.8
---	---	---	---	---	---	---	---
焊接电流/A	25～40	40～65	50～80	100～130	160～210	200～270	260～300	 ②计算法。用经验公式计算 $$I=(30～50)d$$ 式中　I——焊接电流，A； 　　　d——焊条直径，mm
按焊接位置选择	平焊时，可选择较大的电流进行焊接。横焊、立焊、仰焊时，焊接电流应比平焊位置小10%～20%
按焊缝层数选择	打底焊道，特别是单面焊双面成形焊道应选择较小的焊接电流，填充焊道可使用较大的焊接电流，盖面焊道使用的电流要稍小些。判断选择的电流是否合适有以下几种方法 ①看飞溅。电流过大时，有较大颗粒的钢水向熔池外飞溅，爆裂声大；电流过小时，熔渣和钢水不易分清 ②看焊缝成形。电流过大时，熔深大，焊缝下陷，焊缝两侧易咬边；电流过小时，焊缝窄而高，两侧与母材熔合不良 ③看焊条熔化状况。电流过大时，焊条熔化很快，并会过早发红；电流过小时，电弧不稳定，焊条易粘在焊件上

（5）焊接速度的选择

焊接速度是指焊条在焊缝轴线方面的移动速度，它影响焊缝成形、焊缝区的金属组织和生产率。焊速的大小应根据焊缝所需的线能量 E（J/cm）、焊接电流 I（A）与电弧电压 U（V）综合考虑确定。焊接速度 v（cm/min）与 E、I、U 的关系为

$$v=\frac{IU}{E}\times60\ (\mathrm{cm/min}) \tag{3-1}$$

6mm 厚的钢板平对焊，选用焊条直径 4mm、焊接电流 160～170A、电弧电压 20～24V，根据板厚及工件结构形式，线能量取 13714～15300J/cm 时，焊接速度应为 14～16cm/min。

焊接速度和电弧电压对焊条电弧焊一般不做具体硬性数值规定，焊工可以根据焊缝成形等因素较灵活地掌握。原则是保证焊缝具有所要求的外形尺寸，保证熔合良好。焊接那些对焊接线能量有严格要求的材料时，焊接速度按工艺文件规定掌握。在焊接过程中，焊工应随时调整焊接速度，以保证焊缝的高低和宽窄的一致性。如果焊接速度太慢，则焊缝会过高或过窄，外形不整齐，焊接薄板时甚至会烧穿；如果焊接速度太快，焊缝较窄，则会发生未焊透的缺陷。

（6）焊接层数的选择

焊接层数的确定原则是保证焊缝金属有足够的塑性。在保证焊接质量的条件下，采用大直径焊条和大电流焊接，以提高劳动生产率。在进行多层多道焊接时，对低碳钢和16Mn等

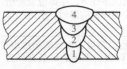

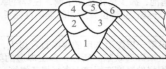

(a) 多层焊   (b) 多层多道焊

图3-5　多层焊和多层多道焊

普通低合金钢，焊接层数对接头质量影响不大，但如果层数过少，每层焊缝厚度过大时，对焊缝金属的塑性有一定的影响。对于其他钢种都应采用多层多道焊，一般每层焊缝的厚度≤5mm。多层焊和多层多道焊如图3-5所示。

（7）焊接热输入的选择

焊接热输入又称为焊接线能量，是指熔焊时由焊接能源输给单位长度焊缝的热能。当焊接电流、电弧电压、焊接速度选定以后，焊接热输入就已被确定，其相互之间的关系为

$$q = \frac{IU}{v}\eta \qquad (3\text{-}2)$$

式中　q——单位长度焊缝的热输入，J/mm；

　　　I——焊接电流，A；

　　　U——电弧电压，V；

　　　v——焊接速度，mm/s；

　　　η——热效率（焊条电弧焊时，η=0.7～0.8；埋弧焊时，η=0.8～0.95；TIG时，η=0.5）。

焊接Q345（16Mn）钢时，要求焊接时热输入不超过28kJ/cm，如果选用焊接电流为180A，电弧电压为28V时，试计算焊接速度是多少？

已知：I=180A，q=2800J/mm，U=28V，取η=0.7。

解　　　$$v = \frac{IU}{q}\eta = \frac{180 \times 28 \times 0.7}{2800} = 1.26 \ (mm/s)$$

应选用的焊接速度为1.26mm/s。

热输入对低碳钢焊接接头性能影响不大，因此，对低碳钢的焊条电弧焊，一般不规定热输入。对于低合金钢和不锈钢而言，热输入太大时，焊接接头的性能将受到影响；热输入太小时，有的钢种在焊接过程中会出现裂纹缺陷，因此，对这些钢种焊接工艺规定热输入量。

（二）焊条电弧焊基本操作

1. 引弧

焊条电弧焊时的电弧引燃方法有划擦法和直击法两种。划擦法便于初学者掌握，但容易损坏焊件表面，当位置狭窄或焊件表面不允许损伤时，就要采用直击法。直击法必须熟练地掌握好焊条离开焊件的速度和距离。

划擦法将焊条在焊件上划动一下（划擦长度约20mm）即可引燃电弧。当电弧引燃后，立即使焊条末端与焊件表面的距离保持在3～4mm，只要使弧长保持在与所用焊条直径相适应的范围内就能保证电弧稳定燃烧，如图3-6（a）所示。使用碱性焊条时，一般使用划擦法，而且引弧点应选在距焊缝起点8～10mm的焊缝上，待电弧引燃后，再引向焊缝起点进行施焊。用划擦法由于再次熔化引弧点，可将已产生的气孔消除。如果用直击法引弧，则容易产生气孔。

直击法是将焊条末端与焊件表面垂直地接触一下，然后迅速把焊条提起 3～4mm，产生电弧后，使弧长保持在稳定燃烧范围内，如图 3-6（b）所示。在引弧时，如果发生焊条粘住焊件的现象，不要慌张，只要将焊条左右摆动几下，就可以脱离焊件。如果焊条还不能脱离焊件，就应立即使焊钳脱离焊条，待焊条冷却后，用手将焊条扳掉。

2. 运条

电弧引燃后，焊条要有 3 个基本方向的运动，才能使焊缝成形良好。这 3 个方向的运动是：朝熔池方向逐渐送进，沿焊接方向逐渐移动，做横向摆动，如图 3-7 所示。

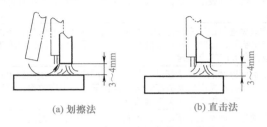

(a) 划擦法　　　　　(b) 直击法

图 3-6　电弧引燃方法

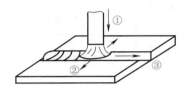

图 3-7　焊条的 3 个基本运动方向
①—朝熔池方向逐渐送进；②—沿焊接方向逐渐移动；③—做横向摆动

焊条朝熔池方向逐渐送进，主要是为了维持所要求的电弧长度。因此，焊条的送进速度应该与焊条熔化速度相适应。焊条沿焊接方向移动，主要是使熔池金属形成焊缝。焊条的移动速度对焊缝质量影响很大。若移动速度太慢，则熔化金属堆积过多，加大了焊缝的断面，并且使焊件加热温度过高，使焊缝组织发生变化，薄件则容易烧穿。移动速度太快，则电弧来不及熔化足够的焊条和基本金属，造成焊缝断面太小以及形成未焊透等缺陷。所以，焊条沿着焊接方向移动的速度，应根据电流大小、焊条直径、焊件厚度、装配间隙及坡口形式等来选取。

焊条横向摆动主要是为了获得一定宽度的焊缝，其摆动范围与所要求的焊缝宽度、焊条直径有关。摆动范围越大，所得焊缝越宽。运条方法应根据接头形式、间隙、焊缝位置、焊条直径与性能、焊接电流强度及焊工技术水平等确定，常用的运条方法有直线形运条法、锯齿形运条法、月牙形运条法、三角形运条法、圆圈形运条法、"8"字形运条法等，见表 3-7。

表 3-7　运条方法、特点及应用

运条方法		图示	特点及应用
直线形运条法	普通直线运条	→	焊接时要保持一定弧长，并沿焊接方向做不摆动的直线前进。 由于焊条不做横向摆动，电弧较稳定，所以能获得较大的熔深，但焊缝的宽度较窄，一般不超过焊条直径的 1.5 倍。此法仅用于板厚 3～5mm 的不开坡口的对接平焊、多层焊的第一层焊道或多层多道焊
	往复运条		焊条末端沿焊缝的纵向做来回直线形摆动 焊接速度快，焊缝窄、散热快。此法适用于薄板和接头间隙较大的多层焊的第一层焊道
	小波浪运条	～～～	适用于焊接填补薄板焊缝和不加宽的焊缝
锯齿形运条法		∧∧∧∧∧	焊条末端做锯齿形连续摆动及向前移动，并在两边稍停片刻，以获得较好的焊缝成形 操作容易，所以在生产中应用较广，大多数用于较厚钢板的焊接。其适用范围有平焊、仰焊、立焊的对接接头和立焊的角接接头

运条方法		图示	特点及应用
月牙形运条法		 图(a)  图(b)	使焊条末端沿着焊接方向做月牙形的左右摆动，摆动速度要根据焊缝的位置、接头形式、焊缝宽度和电流强度来决定。同时，还要注意在两边做片刻停留，使焊缝边缘有足够的熔深，并防止产生咬边现象 图（a）：余高较高，金属熔化良好，有较长的保温时间，易使气体析出和熔渣浮到焊缝表面上来，对提高焊缝质量有好处，适用于平焊、立焊和焊缝的加强焊 图（b）：余高较高，金属熔化良好，有较长的保温时间，易使气体析出和熔渣浮到焊缝表面上来，对提高焊缝质量有好处，主要在仰焊等情况下使用
三角形运条法	斜三角形	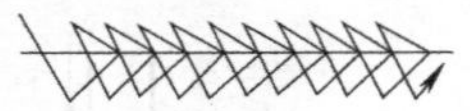	焊条末端做连续的三角形运动，并不断向前移动。能够借焊条的摇动来控制熔化金属，促使焊缝成形良好，适用于焊接料、仰位置的T形接头的焊缝和有坡口的横焊缝
	正三角形	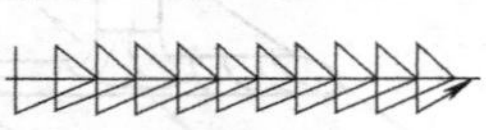	焊条末端做连续的三角形运动，并不断向前移动。一次能焊出较厚的焊缝断面，焊缝不易产生夹渣等缺陷，有利于提高生产效率，只适用于开坡口的对接接头和T形接头焊缝的立焊
圆圈形运条法	正圆圈		焊条末端连续做圆圈形运动，并不断前移。熔池存在时间长，熔池金属温度高，有利于溶解在熔池中的氧、氮等气体析出和便于熔渣上浮。只适用于焊接较厚焊件的平焊缝
	斜圆圈	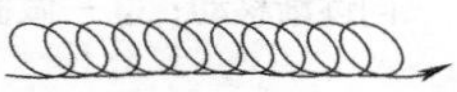	焊条末端连续做圆圈形运动，并不断前移。有利于控制熔化金属不受重力的影响而产生下淌，适用于平、仰位置的T形接头焊缝和对接接头的横焊缝
	椭圆圈	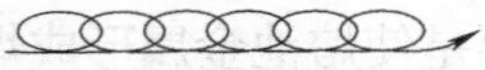	焊条末端连续做圆圈形运动，并不断前移。适用于对接、角接焊缝的多层加强焊
	半圆圈	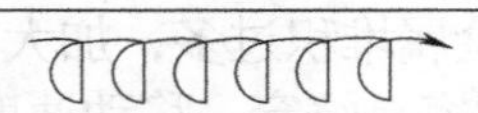	焊条末端连续做圆圈形运动，并不断前移。适用于平焊和横焊位置
"8"字形运条法	单"8"字形	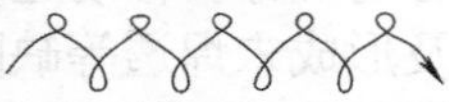	焊条末端连续做"8"字形运动，并不断前移。适用于厚板有坡口的对接焊缝。当焊两个厚度不同的焊件时，焊条应在厚度大的一侧多停留一会儿，以保证加热均匀，并充分熔化，使焊缝成形良好
	双"8"字形	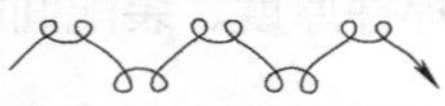	

运条时焊条角度和动作的作用：焊条电弧焊时，焊缝表面成形的好坏、焊接生产效率的高低、各种焊接缺陷的产生等，都与焊接运条的手法、焊条的角度和动作有着密切的关系，焊条电弧焊运条时焊条角度和动作的作用见表3-8。

表3-8　焊条电弧焊运条时焊条角度和动作的作用

焊条角度和动作	作用
焊条角度	①防止立焊、横焊和仰焊时熔化金属下坠 ②能很好地控制熔化金属与熔渣分离 ③控制焊缝熔池深度 ④防止熔渣向熔池前部流淌 ⑤防止咬边等焊接缺陷
沿焊接方向移动	①保证焊缝直线施焊 ②控制每道焊缝的横截面积
横向摆动	①保证坡口两侧及焊道之间相互很好地熔合 ②控制焊缝获得预定的熔深与熔宽
焊条送进	①控制弧长，使熔池有良好的保护 ②促进焊缝形成 ③使焊接连续不断地进行 ④与焊条角度的作用相似

3. 焊缝的起头、接头及收尾

① 起头操作。焊缝的起头就是指刚开始焊接的部分。在一般情况下，由于焊件在未焊之前温度较低，而引弧后又不能迅速使这部分温度升高，所以起点部分的熔深较浅，使焊缝的强度减弱。因此，应该在引弧后先将电弧稍拉长，对焊缝端头进行必要的预热，然后适当缩短电弧长度进行正常焊接。

② 接头操作。由于焊缝接头处温度不同和几何形状的变化，使接头处最容易出现未焊透、焊瘤和密集气孔等缺陷。当接头处外形出现高低不平时，将引起应力集中，故接头技术是焊接操作技术中的重要环节。焊缝接头的形式可分为四种，如图3-8所示。

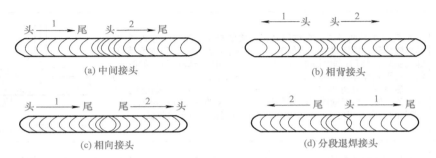

(a) 中间接头　　　　　　　　　　　　(b) 相背接头

(c) 相向接头　　　　　　　　　　　　(d) 分段退焊接头

图 3-8　焊缝接头的形式

如何使焊缝接头均匀连接，避免产生过热、脱节、宽窄不一致的缺陷，这就要求焊工在焊接接头时选用恰当的类型（见表3-9）。

表 3-9　焊缝接头的类型及说明

接头类型	说　明
中间接头	中间接头是一种使用最多的接头。在弧坑前约10mm处引弧，电弧可比正常焊接时略长些（低氢型焊条电弧不可拉长，否则容易产生气孔），然后将电弧后移到原弧坑的2/3处，填满弧坑后即向前进入正常焊接，如图1（a）所示。采用这种接头法必须注意后移量：若电弧后移太多，则可能造成接头过高；若电弧后移太少，会造成接头脱节、弧坑未填满。此接头法适用于焊及多层焊的表层接头  (a) 焊缝表层接头方法　　　　(b) 焊缝根部接头方法 图 1　从焊缝末尾处起焊的接头方法 　　在多层焊的根部焊接时，为了保证根部接头处能焊透，常采用以下接头方法：当电弧引燃后将电弧移到如图1（b）中1的位置，这样电弧一半的热量将一部分弧坑重新熔化，电弧另一半热量将弧坑前方的坡口熔化，从而形成一个新的熔池，此法有利于根部接头处的焊透 　　当弧坑存在缺陷时，在电弧引燃后应将电弧移至如图1（b）中2的位置进行接头。这样，由于整个弧坑重新熔化，有利于消除弧坑中存在的缺陷。用此法接头时，焊缝虽然较高些，但对保证质量有利。在接头时，更换焊条越快越好，因为在熔池尚未冷却时进行接头，不仅能保证接头质量，而且可使焊缝外表美观

接头类型	说　　　明	
相背接头	相背接头是两条方向不同的焊缝，在起焊处相连接的接头。这种接头要求先焊的焊缝起头处略低些，一般削成缓坡，清理干净后，再在斜坡上引弧。先稍微拉长电弧（但碱性焊条不允许拉长电弧）预热，形成熔池后，压低电弧，在交界处稍顶一下，将电弧引向起头处，并覆盖前焊缝的端头处，即可上铁水，待起头处焊缝焊平后，再沿焊接方向移动，如图 2 所示。若温度不够高，就上铁水，会形成未焊透和气孔缺陷。上铁水后，停步不前，则会出现塌腰或焊瘤以及熔滴下淌等缺陷 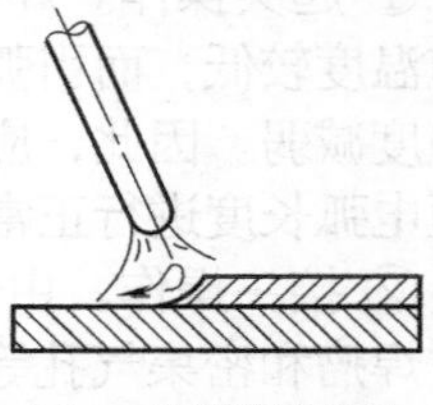	图 2　从焊缝端头处起焊的接头方式
相向接头	相向接头是两条焊缝在结尾处相连接的接头。其接头方式要求后焊焊缝焊到先焊焊缝的收尾处时，焊接速度应略慢些，以便填满前焊缝的弧坑，然后以较快的焊接速度再略向前焊一些熄弧，如图 3 所示。对于先焊焊缝，由于处于平焊，焊波较低，一般不再加工，关键在于后焊焊缝靠近平焊时的运条方法。当间隙正常时，采用连弧法，强规范，使先焊焊缝尾部温度急升，此时，对准尾部压低电弧，听见"噗"的一声，即可向前移动焊条，并用反复断弧收尾法收弧 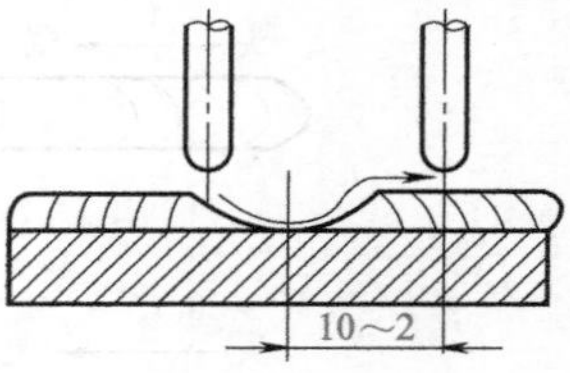	图 3　焊缝端头处的熄弧方式 10~2
分段退焊接头	分段退焊接头的特点是焊波方向相同，头尾温差较大。其接头方式与相向接头方式基本相同，只是前焊缝的起头处，应略低些。当后焊焊缝靠近先焊焊缝起头处时，改变焊条角度，使焊条指向先焊焊缝的起头处，拉长电弧，待形成熔池后，再压低电弧，往回移动，最后返回原来的熔池处收弧。接头连接的平整与否，不但要看焊工的操作技术，而且还要看接头处温度的高低。温度越高，接得越平整。所以中间接头要求电弧中断时间要短，换焊条动作要快。多层焊时，层间接头要错开，以提高焊缝的致密性	

　　③ 收尾操作。焊缝的收尾是指一条焊缝焊完时，应把收尾处的弧坑填满。如果收尾时立即拉断电弧，则会形成低于焊件表面的弧坑。过深的弧坑使焊缝收尾处强度减弱，容易造成应力集中而导致产生裂纹。因此，在焊缝收尾时不允许有较深的弧坑存在。一般收尾方法有以下 3 种。

　　a. 划圈收尾法。即焊条移至焊缝终点时，做圆圈运动，直到填满弧坑再拉断电弧。此法适用于厚板收尾。

　　b. 反复断弧收尾法。即焊条移到焊缝终点时，在弧坑处反复熄弧、引弧数次，直到填满弧坑为止。此法一般适用于薄板和大电流焊接。但碱性焊条不宜采用此法，否则容易产生气孔。

　　c. 回焊收尾法。即焊条移至焊缝收尾处立即停住，并且改变焊条角度回焊一小段后灭弧。此法适用于碱性焊条。

4. 打底焊

　　打底焊是在对接焊缝根部或其背面先焊一道焊缝，然后再焊正面焊缝。

　　① 平对接焊缝背面打底焊时，焊接速度比正面焊缝要快些。

　　② 横对接焊缝的打底焊，焊条直径一般选用 3.2mm，焊接电流稍大些，采用直线运条法。

　　③ 一般焊件的打底焊，在焊接正面焊缝前可不铲除焊根，但应将根部熔渣彻底清除，然后用直径 3.2mm 焊条焊根部的第一道焊缝，电流应稍大一些。

　　④ 对重要结构的打底焊，在焊正面焊缝前应先铲除焊根，然后焊接。

　　⑤ 不同长度焊缝及多层焊的焊接顺序见表 3-10。

表 3-10　不同长度焊缝及多层焊的焊接顺序

名称	简图	焊缝长度及层数
直通焊缝	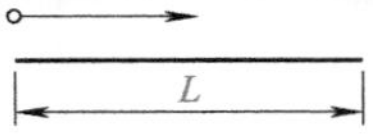	短焊缝（＜1000mm）
分段退焊	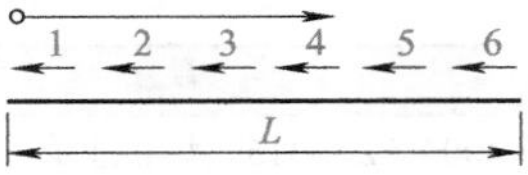	中长焊缝（300～1000mm）
从中间向两端（逆向焊）	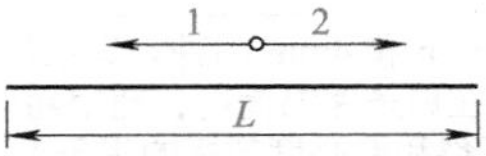	
从中间向两端分段退焊	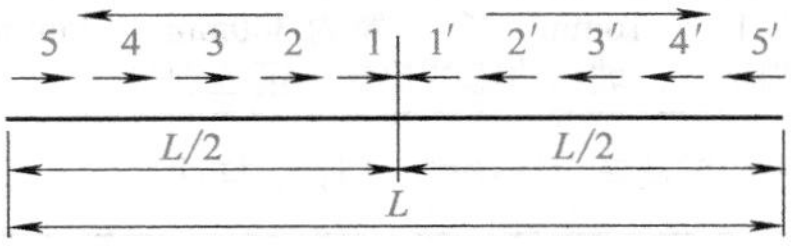	长焊缝（＞1000mm）
直通式		多层焊
串级式	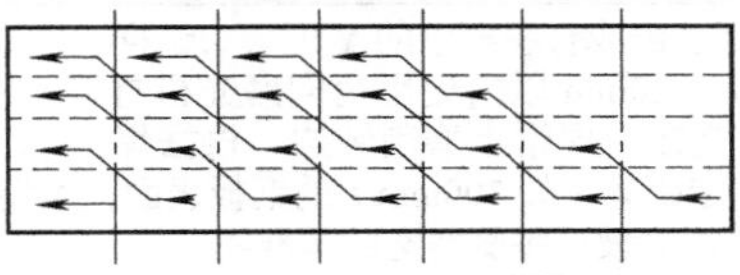	多层焊
驼峰式	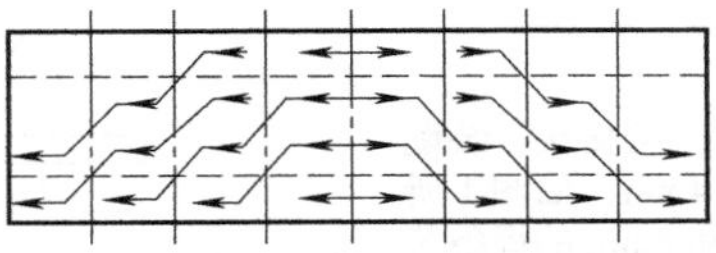	多层焊

第二节　操作技能

一、对接焊操作技能

（一）平板对接焊单面焊双面成形操作技能

1. 单面焊双面成形操作技术的特点

锅炉及压力容器等重要构件，要求采用全焊透焊缝，即在构件的厚度方向上要完全焊透。全焊透焊缝可以采用以下两种焊接工艺来完成：对于一些大型容器，可以采用双面焊接工艺，即在一面焊接后，用碳弧气刨在另一面挑除焊根再进行焊接；但是对于一些直径较小的容器（如容器内径小于 500mm，此时人无法进入内部施焊）及管道，内部无法进行焊接，只能在外面单向焊接。此时为了达到全焊透的要求，焊工就要以特殊的操作方法，在坡口背面不采用任何辅助装置（如加垫板）的条件下进行焊接，使背面焊缝有良好的成形，这种只从单面施焊而获取正反两面成形良好的高效施焊方法叫做单面焊双面成形。

单面焊双面成形是焊条电弧焊中难度较大的一种操作技能。平板对接平焊位置的单面焊双面成形操作，是板状试件各种位置以及管状试件单面焊双面成形操作的基础，因此焊工应该熟练掌握这种技术。

2. 焊前准备

表 3-11 平板对接焊单面焊双面成形焊前准备

操作项目	操作技能
选焊机	选用直流弧焊机，其参考型号为 ZX5-400 或 ZX-315。焊机上必须装设经过定期校核并在合格使用期内的电流表和电压表
选焊条	一律采用 E5015 碱性焊条，直径为 3.2mm 和 4mm 两种。焊条焊前应经 400℃ 烘干，保温 2h，入炉或出炉温度应≤ 100℃，使用时需将焊条放在焊条保温筒内，随用随取。焊条在炉外停留时间不得超过 4h，并且反复烘干次数不能多于 3 次，药皮开裂和偏心度超标的焊条不得使用
选焊件	采用 Q235-A 低碳钢板，厚度为 12 ~ 16mm，长 × 宽为 300mm×125mm，用剪床或气割下料，然后用刨床加工成 Y 形坡口。若用气割下料，坡口边缘的热影响区应刨去
准备辅助工具和量具	角向磨光机、焊条保温桶、錾子、敲渣锤、钢丝刷、划针、样冲、焊缝万能量规等

3. 装配定位

表 3-12 平板对接焊单面焊双面成形焊装配定位方法

操作项目	操作技能
准备试板	装配定位的目的是，将两块试板装配成合乎要求的 Y 形坡口试样。 将每块试板的坡口面及坡口边缘 20mm 以内处用角向磨光机打磨，将表面的铁锈、油污等清除干净，露出金属光泽。然后将试板夹在台虎钳上磨削钝边，根据焊工个人操作技能要求，钝边尺寸为 0.5 ~ 1mm。最后在距坡口边缘一定距离（如 100mm）的钢板表面，用划针划上与坡口边缘平行的平行线，并打上样冲眼，作为焊后测量焊缝坡口每侧增宽的基准线
装配	将两块试板装配成 Y 形坡口的对接接头，装配间隙起焊处为 3.2mm，终焊处为 4mm，如图 1 所示（方法是分别用直径为 3.2mm 和 4mm 的焊条芯夹在两头）。放大装配间隙的目的是克服试板在焊接过程中的横向收缩，否则终焊处会由于焊缝的横向收缩使装配间隙减少，影响反面焊缝质量。将装配好的试板在坡口两侧距端头 20mm 以内处进行定位焊，定位焊用直径为 3.2mm 的 E5015 焊条，定位焊缝长 10 ~ 15mm 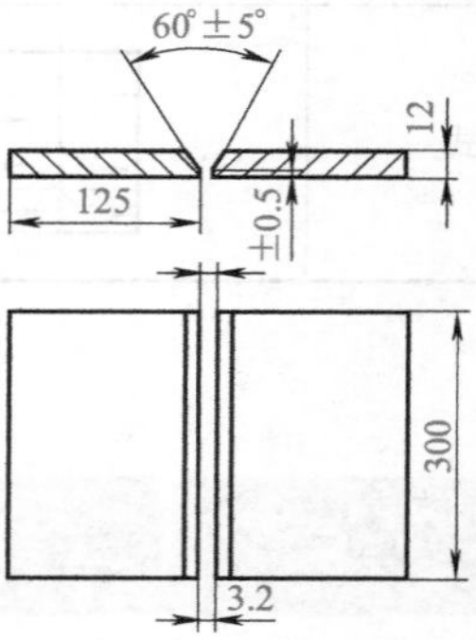 图 1 试板的装配
反变形	试板焊后，由于焊缝在厚度方向上的横向收缩不均匀，两侧钢板会离开原来位置向上翘起一个角度，这种变形叫角变形（图 2）。角变形的大小用变形角 α 来度量。对于厚度为 12 ~ 16mm 的试板，变形角应控制在 3° 以内，为此需采取预防措施，否则焊后的角变形值肯定要超差。常用的预防措施是采用反变形法，即焊前将钢板两侧向下折弯，产生一个与焊后角变形相反方向的变形。方法是用两手拿住其中一块钢板的两端，轻轻磕另一块，使两板之间呈一夹角，作为焊接反变形量，反变形角 θ 为 4° ~ 5°。θ 角如无专用量具测量，可采用下述方法：将水平尺搁于钢板两侧，中间如正好让一根直径为 4mm 的焊条通过，则反变形角合乎要求，如图 3 所示 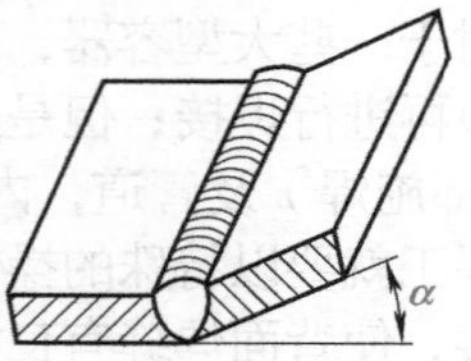 图 2 试板的角变形 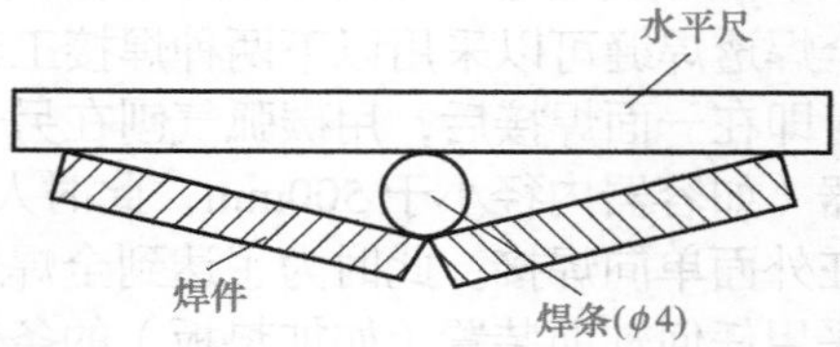　　　　图 3 反变形角的测量

4. 焊接操作

单面焊双面成形的主要要求是试板背面能焊出质量符合要求的焊缝，其关键是正面打底层的焊接。打底层的焊接目前有断弧焊和连弧焊两种方法。断弧焊施焊时，电弧时灭时燃，靠调节电弧燃、灭时间的长短来控制熔池的温度，因此工艺参数选择范围较宽，是目前常用的一种打底层方法；连弧焊施焊时，电弧连续燃烧，采取较小的根部间隙和焊接电流，焊接时电弧始终保持燃烧而且做有规则的摆动，使熔滴均匀过渡到熔池，整条焊道处于缓慢加热、缓慢冷却的状态。这样，不但焊缝和热影响区的温度分布均匀，而且焊缝背面的成形也细密、整齐，从而保证焊缝的力学性能和内在质量。据经验统计，采用连弧焊焊接的试板，其背弯合格率较高。此外，连弧焊仅要求操作者保持平稳和均匀的运条，手法变化不大，易为焊工所掌握，是目前推广使用的一种打底层焊接方法。

平板对接焊单面焊双面成形的焊接操作方法表3-13。

表3-13　平板对接焊单面焊双面成形的焊接操作方法

操作项目	操作技能
打底层的断弧法	焊条直径为3.2mm，焊接电流为95～105A。焊接从试板间隙较小的一端开始，首先在定位焊缝上引燃电弧，再将电弧移到与坡口根部相接之处，以稍长的电弧（弧长约3.2mm）在该处摆动2～3个来回进行预热，然后立即压低电弧（弧长约2mm），约1s后可以听到电弧穿透坡口而发出的"噗噗"声，同时可以看到定位焊缝以及相接的坡口两侧金属开始熔化，并形成熔池，这时迅速提起焊条，熄灭电弧。此处所形成的熔池是整条焊道的起点，常称为熔池座 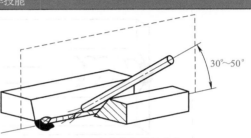 图1　焊条与焊件的夹角 熔池座建立后即转入正式焊接。焊接时采用短弧焊，焊条与焊件之间的夹角为30°～50°，如图1所示。正式焊接重新引燃电弧的时间应控制在熔池座金属未完全凝固，熔池中心半熔化，在护目玻璃下观察该部分呈黄亮色的状态。重新引燃电弧的位置在坡口的某一侧，并且压住熔池座金属约2/3的地方。电弧引燃后立即向坡口的另一侧运条，在另一侧稍做停顿之后，迅速向斜后方提起焊条，熄灭电弧，这样便完成了第一个焊点的焊接，电弧移动的轨迹，如图2所示中从1到2实线所划箭头。电弧从开始引燃以及整个加热过程，其2/3是用来加热坡口的正面和熔池座边缘的金属，使在熔池座的前沿形成一个大于间隙的熔孔。另外1/3的电弧穿过熔孔加热坡口背面的金属，同时将部分熔滴过渡到坡口的背面。这样贯穿坡口正、反两面的熔滴，就与坡口根部及熔池座金属形成一个穿透坡口的熔池，灭弧瞬间熔池金属凝固，即形成一个穿透坡口的焊点。熔孔的轮廓是由熔池边缘和坡口两侧被熔化的缺口构成。坡口根部被熔化的缺口，只有当电弧移到坡口另一侧的时候，在坡口的这一侧方可看到，因为电弧所在一侧的熔孔被熔渣盖住了。单面焊双面成形焊道的质量，主要取决于熔孔的大小和熔孔的间距。因此，每次引弧的间距和电弧燃、灭的节奏要保持均匀和平稳，以保证坡口根部熔化深度一致，熔透焊道宽窄、高低均匀。平板对接平焊位置时的熔化缺口以$0.5_{0}^{+0.2}$mm为宜，如图3所示。一个焊点的焊接，从引弧到熄弧大概只用1～1.5s，焊接节奏较快，因此坡口根部熔化的缺口不太明显，不仔细观察可能看不到。如果节奏太慢，燃弧时间过长，则熔池温度过高，熔化缺口太大。这样，坡口背面可能形成焊瘤，甚至出现焊穿现象。若灭弧时间过长，则熔池温度偏低，坡口根部可能未被熔透或产生内凹现象，所以灭弧时间应控制到熔池金属尚有1/3未凝固就重新引弧 下一个焊点的焊接操作与上述相同，引弧位置可以在坡口的另一侧，电弧做与上一焊点电弧移动轨迹相对称的动作，见图2（a）中从3到4虚线所划箭头。引弧位置也可以在坡口的同一侧，重复上一个焊点电弧移动的动作，其电弧移动轨迹见图2（b）所示 断弧法每引燃、熄灭电弧一次，就完成一个焊点的焊接，其节奏应控制在每分钟灭弧45～55次。由于每个焊点都与前一焊点重叠2/3之多，所以每个焊点只焊道前进1～1.5mm。打底层焊道正、反两面的高度应控制在2mm左右 当焊条长度只剩下约50mm时，需做更换焊条的准备。此时应迅速压低电弧向熔池边缘连续过渡几个熔滴，以便使背面熔池饱满，防止形成冷缩孔，然后动作迅速地更换焊条，并在如图4所示①的位置重新引燃电弧。电弧引燃后以普通焊速沿焊道将电弧移到搭接末尾焊点的2/3处的②位置，在该处以长弧摆动两个来回。待该处金属有了"出汗"现象之后，在⑦位置压低电弧，并停留1～2s，待末尾焊点重熔并听到"噗噗"声时，迅速将电弧沿坡口侧后方拉长并熄灭，此时更换焊条的操作即告结束

操作项目	操作技能
打底层的 断弧法	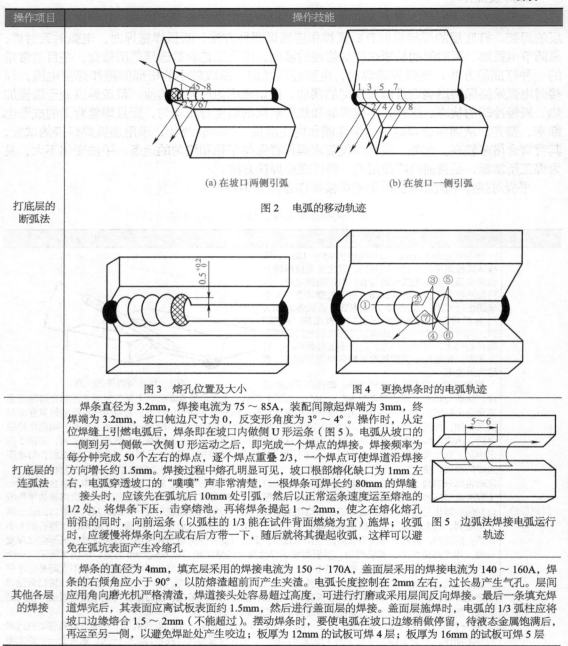
打底层的 连弧法	焊条直径为 3.2mm，焊接电流为 75 ～ 85A，装配间隙起焊端为 3mm，终焊端为 3.2mm，坡口钝边尺寸为 0，反变形角度为 3° ～ 4°。操作时，从定位焊缝上引燃电弧后，焊条即在坡口内做侧 U 形运条（图 5）。电弧从坡口的一侧到另一侧做一次侧 U 形运动之后，即完成一个焊点的焊接。焊接频率为每分钟完成 50 个左右的焊点，逐个焊点重叠 2/3，一个焊点可使焊道沿焊接方向增长约 1.5mm。焊接过程中熔孔明显可见，坡口根部熔化缺口为 1mm 左右，电弧穿透坡口的"噗噗"声非常清楚，一根焊条可焊长约 80mm 的焊缝 接头时，应该先在弧坑后 10mm 处引弧，然后以正常运条速度运至熔池的 1/2 处，将焊条下压，击穿熔池，再将焊条提起 1 ～ 2mm，使之在熔化熔孔前沿的同时，向前运条（以弧柱的 1/3 能在试件背面燃烧为宜）施焊；收弧时，应缓慢将焊条向左或右后方带一下，随后就将其提起收弧，这样可以避免在弧坑表面产生冷缩孔
其他各层 的焊接	焊条的直径为 4mm，填充层采用的焊接电流为 150 ～ 170A，盖面层采用的焊接电流为 140 ～ 160A，焊条的右倾角应小于 90°，以防熔渣超前而产生夹渣。电弧长度控制在 2mm 左右，过长易产生气孔。层间应用角向磨光机严格清渣，焊道接头处容易超过高度，可进行打磨或采用层间反向焊接。最后一条填充焊道完后，其表面应离试板表面约 1.5mm，然后进行盖面层的焊接。盖面层施焊时，电弧的 1/3 弧柱应将坡口边缘熔合 1.5 ～ 2mm（不能超过）。摆动焊条时，要使电弧在坡口边缘稍做停留，待液态金属饱满后，再至另一侧，以避免焊趾处产生咬边；板厚为 12mm 的试板可焊 4 层；板厚为 16mm 的试板可焊 5 层

（二）厚板对接焊的操作技能

表 3-14　厚板对接焊的操作技能

操作项目		操作技能
焊前 准备	开坡口	根据设计或工艺需要，在厚板焊件的等焊部位加工成一定几何形状的沟槽叫坡口。坡口的形式很多，常用的有 Y 形、双 Y 形和带钝边的 U 形坡口三种（图 1）。开坡口的目的是保证厚板焊接时在厚度方向上能全部焊透

操作项目		操作技能
焊前准备	开坡口	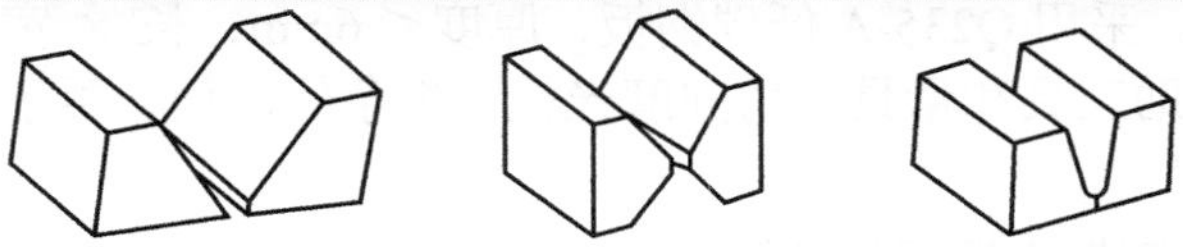 (a) Y形坡口　　　(b) 双Y形坡口　　　(c) 带钝边的U形坡口 图1　厚板常用的坡口形式
	选焊机	选用交、直流弧焊机各一台，其参考型号是BX1-400、ZX5-400（或ZX-315）
	选焊条	选用E4303和E5015两种型号的焊条，直径为3.2～4mm
	选焊件	焊件选用Q235-A低碳钢板，厚度为12～16mm，长×宽为300mm×125mm，分别加工成Y形、双Y形和带钝边U形坡口
	准备辅助工具和量具	角向磨光机、焊条保温筒、錾子、敲渣锤、钢丝刷、焊缝万能量规等
焊接操作	一	开坡口的厚板对接可用多层焊法或多层多道焊法（图2）。多层焊是指熔敷两条焊道完成，多层多道焊是指有的层次要由两条以上的焊道所组成 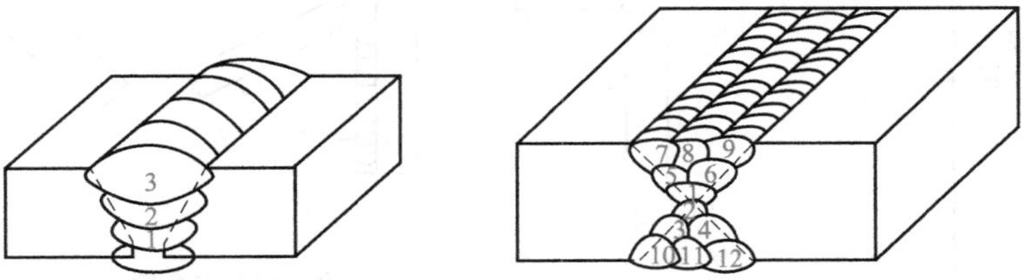 (a) 对接多层焊　　　　　　　(b) 对接多层多道焊 图2　厚板的对接焊
	运条方法	厚板对接焊时，为了获得较宽的焊缝，焊条在送进和移动的过程中，还要做必要的横向摆动，常用的运条方法及应用见本章第一节的焊条电弧焊的焊接工艺
	操作技能	焊接第一层（打底层）的焊道时，选用直径为3.2mm的焊条，运条方法根据装配间隙的大小而定。间隙小时可用直线形运条法；间隙大时，用直线往复运条法，以防烧穿。打底层焊接结束后，用角向磨光机或錾子将焊渣清除干净，特别是焊趾处的焊渣。然后陆续焊接二、三、四层，此时焊条直径可增大至4mm。由于第二层焊道并不宽，可采用直线形或小锯齿形运条，以后各层采用锯齿形运条，但摆动范围应逐渐加宽，每层焊道不应太厚，否则熔渣会流向熔池前面，造成焊接缺陷。多层多道焊时，每条焊道施焊只需采用直线形运条，可不做横向摆动

二、立焊操作技能

（一）I形坡口对接立焊操作技能

1.I形坡口对接立焊的焊接特点

焊缝倾角为90°（立向上）、270°（立向下）的焊接位置叫做立焊位置。当对接接头焊件板厚＜6mm时，且处于立焊位置时的操作，叫做I形坡口的对接立焊。

立焊时的主要困难是熔池中的熔化金属受重力的作用下淌，使焊缝成形困难，并容易产生焊瘤以及在焊缝两侧形成咬边。由于熔化金属和熔渣在下淌的过程中不易分开，在焊缝中还容易产生夹渣。因此，与平焊相比，立焊是一种操作难度较大的焊接方法。

2.焊前准备

① 选焊机。选用交、直流弧焊机各一台，其参考型号为BX-330、ZX5-400（或ZX-315）。

② 选焊条。焊条选用一律采用 E4303 酸性焊条和 E5015 碱性焊条两种型号的焊条，直径为 3.2mm 和 4.0mm。

③ 选焊件。采用 Q235-A 低碳钢板，厚度＜6mm，长 × 宽为 300mm×125mm。

④ 准备辅助工具和量具。角向磨光机、焊条保温筒、錾子、敲渣锤、渣锤、钢丝刷和焊缝万能量规等。

3. I 形坡口对接立焊操作技能

表 3-15　I 形坡口对接立焊操作技能

操作项目	操作技能
操作要领	立焊的操作方法有两种：一种是由下而上施焊；另一种是由上向下施焊。目前生产中应用最广泛的是由下而上施焊，焊工培训中应以此种施焊方法为重点 立焊操作时，焊钳夹持焊条后，焊条与焊钳应成一直线，焊工的身体不要正对焊缝，要略偏向左侧，以使握焊钳的右手便于操作 ①对接接头立焊时，焊条与焊件的角度左、右方向各为 90°，向下与焊缝成 60°～80°；而角接接头时，焊条与两板之间各为 45°，向下与焊缝成 60°～90°。立焊时的焊条角度如图 1 所示 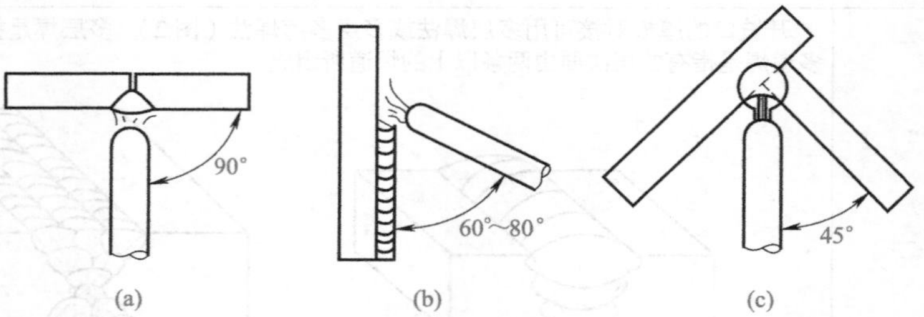 图 1　立焊时的焊条角度 ②焊接时采用较小直径的焊条，常用焊条直径为 2.5～4mm，很少采用直径为 5mm 的焊条 ③采用较小的焊接电流，通常比对接平焊时要小 10%～15% ④尽量采用短弧焊接，即电弧长度应短于焊条直径，利用电弧的吹力托住熔化的液态金属，缩短熔滴过渡到熔池中去的距离，使熔滴能顺利到达熔池
焊接操作 操作手法	I 形坡口的对接立焊有跳弧法和灭弧法两种操作手法 ①跳弧法。图 2 所示为立焊跳弧法。其要领是当熔滴脱离焊条末端过渡到对面的熔池后，立即将电弧向焊接方向提起，使熔化金属有凝固的机会（通过护目玻璃可以看到熔池中白亮的熔化金属迅速凝固，白亮部分迅速缩小），随即将电弧拉回熔池，当熔滴过渡到熔池后，再提起电弧。为了不使空气侵入熔池，电弧离开熔池的距离应尽可能短些，最大弧长不应超过 6mm。运条方法采用月牙形运条法和锯齿形运条法 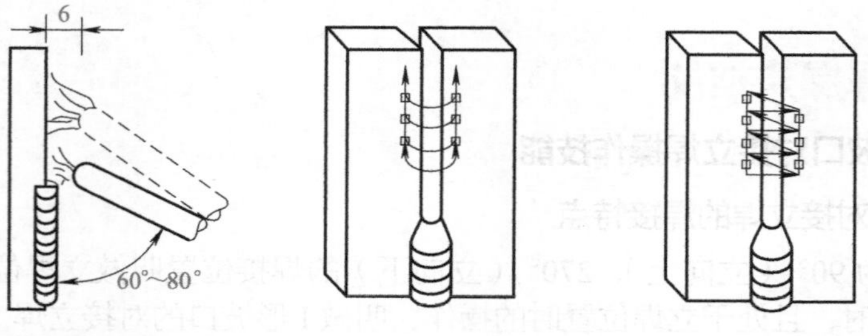 (a)直线形跳弧法　　(b)月牙形运条法　　(c)锯齿形运条法 图 2　立焊跳弧法 ②灭弧法。其要领是当熔滴脱离焊条末端过渡到对面的熔池后，立即将电弧拉回熄灭，使熔化金属有瞬时凝固的机会，随后重新在弧坑处引燃电弧，使燃弧—灭弧交替进行。灭弧的时间在开始焊接时可以短些，随着焊接时间的增长，灭弧时间也要稍长一些，以避免烧穿及形成焊瘤。在焊缝收尾时，灭弧法用得比较多，因为这样可以避免收弧时熔池宽度增加和产生烧穿及焊瘤等缺陷

操作项目		操作技能
焊接 操作	操作 手法	采用跳弧法和灭弧法进行焊接时,电弧引燃后都应将电弧稍微拉长,以便对焊缝端头进行预热,然后再压低电弧进行焊接。施焊过程中要注意熔池形状,如发现椭圆形熔池的下部边缘由比较平直的轮廓逐渐鼓肚变圆,即表示温度已稍高或过高,如图3所示,此时应立即灭弧,让熔池降温,以避免产生焊瘤。待熔池瞬时冷却后,在熔池处引弧继续焊接 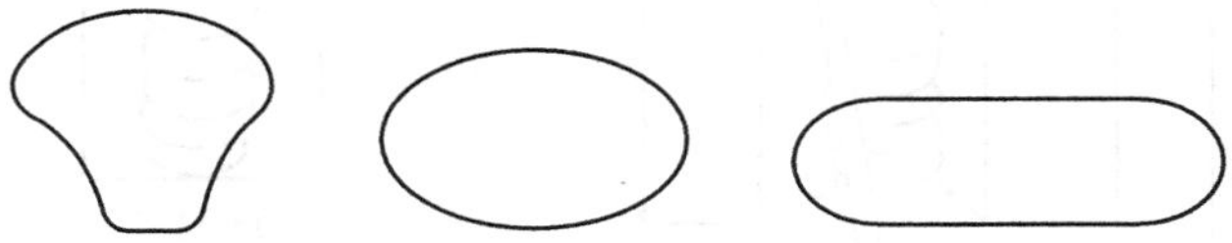 (a) 温度过高　　　　　(b) 温度稍高　　　　　(c) 温度正常 图3　立焊时熔池形状与熔池温度的关系 对接立焊的焊接接头操作也比较困难,容易产生夹渣和焊缝过高凸起等缺陷。因此接头时更换焊条的动作要迅速,并采用热接法。热接法是先用较长的电弧预热接头处,预热后将焊条移至弧坑一侧,接着进行接头。接头时,往往有熔化的金属拉不开或熔渣、熔化的金属混在一起的现象。这种现象主要是由于接头时更换焊条的时间过长,引弧后预热时间不够以及焊条角度不正确而引起的。此时必须将电弧稍微拉长一些,并适当延长在接头处的停留时间,同时将焊条角度增大(与焊缝成90°),使熔渣自然滚落下来便于接头

(二)厚板的对接立焊操作技能

1. 厚板对接立焊的焊接特点

厚板开坡口的目的是达到在焊件厚度方向上全焊透。焊层分为打底层、填充层和盖面层三个层次。打底层焊道要求能熔透焊件根部,所以是一种单面焊双面成形的操作工艺。

2. 焊前准备

① 选焊机。采用直流弧焊机,其参考型号是 ZX5-400、ZX-315。

② 选焊条。选用 E5015 碱性焊条,直径为 3.2mm。

③ 焊件。采用 Q235A 低碳钢板,尺寸为 10mm×125mm×300mm,开 60° Y 形坡口,钝边尺寸为 0,反变形角度为 2°,起弧端和收弧端的装配间隙分别为 2.5mm 和 3.0mm。

④ 焊接参数。各层次的焊接参数是:各层焊条直径为 3.2mm;打底层焊接电流 70～80A,填充层焊接电流 100～120A,盖面层焊接电流 90～110A。

3. 厚板的对接立焊操作技能

表 3-16　厚板的对接立焊操作技能

操作项目		操作技能
焊接 操作	打底层的 焊接	引燃电弧后,以锯齿形运条做横向摆动并向上施焊。焊条的下倾角为 45°～60°,待电弧运动至定位焊点上边缘时,焊条倾角也相应变为 90°,同时将弧柱尽力往焊缝背面送入,当电弧从坡口的一侧向另一侧运行时,如果听到穿透坡口的"噗噗"声,则表示根部已经熔透。焊接时采用断弧法,灭弧动作要迅速,灭弧时间应控制到熔池中心的金属尚有 1/3 未凝固,就重新引燃电弧;每当电弧移到坡口左(右)侧的瞬间,在右(左)侧可看到坡口根部被熔化的缺口,缺口的深度应控制在 0.8～1mm,如图1所示。熔孔大小保持均匀,孔距一致,以保证根部熔透均匀,背面焊缝饱满、宽窄、高低均匀。立焊节奏比平焊稍慢,每分钟灭弧 30～40 次。每点焊接时,电弧燃烧时间稍长,所以焊肉比平焊厚。操作时应注意观察和控制熔池形状及焊肉的厚度。若熔池的下部边缘由平缓变得下凸,即如图2(a)所示变成图2(b)所示时,说明熔池温度过高,熔池金属过厚。此时应缩短电弧燃烧时间,延长灭弧时间,以降低熔池温度,使铁水不下坠而出现焊瘤。焊条接头时的操作要领与平焊基本相同,但换焊条后重新引弧的位置应在离末尾熔池 5～6mm 的焊道上。在保证背面成形良好的前提下,焊道越薄越好,其原因是焊道过厚容易产生气孔

続表

操作项目	操作技能

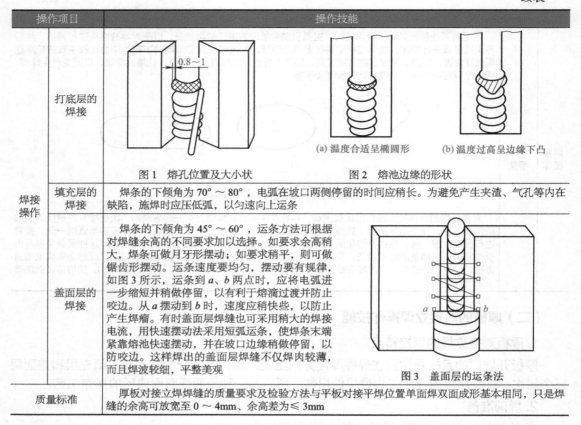

图1 熔孔位置及大小状　　图2 熔池边缘的形状

（a）温度合适呈椭圆形　（b）温度过高呈边缘下凸

焊接操作	打底层的焊接	（见图1、图2）
	填充层的焊接	焊条的下倾角为70°～80°，电弧在坡口两侧停留的时间应稍长。为避免产生夹渣、气孔等内在缺陷，施焊时应压低弧，以匀速向上运条
	盖面层的焊接	焊条的下倾角为45°～60°，运条方法可根据对焊缝余高的不同要求加以选择。如要求余高稍大，焊条可做月牙形摆动；如果要求稍平，则可做锯齿形摆动。运条速度要均匀，摆动要有规律，如图3所示，运条到a、b两点时，应将电弧进一步缩短并稍做停留，以有利于熔滴过渡并防止咬边。从a摆动到b时，速度应稍快些，以防止产生焊瘤。有时盖面层焊缝也可采用稍大的焊接电流，用快速摆动法采用短弧运条，使焊条末端紧靠熔池快速摆动，并在坡口边缘稍做停留，以防咬边。这样焊出的盖面层焊缝不仅焊肉较薄，而且焊波较细，平整美观 图3 盖面层的运条法
质量标准		厚板对接立焊焊缝的质量要求及检验方法与平板对接平焊位置单面焊双面成形基本相同，只是焊缝的余高可放宽至0～4mm、余高差为≤3mm

（三）立角焊操作技能

1.焊前准备

① 选焊机。选用直流弧焊机，其参考型号是ZX5-400、ZX-315。
② 选焊条。选用E5015碱性焊条，直径为3.2mm、4.0mm。
③ 焊件。采用Q235A低碳钢板，尺寸为10mm×125mm×300mm。
④ 焊接参数。立角焊的焊接参数见表3-17。

表3-17 立角焊的焊接参数

焊接参数	焊层			
	第一层焊缝	其他各层焊缝		封底焊缝
焊条直径/mm	3.2	4.0	4.0	3.2
焊接电流/A	90～120	120～160	120～160	90～120

2.焊接操作技能

立角焊与对接立焊的操作有相似之处，如都应采用小直径焊条和短弧焊接。其本身的操作特点如下。

① 由于立角焊电弧的热量向焊件的三向传递，散热快，所以在与对接立焊相同的条件下，焊接电流可稍大些，以保证两板熔合良好。

② 焊接过程中应保证焊件两侧能均匀受热，所以应注意焊条的位置和倾斜角度。如

两焊件板厚相同，则焊条与两板的夹角应左右相等，而焊条与焊缝中心线的夹角保持 75°～90°。

③ 立角焊的关键是控制熔池金属。焊条要按熔池金属的冷却情况有节奏地上、下摆动。施焊过程中，当引弧后出现第一个熔池时，电弧应较快地提高，当看到熔池瞬间冷却成为一个暗红点时，应将电弧下降到弧坑处，并使熔池下落处与前面熔池重叠 2/3，然后再提高电弧，这样就能有节奏地形成立角焊缝。操作时应注意，如果前一个熔池尚未冷却到一定程度，就急忙下降焊条，会造成熔滴之间熔合不良；如果焊条的位置放得不正确，会使焊波脱节，影响焊缝美观和焊接质量。

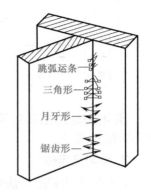

图 3-9　立角焊焊条运条法

④ 焊条的运条方法应根据不同板厚和焊脚尺寸进行选择。对于焊脚尺寸较小的焊缝，可采用直线往复形运条法；对于焊脚尺寸较大的焊缝，可采用月牙形、三角形和锯齿形等运条法，如图 3-9 所示。为了避免出现咬边等缺陷，除选用合适的电流外，焊条在焊缝的两侧应稍停留片刻，使熔化金属能填满焊缝两侧边缘部分。焊条摆动的宽度应不大于所要求的焊脚尺寸，例如要求焊出 10mm 宽的焊脚时，焊条摆动的宽度应在 8mm 以内。

⑤ 当遇到局部间隙超过焊条直径时，可预先采取向下立焊的方法，当熔化金属把过大的间隙填满后，再进行正常焊接。这样做一方面可提高效率，另一方面还可大大减少金属的飞溅和电弧的偏吹（由两板连接窄缝中的气流所引起的电弧偏吹）。

三、角焊操作技能

（一）T 形、搭接、角接接头角焊操作技能

1. 角焊的特点

焊接结构中，除大量采用对接接头外，还广泛采用 T 形接头、搭接接头和角接接头等接头形式（图 3-10），这些接头形成的焊缝叫角焊缝。焊工进行这些接头横焊位置角焊缝的焊接，叫做平角焊。角焊时除焊接缺陷应在技术条件允许的范围之内这个要求之外，主要要求角焊缝的焊脚尺寸符合技术要求，以保证接头的强度。

　　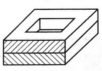

(a) T 形接头　　　　　(b) 搭接接头　　　　　(c) 角接接头

图 3-10　平角焊的接头

角焊缝按其截面形状可分为四种（图 3-11），应用最多的是截面为直角等腰的角焊缝，焊工在培训过程中应力求焊出这种形状的角焊缝。

2. 焊前准备

① 选焊机。选用交、直流弧焊机各一台，其参考型号为 BX-400、ZX5-400（或 ZX-315）。

② 选焊条。选用 E4303 和 E5015 两种型号的焊条，直径为 3.2～5mm。

③ 选焊件。采用 Q235A 低碳钢板，厚为 8～20mm，长 × 宽为 400mm×150mm。钢

板对接处用角向磨光机打磨至露出金属光泽。

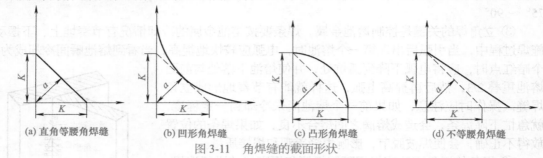

(a) 直角等腰角焊缝　　(b) 凹形角焊缝　　(c) 凸形角焊缝　　(d) 不等腰角焊缝

图 3-11　角焊缝的截面形状

④ 准备辅助工具和量具。角向磨光机、焊条保温筒、角尺、錾子、敲渣锤、钢丝刷及焊缝万能量规等。

3. 装配及定位

T 形接头的装配方法如图 3-12 所示。在立板与横板之间预留 1～2mm 间隙，以增加熔透深度。装配对手拿 90° 角尺，以检查立板的垂直度，然后用直径为 3.2mm 的焊条进行定位焊，定位焊的位置如图 3-13 所示。

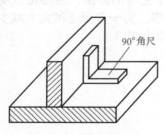

图 3-12　T 形接头的装配方法

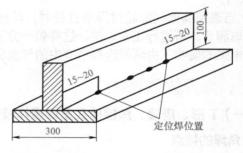

图 3-13　定位焊的位置

4. 焊接操作

角焊焊接时，首先要保证足够的焊脚尺寸。焊脚尺寸值在设计图样上均有明确规定，练习时可参照表 3-18 进行选择。

表 3-18　角焊的最小焊脚尺寸　　　　　　　　　　　　　　　　　　　　mm

钢板厚度	＞8～9	＞9～12	＞12～16	＞16～20	＞20～24
最小焊脚尺寸	4	5	6	8	10

注意

角焊操作时，易产生咬边、未焊透、焊脚下垂等缺陷。

角焊的焊接方式有单层焊、多层焊和多层多道焊三种。采用哪一种焊接方式取决于所要求的焊脚尺寸的数值。通常当焊脚尺寸在 8mm 以下时，采用单层焊；焊脚尺寸为 8～10mm 时，采用多层焊；焊脚尺寸大于 10mm 时，采用多层多道焊。

（1）单层焊

由于角焊焊接热量往板的三个方向扩散，散热快，不易烧穿，所以使用的焊接电流可比相同板厚的对接平焊大 10% 左右。焊条的角度，两板厚度相等时为 45°，两板厚度不等时应偏向厚板一侧（图3-14），以便使两板的温度趋向均匀。单层焊的焊接参数见表3-19。

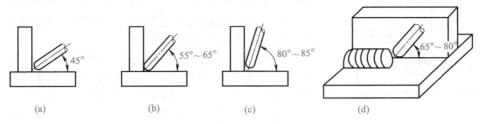

图 3-14　T形接头角焊时的焊条角度

表 3-19　单层焊的焊接参数

焊脚尺寸 /mm	3	4	5～6		7～8	
焊条直径 /mm	3.2	3.2	4	4	5	4	5
焊接电流 /A	100～120	100～120	160～180	160～180	200～220	180～200	220～240

焊脚尺寸小于 5mm 的焊缝，可采用直线形运条法和短弧进行焊接，焊接速度要均匀，焊条与横板成 45° 夹角，与焊接方向成 65°～80° 夹角，其中 E4303 焊条采用较小的夹角，E5015 焊条采用较大的夹角。焊条角度过小，会造成根部熔深不足；角度过大，熔渣容易跑到电弧前方形成夹渣。操作时，可以将焊条端头的套管边缘靠在焊缝上，并轻轻地压住它。当焊条熔化时，套管会逐渐沿着焊接方向移动，这样不仅操作方便，而且熔深较大，焊缝外形美观。

焊脚尺寸在 5～8mm 时，可采用斜圆圈形或反锯齿形运条法进行焊接，但要注意各点的运条速度不能一样，否则容易产生咬边、夹渣等缺陷。正确的运条方法如图3-15所示。当焊条从 a 点移动至 b 点时，速度要稍慢些，以保证熔化金属和横板熔合良好；从 b 点至 c 点的运条速度要稍快，以防止熔化金属下淌，并在 c 点稍做停留，以保证熔化金属和立板熔合良好；从 c 点至 d 点的运条速度又要稍慢些，才能避免产生夹渣现象及保证焊透；由 d 点至 e 点的运条速度也稍快，到 e 点处也稍

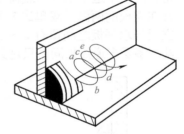

图 3-15　T形接头平角焊的斜圆圈形运条法

做停留，如此反复进行练习。在整个运条过程中都应采用短弧焊接，最后在焊缝收尾时要注意填满弧坑，以防产生弧坑裂纹。

（2）多层焊

焊脚尺寸为 8～10mm 时，可采用两层两道焊接法。焊第一层时，采用直径 3.2mm 的焊条，焊接电流稍大（100～120A），以获得较大的熔深。采用直线形运条法，收尾时应把弧坑填满或略高些，以便在第二层焊接收尾时，不会因焊缝温度增高而产生弧坑过低的现象。

焊第二层之前，必须将第一层的焊渣清除干净。发现有夹渣时，应用小直径焊条修补后方可焊第二层，这样才能保证层与层之间紧密熔合。焊接第二层时，可采用直径 4mm 的焊条，焊接电流不宜过大，焊接电流过大会产生咬边现象（为 160～200A 时）。运条方法采用斜圆圈形，如发现第一层焊道有咬边时，第二层焊道覆盖上去时应在咬边处适当多停留一些时间，以消除咬边缺陷。

（3）多层多道焊

焊脚尺寸大于10mm时，应采用多层多道焊。因为采用多层焊时焊脚表面较宽，坡度较大，熔化金属容易下淌，不仅操作困难，而且也影响焊缝成形，所以采用多层多道焊较合适；焊脚尺寸在10～12mm时，可用二层三道焊接。焊第一层（第一道）焊缝时，可用直径3.2mm的焊条和较大的焊接电流，用直线形运条法，收尾时要特别注意填满弧坑，焊完后将焊渣清除干净。

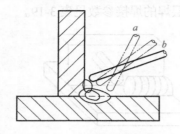

图3-16　多层多道焊各焊道的焊条角度

焊第二条焊道时，应覆盖第一层焊缝的2/3以上，焊条与水平板的角度要稍大些，如图3-16中a点所示，一般为45°～55°，以使熔化金属与水平板熔合良好。焊条与焊接方向的夹角仍为65°～80°，运条时采用斜圆圈形法，运条速度与多层焊时相同，所不同的是在c、e点位置（图3-15）不需停留。

焊第三条焊道时，应覆盖第二条焊道的1/3～1/2。焊条与水平板的角度为40°～45°，如图3-16中b点所示。如角度太大，易产生焊脚下偏现象。运条仍用直线形，速度要保持均匀，但不宜太慢，否则易产生焊瘤，影响焊缝成形。

如果第二条焊缝覆盖第一层大于2/3，焊接第三道时可采用直线往复形运条，以免第三条焊道过高。如果第二条焊道覆盖第一条太少，第三条焊道可采用斜圆圈形运条法，运条时在立板上要稍做停留，以防止咬边，并弥补由于第二条焊道覆盖过少而产生的焊脚下偏现象；如果焊脚尺寸大于12mm，可采用3层6道、4层10道焊接。焊脚尺寸越大，焊接层数、道数就越多（图3-17）。操作仍按上述方法进行，但是过大的焊脚尺寸，非但增加焊接工作量，而且不适于承受重载荷或动载荷，此时比较适合的工艺措施是在立板上开坡口，坡口可开在立板的两侧（双单边V形坡口）和开在立板的一侧（单边V形坡口），如图3-18所示。立板与水平板之间留有2～3mm的间隙，以保证焊透。对于开坡口的T形接头，其操作方法与多层多道焊相同，只是其焊脚尺寸较小。

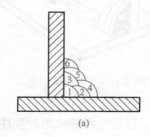
(a)

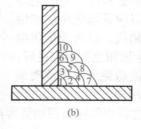
(b)

图3-17　多层多道焊的焊道排列

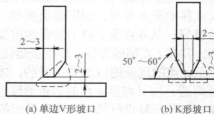
(a) 单边V形坡口

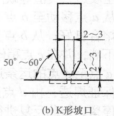
(b) K形坡口

图3-18　大厚板焊件角焊时的坡口

（4）船形焊

将T形接头翻转45°、使焊条处于垂直位置的焊接叫做船形焊，如图3-19所示。对于练习试样，可用手工翻动焊件；在生产中的大型焊件可用变位器进行翻转。船形焊时，熔池处在水平位置，相当于平焊，焊成的焊缝质量较好，能避免产生咬边、焊缝不等边等缺陷，操作工艺也较简单，同时有利于使用大直径焊条和大电流，这样不但能获得较大的熔深，而且

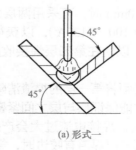
(a) 形式一

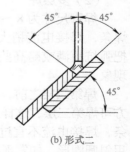
(b) 形式二

图3-19　船形焊

能一次焊成较大断面的焊缝，因此能大大提高焊接生产率。船形焊运条时采用月牙形或锯齿形，焊接第一层焊道采用小直径焊条及稍大的电流，其他各层与对接平焊相似。

船形焊焊成的焊缝呈凹形［图 3-11（b）］，如果凹度太大，应在凹处再熔敷一层焊道，以保证焊缝厚度。

（5）搭接接头与角接接头的焊接技术

搭接接头的焊接技术与 T 形接头基本相似，主要是掌握焊条角度，基本原则是电弧应更多地偏向于厚板的一侧，其偏角的大小可根据板厚来确定，如图 3-20 所示。

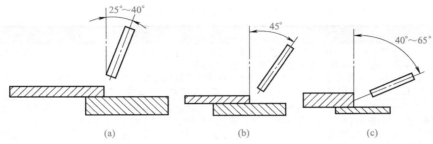

图 3-20　搭接接头焊接时的焊条角度

角接接头外侧焊缝的焊接技术与对接接头的焊接技术相似，但此时一块板是立向的，焊接热量分配与对接时不同，故焊条角度与对接时亦应有所区别，目的是使焊件两边得到相同的熔化程度，如图 3-21 所示，内侧焊缝焊接与 T 形接头相同。

（二）垂直管板焊操作技术

1. 垂直管板焊焊接的特点

由管子和平板（上开孔）组成的焊接接头叫做管板接头。管板接头的焊接位置可分为垂直俯位和垂直仰位两种；若按焊件的位置转动与否，可分为全位置焊接与水平固定焊。垂直俯位管板试件分为插入式和骑座式两种，插入式管板试件焊后仅要求一定的外表成形和熔深；骑座式管板试件则要求全焊透。

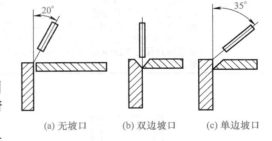

(a) 无坡口　(b) 双边坡口　(c) 单边坡口

图 3-21　角接接头焊接时的焊条角度

2. 插入式管板试件的焊接操作技能

表 3-20　插入式管板试件的焊接操作技能

操作项目	操作技能
焊前准备	①选焊机。选用直流弧焊机，其参考型号为 ZX5-400、ZX7-400 或 ZX5-315。焊机上必须装设经过定期校核的电流表和电压表 ②选焊条。焊条选用一律采用 E5015 碱性焊条，直径为 2.5～3.2mm，焊前经 400℃烘干，使用时存放于焊条保温筒内，随用随取 ③选焊件。管子采用 φ32mm×3mm～φ60mm×5mm 的 20 无缝钢管，平板采用厚度为 12～16mm 的 Q235A 低碳钢板，并在钢板上钻孔，孔径应比管径大 0.5mm，以便管子插入装配 ④准备辅助工具和量具。角向磨光机、焊条保温筒、角尺、錾子、敲渣锤、钢丝刷及焊缝万能量规等
焊接操作	焊接层次共两层。先采用直径为 2.5mm 的焊条进行定位焊（定位焊一点的长度为 5～10mm），接着在定位焊缝的对面进行起焊，用直径为 2.5mm 的焊条进行打底层的焊接，焊接电流为 85～100A，焊条与平板的夹角为 40°～45°，焊条不做摆动，操作方法与平角焊基本相同，焊完后用敲渣锤进行清渣，再用钢丝刷清扫焊缝表面，焊缝接头处可用角向磨光机磨去凸起部分，然后焊盖面层。盖面层用直径为 3.2mm 的焊条，焊接电流为 110～125A，焊条与平板的夹角为 50°～60°。焊接时焊条采用月牙形摆动，以保证一定的焊脚尺寸

操作项目	操作技能
焊接操作	插入式管板试件有固定和转动两种形式。对这种试件固定焊接时，试件本身不动，操作者依着焊接位置挪动身体；转动焊接时，试件放在变位器上依所需的焊接速度进行转动，简单的可用手进行转动。对焊工进行培训时，这两种形式都应该进行训练，先练习转动式，再练习固定式，并应以固定式为主，因为这种形式操作难度较大

3. 骑座式管板试件的焊接操作技能

表 3-21 骑座式管板试件的焊接操作技能

操作项目	操作技能
焊前准备	将管子置于板上，中间留有一定的间隙，管子预先开好坡口，以保证焊透，所以是属于单面焊双面成形的焊接方法，焊接难度要比插入式管板试件大得多 焊机型号、焊条型号、试件材料和规格以及辅助工具和量具与插入式管板试件相同。但管子应预先用机加工开成单边 V 形坡口，坡口角度为 50°，并用角向磨光机在管子端部磨出 1～1.5mm 的钝边
装配和定位焊	管子和平板间要预留 3～3.2mm 的装配间隙，方法是直接用直径为 3.2mm 的焊芯填在中间。定位焊只焊一点，焊接时用直径为 2.5mm 的焊条，先在间隙的下部板上引弧，然后迅速地向斜上方拉起，将电弧引至管端，将管端的钝边处局部熔化。在此过程中产生 3～4 滴熔滴，然后即熄弧，一个定位焊点即焊成。焊接电流为 80～95A
焊接操作	焊接分两层。打底焊采用直径为 2.5mm 的焊条，焊接电流为 80～95A，焊条与平板的倾斜角度为 15°～25°，采用断弧法。先在定位焊点上引弧，此时管子和平板之间为固定装配间隙而放的定位焊芯不必去掉。焊接时，将焊条适当向里伸，听到"噗噗"声即表示已经熔穿。由于金属的熔化，即可在焊条根部看到一个明亮的熔池（图 3-22）。每个焊点的焊缝不要太厚，以便第二个焊点在其上引弧焊接，如此逐步进行打底层的焊接。当一根焊条焊接结束收尾时，要将弧坑引到外侧，否则在弧坑处往往会产生缩孔。收尾处可用锯条片在弧坑处来回锯几下，或用角向磨光机磨削弧坑，然后换上焊条，再在弧坑处引弧焊接。当焊到管子周长的 1/3 处，即可将间隙中的填充焊芯去掉，继续进行焊接 打底层焊完后，可用角向磨光机进行清渣，再磨去接头处过高的焊缝，然后进行盖面层的焊接。盖面层采用直径为 3.2mm 的焊条，焊接电流 110～125A，与平板的倾角为 40°～45°，操作方法与插入式管板试件相同

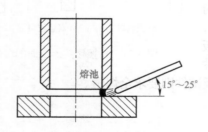

图 3-22 骑座式管板的打底焊

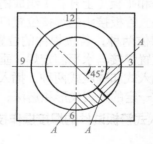

图 3-23 管板试件金相试样的截取位置

（A 面为金相宏观检查面）

4. 质量标准

对焊缝的外表要求是：焊缝两侧应圆滑过渡到母材，焊脚尺寸对于插入式管板试件为管子壁厚 +2～4mm；对于骑座式管板试件为管子壁厚 +3～6mm。焊缝凸度或凹度不大于 1.5mm，焊缝表面不得有裂纹、未熔合、夹渣、气孔和焊瘤，咬边深度应 ≤ 0.5mm，总长度不超过焊缝长度的 20%。对于骑座式管板试件，焊后应进行通球检验，通球直径为管内径的 85%。两种管板试件焊后均应进行金相宏观检验，金相试样的截取位置如图 3-23 所示。试样的检查面应用机械方法截取、磨光，再用金相砂纸按由粗到细的顺序磨制，然后用浸蚀剂浸蚀，使焊缝金属和热影响区有一个清晰的界限，该面上的焊接缺陷用肉眼或 5 倍放大镜检查。每个金相试样检查面经宏观检验应符合下列要求。

① 没有裂纹和未熔合。

② 骑座式管板试件未焊透的深度不大于 15% 管子壁厚；插入式管板试件在接头根部熔深不小于 0.5mm。

③ 气孔或夹渣的最大尺寸不超过 1.5mm；气孔或夹渣大于 0.5mm、不大于 1.5mm 时，其数量不多于一个，只有小于或等于 0.5mm 的气孔或夹渣时，其数量不多于 3 个。

5. 管板焊接的操作注意事项

① 管板试件的焊缝是角焊缝，垂直俯位的焊接位置适于平角焊，但其操作比 T 形接头的横角焊更困难，所以参加培训的焊工应在掌握 T 形接头平角焊的基础上，再进行管板接头的焊接。

② 焊接插入式管板试件时，一律要焊两层，不应用大直径焊条焊一层。因为在产品上，这种接头往往要承受内压，如果只焊一层，虽然可以达到所需的焊脚尺寸，但由于焊缝内部存在缺陷，工作时往往会发生焊缝泄漏，渗水、渗气和渗油等现象。

③ 管板试件垂直俯位的焊接位置虽适于平角焊，但其焊缝轨迹是圆弧形，若操作不当，在焊接过程中焊条倾角、焊接速度等会发生改变，影响焊缝质量，所以其难度比焊直缝要大。

④ 骑座式管板的操作难度比插入式管板大得多，因为其打底层焊缝要达到双面成形的要求，并且操作方法与平板对接单面焊双面成形也不一样，焊工应在培训过程中注意摸索掌握。但是骑座式管板焊后只做金相宏观检验，不做射线探伤和弯曲试验，所以其试样合格率相对要高一些。

四、薄板的焊接操作技能

由于电弧温度高，热量集中，所以焊接 3mm 以下的薄板时，很容易产生烧穿现象，有时也会产生气体。对厚度为 2mm 以下的薄板焊件，最好用弯边焊接方法焊接，如图 3-24 所示。

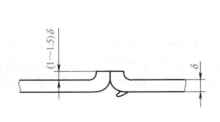

图 3-24　薄板弯边焊接

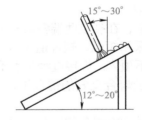

图 3-25　薄板垫高一端的焊接

① 将焊件按下列方法弯边：直线的弯边可用弯边机压制或在方钢上手工弯边，手工弯边的操作和设备简单，通常用榔头在成形方钢或圆钢上进行；有几何形状的曲线弯边，可用冲模在冲床上进行，几何形状复杂的弯边需要在专用的模具上进行。

② 将弯边焊件对齐修平进行定位焊。一般每隔 50 ~ 100mm 定位焊一点。铁板越薄，定位点应越密。

③ 焊接时，最好用直流反接，不留间隙。先用 2 ~ 3mm 焊条快速短弧焊接，焊条沿焊缝做直线运动。如果焊缝较长，可固定在模具上焊接，以防变形。

④ 除焊接各种容器外，在不影响质量的情况下，可采用断续焊接方法焊接薄板焊件。也可将焊件一端垫高 12° ~ 20°，加大焊条直径及焊接电流，提高焊速，从高处往低处施焊。焊条应向焊接方向倾斜 15° ~ 30°，如图 3-25 所示，但焊接时要防止熔渣流到熔池的前方，

造成夹渣及气孔等缺陷。

第三节　操作实例

一、铸铁柴油机盖裂纹的补焊操作训练实例

1. 技术要求

① 材料为灰口铸铁（HT-300）。
② 清除裂纹后补焊。
③ 补焊后保证强度和韧性。
④ 衬缝密封性良好。
⑤ 采用加热减应法补焊。

2. 焊前准备

① 焊接方法。根据补焊件成分、性能、用途、使用条件和铸件形状、尺寸，以及焊后进行机械加工条件等选用焊条电弧焊方法，用 EZNi-1 "铸 308" 或 EZNiFe-1 "铸 408" 镍基焊条。

② 焊接电源。直流电弧焊机，型号为 ZX-500，直流反接。

③ 认真检验补焊件缺陷，并做好位置标记。

④ 按缺陷情况制备补焊坡口。其原则是尽量开成 V 形或 U 形小坡口。

⑤ 焊条烘干。焊前，焊条进行 200℃烘干备用。

⑥ 准备辅助工具。手锤、扁铲、角向磨光机等。

3. 补焊操作

① 冷焊法。

a. 补焊前，在裂纹两端各钻一个止裂孔。

b. 焊接采用短弧、短焊道（每次只焊 10 ～ 15mm）、断续焊或分段焊法，焊后及时锤击焊缝。焊前不预热，焊接过程中也不需辅助加热。焊接过程中要尽可能减小熔合比。

c. 在保证熔合良好的情况下，尽量要选用小电流、快焊速，补焊区的层间温度要低于 60℃。

d. 镍芯铸 308 焊条的工艺参数见表 3-22。

表 3-22　镍芯铸 308 焊条的工艺参数　　　　　　　　　　　　A

焊条直径 /mm	2.5	3.2	4.0
焊条电流	60 ～ 80	90 ～ 100	120 ～ 150

② 半热焊法。补焊也可采用 "半热焊法"。这种方法采用钢芯强石墨化型铸铁焊条，如铸 208 等。焊前需预热 400℃左右；用较大的电流和弧长，连续焊、慢速焊，焊后保温缓冷，不能用锤击焊缝。焊后需进行机械加工时，要进行 200℃退火处理，然后用干燥石棉布覆盖，保温 12h。

③ 退火焊道法。对需进行机械加工的补焊件，还可采用大直径铸铁芯焊条，选用大电流，在焊缝表面进行加焊退火焊道，以使焊道缓冷，这种方法叫做 "退火焊道前段软"。如果缺陷较浅，只能焊一层时，可将先焊的焊道上部铲除一些再焊。不预热、大电流补焊的工

艺参数见表 3-23。

表 3-23　铸铁大电流补焊的工艺参数

焊条直径 /mm	5	8
焊接电流 /A	250～350	380～600

4. 补焊结果

采用上述方法补焊后，硬度、强度和焊道的色彩与铸铁材料一致，但焊道处刚性较大时，容易出现裂纹。当操作手法适当，铸件的尺寸和位置合适时，一般可获得满意的补焊效果。

二、一般灰铸铁的焊补操作训练实例

在日常工作中，经常遇到一些铸铁件、铸钢件的焊补。如某厂在安装施工中水煤气发生炉底不慎脱落，将其排渣口部位的法兰及座体撞裂，给安装带来麻烦，为了不影响施工进度，决定进行修补。焊补零件的裂纹位置如图 3-26 所示，底座的材质为普通灰口铸铁，其裂纹长度为 230mm，是从法兰延伸至座体，法兰厚度为 45mm，座体的壁厚为 35mm。

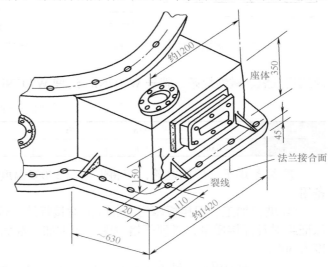

图 3-26　焊补零件的裂纹位置

1. 焊补方案

座体在正常工作情况下，既承受炉体静载荷，同时还承受排渣时机械动载荷。由于不是连续排渣，造成该部位温度变化较大，这给焊补造成很大困难。既要使焊补焊缝及熔合线有足够的强度和塑性，又要保其使用寿命，故选用铸 308 焊条，采用冷焊法进行焊补。

2. 焊补工艺

① 焊前准备。首先在裂纹的终端钻一深 3mm 的止裂孔，制备坡口，采用碳弧气刨沿裂纹边缘刨坡口，或用角向磨光机，沿裂纹开坡口，直到将裂纹全部磨光，焊前用丙酮清洗坡口内的污物，以防产生气孔。

② 焊接材料的选择。采用铸 308 焊条，进行烘干，烘干温度为 150℃，保温 2h，然后选用交流焊机进行补焊。

③ 焊接电流的选择。采用铸 308 焊条，直径为 ϕ3.2mm 或 ϕ4mm，焊接电流为 90～110A；立焊时，焊接电流还可小些，采用短弧操作。

④ 栽丝。为了提高焊接接头的强度，减少应力，防止焊缝剥离，在断口处栽丝，在法兰与底座交接处坡口内侧栽一只 M10 钢质螺钉。钻孔攻螺纹时，不加润滑油，螺钉拧入 15mm 左右，露出坡口约 5mm。

3. 操作要点及注意事项

焊接时，采用多层多道焊法，同时采用断续、分散焊。每段焊缝（长度≤ 30mm）焊完后，应进行"锤击减应"，待手摸不烫时，再焊另一段焊道，并加锤击，直至焊完。特别应注意严格控制层间温度和段间温度（手摸不烫）。对于收弧时容易出现的缩孔等，应及时用砂轮清除；对于不平整的焊道，也要用砂轮修整。

全部焊补结束后，用砂轮将焊缝余高除去，并将法兰接合面研磨至符合要求。

三、低温钢 09MnNiDR 的焊接操作训练实例

1. 技术要求

图 3-27 所示为低温钢板对接平焊形状及尺寸，具体要求如下。

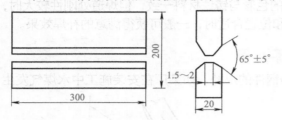

① 材质为 09MnNiDR。

②焊接方法为焊条电弧焊。

③焊后经无损探伤检验，达到 II 级以上为合格。

2. 焊前准备

①焊接设备。采用直流电弧焊机，型号为 ZX-500，直流反接。

图 3-27　低温钢板对接平焊形状及尺寸

②焊条选择。焊接 09MnNiDR 钢板，应选用低氢、碱性焊条，牌号 W707Ni。这种 W707Ni 焊条的化学成分如表 3-24 所示。

表 3-24　W707Ni 焊条的化学成分

化学成分	C	Mn	Si	Ni	S	P
含量 /%	0.06	1.08	0.26	2.65	0.011	0.019

③ 焊条烘干。焊接之前，应将焊条在 350℃ 温度下烘干，保温 1h，然后放在保温箱中备用。

④ 坡口加工。焊接板厚为 20mm 的对接焊缝，焊接坡口采用刨床机械加工而成。为了保证组对及焊接质量，必须严格按图示要求加工双面对称坡口；钝边为 2mm，单边坡口角度为 30°。

⑤ 焊接辅助用具。辅助工具有清渣尖锤、角向磨光机、碳弧气刨机、碳棒等。

⑥ 组对定位焊接。定位焊时，要选择与正式焊接时相同的焊接工艺。组对时，坡口间隙要保证在 1.5 ～ 2mm，焊缝对口错边量小于或等于 3mm。定位焊缝要在坡口内焊接，定位焊缝的间距为 100mm、长度为 30mm。如果定位焊缝存在裂纹等缺陷，要将定位焊缝清除掉，重新焊接。

3. 焊接操作

① 打底层焊接。焊接时，正面第 1 层可以采用连弧焊，直线形运条。焊接电流要小一些，以防止焊穿。焊接采用 φ4mm 的焊条，注意观察熔深和钝边熔化情况，防止底层夹渣。

② 填充层焊接。第 2 ～ 4 层采用 φ5mm 的焊条。采用锯齿形运条方法，焊条稍微摆动。运条过程中，要将焊条向坡口两边靠拢，以保证与坡口边缘充分熔合，否则易产生咬边。正面焊缝完成后，反面采用碳弧气刨清根。

③ 清根。采用 φ8mm 的碳棒清根，直流反接，刨削电流 500 ～ 600A，压缩空气的压力为 0.4 ～ 0.6MPa。碳棒倾角为 25° ～ 45°。

碳棒刨割速度一般为 0.5 ～ 1.2m/min。如果太快，会产生"夹碳"现象；如果太慢，则刨削深度太大。刨出的坡口，应使用角向磨光机打磨渗碳层，使之露出金属光泽。然后再用 φ4mm 的焊条焊接第 5 层，不必摆动，采用 φ5mm 的焊条焊接第 6 ～ 8 层。焊接第 6、7 层时，可以稍微摆动焊条。每一层的熔敷金属不可过高，焊接速度比低碳钢的焊接速度要快一些，如果速度太慢，熔池停留时间太长，会造成中间焊缝起包、两边出现凹沟现象，还会产生夹渣。

④ 盖面层焊接。焊接盖面层时，不摆动焊条。焊接低温钢的关键问题是如何保证焊缝及热影响区的低温冲击韧性。要保证焊缝冲击韧性，主要是通过控制焊接线能量来实现。因为焊接线能量与焊接电流、电弧电压成正比，而与焊接速度成反比，所以，为了控制焊接线能量，要在保证焊缝的内在质量前提下，尽量减小焊接电流及电弧电压，增大焊接速度，并控制好各焊层之间的温度不大于100℃。所以，焊接时，应采用多层、多道焊方法，因为后一层焊道对前一层焊道起到了正火的作用，可以细化晶粒，从而提高焊缝金属的冲击韧性。焊接 09MnNiDR 钢材时的线能量要求限制在 15 ～ 30kJ/cm 范围内。

⑤ 焊接工艺参数。09MnNiDR 钢各层的焊接工艺参数见表 3-25。

表 3-25　09MnNiDR 钢各层的焊接工艺参数

层次	焊接方法	焊接材料	材料规格 /mm	焊接电流 /A	电弧电压 /V	焊接速度 /（cm/min）	层间温度 /℃
1	SMAW	W707Ni	ϕ4.0	130 ～ 150	24 ～ 26	16 ～ 18	≤ 10
2	SMAW	W707Ni	ϕ5.0	170 ～ 190	24 ～ 26	14 ～ 18	≤ 10
3 ～ 4	SMAW	W707Ni	ϕ5.0	170 ～ 190	24 ～ 26	14 ～ 18	≤ 10
5	SMAW	W707Ni	ϕ4.0	130 ～ 150	24 ～ 26	16 ～ 18	≤ 10
6	SMAW	W707Ni	ϕ5.0	170 ～ 190	24 ～ 26	14 ～ 18	≤ 10
7	SMAW	W707Ni	ϕ5.0	170 ～ 190	24 ～ 26	1 4 ～ 18	≤ 10
8	SMAW	W707Ni	ϕ5.0	170 ～ 190	24 ～ 26	14 ～ 18	≤ 10

4. 焊接质量要求

① 焊缝外观。目测焊缝表面，宽窄应一致。焊缝表面不允许存在咬边、未熔合、气孔、焊穿、裂纹等缺陷。焊缝与母材要呈圆滑过渡。用焊缝检测尺测量应符合表 3-26 规定。

表 3-26　焊缝表面尺寸要求　　　　　　　　　　　　　　　　　　mm

	焊缝宽度	余高	余高差	焊缝宽度差
正面	比坡口每侧增宽 0.5 ～ 2	0 ～ 3	< 3	< 2
背面	比坡口每侧增宽 0.5 ～ 2	≤ 3	< 2	≤ 2

② 无损检测。焊缝经 100%X 射线探伤，评定级别达到 Ⅱ 级以上为合格。

四、两低合金钢管正交相接固定焊接操作训练实例

1. 技术要求

焊件形状和尺寸如图 3-28 所示。具体要求如下。
① 材料为 16Mn 钢管。
② 焊接采用焊条电弧焊。
③ 接管为单面全焊透结构。

2. 焊前准备

① 焊接方法。焊条电弧焊，边弧焊手法。
② 焊接电源。直流电弧焊机，型号为 ZX-500，直流反接。
③ 选焊条。选用 E5015，规格 ϕ2.5 ～ 3.2mm；焊条烘干温度为 300 ～ 350℃，然后保温 1 ～ 2h。
④ 坡口。如图 3-29 所示给定的接管坡口形状和尺寸，采用机械法制备。

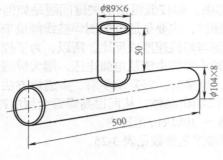

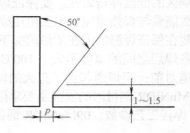

图 3-28　焊件形状和尺寸　　　　　　图 3-29　接管坡口形状和尺寸

⑤ 焊前清理。焊前，对坡口及两侧各 30mm 范围内的油污、铁锈及其污物，进行打磨或清洗，使焊件露出金属光泽。

⑥ 组装定位焊。由于钢管正交时的交线是空间曲线，组装较困难，组装后不应有很大的缝隙。在组件尺寸基本合适后，要点固焊 3 处，即分别在起焊点的 90°、180°、270°。

3. 焊接规范

各层的焊接工艺参数见表 3-27。

表 3-27　各层的焊接工艺参数

层次（道数）	焊条直径 /mm	焊接电流 /A	电弧电压 /V
打底层（1）	3.2	90 ～ 120	22 ～ 26
盖面层（2）	4.0	140 ～ 170	22 ～ 26

4. 焊接操作

① 整条焊缝可分两半圈完成，如图 3-30 所示。

② 首先进行图中 "1" 的操作，在平焊位置起弧，其焊条角度为水平管间 40°；起焊处注意拉长电弧，稍做预热后，压低电弧焊接，使起焊处熔合良好。焊接过程中，焊缝位置不断变化，焊条角度也要不断变化。

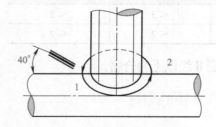

图 3-30　钢管的焊接方法

③ 为避免焊件烧穿，可采用挑弧法施焊。结尾时，已接近平焊位置，由于钢管温度较高，收尾动作要快，在焊缝碰头连接时，应重叠 10 ～ 15mm，并要注意接头平整圆滑。

5. 焊接质量要求

① 用焊缝检验尺测量，焊脚高度为 7 ～ 10mm。

② 目测焊缝表面，不允许有气孔、裂纹等缺陷。

③ 焊缝咬边深度小于 0.5mm，且咬边累计长度不应超过总长的 20%。

④ 焊件上不允许有引弧划伤痕迹。

⑤ 焊缝无损检验，应按相关标准进行 100% 着色探伤，符合 Ⅰ 级的判断为合格。

五、低合金钢管斜 45° 位置固定焊接操作训练实例

1. 技术要求

① 材料为 12CrMo。

② 焊接采用焊条电弧焊。

③ 在坡口内定位焊，但不允许在焊缝最低处定位焊。

④ 焊件离地面高度 800mm，斜度为 45°。

⑤ 单面焊双面成形。

2. 焊前准备

① 焊接方法。焊条电弧焊，连弧焊手法。

② 焊接电源。直流电弧焊机，型号为 ZX-500，直流反接。

③ 焊条。选用 E5515，规格 2.5～3.2mm；焊条烘干温度为 300～350℃，然后保温 12h。

④ 坡口。如图 3-31 所示给定的对接管子的坡口形状及尺寸，采用机械法制备。

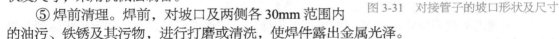

图 3-31　对接管子的坡口形状及尺寸

⑤ 焊前清理。焊前，对坡口及两侧各 30mm 范围内的油污、铁锈及其污物，进行打磨或清洗，使焊件露出金属光泽。

⑥ 组装定位焊。定位焊两点，位置在两侧相距 120° 处，定位焊缝长度为 8～12mm。余高 3mm，高度太小，容易开裂；太大则给以后的正式焊接带来困难。点焊电流为 90～130A，起焊处要有足够的温度，以防止黏合。收尾时弧坑要填满。

3. 焊接操作

① 打底层焊接。焊前，首先采用錾子、锉刀或砂轮等，把定位焊处打出缓坡，以保证接头质量。打底层采用 φ2.5mm 焊条，先在前半圈仰焊部位开始，在坡口边上用直击法引弧，然后将电弧引至坡口中间，用长弧烤热点焊处，经 2～3s，坡口两侧接近熔化状态（即金属表面有"汗珠"时），立即压低电弧，当坡口内形成熔池，随即将焊条抬起，熔池温度下降变小，再压低电弧往上顶，形成第二个熔池。如此反复，一直向前移动焊条。当发现熔池温度过高，熔化金属有下淌趋势时，采取灭弧手法，待熔池稍变暗，即在熔池的前面重新引弧；为了消除和减少仰焊部位的内凹现象，除合理选用坡口角度和焊接电流外，引弧动作要准确和稳定，灭弧动作要果断，并要保持短弧，电弧在坡口两侧停留时间不宜过长；从下向上焊接的过程，焊接位置在不断变化，焊条角度必须相应调节，到了平焊位置，容易在背面产生焊瘤。此时，焊条可做不大的横向摆动，使背面有较好的成形。

后半部的操作方法与前半部相似，但要完成两个焊道接头，每一个都是仰焊部位，它比平焊难度更大些，也是整个焊缝的关键。为便于接头，在焊前半部分时，仰焊和平焊部位的起头、收弧处，都要超过垂直方向中心线 5～15mm。在焊接仰焊时，把起焊处的厚度用电弧割去一部分（约 10mm 长）。这样既割去了可能存在的焊接缺陷，又形成了缓坡形割槽，便于接头。操作时，先用长弧烤热接头处，运条至接头中心，立即拉平焊条压住熔化金属，依靠电弧吹力把液态金属推走，形成一个缓坡形割槽。焊接到接口中心时，切忌灭弧，必须将焊条向上顶一下，以击穿未熔合（或夹渣）部分的根部，使接头完全能熔合。当焊条至斜立焊位置时，要采用顶弧焊，并稍做横向摆动。当距接头处 3～5mm 即将封闭时，绝不可灭弧，应把焊条向里压一下。这时可听到电弧打穿焊缝根部的"噗噗"声，焊条在接头处要做摆动，填满弧坑后引至坡口一侧熄弧。

② 盖面层焊接。焊好盖面层不只是为了焊缝美观，也为了提高焊缝质量。45° 管固定焊有一些独特之处。首先是起头焊道较宽，在管子的最低处起焊，焊层要薄，并平滑过渡，形成良好的"入"字形接头。另外是运条，不论管子倾斜大小，工艺上一律要求焊波成水平面或接近水平，焊条总是保持垂直位置并在水平线上摆动，从而获得平整的焊缝成形。

由于 12CrMo 钢管壁厚较薄，所以焊接前可不预热。在打底层和盖面层焊接过程中，要连续焊完，如必须间断，要采取保温缓慢冷却措施，以防止产生裂纹。焊后缓冷，一般是在焊后立即用石棉覆盖焊缝和热影响区，保温数小时即可。

4. 工艺参数

表 3-28　各层的焊接工艺参数

层次（道数）	焊条直径 /mm	焊接电流 /A	电弧电压 /V
打底层（1）	2.5	90～120	22～26
盖面层（2）	3.2	110～130	22～26

5. 焊缝质量要求

① 用焊缝检验尺测量，焊缝表面尺寸要求按表 3-29 规定。

② 目测焊缝表面，不得有气孔、咬边、裂纹等缺陷。

③ 焊缝内部缺陷检验，经 X 射线照相无损探伤，按相关标准，底片评定等级达到 Ⅱ 级以上为合格。

表 3-29　斜 45°位置固定焊缝表面尺寸要求　　　　　　　　　　　　　　mm

位置	焊缝宽度	余高	余高差	焊缝宽度差
正面	比坡口每侧增宽 0.5～2mm	0～3	＜3	＜2
背面	通球检验 0.85$D_{内}$	＜2	＜2	＜2

注：背面陷坑深度小于或等于 20%δ（板厚），且小于或等于 2mm。

六、冲模的合金堆焊操作训练实例

1. 焊件图样及技术要求

图 3-32　模具形状

冲模一般都是采用普通碳素钢制作，然后在刃口部分堆焊合金作为冲裁刃口，经一定热处理后，硬度和韧性可满足工件冲裁要求。其模具形状如图 3-32 所示。其技术要求如下。

① 基体材料为 Q1235-B。

② 焊接方法为焊条电弧焊。

③ 堆焊后应经退火处理。

④ 热处理后的堆焊层硬度应相当于高速工具钢。

2. 焊前准备

① 焊接电源。选用直流电弧焊机，型号 ZX-500 反接极性。

② 堆焊材料。用于堆焊裁模的焊条，应有足够的剪切强度、硬度、耐磨性及冲击韧度。所以，选择碱性低氢型 EDRCrMoWV-Al-15（D327）焊条，焊条的化学成分为：C ≤ 0.5；Cr ≤ 5.0；W = 7～10；Mo ≤ 2.5；V ≤ 1.0。堆焊后熔敷金属硬度 HRC ≥ 55。焊前，焊条经 300℃烘干，保温 2h 备用。

③ 基体加工。堆焊前，对模体要按图示尺寸要求进行粗加工。外圆要留出 2～3mm 堆焊量；厚度应留 2mm 余量。

④ 焊前清理。堆焊前，用角向磨光机清理干净，使堆焊刃口处无污物、铁锈、杂质。

⑤ 焊前预热。堆焊前，将模件放入加热炉中进行预热，加热温度为 450～500℃，保温

$1 \sim 2h$，然后放在水平方向回转盘上，准备堆焊。

3. 堆焊操作

① 堆焊第一层时，焊条的运条采用螺旋式运条法，焊接顺序是由里向外；每堆焊一层，需清渣一次，连续焊完。堆焊过程中，停顿间隔不要超过 10min。当一根焊条用完后，换焊条后也要进行清渣，并要注意接头处的搭接量。

② 焊接要采用短弧、小电压。弧长控制在 $1 \sim 2mm$，以减小堆焊金属的稀释率，并可降低堆焊金属的氮、氧含量。

③ 堆焊层一般应为 $2 \sim 3$ 层，第一层可作为过渡层，然后堆合金层。这样能保证合金工作层的性能要求。

④ 焊接规范。堆焊第一层时，用较细的焊条，以减小熔深；其余层可用大一些的焊条。堆焊工艺规范见表 3-30。

表 3-30　堆焊工艺规范

堆焊层次	焊条直径	焊接电流 /A	电弧电压 /V	焊接速度 /（cm/min）
1	4	$140 \sim 170$	$22 \sim 24$	$15 \sim 18$
2	5	$150 \sim 200$	$23 \sim 26$	$17 \sim 22$
3	6	$150 \sim 200$	$23 \sim 26$	$17 \sim 22$

4. 焊后处理

① 堆焊后，焊件应立即进炉回火处理。回火的时间不要超过 8h。

② 对换模具的堆焊部分进行粗加工，并可检查焊层的缺陷。如有较大的缺陷，可进行补焊。补焊时，先将模体加热到 300℃ 左右，用原来的焊条、焊机和较小的电流进行补焊，然后再修磨至粗加工尺寸。

5. 模具热处理

焊后的模具应进行退火、淬火、回火处理。经热处理后，堆焊层硬度可从 HRC54 ~ 58 提高到 HRC56 ~ 62。退火规范是在箱式炉中加热到 $860 \sim 870℃$，保温 $2 \sim 3h$，再降到 $720 \sim 740℃$ 在奥氏体不稳定区域保温 $3 \sim 4h$，然后空冷到室温；或炉冷降到 400℃ 左右，再空冷。退火后硬度为 HRC23 ~ 25。

淬火和回火规范：第一次预热到 $840 \sim 860℃$，再加热到 $1240 \sim 1250℃$，保温时间以有效厚度 $9 \sim 11s/mm$ 计算。保温后风冷到 900℃ 左右，淬入植物油中。如此回火 $2 \sim 3$ 次，时间均为 1h。回火后硬度达到 HRC56 ~ 60。

6. 堆焊质量要求

模具堆焊、热处理后，取样化学分析结果为：C0.5%；W7% ~ 10%；V1.0%；Mo2.5%；Si ≤ 0.2%；Cr5%；P ≤ 0.035%；S ≤ 0.04%。

基体金相组织马氏体 + 复合碳化物 + 残余奥氏体，晶粒比较粗大，碳化物呈网状分布在晶粒周围，硬度高，耐磨性好。

这种堆焊层特征相当于高速工具钢，使冲模的使用寿命有显著的提高。

七、不锈钢复合板的焊接操作训练实例

1. 技术要求

图 3-33 所示为焊件的形状和焊缝结构。具体要求如下。

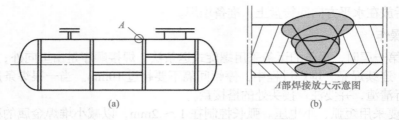

图 3-33　焊件的形状和焊缝结构

① 材料为 16MnR+0Cr18Ni9。

② 储槽壳体材料。基体为 16MnR；复层为 0Cr18Ni9。

③ 焊接采用焊条电弧焊。

2. 焊前准备

① 焊接方法及设备。焊接采用焊条电弧焊；弧焊机采用 ZX7-315 型逆变弧焊机。

② 焊条选择。复合板焊接的主要问题是过渡层焊缝的焊材选用。过渡层金属要保证复层焊缝金属不被基层母材和焊缝所稀释并具有足够的抗裂性，以减少碳迁移能力。所以，焊接过渡层选用 25-13 型 E309-15（A307）焊条；复层选用 E308 ～ 15（A107）焊条；基层则用 E5015（J507）焊条。

③ 坡口形式。因为焊接要从基层开始，所以坡口选为单面 V 形，其坡口形状如图 3-34、图 3-35 所示。

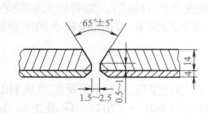

图 3-34　复合钢板对接焊缝坡口形状

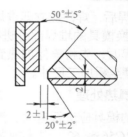

图 3-35　接管与壳体角焊缝拼凑

④ 焊前清理。坡口两侧各 30mm 范围内的油污、铁锈等，用角向磨光机打磨干净，露出金属光泽。

⑤ 点固定位焊。定位焊缝只允许在基层母材上进行。

⑥ 焊材烘干。焊接复合板所用的低氢型焊条，均应经 300 ～ 350℃烘干，保温 1h 备用。

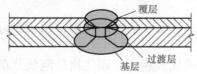

图 3-36　不锈钢复合板焊缝
部位及焊接顺序

3. 焊接操作

① 焊接顺序。不锈钢复合板的焊接顺序按图 3-36 所示进行。焊接的原则是：先焊基层；然后从背面（覆层侧）碳弧气刨清根，并用角向磨光机打磨干净，经检验合格，焊接过渡层；最后焊接覆层。

② 由于复合板中，两种金属成分的物理性能和力学性能有很大差别，所以基层的焊接以保证接头的力学性能为原则，一般可参照低合金钢的焊接工艺。覆层的焊接既要有接头的耐腐蚀性能，又要获得满意的力学性能，焊接过程要遵守不锈钢的焊接工艺。

③ 基层焊接时，要避免熔化至不锈钢覆层，覆层焊接时要防止金属熔入焊缝而降低铬、

镍含量，从而降低复层的耐腐蚀性能和塑性。

④ 基层焊完后，要用碳弧气刨清除焊根，并打磨渗碳层和氧化皮，清根气刨沟槽形状如图 3-37 所示。

⑤ 过渡层焊缝，需要同时熔合基层焊缝、基层母材和复层母材，且应盖满基层焊缝和基层母材。焊接要采用较小的电流，以限制基体母材对焊缝的稀释作用。

⑥ 焊接工艺。不锈钢复合板各焊层的焊条电弧焊工艺参数见表 3-31。

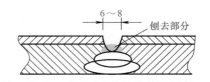

图 3-37　清根气刨沟槽形状

表 3-31　不锈钢复合板各焊层的焊条电弧焊工艺参数

焊接层次	基层		覆层	
	焊条直径 /mm	焊接电流 /A	焊条直径 /mm	焊接电流 /A
1	3.2	100～130	3.2	90～120
2	4	150～170	4	130～150
3	4	150～170	—	—
4	5	200～250	—	—

4. 焊接质量要求

① 外观。目测焊缝表面，无气孔、夹渣、咬边及电弧划伤等缺陷。

② 焊缝经 100%X 光探伤，按 JB 4730—1994《压力容器无损检测》标准，评定等级达到 II 级以上为合格。

③ 对覆层焊缝，按 GB 4334.5—2000《不锈钢铁硫酸—硫酸铜腐蚀试验方法》进行晶间腐蚀试验，其结果在弯曲后不得有腐蚀倾向。

八、不锈钢耐腐蚀层的焊接操作训练实例

1. 技术要求

某单位乙醇换热器，由于管程选用耐介质腐蚀的不锈钢材料（壳程为低碳钢），其管板采用堆焊不锈钢。图 3-38 所示为焊件的形状和焊缝结构。具体要求如下。

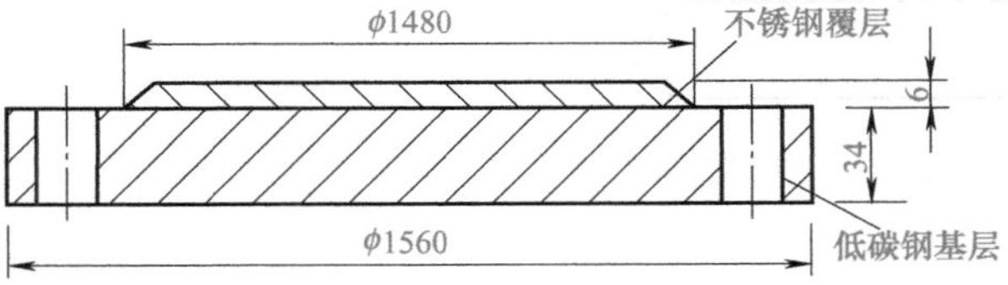

① 材料为 Q235+0Cr18Ni9。

② 焊接采用焊条电弧焊。

③ 堆焊层由过渡层和基层组成。

④ 堆焊层化学成分需符合 0Cr18Ni9 标准。

图 3-38　焊件的形状和焊缝结构

2. 焊前准备

① 焊接方法及设备。焊接采用焊条电弧焊；电弧焊机采用 ZX7-315 型逆变弧焊机，直流反接电源。

② 焊条。一般堆焊优先选用低氢焊条（也可采用钛钙型），以利于堆焊金属的抗氧化性以及层间清渣性能。因此，过渡层选用高铬、镍的 E309-15 焊条，以补偿低碳钢的稀释；表面层使用 E308-15 奥氏体不锈钢焊条焊接。

③ 不锈钢焊条需在 250℃下烘干，恒温 1h，然后保温待用。

④ 焊前清理。低碳钢基层要进行除锈、去污、去油，使堆焊面清洁干净。

3. 堆焊

① 堆焊要从中间开始，向两侧堆焊，每条焊道都要压过上一条相邻焊道，重叠一部分，

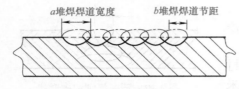

图 3-39　堆焊焊道节距

称为焊道节距，如图 3-39 所示。

② 过渡层堆焊时，对基材的熔深要尽量减少，所以，堆焊要选用较小的电流，快焊速，并采用〜形运条法，均衡熔池温度；控制好搭边量（搭边量在 1/2 焊道宽时，稀释率为 15%），以减小稀释率。

③ 堆焊过程中，焊接电流、电弧电压、堆焊速度、运条方法、堆焊顺序、弧长、节距等工艺参数对堆焊质量和稀释率都有一定影响。因此，要注意选用这些参数。焊条电弧焊堆焊镍、铬不锈钢时，其焊接工艺参数见表 3-32。

④ 堆焊工艺措施。堆焊过程中主要采取以下措施：采用小的电流；缩小堆焊层节距；降低熔合比等，以此保证堆焊层质量。

表 3-32　焊条电弧堆焊的工艺参数

焊条型号	焊条直径 /mm	堆焊层次	堆焊电流 /A	备 注
E309-15	4	过渡层	110 ～ 160	堆焊大件时要预热 150 ～ 200℃
E308-15	5	表面工作层	160 ～ 200	

4. 质量要求

① 外观。目测焊道之间是否平滑过渡，无裂纹、气孔等缺陷。

② 无损探伤。应按国家相关规定的标准，对堆焊表面进行 100%PT（着色）检验。评定等级达到 I 级为合格。

③ 堆焊层化学成分分析。在焊态表面进行化学分析时，按图 3-40 所示的位置取样。化学分析按《钢的化学分析用试样取样方法及成品化学成分允许偏差》规定的标准进行评定。

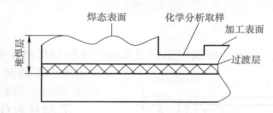

图 3-40　化学分析取样位置

第四章

氩弧焊

氩弧焊是用氩气作为保护气体的一种气电焊方法,如图 4-1 所示。它是利用从喷嘴喷出的氩气,在电弧区形成连续封闭的气层,使电极和金属熔池与空气隔绝,防止有害气体(如氧、氮等)侵入,起到机械保护作用。同时,由于氩气是一种惰性气体,既不与金属起化学反应,也不溶解于液体金属,从而被焊金属中的合金元素不会烧损,焊缝不易产生气孔。因此,氩气保护是很有效和可靠的,并能得到较高的焊接质量。

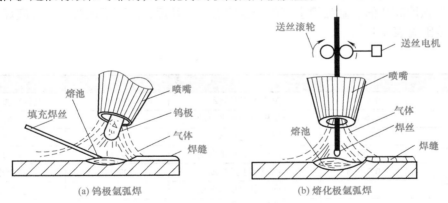

(a) 钨极氩弧焊   (b) 熔化极氩弧焊

图 4-1   氩弧焊

第一节   操作基础

一、氩弧焊的特点、分类及应用范围

1. 氩弧焊的特点及分类

① 可焊的材料范围很广,几乎所有的金属材料都可进行氩弧焊,特别适宜化学性质活

泼的金属和合金，常用于奥氏体不锈钢和铝、镁、钛、铜及其合金的焊接，也用于锆、钽、钼等稀有金属的焊接。

② 由于氩气保护性能优良，氩弧温度又很高，因此在各种金属和合金焊接时，不必配制相应的焊剂或熔剂，基本上是金属熔化与结晶的简单过程，能获得较为纯净的质量良好的焊缝。

③ 氩弧焊时，由于电弧受到氩气流的压缩和冷却作用，电弧加热集中，故热影响区小，因此焊接变形与应力均较小，尤其适用于薄板焊接。

④ 由于明弧易于观察，焊接过程较简单，也就容易实现焊接的机械化和半机械化，并且能在各种空间位置进行焊接。

由于氩弧焊具有这些显著的特点，所以早在 20 世纪 40 年代就已推广应用，之后发展迅速，目前在我国国防、航空、化工、造船、电器等工业部门应用较为普遍。随着有色金属、高合金钢及稀有金属的结构产品日益增多，氩弧焊技术的应用将越来越广泛。

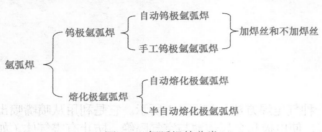

图 4-2　氩弧焊的分类

氩弧焊按所用的电极不同，分为非熔化极（钨极）氩弧焊和熔化极氩弧焊两种。氩弧焊有手工、半自动和自动三种操作形式，如图 4-2 所示。

2. 氩弧焊的应用范围

氩弧焊几乎可用于所有钢材、有色金属及合金的焊接。通常，多用于焊接铝、镁、钛及其合金以及低合金钢、耐热钢等。对于熔点低和易蒸发的金属（如铅、锡、锌等）焊接较困难。熔化极氩弧焊常用于中、厚板的焊接，焊接速度快，生产效率要比钨极氩弧焊高几倍。氩弧焊也可用于定位点焊、补焊，反面不加衬垫的打底焊等。氩弧焊的应用范围见表 4-1。

表 4-1　氩弧焊的应用范围

焊件材料	适用厚度 /mm	焊接方法	氩气纯度 /%	电源种类
铝及铝合金	0.5～4	钨极手工及自动	99.9	交流或直流反接
	>6	熔化极自动及半自动	99.9	直流反接
镁及镁合金	0.5～5	钨极手工及自动	99.9	交流或直流反接
	>6	熔化极自动及半自动	99.9	直流反接
钛及钛合金	0.5～3	钨极手工及自动	99.98	直流正接
	>6	熔化极自动及半自动	99.98	直流反接
铜及铜合金	0.5～5	钨极手工及自动	99.97	直流正接或交流
	>6	熔化极自动及半自动	99.97	直流反接
不锈钢及耐热钢	0.5～3	钨极手工及自动	99.97	直流正接或交流
	>6	熔化极自动及半自动	99.97	直流反接

注：钨极氩弧焊用陡降外特性的电源；熔化极氩弧焊用平或上升外特性电源。

二、氩弧焊焊接规范的选择

钨极氩弧焊焊接规范主要是焊接电流、焊接速度、电弧电压、钨极直径和形状、氩气流量与喷嘴直径等参数。这些参数的选择主要根据焊件的材料、厚度、接头形式以及操作方法等因素来决定。

1. 电弧电压

电弧电压增加或减小，焊缝宽度将稍有增大或减小，而熔深稍有下降或稍微增加。当电弧电压太高时，由于气体保护不好，会使焊缝金属氧化和产生未焊透缺陷。所以以钨极氩弧焊时，在保证不产生短路的情况下，应尽量采用短弧焊接，这样气体保护效果好，热量集中，电弧稳定，焊透均匀，焊件变形也小。

2. 焊接电流

随着焊接电流增加或减小，熔深和熔宽将相应增大或减小，而余高则相应减小或增大。当焊接电流太大时，不仅容易产生烧穿、焊缝下陷和咬边等缺陷，而且还会导致钨极烧损，引起电弧不稳及钨夹渣等缺陷；反之，焊接电流太小时，由于电弧不稳和偏吹，会产生未焊透、钨夹渣和气孔等缺陷。

3. 焊接速度

当焊枪不动时，氩气保护效果如图4-3（a）所示。随着焊接速度增加，氩气保护气流遇到空气的阻力，使保护气体偏到一边，正常的焊接速度下，氩气保护情况如图4-3（b）所示，此时，氩气对焊接区域仍保持有效的保护。当焊接速度过快时，氩气流严重偏移一侧，使钨极端头、电弧柱及熔池的一部分暴露在空气中，此时，氩气保护情况如图4-3(c)所示，这使氩气保护作用破坏，焊接过程无法进行。因此，钨极氩弧焊采用较快的焊接速度时，必须采用相应的措施来改善氩气的保护效果，如加大氩气流量或将焊接后倾一定角度，以保持氩气良好的保护效果。通常，在室外焊接都需要采取必要的防风措施。

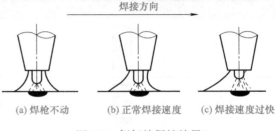

图 4-3　氩气的保护效果

4. 钨极

（1）钨极的种类及特点

表 4-2　钨极的种类及特点

钨极种类	牌号	特点
纯钨	W1、W2	熔点和沸点都较高，其缺点是要求有较高的工作电压。长时间工作时，会出现钨极熔化现象
铈钨极	WCe20	纯钨中加入一定量的氧化铈，其优点是引弧电压低，电弧弧柱压缩程度好，寿命长，放射性剂量低
钍钨极	WTh7、WTh10、WTh15、WTh30	由于加入了一定量的氧化钍，使纯钨的缺点得以克服，但有微量放射线

（2）钨极直径

钨极直径的选择主要是根据焊件的厚度和焊接电流的大小来决定。当钨极直径选定后，如果采用不同电源极性时，钨极的许用电流也要做相应的改变。采用不同电源极性和不同直径钍钨极的许用电流范围见表4-3。

表 4-3　不同电源极性和不同直径钍钨极的许用电流范围

电极直径 /mm	许用电流范围 /A		
	交流	直流正接	直流反接
1.0	15～80	—	20～60

电极直径 /mm	许用电流范围 /A		
	交流	直流正接	直流反接
1.6	70 ~ 150	10 ~ 20	60 ~ 120
2.4	150 ~ 250	15 ~ 30	100 ~ 180
3.2	250 ~ 400	25 ~ 40	160 ~ 250
4.0	400 ~ 500	40 ~ 55	200 ~ 320
5.0	500 ~ 750	55 ~ 80	290 ~ 390
6.4	750 ~ 1000	80 ~ 125	340 ~ 525

（3）钨极端部形状

钨极端部形状对电弧稳定性和焊缝的成形有很大影响，端部形状主要有锥台形、圆锥形、半球形和平面形，各自的适用范围见表 4-4，一般选用锥台形的效果比较理想。

表 4-4　钨极端部形状的适用范围

钨极端部形状	图示	适用范围	电弧稳定性	焊缝成形
平面形		—	不好	一般
半球形		交流	一般	焊缝不易平直
圆锥形	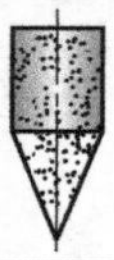	直流正接，小电流	好	焊道不均匀
锥台形	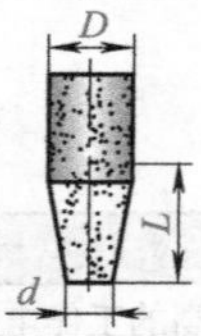	直流正接，大电流，脉冲 TIG 焊	好	良好

5. 喷嘴直径和氩气流量

（1）喷嘴直径

喷嘴直径的大小直接影响保护区的范围。如果喷嘴直径过大，不仅浪费氩气，而且会影响焊工视线，妨碍操作，影响焊接质量；反之，喷嘴直径过小，则保护不良，使焊缝质量下降，喷嘴本身也容易被烧坏。一般喷嘴直径为 5 ~ 14mm，喷嘴的大小可按经验公式确定，即：

$$D = (2.5 \sim 3.5)d \tag{4-1}$$

式中　D——喷嘴直径，mm；

　　　d——钨极直径，mm。

喷嘴距离工件越近，则保护效果越好。反之，保护效果越差。但过近造成焊工操作不便，一般喷嘴至工件距离宜为 10mm 左右。

（2）氩气流量

气体流量越大，保护层抵抗流动空气影响的能力越强，但流量过大，易使空气卷入，应选择恰当的气体流量。氩气纯度越高，保护效果越好。氩气流量可以按照经验公式来确定，即：

$$Q=KD \tag{4-2}$$

式中　Q——氩气流量，L/min；

　　　D——喷嘴直径，mm；

　　　K——系数（$K=0.8 \sim 1.2$），使用大喷嘴时 K 取上限，使用小喷嘴时取下限。

三、氩气的保护效果的影响因素

氩气的保护效果的影响因素主要有喷嘴、焊炬进气方式、气体流量、喷嘴与焊件距离和夹角、焊接速度、焊接接头形式、"阴极破碎"作用、用交流电源焊接存在的问题、引弧稳弧措施、直流分量的影响及消除。其提高保护效果要点见表4-5。

表4-5　氩气的保护效果的影响因素

影响因素	提高保护效果要点
喷嘴	氩气保护喷嘴包括钨极氩弧焊用喷嘴和熔化极氩弧焊用喷嘴（图1） （1）钨极氩弧焊用喷嘴 ①圆柱末端锥形部分有缓冲气流作用，可改善保护效果，长度以 10～20mm 为宜 ②圆柱部分的长度 L 不应小于喷嘴孔径，以 1.2～1.5 倍为好 ③喷嘴孔径 d 一般可选用 8～20mm，喷嘴孔径加大，虽然增加了保护区，但氩气消耗增大，可见度变差 ④喷嘴的内壁应光滑，不允许有棱角、沟槽，喷嘴口不能为圆角，不得沾上飞溅物 （2）熔化极氩弧焊用喷嘴 ①喷嘴内壁与送丝导管之间的间隙 c，对气流的保护作用有较大的影响。当喷嘴孔径为 25mm 时，间隙 c 宜为 4mm 左右 ②导电嘴应制成 4°～5° 的锥形，其端面距喷嘴端面宜为 4～8mm ③导电嘴要与喷嘴同心 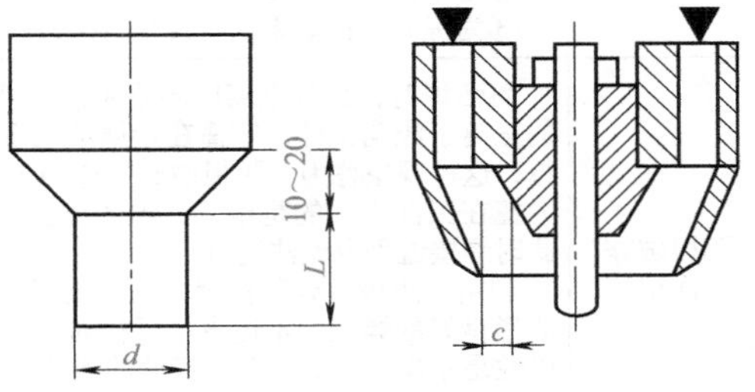 (a) 钨极氩弧焊用喷嘴　(b) 熔化极氩弧焊用喷嘴 图1　氩气保护喷嘴对气体保护效果的影响
焊炬进气方式	焊炬进气方式对气体保护效果的影响如图2所示 ①焊炬的进气方式有径向和轴向两种，一般径向进气较好，进气管在焊炬的上部 ②为使氩气从喷嘴喷出时成为稳定层流，提高气体保护效果，焊炬应有气体透镜（类似过滤装置）或设挡板及缓冲室 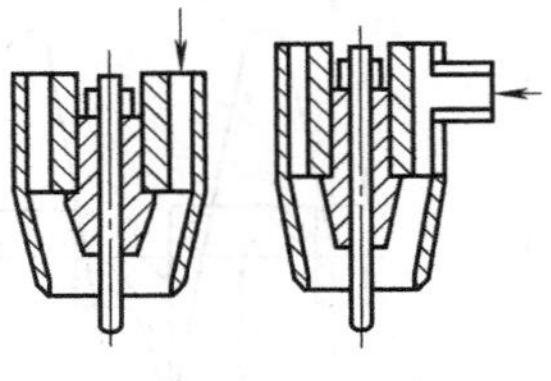 (a) 轴向进气　(b) 径向进气 图2　焊炬进气方式对气体保护效果的影响
气体流量	①喷嘴孔径一定时，气体流量增加，保护性能提高。但超过一定限度时，反而使空气卷入，破坏保护效果 ②对于孔径为 12mm 左右的喷嘴，气体流量为 10～15L/min，保护效果最好
喷嘴与焊件距离和夹角	喷嘴与焊件距离和夹角对气体保护效果的影响如图3所示 ①当喷嘴和流量一定时，喷嘴与焊件距离越小，保护效果越好，但会影响焊工视线 ②喷嘴与焊件距离加大，需增加气体流量 ③对于孔径为 8～12mm 的喷嘴，距离一般不超过 15mm ④平焊时，喷嘴与焊件间的夹角一般为 70°～85° 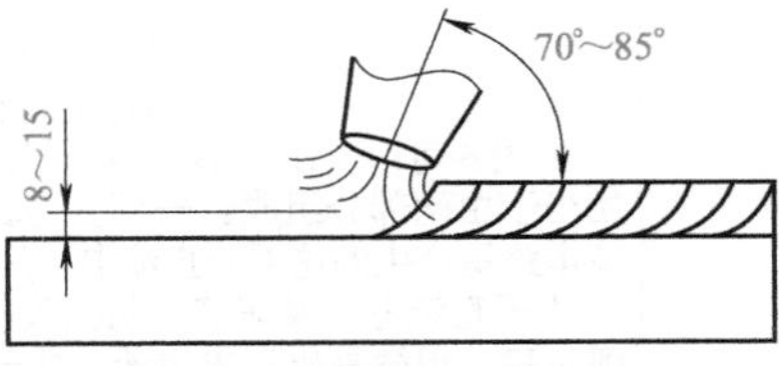 图3　喷嘴与焊件距离和夹角对气体保护效果的影响

影响因素	提高保护效果要点
焊接速度	焊接速度对气体保护效果的影响如图4所示 ①为不破坏氩气流对熔池的保护作用，焊接速度不宜太快 ②提高焊接效率，应以焊后的焊缝金属和母材不被氧化为准则，尽量提高焊接速度 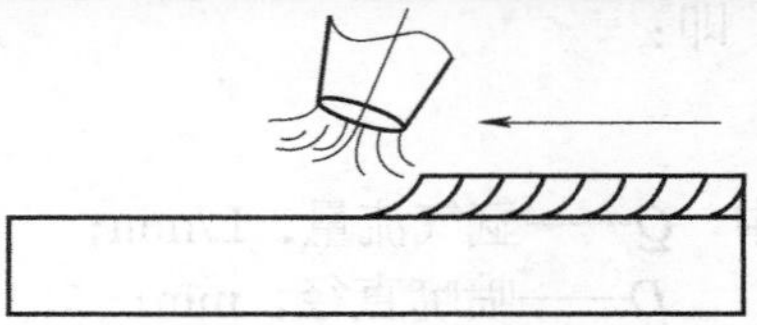 图4 焊接速度对气体保护效果的影响
焊接接头形式	焊接接头形式对气体保护效果的影响如图5所示 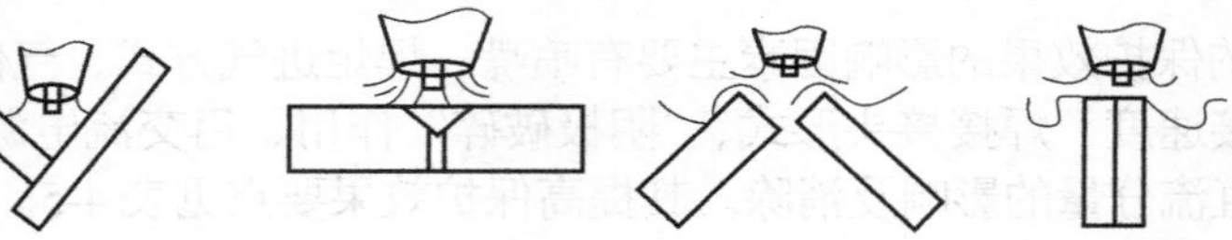 (a) T形接头　　(b) 对接接头　　(c) 角接接头　　(d) 端接头 图5 焊接接头形式对气体保护效果的影响 ①T形接头、对接接头的保护效果较好 ②角接接头、端接头因气流散失大，保护效果较差 ③为提高保护效果，可设临时挡板
"阴极破碎"作用	氩弧焊时，氩气电离后形成大量正离子，并高速向阴极移动。当采用直流反接时，工件是阴极，即氩的正离子流向工件，它撞在金属熔池表面上，能够将高熔点且又致密的氧化膜撞碎，使焊接过程顺利进行，这种现象称为"阴极破碎"作用（或"阴极雾化"作用）。而在直流正接时，没有"破碎"作用，因为撞在工件表面的是电子，电子质量要比正离子质量小得多，撞击力量很弱，所以不能使氧化膜破碎，此时焊接过程也无法进行 　利用"阴极破碎"作用，在焊接铝、镁及其合金时，可以不用熔剂，而是靠电弧来去除氧化膜，得到成形良好的焊缝。不过直流反接时，其许可电流很小，效果也不好，所以一般都采用交流电源。交流电极性是不断变换的，在正极性的半波里（钨极为阴极），钨极可以得到冷却，以减小烧损；在反极性的半波里（钨极为阳极），有"阴极破碎"作用，熔池表面氧化膜可以得到清除。但是，采用交流电源时，必须解决消除直流分量及引弧稳弧的问题
用交流电源焊接存在的问题	交流钨极氩弧焊的电压和电流波形如图6所示 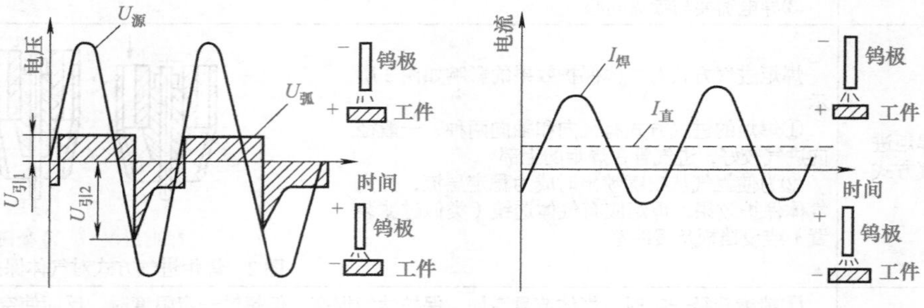 (a) 电压波形　　　　　　　　(b) 电流波形 图6 交流钨极氩弧焊的电压和电流波形 $U_{源}$—电源电压；$U_{弧}$—电弧电压；$U_{引1}$—正半波引弧电压； $U_{引2}$—负半波引弧电压；$I_{焊}$—焊接电流；$I_{直}$—直流分量 　由图6可以看出，不仅两个半波的电弧电压不相等，而且电弧电流也不相等。在交流电路里焊接电流相当于由两部分组成：一部分是真正的交流电；另一部分是直流电，它叠加在交流部分上，在焊接的交流电路里产生的这部分直流电称为直流分量 　由于直流分量减弱了"阴极破碎"作用，难以去除铝、镁及其合金焊接时熔池表面的氧化膜，并使电弧不稳，焊缝易出现未焊透、成形差等缺陷。同时，直流分量相当于焊接回路中通过直流电，以致焊接变压器的铁芯产生直流磁通，使铁芯饱和，这对焊接变压器是很不利的

影响因素	提高保护效果要点
引弧稳弧措施	因为氩气的电离势较高，故难以电离，引弧困难。采用交流电源时，由于电流每秒有100次经过零点，电弧不稳，并且需要重复引燃和稳定电弧，所以氩弧焊必须采取引弧与稳弧的措施，通常有以下三种方法 ①提高焊接变压器的空载电压。当采用交流电源焊接时，把焊接变压器的空载电压提高到200V，电弧容易引燃，且燃烧稳定。如果没有高空载电压的焊接变压器，可用3台普通的同型号焊接变压器串联起来，但此法是不安全、不经济的，应尽量少用 ②采用高频振荡器。高频振荡器是一个高频高压发生器，利用它将普通的工频低压交流电变换成高频高压的交流电，其输出电压为2500～3000V，频率为150～260kHz。高频振荡器与焊接电源并联或串联使用，必须防止高频电流的回输，焊接时只起到第一次引弧的作用，引弧后应马上切断。这是目前氩弧焊最常用的引弧方法 ③采用脉冲稳弧器。交流电源的电弧不稳定，是因为负半波引燃电压高，电流通过零点之后重新引燃困难。所以在负半波开始的一瞬间，可以外加一个比较高的脉冲电压（一般为200～300V），以使电弧重新引燃，从而达到稳定电弧的目的，这就是脉冲稳弧器的作用。焊接时脉冲稳弧器常和高频振荡器一起使用
直流分量的影响及消除	使用交流焊机焊接铝、镁合金时，由于隔离直流分量的电容损坏，或电瓶电压不足，会使电弧不稳，保护效果恶化，可采用以下三种方法消除直流分量（图7） 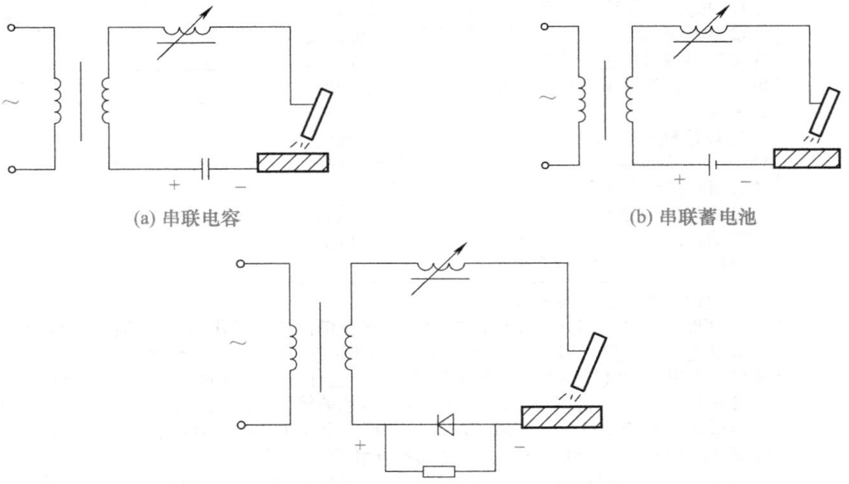 (a) 串联电容 (b) 串联蓄电池 (c) 串联整流器 图7　消除直流分量的方法 ①串联电容。在焊接回路中串联电容。由于电容对交流电阻抗很小，但却能阻止直流电通过，所以起到隔离直流电的作用，一般称为"隔直电容"。电容量的大小可按最大焊接电流计算，约300μF/A。此法消除直流分量的效果较好，使用维护较简单，故用得最为普遍 ②串联直流电源（蓄电池）。在焊接回路中串联直流电源。常用的是蓄电池，使其产生的直流电与原电路中的直流分量大小相等，方向相反，以抵消直流分量。但用蓄电池经常要充电，使用较麻烦 ③串联整流器。在焊接回路中串联一个整流器，旁边再并联一个电阻。此法对于减小直流分量有较好的效果，但因电流经过电阻，增加了电能损耗

四、氩弧焊焊接操作基础

1. 氩弧焊的基本操作

表4-6　氩弧焊的基本操作

焊接工艺	操作说明
引弧与定位焊	手工钨极氩弧焊的引弧方法有以下两种 ①高频或脉冲引弧法。首先提前送气3～4s，并使钨极和焊件之间保持5～8mm距离，然后接通控制开关，再在高频高压或高压电脉冲的作用下，使氩气电离而引燃电弧。这种引弧方法的优点是能在焊接位置直接引弧，能保证钨极端部完好，钨极损耗小，焊缝质量高。它是一种常用的引弧方法，特别是焊接有色金属时更为广泛使用

焊接工艺	操作说明
引弧与定位焊	②接触引弧法。当使用无引弧器的简易氩弧焊机时，可采用钨极直接与引弧板接触进行引弧。由于接触的瞬间会产生很大的短路电流，钨极端部很容易被烧损，因此一般不宜采用这种方法，但因焊接设备简单，故在氩弧焊打底、薄板焊接等方面仍得到应用
定位焊	为了固定焊件的位置，防止或减小焊件的变形，焊前一般要对焊件进行定位焊。定位焊点的大小、间距以及是否需要填加焊丝，这要根据焊件厚度、材料性质以及焊件刚性来确定。对于薄壁焊件和容易变形、容易开裂以及刚性很小的焊件，定位焊点的间距要短些。在保证焊透的前提下，定位焊点应尽量小而薄，不宜堆得太高，并要注意点焊结束时，焊枪应在原处停留一段时间，以防焊点被氧化
运弧	手工钨极氩弧焊时，在不妨碍操作的情况下，应尽可能采用短弧焊，一般弧长为 4～7mm。喷嘴和焊件表面间距不应超过10mm。焊枪应尽量垂直或与焊件表面保持 70°～85° 夹角，焊丝置于熔池前面或侧面，并与焊件表面呈 15°～20° 夹角（右图）。焊接方向一般由右向左，环缝由下向上。焊枪的运动形式有以下几种 ①焊枪等速运行。此法电弧比较稳定，焊后焊缝平直均匀，质量稳定，因此，它是常用的操作方法 ②焊枪断续运行。该方法是为了增加熔透深度，焊接时将焊枪停留一段时间，当达到一定的熔深后填加焊丝，然后继续向前移动，主要适宜于中厚板的焊接 ③焊枪横向摆动。焊接时，焊枪沿着焊缝横向做摆动。此法主要用于开坡口的厚板及盖面层焊缝，通过横向摆动来保证焊缝两边缘良好地熔合 ④焊枪纵向摆动。焊接时，焊枪沿着焊缝纵向往复摆动，此法主要用在小电流焊接薄板时，可防止焊穿和保证焊缝良好成形 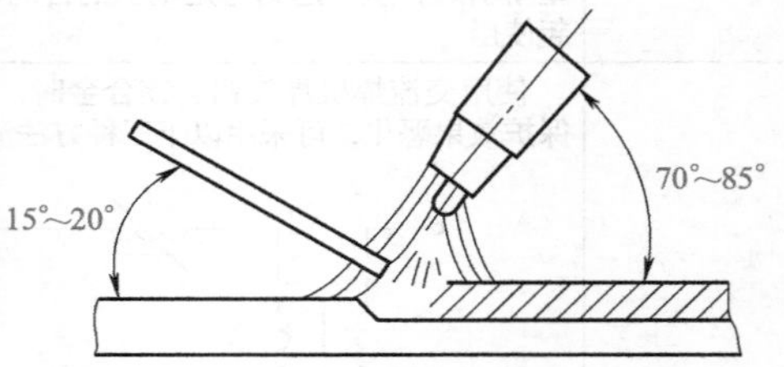 手工钨极氩弧焊时焊枪、焊丝和焊件间的夹角
填丝	焊丝填入熔池的方法一般有下列几种 ①间歇填丝法。当送入电弧区的填充焊丝在熔池边缘熔化后，立即将填充焊丝移出熔池，然后再将焊丝重复送入电弧区。以左手拇指、食指、中指捏紧焊丝，焊丝末端始终处于氩气保护区内。填丝动作要轻，不得扰动氩气保护层，防止空气侵入。这种方法一般适用于平焊和环缝的焊接 ②连续填丝法。将填充焊丝末端紧靠熔池的前缘连续送入。采用这种方法时，送丝速度必须与焊接速度相适应。连续填丝时，要求焊丝比较平直，用左手拇指、食指、中指配合动作送丝，无名指和小指夹住焊丝控制方向。此法特别适用于焊接搭接和角焊缝 ③靠丝法。焊丝紧靠坡口，焊枪运动时，既熔化坡口，又熔化焊丝。此法适用于小直径管子的氩弧焊打底 ④焊丝跟着焊枪做横向摆动。此法适用于焊波要求较宽的部位 ⑤反面填丝法。该方法又叫内填丝法，焊枪在外，填丝在里面，适用于管子仰焊部位的氩弧焊打底，对坡口间隙、焊丝直径和操作技术要求较高 无论采用哪一种填丝方法，焊丝都不能离开氩气保护区，以免高温焊丝末端被氧化，而且焊丝不能与钨极接触发生短路或直接送入电弧柱内；否则，钨极将被烧损或焊丝在弧柱内发生飞溅，破坏电弧的稳定燃烧和氩气保护气氛，造成夹钨等缺陷。为了填丝方便，焊工视野宽和防止喷嘴烧损，钨极应伸出喷嘴端面，伸出长度一般是：焊铝、铜时为 2～3mm，管道打底焊时为 5～7mm。钨极端头与熔池表面距离 2～4mm，若距离小，焊丝易碰到钨极。在焊接过程中，由于操作不慎，钨极与焊件或焊丝相碰时，熔池会立即被破坏而形成一阵烟雾，从而造成焊缝表面的污染和夹钨现象，并破坏了电弧的稳定燃烧。此时必须停止焊接，进行处理。处理的方法是将焊件的被污染处，用角向磨光机打磨至露出金属光泽，才能重新进行焊接。当采用交流电源时，被污染的钨极应在别处进行引弧燃烧清理，直至熔池清晰而无黑色时，方可继续焊接，也可重新磨换钨极；而当采用直流电源焊接时，发生上述情况，必须重新磨换钨极
收弧	收弧时常采用以下几种方法 ①增加焊速法。当焊接快要结束时，焊枪前移速度逐渐加快，同时逐渐减少焊丝送进量，直到焊件不熔化为止。此法简单易行，效果良好 ②焊缝增高法。与上法正好相反，焊接快要结束时，焊接速度减慢，焊枪向后倾角加大，焊丝送进量增加，当弧坑填满后再熄弧 ③电流衰减法。在新型的氩弧焊机中，大部分都有电流自动衰减装置，焊接结束时，只要闭合控制开关，焊接电流就会逐渐减小，从而熔池也就逐渐缩小，达到与增加焊速法相似的效果 ④应用收弧板法。将收弧熔池引到与焊件相连的收弧板上去，焊完后再将收弧板割掉。此法适用于平板的焊接

2. 各种位置的焊接操作

表 4-7　各种位置的焊接操作

焊接类型	操作说明
平焊	平焊时要求运弧尽量走直线，焊丝送进要求规律，不能时快时慢，钨极与焊件的位置要准确，焊枪角度要适当。几种常见接头形式平焊时焊枪、焊丝和焊件间的夹角如下图所示 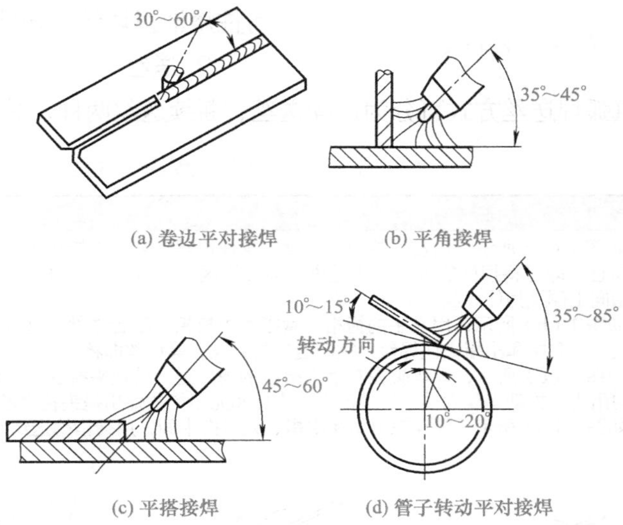 (a) 卷边平对接焊　　　(b) 平角接焊 (c) 平搭接焊　　　(d) 管子转动平对接焊 几种常见接头形式平焊时焊枪、焊丝和焊件间的夹角
横焊	横焊虽然比较容易掌握，但要注意掌握好焊枪的水平角度和垂直角度，焊丝也要控制好水平和垂直角度。如果焊枪角度掌握不好或送丝速度跟不上，很可能产生上部咬边、下部成形不良等缺陷
直焊	立焊比平焊难度要大，主要是焊枪角度和电弧长短在垂直位置上不易控制。立焊时以小规范为佳，电弧不宜拉得过长，焊枪下垂角度不能太小，否则会引起咬边、焊缝中间堆得过高等缺陷。焊丝送进方向以操作者顺手为原则，其端部不能离开保护区
仰焊	仰焊的难度最大，对有色金属的焊接更加突出。焊枪角度与平焊相似，仅位置相反。焊接时电流应小些，焊接速度要快，这样才能获得良好的成形

为使氩气有效地保护焊接区，熄弧后须继续送气 3 ~ 5s，避免钨极和焊缝表面氧化。

第二节　操作技能

一、手工钨极氩弧焊的操作技能

（一）基本操作方法

手工钨极氩弧焊的基本操作技术主要包括引弧、送丝、运弧和填丝、焊枪的移动、接头、收弧、左焊法和右焊法、定位焊等。

1. 引弧

手工钨极氩弧焊的引弧方法有高频或脉冲法和接触法两种，如图 4-4 所示。

① 高频或脉冲法。在焊接开始时，先在钨极与焊件之间保持 3 ~ 5mm 的距离，然后接通控制开关，在高压高频或高压脉冲的作用下，击穿间隙放电，使氩气电离而引燃电弧。能

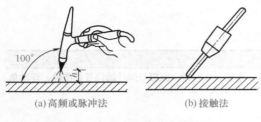

(a) 高频或脉冲法　(b) 接触法

图 4-4　高频或脉冲法和接触法

保证钨极端部完好，钨极损耗小，焊缝质量高。

② 接触法。焊前用引弧板、铜板或炭棒与钨极直接接触进行引弧。接触的瞬间产生很大的短路电流，钨极端部容易损坏，但焊接设备简单。

电弧引燃后，焊炬停留在引弧位置处不动，当获得一定大小不一、明亮清晰的熔池后，即可往熔池里填丝，开始焊接。

2. 送丝

手工钨极氩弧焊送丝方式可分为连续送丝、断续送丝两种，其说明见表4-8。

表 4-8　手工钨极氩弧焊送丝方式

送丝方式	操作方法
连续送丝	①如图1（a）所示，用左手的拇指、食指捏住焊丝，并用中指和虎口配合托住焊丝。送丝时，拇指和食指伸直，即可将捏住的焊丝端头送进电弧加热区。然后，再借助中指和虎口托住焊丝，迅速弯曲拇指和食指向上倒换捏住焊丝的位置 ②如图1（b）所示，用左手的拇指、食指和中指相互配合送丝。这种送丝方式一般比较平直，手臂动作不大，无名指和小指夹住焊丝，控制送丝的方向，等焊丝即将熔化完时，再向前移动 ③如图1（c）所示，焊丝夹在左手大拇指的虎口处，前端夹持在中指和无名指之间，用大拇指来回反复均匀用力，推动焊丝向前送进熔池中，中指和无名指的作用是夹稳焊丝和控制及调节焊接方向 ④如图1（d）所示，焊丝在拇指和中指、无名指中间，用拇指捻送焊丝向前连续送进 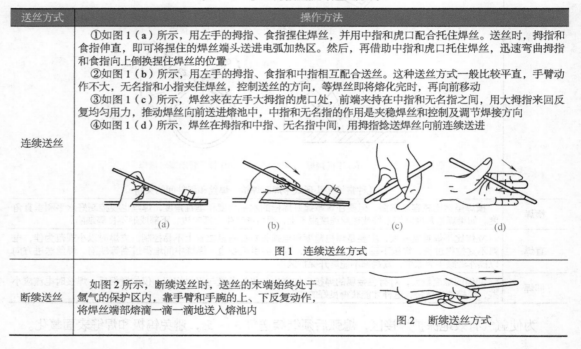 （a）　　（b）　　（c）　　（d） 图1　连续送丝方式
断续送丝	如图2所示，断续送丝时，送丝的末端始终处于氩气的保护区内，靠手臂和手腕的上、下反复动作，将焊丝端部熔滴一滴一滴地送入熔池内 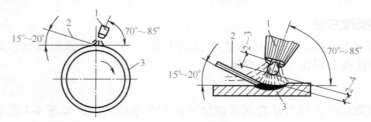 图2　断续送丝方式

3. 运弧和填丝

手工钨极氩弧焊的运弧技术与电弧焊不同，与气焊的焊炬运动有点相似，但要严格得多。焊炬、焊丝和焊件相互间需保持一定的距离，如图4-5所示。焊件方向一般由右向左，环缝由下向上，焊炬以一定速度前移，其倾角与焊件表面呈70°～85°，焊丝置于熔池前面或侧面与焊件表面呈15°～20°。

图 4-5　手工钨极氩弧焊时焊炬与焊丝的位置

1—焊炬；2—焊丝；3—焊件

焊丝填入熔池的方法有以下几种。

① 焊丝做间歇性运动。填充焊丝送入电弧区，在熔池边缘熔化后，再将焊丝重复送入电弧区。

② 填充焊丝末端紧靠熔池的前缘连续送入，送丝速度必须与焊接速度相适应。

③ 焊丝紧靠坡口，焊炬运动，既熔化坡口，又熔化焊丝。

④ 焊丝跟着焊炬做横向摆动。

⑤ 反面填丝或称内填丝，焊炬在外，填丝在里面。

为送丝方便，焊工应视野宽广，并防止喷嘴烧损，钨极应伸出喷嘴端面，焊铝、铜时为 2 ～ 3mm；管子打底焊时为 5 ～ 7mm；钨极端头与熔池表面距离 2 ～ 4mm。距离小，焊丝易碰到钨极。在焊接过程中，应小心操作，如操作不当，钨极与焊件或焊丝相碰时，熔池会被"炸开"，产生一阵烟雾，造成焊缝表面污染和夹钨现象，破坏了电弧的稳定燃烧。

4. 焊枪的移动

手工钨极氩弧焊焊枪的移动方式一般都是直线移动，也有个别情况下做小幅度横向摆动。焊枪的移动方式有直线匀速移动、直线断续移动和直线往复移动三种，如图 4-6 所示，其适用范围如下。

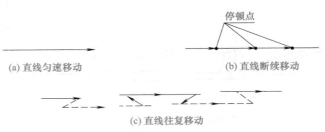

图 4-6　焊枪的移动方式

① 直线匀速移动。适合不锈钢、耐热钢、高温合金薄钢板焊接。

② 直线断续移动。适合中等厚度 3 ～ 6mm 材料的焊接。

③ 直线往复移动。主要用于铝及铝合金薄板材料的小电流焊接。

焊枪的横向摆动方式有圆弧"之"字形摆动、圆弧"之"字形侧移摆动和"r"形摆动三种（图 4-7），其适用范围如下。

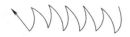  

(a) 圆弧"之"字形摆动　　　(b) 圆弧"之"字形侧移摆动　　　(c) "r"形摆动

图 4-7　焊枪的横向摆动方式

a. 圆弧"之"字形摆动。适合于大的 T 形角焊缝、厚板搭接角焊缝、Y 形及双 Y 形坡口的对接焊接、有特殊要求而加宽焊缝的焊接。

b. 圆弧"之"字形侧移摆动。适合不平齐的角焊缝、端焊缝，不平齐的角接焊、端接焊。

c. "r"形摆动。适合厚度相差悬殊的平面对接焊。

5. 接头

焊接时不可避免会有接头，在焊缝接头处引弧时，应把接头处做成斜坡形状，不能有影响电弧移动的盲区，以免影响接头的质量。重新引弧的位置为距焊缝熔孔前 10 ～ 15mm 处的焊缝斜坡上。起弧后，与焊缝重合 10 ～ 15mm，一般重叠处应减少焊丝或不加焊丝。

6. 收弧

焊接终止时要收弧，收弧不好会造成较大的弧坑或缩孔，甚至出现裂纹。常用的收弧方法有增加焊速法、焊缝增高法、电流衰减法和应用收弧板法。

① 增加焊速法。焊炬前移速度在焊接终止时要逐渐加快，焊丝给进量逐渐减少，直到焊件不熔化时为止。焊缝从宽到窄，此法简易可行，效果良好，但焊工技术要较熟练才行。

② 焊缝增高法。与增加焊速法相反，焊接终止时，焊接速度减慢，焊炬向后倾斜角度加大，焊丝送进量增加，当熔池因温度过高，不能维持焊缝增高量时，可停弧再引弧，使熔池在不停止氩气保护的环境中，不断凝固、不断增高而填满弧坑。

③ 电流衰减法。焊接终止时，将焊接电流逐渐减小，从而使熔池逐渐缩小，达到与增加焊速法相似的效果。如用旋转式直流焊机，在焊接终止时，切断交流电动机的电源，直流发电机的旋转速度逐渐降低，焊接电流也跟着减弱，从而达到衰减的目的。

④ 应用收弧板法。将收弧熔池引到与焊件相连的另一块板上去。焊完后，将收弧板割掉。这种方法适用于平板的焊接。

7. 左焊法和右焊法

左焊法和右焊法如图 4-8 所示。在焊接过程中，焊丝与焊枪由右端向左端移动，焊接电弧指向未焊部分，焊丝位于电弧运动的前方，称为左焊法。如在焊接过程中，焊丝与焊枪由左端向右施焊，焊接电弧指向已焊部分，填充焊丝位于电弧运动的后方，则称为右焊法。

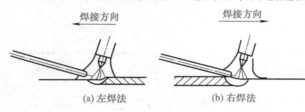

图 4-8　左焊法和右焊法

（1）左焊法的优缺点

① 焊工视野不受阻碍，便于观察和控制熔池情况。

② 焊接电弧指向未焊部分，既可对未焊部分起预热作用，又能减小熔深，有利于焊接薄件（特别是管子对接时的根部打底焊和焊易熔金属）。

③ 操作简单方便，初学者容易掌握。

④ 主要是焊大工件，特别是多层焊时，热量利用率低，因而影响提高熔敷效率。

（2）右焊法的优缺点

① 由于右焊法焊接电弧指向已凝固的焊缝金属，使熔池冷却缓慢，有利于改善焊缝金属组织，减少气孔、夹渣的可能性。

② 由于电弧指向焊缝金属，因而提高了热利用率，在相同的热输入时，右焊法比左焊法熔深大，因而特别适合于焊接厚度较大、熔点较高的焊件。

③ 由于焊丝在熔池运动后方，影响焊工视线，不利于观察和控制熔池。

④ 无法在管道上（特别是小直径管）施焊。

⑤ 较难掌握。

8. 定位焊

为了防止焊接时工件受热膨胀引起变形，必须保证定位焊缝的距离，可按表 4-9 选择。定位焊缝将来是焊缝的一部分，必须焊牢，不允许有缺陷，如果该焊缝要求单面焊双面成形，则定位焊缝必须焊透。必须按正式的焊接工艺要求焊定位焊缝，如果正式焊缝要求预热、缓冷，则定位焊前也要预热，焊后要缓冷。

表 4-9　定位焊缝的间距　　　　　　　　　　　　　　　　mm

板厚	0.5 ～ 0.8	1 ～ 2	＞ 2
定位焊缝的间距	约 20	50 ～ 100	约 200

定位焊缝不能太高，以免焊接到定位焊缝处接头困难，如果碰到这种情况，最好将定位焊缝磨低些，两端磨成斜坡，以便焊接时易于接头。如果定位焊缝上发现裂纹、气孔等缺陷，应将该段定位焊缝打磨掉重焊，不允许用重熔的办法修补。

（二）各种位置焊接操作要领

1. 平敷焊焊接操作要领

表 4-10　平敷焊焊接操作要领

项目	操作要领
引弧	采用短路方法（接触法）引弧时，为避免打伤金属基体或产生夹钨，不应在焊件上直接引弧。可在引弧点近旁放一块紫铜板或石墨板，先在其上引弧，使钨极端头加热至一定温度后，立即转到待焊处引弧 短路引弧根据紫铜板安放位置的不同分为压缝式和错开式两种。压缝式就是将紫铜板放在焊缝上；错开式就是将紫铜板放在焊缝旁边。采用短路方法引弧时，钨极接触焊件的动作要轻而快，防止碰断钨极端头，或造成电弧不稳定而产生缺陷 这种方法的优点是焊接设备简单，但在钨极与紫铜板接触过程中会产生很大的短路电流，容易烧损钨极
收弧	焊接结束时，由于收弧的方法不正确，在收弧板处容易产生弧坑和弧坑裂纹、气孔以及烧穿等缺陷。因此在焊后要将引出板切除 在没有引出板或没有电流自动衰减装置的氩弧焊机中，收弧时，不要突然拉断电弧，要往熔池里多加填充金属，填满弧坑，然后缓慢提起电弧。若还存在弧坑缺陷，可重复收弧动作。为了确保焊缝收尾处的质量，可采取以下几种方法收弧 ①当焊接电源采用旋转式直流电焊机时，可切断带动直流电焊机的电动机电源，利用电动机的惯性达到衰减电流的目的 ②可用焊枪手把上的按钮断续送电的方法使弧坑填满，也可在焊机的焊接电流调节电位器上接出一个脚踏开关，当收弧时迅速断开开关，达到衰减电流的目的 ③当焊接电源采用交流电焊机时，可控制调节铁芯间隙的电动机，达到电流衰减的目的
焊接操作	选用 60～80A 焊接电流，调整氩气流量。右手握焊枪，用食指和拇指夹住枪身前部，其余三指触及焊件作为支点，也可用其中两指或一指作为支点。要稍用力握住，这样能使焊接电弧稳定。左手持焊丝，严防焊丝与钨极接触，若焊丝与钨极接触，易产生飞溅、夹钨，影响气体保护效果，焊道成形差 为了使氩气能很好地保护熔池，应使焊枪的喷嘴与焊件表面成较大的夹角，一般为 80° 左右，填充焊丝与焊件表面夹角宜为 10° 左右，在不妨碍视线的情况下，应尽量采用短弧焊以增强保护效果，如右图所示 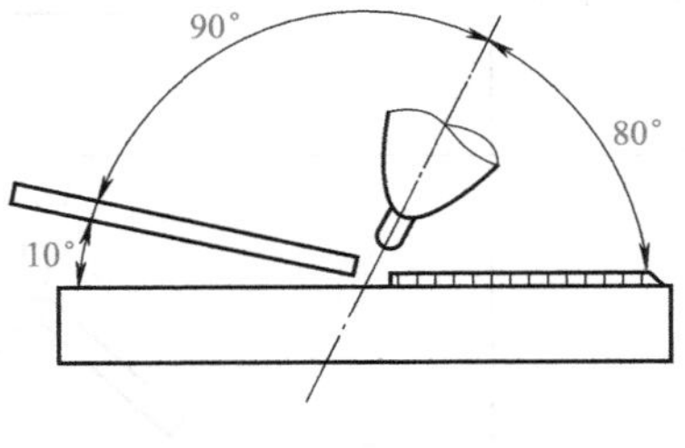 平敷焊时，普遍采用左焊法进行焊接。在焊接过程中，焊枪应保持均匀的直线运动，焊丝做往复运动。但应注意以下事项 ①观察熔池的大小 ②焊接速度和填充焊丝应根据具体情况密切配合好 ③应尽量减少接头 ④要计划好焊丝长度，尽量不要在焊接过程中更换焊丝，以减少停弧次数。若中途停顿后，再继续焊时，要用电弧把原熔池的焊道金属重新熔化，形成新的熔池后再加焊丝，并与前焊道重叠 5mm 左右，在重叠处要少加焊丝，使接头处圆滑过渡 ⑤第一条焊道到焊件边缘终止后，再焊第二条焊道。焊道与焊道间距为 30mm 左右，每块焊件可焊 3 条焊道。 在焊接铝板时，由于铝合金材料的表面覆盖着氧化铝薄膜，阻碍了焊接金属的熔合，导致焊缝产生气孔、夹渣及未焊透等缺陷，恶化焊缝的成形。因而，必须严格清除焊接处和焊丝表面的氧化膜及油污等杂质。清理方法有化学清洗法和机械清理法两种，其适用场合如下 ①化学清洗法。除油污时用汽油、丙酮、四氯化碳等有机溶剂擦净铝表面。也可用配成的溶液来清洗铝表面的油污，然后将焊件或焊丝放在 60～70℃ 的热水中冲洗黏附在焊件表面的溶液，再在流动的冷水中洗干净；除氧化膜时，首先将焊件和焊丝放在碱性溶液中侵蚀，取出后用热水冲洗，随后将焊件和焊丝放在 30%～50% 的硝酸溶液中进行中和，最后将焊件和焊丝在流动的冷水中冲洗干净，并烘干；适用于清洗焊丝及尺寸不大的成批焊件 ②机械清理法。在去除油污后，用钢丝刷将焊接区域表面刷净，也可用刮刀清除氧化膜，至露出金属光泽。一般用于尺寸较大、生产周期较长的焊件

焊枪、焊件与焊丝的相对位置

2.平角焊焊接操作要领

表 4-11　平角焊焊接操作要领

项目	图示	操作要领
定位焊	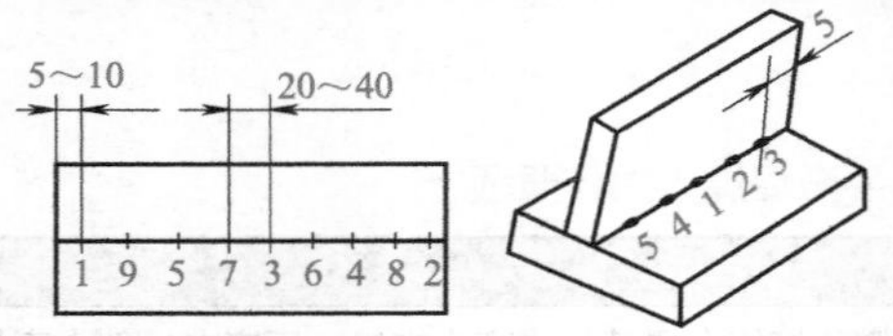 (a) 定位焊点先定两头　(b) 定位焊点先定中间 定位焊点的顺序	定位焊焊缝的距离由焊件厚度及焊缝长度来决定。焊件越薄，焊缝越长，定位焊缝距离越小。焊件厚度为 2～4mm 时，定位焊缝间距一般为 20～40mm，定位焊缝距两边缘为 5～10mm 　　定位焊缝的宽度和余高不应大于正式焊缝的宽度和余高。从焊件两端开始定位焊时，开始两点应在距边缘 5mm 外；第三点在整个接缝中心处；第四、五两点在边缘和中心点之间，以此类推。从焊件接缝中心开始定位焊时，从中心点开始，先向一个方向定位，再往相反方向定位其他各点
校正	—	定位焊后再进行校正，它对焊接质量起着很重要的作用，是保证焊件尺寸、形状和间隙大小，以及防止烧穿的关键
焊接	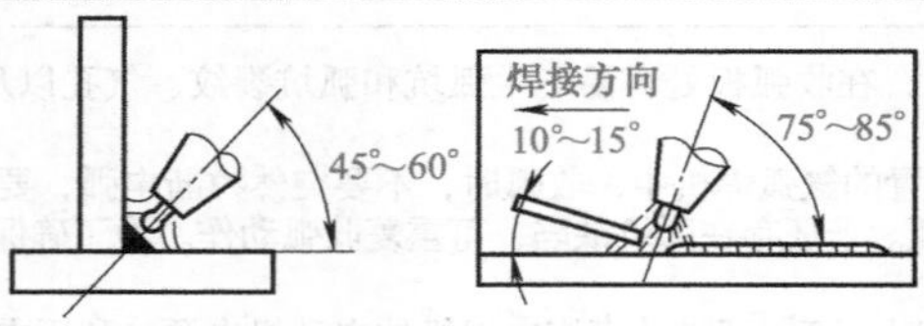 (a) 内平角焊　(b) 水平面焊 平角焊时焊丝、焊枪与焊件的相对位置	用左焊法，进行内平角焊时，由于液体金属容易流向水平面，很容易使垂直面咬边。因此焊枪与水平板夹角应大些，一般为 45°～60°。钨极端部偏向水平面上，使熔池温度均匀。 　　进行水平面焊接时，焊丝与水平面为 10°～15° 的夹角。焊丝端部应偏向垂直板，若两焊件厚度不相同时，焊枪角度偏向厚板一边。在焊接过程中，要求焊枪运行平稳，送丝均匀，保持焊接电弧稳定燃烧，以保证焊接质量
船形角焊		将 T 形接头或角接接头转动 45°，使焊接成水平位置，称为船形角焊。船形角焊可避免平角焊时液体金属流到水平表面，导致焊缝成形不良的缺陷。船形角焊时对熔池保护性好，可采用大电流，使熔深增加，而且操作容易掌握，焊缝成形也好
外平角焊	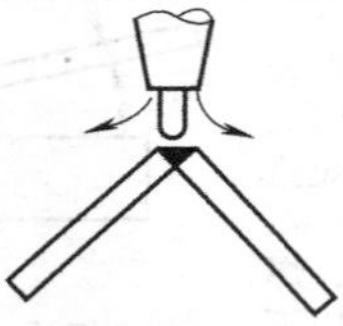 外平角焊 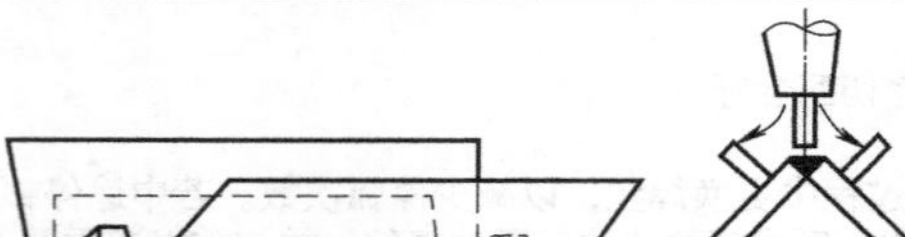 (a) W 形挡板　(b) 应用 W 形挡板的应用	外平角焊是在焊件的外角施焊，操作比内角焊方便。操作方法和平对接焊基本相同。焊接间隙越小越好，以避免烧穿。焊接时用左焊法，钨极对准焊缝中心线，焊枪均匀平稳地向前移动，焊丝断续地向熔池中填充金属 　　如果发现熔池有下陷现象，而加速填充焊丝还不能解除下陷现象时，就要减小焊枪的倾斜角，并加快焊接速度。造成下陷或烧穿的原因主要是：电流过大；焊丝太细；局部间隙过大或焊接速度太慢等 　　如发现焊缝两侧的金属温度低，焊件熔化不够时，就要减慢焊接速度，增大焊枪角度，直至达到正常焊接 　　外平角焊保护性差，为了改善保护效果，可用 W 形挡板

3.不锈钢薄板焊接操作要领

表 4-12　不锈钢薄板焊接操作要领

项目	操作要领
矫平	先对焊件进行矫平。为了防止焊缝增碳、产生气孔、降低焊缝的耐腐蚀性，在焊件坡口两侧各 20～30mm 内，用汽油、丙酮，或用质量分数为 50% 的浓碱水、体积分数为 15% 的硝酸溶液擦洗焊件待焊处表面，将油、垢、漆等污物清理干净，然后用清水冲洗、擦干，严禁用砂轮打磨

项目	操作要领
技术要求	焊件装配技术要求如下： ①装配平整，单面焊双面成形 ②坡口为 I 形，预留 4°～5° 的反变形角，根部间隙为 0～0.5mm，错边量 ≤ 0.3mm
定位焊	定位焊时，为了在焊接过程中减小变形，防止定位焊缝开裂，定位焊缝数量可以有 3 条，其位置在焊件的两端和中间各一个，其焊接参数见下表

不锈钢薄板焊接参数

焊接层数	焊接电流 /A	焊接速度 /(mm/min)	氩气流量 /(L/min)	钨极直径 /mm	喷嘴直径 /mm	钨极伸出长度 /mm	喷嘴至焊件距离 /mm
定位焊	65～85	80～120	4～6	2	10	5～7	≤ 12
焊全缝	65～80	80～120	4～6	2	10	5～7	≤ 12

项目	操作要领
正常焊接	不锈钢薄板 I 形坡口平对接手工钨极氩弧焊采用单面焊双面成形，一般都使用短弧左焊法。首先在焊件右端的始焊端定位焊缝处起弧，焊枪不移动，也不加焊丝，对坡口根部进行预热，待焊缝端部及坡口根部熔化并形成一个熔池后，再添加焊丝。填丝时，保持焊丝送丝角度在 15°～20° 的范围内，沿着坡口间隙尽量把焊丝端部送入坡口根部。此时，电弧沿坡口间隙深入根部并向左移动施焊。焊接过程中，焊枪、焊丝的角度要保持稳定，并随时注意观察熔池的变化，防止产生烧穿、塌陷、未焊透等缺陷 在焊丝用完或因其他原因而暂时停止焊接时，可以松开焊枪上的按钮开关停止送丝。然后，看焊枪上是否有电流衰减控制功能。当焊枪有电流衰减控制功能时，仍保持喷嘴高度不变，待焊接电弧熄灭、熔池冷却后再移开焊枪和焊丝；若焊枪没有电流衰减控制功能时，将焊接电弧沿坡口左移后再抬高焊枪灭弧，防止弧坑焊道及焊丝端部高温氧化 焊接接头时，先将焊缝上的氧化膜打磨干净，然后将接头处的弧坑打磨成缓坡形，在弧坑处引弧、加热，使弧坑处焊道重新熔化，与熔池连成一体，然后再填焊丝，转入正常焊接 当焊接到焊缝的最左边时（焊件焊缝的终点），首先减小焊枪的角度，将电弧的热量集中在焊丝上，使焊丝的熔化量加大，填满弧坑；然后切断电流开关，焊接电流开始衰减，熔池也在不断地缩小，同时应将焊丝抽离熔池，但又不能使焊丝脱离氩气保护区。在氩气延时 3～4s 后，再关闭气阀，移开焊枪和焊丝

二、自动钨极氩弧焊的操作技能

图 4-9 所示为小车式自动钨极氩弧焊工作原理，焊接小车与埋弧焊小车相似，在生产中，为节省成本，也可通过将埋弧焊接小车改造成自动钨极氩弧焊设备使用。

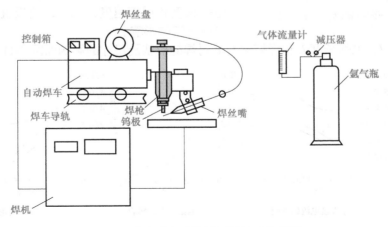

图 4-9　小车式自动钨极氩弧焊工作原理

根据钨极氩弧焊的特点，电极是不熔化的，所使用的电流密度不大，电弧具有下降并过渡到平直的外特性。因此，只需要一般陡降的外特性电源，便可以保证电弧燃烧和焊接规范的稳定。

焊枪在焊接电流 180A 以下可采用自然冷却，焊接电流在 180A 以上的必须用水冷却；同时，焊枪应要求接触和导电良好，保证有足够的有效保护区域和气流挺度，焊枪上所有转动零件的同心度不应大于 0.2mm。如果焊接时需加填焊丝，送焊丝的焊丝嘴应随着焊丝直径的不同而更换。如所使用的焊丝直径为 0.8mm、1mm、1.6mm 和 3mm，则焊丝嘴的内径相应宜为 0.9mm、1.1mm、1.65mm 和 2.1mm。

1. 焊前准备

对于焊件焊前焊缝坡口准备及工件的清理工作与手工钨极氩弧焊相同，可参考相应内容。但要注意的是，自动钨极氩弧焊对坡口组对的质量要求高，组对后的错边量越小越好。允许的局部间隙和错边量见表 4-13。如果间隙超过表 4-13 所允许的数值，在焊接时容易出现烧穿。

表 4-13 自动钨极氩弧焊允许的局部间隙和错边量 mm

焊接方式	线材厚度	允许的局部间隙	允许的错边量
不加填焊丝	0.8 ~ 1	0.15	0.15
	1 ~ 1.5	0.2	0.2
	1.5 ~ 2	0.3	0.2
加填焊丝	0.8 ~ 1	0.2	0.15
	1 ~ 1.5	0.25	0.2
	1.5 ~ 2	0.3	0.2

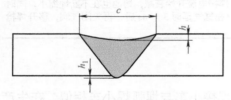

图 4-10 自动钨极氩弧焊
（不加填焊丝）的焊缝形状
c—焊缝宽度；h—凹陷量；h_1—背部焊透高度

2. 焊接规范的影响

焊接规范参数是控制焊缝尺寸的重要因素。不加填焊丝的自动钨极氩弧焊的焊缝形状如图 4-10 所示。

要想获得理想的焊缝形状和优质的焊接接头，除使用正确的焊接技术外，还必须选择合适的焊接规范。影响焊缝尺寸的焊接规范参数有焊接电流、电弧长度和焊接速度，此外，钨极直径和对接间隙也有一定的影响。

焊接电流 I、电弧长度 L 和焊接速度 v 对焊缝形状及尺寸的影响如图 4-11 所示。

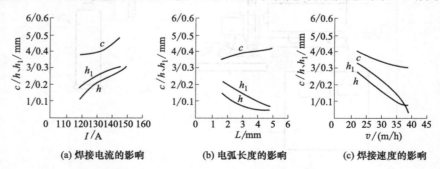

(a) 焊接电流的影响　　(b) 电弧长度的影响　　(c) 焊接速度的影响

图 4-11 焊接参数对焊缝形状及尺寸的影响

从图 4-11 中可以看到，随着焊接电流的增加，焊缝形状尺寸相应的增加；相反，随着焊接电流的减小，焊缝形状尺寸也相应减小，如图 4-11（a）所示。随着电弧长度增加，焊缝宽度稍有增加，而凹陷量和焊透高度稍有减小；反之，随着电弧长度的减小，焊缝宽度稍有减小，而凹陷量和焊透高度稍有增加，如图 4-11（b）所示。随着焊接速度的增加，焊缝形状尺寸相应地减小；反之，随着焊接速度的减小，焊缝形状尺寸相应地增加，如图 4-11（c）所示。

3. 自动钨极氩弧焊焊接操作

自动钨极氩弧焊的操作技术比手工钨极氩弧焊容易掌握，但同样需要经过培训才能熟练掌握。其焊接操作技能如下。

① 焊件可用加填焊丝或不加填焊丝的手工钨极氩弧焊进行定位焊，定位焊合格后，要将定位焊点与基本金属打磨齐平后再进行焊接。如果将焊件在焊接夹具上固定后进行焊接，则可不用进行定位焊。

② 焊接前，应使钨极中心对准焊件的对接缝，其偏差不得超过 ±0.2mm。钨极伸出喷嘴的长度应为 5 ～ 8mm，即喷嘴到焊件间的距离应为 7 ～ 10mm，钨极端头到焊件间的距离（即电弧长度）应为 0.8 ～ 3mm。其中，对于不加填焊丝的自动钨极氩弧焊，弧长最好为 0.8 ～ 2mm；对于加填焊丝的自动钨极氩弧焊，弧长最好为 2.5 ～ 3mm。

③ 引弧前要先送氩气，以吹净焊枪和管路中的空气，并调整好所需要的氩气流量，然后按下起动按钮，使焊接电源与自动焊车电源接通。采用高频引弧时，可用高频振荡器引弧，但电弧引燃后，应立即切断振荡器电源，也可采用接触法引弧，用碳棒轻轻触及钨极，使钨极与引弧板短路而引燃电弧。

④ 停止焊接时，按停止按钮，切断焊接电源与自动焊车电源。电弧熄灭后，再停止送氩气，以防止钨极被氧化。

⑤ 为了消除直焊缝的起始端和末端的烧缺，应在焊缝的起始端和末端加装引弧板和引出板（熄弧板），引弧板和引出板与焊件材料相同，厚度相同，尺寸为 30mm×40mm，并在引弧板和引出板上进行引弧和熄弧的操作。

⑥ 焊接需要保护焊缝背面不氧化的材料（如奥氏体不锈钢）时，应在焊缝背面垫上带沟槽的铜垫板，也可焊接时在焊缝背面通氩气，其流量为焊接时保护气体流量的 30% ～ 50%。铜垫板的沟槽尺寸见表 4-14。

表 4-14　铜垫板的沟槽尺寸　　　　　　　　　　　　　　　　　　　　mm

图示	线材厚度	铜垫板沟槽尺寸	
		宽度 a	深度 b
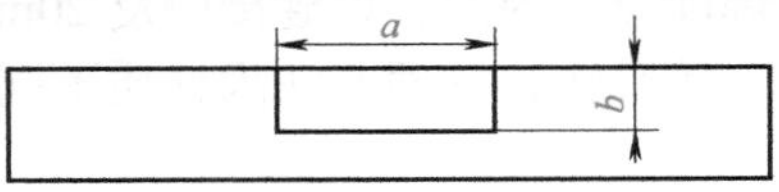	0.8 ～ 1.5	2 ～ 4	0.5
	1.5 ～ 3	3 ～ 6	0.8

⑦ 当自动钨极氩弧焊需加填焊丝时，焊丝表面应清理干净，焊丝应有条理地盘绕在焊丝盘内，并应均匀送进，不应有打滑现象。焊丝伸出焊丝嘴的长度应为 10 ～ 15mm，焊丝与钨极的夹角应保持在 85° ～ 90°，焊丝与焊件水平方向的夹角保持在 5° ～ 10°，钨极与焊件水平方向的夹角保持在 80° ～ 85°。钨极自动氩弧焊时焊丝、焊件与钨极的位置如图 4-12 所示。

⑧ 自动钨极氩弧焊焊接环缝前，焊件必须进行对称定位焊，定位焊点要求熔透均匀。正式焊接前，必须掌握好焊枪与环缝焊件中心之间的偏移角度，其角度的大小主要与焊接电流、焊件转动速度及焊件直径等参数有关。偏移一定的角度便于送丝和保证焊缝的良好成形。在引弧后，应逐渐增加焊接电流到正常值，同时输送焊丝，进行正常焊接。在焊接收尾时，应使焊缝重叠 25 ～ 40mm。重叠开始后，降低送丝速度，同时，衰减焊接电流到一定

数值后，再停止送丝切断电源，以防止在收弧时产生弧坑缩孔和裂纹等缺陷。自动钨极氩弧焊焊接环缝示意图如图 4-13 所示。

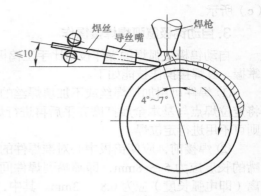

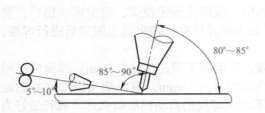

图 4-12　钨极自动氩弧焊时焊丝、焊件与钨极的位置　　　图 4-13　自动钨极氩弧焊焊接环缝示意图

三、熔化极氩弧焊的操作技能

（一）熔化极氩弧焊的特点及焊前准备

1. 熔化极氩弧焊的特点

钨极氩弧焊时，为防止钨极的熔化与烧损，焊接电流不能太大，所以焊缝的熔深受到限

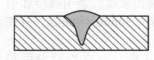

图 4-14　熔化极氩弧焊的焊缝截面

制。当焊件厚度在 6mm 以上时，就要开坡口采用多层焊，故生产效率不高。而熔化极氩弧焊由于电极是焊丝，焊接电流可大大增加且热量集中，利用率高，所以可以用于焊接厚板焊件，并且容易实现自动化。在焊接过程中，通常电弧非常集中，焊缝截面具有较大熔深的蘑菇状，如图 4-14 所示。

2. 焊前准备

① 坡口形式。熔化极氩弧焊的坡口形式详见 GB/T 985.1—2008《气焊、焊条电弧焊、气体保护焊和高能束焊的推荐坡口》。

② 焊前清理。焊丝、焊件被油、锈、水、尘污染后会造成焊接过程不稳定、焊接质量下降、焊缝成形变形，出现气孔，夹渣等缺陷。因此，焊前应将焊丝、焊缝接口及 20mm 之内的近缝区，严格地去除金属表面的氧化膜、油脂和水分等脏物，清理方法因材质不同而有所差异。

焊前清理包括脱脂清理、化学清理、机械清理和化学机械清理 4 种方式。

（二）熔化极混合气体保护的气体选择

表 4-15　熔化极混合气体保护的气体选择

保护气体	说明
碳钢及低合金钢	
Ar+CO$_2$15%～20%	既能实现频率稳定的熔滴过渡，也能实现稳定的无飞溅喷射和脉冲射流过渡。焊缝成形比纯氩或纯二氧化碳好。可焊接细晶结构钢，焊缝力学性能良好
Ar+CO$_2$10%	适用于镀锌铁板的焊接，焊渣极少
Ar+O 1%～2%	可降低焊缝金属含氢量，提高低合金高强钢焊缝韧性
Ar+CO$_2$5%+O$_2$%	可实现喷射和脉冲射流过渡

保护气体	说明
Ar+CO₂5%+O6%	可用于各种板厚的射流或短路焊接，特别适合薄板焊接，速度高，间隙搭桥性好，飞溅极少。可焊接细晶钢、锅炉钢、船用钢及某些高强钢等
Ar+CO₂15%+O5%	与上述相似，但熔深大，焊缝成形良好
Ar+O5%～15%	增加熔深，提高生产率，含氢量低于二氧化碳
不锈钢	
Ar+O1%～5%	用于喷射及脉冲氩弧焊，可改善熔滴过渡，增大熔深，减少飞溅，消除气孔，焊脚整齐
Ar+O2%+CO₂5%	可改善短路或脉冲焊的熔滴过渡，但焊缝可能有少量增碳现象
铝及铝合金	
Ar+CO₂1%～3%	可简化焊丝和焊件表面清理，能获得无气孔、强度及塑性好的焊缝。焊缝外观较平滑
Ar+N0.2%	特别有利于消除气孔
Ar+He	含氦量小于或等于10%，可提高热输入量，宜用于厚板焊接；含氦量大于10%，易产生过多飞溅
铜及铜合金	
Ar+N20%	可提高热功率，降低焊件预热温度，但飞溅较大
钛、锆及其合金	
Ar+He25%	可提高热输入量，使焊缝金属润滑性改善，适用于平位射流过渡焊、全位置脉冲及短路过渡氩弧焊
镍基合金	
Ar+He15%～22%	可提高热输入量，改善熔融特性，同时消除熔融不良现象

（三）熔化极氩弧焊焊接规范选择

熔化极氩弧焊主要的焊接参数有焊丝直径、过渡形式、电弧电压、焊接电流与极性、焊接速度、焊丝伸出长度、喷嘴直径及气体流量、喷嘴工件的距离和焊丝位置等。

1. 焊丝直径

焊丝直径根据工件的厚度、施焊位置来选择，薄板焊接和空间位置的焊接通常采用细丝（$\phi \leqslant 1.6mm$）；平焊位置的中等厚度板和大厚度板焊接通常采用粗丝。在平焊位置焊接大厚度板时，最好采用直径为 3.2～5.6mm 的焊丝，利用该范围内的焊丝时焊接电流可用到500～1000A，这种粗丝大电流焊的优点是熔透能力大、焊道层数少、焊接生产率高、焊接变形小。焊丝直径的选择见表 4-16。

表 4-16　焊丝直径的选择　　　　　　　　　　　　　　　　　　mm

焊丝直径	工件厚度	施焊位置	熔滴过渡形式
0.8	1～3	全位置	短路过渡
1.0	1～6	全位置、单面焊双面成形	短路过渡
1.2	2～12		
	中等厚度、大厚度	打底	
1.6	6～25	平焊、横焊或立焊	射流过渡
	中等厚度、大厚度		
2.0	中等厚度、大厚度		

2. 过渡形式

焊丝直径一定时，焊接电流的选择与熔滴过渡类型有关。电流较小时为细颗粒（滴状）过渡，若电弧电压较低，则为短路过渡；当电流达到临界电流值时为喷射过渡。MIG 焊喷射过渡的临界电流范围见表4-17。

表4-17 MIG焊喷射过渡的临界电流范围   A

焊丝材料	焊丝直径/mm			
	1.2	1.6	2	2.5
铝合金	$\dfrac{95\sim105}{200\sim230}$	$\dfrac{120\sim140}{300\sim350}$	$\dfrac{135\sim160}{360\sim370}$	$\dfrac{190\sim220}{400\sim420}$
铜	$\dfrac{120\sim140}{320\sim340}$	$\dfrac{150\sim170}{370\sim380}$	$\dfrac{180\sim210}{410\sim420}$	$\dfrac{230\sim260}{460\sim490}$
不锈钢 （18-8Ti）	$\dfrac{190\sim210}{310\sim330}$	$\dfrac{220\sim240}{450\sim460}$	$\dfrac{260\sim280}{500\sim550}$	$\dfrac{320\sim330}{560\sim600}$
碳钢	$\dfrac{230\sim250}{320\sim330}$	$\dfrac{260\sim280}{490\sim500}$	$\dfrac{300\sim320}{550\sim560}$	$\dfrac{350\sim370}{600\sim620}$

注：表中分子为临界值，分母为最大值。

3.电弧电压

对应于一定的临界电流值，都有一个最低的电弧电压值与之相匹配。电弧电压低于这个值，即使电流比临界电流大很多，也得不到稳定的喷射过渡。最低的电弧电压（电弧长度）根据焊丝直径来选定，其关系式为

$$L=Ad$$

式中 L——弧长，mm；
　　　d——焊丝直径，mm；
　　　A——系数（纯氩，直流反接，焊接不锈钢时取2～3）。
常用金属材料熔化极气体保护焊的电弧电压见表4-18。

表4-18 常用金属材料熔化极气体保护焊的电弧电压   V

母材材质	自由过渡（ϕ1.6mm焊丝）					短路过渡（ϕ0.9mm焊丝）			
	CO_2	Ar+O_2 1%～5%	Ar25%+ He75%	Ar	He	CO_2	Ar75%+ $CO_2$25%	Ar+O_2 1%～5%	Ar
碳钢	30	28	—	—	—	20	19	18	17
低合金钢									
不锈钢		26		24			21	19	18
镍									
镍铜合金		—	28	26	30				22
镍铬铁合金									
硅青铜		28						—	
铝青铜	—	—	30	28	32				23
磷青铜		23							
铜			33	30	36				24
铜镍合金			30	28	32			22	23
铝			29	25	30			—	19
镁			28	26	—				16

注：表中气体所占比值为体积分数。

4. 焊接电流与极性

由于短路过渡和粗滴过渡存在飞溅严重、电弧复燃困难及焊接质量差等问题，生产中一般都不采用，而采用喷射过渡的形式。熔化极氩弧焊时，当焊接电流增大到一定数值，熔滴的过渡形式会发生一个突变，即由原来的粗滴过渡转化为喷射过渡，这个发生转变的焊接电流值称为"临界电流"。不同直径和不同成分的焊丝具有不同的临界电流，见表4-19。低碳钢熔化极氩弧焊的典型焊接电流见表4-20。

表4-19 不锈钢焊丝的临界电流

焊丝直径/mm	0.8	1	1.2	1.6	2	2.5	3
临界电流/A	160	180	210	240	280	300	350

表4-20 低碳钢熔化极氩弧焊的典型焊接电流

焊丝直径/mm	焊接电流/A	熔滴过渡方式	焊丝直径/mm	焊接电流/A	熔滴过渡方式
1.0	40～150	短路过渡	1.6	270～500	射流过渡
1.2	80～180		1.2	80～220	
1.2	220～350	射流过渡	1.6	100～270	脉冲射流过渡

焊接电流增加时，熔滴尺寸减小，过渡频率增加。因此焊接时，焊接电流不应小于临界电流值，以获得喷射过渡的形式，但当电流太大时，熔滴过渡会变成不稳定的非轴向喷射过渡，同样飞溅增加，因此不能无限制地增加电流值。另外，直流反接时，只要焊接电流大于临界电流值，就会出现喷射过渡，直流正接时却很难出现喷射过渡，故生产上都采用直流反接。

5. 焊接速度

焊接速度是重要焊接参数之一。焊接速度与焊接电流适当配合才能得到良好的焊缝成形。在热输入不变的条件下，焊接速度过大，熔宽、熔深减小，甚至产生咬边、未熔合、未焊透等缺陷。如果焊接速度过慢，不但直接影响生产率，而且还可能导致烧穿、焊接变形过大等缺陷。

自动熔化极氩弧焊的焊接速度一般为25～150m/h；半自动熔化极氩弧焊的焊接速度一般为5～60m/h。

6. 焊丝伸出长度

焊丝伸出长度增加可增强其电阻热作用，使焊丝熔化速度加快，可获得稳定的射流过渡，并降低临界电流。

一般焊丝伸出长度为13～25mm，视焊丝直径等条件而定。

7. 喷嘴直径及气体流量

熔化极氩弧焊对熔池的保护要求较高，如果保护不良，焊缝表面便会起皱皮，所以熔化极氩弧焊的喷嘴直径及气体流量比钨极氩弧焊都要相应地增大，保护气体的流量一般根据电流大小、喷嘴直径及接头形式来选择。对于一定直径的喷嘴，有一最佳的流量范围，流量过大则易产生紊乱；流量过小则气流的挺度差，保护效果不好。通常喷嘴直径为20mm，气体流量为10～60L/min，喷嘴至焊件距离为8～15mm。氩气流量则为30～60L/min。

气体流量最佳范围通常需要通过实验来确定，保护效果与焊缝表面颜色之间的关系见表4-21。

表 4-21　保护效果与焊缝表面颜色之间的关系

材料	保护效果				
	最好	良好	较好	不良	最差
不锈钢	金黄色或银色	蓝色	红灰色	灰色	黑色
钛及钛合金	亮银白色	橙黄色	蓝紫色	青灰色	白色氧化钛粉末
铝及铝合金	银白色有光亮	白色（无光）	灰白色	灰色	黑色
紫铜	金黄色	黄色	—	灰黄色	灰黑色
低碳钢	灰白色有光亮	灰色	—	—	灰黑色

8. 喷嘴工件的距离

喷嘴高度应根据电流的大小选择，该距离过大时，保护效果变差；过小时，飞油颗粒堵塞喷嘴，且阻挡焊工的视线。喷嘴高度推荐值见表 4-22。

表 4-22　喷嘴高度推荐值

电流大小 /A	< 200	200 ～ 250	250 ～ 500
喷嘴高度 /mm	10 ～ 15	15 ～ 20	20 ～ 25

9. 焊丝位置

焊丝与工件间的夹角角度影响焊接热输入，从而影响熔深及熔宽。

① 行走角。在焊丝轴线与焊缝轴线所确定的平面内，焊丝轴线与焊缝轴线的垂线之间的夹角称为行走角。

② 工作角。焊丝轴线与工件法线之间的夹角称为工作角。

（四）自动熔化极氩弧焊操作要点

平焊位置的长焊缝或环形焊缝的焊接一般采用自动熔化极氩弧焊，但对焊接参数及装配精度都要求较高。自动熔化极氩弧焊操作要点说明见表 4-23。

表 4-23　自动熔化极氩弧焊操作要点说明

焊接形式	操作要点说明
板对接平焊	焊缝两端加接引弧板与引出板，坡口角度为 60°，钝边为 0 ～ 3 mm，间隙为 0 ～ 2mm，单面焊双面成形。用垫板保证焊缝的均匀焊透，垫板分为永久性垫板和临时性铜垫板两种
环焊缝	环焊缝自动熔化极氩弧焊有两种方法：一种是焊炬固定不动而工件旋转；另一种是焊炬旋转而工件不动。焊前各种焊接参数必须调节恰当，符合要求后即可开机进行焊接 ①焊炬固定不动而工件旋转。而焊炬固定在工件的中心垂直位置，采用细焊丝，在引弧处先用手工钨极氩弧焊不加焊丝焊接 15 ～ 30 mm，并保证焊透，然后在该段焊缝上引弧进行熔化极氩弧焊。焊炬固定在工件中心水平位置，为了减少熔池金属流动，焊丝必须对准焊接熔池，其特点是焊缝质量高。能保证接头根部焊透，但余高较大 ②焊炬旋转而工件不动。在大型焊件无法使工件旋转的情况下选用。工件不动，焊炬沿导轨在环形工件上连续回转进行焊接。导轨021定，安装正确，焊接参数应随焊炬所处的空间位置进行调整。定位焊位置处于水平中心线和垂直中心线上，对称焊 4 点

（五）半自动熔化极氩弧焊操作要点

表 4-24　半自动熔化极氩弧焊操作要点说明

焊接形式	操作要点说明
引弧	常用短路引弧法：引弧前应先剪去焊丝端头的球形部分，否则，易造成引弧处焊缝缺陷。引弧前焊丝端部应与工件保持 2 ～ 3mm 的距离。若引弧时焊丝与工件接触不良或接处太紧，都会造成焊丝成段爆断。焊丝伸出导电嘴的长度：细焊丝为 8 ～ 14mm，粗焊丝为 10 ～ 20mm

焊接形式	操作要点说明
引弧板	为了消除在引弧端部产生的飞溅、烧穿、气孔及未焊透等缺陷，要求在引弧板上引弧。如不采用引弧板而直接在工件上引弧，应先在离焊缝处5～10mm的坡口上引弧，然后再将电弧移至起焊处，待金属熔池形成后再正常向前焊接
定位焊	采用大电流、快速送丝、短时间的焊接参数进行定位焊，定位焊缝的长度、间距应根据工件结构截面形状和厚度来确定
左焊法和右焊法	根据焊炬的移动方向，熔化极气体保护焊可分为左焊法和右焊法两种。焊炬从右向左移动，电弧指向待焊部分的操作方法称为左焊法。焊炬从左向右移动，电弧指向已焊部分的操作方法称为右焊法。左焊法时熔深较浅，熔宽较大，余高较小，焊缝成形好；而右焊法时焊缝深而窄，焊缝成形不良。因此一般情况下采用左焊法。用右焊法进行平焊位置的焊接时，行走角一般保持在5°～10°
焊炬的倾角	焊炬在施焊时的倾斜角对焊缝成形有一定的影响。半自动熔化极氩弧焊时，左焊法和右焊法时的焊炬角度及相应的焊缝成形情况如图4-15所示。不同焊接接头左焊法和右焊法的比较见表4-25

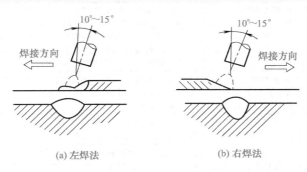

(a) 左焊法　　(b) 右焊法

图4-15　左焊法和右焊法

表4-25　不同焊接接头左焊法和右焊法的比较

接头形式	左焊法	右焊法
薄板焊接 0.8～4.5 G≥0	可得到稳定的背面成形，焊道宽而余高小；G较大时采用摆动法易于观察焊接线	易烧穿；不易得到稳定的背面焊道；焊道高而窄；G大时不易焊接
中厚板的背面成形焊接 R, G≥0	可得到稳定的背面成形，G大时做摆动，根部能焊得好	易烧穿；不易得到稳定的背面焊道；G大时最易烧穿
船形焊脚尺寸达10mm以下	余高呈凹形，熔化金属向焊枪前流动，焊趾处易形成咬边，根部熔深浅（易造成未焊透）；摆动易造成咬边，焊脚过大时难焊	余高平滑；不易发生咬边；根部熔深大；易看到余高，因熔化金属不向前流动，焊缝宽度、余高均容易控制
水平角焊缝焊接 焊脚尺寸8mm以下	易于看到焊接线而能正确地瞄准焊缝；周围易附着细小的飞溅	不易看到焊接线，但可看到余高；余高易呈圆弧状；基本上无飞溅；根部熔深大

第四章　氩弧焊　173

接头形式	左焊法	右焊法
水平横焊	容易看清焊接线；焊缝较大时也能防止烧穿；焊道齐整	熔深大、易烧穿；焊道成形不良、窄而高；飞溅少；焊道宽度和余高不易控制；易生成焊瘤
高速焊接（平、立、横焊等）	可通过调整焊枪角度来防止飞溅	易产生咬边，且易呈沟状连续咬边；焊道窄而高

（六）不同位置熔化极氩弧焊操作要点

表4-26　不同位置熔化极氩弧焊操作要点

焊接形式	操作要点说明
板对接平焊	右焊法时电极与焊接方向夹角为70°～88°，与两侧表面成90°的夹角，焊接电弧指向焊缝，对焊缝起缓冷作用。左焊法时电极与焊接方向的反方向夹角为70°～85°，与两侧表面成90°夹角，电弧指向未焊金属，有预热作用，焊道窄而熔深小，熔融金属容易向前流动，左焊法焊接时，便于观察焊接轴线和焊缝成形。焊接薄板短焊缝时，电弧直线移动，焊长焊缝时，电弧斜锯齿形横向摆动幅度不能太大，以免产生气孔。焊接厚板时，电弧可做锯齿形或圆形摆动
T形接头平角焊	采用长弧焊右焊法时，电极与垂直立板夹角为30°～50°，与焊接方向成夹角为65°～80°，焊丝轴线对准水平板处距垂直立板根部为1～2mm。采用短弧焊时，电极与垂直立板成45°，焊丝轴线直接对准垂直立板根部，焊接不等厚度时电弧偏向厚板一侧
搭接平角焊	上板为薄板的搭接接头，电极与厚板夹角为45°～50°，与焊接方向夹角为60°～80°，焊丝轴线对准上板的上边缘。上板为厚板的搭接接头，电极与下板成45°的夹角，焊丝轴线对准焊缝的根部
板对接的立焊	采用自下而上的焊接方法，焊接熔深大，余高较大，用三角形摆动电弧适用于中、厚板的焊接。自上而下的焊接方法，熔池金属不易下坠，焊缝成形美观，适用于薄板焊接

四、薄板、管板及管道氩弧焊的操作技能

（一）薄板氩弧焊的操作技能

1. 焊前准备

薄板水平对接采用钨极氩弧焊时，通常采用V形坡口，其坡口形式如图4-16所示。焊前要清除焊丝和坡口表面及其正反两侧20mm范围的油污、水锈等污物，同时，坡口表面及其正反20mm范围还需打磨至露出金属光泽，然后再用丙酮进行清洗。定位焊在焊件反面进行，焊点个数根据具体情况确定，定位焊缝长度一般为10～15mm。焊接时，将装配好的焊件上间隙大的一端处于左侧，并在焊件的右端开始引弧。引弧用较长的电弧（弧长为4～7mm），使坡口处预热4～5s，当定位焊缝左端形成熔池，并出现熔孔后开始送丝。焊丝、焊枪与焊件的角度如图4-17所示，其中钨极伸出长度为3～5mm。

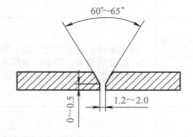

图4-16　薄板水平对接钨极氩弧焊的坡口形式

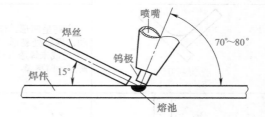

图4-17　焊丝、焊枪与焊件的角度

2. 打底焊

打底焊要采用较小的焊枪倾角和较小的焊接电流，而焊接速度和送丝速度较快，以免使

焊缝下凹和烧穿，焊丝送入要均匀，焊枪移动要平稳，速度要一致，焊接时要密切注意焊接熔池的变化。随时调节有关参数，保证背面焊缝良好成形。当熔池增大、焊缝变宽并出现下凹时，说明熔池温度过高，应减小焊枪与焊件夹角，加快焊接速度；当熔池减小时，说明熔池温度较低，应增加焊枪与焊件的倾角，减慢焊接速度。

更换焊丝时，松开焊枪上的按钮，停止送丝，借助焊机的焊接电流衰减熄弧，但焊枪仍需对准熔池进行保护，待其冷却后才能移开焊枪。然后检查接头处弧坑质量，若有缺陷时，则须将缺陷磨掉，并使其前端成斜面，然后在弧坑右侧 15～20mm 处引弧，并慢慢向左移动，待弧坑处开始熔化并形成熔池和熔孔后，开始送进焊丝进行正常焊接。

当焊到焊件左端时，应减小焊枪与焊件夹角，使热量集中在焊丝上，加大焊丝熔化量，以填满弧坑，松开焊枪按钮，借助焊机的焊接电流衰减熄弧。

3. 填充焊

填充层焊接时，其操作与焊打底层相同。焊接时焊枪可做适当的横向摆动，并在坡口两侧稍做停留。在焊件右端开始焊接，注意熔池两侧熔合情况，保证焊道表面平整并且稍下凹，填充层的焊道焊完后应比焊件表面低 1～1.5mm，以免坡口边缘熔化，导致盖面焊产生咬边或焊偏现象。焊完后须清理干净焊道表面。

4. 盖面焊

盖面焊时，在焊件右端开始焊接，操作与填充层相同。焊枪摆动幅度应超过坡口边缘 1～1.5mm，并尽可能保持焊接速度均匀，熄弧时要填满弧坑。

焊后用钢丝刷清理焊缝表面，观察焊缝表面有无各种缺陷，如有缺陷，要进行打磨修补。表 4-27 为板厚 6mm 时薄板水平对接钨极氩弧焊的焊接规范。

表 4-27　薄板水平对接钨极氩弧焊的焊接规范（板厚 6mm）

焊接步骤	氩气流量 /（L/min）	喷嘴直径 /mm	焊丝直径 /mm	焊接电流 /A	电弧电压 /V	伸出长度 /mm
打底焊	7～9	8～12	2.0	70～100	9～12	4～5
填充焊	7～9	8～12	2.0	90～110	10～13	4～5
盖面焊	7～9	8～12	2.0	100～120	11～14	4～5

（二）管板氩弧焊的操作技能

以插入式管极的氩弧焊为例，插入式管板的形式如图 4-18 所示。装配前要清除管子待焊处和钢板孔壁及其周围 20mm 范围内的水锈、油污等污物，并打磨至露出金属光泽，然后将露出金属光泽处及焊丝用丙酮清洗干净。

通常，插入式管板钨极氩弧焊的定位焊只需定位焊一处即可，定位焊缝长度为 10～15mm，要求焊透且不能有各种缺陷。焊接时，在定位焊缝相对应的位置引弧，焊枪稍做摆动，待焊脚的根部两侧均匀熔化并形成熔池后，开始送进焊丝。采用左焊法，即从右向左沿管子外圆焊接。插入式管板钨板氩弧焊的焊枪角度如图 4-19 所示。

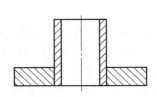

图 4-18　钨极氩弧焊插入式管板的形式

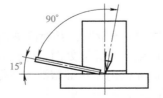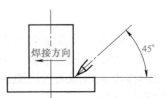

图 4-19　插入式管板钨极氩弧焊的焊枪角度

在焊接过程中，电弧以焊脚根部为中心线做横向摆动，幅度要适当，当管子和孔板熔化的宽度基本相同时，焊脚才能对称。通常，板的壁厚比管子的壁厚要大，这时为防止咬边，电弧应稍偏离管壁，并从熔池上方填加焊丝，使电弧热量偏向孔板。

当更换焊丝时，松开焊枪上的按钮，停止送丝，借助焊机的焊接电流衰减熄弧，但焊枪仍需对准熔池进行保护，待其冷却后才能移开焊枪。检查接头处弧坑质量，若有缺陷，则须将缺陷磨掉，并使其前端形成斜面，然后在弧坑右侧 15 ～ 20mm 处引弧，并将电弧迅速左移到收弧处，先不加填充焊丝，当待焊处开始熔化并形成熔池后，开始送进焊丝进行正常焊接。当一圈焊缝快结束时，停止送丝，等到原来的焊缝金属熔化与熔池连成一体后再加焊丝，填满熔池后松开焊枪上的按钮，利用焊机的焊接电流衰减熄弧。

焊后先用钢丝刷清理焊缝表面，然后目测或用放大镜观察焊缝表面，不能有裂纹、气孔、咬边等缺陷，如有则要打磨修理或修补。插入式管板钨极氩弧焊的参考焊接规范见表 4-28。

表 4-28　插入式管板钨极氩弧焊的参考焊接规范

管子规格 /mm	电极规格	板厚 /mm	焊丝直径 /mm	氩气流量 /（L/min）	伸出长度 /mm	焊接电流 /A	电弧电压 /V
$\phi50\times6$	12	铈钨极 $\phi2.5$	2.0	6 ～ 8	3 ～ 4	70 ～ 100	11 ～ 13

（三）管道氩弧焊的操作技能

1. 小直径管子的钨极氩弧焊

小直径管子的钨极氩弧焊通常采用单面焊双面成形工艺。为了使电弧燃烧稳定，钨极一般磨成圆锥形。坡口一般采用 V 形坡口，管子组对如图 4-20 所示。装配时，要清除管子坡口及其端部内外表面 20mm 范围内的水锈、油污等污物，该范围内打磨至露出金属光泽并用丙酮清洗，焊丝同样用丙酮清洗。定位焊在组对合格后进行，一般定位焊接 1 ～ 2 点即可，焊缝长度为 10 ～ 15mm，要保证定位焊焊透且无任何缺陷。为提高效率，焊接时通常要借助滚轮架使管子转动。焊接时，将装配好的焊件装夹在滚轮架上，使定位焊缝处于 6 点的位置。在 12 点处引弧，管子不转动也不填加焊丝，待管子坡口处开始熔化并形成熔池和熔孔后开始转动管子，并填加焊丝。焊枪、焊丝与管子的角度如图 4-21 所示。

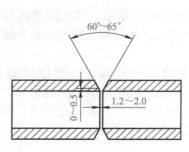

图 4-20　小直径管子钨极氩弧焊的组对

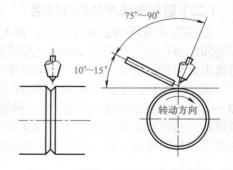

图 4-21　焊枪、焊丝与管子的角度

焊接时，电弧始终保持在 12 点位置，并对准坡口间隙，可稍做横向摆动。焊接过程中应保证管子的转速平稳。当焊至定位焊缝处时，应松开焊枪上的按钮，停止送丝，借助焊机的焊接电流衰减装置熄弧，但焊枪仍需对准熔池进行保护，待其冷加后才能移开焊枪。然后检查接头处弧坑质量，若有缺陷，则需将缺陷磨掉，并使其前端形成斜面，然后在斜面处引弧，管子暂时不转动且先不加填充焊丝，待焊缝开始熔化并形成熔池后，开始送进焊丝进行接头正常焊接。当焊完一圈，打底焊快结束时，先停止送丝和管子转动，待起弧处焊缝头部开始熔化时，再填加焊丝，填满接头处再熄弧，并将打底层清理干净。

盖面焊的操作与打底焊基本相同，焊枪摆动幅度略大，使熔池超过坡口棱边 0.5～1.5mm，以保证坡口两侧熔合良好。焊后清理且观察焊缝表面，不能有裂纹、气孔、咬边等缺陷，如有则要打磨修理或修补。管子壁厚 3mm 小直径管子钨极氩弧焊的参考焊接规范见表 4-29。

表 4-29　小直径管子钨极氩弧焊的参考焊接规范（管子壁厚 3mm）

焊接步骤	氩气流量 /（L/min）	焊丝直径 /mm	喷嘴直径 /mm	钨极伸出长度 /mm	焊接电流 /A	电弧电压 /V
打底焊	6～8	2.0	8～12	3～4	70～100	9～12
盖面焊	6～8	2.0	8～12	3～4	70～100	10～13

2. 管道氩弧打底焊

采用钨极氩弧焊焊接管道第一层（即打底焊），然后用焊条电弧焊盖面的方法，对提高管道焊接质量有明显的效果，尤其是对高、中合金钢管道及不锈钢管道的焊接更为显著，目前已广泛应用于机械制造、石油、化工等行业。

氩弧焊打底要求直流正接，采用小规范，电流不超过 150A。为了保护内壁金属在高温时不被氧化，对高合金钢管道打底焊时，管内要充氩气保护。而对于中、低合金钢管道，管内不充氩气保护，也能满足质量要求。

氩弧焊打底的坡口组对有两种情况：一种是坡口留有间隙，焊接过程中全部填丝，坡口组对加工简单，焊接质量可靠，但对焊工技术水平要求较高；另一种是坡口组对不留间隙，基本上不填丝，遇到局部地方有间隙或焊穿时才填丝，其优点是焊接速度快，操作简单，但对坡口组对加工要求很高，同时金属熔化部分较薄，容易产生裂纹。生产中，普遍采用第一种方法，即采用填丝的方法进行打底，效果较好。管道氩弧打底焊操作工艺见表 4-30。

表 4-30　管道氩弧打底焊操作工艺

操作工艺	说　明
焊前准备	壁厚小于 2mm 的薄壁管，一般不开坡口，不留间隙，加焊丝一次焊完。而锅炉受热面的薄壁管一般要采用 V 形坡口，大直径的厚壁管（如给水管道、蒸汽管道等）采用 U 形或 X 形坡口。坡口两侧、管壁内外要求无锈斑、油污等，如有条件，焊前最好用酒精清洗一下，以免产生气孔 焊丝采用与管道化学成分相同或相当的焊丝，焊丝直径以 $\phi6\sim\phi2.0$mm 为宜，焊丝表面不得有锈蚀和油污等 需要管内充氩气保护进行焊接的钢管，如高合金钢管要采取有效的充氩措施。对于可不充氩气保护的管道（中、低合金钢）不采取充氩措施，但要采取措施防止空气在管内流动，即防止"穿堂风"
打底焊	氩弧焊打底一般在平焊和两侧立焊位置点固 3 点，长 30～40mm，高 3～4mm。当采用无高频引弧装置的焊机进行接触引弧时，要看准位置，轻轻一点，不得用力过猛。电弧引燃后，移向焊接位置，稍微停顿 3～5s，待出现清晰熔池后，即可往熔池内送丝。小直径管道的填丝，应采用靠丝法或内填丝法；大直径管道由于焊丝消耗较多，应采用连续送丝法。送丝速度以充分熔化焊丝和坡口边缘为准，与喷嘴保持一定的角度。当焊接大直径厚壁管道时，应尽量由两名焊工对称焊接，如果由一人施焊，要注意采取一定的焊接顺序，以减少焊接应力。焊接结束时，逐渐减少电流，将电弧慢慢转移到坡口侧收弧，不允许突然断弧，防止焊缝出现裂纹而开裂
盖面焊	氩弧焊打底后，可立即进行盖面焊接，若不能及时进行盖面焊接，再次焊接时应注意检查打底焊表面有无油污、锈蚀等污物。通常，打底焊缝的高度约为 3mm，对于薄壁管来说，占总体壁厚的 50%～80%，这时的盖面焊既要填满低于表面部分的焊道，又要焊出一定的加强高度，难度较大。对于全位置坡口，施工时通常采用以下方法 ①在保证焊接质量的前提下，选用较小的焊接规范，以防止焊穿 ②焊接时，先在平焊部位焊一段长 30～50mm 的焊缝来为平焊加强面做准备 ③仰焊时，起头的焊缝要尽可能薄，同时仰焊的接头要叠加 10～20mm ④为增加中间部位的填充量，运条主要采用月牙形运条形式 大直径、厚壁管打底焊后的焊接，其工艺、技术与焊条电弧焊相同

第三节　操作实例

一、奥氏体不锈钢手工钨极氩弧焊的操作训练实例

（一）基本操作

奥氏体不锈钢采用手工钨极氩弧施焊时，焊接电源采用直流正接（焊件接正极），电极可选用钍钨极或铈钨极，条件许可时，尽量选用铈钨极。对于要求双面成形的焊缝，焊件背面应通氩气加以保护。

1. 引弧

目前常采用高频引弧法或高频脉冲引弧法引燃电弧，其引燃操作如下。

① 使钨极与焊件保持 3～5mm 距离，然后按下控制开关，在电源高频、高压的作用下，击穿间隙，引燃电弧。

② 电弧引燃后，应暂将焊枪停留在引弧处，当获得一不定大小、明亮清晰的熔池后，即可向熔池加填焊丝。为了有效地保护焊接区，引弧时应提前 5～10s 送气，以便吹净气管中的空气。

2. 焊接操作

施焊时，焊枪、焊丝及焊件相互间应保持的距离及倾角如图 4-22 所示。焊接方向采用自右向左的左焊法，立焊时由下向上，焊枪以一定速度移动。焊枪倾角为 70°～85°，焊厚件时焊枪倾角可稍大些，以增加熔深；焊薄件时焊枪倾角可小些，并适当提高焊接速度。焊丝置于熔池前面或侧面，焊丝倾角为 15°～20°。焊接时，在不妨碍操作者视线的情况下，应尽量采用短弧，弧长保持在 2～4mm。焊枪除沿焊缝长度方向做直线运动外，还应尽量避免做横向摆动，以免不锈钢过热。不锈钢施焊过程中的填丝方法、操作要点及适用范围见表 4-31。

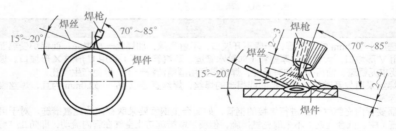

图 4-22　焊枪、焊丝及焊件相互间应保持的距离及倾角

表 4-31　不锈钢施焊过程中的填丝方法、操作要点及适用范围

填丝方法	操作要点	适用范围
间隙送丝法	焊丝进入电弧区后，稍做停留，待端部熔化后，再行给送	容易掌握，应用普遍
连续送丝法	焊丝端部紧贴熔池前沿，均匀地连续给送，送丝速度须与熔化速度相适应	操作要求高，适用于细焊丝（或自动焊）
横向摆动法	焊丝随焊枪做横向摆动，两者摆动的幅度应一致	适用于焊缝较宽的焊件
紧贴坡口法	焊丝紧挨坡口填入，焊枪在熔化焊件金属的同时熔化焊丝	适用于小口径管子的焊接
反面填丝法	焊丝在焊件的反面给送，对坡口间隙、焊丝直径和操作技术的要求较高	适用于仰焊

不论采用哪种方法填丝，焊丝都不应扰乱氩气流，焊丝端头也不应离开保护区，以免高温氧化，影响焊接质量；对于带卷边的薄板焊件、封底焊和密封焊，可以不加填焊丝；焊接过程中，由于操作不慎，使钨极和工件相碰，熔池遭受破坏，产生烟雾，造成焊缝表面污染及夹钨等现象时，必须停止焊接，清理焊件被污染及夹钨处，直至露出金属光泽。钨极须重新磨换后，方可继续施焊。

3. 收尾

焊缝收尾时，要防止产生弧坑、缩孔及裂纹等缺陷。熄弧后不要马上抬起焊枪，应继续维持 3～5s 的送气，待钨极与焊缝稍冷却后再抬起焊枪。不锈钢在施焊过程中常用的收弧方法、操作要点及适用范围见表 4-32。

表 4-32　不锈钢在施焊过程中常用的收弧方法、操作要点及适用范围

收弧方法	操作要点	适用范围
焊缝增高法	焊接终止时，焊枪前移速度减慢，向后倾斜度增大，送丝量增加，当熔池饱满到一定程度后再熄弧	应用普遍，一般结构都适用
增加焊接速度法	焊接终止时，焊枪前移速度逐渐加快，送丝量逐渐减少，直至焊件不熔化，焊缝从宽到窄，逐渐终止	适用于管子氩弧焊，对焊工技能要求较高
采用引出板法	在焊件收尾处外接 1 块电弧引出板，焊完焊件时将熔池引至引出板上熄弧，然后割除引出板	适用于平板及纵缝的焊接
电流衰减法	焊接终止时，先切断电源，让发电机的转速逐渐减慢，焊接电流随之减弱，填满弧坑	适用于采用弧焊发电机作电源的场合。如采用弧焊整流器，需另加衰减装置

（二）各种位置的操作

奥氏体不锈钢采用手工钨极氩弧焊可以进行各种位置的操作，其中包括水平固定管的（全位置）对接焊，但主要适用于薄壁的焊接。

1. 平焊位置的操作

根据接头的形式，平焊位置包括对接平焊和平角焊两种。

（1）对接平焊的操作

对接平焊的坡口形式及焊接参数的选用见表 4-33。

表 4-33　对接平焊的坡口形式及焊接参数的选用

板厚 /mm	坡口形式	层数	坡口尺寸		钨极直径 /mm	焊接电流 /A	焊接速度 /(mm/min)	填充焊丝直径 /mm	氩气		备注
			间隙 b/mm	钝边 p/mm					流量 /(L/min)	喷嘴直径 /mm	
1		1	0	—	1.6	60～80	100～120	1	4～6	11	单面焊
2.4		1	0～1	—	1.6	80～120	100～120	1～2	6～10	11	单面焊
3.2		2	0～2	—	2.4	105～150	100～120	2～3.2	6～10	11	双面焊
4		2	0～2	—	2.4	150～200	100～150	3.2～4.0	6～10	11	双面焊

续表

板厚/mm	坡口形式	层数	坡口尺寸		钨极直径/mm	焊接电流/A	焊接速度/(mm/min)	填充焊丝直径/mm	氩气		备注
			间隙 b/mm	钝边 p/mm					流量/(L/min)	喷嘴直径/mm	
6		3 (2:1)	0~2	0~2	2.4	50~200	100~150	3.2~4.0	6~10	11	反面挑焊根
		2 (1:1)	0~2	0~2	2.4	180~230	100~150	3.2~4.0	6~10	11	垫板
		3	0	2	2.4	140~160	120~160	—	6~10	11	气垫
		3	1.6	1.6~2	1.6 2.4	110~150 150~200	60~80 100~15	2.6~3.2	10~16	6~8	可熔镶块焊接

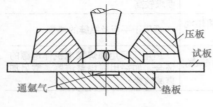

图 4-23　示意图

试板在装配时，为了防止焊接过程中产生变形，应放在夹具中紧固，并在试件背面安放垫板，垫板上应开设凹槽，内通氩气，保护背面焊缝，如图 4-23 所示。

① 操作要领。在定位焊点根部后 10mm 左右处开始引燃电弧，运弧至定位焊点根部，此时焊枪划个半圆形的圈，在试板上形成一熔孔，熔孔熔化后向右侧钝边处填焊丝，然后再向左侧运弧，向左侧钝边处填焊丝，再向右侧运弧，如此循环往复，逐渐形成焊缝；操作过程中要保持熔孔始终深入母材 0.5～1.0mm，出现熔孔后应立即填充焊丝，这时形成的焊缝才会成形均匀。填充焊丝过迟，熔孔过大，反面焊缝就过高，甚至产生焊瘤；填充焊丝过早，若还没有形成熔孔，就会产生未焊透。焊接过程中在不妨碍视线的情况下，应尽量采用短弧，以增强氩气的保护效果和提高电弧的穿透能力。钨极端部距熔池表面以 2～3mm 为宜，要注意观察熔池的形状，熔池应保持与焊缝轴线对称，否则焊缝就会偏斜，这时应立即调整焊枪角度和电弧在焊件两侧的停留时间，直至焊缝轴线与熔池对称为止。

② 焊透的识别。焊接过程中应通过仔细观察熔池的变化来判断是否焊透，以达到单面焊双面成形的目的。识别的方法是：当填充焊丝上一颗熔滴落入熔池时，熔池表面位置就升高，随着电弧热量向下传输，基本金属熔化形成熔孔。由于重力使熔池下沉，于是熔池水平面下降，熔池表面积扩张，这是焊透的重要标志。如果没有焊透，熔池便不会下沉。

③ 收弧。当运弧至终焊端的定位焊缝根部 3～5mm 时，焊枪划圈，把定位焊缝根部熔化，然后填充 2～3 滴熔融金属，继续向前施焊 10mm，把定位焊缝表面熔化，最后用电流衰减法收弧。收尾焊缝应在定位焊缝后方 10mm 处，以保证接头部位能焊透。

（2）平角焊的操作

平角焊的坡口形式及焊接参数的选用见表 4-34。

操作时，焊枪、焊丝和焊件之间的相对位置如图 4-24 所示。电弧离熔池的高度为 0.5～1.5mm，焊枪与焊件的倾角为 40°～50°，焊丝送入倾角为 20°。

2. 水平固定管（全位置）对接焊操作

ϕ57mm×4mm 不锈钢管 Y 形坡口水平固定对接焊焊接参数的选用见表 4-35。水平固定管焊接时，假定沿垂直中心线将管子分成前、后两半圈。

表 4-34　坡口形式及焊接参数的选用

板厚/mm	坡口形式	层数	焊脚尺寸 K/mm	坡口尺寸		钨极直径/mm	焊接电流/A	焊接速度/(mm/min)	填充焊丝直径/mm	氩气	
				间隙 b/mm	钝边 p/mm					流量/(L/min)	喷嘴直径/mm
6	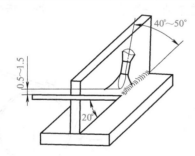	1	6	0~2	—	2.4	180~220	50~100	3.2	6~10	11
12		2	10	0~2	—	2.4	180~220	50~100	3.2	6~10	11
6		3	2	0~2	0~3	2.4	180~220	80~200	3.2~4.0	6~10	11
12		6~7	3	0~2	0~3	2.4	200~250	80~200	3.2~4.0	8~12	13
22		18~21	5	0~2	0~3	2.4	200~250	80~200	3.2~4.0	8~12	13
12		3~4	3	0~2	2~4	2.4	200~250	80~200	3.2~4.0	8~12	13
22		6~7	5	0~2	2~4	2.4	200~250	80~200	3.2~4.0	8~12	13
6		2~3	3	3~6	—	2.4	180~220	80~200	3.2	6~10	13
12		6~7	4	3~6	—	2.4	200~250	80~200	3.2~4.0	8~12	13
22		25~30	6	3~6	—	2.4	200~250	80~200	3.2~4.0	8~12	13

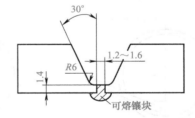

图 4-24　焊枪、焊丝和焊件之间的相对位置　　　　图 4-25　采用可熔镶块时的坡口形式及尺寸

表 4-35　不锈钢管 Y 形坡口水平固定对接焊（ϕ57mm×4mm）焊接参数的选用

焊丝直径/mm	焊接电流/A	氩气流量/(L/min)	管内氩气流量/(L/min)	装配间隙/mm
2	65~70	9~10	10~13	2.5

（1）可熔镶块

由于管子内部很难设置垫板，为保证焊缝根部质量，可采用可熔镶块。采用可熔镶块时的坡口形式及尺寸如图 4-25 所示。

（2）定位焊

管子装配留好预定的间隙后，在管子网周的时钟位置 2 点和 10 点两处焊两条定位焊缝如图 4-26（a）所示；或在时钟 12 点处焊一条定位焊缝［图 4-26（b）］。定位焊缝长 5~10mm、厚 3mm，这是正式焊缝的一部分。定位焊缝要求单面焊双面成形，不允许有气孔、夹渣、夹钨、未

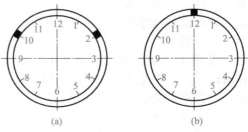

图 4-26　示意图

焊透、未熔合、裂纹等焊接缺陷，否则应把定位焊缝打磨掉，重新焊接。定位焊缝的焊接有两种操作手法。

① 断续填丝法。在管子的一侧坡口面上引弧，再把电弧拉至始焊部位，焊枪做横向摆动，待根部熔化出现熔孔时，在左、右侧根部交替填充一滴熔滴，焊丝随着焊枪的摆动，断续地、有节奏地向熔池前沿填充，达到一定长度后，在坡口面的一侧收弧。

② 连续填丝法。在一侧坡口面处引弧，然后把电弧拉至始焊部位，焊枪做横向摆动，待引弧处金属熔化时，连续填丝进行焊接。焊丝端部的熔滴始终与熔池相连，达到一定长度后，在坡口面一侧收弧。

（3）焊接

① 打底焊时，为了保证焊缝根部的质量，通常采用外填丝法焊接，此时焊丝从接头装配间隙中穿入管子内部填丝（图4-27）。焊丝在一侧坡口面上引弧，然后把电弧拉至时钟6点左右处，待根部熔化出现熔孔时，左、右两侧各填充一滴熔滴，当这两滴熔滴连在一起，在熔池前方即出现熔孔，此时随即将焊丝紧贴根部填充一滴熔滴，焊枪略做横向摆动，使焊丝填充的熔滴与左、右两侧母材熔化的熔滴熔合在一起，成为焊缝。如此循环往复，成为1条连续的焊缝。

仰焊部位的操作如图4-28所示。为了避免在仰焊部位焊缝反面产生内凹，焊丝要紧贴熔合处的根部，使焊丝直接送入管子内壁；立焊部位的操作如图4-29所示。此时焊枪和焊丝沿着管壁逐渐往上爬，焊丝端部只要填充到熔合根部即可，不要像仰焊那样压向根部；焊至立焊与平焊部位时，由于试管温度已经较高，因此，应将焊丝端部稍微拉离熔合根部，以免反面焊缝产生焊瘤；焊至距定位焊缝根部3～5mm时，为了保证接头熔透，焊枪应划个圈，把定位焊缝根部熔化，但不填焊丝，施焊10mm左右在一侧坡口面收弧。管子后半圈的操作与前半圈相同。

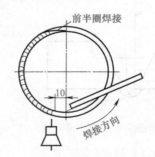
图4-27　内部填丝示意图

图4-28　仰焊部位的操作

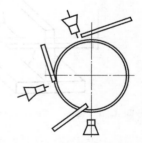
图4-29　立焊部位的操作

② 盖面焊的操作是在打底焊道上引弧后，于时钟位置6点处始焊，焊枪做月牙形或锯齿形摆动，将坡口边缘及打底焊道表面熔化，形成熔池。焊丝与焊枪同步摆动，在两侧坡口面稍做停留，各加一滴熔滴，保证熔敷金属与母材熔合良好。在仰焊部位每次填充的熔敷金属要少些，以免熔敷金属下坠。立焊部位操作时，焊枪的摆动频率要适当加快，以防熔滴下淌。平焊部位操作时，每次填充的金属要多些，以防平焊部位焊缝不饱满。

（4）收弧

采用电流衰减法收弧。盖面焊缝的收尾方法是：盖面焊缝封闭后，要继续向前施焊10mm左右，并逐渐减少焊丝的填充量，以避免收弧部位产生弧坑裂纹和缩孔，并且氩气流的冷却作用有助于防止产生晶间腐蚀。

（5）氩气保护措施

焊接不锈钢管，必须向管内通氩气，以防止反面合金元素氧化、烧损，降低耐蚀性。一种管子焊接的充氩装置如图 4-30 所示。在试管的两端加上端盖，靠端盖上的弹簧钢丝把端盖固定在管子的两端。进气端是一个气阀，与氩气瓶相连。为了防止氩气流入时产生射吸作用把空气带入管内，可把气阀的出口堵死，在径向钻 2 个小孔，使氩气从气阀侧面充入管内。为了使氩气在管内缓慢流动，在出气端的端盖上钻 1 个直径

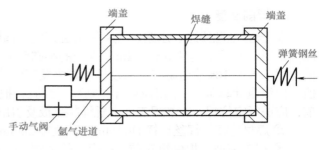

图 4-30　一种管子焊接的充氩装置

为 2mm 的小孔。焊前须提前向管内通氩气，要待管内空气完全排除后再焊接。焊接过程中要不停地向管内通氩气，焊缝即将封闭时，关断氩气源。

3. 骑坐式管－管的焊接

焊件形式及定位焊缝的位置如图 4-31 所示。定位焊缝的数量、间距的大小，应由焊件结构尺寸及管壁的厚度决定。定位焊缝应沿管子圆周均匀布置，间距为 5～15mm。如管壁厚大于 2mm，定位间距可适当加大，但一定要焊透，避免焊接过程中在定位焊缝处产生未焊透；如立管在横管的中间，则引弧点应选在时钟位置 9 点处。如立管偏向横管一端，引弧点应选在时钟位置 3 点处（图 4-32）。焊接方向由 3 点经 12 点至 9 点，再由 3 点经 6 点至 9 点。实践证明，这种焊接顺序变形最小。

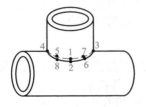

图 4-31　焊件形式及定位焊缝的位置

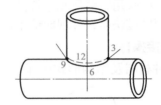

图 4-32　引弧点位置示意图

二、低碳钢板手工钨极氩弧焊对接平焊的操作训练实例

焊件形状及尺寸如图 4-33 所示。手工钨极氩弧焊的设备构成如图 4-34 所示。

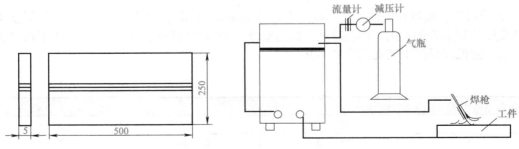

图 4-33　焊件形状及尺寸

图 4-34　手工钨极氩弧焊的设备构成

1. 技术要求

① 焊件为不开坡口双面焊全焊透焊缝。
② 焊接采用钨极氩弧焊。
③ 焊件材料采用 Q235-A。

2. 焊前准备

① 检查电源线路、水路、气路等是否正确。钨极直径采用 2 ～ 3mm 的铈钨极，端部磨成圆锥形，其顶部稍留 0.5 ～ 1mm 直径的小圆台为宜。电极的外伸长度为 3 ～ 5mm，引弧前应提前 5 ～ 10s 输送氩气，借以排除管中及工件被焊处的空气，并调节减压器到所需流量值（由流量计算）。若不用流量计，则可凭经验，把喷嘴对准脸部或手心确定气体流量。焊前，应进行定位焊，在被焊工件上暂用起弧板及引出板。

② 焊材选择。焊丝选择 H08Mn2Si，直径 2.5mm。

③ 焊前清理。焊件组对前，被焊处的两侧 25 ～ 30mm 处用角磨机打磨，清除铁锈、氧化皮及油、污等，焊丝用砂布清除锈蚀及油污。

④ 焊件组对。组对前要检查焊件的平直度，以防组对后间隙过大或错边量超差，影响焊接质量。

⑤ 定位焊。其焊点的厚度、位置、长度对焊接有一定的影响，定位焊点不宜过长、过高、过宽，在能够达到点固强度的情况下，焊点越短，高度越低，宽窄越窄越好，这时在焊接时很容易焊透，不会产生未焊透等缺陷。定位焊的长度为 10mm、间隙为 2 ～ 2.5mm。

⑥ 校正。因为此焊缝不开坡口，两面焊缝受热基本均匀，所以焊件不需留反变形。

3. 操作要点

在焊接过程中应严格控制钨极伸出长度，太长时气体对熔池的保护受到一定的影响，穿透力减弱，电弧也相对不稳定；对接焊缝无坡口时，要想达到一定的穿透能力，焊接电流适当加大，焊枪采用直线形和小椭圆形摆动，焊接速度稍放慢些；焊接电流过小，熔透深度降低，焊接速度过快时，外观成形不良，边缘熔合容易形成咬边现象。

4. 焊接操作

按工件材料及结构形式选择好合适规范，起弧方式有两种：一种是借高频振荡器引弧；

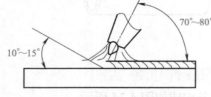

图 4-35　平焊时喷嘴与工件夹角

另一种是钨极与工件接触引弧，最好不采用后一种引弧方法，以防止钨极在引弧时烧损。

① 手工钨极氩弧焊时，在不妨碍视线的情况下，应尽量采用短弧，以增强保护效果，同时减少热影响区宽度和防止工件变形。焊嘴应尽量垂直或保持与工件表面成较大夹角，如图 4-35 所示，以加强气体的保护效果。

② 焊接时，喷嘴和工件表面的距离不超过 10mm，焊接手法可采用左向焊，为了使两面焊缝金属达到重叠的目的，焊枪除做直线运动外，稍做横向摆动，焊接电流可比正常电流稍大一些。氩弧焊焊接工艺规范见表 4-36。

表 4-36　氩弧焊焊接工艺规范

钨极直径 /mm	焊接电流 /A	电源极性	氩气流量 /（L/min）
2	100 ～ 180	直流正接	6 ～ 8
3	200 ～ 280	直流正接	7 ～ 9

③ 应该注意的是选择焊丝时，首先考虑到焊口间隙和板厚，焊丝直径太粗会产生夹渣和焊不透现象。焊丝是往复地加入熔池，填充焊丝要均匀，不要扰乱氩气流。焊丝端部应始终放在氩气保护区内，以免氧化。焊接终了时，应多加些焊丝，然后慢慢拉开，防止产生弧坑。

5. 熄弧

焊接完毕，切断焊接电源后，不应立刻将焊炬抬起，必须在 3 ～ 5s 内继续送出保护气体，直到钨极及熔池区域稍稍冷却之后，保护气体才停止并抬起焊炬。若电磁气阀关闭过早，则引起赤热的钨极外伸部分及焊缝表面的氧化。

6. 焊缝质量要求

焊缝外观：焊缝表面成形均匀、宽窄一致（第一遍焊透深度应超过板厚的 1/2），无未熔合、焊瘤、气孔、咬边等缺陷。

焊缝尺寸：高度为 1 ～ 2mm，宽度为 7 ～ 9mm。

三、低碳钢 V 形坡口手工钨极氩弧焊双面焊的操作训练实例

焊件形状及尺寸如图 4-36 所示。

1. 技术要求

① 焊件采用钨极氩弧焊。
② 焊接为双面多层焊。
③ 焊件材料采用 Q235B。

2. 焊前准备

① 钨极直径的选择，采用 2.5 ～ 3mm 的铈钨极，工件端面留有 1 ～ 1.5mm 锁边以防熔池下坠，焊前应进行定位焊，工件两侧增加引弧板，两块板组对前用手锤校平。

② 焊材。焊丝选择 H08Mn2Si，直径 ϕ2.5 ～ 3.0mm。

③ 焊前清理。坡口表面进行除锈，对接时留有间隙，并留有反变形角度。因为此焊缝是单面 V 形坡口，受热面主要在坡口侧，所以预留反变形能够控制变形量，使工件达到相对平直的效果，如图 4-37 所示。将焊件沿焊缝下折 5°，间隙为 0 ～ 1mm。

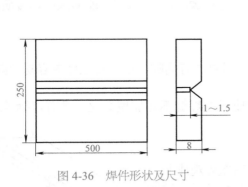

图 4-36　焊件形状及尺寸　　　　　图 4-37　焊件预留反变形

3. 焊接操作

① 根据不同的焊缝坡口形式，选择相对应的焊接规范和操作方法，焊接第一遍时，因为坡口有一定深度，钨极长度以 4 ～ 6mm 为宜，在不影响气体保护熔池和焊接的基础上，可根据实际情况适当加长。焊接过程中遇到焊点时不能跃过去，为了达到焊点能够熔化，必须放慢速度、椭圆形摆动焊枪，以免焊点局部不熔化，产生未熔合现象，给背面清根带来不利的因素。

② 进行层间焊接时应该注意的是，焊接熔池与母材之间的熔合，焊枪的摆动方法如图 4-40 所示。

③ 在焊接表层焊缝时，要注意边缘熔合不良，填充金属要及时，收弧时把弧坑填满防止产生裂纹。

4. 工艺和措施的应用

① 在焊接带有坡口的工件时，留有钝边是非常重要的，能够避免烧穿，给背面清根创造良好的条件。

② 焊件坡口在一面时，必须留有反变形量，避免一侧受热变形量过大。

③ 焊件在校平过程中，外力过大容易出现裂纹，给焊接质量带来不必要的损失。

5. 焊缝质量要求

① 焊缝余高为 0 ～ 2mm，焊缝宽度差小于或等于 2mm。

② 焊缝表面不得有裂纹、未熔合、气孔和焊瘤。

③ 咬边深度小于或等于 0.5mm，焊缝两侧咬边长度不超过焊缝总长的 10%。

四、低碳钢薄板手工钨极氩弧焊角接平焊的操作训练实例

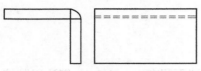

图 4-38　焊件形状及尺寸

焊件形状及尺寸如图 4-38 所示。

1. 技术要求

① 焊接采用手工钨极氩弧焊。

② 焊缝不填丝，一次焊成。

③ 焊件材料采用 Q235B。

2. 焊前准备

① 选择采用直径为 2 ～ 2.5mm 的铈钨极，工件端部留有 1mm 的钝边，坡口角度为单边 30°，间隙为起弧端 2mm，收弧端 2.5 ～ 3mm。

② 焊材。焊丝选择 H08A，直径 $\phi2mm$。

③ 焊前清理。焊件组对前，被焊处用角向磨光机打磨，清除铁锈、氧化皮及污物。

④ 定位焊。定位焊前，要检查焊件的平直度，要求焊口越严越好，能够保证焊接质量，定位焊的距离宜为 50 ～ 70mm。

3. 操作要点

① 焊接焊缝时要求对接焊口越严越好，因为组对时有间隙，在焊接过程中容易渗漏或烧穿，影响表面成形，焊接连续性受到影响。

② 这种焊接方法适合于薄板的角接、一次成形的焊缝不必加填焊丝，具有焊缝美观、变形量小、效率高等优点。

4. 焊接操作

因为此种焊接结构为普通薄板角焊缝，所以着重外观成形。

① 采用左焊法施焊，它的重要特点是不加焊丝，熔化母材边缘形成美观的焊缝。

② 在焊接过程中，喷嘴角度应倾斜一些以减少熔深，如图 4-39 所示，焊缝达到美观一致，焊枪应做椭圆形摆动，如图 4-40 所示。

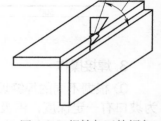

图 4-39　焊枪与工件倾角

图 4-40　焊枪做椭圆形摆动

③ 采用短弧焊接，以增强保护效果，喷嘴的距离在钨极不接触工件的情况下越近越好，焊接工艺规范见表 4-37。

表 4-37　焊接工艺规范

钨极直径 /mm	焊接电流/A	电源极性	氩气流量/（L/min）
2	100～120	直流正接	6～8

5.熄弧

焊接完毕，切断焊接电源后，不应立刻将焊炬抬起，必须在 3～5s 内继续送出保护气体，直到钨极及熔池区域稍稍冷却之后，保护气体才停止并抬起焊炬。若电磁气阀关闭过早，则引起赤热的钨极外伸部分及焊缝表面的氧化。

6.焊缝质量要求

①外观。焊缝边缘无咬边现象；焊角饱满光滑。
②内部质量。不允许产生夹渣；根部应焊透。

五、铝及铝合金手工钨极氩弧焊的操作训练实例

手工钨极氩弧焊是铝及铝合金薄板结构较为完善的熔焊方法。由于氩气的保护作用和氩离子对熔池表面氧化的阴极破碎作用，所以不用熔剂，因而避免了焊后残渣对接头的腐蚀，使焊接接头形式可以不受限制。另外，焊接时氩气对焊接区域的冲刷，促使焊接接头加速冷却，改善了接头的组织和性能，并减少焊件变形，所以氩弧焊焊接接头的质量较高，并且操作技术也比较容易掌握。但由于不用熔剂，所以对焊前清理的要求比其他焊接方法严格。

（一）焊接参数的选用

表 4-38　铝及铝合金手工钨极氩弧焊焊接参数的选用

板厚/mm	焊丝直径/mm	钨极直径/mm	预热温度/℃	焊接电流/A	氩气流量/（L/min）	喷嘴孔径/mm
1	1.6	2	—	40～60	7～9	8
1.5	1.6～2.0	2	—	50～80	7～9	8
2	2～2.5	2～3	—	90～120	8～12	8～12
3	2～3	3	—	150～180	8～12	8～12
4	3	4	—	180～200	10～15	8～12
5	3～4	4	—	180～240	10～15	10～12
6	4	5	—	240～280	16～20	14～16
8	4～5	5	100	260～220	16～20	14～16
10	4～5	5	100～150	280～240	16～20	14～16
12	4～5	5～6	150～200	300～260	18～22	16～20
14	5～6	5～6	180～200	240～280	20～24	16～20
16	5～6	6	200～220	240～280	20～24	16～20
18	5～6	6	200～240	260～400	25～30	16～20
20	5～6	6	200～260	260～400	25～30	20～22
16～20	5～6	6	200～260	300～380	25～30	16～20
22～25	5～6	6～7	200～260	260～400	30～35	20～22

（二）操作要点

铝及铝合金手工钨极氩弧焊一般采用交流电源，氩气纯度（体积分数）应不低于99.9%。

1. 焊前检查

开始焊接以前，必须检查钨极的装夹情况，调整钨极的伸出长度为 5mm 左右。钨极应处于焊嘴中心，不准偏斜，端部应磨成网锥形，使电弧集中，燃烧稳定。

2. 引弧、收弧和熄弧

采用高频振荡器引弧，为了防止引弧处产生裂纹等缺陷，可先在石墨板或废铝板上点燃电弧，当电弧稳定地燃烧后，再引入焊接区。焊接中断或结束时，应特别注意防止产生弧坑裂纹或缩孔。收弧时，应利用氩弧焊机上的自动衰减装置，控制焊接电流在规定的时间内缓慢衰减和切断。衰减时间通过安装在控制箱面板上的"衰减"旋钮调节。弧坑处应多加些填充金属，使其填满。如条件许可，可采用引出板。

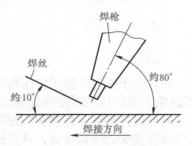

图 4-41　焊枪、焊丝及焊件的相对位置

熄弧后，不能立即关闭氩气，必须要等钨极呈暗红色后才能关闭，这段时间为 5 ~ 15s，以防止母材及钨极在高温时被氧化。

3. 焊接操作

焊枪、焊丝及焊件的相对位置，既要便于操作，又要能良好地保护熔池，如图 4-41 所示。焊丝相对于焊件的倾角在不影响送丝的前提下，越小越好。若焊丝倾角太大，容易扰乱电弧及气流的稳定性，通常以保持 10°为宜，最大不要超过 15°。

操作时，钨极不要直接触及熔池，以免形成夹钨。焊丝不要进入弧柱区，否则焊丝容易与钨极接触而使钨极氧化、焊丝熔化的熔滴易产生飞溅并破坏电弧的稳弧性，但焊丝也不能距弧柱太远，否则不能预热焊丝，而且容易卷入空气，降低熔化区的热量。最适当的位置是将焊丝放在弧柱周围的火焰层内熔化。施焊过程中，焊丝拉出时不能拉离氩气保护范围之外，以免焊丝端部氧化。焊接过程中断重新引弧时，应在弧坑的前面 20 ~ 30mm 的焊缝上引弧，使弧坑得到充分的再熔化。

（三）各种焊件的焊接操作实例

1. 基本手法的操作

表 4-39　铝及铝合金手工钨极氩弧焊基本手法的操作方法

项目	操作说明
引弧	焊机上装有高频振荡器时，应采用高频引弧。操作时，焊工将焊枪移近焊件，待钨极端头与焊件的距离为 2 ~ 3mm 时，按动焊枪上的电源开关，电弧就开始引燃。当焊机没有装设高频振荡器时，只能采用短路引弧，方法是：将焊枪喷嘴下面一点部分与待焊部位接触，以此接触点为支点，焊枪绕支点使钨极与焊件瞬间接触短路，引燃电弧，抬起焊枪并保持与焊件间距 2 ~ 4mm，进行正常焊接，如图 1 所示 图 1　焊枪与焊件的间距
始焊与接头	先从距焊件端部 10 ~ 30mm 处采用右向焊法焊至端面收尾，然后采用左向焊法从始焊处开始焊接。接头应从始焊处引弧，待电弧稳定燃烧后向右移 5 ~ 15mm。再往左移动焊枪，待始焊处形成熔池后，即添加填充焊丝，进行焊接（图 2）。接头处焊缝的余高和宽度不宜过高和过宽，否则影响焊缝的外形

项目	操作说明
始焊与接头	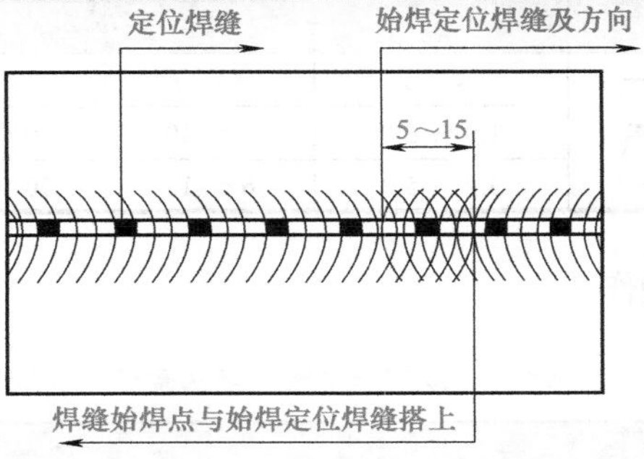 图 2　示意图
焊丝的填充	操作时，根据不同的接头形式，可以采用断续点滴填丝和推丝填充两种不同的填丝方式 ①断续点滴填丝。在氩气保护区内，焊丝向熔池边缘以滴状形式一滴一滴往复加入，焊枪可做轻微摆动（图 3）。此法适用于卷边对接、对接和外角接接头 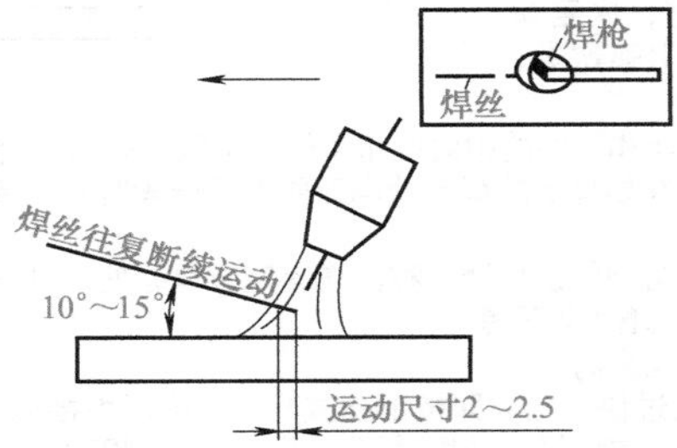 图 3　示意图 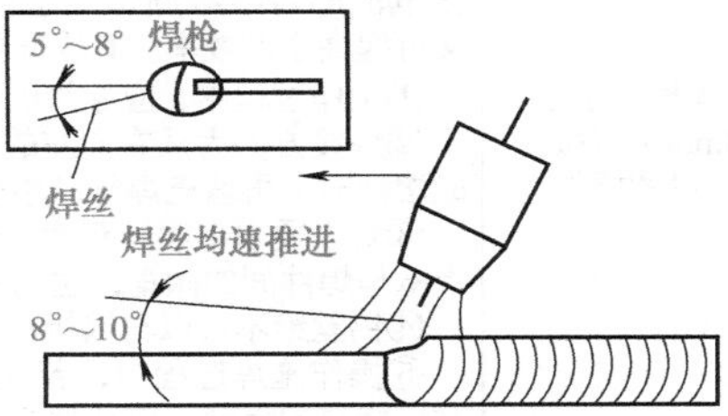　　　　　　　图 4　示意图 ②推丝填焊。用短弧施焊，焊枪不做摆动，可适当加大焊接电流和焊接速度。操作时，焊丝沿焊枪前进方向紧贴焊缝左侧向熔池做推动式填充，不得脱离熔池，每次填丝量不得过多（图 4）。此法适用于搭接及 T 形接头
收弧	收弧时，要防止出现过深的弧坑和弧坑裂纹。操作实践证明，环形焊缝的收弧难度最大。环形焊缝收弧时，应适当放慢焊接速度，尽量压低电弧，在重叠 20～30mm 处应充分熔化，少添加焊丝，向焊缝旁侧但不是焊缝与母材交界处收弧，收弧处焊缝比原焊缝略高 0.2～0.5mm，如图 5 所示 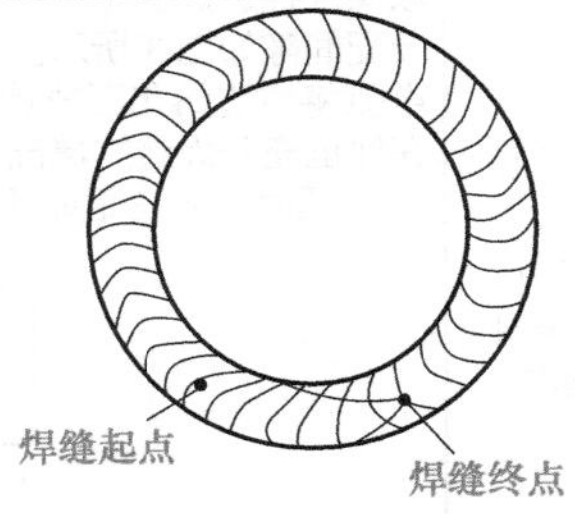 图 5　示意图
操作要点	用短弧施焊，弧长为 2～4mm，焊枪与焊件倾角为 70°～85°，喷嘴离焊件表面距离不超过10mm，采用左向焊法焊接，如图 6 所示 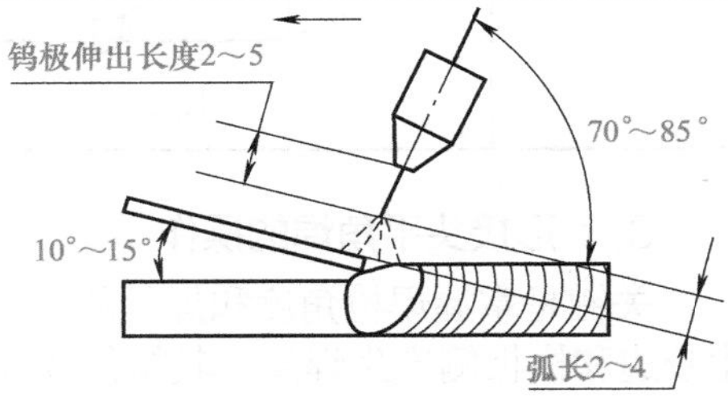 图 6　示意图
定位焊	定位焊缝采用点接触式引弧。定位焊缝的宽度不得超过正式焊缝宽度的 2/3，定位焊缝距离视焊件厚度、管径而定。板状焊件和管状工件定位焊缝尺寸和数量的选用分别见表 4-40

表 4-40　板状焊件和管状工件定位焊缝尺寸和数量的选用

定位焊缝形状	板材厚度 /mm	定位焊缝尺寸及间距 /mm		管状	管子直径 /mm	定位焊缝点数
		尺寸 a	间距 b			
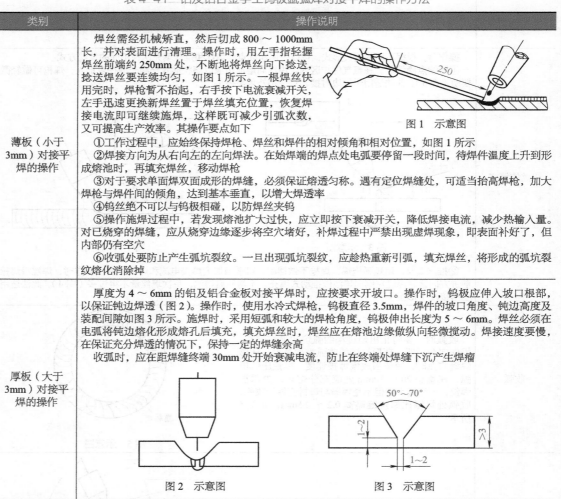	< 1.5	3～7	10～30	管状	10～20	2～3
	1.6～3.0	6～10	30～50		22～60	4～6
	3.1～5.0	6～15	50～80		—	—

2. 对接平焊的操作

表 4-41　铝及铝合金手工钨极氩弧焊对接平焊的操作方法

类别	操作说明
薄板（小于3mm）对接平焊的操作	焊丝需经机械矫直，然后切成 800～1000mm 长，并对表面进行清理。操作时，用左手指轻握焊丝前端约 250mm 处，不断地将焊丝向下捻送，捻送焊丝要连续均匀，如图 1 所示。一根焊丝快用完时，焊枪暂不抬起，右手按下电流衰减开关，左手迅速更换新焊丝置于焊丝填充位置，恢复焊接电流即可继续施焊，这样既可减少引弧次数，又可提高生产效率。其操作要点如下 ①工作过程中，应始终保持焊枪、焊丝和焊件的相对倾角和相对位置，如图 1 所示 ②焊接方向为从右向左的左向焊法。在始焊端的焊点处电弧要停留一段时间，待焊件温度上升到形成熔池时，再填充焊丝，移动焊枪 ③对于要求单面焊双面成形的焊缝，必须保证熔透匀称。遇有定位焊缝处，可适当抬高焊枪，加大焊枪与焊件间的倾角，达到基本垂直，以增大焊透率 ④钨丝绝不可以与钨极相碰，以防焊缝夹钨 ⑤操作施焊过程中，若发现熔池扩大过快，应立即按下衰减开关，降低焊接电流，减少热输入量。对已烧穿的焊缝，应从烧穿边缘逐步将空穴堵好，补焊过程中严禁出现虚焊现象，即表面补好了，但内部仍有空穴 ⑥收弧处要防止产生弧坑裂纹。一旦出现弧坑裂纹，应趁热重新引弧，填充焊丝，将形成的弧坑裂纹熔化消除掉
厚板（大于3mm）对接平焊的操作	厚度为 4～6mm 的铝及铝合金板对接平焊时，应按要求开坡口。操作时，钨极应伸入坡口根部，以保证钝边焊透（图 2）。操作时，使用水冷式焊枪，钨极直径 3.5mm，焊件的坡口角度、钝边高度及装配间隙如图 3 所示。施焊时，采用短弧和较大的焊枪角度，钨极伸出长度为 5～6mm。焊丝必须在电弧将钝边熔化形成熔池后填充，填充焊丝时，焊丝应在熔池边缘做纵向轻微搅动。焊接速度要慢，在保证充分焊透的情况下，保持一定的焊缝余高 收弧时，应在距焊缝终端 30mm 处开始衰减电流，防止在终端处焊缝下沉产生焊瘤

图 1　示意图

图 2　示意图　　　　图 3　示意图

3. T 形接头平角焊的操作

关键是掌握焊枪角度和焊丝的填充速度，既要保证尖角处的熔深，又要防止在立板侧产生咬边和横板侧产生焊瘤。其操作要领如下。

① 焊枪应略偏于横板，并使焊枪与横板保持 55°～65° 的倾角，当结构要求焊缝较窄时，宜采用 ϕ2.0～2.5mm 的细直径焊丝，填充焊丝与横板的倾角为 10° 左右，如图 4-42 所示。

② 为了避免 T 形接头尖角处产生未焊透，必须待尖角处母材熔化后才开始加填焊丝，但焊丝不宜填充过多。薄板推荐用推丝填丝法；厚板则应采用断续点滴填丝法加填焊丝。

③ T 形接头平角焊如果放置位置不受限制，最好采用船形位置焊接。操作时，焊枪应对准尖角处并与焊件保持 75°～ 85° 的倾角。使用短弧焊接，并用推丝填丝法添加焊丝，焊接速度不宜太快，氩气流量也应调小些。

4. T 形接头立角焊的操作

立角焊时，熔滴金属会因自重而下淌，容易形成焊瘤，使焊缝成形失控，因此操作难度较大；T 形接头立角焊时，焊枪、焊丝相对焊件的倾角如图 4-43 所示。其操作要领如下。

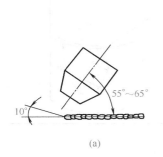
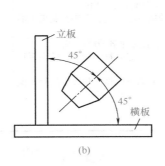

图 4-42 焊丝与横板的倾角

图 4-43 焊枪、焊丝相对焊件的倾角

① 焊枪沿焊件的对接线由下向上直线运动，使焊枪向下倾斜成 70°～ 85° 的倾角。

② 采用短弧焊接，熔池温度由衰减装置来控制。焊接电流比平焊时小 10%～ 15%。

③ 立角焊时氩气保护效果较好，为防止氩气流产生的漩涡和回流压力对电弧稳定性的影响，可适当减小氩气的流量。

④ 送丝采用断续点滴填丝法。焊枪向上移动速度与焊丝每次的填充量要协调，一环套一环向上运行，不允许摆动。

5. 管子对接焊的操作

表 4-42 管子对接焊的操作方法

类别	操作说明	图　　示
水平转动管的焊接	此时相当于平焊位置的焊接。焊接时，将管子平放在焊接托架上，整圈焊缝分成 3 段焊完（如放在转动胎架上，边焊边转动管子，则可一次焊完）。每段的焊枪位置有上坡平焊、平焊和下坡平焊三部分。操作时，焊枪与焊丝的倾角始终保持在 90° 左右，焊枪与焊件之间的倾角为 75°～ 85°。电弧长度控制在 2～ 3mm，用断续点滴填丝法添加焊丝。焊接 5A02 铝镁合金时，焊接速度要快，并要避免过多的尖角形焊缝	

类别	操作说明	图　示
水平固定管的焊接	此时管子相当于全位置焊。焊接位置包括立焊、平焊和仰焊三种，操作时，从仰焊位置开始，将管子分两半圈焊接，在起弧端和熄弧端的焊缝要部分重叠。 　操作要领：应将电弧长度尽可能地压短，用短弧操作。操作过程中，焊枪相对于焊件的角度应按不同的焊接位置做相应的调整，用断续点滴填丝法添加焊丝。每次焊丝的添加量要少，但添加次数要多，以确保焊缝成形	平焊 上坡焊　上坡焊 立焊　　立焊 下坡焊　下坡焊 仰焊
垂直固定管的焊接	此时相当于横焊位置的焊接。其操作要领如下： ①采用较小的焊接电流、较快的焊接速度，严格控制熔池温度，防止熔池下沉。 ②焊件的施焊位置必须与焊工视线相平齐或略高些。 ③操作时每施焊一小段焊缝，焊工必须移动脚步，使两手正对待焊接的焊口。 ④施焊过程中，焊枪不做摆动并略下倾斜，与焊件的倾角保持 70°～80°，用断续点滴填丝法添加焊丝。 ⑤焊接方向采用左向焊法	焊接方向 70°～80°

六、4 立方纯铝容器的手工钨极氩弧焊的操作训练实例

该容器筒身分为三节，每节由 6mm 厚的纯铝板 L4 焊成。封头是 8mm 厚的纯铝板（相当于 L4）拼焊后压制而成。焊件形状及尺寸如图 4-44 所示。

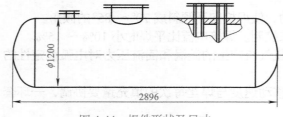

图 4-44　焊件形状及尺寸

1. 技术要求

① 焊接采用手工钨极氩弧焊。

② 壳体铝板厚度为 8mm，全部选用对接节点组装。

③ 材料为 L4 工业纯铝。

2. 焊接方法的选择

因工件厚度不大，就选用了气焊及手工钨极氩弧焊进行试验。气焊的优点是使用方便，比较经济，焊后的焊缝质量也基本上满足要求。但气焊焊缝的组织比较粗大，变形也大。试制封头时，焊缝经压制变形后均出现裂纹。而且气焊要用焊粉，焊接后接头处的残渣很难彻底清理。手工钨极氩弧焊的优点是焊缝质量较高，焊后不需要做特殊处理，耐腐蚀性能好。和气焊相比生产率高，变形小。缺点是目前氩气还比较贵。经对比，确定选用手工钨极氩弧焊。

3. 焊丝和氩气的选择

焊丝采用和母材同牌号的 L4 铝丝（为提高焊缝的抗腐蚀性能，有些单位选用纯度比母材高一些的焊丝）；采用氩含量为 99.89%，氮不超过 0.105%，氧不超过 0.0031%，使用时未进一步提纯的氩气。

4. 焊前清理

由于工件较大，化学清理有困难，因此采用了机械清理方法。先用丙酮除掉油污，然后用钢丝刷将坡口及其两侧来回刷几次，再用剞刀将坡口内清理干净。在焊接过程中是用风

动的钢丝轮来清理的，它的清理效率高，质量好。钢丝刷或钢丝轮的钢丝直径小于 0.15mm，钢丝为不锈钢。机械清理后最好马上焊接。实践证明，只要机械清理做得较细致彻底，是能够获得高质量焊缝的。焊丝用碱洗法清洗，步骤如下。

① 用丙酮除去焊丝表面油污。

② 在 15% 氢氧化钠水溶液中清洗 10 ～ 15min（室温）。

③ 冷水冲洗。

④ 在 30% 硝酸溶液中清洗 2 ～ 5min。

⑤ 冷水冲洗。

⑥ 烘干。

清洗过的焊丝在 24h 内没有使用时，必须再进行清洗才能使用。

5. 接头间隙及坡口

6mm 板厚（筒身）不开坡口，装配点固后的间隙为 2mm。8mm 板厚（封头），选用 70° V 形坡口（钝边为 1 ～ 1.5mm）。点固后的间隙保证在 3mm 左右。焊完正面焊缝后，反面挑焊根再焊一层。

6. 焊接工艺参数

表 4-43　NSA-300 型交流氩弧焊机焊接工艺参数

工件厚度 /mm	焊丝直径 /mm	钨极直径 /mm	焊接电流 /A	喷嘴直径 /mm	电弧长度 /mm	预热温度 /℃
6	5 ～ 6	5	190	14	2 ～ 3	不预热
8	6	6	260 ～ 270	14	2 ～ 3	150

7. 焊缝中气孔的预防

纯铝焊接时，气孔是常见缺陷。而气孔主要是由于液态铝溶解氢过多所引起。氢主要来自水汽，所以，要消除铝焊缝气孔，必须杜绝或减少水汽来源。因此，可从以下几方面着手。

① 使用高纯度氩气。

② 工件及焊丝在焊前彻底清理并烘干。

③ 焊前预热有助于去掉铝件表面氧化膜中的水分，同时预热能使熔池缓冷，从而有利于熔池中气体的逸出。

8. 焊后检验

容器所有环缝、纵缝应经煤油试验及 100% X 射线检验。力学性能检验表明：焊缝抗拉强度为 7.1 ～ 7.2kgf/mm（6mm 厚板）及 10 ～ 10.1kgf/mm^2（8mm 厚板）都高于母材抗拉强度的下限；取 4mm 铝板的氩弧焊缝做腐蚀试验，用 98% 的硝酸在室温下腐蚀 120h，每 24h 测定一次，结果见表 4-44。

表 4-44　氩弧焊焊缝的腐蚀速度

单　位	第一周期	第二周期	第三周期	第四周期	第五周期
g/m^3	0.7036	0.7036	0.7037	0.4465	0.4465

注：母材的腐蚀速度为 0.576g/m^3。

在焊接铝及铝合金构件时，所采用的焊接电源必须是交流电源。因为铝的熔点为 658℃，而铝表面的氧化膜（Al2O3）熔点高达 2050℃，只有采用交流电源才能达到良好的效果。交流电源的特性是频率 ±50 周波交替进行，能对铝及其合金起到一个阴极破碎作用，破坏氧化膜，能够达到一个很理想的焊缝成形。

七、纯铜手工钨极氩弧焊的操作训练实例

由于氩气对熔池子的保护作用好、热量集中、焊接热影响区窄、焊件变形小，所以焊成的接头质量较高。但是过大的焊接电流会使钨极烧损，所以钨极氩弧焊多用于焊接较薄的焊件和厚件底层焊道的焊接，是焊接厚度小于 3mm 薄件结构的最有效方法。

1. 焊接参数的选用

表 4-45　纯铜手工钨极氩弧焊焊接参数的选用

板厚 /mm	焊丝直径 /mm	钨极直径 /mm	预热温度 /℃	焊接电流 /A	氩气流量 / (L/min)	备注
0.3 ～ 0.5	—	1	不预热	30 ～ 60	8 ～ 10	卷边接头
1	1.6 ～ 2.0	2	不预热	120 ～ 160	10 ～ 12	—
1.5	1.6 ～ 2.0	2 ～ 3	不预热	140 ～ 180	10 ～ 12	—
2	2	2 ～ 3	不预热	160 ～ 200	14 ～ 16	—
3	2	3 ～ 4	不预热	200 ～ 240	14 ～ 16	双面成形
4	3	4	300 ～ 350	220 ～ 260	16 ～ 20	双面焊
5	3 ～ 4	4	350 ～ 400	240 ～ 320	16 ～ 20	双面焊
6	3 ～ 4	4 ～ 5	400 ～ 450	280 ～ 360	20 ～ 22	—
10	4 ～ 5	5 ～ 6	450 ～ 500	340 ～ 400	20 ～ 22	—
12	4 ～ 5	5 ～ 6	450 ～ 500	360 ～ 420	20 ～ 24	—

2. 焊接操作

（1）引弧

在引弧处旁边应首先设置石墨块或不锈钢板，电弧应先在石墨板或不锈钢板上引燃，待电弧燃烧稳定后，再移到焊接处。不要将钨极直接与焊件引弧，以防止钨极粘在焊件上或钨极成块掉入坡口使焊缝产生夹钨。

（2）施焊

操作时采用左向焊法，即自右向左焊。焊接平焊缝、管子环缝、搭接角焊缝时，焊枪、焊丝和焊件之间的相对位置分别如图 4-45 ～ 图 4-47 所示。喷嘴与焊件间的距离以 10 ～ 15mm 为宜。这样既便于操作，观察熔池情况，又能使焊接区获得良好的保护。

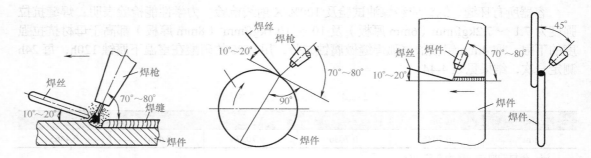

图 4-45　焊接位置示意图（一）　　图 4-46　焊接位置示意图（二）　　图 4-47　焊接位置示意图（三）

开始焊接时，焊接速度要适当慢一些，以使母材得到一定的预热、保证焊透和获得均匀一致的良好成形，然后再逐步加快焊接速度。为了防止焊缝始端产生裂纹，在开始焊一小段

焊缝（长 20 ～ 30mm）后稍停，使焊缝稍加冷却再继续焊接；或者把焊缝的始焊端部分留出一段不焊，先焊其余部分，最后以相反方向焊接始焊端部分。在操作过程中，焊枪始终应均匀、平稳地向前做直线移动，并保持恒定的电弧长度。进行不添加焊丝的对接焊时，弧长保持 1 ～ 2mm；添加焊丝时，弧长可拉长至 2 ～ 5mm，以便焊丝能自由伸进。焊枪移动时，可做间断的停留，当母材达到一定的熔深后，再添加焊丝，向前移动。添加焊丝时要配合焊枪的运行动作，当焊接坡口处尚未达到熔化温度时，焊丝应处于熔池前端的氩气保护区内；当熔池加热到一定温度后，应从熔池边缘送入焊丝。如发现熔池中混入较多杂质，应停止添加焊丝，并将电弧适当拉长，用焊丝挑去熔池表面的杂质。熔池不清时，不添加焊丝；纯铜焊接时，严禁将钨极与焊丝或钨极与熔池直接接触，否则会产生大量的金属烟尘，落入熔池后，焊道上会产生大量蜂窝状气孔和裂纹。如果产生这种现象，应立即停止焊接，并更换钨极或将钨极尖端重新修磨，达到无铜金属为止，还应将受烟尘污染的焊缝金属铲除干净。

　　焊接厚度较大的焊件时，可使焊件倾斜 45°，先让其中一个焊工专门从事预热操作，用氧 - 乙炔焰加热焊件（图 4-48）。或者将焊件直立，然后由两名焊工从两侧对接头的同一部位进行焊接（图 4-49），这样既能提高生产率，又能改善劳动条件，并且还可以不清焊根。

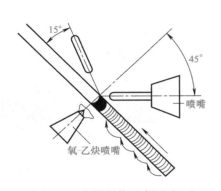

图 4-48　焊接操作示意图（一）

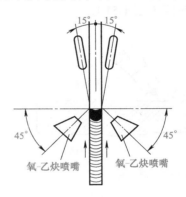

图 4-49　焊接操作示意图（二）

3. 典型零件的焊接操作

（1）纯铜薄板的焊接操作

为提高焊接接头的质量，焊前可在焊件坡口面上涂一层铜焊熔剂，但在引弧处的 10 ～ 15mm 范围内不涂熔剂，以防在引弧时将焊件烧穿。装配时，应将薄板放在专用夹具上进行对接拼焊，并在夹具上施焊，这样焊件可在刚性固定下焊接，以减少变形。焊件背面由在石棉底板上铺设的埋弧焊剂（HJ431）衬垫来控制成形。2mm 厚的薄板所用的焊接参数为：钨极直径 3mm、焊丝直径 3mm、焊接电流 150 ～ 220A、电弧电压 18 ～ 20V、焊接速度 12 ～ 18m/h、氩气流量 10 ～ 12L/min。操作时应适当提高焊接速度，有利于防止产生气孔。

（2）纯铜管的焊接操作

纯铜管的焊接分为纵缝和环缝两部分。

① 纵缝焊接操作。管壁厚为 10mm 的纯铜管纵缝焊接时，开 70° Y 形坡口，钝边小于 1.5mm，间隙 1 ～ 2mm，坡口两侧的错边量小于 1.5mm，为获得良好的焊缝背面成形，管内可衬一条石墨衬垫，其断面尺寸为 70mm×70mm，成形槽尺寸为宽 8mm、深 1.5mm。填充焊丝牌号为 HS201，直径 4.0mm。焊丝及纯铜管先在烧碱溶液及硫酸溶液中清洗，然后将焊丝放入 150 ～ 200℃ 的烘箱内烘干。焊前将管子放在箱式电炉内加热至 600 ～ 700℃，进行预热。出炉后置于焦碳炉上进行焊接，使层间温度保持 600 ～ 700℃。为使底层焊道充分焊

透，并有良好的背面成形，操作时将铜管倾斜 15° 左右，进行上坡焊。焊接参数为：钨极直径 5mm，焊接电流 300～350A，氩气流量 25L/min，共焊 3 层。焊后立即将纯铜管垂直吊入水槽内冷却，以提高接头的韧性。

② 环缝焊接操作。坡口形式、尺寸、焊接参数等与纵缝焊接相同。预热方法是用两把特大号的氧 - 乙炔焊炬，在管子接头两侧各 500mm 范围内进行局部加热，加热温度为 600℃；操作时，接头内侧应衬以厚度为 50mm 的环形石墨衬垫，衬垫必须紧贴纯铜管内壁。

为了防止底层焊接时产生纵向裂纹，管子周向不安装夹具，也不采用定位焊缝定位，使管子处于自由状态下进行焊接。钨极指向为逆管子旋转方向，与管子中心线呈 25° 倾角。为充分填满弧坑，收弧处应超越引弧点约 30mm。焊后立即在管子内、外侧用流动水冷却。

纯铜管的纵、环缝也可采用无衬垫焊接。此时应时刻注意防止根部出现焊瘤，所以操作时要随时掌握好熔化、焊透的时机。当发现熔池金属有下沉低于母材平面的趋势时，说明已经焊透，此时应立即给送焊丝并向前移动焊枪，施焊过程中应始终保持这种状态，便能得到成形良好的焊缝（图 4-50）。如果焊接速度稍慢或不均匀，就会出现未焊透，根部出现焊瘤或烧穿等缺陷（图 4-51）。

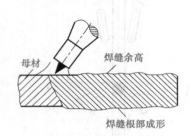

图 4-50 焊接操作示意图（三）

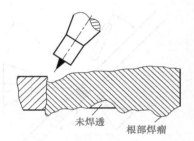

图 4-51 焊接操作示意图（四）

八、紫铜板对接平焊钨极氩弧焊的操作实例

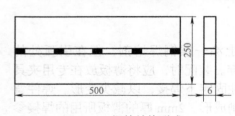

图 4-52 焊件结构形式

焊件结构形式如图 4-52 所示。采用手工钨极氩弧焊焊接紫铜，可以获得高质量的焊接接头，并有利于减小焊件变形。

1. 技术要求

① 焊接采用手工钨极氩弧焊。
② 焊缝为单面 V 形坡口，双面，全焊透结构。
③ 材料为 T2 紫铜。

2. 焊前准备

① 工件和焊丝的表面清理。工件焊接边缘和焊丝表面的氧化膜、油污等脏物，在焊前必须清理干净，否则会引起气孔、夹渣等缺陷，使焊缝的性能降低。清理的方法有两种方法：机械清理法。用风动钢丝轮、钢丝刷或细砂纸清理，直到露出金属光泽为止。化学清理法。将焊接边缘和焊丝放入 30% 硝酸水溶液中浸蚀 2～3min，然后在流动的冷水中用清洁的布或棉擦洗干净。

② 坡口的制备。对接接头板厚小于 3mm 时，不开坡口。板厚为 3～10mm 时，开 V 形坡口，坡口角度为 60°～70°；板厚大于 10mm 时，开 X 形坡口，坡口角度为 60°～70°。为避免未焊透现象，一般不留钝边。

③ 装配。根据板厚和坡口尺寸，对接接头的装配间隙在 0.5 ～ 1.5mm 范围内选取。预留间隙方法有两种：等距离间隙法，即按板厚留出大小一定的间隙 a，并做定位焊 [图 4-53（a）]；角度间隙法，即按板厚、焊缝的长度，留出间隙 a_1 和 a_2 [图 4-53（b）]。a_1 或 a_2 可按下式估算：

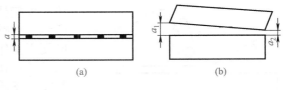

图 4-53 示意图

当板厚≤ 3mm、长度 L ≤ 1500mm 时：

a_1=0.5 ～ 1（mm）

a_2=a_1+（0.008 ～ 0.012）L（mm）

当板厚＞ 3mm、长度 L ＞ 2000mm 时：

a_1=1 ～ 2（mm）

a_2=1+（0.02 ～ 0.03）L（mm）

角度间隙法比等距离间隙法好，不仅焊接过程顺利，变形较小，而且也免除了定位焊的麻烦。

④ 对于角焊缝和采用角度间隙法有困难的对接焊缝（如环缝），在焊接前做定位焊时，要力求焊透，焊肉不要高，焊点要细而长（长度一般为 20 ～ 30mm）。为了防止裂纹和保证定位焊质量，在定位焊时，焊点两旁应适当预热。如果发现焊点有裂纹，应铲掉重焊。

3. 焊丝

正确地选择填充金属，是紫铜氩弧焊获得优质焊缝的必要条件。选择的原则是，首先要保证焊接接头的力学性能及致密性，同时也要考虑到产品的具体要求，如导电性、导热性、表面颜色等。紫铜氩弧焊用焊丝有以下两种。

① 含脱氧元素焊丝。包括丝 201（特制紫铜焊丝）和 QSn4-0.3（锡锰青铜丝）、QSi3–1（硅锰青铜丝）。

② 紫铜丝（如 T2）。采用不含脱氧元素的紫铜丝做填充金属焊接含氧铜时，所得的焊缝金属的力学性能较低，焊缝容易出现气孔。为了消除气孔和提高焊缝金属的力学性能，可以使用气焊用的铜焊粉（粉 301）。具体方法是将铜焊粉用无水酒精调成糊状，刷在焊接坡口上。如果焊丝上也涂铜焊粉，则在焊接过程中焊丝稍接近喷嘴，焊粉就会粘到喷嘴上引起偏弧，破坏气体保护区，影响焊接质量。

4. 焊接操作

紫铜手工氩弧焊，通常是采用直流正接，即钨极接负极，工件接正极。为了消除气孔，保证焊缝根部可靠的熔合和焊透，必须提高焊接速度，减少氩气消耗量，并预热焊件。板厚小于 3mm 时，预热温度为 150 ～ 300℃；板厚大于 3mm 时，预热温度为 350 ～ 500℃。预热温度过高，不仅恶化劳动条件，而且使焊接热影响区扩大，降低焊接接头的力学性能。紫铜板对接平焊的工艺参数列于表 4-46。

表 4-46 紫铜板对接平焊工艺参数

板厚 /mm	钨极直径 /mm	焊丝直径 /mm	焊接电流 /A	氩气流量 /（L/min）
6	5	5	300 ～ 400	9 ～ 11

5. 焊接要求

通常，紫铜手工氩弧焊是自右向左进行的。为了便于引弧和防止钨极粘在焊件上，或钨极成块掉入坡口而形成焊缝"夹钨"，电弧应先在石墨板或不锈钢上引燃，待电弧稳定后再

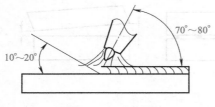

图 4-54　示意图

移入焊接处。焊炬、焊丝与工件之间的位置如图 4-54 所示。焊嘴与工件的距离以 10 ～ 15mm 为宜。这样，既便于操作，观察熔池情况，又能使焊接区获得良好的保护；在焊接对接焊缝时，为了防止焊缝始端产生裂纹，在开始焊一小段焊缝（20 ～ 30mm）后应稍停，使焊缝凉一凉，再继续焊接。或者把焊缝起始部分留出一段不焊，先焊其余部分，最后以相反方向焊接焊缝起始部分；在多层焊的情况下，第一层焊缝的厚度不能过大，一般不超过 2 ～ 3mm。焊下一层之前，要用钢丝刷刷掉焊缝表面的氧化物。对于 V 形对接焊缝，应先焊满坡口，然后挑焊根再焊反面焊缝。

九、黄铜板对接平焊手工钨极氩弧焊的操作实例

手工氩弧焊可以焊接黄铜结构，也可以进行黄铜铸件缺陷的焊补工作，其焊接工艺和紫铜手工氩弧焊相似（故这里不具体介绍工件的施焊过程）。只是由于黄铜的导热性和熔点比紫铜低，以及含有容易蒸发的元素锌等特点，所以在填充焊丝和焊接规范等方面有一些不同的要求。

1. 焊丝

黄铜手工氩弧焊可以采用标准黄铜焊丝，如丝 221、丝 222 和丝 224，其化学成分和焊缝的力学性能见表 4-47，也可以采用与母材相同成分的材料做填充焊丝。

表 4-47　铜及铜合金焊丝化学成分和焊缝的力学性能

牌号	名称	焊丝成分 /%	熔点 /℃
丝 201	特制紫铜焊丝	锡 1.0 ～ 1.2；硅 0.35 ～ 0.5；锰 0.35 ～ 0.5；磷 0.1；铜余量	1050
丝 202	低磷铜焊丝	磷 0.2 ～ 0.4；铜余量	1060
丝 221	锡黄铜焊丝	锡 0.8 ～ 1.2；硅 0.15 ～ 0.35；铜 59 ～ 61；锌余量	890
丝 222	铁黄铜焊丝	锡 0.7 ～ 1.0；硅 0.05 ～ 0.15；铁 0.35 ～ 1.20；锰 0.03 ～ 0.09；铜 57 ～ 59；锌余量	860
丝 224	硅黄铜焊丝	硅 0.30 ～ 0.70；铜 61 ～ 69；锌余量	905

焊缝抗拉强度 σ_b /（kgf/mm²）			主要用途
母材	合格标准	一般值	
紫铜	18	21 ～ 24	适用于紫铜的氩弧焊及氧 - 乙炔气焊时作为填充材料。焊接工艺性能良好，力学性能较高
紫铜	18	20 ～ 23	适用于紫铜的碳弧焊及氧 - 乙炔气焊的填充材料
H62 黄铜	34	38 ～ 43	适用于氧 - 乙炔气焊黄铜和钎焊铜、铜镍合金、灰铸铁和钢，也用于镶嵌硬质合金刀具
H62 黄铜	34	38 ～ 43	用途与丝 221 相同，但流动性较好，焊缝表面略呈黑斑状，焊时烟雾少
H62 黄铜	34	38 ～ 43	用途与丝 221 相同，由于含硅 0.5% 左右，气焊时能有效地控制锌的蒸发，消除气孔，得到满意的力学性能

由于上述焊丝的含锌量较高，所以在焊接过程中烟雾很大，不仅影响焊工的身体健康，而且还妨碍焊接操作的顺利进行。为了减少焊接过程中锌的蒸发，采用 QSi3-1 青铜作为填充焊丝，可以得到满意的结果。采用 H62 和 QSi3-1 填充焊丝焊接 H62 黄铜，黄铜焊接接头的力学性能见表 4-48。

表 4-48　黄铜焊接接头的力学性能

填充焊丝	抗拉强度 σ_b / (kgf/mm^2)	冷弯角 / (°)
H62	32 ～ 35	180
QSi3–1	37 ～ 37.5	180

2. 焊接操作

焊接可以用直流正接，也可以用交流。用交流焊接时，锌的蒸发比直流正接时轻。焊接规范与紫铜焊接相似，但通常焊前不用预热，只是在焊接板厚大于 12mm 的接头和焊接边缘厚度相差比较大的接头时才需预热。而后者只预热焊接边缘较厚的零件。焊接速度应尽可能快。板厚小于 5mm 的接头，最好能一次焊成。

3. 焊后处理

焊件在焊后应加热 300 ～ 400℃进行退火处理，消除焊接应力，以防止黄铜机件在使用过程中破裂。

第五章
埋弧焊

第一节　操作基础

一、埋弧焊的工作原理、特点及应用范围

1. 工作原理

埋弧焊是利用焊丝与焊件之间的焊剂层下燃烧的电弧产生热量，熔化焊丝、焊剂和母材金属而形成焊缝，以达到连接被焊工件的目的。在埋弧焊中，颗粒状焊剂对电弧和焊接区起机械保护和合金化作用，而焊丝则用作填充金属。

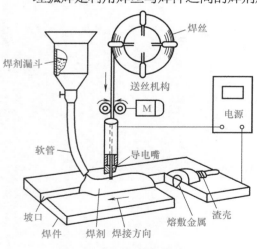

图 5-1　埋弧焊的焊接过程

埋弧焊的焊接过程如图 5-1 所示。焊剂由软管流出后，均匀地堆敷在装配好的焊件上，堆敷高度一般为 40 ～ 60mm。焊丝由送丝机构送进，经导电嘴送往焊接电弧区。焊接电源的两极，分别接在导电嘴和焊件上。而送丝机构、焊丝盘、焊剂漏斗和操纵盘等全部都装在一个行走机构——焊车上。在设置好焊接参数后，焊接时按下启动按钮，焊接过程便可自动进行。

埋弧焊是在焊剂层下燃烧进行焊接的方法。焊接过程自动或半自动进行，焊剂相当于焊条的药皮，它在焊接过程中所起的作用比药皮更为完善。埋弧焊时焊缝的形成过程如图 5-2 所示。当焊丝和焊件之间引燃电弧，电弧热使焊件、焊丝和焊剂熔化以致部分蒸发，金属焊剂的蒸发气体形成一个气泡，电弧就在这个气泡内燃烧。气泡的上部被一层烧化了的焊剂——熔渣构成的外膜包围，这层渣膜不仅很好地隔离了空气跟电弧和熔池的接触，而且使有碍操作的弧光辐射不再散射出来。不仅能很好地将熔池与空气隔开，而且可隔绝弧光的辐射，因此焊缝质量高，劳动条件好。埋弧焊与焊条电弧焊相比有如下优点。

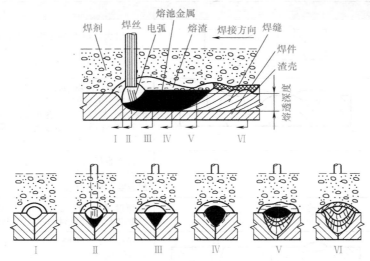

图 5-2　埋弧焊时焊缝的形成过程

2. 特点

① 焊缝的化学成分较稳定，焊接规范参数变化小，单位时间内熔化的金属量和焊剂的数量很少发生变化。

② 焊接接头具有良好的综合力学性能。由于熔渣和焊剂的覆盖层使焊缝缓冷，熔池结晶时间较长，冶金反应充分，缺陷较少，并且焊接速度大。

③ 适于厚度较大构件的焊接。它的焊丝伸出长度小，可采用较大的焊接电流（埋弧焊的电流密度达 $100 \sim 150A/mm^2$）。

④ 质量好。焊接规范稳定，熔池保护效果好，冶金反应充分，性能稳定，焊缝成形光洁、美观。

⑤ 减少电能和金属的消耗。埋弧焊时电弧热量集中，减少了向空气中散热及金属蒸发和飞溅造成的热量损失。

⑥ 熔深大，焊件坡口尺寸可减小或不开坡口。

⑦ 容易实现自动化、机械化操作，劳动强度低，操作简单，生产效率高。

3. 埋弧焊的应用范围

埋弧焊是工业生产中高效焊接方法之一，可以焊接各种钢板结构。如焊接碳素结构钢、低合金结构钢、不锈钢、耐热钢、复合钢材等。在造船、锅炉、桥梁、起重机械及冶金机械制造业中应用最广泛。

二、焊接工艺参数对焊缝质量的影响

焊接工艺参数对焊缝质量的影响见表 5-1。

表 5-1　焊接工艺参数对焊缝质量的影响

参数	图　示	对焊缝质量的影响
焊接电流 I	$I \longrightarrow$	I 增大（焊速一定时），生产率提高，熔合比 r 与熔深 t 增大；I 过大，会造成烧穿和增大热影响区

参数	图示	对焊缝质量的影响
焊接电压 U		U过大，焊剂熔化量增加，电弧不稳，熔深减小，严重时会产生咬边；电弧过长（即U过大）时，还会使焊缝产生气孔
焊接速度 v	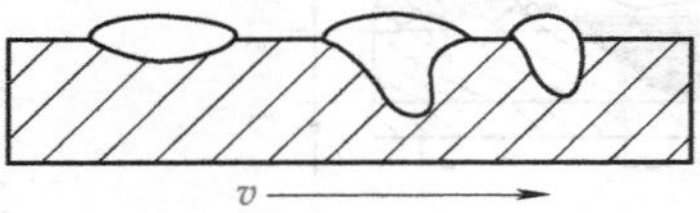	v增大，母材熔合比减小；v过大容易造成咬边、未焊透、电弧偏吹、气孔等缺陷，焊缝成形变差；v过小，焊缝增强高度h过大，形成大熔池，满溢，焊缝成形粗糙，容易引起夹渣等缺陷；如v过小而电压又过大，容易引起裂纹
焊丝直径与伸出长度	—	焊丝直径减小（I一定时），电流密度增加，熔深增大，焊缝形状系数减小；焊丝伸出长度增大，熔敷速度和增强高度增大
焊剂层厚度	—	厚度过小，电弧保护不良，易产生气孔和裂纹；厚度过大，焊缝形状变窄，形状系数减小
焊丝与焊件位置	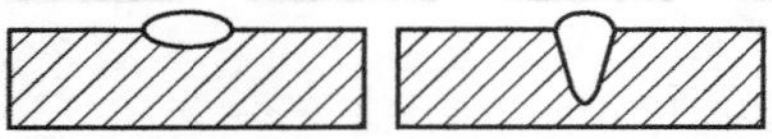 (a) 前倾位置　(b) 后倾位置	单丝焊时，一般用垂直位置；焊丝前倾，可增大焊缝形状系数，常用于薄板（相当于下坡焊）；焊丝后倾熔深与增强高度增大，熔宽明显减小，焊缝成形不良，一般仅用于多弧焊的前导焊丝（相当于上坡焊）
装配间隙与坡口大小	—	间隙与坡口角度增大（当其他参数不变时），熔合比r与增强高度h减小，同时熔深t增大，而焊缝高度（h+t）保持不变

① 工艺参数对焊缝形状、主焊缝组成比例的影响（交流）见表5-2。

表5-2　工艺参数对焊缝形状、主焊缝组成比例的影响

焊缝特征	当下列各值增大时，焊缝特征的变化										
	焊接电流 ≤1500A	焊丝直径	电弧电压		焊接速度		焊丝后倾角度	焊件倾斜角		间隙和坡口①	焊剂颗粒尺寸②
			22～24V；32～34V	34～36V；50～60V	10～40/(m/h)	40～100/(m/h)		下坡焊	上坡焊		
熔化深度	剧增	减	稍增	稍减	几乎不变	减	剧减	减	稍增	几乎不变	稍增
熔化宽度	稍增	增	剧增（但直流正接除外）③		减		增	增	稍减	几乎不变	稍增
增强高度	剧增	减	减		稍增		减	减	稍减	减	稍增
形状系数	剧增	增	增	剧增（但直流正接除外）③	减	稍增	减	增	减	几乎不变	增
b:h	剧增	增	增	剧增（但直流正接除外）③	减		剧增	增	减	几乎不变	增
母材熔合比	剧增	减	稍增	几乎不变	剧增	增	减	减	稍增	减	稍增

①板缘坡口的深度和宽度都不超过在板上堆焊时的深度和宽度。
②当其他条件相同时，在浮石状焊剂下焊成的焊缝，与在玻璃状焊剂下焊成的焊缝比较，具有较小的熔深和较大的熔宽。焊剂中含有容易电离物质越多，熔深越大。
③采用直流电源反接施焊时，焊缝尺寸和焊缝形状的变化特征，与交流电焊时相同；但直流反接与直流正接相比，反接的熔深要比正接时大。

② 埋弧焊焊缝坡口的基本形式和尺寸见表5-3。

表 5-3　埋弧焊焊缝坡口的基本形式和尺寸

符　号	厚度范围	坡口形式	焊接形式
‖	6～13	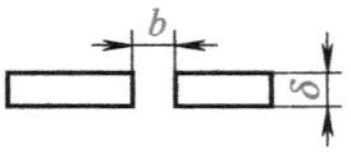 b　δ	单面焊
⊔	6～24		双面焊
凵	3～12	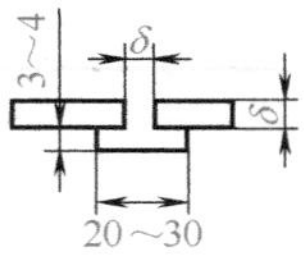 3～4　δ　δ　20～30	单位面焊
Y	10～24	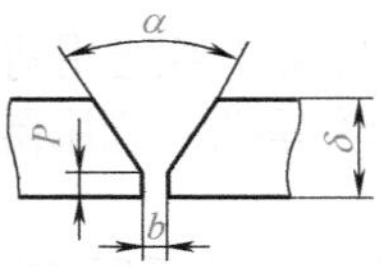 α　P　δ　b	单面焊
Ⴘ	10～30		双面焊
 X	24～60	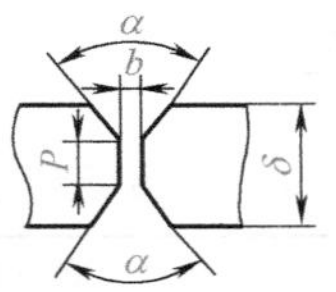 α　b　P　δ　α	双面焊
Y	> 30	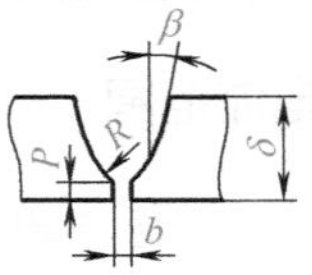 β　R　P　δ	单面焊
Ⴘ	> 30		双面焊
 ⊳⊲	20～50	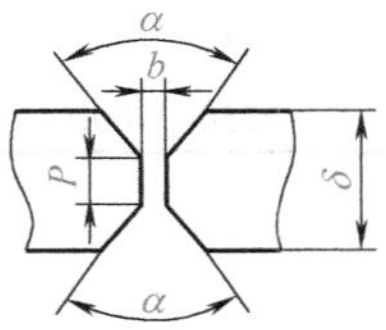 α　b　P　δ　α	双面焊
 ⊾	10～20	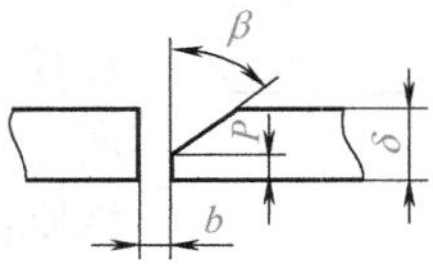 β　P　δ　b	双面焊
 X	50～160	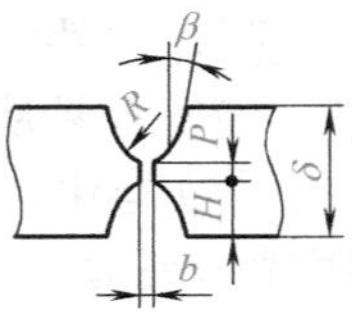 β　R　P　δ　H　b	双面焊
 K	> 30	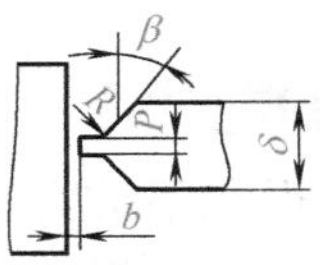 β　R　P　δ　b	双面焊

符号	厚度范围	坡口形式	焊接形式
K	20 ～ 30		双面焊

三、焊接电源的选择

1. 焊接电源的选用

① 外特性。埋弧自动焊的电源，当选用等速送丝的自动焊机时，宜选用缓降外特性。如果采用电弧自动调节系统的自动焊机，选用陡降外特性。对于细丝焊接薄板时，则用直流平特性的电源。

② 极性。通常选用直流反接，也可采用交流电源。

2. 焊接电流与相应的电弧电压

表 5-4　焊接电流与相应的电弧电压

焊接电流 /A	600 ～ 700	700 ～ 850	850 ～ 1000	1000 ～ 1200
电弧电压 /V	36 ～ 38	38 ～ 40	40 ～ 42	42 ～ 44

3. 不同直径焊丝适用的焊接电流范围

表 5-5　不同直径焊丝适用的焊接电流范围

焊丝直径 /mm	2	3	4	5	6
电流密度 /A·mm^2	63 ～ 126	50 ～ 85	40 ～ 63	35 ～ 50	28 ～ 42
焊接电流 /A	200 ～ 400	350 ～ 600	500 ～ 800	700 ～ 1000	800 ～ 1200

焊接速度增加→

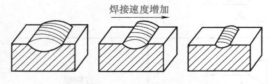

图 5-3　焊接速度对焊缝成形的影响

四、焊接速度对焊缝成形的影响

焊接速度对焊缝成形的影响存在一定的规律，如图 5-3 所示，在其他参数不变的情况下，焊接速度增大时，熔宽和余高明显减小，熔深有所增加。但是，当焊速增大到 40m/h 以上时，熔深则随焊接速度的增大而减小。

焊接速度是衡量焊接生产率高低的重要指标，从提高生产率的角度考虑，焊接速度当然是越快越好，但是焊接速度过快，电弧对焊件加热不足，使熔合比减小，还会造成咬边、未焊透及气孔等缺陷；减小焊接速度，使气孔易从正在凝固的熔化金属中逸出，能降低形成气孔的可能性；但焊接速度过慢，将导致熔化金属流动不畅，易造成焊缝波纹粗糙和夹渣，甚至烧穿焊件。

五、焊件位置对焊缝的影响

焊件处于倾斜位置时有上坡焊和下坡焊之分，如图 5-4 所示。上坡焊时，焊缝厚度和

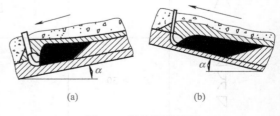

(a)　　　　(b)

图 5-4　焊件倾斜情况

余高增大而焊缝宽度减小，形成窄而高的焊缝；下坡焊时，焊缝厚度和余高减小而焊缝宽度增大，液态金属容易下淌。因此，焊件的倾斜角不得超过 6°～8°。焊件位置对焊缝的影响如图 5-5 所示。

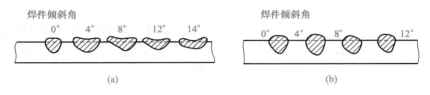

图 5-5　焊件位置对焊缝的影响

六、不同接头形式的焊接

表 5-6　不同接头形式的焊接

类别		图　示	焊接方法说明
对接	单面焊	(a) 焊剂垫 (b) 铜垫板 (c) 锁底	用于 20mm 以下中、薄板的焊接。焊件不开坡口，留一定间隙，背面采用焊剂垫或焊剂 - 铜垫，以达到单面焊双面成形。也可采用铜垫板或锁底对接
	双面焊		适用于中、厚板焊接。留间隙双面焊的第一面焊缝在焊剂垫上焊接，也可在焊缝背面用纸带承托焊剂，起衬垫作用；还可在焊第二面焊缝前，用碳弧气刨清好焊根后再进行焊接
角接	垂直焊丝船形焊		由于熔融金属容易流入间隙，常用垫板或焊剂垫衬托焊缝，焊后除掉。应掌握组装间隙，最大不超过 1mm
	填角焊	d	每道焊缝的焊脚高度在 10mm 以下。对焊脚大于 10mm 的焊缝，必须采用多层焊

类别	图　示	焊接方法说明
环焊缝	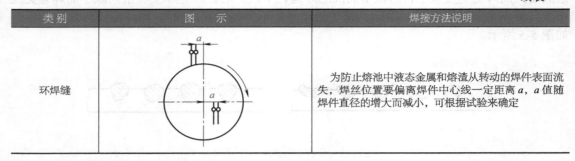	为防止熔池中液态金属和熔渣从转动的焊件表面流失，焊丝位置要偏离焊件中心线一定距离 a，a 值随焊件直径的增大而减小，可根据试验来确定

七、焊丝直径、倾角及伸出长度

1. 焊丝直径

当焊接电流不变时，随着焊丝直径的增大，电流密度减小，电弧吹力减弱，电弧的摆动作用加强，使焊缝宽度增加而焊缝厚度减小；焊丝直径减小时，电流密度增大，电弧吹力增大，使焊缝厚度增加。故用同样大小的电流焊接时，小直径焊丝可获得较大的焊缝厚度，不同直径的焊丝适用的焊接电流见表 5-5。

2. 焊丝倾角

通常认为焊丝垂直水平面的焊接为正常状态，如果焊丝在焊接方向上具有前倾和后倾，其焊缝形状也不同，前倾焊熔深增大，焊缝宽度和余高减小，如图 5-6 所示。如果焊接平角焊缝，焊丝还要与竖板成约 30° 的夹角，如图 5-7 所示。

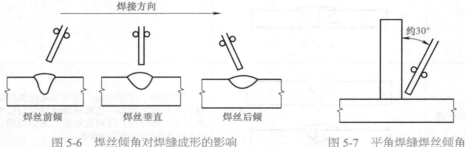

图 5-6　焊丝倾角对焊缝成形的影响　　　　图 5-7　平角焊缝焊丝倾角

3. 焊丝伸出长度

焊丝伸出长度是从导电嘴端算起，伸出导电嘴外的焊丝长度。焊丝伸出过长时，焊丝熔化速度加快，使熔深减小，余高增加；若伸出长度太短，则可损坏导电嘴。一般要求焊丝伸出长度为 30～35mm。

八、装配定位焊和衬垫单面焊双面成形

1. 装配定位焊

焊件的焊前组合装配应尽可能使用夹具，以保证定位焊的准确性。一般情况下，定位焊结束后，应将夹具拆除。若需带夹具进行焊接，夹具应离焊接部位远些，以免焊上。轻而薄的焊件采用夹具固定或定位焊固定均可；而中等厚度或大而重的焊件，必须采用定位焊固定。由于定位焊的目的是保证焊件固定在预定的相对位置上，因此要求定位焊缝应能承受结构自重或焊接应力而不破裂。而自动焊时，第一道焊道产生的应力比手弧焊时要大得多。因此，对埋弧自动焊定位焊缝的有效长度应按表 5-7 选择。

表 5-7　定位焊缝的有效长度与焊件厚度的关系　　　　　　　　　　　　　mm

焊件厚度	定位焊缝有效长度	备　注
＜3.0	40～50	300mm 内 1 处
3.0～25	50～70	300～500mm 内 1 处
≥25	70～90	250～300mm 内 1 处

定位焊后，应及时将焊道上的渣壳清除干净，同时还必须检查有无裂纹等缺陷产生。如果发现缺陷，应将该段定位焊道彻底铲除，重新施焊。焊件定位焊固定后，如果接口间隙为0.8～2mm，可先用手弧焊封底，以防自动焊时产生烧穿。如果根部间隙超过 2mm，则应去除定位焊道，并用砂轮等工具对坡口面进行整形以后再组装。定位焊后的焊件应尽快进行埋弧自动焊。

2. 衬垫单面焊双面成形

① 焊剂垫上的单面焊双面成形。埋弧焊时焊缝成形的质量主要与焊剂垫的托力及根部的间隙有关。焊剂垫尽可能选用细颗粒焊剂，焊接参数见表 5-8。

② 铜衬垫上的单面焊双面成形。铜衬垫的截面尺寸和焊接参数见表 5-9 和表 5-10。

表 5-8　焊剂垫上单面对接焊的焊接参数

根部/mm	根部间隙/mm	焊丝直径/mm	焊接电流/A	电弧电压/V	焊接速度/(cm/min)	电流种类	焊剂垫压力/kPa
3		1.6	275～300	28～30	56.7		
3		2	275～300	28～30	56.7		81
3	0～0.5	3	400～425	25～28	117		
4		2	375～400	28～30	66.7		101～152
4		4	425～450	28～30	83.3		101
5	0～2.5	2	425～550	32～34	58.3		101～152
5		4	575～625	28～30	76.7		101
6		2	475	32～34	50	交	101～152
6	0～3.0		600～650	28～32	67.5		
7		4	650～700	30～34	61.7	流	
8	0～3.5		725～775	30～36	56.7		
10	3～4		700～750	34～36	50		
12	4～5		750～800	36～40	45		
14		5	850～900	36～40	42		
16			900～950	38～42	33		
18	5～6		950～1000	40～44	28		
20			950～1000	40～44	25		

表 5-9　铜衬垫的截面尺寸　　　　　　　　　　　　　　　　　　　　mm

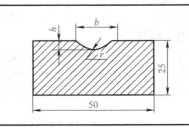

焊件厚度	槽宽 b	槽深 h	曲率半径 r
4～6	10	2.5	7.0
6～8	12	3.0	7.5
8～10	14	3.5	9.5
12～14	18	4.0	12

表 5-10 铜衬垫的焊接参数

根部 /mm	根部间隙 /mm	焊丝直径 /mm	焊接电流 /A	电弧电压 /V	焊接速度 /（cm/min）
3	2	3	380～420	27～29	78.3
4	2～3	4	450～500	29～31	68
5	2～3	4	520～560	31～33	63
6	3	4	550～600	33～35	63
7	3	4	640～680	35～37	58
8	3～4	4	680～720	35～37	53.3
9	3～4	4	720～780	36～38	46
10	4	4	780～820	38～40	46
12	5	4	850～900	39～40	38
13	5	4	880～920	39～41	36

九、焊接工艺参数的选择方法

由于埋弧自动焊工艺参数的内容较多，而且在各种不同情况下的组合对焊缝成形和焊接质量可产生不同或相似的影响，因此选择埋弧自动焊的工艺参数是一项较为复杂的工作。

选择埋弧自动焊工艺参数时，应达到焊缝成形良好，接头性能满足设计要求，并要有高质量和低消耗。其步骤如下。

① 根据生产经验参数或查阅类似情况下所用的焊接工艺参数作为参考。

② 进行试焊，试焊时所采用的试件材料、厚度和接头形式、坡口形式等完全与生产焊件相同，尺寸大小允许不一样，但不能太小。

③ 经过试焊和必要的检验，最后确定出合适的工艺参数。

第二节　操作技能

一、埋弧焊的焊前准备

埋弧焊的焊前准备主要是坡口制备和装配。

由于埋弧焊可使用较大规范，所以焊件厚度 $\delta <$ 14mm 的钢板可以不开坡口；当焊件厚度 δ=14～22mm 时，一般开 V 形坡口；当焊件厚度 δ=22～50mm 时，可开 X 形坡口；更厚的焊件多开 U 形坡口，以减少坡口的宽度。U 形坡口还能改善多层焊第一道焊缝的脱渣性。当要求以小的线能量焊接时，有时较薄的焊件也可开 U 形坡口。V 形和 X 形坡，角度一般为 60°～80°，以利于提高焊接质量和生产效率。

坡口的加工可采用刨边机、气割机、碳弧气刨及其他机械设备加工，坡口边缘的加工必须符合技术要求，焊前应对坡口及焊接部位的表面铁锈、氧化皮、油污清除干净，以保证焊接质量。对重要产品，应在距坡口边缘 30mm 范围内打磨出金属光泽。

埋弧焊的焊前装配必须给予足够重视，否则会影响焊缝的质量，具体要按产品的技术要求执行。焊件装配要求间隙均匀，高低平整无错边。装配点固焊时，要求使用的焊条与焊件材料性能相符，定位焊缝一般应在第一道焊缝的背面，长度大于 30mm。在直焊缝组装时，需要加装与坡口形状相似截面的引弧板和收弧板。

二、埋弧焊的基本操作过程

埋弧焊一般采用 MZ-1000 型埋弧焊机，它的操作包括焊前准备、起弧、焊接、停止四个过程，其说明见表 5-11。

表 5-11　埋弧焊的基本操作说明

基本操作	操作说明
焊前准备	①把自动焊车放在焊件的工作位置上，将焊接电源的两极分别接在导电嘴和焊件上 ②将准备好的焊剂和焊丝分别装入焊丝盘和焊剂漏斗内。焊丝在焊丝盘中绕制要注意绕向，防止搅在一起，不利于送丝 ③闭合弧焊电源的闸刀开关和控制线路的电源开关 ④焊车的控制是通过改变焊车电动机的电枢电压大小和极性来实现的，使焊接小车处在"空载"位置上，设定所需焊速。设定时先测出小车在固定时间内行走的距离，再根据该距离算出小车的速度 ⑤焊丝被夹在送丝滚轮和从动压紧轮之间，夹紧力的大小，可通过弹簧机构调整，焊丝往下送出之后，由矫直滚轮矫直，再经导电嘴，最后进入电弧区。按焊丝向下的按钮，使焊丝对准焊缝，并与焊件接触，但不要太紧。导电嘴的高低可通过升降机构的调节手轮来调节，以保证焊丝有合适的伸出长度 ⑥将开关的指针旋转到"焊接"位置上 ⑦按照焊接的方向，将自动焊车的换向开关指针转到向左或向右的位置上 ⑧按照预先选择好的焊接规范进行调整。焊接电流通过调节电流调节旋钮改变直流控制绕组中的电流大小，从而达到电流的调节。电流调节也可实现"远控"（即在焊接小车上调节），这时需将转换开关打至"远控"位置 ⑨将自动焊车的离合器手柄向下扳，使主动轮与自动焊车减速器相连接 ⑩开启焊剂漏斗的闸门，使焊剂堆敷在预焊部位。调好焊剂的堆积高度，一般为 30～50mm，以在焊接时刚好看不见红色熔融状态的熔渣为准，以免粘渣而影响焊缝成形
起弧	焊机的起弧方式有两种：短路回抽引弧和缓慢送丝引弧 ①短路回抽引弧时，引弧前让焊丝与工件轻微接触，按下"焊接"按钮起焊，则为短路回抽引弧。因焊丝与工件短接，导致电弧电压为零，然后焊丝回抽，回抽同时，短路电流烧化短路接触点，形成高温金属蒸气，随后建立的电场形成电弧 ②当焊丝未与工件接触时，按下"焊接"按钮起焊时，为缓送丝引弧。这时弧焊电源输出空载电压，需要持续按下"焊接"按钮，使送丝速度减小。这样便形成慢送丝。焊丝慢送进直到与工件短接，焊丝回抽，形成电弧，完成引弧过程
焊接	按上面方法使焊丝提起随即产生电弧，然后焊丝向下不断送进，同时自动焊车开始前进。在焊接过程中，操作者应留心观察自动焊车的行走，注意焊接方向不偏离焊缝外，同时还应控制焊接电流、电弧电压的稳定，并根据已焊的焊缝情况不断修正焊接规范及焊丝位置。另外，还要注意焊剂漏斗内的焊剂量，焊剂在必要时需进行添加，以及焊剂垫等其他工艺措施正常与否，以免影响焊接工作的正常进行
停止	当焊接结束时，应按下列顺序停止焊机的工作 ①关闭焊剂漏斗的闸门 ②按"停止"按钮时，必须分两步进行，首先按下一半（这时手不要松开），使焊丝停止送进，此时电弧仍继续燃烧，接着将自动焊车的手柄向下扳，使自动焊车停止前进。在这过程中电弧慢慢拉长，弧坑逐渐填满，等电弧自然熄灭后，再继续将"停止"按钮按到底，切断电源，使焊机停止工作 ③扳下自动焊车手柄，并用手把它推到其他位置；同时回收未熔化的焊剂，供下次使用，并清除焊渣，检查焊缝的外观质量

三、对接直缝的焊接操作技能

对接直缝的焊接是埋弧焊常见的焊接工艺，该工艺有两种基本类型，即单面焊和双面焊。同时，它们又可分为有坡口、无坡口和有间隙、无间隙等形式。根据焊件厚薄的不同，又可分为单层焊和多层焊；根据防止熔化金属泄漏的不同情况，又有各种衬垫法和无衬垫法。

1. 焊剂垫法埋弧焊

在焊接对接焊时，为防止熔池和熔渣的泄漏，在焊接直缝的第一面时，常用焊剂垫作为衬垫进行焊接。焊剂垫的焊剂应尽量使用适合于施焊件的焊剂，并需烘干及经常过筛和去灰。焊接时焊剂垫必须与焊件背面贴紧，并保持焊剂的承托力在整个焊缝长度上均匀一致。在焊接过程中，要注意防止因焊件受热变形而发生焊件与焊剂垫脱空，以致造成焊穿，尤其应防止焊缝末端出现这种现象。直缝焊接的焊剂垫应用如图 5-8 所示。

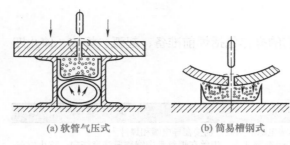

(a) 软管气压式   (b) 简易槽钢式

图 5-8　直缝焊接的焊剂垫应用

（1）无坡口预留间隙双面埋弧焊

在焊剂垫上进行无坡口的双面埋弧焊，为保证焊缝，必须预留间隙，钢板厚度越大，间隙也应越大。通常在定位焊的反面进行第一面焊缝的施焊。第一面的焊缝熔深一般要超过板厚的 1/2 ～ 2/3，表 5-12 的规范可供施焊时参考。第二面焊缝使用的规范可与第一面相同或稍许减小。对重要产品在焊接第二面时，需挑焊根进行焊缝根部清理。焊根清理可用碳弧气刨、机械挑凿或砂轮打磨。

表 5-12　无坡口预留间隙双面埋弧焊规范

焊件厚度 /mm	装配间隙 /mm	焊接电流 /A	电弧电压 /V		焊接速度 /（m/h）
			交流	直流	
10 ～ 12	2 ～ 3	750 ～ 800	34 ～ 36	32 ～ 34	32
14 ～ 16	3 ～ 4	775 ～ 825	34 ～ 36	32 ～ 34	30
18 ～ 20	4 ～ 5	800 ～ 850	36 ～ 40	34 ～ 36	25
22 ～ 24	4 ～ 5	850 ～ 900	38 ～ 42	36 ～ 38	23
26 ～ 28	5 ～ 6	900 ～ 950	38 ～ 42	36 ～ 38	20

为施工方便，焊剂垫可在焊缝背面用水玻璃粘贴一条宽约 50mm 的纸带，起衬垫的作用，也可以采用其他形式的衬垫。

不开坡口的对接缝埋弧焊要求装配间隙均匀平直，不允许局部间隙过大。但实际生产中常常存在对接板缝装配间隙不均匀、局部间隙偏大的情况。这种情况如不及时调整焊接参数，极易造成局部烧穿缺陷，甚至使焊接过程中断，需要进行返修，浪费工时和材料。由于局部间隙过大，即使调节参数焊完这一小段后，还需重新将参数调节到原来规定值。因此焊工在实际操作时非常紧张，不能马上将焊接参数稳定下来，焊接质量也很不稳定。焊接时如遇到局部间隙偏大，可采用右手把"停止"按钮按下一半的操作方法，其目的是减慢焊丝的送给速度，并保证焊接电弧维持燃烧，使焊接能够顺利进行。操作时可根据间隙大小和具体焊接情况分别对待；也可以采用间断焊法，即间断给送焊丝。操作时，一边按下按钮，一边观察情况，如果焊机电弧发蓝光，按钮仍按一半；如焊接电弧发红光，表明可能引起烧穿。此时焊工要特别注意控制焊丝的给送，避免烧穿。焊过这一段间隙偏大的板缝后，再松开按钮，恢复正常操作。焊完后应检查焊缝，如发现局部焊缝达不到焊缝尺寸要求，需进行补焊。如遇到局部间隙偏小，也可以同样采取按"停止"按钮，以控制焊丝送给速度的方法进行焊接。

（2）无坡口单面焊双面成形埋弧焊

这种焊接工艺，主要是采用较大的焊接电流，将焊件一次焊透，并使焊接熔池在焊剂垫上冷却凝固，以达到一次成形的目的。这样可提高生产效率、减轻劳动强度、改善劳动条件。

在焊剂垫上单面焊双面成形的埋弧焊，要留一定间隙，可不开坡口，将焊剂均匀地承托在焊件背面。焊接时，电弧将焊件熔透，并使焊剂垫表面的部分焊剂熔化，形成一层液态薄膜，使熔池金属与空气隔开，熔池则在此液态焊剂薄层上凝固成形，形成焊缝。为使焊接过程稳定，最好使用直流反接法焊接，焊剂垫的焊剂颗粒度要细些。另外，焊剂垫对焊剂的承托力对焊缝双面成形的影响较大。如果压力较小，会造成焊缝下塌；压力较大，则会使焊缝背面上凹；压力过大时，甚至会造成焊缝穿孔。无坡口单面焊双面成形埋弧焊所采用的方法见表 5-13。

表 5-13 无坡口单面焊双面成形埋弧焊所采用的方法

方法	说　明
磁平台 （焊剂垫法）	用电磁铁将下面有焊剂垫的待焊钢板吸紧在平台上，适用于 8mm 以下的薄钢板对接焊。其工艺参数见表 5-8
门压力架 （焊剂铜垫法）	焊缝下部用焊剂 - 铜垫托住，具体形式见表 5-9。焊件预留一定间隙，利用横跨焊件并带有若干个气压缸或液压缸的龙门架，通过压梁压紧，从正面一次完成焊接，双面成形。采用焊剂 - 铜垫的交流埋弧焊工艺参数，见表 5-10。
水冷滑块铜热法	此法利用装配间隙把水冷短铜滑块贴紧在焊缝背面，并夹装在焊接小车上跟随电弧一起移动，以强制焊缝成形，滑块长度以保持熔池底部凝固不漏为宜
热固化焊剂衬垫法	此法是用酚醛或苯酚树脂作热固化剂，在焊剂中加入一定量的铁合金，制成条状的热固化剂软垫，粘贴在焊缝背面，并用磁铁夹具等固定进行焊接的方法。热固化焊剂垫的结构和安装方法如图 5-9 所示

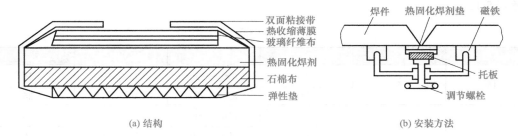

(a) 结构　　　　　　　　　　　　(b) 安装方法

图 5-9　热固化焊剂垫的结构和安装方法

（3）开坡口预留间隙双面埋弧焊

对于厚度较大的焊件，当不允许使用较大的线能量焊接或不允许有较大的余高时，可采用开坡口焊接，坡口形式由板厚决定。表 5-14 为开坡口预留间隙双面埋弧焊（单道）焊接规范。

表 5-14　开坡口预留间隙双面埋弧焊（单道）焊接规范

焊件厚度 /mm	坡口形式	焊丝直径 /mm	焊接顺序	焊接电流 /A	电弧电压 /V	焊接速度 /（m/h）
14		5	1	830～850	36～38	25
		5	2	600～620	36～38	45
16		5	1	830～850	36～38	20
		5	2	600～620	36～38	45
18		5	1	830～860	36～38	20
		5	2	600～620	36～38	45
22		6	1	1050～1150	38～40	18
		5	2	600～620	36～38	45
24		6	1	1100	38～40	24
		5	2	800	36～38	28
30		6	1	1000～1100	38～40	18
		6	2	900～1000	36～38	20

2. 手工焊封底埋弧焊

对于无法使用焊剂垫进行埋弧焊的对接直缝（包括环缝），可先用手工焊封底后再焊。这类焊缝接头可根据板厚的不同，分别采用单面坡口或双面坡口，一般在厚板手工封底焊的部分采用 V 形坡口，并保证封底厚度大于 8mm，以免在焊接另一面时被焊穿。

3. 锁底连接法埋弧焊

在焊接无法使用衬垫的焊件时，可采用锁底连接法。焊后可根据设计要求保留或车去锁底的突出部分。焊接规范视坡口情况、锁底厚度及焊件形状等情况而定。

4. 悬空焊

当无法或不便采用焊剂垫时，可将坡口钝边增加到 8mm 左右，不留间隙（或装配间隙小于 1mm），在背面无衬托条件下悬空焊接。正面焊缝的熔深通常为焊件厚度的 40%～50%，背面焊缝，为保证焊透，熔深应达到板厚的 60%～70%。悬空焊焊接规范可参考表 5-15。

表 5-15　悬空焊焊接规范

焊件厚度 /mm	焊丝直径 /mm	焊接顺序	焊接电流 / A	电弧电压 /V	焊接速度 /（m/h）
15	5	正	800～850	34～36	38
		背	850～900	36～38	26
17	5	正	850～900	35～37	36
		背	900～950	37～39	26
18	5	正	850～900	36～38	36
		背	900～950	38～40	24
20	5	正	850～900	36～38	35
		背	900～1000	38～40	24
22	5	正	900～950	37～39	32
		背	1 000～1050	38～40	24

由于在实际操作时，往往无法测出熔深的大小，通常靠经验来估计焊件的熔透与否。如在焊接时，观察熔池背面热场的颜色和形状，或观察焊缝背面氧化物生成的多少和颜色等；对于 5～14mm 厚度的焊件，在焊接时熔池背面热场应呈红到淡黄色（焊件越薄，颜色应越浅）。如果热场颜色呈淡黄或白亮色，则表明将要焊穿，必须迅速改变焊接规范。如果此时热场前端呈圆形，则可提高焊接速度；若热场前端已呈尖形，说明焊接速度较快，必须立即减小焊接电流，并适当增加电弧电压。如果焊缝背面热场颜色较深或较暗，则说明焊速太快或焊接电流太小，应当降低焊接速度或增加焊接电流。上述方法不适用于厚板多层焊的后几层的焊接。

观察焊缝背面氧化物生成的多少和颜色是在焊后进行的。热场的温度越高，焊缝背面被氧化的程度就越严重。如果焊缝背面氧化物呈深灰色且厚度较大并有脱落或裂开现象，则说明焊缝已有足够熔深；当氧化物呈赭红色，甚至氧化膜也未形成，这就说明被加热的温度较低，熔深较小，有未焊透的可能（较厚钢板除外）。

5. 多层埋弧焊

对于较厚钢板，常采用开坡口的多层焊。无论单面或双面埋弧焊，焊接接头都必须留有大于 4mm 的钝边，如果一面用手工焊封底，钝边可在 2mm 左右。图 5-10 所示为厚板埋弧自动焊接形式。

多层焊的质量，很大程度上取决于第一道自动焊焊接的工艺是否合理，以后各层焊道焊接顺序及位置的合理分布、成形恰当与否；多层焊的第一层焊缝既要保证焊透，又要避免焊穿和产生裂纹，故规范需选择适中，一般不宜偏大。同时由于第一层焊缝位置较深，允许焊缝的宽度应较小，否则容易产生咬边和夹渣等缺陷，因此电弧电压要低些。一般多层焊在焊接第一、二层焊缝时，焊丝位置是位于接头中心的，随着层数的增加，应开始采用分道焊（同一层分几道焊，如图 5-11 所示），否则易造成边缘未熔合和夹渣现象。

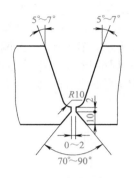

图 5-10　厚板埋弧自动焊接形式

埋弧焊多层分道焊

手工焊

图 5-11　多层埋弧焊焊道分布

当焊接靠近坡口侧边的焊道时，焊丝应与侧边保持一定距离，一般约等于焊丝的直径，这样，焊缝与侧边能形成稍具凹形的圆滑过渡，既保证熔合，又利于脱渣。随着层数增加，可适当增大焊接的线能量，以提高焊接生产效率；但也不宜使焊接的层间温度过高，否则，不仅会影响焊缝成形和脱渣，还会降低接头的强度，尤其在焊接低合金钢时更明显。因此，在焊接过程中应控制层间温度，一般不高于 320℃。在盖面焊时，为保证表面焊缝成形良好，焊接规范也应适当减小，但应适当提高电弧电压。多层焊的焊接规范见表 5-16。

表 5-16　多层焊的焊接规范

焊缝层次	焊接电流 /A	电弧电压 /V	焊接速度 /（m/h）
第一、二层中间各层盖面	600～700	35～37	28～32
	700～850	36～38	25～30
	650～750	38～42	28～32

四、环缝对接焊的操作技能

1. 环缝对接焊的操作特点

圆柱形筒体筒节的对接焊缝叫做环缝。环缝焊接与直缝焊接最大的不同点是，焊接时必须将焊件置于滚轮架上，由滚轮架带动焊件旋转，焊机固定在操作机上不动，仅有焊丝向下输送的动作，如图 5-12 所示。因此，焊件旋转的线速度就是焊接速度。如果是焊接筒体内的环缝，则需将焊机置于操作机上，操作机伸入筒体内部进行焊接。环缝对接焊的焊接位置属于平焊位置。

环缝焊接时一个重要的技术关键是焊丝相对于筒体的位置。环缝焊接虽属平焊，但

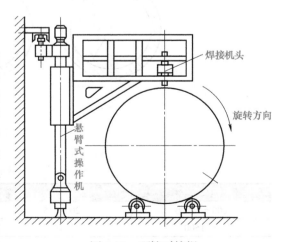

焊接机头

旋转方向

悬臂式操作机

图 5-12　环缝对接焊

当筒体旋转时，常常因焊丝位置不当而造成焊缝成形不良。例如，焊接外环缝时，如将焊丝对准环缝的最高点，如图 5-13 所示，焊接过程中，随着筒体转动，熔池便处于电弧的右下方，所以相当于上坡焊，结果使焊缝厚度和余高增加，宽度减小。同样，焊接内环缝时，如将焊丝对准环缝的最低点，熔池便处于电弧的左上方，所以相当于下坡焊，结果使焊缝厚度变浅，宽度和余高减小，严重时将造成焊缝中部下凹。筒体直径越小，上述现象越突出。解决的方法是：在进行环缝埋弧焊时，将焊丝逆筒体旋转方向相对于筒体中心有一个偏移量 a，如图 5-14 所示，使内、外环缝焊接时，焊接熔池能基本上保持在水平位置凝固，因此能得到良好的焊缝成形。但是，应严格控制焊丝的偏移量，太大或太小的偏移均将恶化焊缝的外表成形，如图 5-15 所示。在外环缝上偏移太小或在内环缝上偏移太大，均会造成深熔、狭窄、凸度相当大的焊缝形状，并且还可能产生咬边。如果外环缝上偏移太大或内环缝上偏移太小会形成浅熔而凹形的焊缝。正确的焊丝偏移量可参照表 5-17 进行选择。

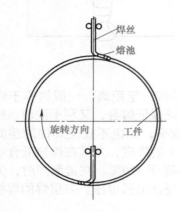

图 5-13　焊丝位于筒体最高点上

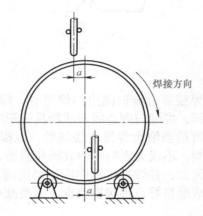

图 5-14　环缝焊接时焊丝偏移量 a

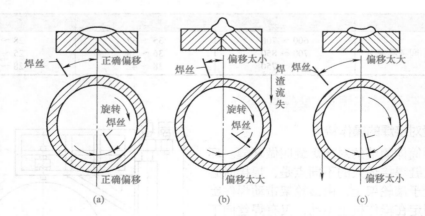

图 5-15　焊丝偏移量对焊缝形状的影响

表 5-17　焊丝相对筒体中心的偏移量　　　　　　　　　　　　mm

筒体直径	偏移量 a	筒体直径	偏移量 a
800～1000	20～25	< 2000	35
< 1500	30	< 3000	40

环缝对接焊根据焊件的厚度，也可分成不开坡口（I 形坡口）和开坡口两种形式，其焊接方法基本相同。由于环缝对接焊焊后焊件不产生角变形，所以内、外环缝不必交替焊接。为了便于安放焊剂垫，所以总是先焊内环缝，后焊外环缝。

2. 选用材料及装配定位

① 焊件。直径 2000mm 的筒体 2 节，壁厚 16mm，采用 Q235A 低碳钢板。

② 辅助装置。焊接内、外环缝的操作机，焊接滚轮架，内环缝焊接用焊剂垫。

③ 装配定位。焊前首先将接头及边缘两侧的铁锈、油污等用角向磨光机打磨干净至露出金属光泽，再进行装配定位。装配时要保证对接处的错边量在 2mm 以内，以保证焊缝质量。对接处不留间隙，局部间隙不大于 1mm。定位焊采用直径 4mm、型号为 E4303 的焊条，定位焊缝长 20～30mm，间隔 300～400mm，直接焊在筒体外表，不装引弧板和引出板（无法装）。定位焊结束后，清除定位焊缝表面渣壳，用钢丝刷清除定位焊缝两侧的飞溅物。

3. 焊接操作方法

表 5-18　焊接操作方法

操作方法	说　明
装设焊剂垫	筒体环缝先焊内环缝，后焊外环缝。焊接内环缝时，为防止间隙和熔渣从间隙中流失，应在筒体外侧下部装设焊剂垫。常用的焊剂垫有连续带式焊剂垫和圆盘式焊剂垫两种 ①连续带式焊剂垫。连续带式焊剂垫的构造如图 1 所示。带宽 200mm，绕在两只带轮上，一只带轮固定，另一只带轮通过丝杠调节机构做好横向移动，以放松或拉紧带。使用前，在带的表面撒上焊剂，将筒体压在带上，拉紧可移带轮，使焊剂垫对筒体产生承托力。焊接时，由于筒体的转动带动带旋转，使熔池外侧始终有焊剂承托。焊剂垫上的焊剂在焊接过程中会部分撒落，这时应再添加一些焊剂，以保证焊剂垫上始终有一层焊剂存在 ②圆盘式焊剂垫。圆盘式焊剂垫的构造如图 2 所示。工作时，将焊剂装在网盘内，圆盘与水平面成 45°角。摇动手柄即可转动丝杠，使圆盘上下升降。焊剂垫应压在待焊筒体环缝的下面（容器环缝位于圆盘最高部位，略偏里些），焊时，由于筒体的旋转带动圆盘随之转动，焊剂便不断进到焊接部位。由于圆盘倾角较小，焊剂一般不会流失，但焊时仍应注意经常在圆盘上保持有足够的焊剂，升降丝杠必须有足够的行程，以适应不同直径筒体的需要 圆盘式焊剂垫的主要优点是焊剂能始终可靠地压向焊缝，本身体积较小，使用时比较灵活方便 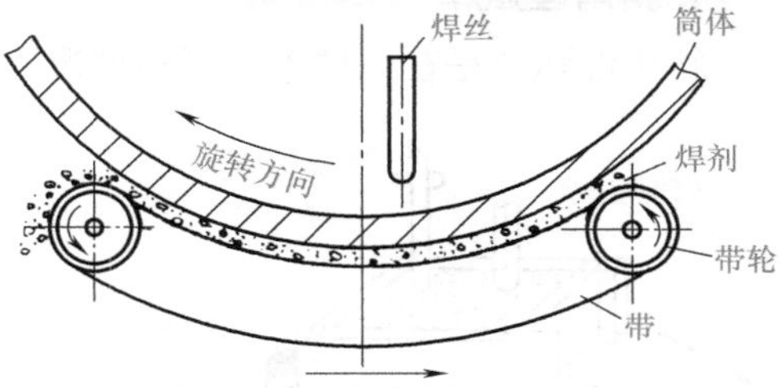	 图 1　连续带式焊剂垫 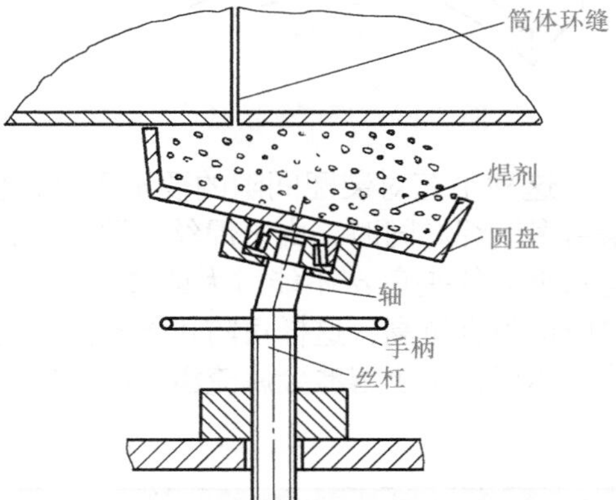 图 2　圆盘式焊剂垫
选用焊接参数	焊丝牌号 H08A，直径 5mm，焊剂牌号 HJ431，焊接电流 700～720A，电弧电压 38～40V，焊接速度 28～30m/h（筒体旋转的线速度），焊丝相对筒体中心线的偏移量为 35mm
焊接操作	将焊剂垫安放在待焊部位，检查操作机、滚轮架的运转情况，全部正常后，将装配好的筒体吊运至滚轮架上，使筒体环缝对准焊剂垫并压在上面。驱动内环缝操作机，使悬臂伸入筒体内部，调整焊机的送丝机构，使焊丝对准环缝的拼接处。为了使焊机启动和筒体旋转同步，事先应将滚轮架驱动电动机的开关串接在焊机的启动按钮上。这样当焊工按下启动按钮时，焊丝引弧和筒体旋转同时进行，可立即进入正常的焊接过程。焊接收尾时，焊缝必须首尾相接，重叠一定长度，重叠长度至少要达到一个熔池的长度

操作方法	说　明
焊接操作	内环缝焊毕后，将筒体仍置于滚轮架上，然后在筒体外面对接口处用碳弧气刨清根。碳弧气刨清根的工艺参数为：直径 8mm 的圆形实心碳棒，刨削电流 320～360A，压缩空气压力 0.4～0.6MPa，刨削速度控制在 32～40m/h 以内。气刨后的刨槽深度要求 6～7mm，宽度 10～12mm。气刨时可随时转动滚轮架，以达到气刨的合适位置。刨槽应力求深浅、宽窄均匀。气刨结束后，应彻底清除刨槽内及两侧的熔渣，用钢丝刷刷干净 　　最后焊接外环缝。将操作机置于筒体上方，调节焊丝对准环缝的拼接处，焊丝偏移量为 35mm，操作方法及工艺参数不变。焊前应松开焊剂垫，使其脱离筒体，让筒体在焊接外环缝时能自由灵活转动。全部焊接工作结束后，清除焊缝表面渣壳，检查焊缝外表质量
小直径筒体的焊接	直径小于 500mm 的筒体进行外环缝焊接时，由于筒体表面的曲率较大，焊剂往往不能停留在焊接区域周围，容易向两侧散失，使焊接过程无法进行。在生产中通常采用一种保留盒，将焊接区域周围的焊剂保护起来，如图 5-16 所示。焊接时，保留盒轻轻靠在筒体上，不随筒体转动。待焊接结束后，再将保留盒去掉

五、角焊缝的焊接操作技能

埋弧焊的角焊缝，一般采用斜角埋弧焊和船形埋弧焊两种形式。

1. 斜角埋弧焊

斜角埋弧焊是在焊件不易翻转情况下采用的一种方法，即焊丝倾斜，如图 5-17 所示。

图 5-16　焊剂保留盒　　　　　　　　　　　图 5-17　斜角埋弧焊示意图

　　这种工艺对装配间隙的要求不高，但单道焊缝的焊脚高一般不能超过 8mm，所以必须采用多道焊。同时，由于焊丝位置不当，容易产生竖直面咬边或不熔合现象，因此要求焊丝与水平面的夹角 α 不能过大或过小，一般为 45°～75°，并要选择距竖直面适当距离。电弧电压也不宜过高，这样可防止熔渣过多易流失而影响成形。该工艺一般采用细焊丝，可减小熔池体积，防止熔池金属流溢。斜角埋弧自动焊的焊接规范见表 5-19。

表 5-19　斜角埋弧自动焊的焊接规范

焊脚高度 /mm	焊丝直径 /mm	电源类型	焊接电流 / A	电弧电压 /V	焊接速度 /（m/h）
3	2	直流	200～220	25～28	60
4	2	交流	280～300	28～30	55
4	3	交流	350	28～30	55
5	2	交流	375～400	30～32	55
5	3	交流	450	28～30	55
7	2	交流	375～400	30～32	28
7	3	交流	500	30～32	48

2. 船形埋弧焊

图 5-18 所示为船形埋弧焊示意图。船形埋弧焊容易保证焊接质量，因为焊丝是处于垂直状态，熔池处于水平位置，所以一般易于翻转焊件的角焊缝常用这种船形焊法；但电弧电压不宜过高，否则易产生咬边。另外，焊缝的熔宽与熔深的比值（即焊缝形状系数）应小于 2，这样可避免根部未焊透；装配间隙应小于 1.5mm，否则应在焊缝背面设衬垫，以免焊穿或熔池泄漏。船形埋弧焊的焊接规范见表 5-20。

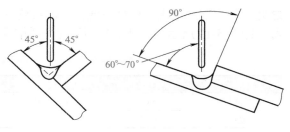

图 5-18　船形埋弧焊示意图

表 5-20　船形埋弧焊的焊接规范

焊脚高度 /mm	焊丝直径 /mm	焊接电流 / A	电弧电压 /V	焊接速度 /（m/h）
6	2	450 ～ 475	34 ～ 36	40
8	3	550 ～ 600	34 ～ 36	30
8	4	575 ～ 625	34 ～ 36	30
10	3	600 ～ 650	34 ～ 36	23
10	4	650 ～ 700	34 ～ 36	23
12	3	600 ～ 650	34 ～ 36	15
12	4	725 ～ 775	36 ～ 38	20
12	5	775 ～ 825	36 ～ 38	18

六、埋弧焊的堆焊操作技能

埋弧堆焊的方法有三种：单丝埋弧焊、多丝埋弧堆焊和带极埋弧堆焊。为达到堆焊层的特殊性能要求，必须要减小焊件金属对堆敷金属的稀释率，即要求熔合比要小，埋弧焊工艺方法的选择和焊接规范的制定，就必须基于这一原则之上。

1. 单丝埋弧焊

单丝埋弧焊适用于堆焊面积小或需要对工件限制线能量的场合。一般使用的焊丝为 $\phi1.6 \sim 4.8$mm，焊接电流为 $160 \sim 500$A。交、直流电源均可。为了减小堆焊焊缝的稀释率，应尽量减小熔深，可采用降低电流、增加电压、减小焊速、增大焊丝直径、焊丝前倾、下坡焊等措施来实现。在不增加焊接电流的前提下，提高焊丝的熔化率，也可减小熔合比值，具体情况如下。

① 加大焊丝的伸出长度，使焊丝在熔化前产生较大的电阻热，以提高焊丝的熔化率，采用专用的导电导向嘴，可把焊丝的伸出长度加大到 $100 \sim 300$mm。

② 在焊丝熔化前，另接电源对焊丝进行连续的电阻加热，即热焊丝。

a. 采用焊丝摆动的方法减少熔深。

b. 还可在单丝焊的同时，向电弧区连续送进冷焊丝，充分利用单丝焊电弧的热量来提高填充金属熔化量，降低熔合比。

2. 多丝埋弧堆焊

多丝埋弧堆焊包括串列双丝双弧埋弧堆焊、并列多丝埋弧堆焊和串联电弧堆焊等多种形式。采用串列双丝双弧埋弧堆焊时，第一个电弧电流较小，而后一电弧采用大电流，这样可使堆焊层及其附近冷却较慢，从而可减少淬硬和开裂倾向；采用并列多丝埋弧堆焊时，可加大焊接电流，提高生产效率，而熔深可较浅；采用串联电弧堆焊时，由于电弧发生在焊丝之间，因而熔深更浅，稀释率低，熔敷系数高，此时为了使两焊丝均匀熔化，宜采用交流电源，如图 5-19 所示。不锈钢并列双丝埋弧堆焊的焊接规范见表 5-21。

表 5-21　不锈钢并列双丝埋弧堆焊的焊接规范

焊缝层次	焊丝直径 /mm	焊接电流 /A	电弧电压 /V	焊接速度 /（cm/min）	焊丝间距 /mm
过渡层	$\phi3.2$	400～450	32～34	38	8
复层	$\phi3.2$	550～600	38～40	38	8

3. 带极埋弧堆焊

　　带极埋弧堆焊可进一步提高熔敷速度。焊道宽而平整，外形美观，熔深浅而均匀，稀释率低，最低可达 10%。一般带极厚 0.4～0.8mm，宽约 60mm。如果借助外加磁场来控制电弧，则可用 180mm 宽的带极进行堆焊。带极堆焊设备可用一般自动埋弧焊机改进，也可用专用设备，电源采用直流反接。带极埋弧堆焊如图 5-20 所示。

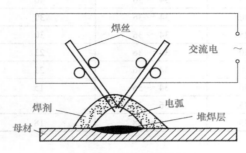
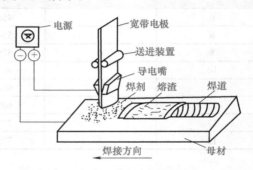

图 5-19　串联电弧堆焊　　　　　　图 5-20　带极埋弧堆焊

　　焊接时，为便于引弧，应将带极端加工成尖形。焊接时采用较低的焊速，一般以得到相当于或稍大于带极宽度的焊缝为宜，实践证明，提高焊速将明显增大焊缝的稀释率，焊接电流的选择应以不增大焊缝的稀释率为准，电弧电压的变化对稀释率影响不大。为保证焊缝成形良好，减少合金元素的烧损，应该选用适当的电弧电压。带极埋弧堆焊的焊剂消耗量一般是丝极的 1/2～2/3。对于大面积的带极埋弧堆焊，必须在操作时注意，同一层焊缝每条焊道间的紧密搭边，既要保证堆焊层高度一致，又要防止焊道间出现凹陷。但堆焊不锈钢时，往往采用过渡层来逐渐获得所需的堆焊成分，在堆焊过渡层时，搭边量不宜过大，以防脆化。后一层堆焊时，必须使上下两层焊道合理交叉，以免产生缺陷。不锈钢带极埋弧堆焊的焊接规范见表 5-22。

表 5-22　不锈钢带极埋弧堆焊的焊接规范

焊缝层次	焊丝直径 /mm	焊接电流 /A	电弧电压 /V	焊接速度 /（cm/min）
过渡层	0.6	600～650	38～40	15～18
复层	0.6	650～700	38～40	15～18

第三节　操作实例

一、埋弧自动焊横缝的焊接操作训练实例

　　图 5-21 所示为大型立式储罐的焊缝形状及尺寸，大型立式储罐需要在现场制作安装，

其技术要求及操作如下。

1. 技术要求

① 储罐所有筒节在现场制作安装。

② 筒节之间环向横焊缝采用埋弧自动焊法焊接。

③ 所用材料为 16MnR 低合金钢。

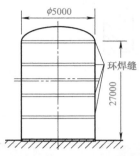

图 5-21 大型立式储罐的焊缝形状及尺寸　　　　图 5-22 横焊缝埋弧自动焊坡口形式

2. 焊前准备

① 横焊采用 AGW-Ⅱ型自动埋弧焊机。焊机由直流整流电源、控制箱、导轨、焊接主机及连接电缆等组成。

② 焊接材料。焊丝选用 H10Mn2，直径为 ϕ3.2mm 和 ϕ2mm 两种；配合焊剂 SJ101。焊前，焊剂经 300℃烘干 2h 备用。

③ 坡口制备。埋弧自动横焊的坡口，应采用机械法制作，但考虑现场制作困难，可用氧-乙炔半自动气割；但割后要用角向磨光机打磨干净，并应保证坡口尺寸准确。上侧应刨成 30°～40° 的单边 V 形坡口，下侧则为 90° 直边，其组装后的形状如图 5-22 所示。

④ 焊前清理。焊接前对坡口及两侧边缘进行打磨清理，清除水分、油脂及氧化皮，以免影响焊缝成形。

⑤ 装配定位焊。大型立式储罐，一般都是采用倒装法施工，即从上部第一节与第二节开始装配，然后先焊接第一个环缝；等焊完第一节后，吊起上一节，再组装第三节；依次向下组装。这样，焊接时始终是在地面进行。所以，每组装一节就点固、焊接一节。点焊缝采用 J507 焊条，直径 ϕ3.2mm；焊接电流为 80～120A；点焊长度为 50～60mm，间距为600mm。

3. 焊接操作

① 确定焊缝层次。横焊缝焊接，首先要根据板厚来确定焊接层次。例如 10mm 的钢板有一层打底层，然后焊接两层；18mm 的钢板则要焊接 6 层，如图 5-23 所示。

② 打底层焊接。焊前要调整焊嘴角度。一般来说，焊丝与焊件垂直平面成 20°～25° 的轴向下倾角度，纵向倾角为 5°～8°。这样有利于适合焊缝的坡口角度及焊缝成形，其焊嘴位置如图 5-24 所示。焊丝调整好后，还要调整好焊剂拖带。焊剂拖带最好在距焊缝以下10～15mm 的位置上。拖带距焊缝太远，会给焊剂的输送和回收造成负担。

③ 焊丝长度。焊接过程中，焊丝的伸出长度应在 20mm 左右。如太长，电流太大，会产生电弧电压升高；太短则焊缝成形易不良。

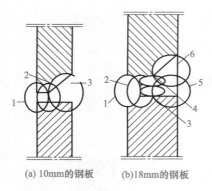

(a) 10mm的钢板　　(b) 18mm的钢板

图 5-23　埋弧自动横焊层次

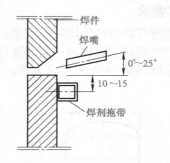

图 5-24　焊丝和焊剂拖带位置

埋弧横焊的焊接工艺参数见表 5-23。

表 5-23　埋弧横焊的焊接工艺参数

焊件厚度 /mm	焊缝层次	焊丝直径 /mm	焊接电流 /A	焊接速度 /（cm/min）
$\delta=10$	1	2	300～350	42～45
	2		300～380	42～45
	3		300～380	45～50
$\delta=18$	1		320～380	40～44
	2		360～420	45～52
	3		360～420	45～52
	4		360～420	45～52
	5		360～420	45～52
	6		350～400	46～55

4. 焊缝质量要求

① 外观。焊缝经目检，无咬边、焊瘤、弧坑等不良缺陷，焊缝平整光滑。

② 焊缝经 100%RT 无损探伤，按 JB 4730—1994《压力容器无损检测》标准，评定等级达到 I 级为 60%，其余为 Ⅱ 级。

③ 焊接接头做力学性能试验，其结果是强度、韧性和塑性均优于母材和手工电弧焊缝。

二、异种钢埋弧自动（带极）堆焊操作训练实例

1. 技术要求

图 5-25 所示为大厚度管板堆焊件的形状及尺寸。大型管板采用低合金钢 16MnR 钢板为基层材料。与腐蚀介质接触面，则为 0Cr17Ni12Mo2 奥氏体不锈钢堆焊层。其技术要求如下：

① 焊接采用带极堆焊。

② 堆焊由一层过渡层和两层耐腐蚀组成。

③ 堆焊层化学成分应符合 0Cr17Ni12Mo2 材料标准。

④ 所用材料为 16MnR 或堆焊 0Cr17Ni12Mo2。

2. 焊前准备

① 焊接采用 MZ-1000 埋弧焊机，带极埋弧焊，直流反接电源。

② 焊接材料。过渡层带极选用 H1Cr26Ni10；复层带极为 0Cr17Ni12Mo2。焊带厚度为 0.4～0.6mm，宽度为 60mm；焊剂配合熔炼型焊剂 HJ260，焊前进行 300℃烘干，保温 1h 待用。

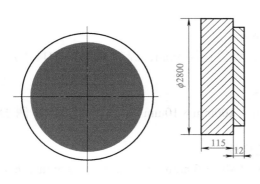

图 5-25　大厚度管板堆焊件的形状及尺寸

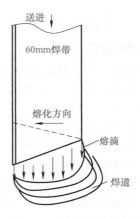

图 5-26　带极熔融情况

③ 焊前清理。采用喷砂或用角向磨光机打磨堆焊基体表面，清除水分、油污及氧化皮等，露出金属光泽。焊带用丙酮进行脱脂处理，然后干燥备用。

3. 焊接操作要点

① 由于带极在堆焊过程中，电弧是在带极端面呈快速的往返运动（图 5-26），因此，在引燃电弧前，需要将带极的端头剪成一个 15°～20° 的斜角，以利于引弧。堆焊时，熔融金属在钢带宽度方向上成直角熔化，形成一条直行焊道。当焊带偏转一个角度时，就可控制堆焊道的熔深和宽度。

② 经堆焊过渡层焊道时，要采用小电流，较低的电弧电压，以减小稀释率，增加成形系数。

③ 堆焊道之间的搭边量，也是一个很重要的参数。搭边量太小时，稀释率就会增大，这将影响堆焊层的耐腐蚀性能。适当的搭边量为焊道宽度的 1/3 左右。

④ 堆焊完过渡层后，要把焊机变换一个 90°，然后在过渡层上堆焊耐腐蚀层。这样，可获得均匀平整的堆焊金属层。

不锈钢各层堆焊的工艺参数见表 5-24。

表 5-24　不锈钢各层堆焊的工艺参数

带极牌号	规格 /mm	焊接电流 /A	电弧电压 /V	焊接速度 /（cm/min）	带极伸长量 /mm	搭边量 /mm	带极斜角 /（°）	堆焊厚度 /mm
H1Cr26Ni10	0.5×60	600～800	30～35	22	36～42	4～6	15	4.5
0Cr17Ni12Mo2		650～750	32～38	20		5～8		4～6

4. 焊后热处理

带极堆焊后，为消除焊接残余应力和避免产生裂纹，焊后应进行固溶热处理。在 1000～1050℃ 的固溶热处理温度下，对于低碳钢和低合金钢，为正火温度，可改善钢的力学性能；而对奥氏体不锈钢，则是固溶温度，将会稳定奥氏体组织。

5. 堆焊质量要求

① 外观。目检堆焊层，焊道应平整，宽度、焊波一致，无焊瘤、气孔、裂纹等缺陷。

② 堆焊层表面，按 J4730 标准进行 100%RT 探伤，评定级别达到 I 级为合格。

③ 在堆焊层表面，距基层 8mm 处取样，做化学元素分析，符合 0Cr17Ni12Mo2 钢材化学成分。

三、中厚板的平板对接 V 形坡口双面焊操作训练实例

1. 焊前准备

① 焊接设备。MZ-1000 型或 MZ1-1000 型。

② 焊接材料。焊丝 H10Mn2（H08A），焊丝直径 4mm，焊剂 HJ301（HJ431），定位焊用焊条 E4315，直径 4mm。

③ 焊件材料牌号。16Mn 或 20g、Q235。

④ 低碳钢引弧板尺寸为 100mm×100mm×10mm 两块，引弧两侧挡板为 100mm×100mm×6mm 四块。

⑤ 碳弧气刨设备和直径 6mm 镀铜实心碳棒。

⑥ 紫铜垫槽如图 5-27 所示，图中 a 为 40～50mm，b=14mm，r=9.5mm，h 为 3.5～4mm，c=20mm。

2. 焊件装配要求

① 清除焊件坡口面及正反两侧 20mm 范围内油、锈和其他污物，直至露出金属光泽。

② 焊件装配要求如图 5-28 所示。装配间隙 2～3mm，错边量≤1.4mm，反变形为 3°～4°。

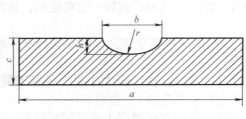

图 5-27　紫铜垫槽

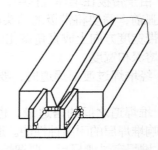

图 5-28　焊件装配要求

3. 焊接工艺参数

表 5-25　中厚板对接埋弧双面焊工艺参数

焊接位置	焊丝直径 /mm	焊接电流 /A	电弧电压 /V	焊接速度 /（m/h）	间隙 /mm
正面	4	600～700	34～38	25～30	2～3
背面	4	650～750	6～38	25～30	2～3

4. 操作要点及注意事项

① 焊接顺序为焊 V 形坡口的正面焊缝时，应将焊件水平置于焊剂垫上，并采用多层多道焊。焊完正面焊缝后清渣，将焊件翻转，再焊接反面焊缝，反面焊缝为单层单道焊。

② 正面焊时，调试好焊接参数，在间隙小端 2mm 处起焊，操作步骤为焊丝对中、引弧焊接、收弧、清渣。焊完每一层焊道后，必须清除渣壳，检查焊道，不得有缺陷，焊道表面应平整或稍下凹，与两坡口面的熔合应均匀，焊道表面不能上凸，特别是在两坡口面处不得有死角，否则易产生未熔合或夹渣等缺陷。

若发现层间焊道熔合不良时，应调整焊丝对中，增加焊接电流或降低焊接速度。施焊时层间温度不得过高，一般应＜200℃。

盖面焊道的余高应为 0～4mm，每侧的熔宽为（3±1）mm。

③ 反面焊步骤和要求同正面焊。为保证反面焊缝焊透，焊接电流应大些，或使焊接速度稍慢一些，焊接参数的调整既要保证焊透，又要使焊缝尺寸符合规定要求。

四、中厚板对接，不清根的平焊位置双面焊操作训练实例

1. 焊件尺寸及要求

① 焊件材料牌号。16Mn 或 20g。
② 焊件及坡口尺寸如图 5-29 所示。
③ 焊接位置为平焊。
④ 焊接要求。双面焊、焊透。
⑤ 焊接材料。焊丝 H08MnA（H08A），直径为 5mm，焊剂 HJ301（原 HJ431），定位焊用焊条 E5015，直径为 4mm。
⑥ 焊机。MZ-1000 型或 MZ1-1000 型。

2. 焊件装配要求

① 清除焊件坡口面及其正反两侧 20mm 范围内油、锈及其他污物，直至露出金属光泽。
② 焊件装配要求如图 5-30 所示。装配间隙 2～3mm，错边量应≤1.4mm，反变形量 3°，在焊件两端焊引弧板与引出板，并做定位焊，尺寸为 100mm×100mm×14mm。

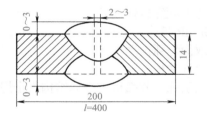

图 5-29　焊件及坡口尺寸

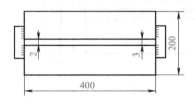

图 5-30　焊件装配要求

3. 焊接参数

表 5-26　焊接参数

焊缝位置	焊丝直径 /mm	焊接电流 /A	电弧电压 /V	焊接速度 /（m/h）
背面	5	700～750	交流 36～38	30
正面	5	800～850	直流 / 反接 32～34	30

4. 操作要求及注意事项

将焊件置于水平位置熔剂垫上，进行两层两道双面焊，先焊背面焊道，后焊正面焊道。
（1）背面焊道的焊接
① 垫好熔剂垫。必须垫好熔剂垫，以防熔渣和熔池金属流失。所用焊剂必须与焊件焊接用的相同，使用前必须烘干。
② 对中焊丝。置焊接小车轨道中线与焊件中线相平行（或相一致），往返拉动焊接小车，使焊丝都处于整条焊缝的间隙中心。
③ 引弧及焊接。将小车推至引弧板端，锁紧小车行走离合器，按动送丝按钮，使焊丝与引弧板可靠接触，给送焊剂，覆盖住焊丝伸出部分。
按启动按钮开始焊接，观察焊接电流表与电压表读数，应随时调整至焊接参数。焊剂在焊接过程中必须覆盖均匀，不应过厚，也不应过薄而漏出弧光。小车走速应均匀，防止因电

缆缠绕阻碍小车的行走。

④ 收弧。当熔池全部达到引出板后开始收弧，先关闭焊剂漏斗，再按下一半停止按钮，使焊丝停止给送，小车停止前进，但电弧仍在燃烧，以使焊丝继续熔化来填满弧坑，并以按下这一半按钮的时间长短来控制弧坑填满的程度，然后继续将停止开关按到底，熄灭电弧，结束焊接。

⑤ 清渣。松开小车离合器，将小车推离焊件，回收焊剂，清除渣壳，检查焊缝外观质量，要求背面焊缝的熔深应达 40% ～ 50%，否则用加大间隙或增大电流、减小焊接速度来解决。

（2）正面焊道的焊接

将焊件翻面，焊接正面焊道，其方法和步骤与背面焊道完全相同，但需注意以下两点。

① 防止未焊透或夹渣要求正面焊道的熔深达 60% ～ 70%，通常以加大电流的方法来实现。

② 焊正面焊道时，可不再用焊剂垫，而采用悬空焊接，在焊接过程中观察背面焊道的加热颜色来估计熔深，也可仍在焊剂垫上进行。

五、低合金钢板 16MnR 平对接有垫板埋弧自动焊操作训练实例

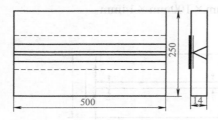

图 5-31　焊件形状及尺寸

1. 技术要求

焊件形状及尺寸如图 5-31 所示。

① 材料为 16MnR 低合金钢板。

② 钢板采用双面埋弧自动焊接。

③ 焊缝背面允许清根。

④ 焊接要采用引弧、收弧板，焊缝结构为全焊透。

2. 焊前准备

① 埋弧选择。焊接需要采用单丝埋弧焊，选用 MZ-1000 交、直流两用埋弧焊机。

② 焊接坡口。对于低合金钢埋弧焊的焊接接头，按《埋弧焊缝坡口的基本形式和尺寸》国家相关标准规定，选用 V 形坡口，其坡口形状如图 5-32 所示。

③ 焊接材料。焊丝选用 H10Mn2，直径 ϕ4mm；使用前，焊丝要做除油、去锈处理；焊剂配合熔炼焊剂 HJ-431。焊前，焊剂应进行 200℃烘干，保温备用。

④ 焊前清理。对钢板焊接坡口及两侧的油污、铁锈等，应实行清洗或用角向磨光机打磨干净，以免焊接过程中产生气孔或熔合不良等缺陷。

⑤ 组装定位焊。定位焊可在坡口内及两端引弧、收弧板上进行。点焊缝长度为 30 ～ 50mm。装配焊件应保证间隙均匀、高低平整，且应保证定位焊缝质量，要与主焊缝要求一致。

⑥ 焊剂垫准备。一般来说，常用的焊剂垫有普通焊剂垫、气压焊剂垫、热固化焊剂垫、纯铜板垫等多种，其中纯铜板垫最为简单适用，其截面形状如图 5-33 所示。

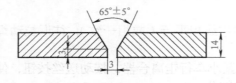

图 5-32　埋弧焊 V 形坡口形状

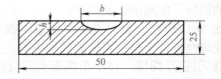

图 5-33　纯铜板垫截面形状

纯铜板垫采用机械加工法，按所需尺寸刨制。常用铜板垫的截面尺寸见表 5-27。

表 5-27　常用铜板垫的截面尺寸　　　　　　　　　　　　　　　　　　mm

焊件厚度	宽度 b	深度 h	曲率半径 r	焊件厚度	宽度 b	深度 h	曲率半径 r
4～6	10	2.5	7.0	8～10	14	3.5	9.5
6～8	12	3.0	7.5	12～14	18	4.0	12

3. 焊接操作

① 将定位焊好的工件置于焊接板垫上；调整好焊接电流、电弧电压、焊接速度等各焊接参数，准备施焊。

② 启动。将焊丝与工件短路接触，打开焊剂阀，使焊剂覆盖在焊接缝上，然后按下启动按钮，焊接开始。

③ 引弧和收弧。埋弧自动焊引弧时，处于焊接的起始阶段，为使焊道达到熔深要求的数值，需要有一个过程；而在焊道收尾时，由于熔池冷却收缩，容易出现弧坑。这两种情况都会影响焊接质量。为了弥补这个不足，要在焊口两端采用引弧板和收弧板。焊接结束后，用气割的方法，将引弧板和收弧板去掉。引弧板和收弧板的厚度要和被焊工件相同，长度为100～150mm；宽度为75～100mm。

④ 焊接过程中，注意观察控制盘上的焊接电流、电弧电压表，并准备随时调节；用机头上的手轮，调节导电嘴的高低；用小车前侧的手轮调焊丝对准基准线的位置，以防歪斜偏离焊道。

⑤ 采用铜垫法焊接中，焊接电弧在较大的间隙中燃烧，熔渣随电弧前移凝固，形成渣壳，这层渣壳起到保护焊缝的作用。观察焊缝成形时，要注意等焊缝凝固冷却后再除掉渣壳，否则焊缝表面会强烈氧化。

⑥ V 形坡口的工件，要分两层焊完，其焊接工艺参数见表 5-28。

表 5-28　铜衬垫上对接焊缝的工艺参数

板厚 /mm	根部间隙 /mm	焊丝直径 /mm	焊接电流 /A	电弧电压 /V	焊接速度 /（cm/min）
14	4～5	4	850～900	39～41	38

4. 焊接质量要求

① 外观。

a. 宏观金相（目测检查）。焊缝成形美观，焊缝两侧过渡均匀，无任何肉眼可见缺陷。

b. 焊缝外形尺寸。焊缝余高为 2.5～3.5mm；焊缝宽度为 16～18mm。

② 无损探伤。按 JB4730-1994《压力容器无损检测》标准进行 100%RT 探伤，评定等级达到 Ⅱ 级以上为合格。

③ 埋弧焊焊接接头力学性能试验数据见表 5-29。

表 5-29　埋弧焊焊接接头力学性能试验数据

检验部位	σ_s /MPa	σ_b /MPa	δ_5 /%	弯曲（D=3s, α=180°）	冲击功 /J	
					焊缝	热影响区
焊接接头	347～380	527～583	29～34	合格	45～76	32～39

六、板厚小于 38mm 的低碳钢板直缝和筒体环缝的自动焊操作训练实例

自动埋弧焊由于生产效率高、焊接质量好，广泛用于中厚钢板的焊接。如大型无缝钢管

厂制造的直环铁回转窑、水泥厂水泥回转窑等都属于筒子的焊接，可采用自动埋弧焊来完成各纵、环缝的焊接。其筒体材质为 Q235-C 板，板厚为 22～60mm 的各种钢板。

1. 坡口加工

半自动切割机下料，用刨边机刨双 X 形坡口双边 60°，要求表面平直，宽窄均匀。坡口及附近表面上的铁锈、氧化皮和油污一定要清除干净。

2. 焊机及焊接材料的选用

① 选择埋弧焊机。焊前应检查焊机各接线处是否正确、可靠，接地是否良好。然后，启动电机查看运行情况，并调节电流、电弧电压、焊接速度，检查送丝是否正常。

② 选用 H08A 焊丝，直径为 5mm，盘丝前，首先用汽油清除焊丝表面上的油污，并用砂纸打磨铁锈；选用 HJ431 焊剂，使用前将焊剂进行烘干，烘干温度为 250～300℃，烘干 1～2h，随用随取。

3. 焊件装配

装配前，各筒节应进行校正找圆，合格后进行组对，组对应在铸梁平台上进行。装配间隙应＜2mm，错边量＜2mm，两端口平面度应＜1.5mm，采用手工定位焊。

4. 焊接参数

筒体的焊接一般先焊内环缝，为使熔深为板厚的 40%～50%，并防止烧穿，要选择适当的焊接参数，外环缝焊接为保证焊透，其焊接参数应适量加大些，自动埋弧焊 X 形坡口焊接参数见表 5-30。

表 5-30　自动埋弧焊 X 形坡口焊接参数

焊件厚度 /mm	焊剂牌号	焊丝牌号	焊丝直径 /mm	焊接部位	电流 /A	焊接电压 /V	焊接速度 /（m/h）	电源种类
32	431	H08A	5	内环缝	650～680	34～36	27～28	直流反接
				外环缝	700～720	34～36	29～32	

5. 焊接要点及注意事项

① 先进行内环缝的焊接，由于埋弧焊的电弧功率很大，焊接内环缝第一道时，外部必须加焊剂垫，以防电流过大烧穿。常用的焊剂垫有带式焊剂垫和圆盘式焊剂垫。焊接内环缝时，可采用内伸式焊接小车，配合滚轮转胎使用，如图 5-34 所示。

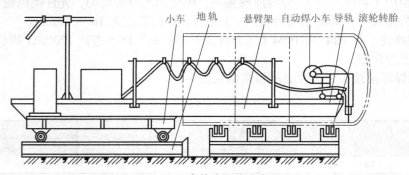

图 5-34　内伸式焊接小车

② 外环缝焊接前应进行碳弧气刨清根，采用 ϕ8mm 碳棒，刨槽宽为 ϕ8～10mm，刨槽深为 5～6mm，刨削电流为 280～320A，压缩空气压力为 5MPa，刨削速度控制在 30～35m/h，刨后清除焊渣。

③ 外环缝的焊接机头在筒体上方，焊接参数见表5-14。焊接外环缝时，可采用悬臂式焊接升降架，配合转胎进行。悬臂式焊接升降架如图5-35所示。

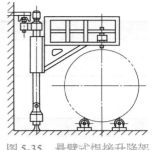

④ 自动埋弧焊应由2～3人来完成，一人操纵焊机，一人续送焊剂，另一人清渣扫焊药。

⑤ 焊接外环缝时，操作位置较高，要预防摔伤。吊装筒体时，动作要稳。筒体放置在滚轮架上时，应仔细调节，将焊件的重心调到两个滚轮中心至焊件中心连线夹角允许范围内，防止筒体轴向窜动。

图5-35　悬臂式焊接升降架

⑥ 气候、环境对焊接质量也有一定的影响。焊接应在相对湿度＜90%的环境下进行；室外作业时，风速应＜2m/s；雨雪天气时，不宜施焊；环境温度低于0℃时，焊接区域100mm范围内应预热才能焊接。

⑦ 焊接结束时，焊缝的始端与尾端应重合30～50mm。

七、乙烯蒸馏塔（低温钢中厚板）的埋弧自动焊操作训练实例

1. 焊件特性及技术要求

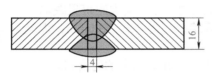

图5-36　塔体对接焊缝节点形状

乙烯蒸馏塔的工作温度：-70℃。

工作压力：0.6MPa。

制造材料：09Mn2V正火钢板，板厚为16mm。

塔体对接焊缝节点形状如图5-36所示。

技术要求：①焊接采用双面埋弧自动焊；②正面焊接时背面加垫板或焊剂垫；③背面清根采用碳弧气刨。

2. 焊前准备

① 焊接需采用单丝埋弧焊，选用MZ-1000埋弧焊机，直流反接。焊接坡口采用工形坡口，组对间隙为4mm。

② 焊前清理。焊前，将坡口两侧各50mm范围内的水分、油、污物清除干净，并用角向磨光机打磨，除掉锈及氧化皮，直至露出金属光泽。

③ 焊材选用。焊丝选择H08Mn2MoVA，焊接前应清理表面。焊剂配合HJ250熔炼型焊剂；使用前烘干温度为300～350℃，保温2h。

④ 定位点固焊采用手工电弧焊。焊条选择W707，点焊前，烘干温度为300～350℃，保温1h。点固焊规范：焊条直径为954mm；焊接电流为140～170A；点固焊时，引弧要在坡口内，引弧点应能在被焊接时得到重熔；缝长度不小于60mm；间距为500～600mm。装配焊件应保证间隙均匀、高低平整，无错边现象。

3. 焊接操作要点

① 焊接第一层焊缝时，背面加焊剂垫，并应让焊剂垫与筒体钢板紧密贴合，不得留有间隙。

② 焊前，采用氧-乙炔焰或其他方法对焊件进行100～150℃预热，以防止产生热应力脆裂。

③ 焊接引弧应在引弧板上（环缝时在坡口内），不使电弧破坏母材原始表面。

④ 焊接09Mn2V低温钢的工艺规范参数见表5-31。

⑤ 背面焊前采用碳弧气刨清理焊根。刨槽深度为6～8mm，宽度为14～16mm。其气刨工艺参数见表5-32。

表 5-31 焊接 09Mn2V 低温钢的工艺规范参数

层次	焊接电流 /A	电弧电压 /V	焊接速度 /（cm/min）
正面	600	32	50
背面	640	34	45

表 5-32 清根气刨工艺参数

碳棒直径 /mm	刨割电流 /A	压缩空气压力 /MPa	刨削速度 /（m/h）
8	350 ～ 400	0.5	32 ～ 40

⑥ 清根后，用角向磨光机清除刨槽及两侧表面的刨渣，不得留有渗碳层，层间温度应控制在小于或等于 200 ～ 300℃，以防止焊层过热。背面因已除掉了焊剂垫，电流可稍大一点，但热输入量要控制在 30 ～ 45kJ/m；其工艺参数见表 5-31。

4. 焊后热处理

为防止产生脆性和消除焊接应力，焊后可进行消除应力热处理（热处理规范略）。

5. 焊缝质量要求

① 外观。

a. 宏观金相。目测检查：焊缝成形美观，焊缝两侧过渡均匀，无任何肉眼可见缺陷。

b. 焊缝外形尺寸。用钢角尺或焊缝专用检测尺测量：焊缝余高为 2.5 ～ 3.0mm；焊缝宽度为 12 ～ 14mm。

② 无损探伤。按相关标准进行 100%RT 探伤，评定等级达到 Ⅱ 级以上的为合格。

八、不锈钢对接焊缝的埋弧自动焊操作训练实例

工件形状和焊缝尺寸如图 5-37 所示。

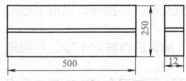

图 5-37 工件形状和焊缝尺寸

1. 技术要求

① 钢板采用双面埋弧自动焊接。

② 焊缝背面允许清根。

③ 焊接要采用引弧、收弧板，但必须全焊透。

④ 材料采用 0Cr18Ni9Ti 不锈钢板。

2. 焊前准备

① 焊机选择。焊接需采用单丝埋弧焊，选用 MZ-1000 埋弧焊机，直流反接。

② 焊接坡口采用 I 形坡口，组对间隙为 4mm。

③ 焊丝选用 H0Cr21Ni10，直径 ϕ4mm；焊前应进行清理，去除油污，焊剂为 HJ260。焊前经 250℃烘干 1h，保温待用。

④ 焊前清理。对焊缝两侧各 50mm 范围内的油污、杂物清理干净，不得有影响焊接的杂质。

⑤ 组装定位焊。定位焊采用手工电弧焊。焊条用 E308-16，直径 ϕ4mm；点焊缝长度为 30 ～ 50mm，间距为 500mm。装配焊件应保证间隙均匀、高低平整，无错边现象。

3. 焊接操作

① 焊接不锈钢的主要问题是热裂纹、脆化、晶间腐蚀和应力腐蚀。所以，焊接要采用小的焊接热输入、低层间温度，并采用无氧焊剂。

② 焊接应在引弧板上开始，焊接过程中，为了防止 475° 脆化及 σ 相脆性相析出，可采

用反面吹风、正面及时水冷等措施，以快速冷却焊缝。

③ 埋弧自动焊接不锈钢的工艺参数见表 5-33。

表 5-33　埋弧自动焊接不锈钢的工艺参数

正　面　焊　缝			反　面　焊　缝		
焊接电流 /A	电弧电压 /V	焊接速度 /（cm/min）	焊接电流 /A	电弧电压 /V	焊接速度 /（cm/min）
600	30	65	650	32	55

4. 焊缝质量要求

① 外观。目测焊缝外观成形整齐、美观，无咬边、焊瘤及明显焊偏现象。

② 测量焊缝外形尺寸。焊缝增高 1.5～3.5mm，宽度为 12～14mm，焊缝两侧无棱角，焊圆滑过渡。

③ 无损探伤。按 JB 4730—1994《压力容器无损检测》标准进行 100%RT 探伤，评定标准达到 II 级以上的为合格。

④ 焊缝金属按国家相关标准做晶间腐蚀试验，如无腐蚀、裂纹则为合格。

第六章

CO₂ 气体保护焊

第一节　操作基础

一、CO₂ 气体保护焊的基础知识

（一）CO₂ 气体保护焊的原理、特点及应用范围

1. CO₂ 气体保护焊的原理

CO_2 气体保护焊是用 CO_2 作为保护气体的一种气电焊方法，如图 6-1（a）所示。这种方法按焊丝直径，可分为细丝 CO_2 气体保护焊（焊丝 $\phi \leqslant 1.2mm$）和粗丝 CO_2 气体保护焊（焊丝 $\phi \geqslant 1.6mm$）。CO_2 气体保护焊以半自动和自动的形式进行操作，所用的设备大同小异。CO_2 气体保护半自动焊具有手工电弧焊的机动性，适用于各种焊缝的焊接。CO_2 气体保护自动焊主要用于较长的直缝、环缝以及某些不规则的曲线焊缝的焊接。

CO_2 气体保护焊的焊接过程如图 6-1（b）所示。焊接时使用成盘的焊丝，焊丝由送丝机构经软管和焊枪的导电嘴送出。电源的两输出端分别接在焊枪和工件上。焊丝与工件接触后产生电弧，在电弧高温作用下，工件局部熔化形成熔池，而焊丝端部也不断熔化，形成熔滴过渡到熔池中。同时，气瓶中送出的 CO_2 气体以一定的压力和流量从焊枪的喷嘴中喷出，形成一股保护气流，使熔池和电弧区与空气隔离。随着焊枪的移动，熔池凝固成焊缝，从而将被焊工件连接成一个整体。

2. CO₂ 气体保护焊的特点

CO_2 气体保护焊是 20 世纪 50 年代发展起来的一项新工艺，并获得迅速推广和应用。CO_2 气体保护焊的优缺点见表 6-1。

3. 应用范围

CO_2 焊适用范围广，可进行各种位置焊接。常用于焊接低碳钢及低合金钢等钢铁材料和要求不高的不锈钢及铸铁焊补。不仅适用于焊接薄板，还常用于中厚板焊接。薄板可焊到

1mm 左右，厚板采用开坡口多层焊，其厚度不受限制。CO_2 焊是目前广泛应用的一种电弧焊方法，主要用于汽车、船舶、航空、管道、机车车辆、集装箱、矿山和工程机械、电站设备、建筑等金属结构的焊接。

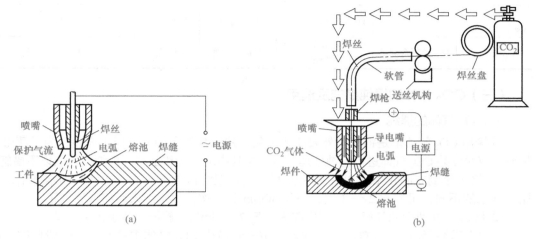

图 6-1　CO_2 气体保护焊

表 6-1　CO_2 气体保护焊的优缺点

类别		说　明
优点	生产率高	由于焊接电流密度较大，电弧热量利用率较高，以及焊后不需清渣，因此提高了生产率
	成本低	CO_2 气体价格便宜，而且电能消耗少，故使焊接成本降低
	焊接变形和内应力小	由于电弧加热集中，工件受热面积小，同时 CO_2 气流有较强的冷却作用，所以焊接变形和内应力小，一般结构焊后即可使用，特别适宜于薄板焊接
	焊接质量高	由于焊缝含氢量少，抗裂性能好，同时焊缝内不易产生气孔，所以焊接接头的力学性能良好，焊接质量高
	操作简便	焊接时可以观察到电弧和熔池的情况，故操作较容易掌握，不易焊偏，更有利于实现机械化和自动化
	适用范围广	CO_2 气体保护焊常用于碳钢、低合金钢、高强度钢、不锈钢及耐热钢的焊接。不仅能焊接薄板，也能焊接中、厚板，同时可进行全位置焊接。除适用于焊接结构制造外，还适用于修理，如堆焊磨损的零件以及焊补铸铁等
缺点		①飞溅较大，并且焊缝表面成形较差，这是主要缺点 ②弧光较强，特别是大电流焊接时，电弧的光、热辐射均较强 ③很难用交流电源进行焊接，焊接设备比较复杂 ④不能在有风的地方施焊；不能焊接容易氧化的有色金属，如铝、铜、钛

（二）CO_2 气体保护焊的分类和比较

表 6-2　CO_2 气体保护焊的分类

分类依据	说　明
按焊丝直径分类	细丝焊（$\phi < 1.6mm$）、粗丝焊（$\phi \geqslant 1.6mm$）和药芯焊丝，不同类别二氧化碳气体保护焊的比较见表 6-3
按保护气体分类	纯 CO_2 焊
	混合气体保护焊：CO_2+O_2、CO_2+Ar+O_2、CO_2+Ar
按操作方式分类	自动焊和半自动焊
按焊缝形式分类	连续电弧焊和断续电弧点焊

表 6-3　不同类别 CO_2 气体保护焊的比较

类别	保护方式	焊接电源	熔滴过渡形式	喷嘴	焊接过程	焊缝成形
细丝（$\phi < 1.6mm$）	气保护	直流反接平或缓降外特性	短路过渡或颗粒过渡	气冷或水冷	稳定、有飞溅	较好
粗丝（$\phi \geqslant 1.6mm$）	气保护	直流陡降或平特性	颗粒过渡	水冷为主	稳定、飞溅大	较好
药芯焊丝	气-渣联合保护	交、直流平或陡降外特性	细颗粒过渡	气冷	稳定、飞溅很少	光滑、平坦

（三）CO_2 气体的提纯措施及选用

1. CO_2 气体的提纯

焊接用 CO_2 气体都是钢瓶（外表漆成黑色，并标有黄字 CO_2 字样）充装，为了获得优质焊缝，应对瓶装 CO_2 气体进行提纯处理，以减少其中的水分和空气，提纯可采取以下措施。

① 将气瓶倒立静止 $1 \sim 2h$，然后打开瓶阀，把沉积于下部的自由状态的水排出，根据瓶中含水的不同，可放水 $2 \sim 3$ 次，每隔 30min 放一次，放水结束后将气瓶放正。

② 经放水处理后的气瓶，在使用前先放气 $2 \sim 3min$，放掉气瓶上部的气体。

③ 在气路系统中，设置高压干燥器，进一步减少 CO_2 气体中的水分。一般用硅胶或脱水硫酸铜作干燥剂，用过的干燥剂经烘干后可反复使用。

④ 瓶中气压降到 1MPa 时不再使用，因为当瓶内气压降到 1MPa 以下时，CO_2 气体中所含水分将增加到原来的 3 倍左右，如继续使用，焊缝中将产生气孔，并降低焊接接头的塑性。

2. CO_2 保护气体的选用

由于 CO_2 在高温时具有氧化性，故所配用的焊丝应有足够的脱氧元素，以满足 Mn、Si 联合脱氧的要求。

对于低碳钢、低合金高强度钢、不锈钢和耐热钢等，焊接时可选用活性气体保护，以细化熔滴过渡，克服电弧阴极斑点飘移及焊道边缘咬边等缺陷。

焊接低碳钢或低合金钢时，在 CO_2 气体中加入一定量的 O_2，或者在 Ar 中加入一定量的 CO_2 或 O_2，可产生明显效果。采用混合体保护，还可增大熔深，消除未焊透、裂纹及气孔等缺陷。焊接用 CO_2 保护气体及适用范围见表 6-4。

表 6-4　焊接用 CO_2 保护气体及适用范围

材料	保护气体	混合比	化学性质	焊接方法	适用范围
碳钢及低合金钢	$Ar+O_2+CO_2$	加 O_2 为 2%　加 CO_2 为 5%	氧化性	MAG	用于射流电弧、脉冲电弧及短路电弧
	$Ar+CO_2$	加 CO_2 为 2.5%			用于短路电弧。焊接不锈钢时加入 CO_2 的体积分数最大量应小于 5%，否则渗碳严重
	$Ar+CO_2$	加 O_2 为 1%～5% 或 20%			生产率较高，抗气孔性能优。用于射流电弧及对焊缝要求较高的场合
	$Ar+CO_2$	Ar 为 70%～80%　CO_2 为 30%～20%			有良好的熔深，可用于短路过渡及射流过渡电弧
	$Ar+O_2+CO_2$	Ar 为 80%　O_2 为 15%　CO_2 为 5%			有较佳的熔深，可用于射流、脉冲及短路电弧
	CO_2	—			适于短路电弧，有一定飞溅

（四）CO_2 气体保护焊的飞溅

CO_2 焊容易产生飞溅，这是由 CO_2 气体的性质决定的。通常颗粒状过渡的飞溅程度，要比短路过渡严重得多。当使用颗粒状过渡形式焊接时，飞溅损失应控制在焊丝熔化量的 10% 以内，短路过渡形式的飞溅量则在 2% ～ 4%。

CO_2 焊时的大量飞溅，不仅增加了焊丝的损耗，而且使焊件表面被金属熔滴溅污，影响外观质量及增加辅助工作量，而且更主要的是容易造成喷嘴堵塞，使气体保护效果变差，导致焊缝产生气孔。如果金属熔滴沾在导电嘴上，还会破坏焊丝的正常给送，引起焊接过程不稳定，使焊缝成形变差或产生焊接缺陷。因此，CO_2 焊必须重视飞溅问题，尽量降低飞溅的不利影响，才能确保 CO_2 焊的生产率和焊缝质量。

CO_2 焊产生飞溅的原因及减少飞溅的措施见表 6-5。

表 6-5　CO_2 焊产生飞溅的原因及减少飞溅的措施

产生飞溅的原因	减少飞溅的措施
由冶金反应引起的飞溅	主要由 CO 气体造成。生产过程中产生的 CO 在电弧高温作用下，体积急速膨胀，压力迅速增大，使熔滴和熔池金属产生爆破，从而产生大量飞溅。采用含有锰硅脱氧元素的焊丝，并降低焊丝中的含碳量，可减少飞溅
由极点压力产生的飞溅	由极点压力产生的飞溅主要取决于电弧的极性。当使用正极性焊接时（焊件接正极、焊线接负极），正离子飞向焊丝端部的熔滴，机械冲击力大，形成大颗粒飞溅；而反极性焊接时，飞向焊丝端部的电子撞击力小，致使极点压力大为减小，因而飞溅较少，所以 CO_2 焊应选用直流反接焊接
熔滴短路时引起的飞溅	多发生在短路过渡过程中，当焊接电源的动特性不好时，则显得更严重。短路电流增长速度过快，或者短路最大电流值过大时，当熔滴刚与熔池接触，由于短路电流强烈加热及电磁收缩力的作用，结果使缩颈处的液态金属发生爆破，产生较多的细颗粒飞溅。如果短路电流增长速度过慢，则短路电流不能及时增大到要求的电流值。此时，缩颈处就不能迅速断裂，使伸出导电嘴的焊丝在电阻热的长时间加热下，成段软化而断落，并伴着较多的大颗粒飞溅。减少这种飞溅的方法，主要是调节焊接回路中的电感值，若串入焊接回路的电感值合适，则爆声较小，过渡过程比较稳定
非轴向颗粒状过渡造成的飞溅	多发生在颗粒状过渡过程中，是由于电弧的斥力作用而产生的。当熔滴在极点压力和弧柱中气流压力的作用下，熔滴被推到焊丝端部的一边，并抛到熔池外面去，产生大颗粒飞溅
焊接参数选择不当引起的飞溅	因焊接电流、电弧电压和回路电感等焊接参数选择不当引起。只有正确地选择 CO_2 焊的焊接参数，才会减少产生这种飞溅的可能性

（五）CO_2 气体保护焊熔滴过渡形式

1. 熔滴过渡形式

CO_2 气体保护焊的溶滴过渡形式有三种：短路过渡、滴状过渡及射流（射滴）过渡。

（1）短路过渡

熔滴短路过渡生成过程如图 6-2 所示。CO_2 焊时，在采用细焊丝、较小焊接电流和较低电弧电压下，熔化金属首先集中在焊丝的下端，并开始形成熔滴，如图 6-2（a）所示。然后熔滴的颈部变细加长［图 6-2（b）］，这时颈部的电流密度增大，促使熔滴的颈部继续向下延伸。当熔滴与熔池接触时发生短路［图 6-2（c）］时，电弧熄灭，这时短路电流迅速上升，随着短路电流的增加，在电磁压缩力和熔池表面张力的作用下，使熔滴的颈部变得更细。当短路电流增大到一定数值后，部分缩颈金属迅速气化，缩颈即爆断，熔滴全部进入熔池。同时，电流电压很快恢复到引燃电压，于是电弧又重新点燃，焊丝末端又重

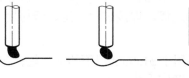

(a) 形成溶滴　　(b) 变细加长　　(c) 缩颈下落　　(d) 重新形成

图 6-2　熔滴短路过渡生成过程

新形成熔滴［图6-2（d）］，重复下一个周期的过程。短路过渡时，在其他条件不变的情况下，熔滴质量和过渡周期主要取决于电弧长度。随着电弧长度（电弧电压）的增加，熔滴质量和过渡周期增大。如果电弧长度不变，增加电流，则过渡频率增高，熔滴变细。

（2）滴状过渡

CO_2焊熔滴滴状过渡生成过程如图6-3所示。如图6-3（a）所示，熔滴开始形成，由于阴极喷射的作用，使熔滴偏离轴线位置；如图6-3（b）所示，熔滴体积增大，仍然偏离轴线的位置；如图6-3（c）所示，熔滴开始脱离焊丝；如图6-3（d）所示，熔滴断开，落于熔池或飞溅到熔池外面。

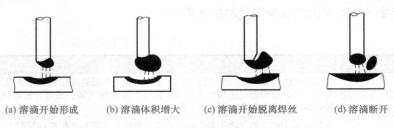

(a) 溶滴开始形成　　(b) 溶滴体积增大　　(c) 溶滴开始脱离焊丝　　(d) 溶滴断开

图6-3　CO_2焊熔滴滴状过渡生成过程

CO_2焊在较粗焊丝、较大焊接电流和较高电弧电压焊接时，会出现颗粒状熔滴的滴状过渡。当电流小于400A时，为大颗粒滴状过渡。这种大颗粒呈非轴向过渡，电弧不稳定，飞溅很大，焊缝成形也不好，实际生产中不宜采用。当电流在400A以上时，熔滴细化，过渡频率也随之增大，虽然仍为非轴向过渡，但飞溅减小，电弧较稳定，焊缝成形较好，生产中应用较广。

（3）射流（射滴）过渡

射滴过渡和射流过渡如图6-4所示。射滴过渡时，过渡熔滴的直径与焊丝直径相近，并沿焊丝轴线方向过渡到熔池中，这时的电弧呈钟罩形，焊丝端部熔滴大部分或全部被弧根所笼罩。射流过渡在一定条件下形成，其焊丝端部的液态金属呈"铅笔尖"状，细小的熔滴从焊丝尖端一个接一个地向熔池过渡。射流过渡的速度极快，脱离焊丝端部的熔滴加速度可达到重力加速度的几

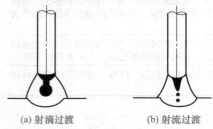

(a) 射滴过渡　　(b) 射流过渡

图6-4　射滴过渡和射流过渡

十倍；射滴过渡和射流过渡形式具有电弧稳定，没有飞溅，电弧熔深大，焊缝成形好，生产效率高等优点，因此适用于粗丝气体保护焊。如果获得射流（射滴）过渡以后继续增加电流达某一值时，则熔滴做高速螺旋运动，叫做旋转喷射过渡。CO_2气体保护焊这三种熔滴过渡形式的特点及应用范围如下。

2. 特点

①短路过渡。电弧燃烧、熄灭和熔滴过渡过程稳定，飞溅小，焊缝质量较高。

②滴状过渡。焊接电弧长，熔滴过渡轴向性差，飞溅严重，工艺过程不稳定。

③射流（射滴）过渡。焊接过程稳定，母材熔深大。

3. 应用范围

①短路过渡。多用于$\phi1.4mm$以下的细焊丝，在薄板焊接中广泛应用，适合全位置焊接。

②滴状过渡。生产中很少应用。

③射流（射滴）过渡。中厚板平焊位置焊接。

（六）CO_2 气体保护焊的焊接工艺参数

1. CO_2 焊电源极性的选择（表 6-6）

表 6-6　CO_2 焊电源极性的选择

电源接法	应用范围	特点
反接（焊丝接正极）	短路过渡及颗粒过渡的普通焊接过程	电弧稳定、飞溅小、熔深大
正接（焊丝接负极）	高速 CO_2 焊接、堆焊及铸铁衬焊	焊丝熔化率高、熔深小、熔宽及堆高较大

2. 焊接电流与电弧电压的选择

焊接电流的大小主要取决于送丝速度，随着送丝速度的增加，焊接电流也增加，另外焊接电流的大小还与焊丝伸长、焊丝直径、气体成分等有关。

在 CO_2 气体保护焊中电弧电压是指导电嘴到工件之间的电压降。这一参数对焊接过程稳定性、熔滴过渡、焊缝成形、焊接飞溅等均有重要影响，短路过渡时弧长较短，随着弧长的增加，电压升高，飞溅也随之增加。再进一步增加电弧电压，可达到无短路的过程。相反，若降低电弧电压，弧长缩短，直至引起焊丝与熔池的固体短路。

焊接电流的大小要与电弧电压匹配，不同直径焊丝 CO_2 焊对应的焊接电流和电弧电压见表 6-7。

表 6-7　不同直径焊丝 CO_2 焊对应的焊接电流和电弧电压

焊丝直径 /mm	短路过渡		射流过渡	
	焊接电流 /A	电弧电压 /V	焊接电流 /A	电弧电压 /V
0.5	30 ～ 60	16 ～ 18	—	—
0.6	30 ～ 70	17 ～ 19	—	—
0.8	50 ～ 100	18 ～ 21	—	—
1.0	70 ～ 120	18 ～ 22	—	—
1.2	90 ～ 150	19 ～ 23	160 ～ 400	25 ～ 38
1.6	140 ～ 200	20 ～ 24	200 ～ 500	26 ～ 40
2.0	—	—	200 ～ 600	26 ～ 40
2.5	—	—	300 ～ 700	28 ～ 42
3.0	—	—	500 ～ 800	32 ～ 44

3. 焊接速度

焊接速度对焊缝成形、接头性能都有影响。速度过快会引起咬边、未焊透及气孔等缺陷。速度过慢则效率低，输入焊缝的热量过多，接头晶粒粗大，变形大，焊缝成形差。一般半自动焊的焊接速度为 15 ～ 40m/h。自动化焊时，焊接速度不超过 90m/h。

4. 焊丝直径

焊丝直径分为细丝和粗丝两大类。半自动 CO_2 气体保护焊多用 $\phi0.4 \sim 1.6mm$ 的细丝；自动 CO_2 气体保护焊多用 $\phi1.6 \sim 5mm$ 的粗丝；焊丝直径大小根据可焊板厚和焊缝位置进行选择，见表 6-8。

5. 焊丝干伸长度

焊丝干伸长度应为焊丝直径的 10 ～ 20 倍。干伸长度过大，焊丝会成段熔断，飞溅严重，气体保护效果差；过小，不但易造成飞溅物堵塞喷嘴，影响保护效果，还会影响焊工视线。

表 6-8　焊丝直径大小的选择　（mm）

焊丝直径	熔滴过渡形式	可焊板厚	焊缝位置
0.5～0.8	短路过渡 射滴过渡	0.4～3.2 2.5～4	全位置 平焊、横角
1.0～1.2	短路过渡 射滴过渡	2～8 2～12	全位置 平焊、横角
1.6	短路过渡 射滴过渡	3～12 >8	全位置 平焊、横角
2.0～5.0	射滴过渡	>10	平焊、横角

6. 喷嘴至工件距离的选择

短路过渡 CO_2 焊时，喷嘴至工件的距离应尽量取得适当小一些，以保证良好的保护效果及稳定的过渡，但也不能过小。因为该距离过小时，飞溅颗粒易堵塞喷嘴，阻挡焊工的视线。喷嘴至工件的距离一般应取焊丝直径的 12 倍左右。

7. 气体流量及纯度

气体流量小，电弧不稳定，焊缝表面成深褐色，并有密集网状小孔；气体流量过大，会产生不规则湍流，焊缝表面呈浅褐色，局部出现气孔；适中的气体流量，电弧燃烧稳定，保护效果好，焊缝表面无氧化色。通常焊接电流在 200A 以下时，气体流量选用 10～15L/min；焊接电流大于 200A 时，气体流量选用 15～25L/min；粗丝大规范自动化焊时则为 25～50L/min；CO_2 气体保护焊气体纯度不得低于 99.5%。

对接接头半自动、自动 CO_2 气体保护焊焊接参数的选用见表 6-9。

表 6-9　对接接头半自动、自动 CO_2 气体保护焊焊接参数的选用

焊件厚度/mm	坡口形式	焊接位置	有无垫板	焊丝直径/mm	坡口或坡口面角度/(°)	根部间隙/mm	钝边/mm	根部半径/mm	焊接电流/A	电弧电压/V	气体流量/(L/min)	自动焊焊接速度/(m/h)	极性
1.0～2.0	I	平	无	0.5～1.2	—	0～0.5	—	—	35～120	17～21	6～12	18～35	
			有	0.5～1.2	—	0～1.0	—	—	40～150	18～23	6～12	18～30	
		立	无	0.5～0.8	—	0～0.5	—	—	35～100	16～19	8～15		
			有	0.5～1.0	—	0～1.0	—	—	35～100	16～19	8～15		
2.0～4.5	I	平	无	0.8～1.2	—	0～2.0	—	—	100～230	20～26	10～15	20～30	
			有	0.8～1.6	—	0～2.5	—	—	120～260	21～27	10～15	20～30	
		立	无	0.8～1.0	—	0～1.5	—	—	70～120	17～20	10～15		
			有	0.8～1.2	—	0～2.0	—	—	70～120	17～20	10～15		
5.0～9.0	I	1	无	1.2～1.6	—	1.0～2.0	—	—	200～400	23～40	15～2.0	20～42	直流反接
			有	1.2～1.6	—	1.0～3.0	—	—	250～420	26～41	15～25	18～35	
10～12	I	平	无	1.6	—	1.0～2.0	—	—	350～450	32～43	20～25	20～42	
5～60	Y	平	无	1.2～1.6	45～60	0～2.0	0～5.0	—	200～450	23～43	15～25	20～42	
			有	1.2～1.6	30～50	4.0～7.0	0～3.0	—	250～450	26～43	20～25	18～35	
		立	无	0.8～1.2	45～60	0～2.0	0～3.0	—	100～150	17～21	10～15		
			有	0.8～1.2	35～50	2～6.0	0～2.0	—	100～150	17～21	10～15		
		横	无	1.2～1.6	40～60	0～2.0	0～5.0	—	200～400	23～40	15～25		
			有	1.2～1.6	30～50	4.0～7.0	0～3.0	—	250～400	26～40	20～25		
		平	无	1.2～1.6	45～60	0～2.0	0～5.0	—	200～450	23～43	15～25	20～42	
			有	1.2～1.6	35～60	2～6.0	0～3.0	—	250～450	26～43	20～25	18～35	
		立	无	0.8～1.2	45～60	0～2.0	0～3.0	—	100～150	17～21	10～15		
			有	0.8～1.2	35～60	3.0～7.0	0～2.0	—	100～150	17～21	10～15		

续表

焊件厚度/mm	坡口形式	焊接位置	有无垫板	焊丝直径/mm	坡口或坡口面角度/(°)	根部间隙/mm	钝边/mm	根部半径/mm	焊接电流/A	电弧电压/V	气体流量/(L/min)	自动焊焊接速度/(m/h)	极性
10～100	K	平	无	1.2～1.6	40～60	0～2.0	0～5.0	—	200～450	23～43	15～25	20～42	直流反接
		立	无	0.8～1.2	45～60	0～2.0	0～3.0	—	100～150	17～21	10～15	—	
		横	无	1.2～1.6	45～60	0～3.0	0～5.0	—	200～400	23～40	15～25	—	
	双V	平	无	1.2～1.6	45～60	0～2.0	0～5.0	—	200～450	23～43	15～25	20～42	
		立	无	1.0～1.2	45～60	0～2.0	0～3.0	—	100～150	19～21	10～15	—	
20～60	U	平	无	1.2～1.6	10～12	0～2.0	2.0～5.0	8.0～10	200～450	23～43	20～25	20～42	
40～100	双U	平	无	1.2～1.6	10～12	0～2.0	2.0～5.0	8.0～10	200～450	23～43	20～25	20～42	

8. 喷嘴至工件距离的选择

短路过渡 CO_2 焊时，喷嘴至工件的距离应尽量取得适当小一些，以保证良好的保护效果及稳定的过渡，但也不能过小。因为该距离过小时，飞溅颗粒易堵塞喷嘴，阻挡焊工的视线。喷嘴至工件的距离一般应取焊丝直径的 12 倍左右。

9. 焊炬位置及焊接方向的选择

CO_2 焊一般采用左焊法，焊接时焊炬的后倾角度应保持为 $10° \sim 20°$。倾角过大时，焊缝宽度增大而熔深变浅，而且还易产生大量的飞溅。右焊法时焊炬前倾 $10° \sim 20°$，过大时余高增大，易产生咬边。

10. 短路过渡 CO_2 焊焊接参数的选择

表6-10 短路过渡 CO_2 焊焊接参数

板厚/mm	接头形式	装配间隙/mm	焊丝直径/mm	伸出长度/mm	焊接电流/A	电弧电压/V	焊接速度/(mm/min)	气体流量/(L/min)	备注
1		0～0.5	0.8	8～10	60～65	20～21	50	7	1.5mm 厚垫板
1.5		0～0.3	0.8	6～8	35～40	18～18.5	42	7	单面焊双面成形
		0.5～0.8	1.0	10～12	110～120	22～23	45	8	2mm 厚垫板
		0～0.5	1.0	10～12	60～70	20～21	50	8	单面焊双面成形
			0.8	8～10	65～70	19.5～20.5	50	7	
		0～0.3	0.8	8～10	45～50	18.5～19.5	52	7	—
					55～60	19～20			
2		0.5～1	1.2	12～14	120～140	21～23	50	8	—
		0～0.8	1.2	12～14	130～150	22～24	45	8	2mm 厚垫板
2		0～0.5	1.2	12～14	85～95	21～22	50	8	单面焊双面成形
			1.0	10～12	85～95	20～21	45	8	
			0.8	8～10	75～85	20～21	42	7	

板厚/mm	接头形式	装配间隙/mm	焊丝直径/mm	伸出长度/mm	焊接电流/A	电弧电压/V	焊接速度/(mm/min)	气体流量/(L/min)	备注
2		0～0.5	1.0	10～12	50～60	19～20	50	8	—
					60～70				
			0.8	8～10	55～60	19～20	50	7	—
					65～70				
3		0～0.8	1.2	12～14	95～105	21～22	50	8	—
					110～130				
		0～0.8	1.0	10～12	95～105	21～22	42	8	—
					100～110				
4		0～0.8	1.2	12～14	110～130	22～24	50	8	—
					140～150				
6		0～1	1.2	15	190	10	25	15	—
					210	20			

11. 射流过渡 CO_2 焊焊接参数（平焊）

表 6-11　射流过渡 CO_2 焊焊接参数（平焊）

钢板厚度/mm	焊丝直径/mm	坡口形式	焊接电流/A	电弧电压/V	焊接速度/(m/h)	气体流量/(L/min)	备注
3～5	1.6	0.5～2.0	1140～180	23.5～24.5	20～26	～15	—
			180～200	28～30	20～22	～24	焊接层数 1～2
6～8	2.0	1.8～2.2	280～300	29～30	25～30	16～18	焊接层数 1～2
8	1.6	90° 3	320～350	40～42	20～40	16～18	
		90° 3	450	40～41	29	16～18	用铜垫板，单面焊双面成形
	2.0	1.8～2.2	280～300	28～30	16～20	18～20	焊接层数 2～3
			400～420	34～36	27～30	16～18	
		90°	450～460	35～36	24～28	16～18	用铜垫板，单面焊双面成形
	2.5	3	300～650	41～42	24	16～20	用铜垫板，单面焊双面成形
8～12	2.0	1.8～2.2	280～300	28～30	16～20	18～20	焊接层数 2～3

钢板厚度/mm	焊丝直径/mm	坡口形式	焊接电流/A	电弧电压/V	焊接速度/(m/h)	气体流量/(L/min)	备注
16	1.6	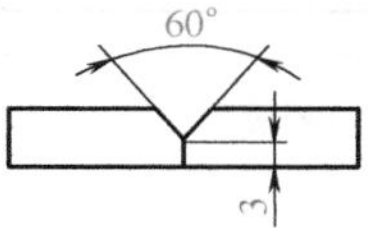 60° / 3	320~350	34~36	16~24	18~20	—
22	2.0	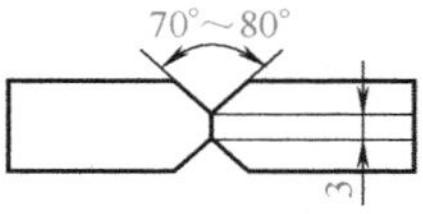 70°~80° / 3	380~400	38~40	24	16~18	双面分层堆焊
32	2.0		600~650	41~42	2	16~20	
34	4.0	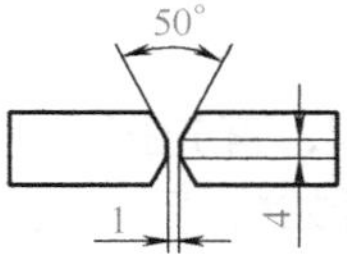 50° / 1 / 4	350~900（第一层）950（第二层）	34~36	20	35~40	—

12. CO₂焊角焊缝的焊接参数

表6-12　CO₂焊角焊缝的焊接参数

板厚/mm	焊脚尺寸/mm	焊丝直径/mm	焊接电流/A	电弧电压/V	焊丝伸出长度/mm	焊接速度/(m/h)	气体流量/(L/min)	焊接位置
0.8~1	1.2~1.5	φ0.7~0.8	70~110	17~19.5	8~10	30~50	6	平、立、仰焊
1.2~2	1.5~2	φ0.8~1.2	110~140	18.5~20.5	8~12	30~50	6~7	
>2~3	2~3	φ1~1.4	150~210	19.5~23	8~15	25~45	6~8	
4~6	2.5~4		170~350	21~32	10~15	23~45	7~10	平、立焊
≥5	5~6	φ1.6	260~280	27~29	18~20	20~26	16~18	平焊
≥5	9~11（2层）	φ2	300~350	30~32	20~24	25~28	17~19	平焊
≥5	13~14（4~5层）						18~20	
≥5	27~30（12层）					24~26	18~20	

注：采用直流反接、I形坡口、H08Mn2Si焊丝。

13. 坡口的加工和清理

采用CO₂气体保护焊焊接的焊件，其坡口可用常规方法进行加工，如机械加工（刨边机、立式车床）、气体火焰加工（手工、半自动、自动切割）和等离子弧切割等方法。坡口面表面应光滑平整，保持一定的精度，坡口面不规则是熔深不足和焊缝不整齐的重要原因。

14. 定位焊

定位焊的作用是为装配和固定焊件上的接缝位置。定位焊前应把坡口面及焊接区附近的油污、油漆、氧化皮、铁锈及其他附着物用扁铲、錾子、回丝等清理干净，以免影响焊缝质量。

定位焊缝在焊接过程中将熔化在正式焊缝中，所以其质量将会直接影响正式焊缝的质量，因此，定位焊用焊丝与正式焊缝施焊用焊丝应该相同，而且操作时必须认真细致。为保证焊件的连接可靠，定位焊缝的长度及间隔距离，应该根据焊件的厚度来进行选择，如图6-5所示。

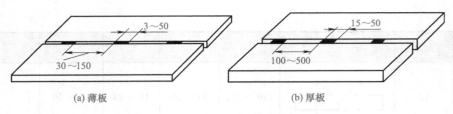

(a) 薄板   (b) 厚板

图 6-5   定位焊焊件的选择

二、CO_2 气体保护焊的基本操作

1. 焊枪操作的基本要领

（1）焊枪开关的操作

所有准备工作完成以后，焊工按合适的姿势准备操作，首先按下焊枪开关，此时整个焊机开始动作，即送气、送丝和供电，接着就可以引弧，开始焊接。焊接结束时，释放焊枪开关，随后就停丝、停电和停气。

（2）喷嘴与焊件间的距离

距离过大时保护不良，容易在焊缝中产生气孔，喷嘴高度与产生气孔的关系见表 6-13。从表 6-13 中可知，当喷嘴高度超过 30mm 时，焊缝中将产生气孔。但喷嘴高度过小时，喷嘴易黏附飞溅物并且妨碍焊工的视线，使焊工操作时难以观察焊缝。因此操作时，如焊接电流加大，为减少飞溅物的黏附，应适当提高喷嘴高度。不同焊接电流时喷嘴高度的选用见表 6-14。

表 6-13   喷嘴高度与产生气孔的关系

喷嘴高度/mm	气体流量/(L/min)	外部气孔	内部气孔	喷嘴高度/mm	气体流量/(L/min)	外部气孔	内部气孔
10	20	无	无	40	20	少量	较多
20		无	无	50		较多	很多
30		微量	少量	—		—	—

表 6-14   不同焊接电流时喷嘴高度的选用

焊丝直径/mm	焊接电流/A	气体流量/(L/min)	喷嘴高度/mm	焊丝直径/mm	焊接电流/A	气体流量/(L/min)	喷嘴高度/mm
1.2	100	15～20	10～15	1.6	300	20	20
	200	20	15		350	20	20
	300	20	20～25		400	20～25	20～25

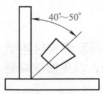

(a) 焊接电流 I < 250A

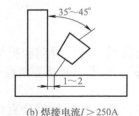

(b) 焊接电流 I > 250A

图 6-6   焊枪的倾角

（3）焊枪的倾角

焊枪倾角的大小，对焊缝外表成形及缺陷影响很大，如图 6-6 所示。平板对接焊时，焊枪对垂直轴的倾角应为 10°～15°。平角焊时，当使用 250A 以下的小电流焊接，要求焊脚尺寸为 5mm 以下，此时焊枪与垂直板的倾角为 40°～50°，并指向尖角处［图 6-6（a）］。当使用 250A 以上的大电流焊接时，要求焊脚尺寸为 5mm 以上，此时焊枪与垂直板的倾角应为 35°～45°，并指向水平板上距尖角 1～2mm 处

［图 6-6（b）］。准确掌握焊枪倾角的大小，能保持良好的焊缝成形，否则，容易在焊缝表面产生缺陷。例如，当焊枪的指向偏向于垂直板时，垂直板上将会产生咬边，而水平板上易形成焊瘤，如图 6-7 所示。

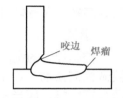

图 6-7　焊瘤的形成

（4）焊枪的移动方向及操作姿势

为了焊出外表均匀美观的焊道，焊枪移动时应严格保持既定的焊枪倾角和喷嘴高度（如图 6-8 所示）。同时还要注意焊枪的移动速度要保持均匀，移动过程中焊枪应始终对准坡口的中心线。半自动 CO_2 气体保护焊时，因焊枪上接有焊接电缆、控制电缆、气管、水管和送丝软管等，所以焊枪的重量较大，焊工操作时很容易疲劳，时间一长就难以掌握焊枪，影响焊接质量。为此，焊工操作时，应尽量利用肩部、脚部等身体可利用的部位，以减轻手臂的负荷。

2. 引弧

CO_2 气体保护焊，通常采用短路接触法引弧。由于平特性弧焊电源的空载电压低，又是光焊丝，在引弧时，电弧稳定燃烧点不易建立，使引弧变得比较困难，往往造成焊丝成段地爆断，所以引弧前要把焊丝伸出长度调好。如果焊丝端部有粗大的球形头，应用钳子剪掉。引弧前要选好适当的引弧位置，起弧后要灵活掌握焊接速度，以避免焊缝始段出现熔化不良和使焊缝堆得过高的现象。CO_2 气体保护焊的引弧过程如图 6-9 所示，具体操作步骤如下。

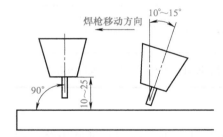

图 6-8　焊枪移动方向

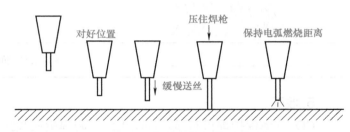

图 6-9　CO_2 气体保护焊的引弧过程

① 引弧前先按遥控盒上的点动开关或按焊枪上的控制开关，点动送出一段焊丝，伸出长度小于喷嘴与工件间应保持的距离。

② 将焊枪按要求（保持合适的倾角和喷嘴高度）存放引弧处，此时焊丝端部与工件未接触。喷嘴高度由焊接电流决定。若操作不熟练，最好双手持枪。

③ 按焊枪上的控制开关，焊机自动提前送气，延时接通电源，保持高电压。当焊丝碰撞工件短路后，自动引燃电弧。短路时，焊枪有自动顶起的倾向，引弧时要稍用力下压焊枪，防止因焊枪抬高，电弧太长而熄火。

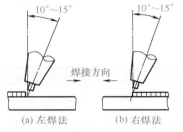

(a) 左焊法　　(b) 右焊法

图 6-10　左焊法及右焊法

3. 左焊法和右焊法

半自动 CO_2 焊的操作方法，按其焊枪的移动方向可分为左焊法及右焊法两种，如图 6-10 所示。采用左焊法时，喷嘴不会挡住视线，焊工能清楚地观察接缝和坡口，不易焊偏。熔池受电弧的冲刷作用较小，能得到较大的熔宽，焊缝成形平整美观。因此，该方法应用得较为普遍。

采用右焊法时，熔池可见度及气体保护效果较好，但因焊丝直指焊缝，电弧对熔池有冲刷作用，易使焊波增高，不易观察接缝，容易焊偏。

4. 运弧

为控制焊缝的宽度和保证熔合质量，CO_2 气体保护焊施焊时也要像焊条电弧焊那样，焊枪要做横向摆动。通常，为了减小热输入、热影响区，减小变形，不应采用大的横向摆动来获得宽焊缝，应采用多层多道焊来焊接厚板。焊枪的主要摆动形式、应用范围及要点见表 6-15。

表 6-15　焊枪的主要摆动形式、应用范围及要点

主要摆动形式	应用范围及要点
 ←	薄板及中厚板打底焊道
 ←→	薄板概况有间隙，坡口有钢垫板时
 ⟋⟋⟋⟋	多层焊时的第一层
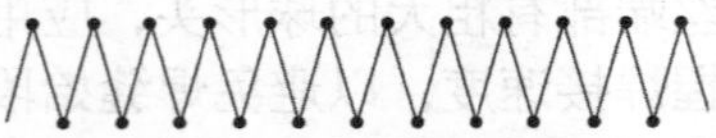 ⋀⋀⋀⋀	坡口小时及中厚板打底焊道，在坡口两侧需停留 0.5s 左右
 ⋀⋀⋀⋀	厚板焊接时的第二层以后横向摆动，在坡口两侧需停留 0.5s 左右
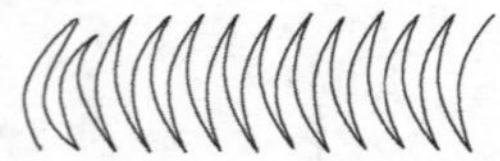 ⦚⦚⦚⦚	坡口大时，在坡口两侧需停留 0.5s 左右
 ⑧　⑥⑦④⑤②　③　①	薄板根部有间隙、坡口有钢垫或板间间隙大时采用

5. 收弧

CO_2 气体保护焊机有弧坑控制电路，则焊枪在收弧处停止前时，同时接通此电路，焊接电流与电弧电压自动变小，待熔池填满时断电。如果焊机没有弧坑控制电路，或因焊接电流小没有使用弧坑控制电路，在收弧处焊枪停止前，并在熔池未凝固时，反复断弧，引弧几次，直到弧坑填满为止。操作时动作要快，如果熔池已凝固才引弧，则可能产生未熔合及气孔等缺陷；收弧时应在弧坑处稍做停留，然后慢慢抬起焊枪，这样就可以使熔滴金属填满弧坑，并使熔池金属在未凝固前仍受到气体的保护。若收弧过快，容易在弧坑处产生裂纹和气孔。

6. 焊缝的始端、弧坑及接头处理

无论是短焊缝还是长焊缝，都有引弧、收弧（产生弧坑）和接头连接的问题。实际操作过程中，这些地方又往往是最容易出现缺陷之处，所以应给予特殊处理。焊缝的始端、弧坑及接头处理方法见表 6-16。

表 6-16　焊缝的始端、弧坑及接头处理方法

类别	处理方法说明
焊缝始端	焊接开始时，焊件温度较低，因此焊缝熔深就较浅，严重时会引起母材和焊缝金属熔合不良。因此，必须采取相应的工艺措施 ① 使用引弧板。在焊件始端加焊一块引弧板，在引弧板上引弧后再向焊件方向施焊，将引弧时容易出现缺陷的部位留在引弧板上［图 1（a）］。这种方法常用于重要焊件的焊接

类别	处理方法说明
焊缝始端	② 倒退焊接法。在始焊点倒退焊接 15～20mm，然后快速返回按预定方向施焊［图1（b）］。这种方法适用性较广 ③ 环焊缝的始端处理。环焊缝的始端与收弧端更重叠，为了保证重叠处焊缝熔透均匀和表面圆滑，在始焊处应以较快的速度焊1条窄焊缝，最后在重叠时再形成所需要的焊缝尺寸，始焊处的窄焊道长15～20mm［图1（c）］ 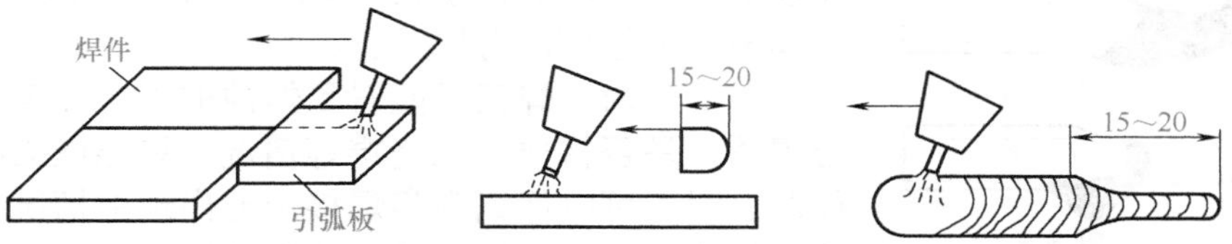 (a) 使用引弧板法　　(b) 倒退焊接法　　(c) 环焊缝的始端处理 图1　焊缝始端处理
弧坑	焊缝末尾的弧坑处残留的凹坑，由于熔化金属厚度不足，容易产生裂纹和缩孔等缺陷。根据施焊时所用焊接电流的大小，CO_2气体保护焊时可能产生两种类型的弧坑（图2）。其中图2(a)所示为小焊接电流、短路过渡时的弧坑形状，弧坑比较平坦；图2（b）所示为大焊接电流、喷射过渡时的弧坑形状，弧坑较大且凹坑较深，这种弧坑危害较大，往往需要加以处理。处理弧坑的措施有两种：一种是使用带有弧坑处理装置的焊机，收弧时，弧坑处的焊接电流会自动地减少到正常焊接电流的 60%～70%，同时电弧电压也相应降低到匹配的合适值，将弧坑填平。另一种是使用无弧坑处理装置的焊机，这时采用多次断续引弧填充弧坑的方式，直到填平为止（图3）。此外，在可采用引弧板的情况下，也可以在收弧处加引出板，将弧坑引出焊件 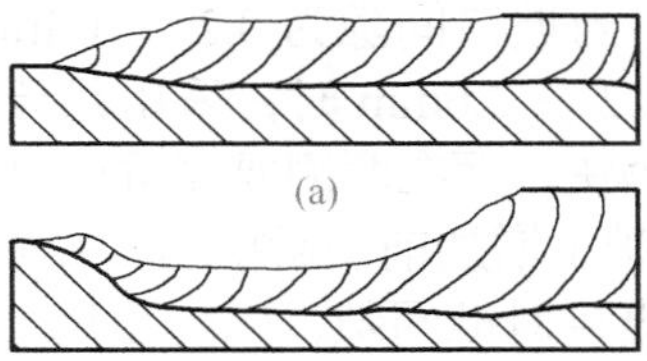 (a) (b) 图2　弧坑处理 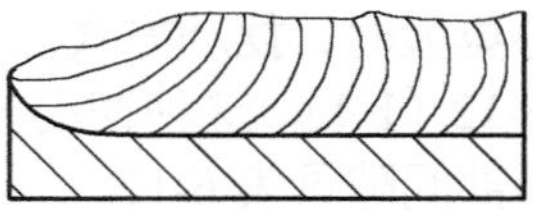　　　　　　　　图3　断续引弧填充弧坑的方式
焊缝连接（接头）	长焊缝是由短焊缝连接而成的，连接处接头的好坏将对焊缝质量的影响较大，接头的处理如图4所示。直线焊道连接的方式是：在弧坑前方 10～20mm 处引弧，然后将电弧引向弧坑，到达弧坑中心时，待熔化金属与原焊缝相连后，再将电弧引向前方，进行正常操作［图4（a）］。摆动焊道连接的方式是：在弧坑前方 10～20mm 处引弧，然后以直线方式将电弧引向接头处，从接头中心开始摆动，在向前移动的同时，逐渐加大摆幅，转入正常焊接［图4（b）］  (a) 直线焊道连接　　　　　(b) 摆动焊道连接 图4　焊道连接接头的处理

第二节　操作技能

CO_2气体保护焊可以分别进行平焊、横焊、立焊、仰焊等各种位置的操作，在严格掌握焊接参数的条件下，技术熟练的焊工可以完成单面焊双面成形技术。

一、平板对接平焊操作技能

1. 单面焊双面成形操作技能

（1）悬空焊的操作

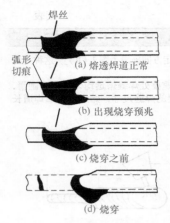

图 6-11　焊道的弧形切痕

无垫板的单面焊称为悬空焊。悬空焊时，一是要保证焊缝能够熔透，二是要保证焊件不致被烧穿，所以是一种比较复杂的操作技术，不但对焊工的操作水平有较高的要求，而且对坡口精度和焊接参数也提出了严格要求。

单面焊时，焊工只能看到熔池的上表面情况，对于焊缝能否焊透，是否将要发生烧穿等情况，只能依靠经验来判断。操作时，焊工可以仔细观察焊接熔池出现的情况，及时地改变焊枪的操作方式。焊缝正常熔透时，熔池呈白色椭圆形，熔池前端比焊件表面少许下沉，出现咬边的倾向，常称为弧形切，如图 6-11（a）、（b）所示。当弧形切痕深度达到 0.1 ~ 0.2mm 时，熔透焊道正常。当切痕深度达到 0.3mm 时，开始出现烧穿征兆。随着弧形切痕的加深，椭圆形熔池也变得细长，直至烧穿［图 6-11（c）、（d）］。焊接过程中弧形切痕的深度尺寸难以测量，焊工只能通过实践去掌握。一旦发现烧穿征兆，就应加大振幅或增大前、后摆动来调整对熔池的加热。

坡口间隙对单面焊双面成形有着重大的影响。坡口间隙小时，应设法增大穿透能力，使之熔透，所以焊丝应近乎垂直地对准熔池的前部。坡口间隙大时，应注意防止烧穿，焊丝应指向熔池中心，并适当进行摆动。当坡口间隙为 0.2 ~ 1.4mm 时，采用直线式焊接或者是焊枪做小幅摆动。当坡口间隙为 1.2 ~ 2.0mm 时，采用月牙形的小幅摆动焊接［图 6-12（a）］。焊枪摆动时在焊缝的中心移动稍快，而在两侧要停留片刻，一般为 0.5 ~ 1s，坡口间隙更大时，摆动方式应在横向摆动的基础上增加前、后摆动，并采用倒退式月牙形摆动［图 6-12（b）］。这种摆动方式可避免电弧直接对准间隙，以防止烧穿。不同板厚时允许使用的根部间隙见表 6-17。

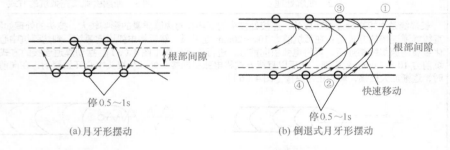

(a) 月牙形摆动　　　　　(b) 倒退式月牙形摆动

图 6-12　焊丝的摆动方式

表 6-17　不同板厚时允许使用的根部间隙　　　　　　　　　　mm

板厚	0.8	1.6	2.4	3.2	4.5	6.0	10.0
根部间隙	0.2	0.5	1.0	1.6	1.6	1.8	2.0

单面焊双面成形的典型焊接参数见表 6-18。表中所列数据均为细焊丝短路过渡，适用于平焊和向下立焊。薄板焊接时容易产生的缺陷及消除措施见表 6-19。

表 6-18　单面焊双面成形的典型焊接参数

坡口形状	焊接参数		
	焊丝直径 /mm	焊接电流 /A	电弧电压 /V
<1.6　0～0.5	0.8～1.0	60～120	16～19
1.6～3.2　0～0.5	0.9～1.2	80～150	17～20
60°　2.0～2.5　1.5～2.0　>6	1.2	120～130	18～19

表 6-19　薄板焊接时容易产生的缺陷及消除措施

缺陷名称	产生原因	消除措施
未焊透	①焊枪前倾角过大，使熔化金属流到电弧前方 ②焊接速度过快，焊枪摆幅过大	发现弧形切痕（0.1～0.2mm）后，再以小幅摆动前移焊枪
背面焊缝偏向一侧	焊枪倾角不正确	抬高小臂，使焊枪垂直焊件表面
塌陷	焊接速度过慢	仔细确认弧形切痕的特征
烧穿	焊接速度过慢	焊道未冷却之前，使电弧断续发生引燃，填满孔洞
未焊满咬边	①背面焊缝余高过大（焊接速度过慢） ②焊接速度过快	在未焊满处再以摆动焊道焊 1 层，即用 2 层焊缝完成

（2）加垫板的操作

加垫板的焊道由于不存在烧穿的问题，所以比悬空焊容易控制熔池，而且对焊接参数的要求也不十分严格。当坡口间隙较小时，可以采用较大的电流进行焊接；当坡口间隙较大时，应当采用比较小的电流进行焊接。

垫板材料通常为纯铜板。为防止纯铜板与焊件焊合到一起，在纯铜板的内腔可采用水冷却。加垫板的熔透焊如图 6-13 所示。如果要求焊件背面焊道有一定的余高，可使用表面带沟槽的铜垫板。施焊时，熔池表面应保持略高出焊件表面，一旦发现熔池表面下沉，说明有过熔倾向，这是产生焊缝塌陷的预兆。加垫板熔透焊道的焊接参数见表 6-20。其中厚度为 4mm 以下的薄板焊件采用短路过渡。

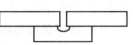

图 6-13　加垫板的熔透焊

表 6-20　加垫板熔透焊道的焊接参数

板厚 /mm	间 隙 /mm	焊丝直径 /mm	焊接电流 /A	电弧电压 /V
0.8 ～ 1.6	0 ～ 0.5	0.9 ～ 1.2	80 ～ 140	18 ～ 32
2.0 ～ 3.2	0 ～ 1.0	1.2	100 ～ 180	18 ～ 23
4.0 ～ 6.0	0 ～ 1.2	1.2 ～ 1.6	200 ～ 420	23 ～ 38
8.0	0.5 ～ 1.6	1.6	350 ～ 450	34 ～ 42

2. 对接焊缝操作技能

坡口形式根据焊件厚度的不同，分别有 I 形、Y 形、K 形、双 Y 形、U 形和双 U 形等几种。

I 形坡口的对接焊缝可以采用单面焊或双面单层焊，采用单面焊时，其操作技术即为单面焊双面成形操作技术；开坡口的对接焊缝焊接时，由于 CO_2 气体保护焊的坡口角度较小（最小可为 45°），所以熔化金属容易流到电弧的前面造成未焊透，因此在焊接根部焊道时，应该采用右焊法，焊枪做直线式移动［图 6-14（a）］。当坡口角度较大时，应采用左焊法，小幅摆动［图 6-14（b）］。

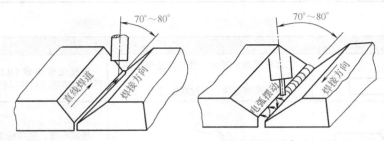

(a) 坡口角度及间隙小时，采用直线式右焊法　　(b) 坡口角度及间隙大时，采用小幅摆动左焊法

图 6-14　打底焊道的焊接方法

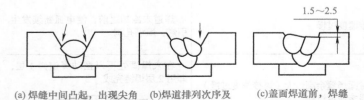

(a) 焊缝中间凸起，出现尖角易使随后的焊缝出现未焊透　　(b)焊道排列次序及焊缝宽度不合适　　(c)盖面焊道前，焊缝表面应低于焊件表面

图 6-15　多层焊的操作

填充焊道采用多层多道焊，为避免在焊接过程中产生未焊透和夹渣，应注意焊接顺序和焊枪的摆动手法。多层焊的操作如图 6-15 所示。图 6-15（a）表示由于焊缝中间凸起，两侧与坡口面之间出现尖角，在此处熔敷焊缝时易产生未焊透。解决的措施是焊枪沿坡口进行月牙式摆动，在两侧稍许停留、中间较快移动（图 6-12），也可采用直线焊缝填充坡口，但要注意焊缝的排列顺序和宽度，防止出现如图 6-15（b）所示的尖角。焊接盖面焊缝之前，应使焊缝表面平坦，并且使焊缝表面应低于焊件表面 1.5 ～ 2.5mm，为保证盖面焊道质量创造良好条件［图 6-15（c）］。

3. 水平角焊缝操作技能

根据工件厚度不同，水平角焊缝可分为单道焊和多层焊。

（1）单道焊

当焊脚高度小于 8mm 时，可采用单道焊。单道焊时根据工件厚度的不同，焊枪的指向位置和倾角也不同，如图 6-16 所示。当焊脚高度小于 5mm 时，焊枪指向根部［图 6-16（a）］。

当焊脚高度大于 5mm 时，焊枪指向如图 6-16（b）所示，距离根部 1 ~ 2mm。焊接方向一般为左焊法。

水平角焊缝由于焊枪指向位置、焊枪角度及焊接工艺参数使用不当，将得到不良焊道。当焊接电流过大时，铁水容易流淌，造成垂直角的焊脚尺寸小和出现咬边，而水平板上焊脚尺寸较大，并容易出现焊瘤。为了得到等长度焊脚的焊缝，焊接电流应小于 350A，对于不熟练的焊工，电流应再小些。

（2）多层焊

由于水平角焊缝使用大电流受到一定的限制，当焊脚尺寸大于 8mm 时，就应采用多层焊。多层焊时，为了提高生产率，一般焊接电流都比较大。大电流焊接时，要注意各层之间及各层与底板和立板之间要熔合良好。最终角焊缝的形状应为等焊脚，焊缝表面与母材过渡平滑。根据实际情况要采取不同的工艺措施。例如焊脚尺寸为 8 ~ 12mm 的角焊缝，一般分两层焊道进行焊接：第一层焊道电流要稍大些，焊枪与垂直板的夹角要小，并指向距离根部 2 ~ 3mm 的位置；第二层焊道的焊接电流应适当减小，焊枪指向第一层焊道的凹陷处（图 6-17），并采用左焊法，可以得到等焊脚尺寸的焊缝。

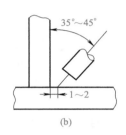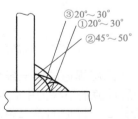

图 6-16　不同角焊缝时焊枪的指向位置和角度　　　　图 6-17　两层焊时焊枪的角度及位置

当要求焊脚尺寸更大时，应采用三层以上的焊道，焊接次序如图 6-18 所示。图 6-18（a）所示是多层焊的第一层，该层的焊接工艺与 5mm 以上焊脚尺寸的单道焊类似，焊枪指向距离根部 1 ~ 2mm 处，焊接电流一般不大于 300A，采用左焊法。图 6-18（b）所示为第二层焊缝的第一道焊缝，焊枪向第一层焊道与水平板的焊趾部位，进行直线形焊接或稍加摆动。焊接该焊道时，注意在水平板上要达到焊脚尺寸要求，并保证在水平板一侧的焊缝边缘整齐，与母材熔合良好。图 6-18（c）所示为第二道焊缝。如果要求焊脚尺寸较大，可按图 6-18（d）所示焊接第三道焊缝。

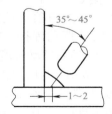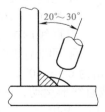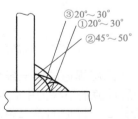

(a) 多层焊的第一层　　(b) 第二层的第一道　　(c) 第二层的第二道　　(d) 第二层的第三道

图 6-18　厚板水平角焊缝的焊接次序

一般采用两层焊道可焊接 14mm 以下的焊脚尺寸，当焊脚尺寸更大时，还可以按照图 6-18（d）所示，完成第三层、第四层的焊接。

船形角焊缝的焊接特点与 V 形对接焊缝相似，其焊脚尺寸不像水平焊缝那样受到限制，因此可以使用较大的焊接电流。船形焊时可以采用单道焊，也可以采用多道焊，采用单道焊时可焊接 10mm 厚度的工件。

二、平板对接横焊操作技能

横焊时，熔池金属在重力作用下有自动下垂的倾向，在焊道的上方容易产生咬边，焊道的下方易产生焊瘤。因此在焊接时，要注意焊枪的角度及限制每道焊缝的熔敷金属量。

1. 单层单道焊操作技能

对于较薄的工件，焊接时一般进行单层单道横焊，此时可采用直线形或小幅度摆动方式。单道焊一般都采用左焊法，焊枪角度如图 6-19 所示。当要求焊缝较宽时，可采用小幅度的摆动方式，如图 6-20 所示。横焊时摆幅不要过大，否则容易造成铁水下淌，多采用较小的规范参数进行短路过渡。横向对接焊的典型焊接规范见表 6-21。

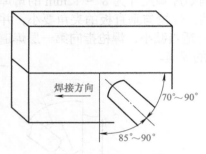

焊接方向 70°~90° 85°~90°

(a) 锯齿形摆动

(b) 小圆弧形摆动

图 6-19　横焊时的焊枪角度　　　　　图 6-20　横焊时的摆动方式

表 6-21　横向对接焊的典型焊接规范

工件厚度 /mm	装配间隙 /mm	焊丝直径 /mm	焊接电流 /A	电弧电压 /V
≤ 3.2	0	1.0 ~ 1.2	100 ~ 150	18 ~ 21
3.2 ~ 6.0	1 ~ 2	1.0 ~ 1.2	100 ~ 160	18 ~ 22
≥ 6.0	1 ~ 2	1.2	110 ~ 210	18 ~ 24

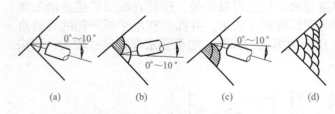

0°~10°　0°~10°　0°~10°　0°~10°

(a)　　(b)　　(c)　　(d)

图 6-21　多层焊时焊枪的角度及焊道排布

2. 多层焊操作技能

对于较厚工件的对接横焊时，要采用多层焊接。焊接第一层焊道时，焊枪的角度见图 6-21 (a)。焊枪的仰角为 0° ~ 10°，并指向顶角位置，采用直线形或小幅度摆动焊接，根据装配间隙调整焊接速度及摆动幅度。

焊接第二层焊道的第一条焊道时，焊枪的仰角为 0° ~ 10°，如图 6-21 (b) 所示，焊枪杆以第一层焊道的下缘为中心做横向小幅度摆动或直线形运动，保证下坡口处熔合良好。

焊接第二层焊道的第二条焊道时，如图 6-21 (c) 的所示。焊枪的仰角为 0° ~ 10°，并以第一层焊道的上缘为中心进行小幅度摆动或直线形移动，保证上坡口熔合良好。第三层以后的焊道与第二层类似，由下往上依次排列焊道 [图 6-21 (d)]。在多层焊接中，中间填充层的焊道焊接规范可稍大些，而盖面焊时电流应适当减小，接近于单道焊的焊接规范。

三、平板对接立焊操作技能

根据工件厚度不同，CO_2 气体保护焊可以采用向下立焊或向上立焊。一般小于 6mm 厚的工件采用向下立焊，大于6mm厚的工件采用向上立焊。立焊时的关键是保证铁水不流淌，熔池与坡口两侧熔合良好。

1. 向下立焊操作技能

向下立焊时，为了保证熔池金属不下淌，一般焊枪应指向熔池，并保持如图6-22所示的倾角。电弧始终对准熔池的前方，利用电弧的吹力来托住铁水，一旦有铁水下淌的趋势时，应使焊枪前倾角增大，并加速移动焊枪。利用电弧力将熔池金属推上去。向下立焊主要使用细焊丝、较小的焊接电流和较快的焊接速度，典型的焊接规范如表6-22所示。

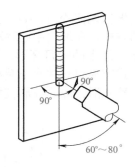

图 6-22　向下立焊时的焊枪角度

表 6-22　向下立焊时对接焊缝的焊接规范

工件厚度 /mm	根部间隙 /mm	焊丝直径 /mm	焊接电流 /A	电弧电压 /V	焊接速度 /（cm/min）
0.8	0	0.8	60～70	15～18	55～65
1.0	0	0.8	60～70	15～18	55～65
1.2	0	0.8	65～75	16～18	55～65
1.6	0	1.0	75～190	17～19	50～65
1.6	0	1.2	95～110	16～18	80～85
2.0	1.0	1.085	85～95	18～19.5	45～55
2.0	0.8	1.2110	110～120	17～18.5	70～80
2.3	1.3	1.090	90～105	18～19	40～50
2.3	1.5	1.2120	120～135	18～20	50～60
3.2	1.5	1.2140	140～160	19～20	35～45
4.0	1.8	1.2140	140～160	19～20	35～40

薄板的立角焊缝也可采用向下立焊，与开坡口的对接焊缝向下立焊类似。一般焊接电流不能太大，电流大于200A时，熔池金属将发生流失。焊接时尽量采用短弧和提高焊接速度。为了更好地控制熔池形状，焊枪一般不进行摆动，如果需要较宽的焊缝，可采用多层焊。

向下立焊时的熔深较浅，焊缝成形美观，但容易产生未焊透和焊瘤。

2. 向上立焊操作技能

当工件的厚度大于6mm时，应采用向上立焊。向上立焊时的熔深较大，容易焊透。但是由于熔池较大，使铁水流失倾向增加，一般采用较小的规范进行焊接，熔滴过渡采用短路过渡形式。

向上立焊时焊枪位置及角度很重要，如图6-23所示。通常向上立焊时焊枪都要做一定的横向摆动。直线焊接时，焊道容易凸出，焊缝外观成形不良并且容易咬边，多层焊时，后面的填充焊道容易焊不透。因此，向上立焊时，一般不采用直线式焊接。向上立焊时的摆动方式为图6-24（a）所示的小幅度摆动，此时热量比较集中，焊道容易凸起，因此在焊接时，摆动频率和焊接速度要适当加快。严格控制熔池温度和大小，保证

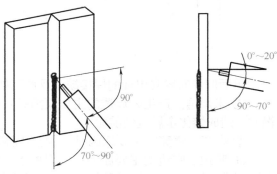

图 6-23　向上立焊时的焊枪位置及角度

熔池与坡口两侧充分熔合。如果需要焊脚尺寸较大，应采用如图 6-24（b）所示的上凸月牙形摆动方式，在坡口中心移动速度要快，而在坡口两侧稍加停留，以防止咬边。要注意焊枪摆动要采用上凸的月牙形，不要采用如图 6-24（c）所示的下凹月牙形。因为下凹月牙形的摆动方式容易引起铁水下淌和咬边，焊缝表面下坠，成形不好。向上立焊的单道焊时，焊道表面平整光滑，焊缝成形较好，焊脚尺寸可达 12mm。

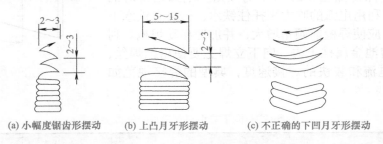

(a) 小幅度锯齿形摆动　　(b) 上凸月牙形摆动　　(c) 不正确的下凹月牙形摆动

图 6-24　向上立焊时的摆动方式

当焊脚尺寸较大时，一般要采用多层焊接。多层焊接时，第一层打底焊时要采用小直径的焊丝、较小的焊接电流和小摆幅进行焊接，注意控制熔池的温度和形状，仔细观察熔池和熔孔的变化，保证熔池不要太大。填充焊时焊枪的摆动幅度要比打底焊时大，焊接电流也要适当加大，电弧在坡口两侧稍加停留，保证各焊道之间及焊道与坡口两侧很好地熔合。一般最后一层填充焊道要比工件表面低 1.5 ～ 2mm，注意不要破坏坡口的棱边。

焊盖面焊道时，摆动幅度要比填充时大，应使熔池两侧超过坡口边缘 0.5 ～ 1.5mm。

四、平板对接仰焊操作技能

仰焊时，操作者处于一种不自然的位置，很难稳定操作；同时由于焊枪及电缆较重，给操作者增加了操作的难度；仰焊时的熔池处于悬空状态，在重力作用下很容易造成铁水下落，主要靠电弧的吹力和熔池的表面张力来维持平衡，如果操作不当，容易产生烧穿、咬边及焊道下垂等缺陷。

1. 单面单道仰焊焊缝操作技能

薄板对接时经常采用单面焊，为了保证焊透工件，一般装配时要留有 1.2 ～ 1.6mm 的间隙，使用直径 0.9 ～ 1.2mm 的细焊丝，使用细焊丝短路过渡焊接。采用的焊接电流为 120 ～ 130A，电弧电压为 18 ～ 19V。

焊接时焊枪要对准间隙或坡口中心，焊枪角度如图 6-25 所示，采用右焊法。应以直线形或小幅度摆动焊枪，焊接时仔细观察电弧和熔池，根据熔池的形状及状态适当调节焊接速度和摆动方式。

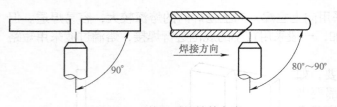

图 6-25　仰焊时焊枪的角度

单面仰焊时经常出现的焊接缺陷及原因如下。

① 未焊透。产生未焊透的主要原因是：焊接速度过快；焊枪角度不正确或焊接速度过慢时，造成熔化金属流到前面。

② 烧穿。烧穿的主要原因是：焊接电流和电弧电压过大，或者是焊枪的角度不正确。

③ 咬边。咬边的主要原因是：焊枪指向位置不正确；摆动焊枪时两侧停留时间不够或在两侧没有停留；焊接速度过快以及规范过大。

④ 焊道下垂。焊道下垂一般是由焊接电流、电压过高或焊接速度过慢所致，焊枪操作不正确及摆幅过小时也可造成焊道下垂。

2. 多层仰焊的操作技能

厚板仰焊时采用多层焊。多层仰焊按接头形式分为无垫板和有垫板两种：无垫板的第一层焊道类似于单面仰焊；有垫板时，焊件之间应留有一定的间隙，焊接电流值可略大些，通常为130～140A，与之匹配的电弧电压为19～20V，熔滴为短路过渡。

有垫板的第一层焊道施焊时，焊枪应对准坡口中心，焊枪与焊件间的倾角如图6-26所示。采用右焊法，焊枪匀速移动。操作时，必须注意垫板与坡口面根部必须充分熔透，且不应出现凸形焊道。焊枪采用小幅摆动，在焊道两侧应做少许停留，焊成的焊道表面要光滑平坦，以便为随后的填充焊道施焊创造良好的条件。

第二、三层焊道都以均匀摆动焊枪的方式进行焊接。但在前一层焊缝与坡口面的交界处应做短时停留，以保证该处充分熔透并防止产生咬边。选用的焊接参数为：焊接电流120～130A，电弧电压18～19V；第四层以后，由于焊缝的宽度增大，所需的焊枪摆幅也随之要加大，这样很容易产生未焊透和气孔。所以在第四层以后，每层焊缝可焊两条焊道（图6-27）。在这两条焊道中，第一条焊道不应过宽，否则将造成焊道下垂和给第二条焊道留下的坡口太窄，使第二条焊道容易形成凸形焊道和产生未焊透。所以焊成的第一条焊道只能略过中心，而第二条焊道应与第一条焊道搭接上。

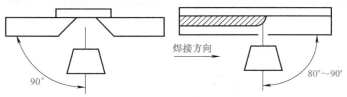

图6-26　焊枪与焊件间的倾角

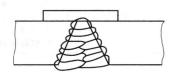

图6-27　焊缝形式

盖面焊道为修饰焊道，应力求美观。为此应确保盖面焊道的前一层焊道表面平坦，并使该焊道距焊件表面1～2mm。盖面焊道也采用两条焊道完成，焊这两条焊道时，电弧在坡口两侧应稍做停留，防止产生咬边和余高不足。焊接第二条焊道时应注意与第一条焊道均匀地搭接，防止焊道的高度和宽度不规整。盖面焊道的焊接参数应略小，常取焊接电流为120～130A，电弧电压为18～19V。

五、环缝焊接操作工艺

CO_2气体保护焊环缝焊接是指焊管子的技术。根据管子的位置及管子在焊接过程中是否旋转，可以分为垂直固定管焊接、水平转动管焊接和水平固定管焊接三种方式，其中垂直固定管焊接的焊接位置属于横焊，这里不做介绍。

1. 水平转动管的焊接

焊接时焊枪不动，管子做水平转动，焊接位置相当于平焊。焊接厚壁管时，焊枪应错离时钟12点位置一定距离 l，以保证熔池旋转至12点处于平位时开始凝固，如图6-28所示。距离 l 是一个重要的参数，通过调节 l 值的大小可调节焊道形状，如图6-29所示。

当距离 l 过小时，焊道深而窄，余高增大。l 值过大时熔深较浅，并且容易产生焊瘤。操作过程中，应通过观察焊道的形状，适当调整 l 值。管子直径增大时，l 值减小。焊接薄壁管时，焊枪应指向3点处，焊接位置相当于向下立焊，熔深浅，焊道成形良好，而且能以较高速度焊接。

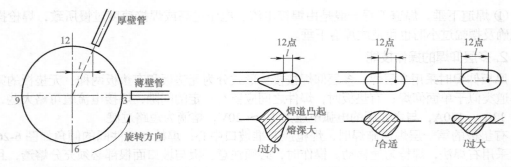

图 6-28　水平转动管的角度　　　　　　　　　　图 6-29　焊道形状

焊道凸起 熔深大 *l* 过小　　　*l* 合适　　　*l* 过大

2. 水平固定管的焊接

焊接位置属于全位置。焊接时应保证在不同空间位置时熔池不流淌、焊缝成形良好、焊缝厚度均匀、充分焊透而不烧穿。焊薄壁管时，使用直径 0.8 ～ 1.0mm 的细焊丝，焊厚壁管时一律使用直径 1.2mm 的焊丝。焊接电流 80 ～ 140A，电弧电压为 18 ～ 22V。管壁厚为 3mm 以下的薄壁管，可以采用向下立焊的焊接。管子全位置焊接的焊接参数见表 6-23。

表 6-23　管子全位置焊接的焊接参数

管子	I 形坡口	Y 形坡口
薄壁管	向下立焊焊接： 焊接电流 80 ～ 140A 电弧电压 18 ～ 22V 无间隙 焊丝直径 ϕ0.9 ～ 1.2mm	—
中、厚壁管	向上立焊焊接： 焊接电流 120 ～ 160A 电弧电压 19 ～ 23V 装配间隙 0 ～ 2.5mm 焊丝直径 ϕ1.2mm	单面焊双面成形： 第一层（向上焊接） 焊接电流 100 ～ 140A 电弧电压 18 ～ 22V 装配间隙 0 ～ 2mm 焊丝直径 ϕ1.2mm 第二层以上（向上焊接） 焊接电流 120 ～ 160A 电弧电压 19 ～ 23V 焊丝直径 ϕ1.2 mm

六、CO_2 电弧点焊焊接技术

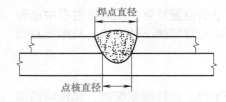

图 6-30　CO_2 电弧点焊焊点形状

CO_2 电弧点焊是利用在 CO_2 气体保护中燃烧的电弧来熔化两块相互重叠的金属板材，而在厚度方向上形成焊点。由于焊接过程中焊炬不移动，焊丝熔化时，在上板的表面形成的焊点与铆钉头的形状相似，故 CO_2 电弧点焊又称 CO_2 电铆焊。有时，CO_2 电弧点焊也用来焊接金属构件相互紧挨的侧面，在长度方向上形成断续的焊点。CO_2 电弧点焊焊点形状如图 6-30 所示。

（一）CO_2 电弧点焊的特点及应用范围

CO_2 电弧点焊与电阻点焊相比具有以下优点。

① 不需要特殊加压装置，焊接设备简单，对电源功率要求较小。不受焊接场所和操作位置的限制，操作灵活、方便。不受焊点距离及板厚的限制，有较强的适应性。

② 抗锈能力较强，对工件表面质量要求不高。焊点尺寸易控制，焊接质量好，焊点强度较高。

CO_2 电弧点焊主要用来焊接低碳钢、低合金钢的薄板和框架结构，如车辆的外壳、桁架结构及箱体等。在汽车制造、农业和化工机械制造、造船工业中有着较广泛的应用。

（二）CO_2 电弧点焊工艺

1. 接头形式

CO_2 电弧点焊的常见接头形式如图 6-31 所示。

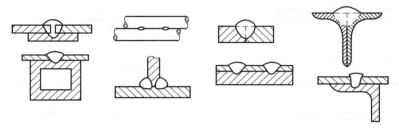

图 6-31　CO_2 电弧点焊的常见接头形式

2. 焊接参数

CO_2 电弧点焊的焊接参数主要有焊丝直径、焊接电流、电弧电压及点焊时间。焊接电流及电弧电压的选择与一般 CO_2 焊大体相同，应根据板厚、接头形式和焊接位置进行选择，板厚越大，选择的焊丝直径、电流越大，点焊时间也应越长。进行仰面位置点焊时，应尽量采用大电流、低电压、短时间和大的气体流量，以防止熔池金属坠落。进行垂直位置的点焊时，焊接时间要比仰焊时更短。低碳钢 CO_2 电弧点焊焊接参数见表 6-24。

表 6-24　低碳钢 CO_2 电弧点焊焊接参数

类型	板厚 /mm		焊丝直径 /mm	焊接时间 /s	焊接电流 /A	电弧电压 /V	保护气流量 /(L/min)		单点抗剪强度 /(N/点)	焊点尺寸 /mm			直径/熔宽 /%
	上板	下板					CO_2	O_2		熔深	熔宽	直径	
水平点焊	1.2	3.2	1.6	0.9	440	31～32	20	1	18200	2.3	15.0	5.9	39.6
		4.5			460				18700	3.2	15.0	7.2	47.7
	1.6	3.2		0.98	400				19000	1.9	15.3	6.3	40.9
		4.5		1.17					21000	2.3	14.4	6.5	42.1
	2.3	3.2							20400	1.8	16.1	6.9	42.8
		4.5			420				21000	2.2	14.6	6.2	43.0
	3.2	4.5		1.33	480	33			23400	2.4	16.0	8.7	54.3
立式点焊	1.6	3.2	1.2	0.78	360	31～32	24		18000	2.1	12.2	6.3	51.9
		4.5							18800	2.2		6.1	51.7
	2.3	3.2		1.47	410				23500	2.4		6.8	54.0
		4.5							26300	2.5		6.6	54.0

3. 点焊过程

CO_2 电弧点焊的焊接过程是提前送气→通电、送丝→点焊计时→停止送丝→焊丝回烧→断电→滞后停气。点焊时，以上过程均是自动进行的。其中，最重要的是要准确控制点焊时间和回烧时间，点焊时间的长短直接影响焊点的熔深和焊点的直径。焊丝回烧是为了防止焊丝与焊点粘在一起，回烧时间过长，会使焊丝末端的熔滴尺寸迅速增大，相当于增大了焊丝的直径，从而使再次引弧困难，并引起大颗粒飞溅。回烧时间一般应控制在0.1s以内。

4. CO_2 电弧点焊的工艺措施

表 6-25 CO_2 电弧点焊的工艺措施

焊前状态	焊接过程的工艺措施
上、下板厚都在 1mm 以下，平焊位置点焊	为防止烧穿应加垫板
在平焊位置点焊时，上板板厚 > 6mm 时，熔透电流不足	在上板开一个锥形孔，然后以塞焊的形式焊接
仰焊时，熔池金属易下落	选用大电流、低电压、短时以及大的气体流量
立焊位置 CO_2 电弧点焊	焊接时间比仰焊时间更短

第三节 操 作 实 例

一、板对接平焊、单面焊双面成形操作训练实例

1. 焊件尺寸及要求

① 焊件材料牌号为 Q345。

② 焊件及坡口尺寸如图 6-32 所示。

③ 焊接位置为平焊。

④ 焊接要求单面焊双面成形。

⑤ 焊接材料为 H08Mn2SiA，ϕ1.2mm。

⑥ 焊机为 NBC-400。

⑦ 气体采用 CO_2 气体，要求 CO_2 气体纯度不得低于 99.5%，使用前应进行提纯处理。

2. 焊件装配

① 钝边 0 ~ 0.5mm。清除坡口内及坡口正反两侧 20mm 范围内油、锈、水分及其他污物，至露出金属光泽。

② 装配间隙为 3 ~ 4mm。采用与焊件材料牌号相同的焊丝进行定位焊，并点焊于焊件坡口两端，焊点长度为 10 ~ 15mm。

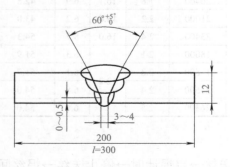

图 6-32 焊件及坡口尺寸

③ 预置反变形量 30°，错边量 ≤ 1.2mm。

3. 对接平焊焊接参数

表 6-26　对接平焊焊接参数

焊接层次	焊丝直径 /mm	焊丝伸出长度 /mm	焊接电流 /A	电弧电压 /V	气体流量 / (L/min)
打底焊	1.2	20 ～ 25	90 ～ 110	18 ～ 20	10 ～ 15
填充焊	1.2	20 ～ 25	220 ～ 240	24 ～ 26	20
盖面焊	1.2	20 ～ 25	230 ～ 250	25	20

4. 操作要点及注意事项

采用左焊法，焊接层次为三层三道（表 6-27），焊炬角度如图 6-33 所示。

表 6-27　左焊焊接方法

类别	焊接方法说明
打底焊	将焊件间隙小的一端放于右侧。在离焊件右端点焊焊缝约 20mm 坡口的一侧引弧，然后开始向左焊接打底焊道，焊炬沿坡口两侧做小幅度横向摆动，并控制电弧在离底边 2 ～ 3mm 处燃烧，当坡口底部熔孔直径达 3 ～ 4mm 时，转入正常焊接。打底焊时应注意的事项如下 ①电弧始终在坡口内做小幅度横向摆动，并在坡口两侧稍微停留，使熔孔直径比间隙大 0.5 ～ 1mm，焊接时应根据间隙和熔孔直径的变化调整横向摆动幅度和焊接速度，尽可能维持熔孔直径不变，以获得宽窄和高低均匀的反面焊缝 ②依靠电弧在坡口两侧的停留时间，保证坡口两侧熔合良好，使打底焊道两侧与坡口接合处稍向下凹，焊道表面平整。打底焊道两侧形状如图 6-34 所示 ③打底焊时，要严格控制喷嘴的高度，电弧必须在离坡口底部 2 ～ 3mm 处燃烧，保证打底层厚度不超过 4mm
填充焊	调试填充层焊接参数，在焊件右端开始焊填充层，焊枪的横向摆动幅度稍大于打底层，注意熔池两侧熔合情况，保证焊道表面平整且稍下凹，并使填充层的高度低于母材表面 1.5 ～ 2mm，焊接时不允许烧化坡口棱边
盖面焊	调试好盖面层焊接参数后，从右端开始焊接，需注意下列事项 ①持喷嘴高度，焊接熔池边缘应超过坡口棱边 0.5 ～ 1.5mm，并防止咬边 ②焊枪横向摆动幅度应比填充焊时稍大，尽量保持焊接速度均匀，使焊缝外形美观 ③焊时一定要填满弧坑，并且收弧弧长要短，以免产生弧坑裂纹

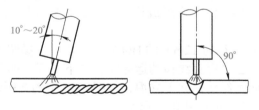
图 6-33　焊炬角度

图 6-34　打底焊道两侧形状

二、板立焊单面焊双面成形操作训练实例

1. 焊前准备

CO_2 焊的立焊有向上立焊和向下立焊两种方式，焊条电弧焊因为向下立焊时需要专门的焊条才能保证焊道成形，故通常只采用向上立焊。而 CO_2 焊，若采用细丝短路过渡（即短弧）焊，取向下立焊能获得很好的效果。此时，焊丝应向下倾斜一个角度。立焊时焊丝的位置如图 6-35 所示。因为在向下焊时，CO_2 气流也有承托熔池金属的作用，使它不易下坠，而且操作十分方便，焊道成形也很美观，但熔深较浅。此

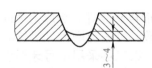
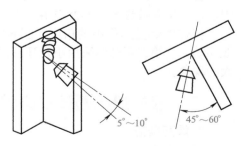
图 6-35　立焊时焊丝的位置

时 CO_2 气流流量应当比平焊时稍大些,焊丝直径在 1.6mm 以下时,焊接电流在 200A 以下,用于焊接薄板。

如果像焊条电弧那样,取向上立焊,那么会因铁水的重力作用,熔池金属下淌,再加上电弧吹力的作用,熔深将增加,焊道窄而高,故一般不采用这种操作方法。若采用直径为 1.6mm 或更大的焊丝,采用滴状过渡而不采用短路过渡方式焊接时,可取向上立焊,为了克服熔深大、焊道窄而高的缺点,宜采用横向摆动运丝法,但电流需选取下限值,适用于焊接厚度较大的焊件。

立焊有直线移动运丝法和横向摆动运丝法。直线移动运丝法适用于薄板对接的向下立焊,开坡口对接焊的第一层和 T 形接头立焊的第一层。向上立焊的多层焊,一般在第二层以后即采取横向摆动运丝法,为了获得较好的焊道成形,多采用正三角形的摆动运丝法向下立焊的多层焊,或采用月牙形横向摆动运丝法。

立焊操作的难度较大,必须加强练习。先在 250mm×120mm×8mm 的侧立低碳钢板上进行敷焊形式的立焊操作练习。首先反复练习直线移动运丝法,进而再练习用月牙形横向摆动的运丝法进行向下立焊和用正三角形摆动运丝法进行向上立焊。操作练习时,采用直径为 1.2mm 的 H08MrSi 焊丝。

2. 焊接参数

表 6-28　直线移动和横向摆动立焊焊接参数

运丝方法	电流 /A	电压 /V	焊接速度 /(m/h)	CO_2 气体流量 /(L/min)
直线移动运丝法	110～120	22～24	20～22	0.5～0.8
小月牙形横向摆动运丝法	130	22～24	20～22	0.4～0.7
正三角形摆动运丝法	140～150	26～28	15～20	0.3～0.6

3. 操作要点及注意事项

操作时应面对焊缝,上身立稳,脚呈半开步,右手握住焊枪后,手腕能自由活动,肘关节不能贴住身体,左手持面罩,准备焊接。注意焊道成形要整齐,宽度要均匀,高度要合适。

① T 形接头立焊。板厚为 8mm,采用直径为 12mm 的 H08Mn2Si 焊丝,参照表 6-28 中的焊接参数,可适当增大。运丝时,第一层采用直线移动运丝法,向下立焊,如图 6-36 中的 1 所示;第二层采用小月牙形横向摆动运丝法,向下立焊,如图 6-36 中的 2 所示;第三层采用正三角形摆动运丝法,向上立焊,如图 6-36 中的 3 所示。

焊接时要注意每层焊道中的焊脚要均匀一致,并充分注意水平板与立板的熔深合适,不要出现咬边等缺陷。

向下立焊时的焊丝角度如图 6-37 所示,向上立焊时参照焊条电弧焊立焊时的焊条角度。

② 开坡口立对焊。焊件与开坡口水平对接焊焊件相同。采用直径为 1.2mm 的 H08Mn2Si 焊丝。焊接参数参照表 6-28 选用,但允许根据实际操作情况适当调整。

操作时焊丝运行中的角度如图 6-37 所示,采用向下立焊法焊接。运丝时第一层采用直线移动,从第二层开始采用小月牙形摆动。施焊盖面焊道时,要特别注意避免咬边和余高过大的现象。

三、板横焊单面焊双面成形操作训练实例

1. 焊前准备

① 选焊机。选用 NBC-350 型 CO_2 气体保护焊机。

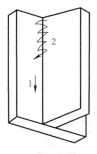
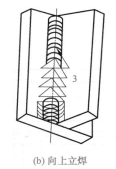

(a) 向下立焊　　(b) 向上立焊

图 6-36　向下立焊与向上立焊

1—直线移动运丝法；2—小月牙形横向摆动运丝法；
3—正三角形摆动运丝法

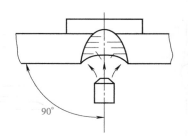
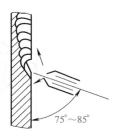

图 6-37　焊丝角度

② 焊丝。CO_2 药芯焊丝（TWE-711），规格直径 1.2mm。

③ CO_2 气体纯度不小于 99.5%。

④ 焊件材料。采用 Q235 低碳钢板，厚度为 12mm、长为 300mm、宽为 125mm，用剪板机或气割下料，然后再用刨床加工成 V 形 32° 坡口。

⑤ 准备辅助工具和量具。CO_2 气体流量表，CO_2 气瓶，角向打磨机，打渣锤，钢板尺，焊缝万能规等。

2. 焊前装配定位

装配定位的目的是把两块试板装配成合乎焊接技术要求的 V 形坡口的试板。

① 试板准备。用角向打磨机将试板两侧坡口面及坡口边缘 20～30mm 范围内的油、污、锈、垢清除干净，使之呈现出金属光泽。然后在钳工台虎钳上修磨坡口钝边，使钝边尺寸保证在 1～1.5mm 试板装配，装配间隙始焊端为 3.2mm，终焊端为 4mm（可以用直径 3.2mm 或直径 4mm 焊条头夹在试板坡口的钝边处，定位焊牢两试板，然后用敲渣锤打掉定位焊的焊条头即可），定位焊缝长为 10～15mm（定位焊缝在正面焊缝处），对定位焊缝焊接质量的要求与正式焊缝一样，如图 6-38 所示。

② 反变形。CO_2 药芯焊横焊反变形尺寸如图 6-39 所示。

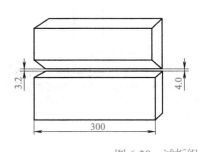

图 6-38　试板组对

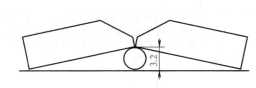

图 6-39　CO_2 药芯焊横焊反变形尺寸

3. 焊接操作

板厚为 12mm 的试板，CO_2 药芯对接横焊，焊缝共有 4 层 11 道，其中，第 1 层为打底焊（1 点），第 2、3 层为填充焊（共 5 道焊缝），第 4 层为盖面焊（共 5 道焊缝堆焊而成），焊缝层次及焊道排列如图 6-40 所示，各层焊接参数见表 6-29。焊接操作方法见表 6-30。

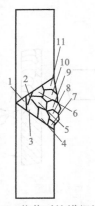

图 6-40 CO₂ 药芯对接横焊焊缝层次及焊道排列

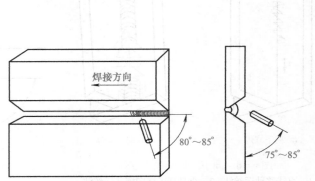

图 6-41 焊枪喷嘴、焊丝与试板的夹角及运丝

表 6-29 各层焊接参数

焊接层次	焊丝直径 /mm	焊丝伸出长度 /mm	焊接电流 /A	电弧电压 /V	气体流量 /(L/min)
打底焊	1.2	12 ~ 15	115 ~ 125	18 ~ 19	12
填充层	1.2	12 ~ 15	135 ~ 145	21 ~ 22	12
盖面层	1.2	12 ~ 15	130 ~ 145	21 ~ 22	12

表 6-30 焊接操作方法

类别	操作方法说明
打底焊	调整好打底焊的焊接参数后，采用如图 6-41 所示的焊枪喷嘴、焊丝与试板的夹角及运丝方法、左向焊法进行焊接 首先在定位焊缝上引弧，焊枪以小幅度划斜圆圈形摆动从右向左进行焊接，坡口钝边上下边棱各熔化 1 ~ 1.5mm 并形成椭圆形熔孔。施焊中尽切观察熔池和熔孔的形状，保持已形成的熔孔始终大小一致，持焊枪手把要稳，焊接速度要均匀。焊枪喷嘴在坡口间隙中摆动时，其在上坡口钝边处停顿的时间比下坡口钝边停顿的时间要稍长，防止熔化金属下坠，形成上小下大、并有尖角成形不好的焊缝。打底层焊缝形状如图 1 所示 300mm 长的试板焊接中尽量不要中断，应一气焊成。若焊接过程中发生断弧，应从断弧处后 15mm 处重新起弧，焊枪以小幅度锯齿形摆动，当焊至熔孔边沿接上头时，焊枪应往前压，听到"噗噗"声后，稍作停顿，再恢复小倾斜椭圆形摆动向前施焊，使打底焊道完成，焊到试件收弧处时，电弧熄灭，焊枪不能马上移开，待熔池凝固后才能移开焊枪，以防收弧区保护不良而产生气孔 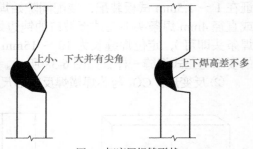 图 1 打底层焊缝形状
填充焊	将焊道表面的飞溅和熔渣清理干净，调试好填充焊的焊接参数后，按照图 2 所示焊枪喷嘴的角度进行填充层第 2 层和第 3 层的焊接。填充层的焊接采用右向焊法，这种焊法堆焊填充快。填充层焊接时，焊接速度要慢些，填充层的厚度以低于母材表面 1.5 ~ 2mm 为宜，且不得熔化坡口边缘棱角，以利盖面层的焊接 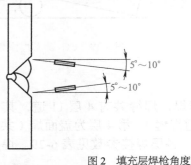 图 2 填充层焊枪角度　　图 3 盖面层焊枪角度

类别	操作方法说明
盖面焊	清理填充层焊道及坡口上的飞溅和熔渣，调整好盖面焊道的焊接参数后，按图 3 所示焊枪角度进行盖面焊 7～11 焊道的焊接，盖面焊的第 1 道焊缝是盖面焊的关键，要求不但要焊直，而且焊缝成形圆滑过渡，左向焊具有焊枪喷嘴稍前倾、从右向左焊、不挡焊工视线的条件，焊缝成形平缓美观，焊缝平直容易控制。其他各层均采用右向焊，焊枪喷嘴呈划圆圈运动，每层焊后要清渣，各焊层间相互搭接 1/2，防止夹渣及焊层搭接棱沟的出现，以影响表面焊缝成形的美观。收弧时应填满弧坑

4. 焊缝清理

焊缝焊完后，填充焊渣、飞溅，焊缝处于原始状态，在交付专业焊接检验前不得对焊缝表面缺陷进行修改。

四、板平角焊缝的焊接操作训练实例

1. 焊前准备

① 焊接设备。选用 NEW-350、NEW-K500 型 CO_2 半自动焊机。

② 焊丝。焊丝选用 H08Mn2Si 直径 1.2mm 焊丝。

③ 气体。采用 CO_2 气体，要求 CO_2 气体纯度不得低于 99.5%，使用前应进行提纯处理。

④ 焊接材料。试板为 19Mn 钢板，规格为 350mm×140mm×10mm。

2. 焊前试板组对

① 试板为厚 10mm 的 16Mn 钢板，试板接头形式及尺寸如图 6-42 所示。

② 要求两板组对严密结合，立板与底板垂直，在试件两端点固焊牢，不得有油、锈、水分等杂质，并露出金属光泽。

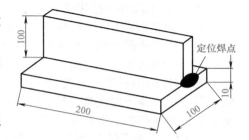

图 6-42　试板接头形式及尺寸

3. 焊接工艺参数

水平角焊缝焊接工艺参数见表 6-31，试板单道连续焊 2 层、3 道焊缝焊完，要求焊脚高为 10mm。

表 6-31　水平角焊缝焊接工艺参数

焊层类别	焊接电流 /A	电弧电压 /V	伸出长度 /mm	气体流量 /（L/min）
1、2	120	20	12～13	10
3～6	130	20～21	10～12	10

注：表中 1、2 为第 1 层焊缝，3～6 为第 2 层焊缝。

水平角焊缝组对如图 6-43 所示。

4. 试板的施焊操作

电弧在始端引燃后，在第 1 层焊道焊丝以直线匀速施焊。焊丝上、下倾角为 45°，焊丝对准水平板侧 1～2mm 处，防止焊偏，以保证两板的熔深均匀，焊缝成形良好。为防止角焊缝不出现偏板（焊缝偏上板或偏下板）、咬边缺陷，保证焊缝成形美观，第 2 层的 3～6 焊道用堆焊形式，直线运动，不做摆动连续焊接完成。

5. 总结

由于国产 CO_2 气体的含水率远远超过日本 CO_2 气体的含水标准（含水率 ≤ 0.05%），以及操作不当等原因，因此 CO_2 焊时容易产生气孔和飞溅，为保证焊缝质量，除做好 CO_2 气

体使用前的提纯处理外，还要着重做到以下几点。

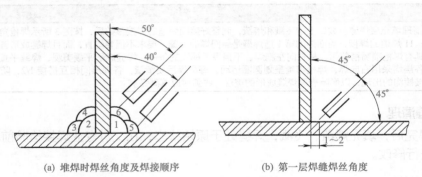

(a) 堆焊时焊丝角度及焊接顺序　　　　　(b) 第一层焊缝焊丝角度

图 6-43　水平角焊缝组对

① 严格操作工艺规范参数，在每焊接一种工件前，首先要做好工艺评定，由焊接技术比较熟练的焊工，试焊出能确保质量的焊接工艺参数，以点代面，共同执行。

② 焊接电流和电弧电压要适中。CO_2 焊时，焊接电流和电弧电压都是重要的工艺参数，选择时必须使两者相互配合恰当。因为两者决定了熔滴过渡形式，对飞溅、气孔、焊缝成形、电弧燃烧的稳定性、熔深及焊接生产率都有很大的影响。短路过渡形式焊接时，焊接电流在 80 ～ 240A 范围内选择，电弧电压在 18 ～ 30V 范围内相匹配。

③ 焊丝伸出长度要适当。焊丝伸出长度取决于焊丝直径，一般等于焊丝直径的 10 ～ 11 倍，若过长容易产生飞溅、气孔等缺陷，电弧不稳则影响焊接的正常进行；若过短，电弧作用不好，容易产生未熔合等缺陷。

④ CO_2 气体流量的选择。CO_2 气体流量过大，能加快熔池金属的冷却速度，使焊缝塑性下降；CO_2 气体流量过小，降低其熔池保护效果，容易产生气孔，细丝（$\phi 0.8 \sim 1.2mm$）焊接时，CO_2 气体流量一般为 8 ～ 16L/min。

⑤ 不使用阴天、下雨（雪）天灌制的 CO_2 气体。

⑥ 严格使用干燥加热器。

⑦ 在灌新 CO_2 气体以前，应将瓶中剩气倒置放净。

⑧ 配备技术比较熟练的电工维护和保养 CO_2 焊机，使其始终保持正常焊接。

⑨ 鉴于 CO_2 半自动焊接方法与普通手工电弧焊有相同之处，建议在培训 CO_2 焊焊工时，应挑选手工电弧焊技术较好的焊工来参加，这样能缩短培训期，效果好、成功率高。

五、板－管（板）T 形接头，插入式水平固定位置的 CO_2 焊操作训练实例

1. 焊件尺寸及要求

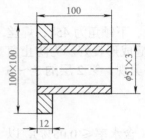

图 6-44　焊件及坡口尺寸

① 焊件及坡口尺寸如图 6-44 所示。

② 焊接位置为水平固定。

③ 焊接要求单面焊双面成形。

④ 焊接材料为 H08Mn2SiA，直径为 1.2mm。

⑤ 焊机为 NBC1-300。

2. 焊件装配

清除坡口及其两侧 20mm 范围内的油、锈及其他污物，至露出金属光泽。采用与焊件相同牌号的焊丝进行一点定位焊，焊点长度

$10 \sim 15mm$，要求焊透，焊脚不能过高，管子应垂直于管板。

3. 焊接参数

表 6-32 焊接参数

焊接层次	焊丝直径 /mm	焊接电流 /A	电弧电压 /V	气体流量 /（L/min）	焊丝伸出长度 /mm
打底焊	1.2	$90 \sim 110$	$18 \sim 20$	10	$15 \sim 20$
盖面焊	1.2	$110 \sim 130$	$20 \sim 22$	15	$15 \sim 20$

4. 焊接要点及注意事项

这是插入式管板最难焊的位置，需同时掌握 T 形接头平焊、立焊、仰焊的操作技能，并根据管子曲率调整焊炬角度。本实例因管壁较薄，焊脚高度不大，故可采用单道焊或二层二道焊，即一层打底焊和一层盖面焊。

① 管板焊件固定于焊接固定架上，保证管子轴线处于水平位置，并使定位焊缝不得位于时钟 6 点位置。

② 调整好焊接参数，在时钟 7 点处引弧，沿逆时针方向焊至 3 点位置断弧，不必填满弧坑，但断弧后不能移开焊枪。

③ 迅速改变焊工体位，从时钟 3 点位置引弧，仍按逆时针方向由时钟 3 点焊到 0 点。

④ 将时钟 0 点位置焊缝磨成斜面。

⑤ 从时钟 7 点位置引弧，沿顺时针方向焊至 0 点位置，注意接头应平整，并填满弧坑。

若采用两层两道焊，则按上述要求和顺序再焊一次。焊第一层时焊接速度要快，保证根部焊透。焊炬不摆动，使焊脚较小，盖面焊时焊炬摆动，以保证焊缝两侧熔合好，并使焊脚尺寸符合规定要求。

> **注意** 💡
>
> 上述步骤实际上是一气呵成的，应根据管子的曲率变化，焊工要不断地转腕和改变体位连续焊接，按逆、顺时针方向焊完一圈焊缝。焊接时的焊炬角度如图 6-45 所示。
>
>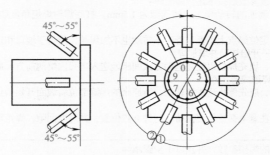
>
> ① 从时钟7点位置开始沿逆时针方向焊至0点位置
> ② 从时钟7点位置开始沿顺时针方向焊至0点位置
>
> 图 6-45 焊接时的焊炬角度

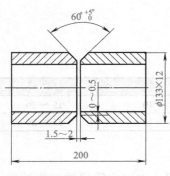

图 6-46　焊件及坡口尺寸

六、中厚壁大直径管组合焊操作训练实例

1. 焊件尺寸及要求

① 焊件及坡口尺寸如图 6-46 所示。

② 焊接位置为水平转动位置。

③ 焊接要求手工钨极氩弧焊打底，CO_2 焊填充，盖面焊，单面焊双面成形。

④ 焊接材料为焊丝 H08Mn2SiA，钨极氩弧焊焊丝直径为 2.5mm；CO_2 焊丝直径为 1.2 L/mm。

⑤ 焊机为 NSA4-400、NBC1-300。

2. 焊件装配

① 锉钝边为 0 ~ 0.5mm，清除坡口及两侧内外表面 20mm 范围内的油、锈及其他污物，至露出金属光泽，再用丙酮清洗。

② 装配间隙为 1.5 ~ 2mm。采用钨极氩弧焊 3 点均布定位焊，定位焊焊接材料同焊件焊接材料，焊点长度为 10 ~ 15mm，要求焊透并保证无焊接缺陷。焊件错边量应 ≤ 1.2mm。

3. 焊接参数

表 6-33　焊接参数

焊接层次		焊接电流 /A	电弧电压 /V	气体流量 /（L/min）	焊丝直径 /mm	钨极直径 /mm	喷嘴直径 /mm	喷嘴至工件距离 /mm	伸出长度 /mm
TIG 焊打底焊		90 ~ 95	10 ~ 12	8 ~ 10	2.5	2.5	8	≤ 8	—
CO_2 焊	填充焊	130 ~ 150	20 ~ 22	15	1.2	—	—	—	15 ~ 20
	盖面焊	130 ~ 140							

4. 操作要点及注意事项

表 6-34　操作要点及注意事项

类别	操作要点说明
钨极氩弧焊打底焊	调整好打底焊接参数后按下述步骤施焊： ①焊件置于可调速的转动架上，使间隙为 1.5mm。打底焊时焊炬角度如图 6-47 所示，一个定位焊点位于 0 点位置 ②在时钟 0 点定位焊点上引弧，管子不转动也不加焊丝，待管子坡口和定位焊点熔化，并形成明亮的熔池和熔孔后，管子开始转动并填加焊丝 ③焊接过程中，填充焊丝以往复运动方式间断地送入电弧内熔池前方，成滴状加入，送进要有规律，不能时快时慢，使焊道成形美观 ④焊缝的封闭，应先停止送进和转动，待原来的焊缝部位斜坡面开始熔化时，再加填焊丝，填满弧坑后断弧 ⑤焊接过程中注意电弧应始终保持在时钟 0 点位置，并对准间隙，焊炬可稍做横向摆动，管子的转速与焊接速度相一致
CO_2 焊填充焊	调整好填充焊的焊接参数，并按以下步骤施焊 ①采用左向焊法，焊炬角度如图 6-48 所示 ②焊炬应做横向摆动，并在坡口两侧适当停留，保证焊道两侧熔合良好，焊道表面平整，稍下凹 ③应控制填充焊道高度低于母材表面 2 ~ 3mm，并不得熔化坡口棱边
CO_2 焊盖面焊	按焊接参数要求调节好各参数 ①焊枪摆动幅度应比填充焊时大，并在坡口两侧稍做停留，使熔池边缘超过坡口棱边 0.5 ~ 1.5mm，保证两侧熔合良好 ②管子转动速度要慢，保持在水平位置焊接，使焊道成形美观

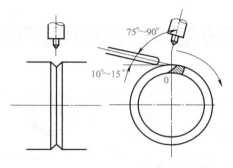
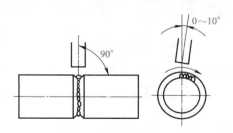

图 6-47　打底焊时焊炬角度　　　　　　　图 6-48　焊炬角度

七、大直径管对接单面焊双面成形操作训练实例

1. 焊件尺寸及要求

① 焊件及坡口尺寸如图 6-49 所示。
② 焊接位置为管子水平转动。
③ 焊接要求单面焊双面成形。
④ 焊接材料为 H08Mn2SiA。
⑤ 焊机为 NBC-400。

2. 焊件装配

① 清除管子坡口面及其端部内外表面 20mm 范围内
的油、锈及其他污物，至露出金属光泽。

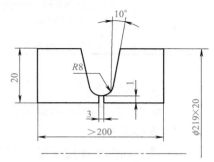

图 6-49　焊件及坡口尺寸

② 将焊件置于装配胎具上进行装配、定位焊。装配间隙为 3mm，钝边为 1mm。采用与焊件相同牌号的焊丝在坡内进行三点定位焊，各相距 120°；焊点长度为 10 ～ 15mm，应保证焊透和无缺陷，其焊点两端最好预先打磨成斜坡，错边量≤ 2mm。

3. 焊接参数

大管水平转动焊焊接参数见表 6-35。

表 6-35　大管水平转动焊焊接参数

焊接层次	焊丝直径 /mm	焊接电流 /A	电弧电压 /V	气体流量 /（L/min）	焊丝伸出长度 /mm
打底焊	1.2	110 ～ 130	18 ～ 20	12 ～ 15	15 ～ 20
填充焊	1.2	130 ～ 150	20 ～ 22	12 ～ 15	15 ～ 20
盖面焊	1.2	130 ～ 140	20 ～ 22	12 ～ 15	15 ～ 20

4. 操作要点及注意事项

焊接过程允许管子转动，在平焊位置进行焊接，管子直径较大，故其操作难度不大，其操作要点及注意事项见表 6-36。

表 6-36　焊接操作要点及注意事项

类别	操作要点说明
焊炬角度	采用左向焊法，多层多道焊，焊炬角度如下图所示。将焊件置于转动架子，使一个定位焊点位于 1 点位置
打底焊	按打底焊焊接参数调节焊机，在下图中时钟 1 点位置的定位焊缝上引弧，并从右向左焊至时钟 11 点位置断弧，立即用左手将管子按顺时针方向转一角度，将灭弧处转到时钟 1 点位置，再进行焊接，如此不断地重复上述过程，直到焊完整圈焊缝。最好采用机械转动装置，边转边焊，或一人转动管子，一人进行焊接，也可采用右手持焊枪、左手转动的方法，连续完成整圈打底焊缝。打底焊接注意事项如下

类别	操作要点说明	
打底焊	①管子转动时，需使熔池保持在水平位置，管子转动的速度就是焊接速度 ②打底焊道必须保证反面成形良好，所以焊接过程中要控制好焊孔直径，它应比间隙大0.5～1mm ③除净打底焊道的熔渣、飞溅，修磨焊道上局部凸起	焊炬角度
填充焊	调整好焊接参数，按打底焊方法焊接填充焊道，并应注意如下事项 ①焊枪横向摆动幅度应稍大，并在坡口两侧适当停留，保证焊道两侧熔合良好，焊道表面平整，稍下凹 ②控制好最后一层填充焊道高度，应低于母材2～3mm，并不得熔化坡口棱边	
盖面焊	调整好焊接参数，焊完盖面焊道，并应注意如下事项： ①焊枪摆动幅度比填充焊时大，并在两侧稍做停留，使熔池超过坡口棱边0.5～1.5mm，保证两侧熔合良好 ②转动管子的速度要慢，保持水平位置焊接，使焊道外形美观	

八、电弧点焊焊接操作训练实例

图 6-50 所示为薄板与框架焊接的焊件形状及尺寸。

1. 技术要求

① 薄板与框架连接采用电弧点焊。
② 焊接方法为 CO_2 气体保护点焊。
③ 焊接材料为低碳钢。

2. 焊前准备

① 点焊设备。CO_2 气体保护点焊所用的送丝机构、焊接电源与普通 CO_2 气体保护焊的焊机基本相同。但点焊机的空载电压要求高一些，一般约为 70V，以保证在焊接过程中频繁地引弧时，能稳定、可靠地进行点焊。

② 点焊丝。电弧点焊所用的焊丝为普通实芯焊丝，对于低碳钢焊件，可采用 ER-49-1 焊丝。CO_2 气体也无特殊要求。

③ 接点形式。电弧点焊的接点常为搭接、角接复合层焊接等。在搭接时，如果上板的厚度大于 6mm，则在点焊前要开孔以防止上板焊不透。其接点及开孔形状如图 6-51 和图 6-52 所示。焊前，焊点夹层中的氧化物及脏物要清除干净。

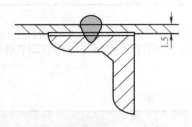

图 6-50 薄板与框架焊接的焊件形状及尺寸

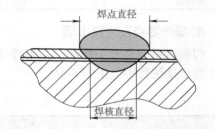

图 6-51 CO_2 电弧点焊形状

④ 装配间隙。装配间隙越小越好，一般控制在 0～0.5mm。

⑤ 点焊喷嘴。为防止点焊过程中飞溅堵塞和喷嘴过热烧损，应采用图 6-53 所示形状的点焊喷嘴。

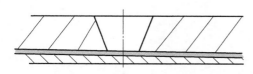

图 6-52 在上板开锥形孔然后塞焊

图 6-53 点焊喷嘴（开放式）

3. 焊接操作

① 焊枪及工件位置。电弧点焊一般是自动进行的，焊枪和焊件在焊接过程中都不动，利用电弧来熔化上、下金属构件。由于焊丝熔化，故在上板表面形成一个铆钉的形状。

② 焊接参数。选择 CO_2 电弧点焊的焊接参数时，要考虑焊件所在的空间位置上、下板的厚度以及焊接位置等因素。CO_2 电弧点焊的焊点直径及熔深，主要靠焊接电流和焊接时间来保证，对于低碳钢平焊位置的 CO_2 电弧点焊的焊接参数，见表 6-37。

表 6-37 低碳钢平焊位置的 CO_2 电弧点焊的焊接参数

板厚 /mm		焊丝直径 /mm	焊接电流/A	电弧电压/V	焊接时间/s	焊丝伸出长度/mm	气体流量/（L/min）
上板	下板						
1.5	4	1.2	325	34	1.5	10	12

4. 焊点质量

CO_2 电弧点焊，由于是电弧熔化焊，比电阻焊质量好，对焊件的表面锈蚀影响不敏感，无严格清理要求。焊件的板厚和距离也不会限制电弧点焊，生产成本低、效率高。因此，这是替代电阻焊的理想焊接方法。

第七章
气焊与气割

气焊与气割是以氧 - 乙炔焰为热源进行焊接和切割，虽然现代焊接技术中，气焊的用途越来越少，气割的用途也很有限，但仍然是一种应用很广泛且不可替代的焊割技术。

第一节　气焊与气割操作基础

一、气焊操作基础

气焊主要是使用氧气和燃气（氧 - 乙炔）火焰组合作为热源的焊接方法，如图 7-1 所示。

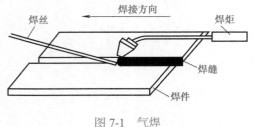

图 7-1　气焊

（一）气焊的特点与应用范围

1. 气焊的特点

气焊的优点是火焰的温度比焊条电弧温度低，火焰长度与熔池的压力及热输入调节方便。焊丝和火焰各自独立，熔池的温度、形状，以及焊缝尺寸、焊缝背面成形等容易控制，同时便于观察熔池。在焊接过程中利用气体火焰对工件进行预热和缓冷，有利于焊缝成形，确保焊接质量。气焊设备简单，焊炬尺寸小，移动方便，便于无电源场合的焊接。适合焊接薄件及要求背面成形的焊接。

缺点是气焊温度低，加热缓慢，生产率不高，焊接变形较大，过热区较宽，焊接接头的显微组织较粗大，力学性能也较差。

氧 - 乙炔火焰的种类及各种金属材料气焊时所采用的火焰种类见表 7-1、表 7-2。

2. 气焊的应用范围

气焊常用于薄板焊接、熔点较低的金属（如铜、铝、铅等）焊接、壁厚较薄的钢管焊接，以及需要预热和缓冷的工具钢、铸铁的焊接（焊补），见表 7-3。

表 7-1　氧－乙炔火焰的种类

种类	火焰形状	$O_2 : C_2H_2$	特　点
碳化焰		< 1.1	乙炔过剩，火焰中有游离状碳及过多的氢，焊低碳钢等，有渗碳现象。最高温度 2700～3000℃
还原焰		≈1	乙炔稍多，但不产生渗碳现象。最高温度 2930～3040℃
中性焰		1.1～1.2	氧与乙炔充分燃烧，没有氧或乙炔过剩。最高温度 3050～3150℃
氧化焰		> 1.2	氧过剩，火焰有氧化性，最高温度 3100～3300℃

注：还原焰也称"乙炔稍多的中性焰"。

表 7-2　各种金属材料气焊时所采用的火焰种类

焊件材料	火焰种类
低碳钢、中碳钢、不锈钢、铝及铝合金、铅、锡、灰铸铁、可锻铸铁	中性焰或乙炔稍多的中性焰
低碳钢、低合金钢、高铬钢、不锈钢、紫铜	中性焰
青铜	中性焰或氧稍多的轻微氧化焰
高碳钢、高速钢、硬质合金、蒙乃尔合金	碳化焰
纯镍、灰铸铁及可锻铸铁	碳化焰或乙炔稍多的中性焰
黄铜、锰铜、镀锌铁皮	氧化焰

表 7-3　气焊的应用范围

焊件材料	适用厚度 /mm	主要接头形式
低碳钢、低合金钢	≤ 2	对接、搭接、端接、T 形接
铸　铁	—	对接、堆焊、补焊
铝、铝合金、铜、黄铜、青铜	≤ 14	对接、端接、堆焊
硬质合金	—	堆焊
不锈钢	≤ 2	对接、端接、堆焊

（二）气焊焊接工艺的规范与选择

表 7-4　气焊焊接工艺的规范与选择　　　　　　　　　　mm

参　数	规范与选择原则				
焊件厚度	1.0～2.0	2.0～3.0	3.0～5.0	5.0～10	10～15
焊丝直径	1.0～2.0	2.0～3.0	3.0～4.0	3.0～5.0	4.0～10
焊嘴与焊件夹角	焊嘴与焊件夹角根据焊件厚度、焊嘴大小、施焊位置来确定。焊接开始时夹角大些，接近结束时角度要小				
焊接速度	焊接速度随所用火焰强度及操作熟练的程度而定，在保证焊件熔透的前提下，应尽量提高焊接速度				
焊嘴号码	根据焊件厚度和材料性质而定				

二、气割操作基础

（一）气割的特点与应用范围

气割是利用气体火焰的热能将工件切割处预热到燃烧温度（燃点），再向此处喷射高速切割氧流，使金属燃烧，生成金属氧化物（熔渣），同时放出热量，熔渣在高压切割氧的吹

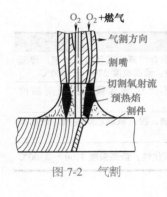

O₂ O₂+燃气
——气割方向
——割嘴
——切割氧射流
——预热焰
——割件

图 7-2　气割

力下被吹掉，所放出的热和预热火焰又将下层金属加热到燃点，这样继续下去逐步将金属切开。所以，气割是一个预热—燃烧—吹渣的连续过程，即金属在纯氧中的燃烧过程，如图 7-2 所示。

1. 气割的特点

气割的优点是设备简单、使用灵活、操作方便，生产效率高，成本低，能在各种位置上进行切割，并能在钢板上切割各种形状复杂的零件。气割的缺点是对切口两侧金属的成分和组织产生一定的影响，并会引起工件的变形等。常用材料的气割特点见表 7-5。

表 7-5　常用材料的气割特点

材料类别	气割特点
碳钢	低碳钢的燃点（约 1350℃）低于熔点，易于气割；随着碳含量的增加，燃点趋近熔点，淬硬倾向增大，气割过程恶化
铸铁	碳、硅含量较高，燃点高于熔点；气割时生成的二氧化硅熔点高，黏度大，流动性差；碳燃烧生成的一氧化碳和二氧化碳会降低氧气流的纯度；不能用普通气割方法，可采用振动气割方法切割
高铬钢和铬镍钢	生成高熔点的氧化物（Cr_2O_3、NiO）覆盖在切口表面，阻碍气割过程的进行；不能用普通气割方法，可采用振动气割法切割
铜、铝及其合金	导热性好，燃点高于熔点，其氧化物熔点很高，金属在燃烧（氧化）时，放热量少，不能气割

2. 气割的应用范围

气体火焰切割主要用于切割纯铁、各种碳钢、低合金钢及钛等，其中淬火倾向大的高碳钢和强度等级高的低合金钢气割时，为了避免切口处淬硬或产生裂纹，应采取适当加大预热火焰能率、放慢切割速度，甚至切割前先对工件进行预热等工艺措施，厚度较大的不锈钢板和铸铁件冒口，可以采用特种气割方法进行气割。随着各种自动、半自动气割设备和新型割嘴的应用，特别是数控火焰切割技术的发展，使得气割可以代替部分机械加工。有些焊接坡口可一次直接用气割方法切割出来，切割后可直接进行焊接。气体火焰切割精度和效率的大幅度提高，使气体火焰切割的应用领域更加广阔。

3. 气割火焰

表 7-6　对气割火焰的要求、获得及适用范围

类型	说　明
对气割火焰的要求	气割火焰是预热的热源，火焰的气流又是熔化金属的保护介质。气割时要求火焰应有足够的温度、体积要小、焰芯要直、热量要集中，还要求火焰具有保护性，以防止空气中的氧、氮对熔化金属的氧化及污染
气割火焰的获得及适用范围	氧与乙炔的混合比不同，火焰的性能和温度也各异。为获得理想的气割质量，必须根据所切割材料来正确地调节和选用火焰 （1）碳化焰 打开割炬的乙炔阀门点火后，慢慢地放开氧气阀增加氧气，火焰即由橙黄色逐渐变为蓝白色，直到焰芯、内焰和外焰的轮廓清晰地呈现出来，此时即为碳化焰。视内焰长度（从割嘴末端开始计量）为焰芯长度的几倍，而把碳化焰称为几倍碳化焰 （2）中性焰 在碳化焰的基础上继续增加氧气，当内焰基本上看不清时，得到的便是中性焰。如发现调节好的中性焰过大需调小时，先减少氧气量，然后将乙炔调小，直到获得所需的火焰为止。中性焰适用于切割件的预热 （3）氧化焰 在中性焰基础上再加氧气量，焰芯变得尖而短，外焰也同时缩短，并伴有"嘶、嘶"声，此时即为氧化焰。氧化焰的氧化度，以其焰芯长度比中性焰的焰芯长度的缩短率来表示，如焰芯长度比中性焰的焰芯长度缩短 1/10，则称为 1/10 或 10% 氧化焰。氧化焰主要适用于切割碳钢、低合金钢、不锈钢等金属材料，也可作为氧-丙烷切割时的预热火焰

（二）气割的应用条件

气割的实质是被切割材料在纯氧中燃烧的过程，不是熔化过程。为使切割过程顺利进行，被切割金属材料一般应满足以下条件。

① 金属在氧气中的燃点应低于金属的熔点，气割时金属在固态下燃烧，才能保证切口平整。如果燃点高于熔点，则金属在燃烧前已经熔化，切口质量很差，严重时无法进行切割。

② 金属的熔点应高于其氧化物的熔点，在金属未熔化前，熔渣呈液体状态从切口处被吹走，如果生成的金属氧化物熔点高于金属熔点，则高熔点的金属氧化物将会阻碍下层金属与切割氧气流的接触，使下层金属难以氧化燃烧，气割过程就难以进行。

高铬或铬镍不锈钢、铝及其合金、高碳钢、灰铸铁等氧化物的熔点均高于材料本身的熔点，所以就不能采用氧气切割的方法进行切割。如果金属氧化物的熔点较高，则必须采用熔剂来降低金属氧化物的熔点。常用金属材料及其氧化物的熔点见表 7-7。

表 7-7　常用金属材料及其氧化物的熔点　　　　　　　　　　　　　　　℃

金属材料名称	熔点		金属材料名称	熔点	
	金 属	氧 化 物		金 属	氧 化 物
黄铜、锡青铜	850～900	1236	纯铁	1535	1300～1500
铝	657	2050	低碳钢	约 1500	1300～1500
锌	419	1800	高碳钢	1300～1400	1300～1500
铬	1550	约 1900	铸铁	约 1200	1300～1500
镍	1450	约 1900	紫铜	1083	1236
锰	1250	1560～1785			

③ 金属氧化物的黏度应较低，流动性应较好，否则，会粘在切口上，很难吹掉，影响切口边缘的整齐。

④ 金属在燃烧时应能放出大量的热量，用此热量对下层金属起到预热作用，维持切割过程的延续。如低碳钢切割时，预热金属的热量少部分由氧 - 乙炔火焰供给（占 30%），而大部分热量则依靠金属在燃烧过程中放出的热量供给（占 70%）。金属在燃烧时放出的热量越多，预热作用也就越大，越有利于气割过程的顺利进行。若金属的燃烧不是放热反应，而是吸热反应，则下层金属得不到预热，气割过程就不能顺利进行。

⑤ 金属的导热性能应较差，否则，由于金属燃烧所产生的热量及预热火焰的热量很快地传散，切口处金属的温度很难达到燃点，切割过程就难以进行。铜、铝等导热性较强的非铁金属，不能采用普通的气割方法进行切割。金属中含阻碍切割过程进行和提高金属淬硬性的成分及杂质要少。合金元素对钢的气割性能的影响见表 7-8。

表 7-8　合金元素对钢的气割性能的影响

合金元素	对钢的气割性能的影响
C	C＜0.25%，气割性能良好；C＜0.4%，气割性能尚好；C＞0.5%，气割性能显著变坏；C＞1%，不能气割
Mn	Mn＜4%，对气割性能没有明显影响；含量增加，气割性能变坏；当 Mn≥14% 时，不能气割；当钢中 C＞0.3%，且 Mn＞0.8% 时，淬硬倾向和热影响区的脆性增加，不宜气割
Si	硅的氧化物使熔渣的黏度增加。钢中硅的一般含量，对气割性能没有影响，Si＜4% 时，可以气割；含量增大，气割性能显著变坏
Cr	铬的氧化物熔点高，使熔渣的黏度增加；Cr≤5% 时，气割性能尚可；含量大时，应采用特种气割方法
Ni	镍的氧化物熔点高，使熔渣的黏度增加；Ni＜7%，气割性能尚可，含量较高时，应采用特种气割方法

合金元素	对钢的气割性能的影响
Mo	钼提高钢的淬硬性；Mo ＜ 0.25% 时，对气割性能没有影响
W	钨增加钢的淬硬倾向，氧化物熔点高；一般含量对气割性能影响不大，含量接近 10% 时，气割困难；超过 20% 时，不能气割
Cu	Cu ＜ 0.7% 时，对气割性能没有影响
Al	Al ＜ 0.5% 时，对气割性能影响不大；Al 超过 10%，则不能气割
V	含有少量的钒，对气割性能没有影响
S、P	在允许的含量内，对气割性能没有影响

当被切割材料不能满足上述条件时，则应对气割方式进行改进，如采用振动气割、氧熔剂切割等，或采用其他切割方法，如等离子弧切割来完成材料的切割任务。

（三）常用金属材料的气割特点

表 7-9　常用金属材料的气割特点

金属材料	气割特点说明
碳钢	低碳钢的燃点（约 1350℃）低于熔点，易于气割，但随着含碳量的增加，燃点趋近熔点，淬硬倾向增大，气割过程恶化
铸铁	含碳、硅量较高，燃点高于熔点；气割时生成的二氧化硅熔点高，黏度大，流动性差；碳燃烧生成的一氧化碳和二氧化碳会降低氧气流的纯度，不能用普通气割方法，可采用振动气割方法切割
高铬钢和铬镍钢	生成高熔点的氧化物（Cr_2O_3、NiO）覆盖在切口表面，阻碍气割过程的进行，不能用普通气割方法，可采用振动气割法切割
铜、铝及其合金	导热性好，燃点高于熔点，其氧化物熔点很高，金属在燃烧（氧化）时放热量少，不能气割

综上所述，氧气切割主要用于切割低碳钢和低合金钢，广泛用于钢板下料、开坡口，在钢板上切割出各种外形复杂的零件等。在切割淬硬倾向大的碳钢和强度等级高的低合金钢时，为了避免切口淬硬或产生裂纹，在切割时，应适当加大火焰能率和放慢切割速度，甚至在切割前进行预热。对于铸铁、高铬钢、铬镍不锈钢、铜、铝及其合金等金属材料，常用氧熔剂切割、等离子弧切割等其他方法进行切割。

第二节　气焊操作技能

一、焊前准备

1. 焊前清理

气焊前必须清理工件坡口两侧和表面的油污、氧化物等。用汽油、煤油等溶剂清洗，也可用火焰烧烤。除氧化膜可用砂纸、钢丝刷、锉刀、刮刀、角向砂轮机等机械方法清理，也可用酸或碱溶解金属表面氧化物。清理后用清水冲洗干净，再用火焰烘干后进行焊接。

2. 定位焊和点固焊

为了防止焊接时产生过大的变形，在焊接前，应将焊件在适当位置实施一定间距的点焊定位。对于不同类型的焊件，定位方式略有不同。

① 薄板类焊件的定位焊从中间向两边进行。定位焊焊缝长为 5 ～ 7mm，间距为

50 ～ 100mm。定位焊的焊接顺序应由中间向两边依次交替点焊，直到整条焊缝布满为止，如图 7-3 所示。

　② 厚板（$\delta \geqslant 4mm$）定位焊的焊缝长度 20 ～ 30mm，间距 200 ～ 300mm。定位焊焊接顺序是从焊缝两端开始向中间进行，如图 7-4 所示。

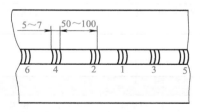

图 7-3　薄板定位焊焊接顺序
1 ～ 6—焊接顺序号

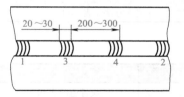

图 7-4　较厚板定位焊焊接顺序
1 ～ 4—焊接顺序号

　③ 管子定位焊的焊缝长度均为 5 ～ 15mm，管径 < 100mm 时，将管周均分 3 处，定位焊两处，另一处作为起焊处，如图 7-5（a）所示；管径为 100 ～ 300mm 时，将管周均分 4 处，对称定位焊四处，在 1、4 之间作为起焊处，如图 7-5（b）所示；管径为 300 ～ 500mm 时，将管周均分 8 处，对称定位焊 7 处，另一处作为起焊处，如图 7-5（c）所示。定位焊缝的质量应与正式施焊的焊缝质量相同，否则应铲除或修磨后重新定位焊接。

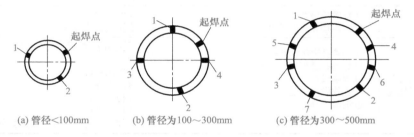

(a) 管径<100mm　　　(b) 管径为100～300mm　　　(c) 管径为300～500mm

图 7-5　管子定位焊

　④ 预热。施焊时先对起焊点预热。

二、气焊基本操作

1. 焊炬的操作工艺

表 7-10　焊炬的操作工艺

操作工艺	说　明
焊炬的握法	一般操作者多用左手拿焊丝，右手握住焊炬的手柄，将大拇指放在乙炔开关位置，由拇指向伸直方向推动乙炔开关，将食指拨动氧气开关，有时也可用拇指来协助打开氧气开关，这样可以随时调节气体的流量
火焰的点燃	先逆时针方向微开氧气开关放出氧气，再逆时针方向旋转乙炔开关放出乙炔，然后将焊嘴靠近火源点火，点火后应立即调整火焰，使火焰达到正常形状。开始练习时，可能出现连续的放炮声，原因是乙炔不纯，应放出不纯的乙炔，然后重新点火；有时会出现不易点燃的现象，多是因为氧气量过大，应重新微关氧气开关。点火时，拿火源的手不要正对焊嘴，也不要将焊嘴指向他人，以防烧伤
火焰的调节	开始点燃的火焰多为碳化焰，如要调成中性焰，则要逐渐增加氧气的供给量，直到火焰的内焰与外焰没有明显的界限时，即为中性焰。如果再继续增加氧气或减少乙炔，就得到氧化焰；若增加乙炔或减少氧气，即可得到碳化焰

操作工艺	说　明
火焰的熄灭	焊接工作结束或中途停止时，必须熄灭火焰。正确的熄灭方法是：先顺时针方向旋转乙炔阀门，直至关闭乙炔，再顺时针方向旋转氧气阀门关闭氧气，以避免出现黑烟和火焰倒袭。关闭阀门，不漏气即可，不要关得太紧，以防止磨损过快，降低焊炬的使用寿命
火焰的异常现象及消除方法	点火和焊接中发生的火焰异常现象，应立即找出原因，并采取有效措施加以排除，异常现象及消除方法见表7-11

表7-11　火焰的异常现象及消除方法

异常现象	产生原因	消除方法
火焰熄灭或火焰强度不够	①乙炔管道内有水 ②回火保险器性能不良 ③压力调节器性能不良	①清理乙炔橡胶管，排除积水 ②把回火保险器的水位调整好 ③更换压力调节器
点火时有爆声	①混合气体未完全排除 ②乙炔压力过低 ③气体流量不足 ④焊嘴孔径扩大、变形 ⑤焊嘴堵塞	①排除焊炬内的空气 ②检查乙炔发生器 ③排除橡胶管中的水 ④更换焊嘴 ⑤清理焊嘴及射吸管积炭
脱水	乙炔压力过高	调整乙炔压力
焊接中产生爆声	①焊嘴过热，黏附脏物 ②气体压力未调好 ③焊嘴碰触焊缝	①熄灭后仅开氧气进行水冷，清理焊嘴 ②检查乙炔和氧气的压力是否恰当 ③使焊嘴与焊缝保持适当距离
氧气倒流	①焊嘴被堵塞 ②焊炬损坏无射吸力	①清理焊嘴 ②更换或修理焊炬
回火（有"嘘嘘"声），焊炬把手发烫	①焊嘴孔道污物堵塞 ②焊嘴孔道扩大，变形 ③焊嘴过热 ④乙炔供应不足 ⑤射吸力降低 ⑥焊嘴离工件太近	①关闭氧气，如果回火严重，还要拔开乙炔胶管 ②关闭乙炔 ③水冷焊嘴 ④检查乙炔系统 ⑤检查焊嘴 ⑥使焊嘴与焊缝熔池保持适当距离

2. 焊炬和焊丝的摆动

焊炬和焊丝的摆动方式与焊件厚度、金属性质、焊件所处的空间位置及焊缝尺寸等有关。焊炬和焊丝的摆动应包括三个方向的动作：第一个动作，沿焊接方向移动。不间断地熔化焊件和焊丝，形成焊缝。第二个动作，焊炬沿焊缝做横向摆动。使焊缝边缘得到火焰的加热，并很好地熔透，同时借助火焰气体的冲击力把液体金属搅拌均匀，使熔渣浮起，从而获得良好的焊缝成形，同时，还可避免焊缝金属过热或烧穿。第三个动作，焊丝在垂直于焊缝的方向送进并做上下移动。如在熔池中发现有氧化物和气体时，可用焊丝不断地搅动金属熔池，使氧化物浮出或排出气体。

平焊时常见的焊炬和焊丝的摆动方法如图7-6所示。

3. 焊接方向

气焊时，按照焊炬和焊丝的移动方向，可分为右向焊法和左向焊法两种，

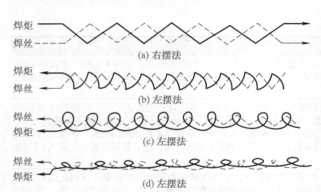

焊炬
焊丝
(a) 右摆法

焊炬
焊丝
(b) 左摆法

焊丝
焊炬
(c) 左摆法

焊丝
焊炬
(d) 左摆法

图7-6　平焊时常见的焊炬和焊丝的摆动方法

如图 7-7 所示。

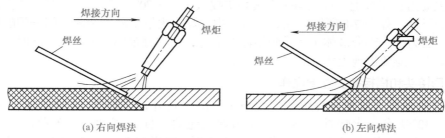

图 7-7 右向焊法和右向焊法

① 右向焊法。如图 7-7（a）所示，焊炬指向焊缝，焊接过程从左向右，焊炬在焊丝面前移动。焊炬火焰直接指向熔池，并遮盖整个熔池，使周围空气与熔池隔离，所以能防止焊缝金属的氧化和减少产生气孔的可能性，同时还能使焊好的焊缝缓慢地冷却，改善了焊缝组织。由于焰芯距熔池较近，火焰受焊缝的阻挡，火焰的热量较集中，热量的利用率也较高，使熔深增加，并提高生产效率。所以右向焊法适合焊接厚度较大以及熔点和热导率较高的焊件。右向焊法不易掌握，一般较少采用。

② 左向焊法。如图 7-7（b）所示，焊炬是指向焊件未焊部分，焊接过程自右向左，而且焊炬是跟着焊丝走。由于左向焊法火焰指向焊件未焊部分，对金属有预热作用，因此，焊接薄板时生产效率很高，这种方法操作简便，容易掌握，是普遍应用的方法。但左向焊法的缺点是焊缝易氧化，冷却较快，热量利用率低，故适用于薄板的焊接。

4. 焊缝的起头、连接和收尾

① 焊缝的起头。由于刚开始焊接，焊件起头的温度低，焊炬的倾斜角应大些，对焊件进行预热并使火焰往复移动，保证起焊处加热均匀，一边加热一边观察熔池的形成，待焊件表面开始发红时将焊丝端部置于火焰中进行预热，一旦形成熔池立即将焊丝伸入熔池，焊丝熔化后即可移动焊炬和焊丝，并相应减少焊炬倾斜角进行正常焊接。

② 焊缝连接。在焊接过程中，因中途停顿又继续施焊时，应用火焰把连接部位 5～10mm 的焊缝重新加热熔化，形成新的熔池再加少量焊丝或不加焊丝重新开始焊接，连接处应保证焊透和焊缝整体平整及圆滑过渡。

③ 焊缝收尾。当焊到焊缝的收尾处时，应减少焊炬的倾斜角，防止烧穿，同时要增加焊接速度并多添加一些焊丝，直到填满为止，为了防止氧气和氮气等进入熔池，可用外焰对熔池保护一定的时间（如表面已不发红）后再移开。

5. 焊后处理

焊后残存在焊缝及附近的熔剂和焊渣要及时清理干净，否则会腐蚀焊件。清理时，先在 60～80℃热水中用硬毛刷洗刷焊接接头，重要构件洗刷后再放入 60～80℃、质量分数为 2%～3% 的铬酐水溶液中浸泡 5～10min，然后再用硬毛刷仔细洗刷，最后用热水冲洗干净。清理后若焊接接头表面无白色附着物即可认为合格，或用质量分数为 2% 硝酸银溶液滴在焊接接头上，若没有产生白色沉淀物，即说明清洗干净。

铸造合金补焊后，为消除内应力，可进行 300～350℃ 退火处理。

三、T 形接头和搭接接头的气焊

1. T 形接头和搭接接头平焊操作

T 形接头和搭接接头平焊操作近似对接接头的横焊。主要特点是由于液体下流，造成角焊缝上薄下厚和上部咬边。因为平板散热条件较好，焊嘴与平板夹角要大一些（60°），而且焊接火焰主要指在平板上。焊丝与平板夹角更要大一些（70°～75°），以遮挡立板熔化金属因温度高而下淌，如图7-8所示。在焊接过程中，焊接火焰要做螺旋式一闪一闪的摆动，并利用火焰的压力把一部分液体金属挑到熔池的上部，使焊缝金属上下均匀，同时使上部液体金属早些凝固，避免出现上薄下厚的不良成形。

2. T形接头和搭接接头立焊操作

这种接头除按平焊掌握焊嘴和焊丝与工件的夹角外，还兼有立焊的特点。焊嘴与水平成15°～30°夹角，火焰往上斜，焊嘴和焊丝还要做横向摆动，以疏散熔池中部的热量和液体金属，避免中部高、两边薄的不良成形。T形接头和搭接接头的立焊如图7-9所示。

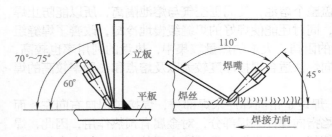

图7-8　焊嘴和焊丝与工件的相对位置

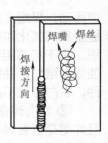

图7-9　T形接头和搭接接头的立焊

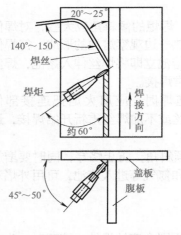

图7-10　T形接头的立角焊操作示意

3. T形接头的立角焊操作

图7-10所示为T形接头的立角焊操作示意，自下而上焊接操作要点如下。

① 起焊时用火焰交替加热起焊处的腹板和盖板，待形成熔池开始添加焊丝，抬起焊炬，让起焊点的熔池凝固之后才可以向前施焊。

② 焊接过程中，焊炬向上倾斜，与焊件成60°左右的夹角并与盖板成45°～50°，焊丝与焊件成20°～25°，为方便执持焊丝，可将焊丝弯折成140°～150°。

③ 焊接过程中，焊炬和焊丝做交叉的横向摆动，避免产生中间高、两侧低的焊缝。

④ 熔池金属将要下淌时，应将焊炬向上挑起，待熔池温度降低后继续焊接。

⑤ 在熔池两侧多添加一些焊丝，防止出现咬边。

⑥ 收尾时，稍微抬起焊炬，用外焰保护熔池，并不断加焊丝，直至收尾处熔池填满方可撤离焊炬。

4. T形接头的侧仰焊操作

焊嘴与工件的夹角和平焊一样，但焊接火焰向上斜，形成熔池后火焰偏向立面，借助火焰压力托住三角形焊缝熔池。焊嘴沿焊缝方向一扎一抬，借助火焰喷射力把液体金属引向三角形顶角中去，焊嘴还要上下摆动，使熔池金属被挤到上平面去一部分，焊丝端头应放在熔池上部，并向上平面拨引液体金属，所以焊接火焰总的运动就成了平行熔池的螺旋式运动。T形接头侧仰焊时焊嘴和焊丝与工件的相对位置如图7-11所示。

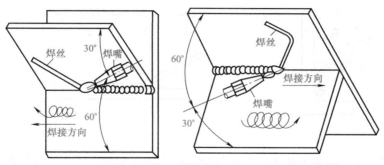

图 7-11　T 形接头侧仰焊时焊嘴和焊丝与工件的相对位置

四、各种焊接位置气焊的操作

气焊时经常会遇到各种不同焊接位置的焊缝，有时同一条焊缝就会遇到几种不同的焊接位置，如固定管子的吊焊。熔焊时，焊件接缝所处的空间位置称为焊接位置，焊接位置可用焊缝倾角和焊缝转角来表示，分为平焊、平角焊、立焊、横焊和仰焊等。

1. 平焊位置气焊操作

图 7-12 所示为水平旋转的钢板平对接焊。焊缝倾角在 0 ～ 5°、焊缝转角在 0 ～ 10° 的焊接位置称为平焊位置，在平焊位置进行的焊接即为平焊。水平放置的钢板平对接焊是气焊焊接操作的基础。平焊的操作要点如下。

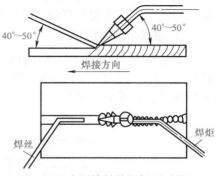

图 7-12　水平旋转的钢板平对接焊

① 采用左焊法，焊炬的倾角 40° ～ 50°，焊丝的倾角也是 40° ～ 50°。

② 焊接时，当焊接处加热至红色时，尚不能加入焊丝，必须待焊接处熔化并形成熔池时，才可加入焊丝。当焊丝端部粘在池边沿上时，不要用力拔焊丝，可用火焰加热粘住的地方，让焊丝自然脱离。如熔池凝固后还想继续施焊，应将原熔池周围重新加热，待熔化后再加入焊丝继续焊接。

③ 焊接过程中，若出现烧穿现象，应迅速提起火焰或加快焊速，减小焊炬倾角，多加焊丝，待穿孔填满后，再以较快的速度向前施焊。

④ 如发现熔池过小或不能形成熔池，焊丝熔滴不能与焊件熔合，而仅仅敷在焊件表面，表明热量不够，这是由于焊炬移动过快造成的。此时应降低焊接速度，增加焊炬倾角，待形成正常熔池后，再向前焊接。

⑤ 如果熔池不清晰且有气泡，出现火花、飞溅等现象，说明火焰性质不适合，应及时调节成中性焰后再施焊。

⑥ 如发现熔池内的液体金属被吹出，说明气体流量过大或焰芯离熔池太近，此时应立即调整火焰能率或使焰芯与熔池保持正确距离。

⑦ 焊接时除开头和收尾另有规范外，应保持均匀的焊接速度，不可忽快忽慢。对于较长的焊缝，一般应先做定位焊，再从中间开始向两边交替施焊。

2. 平角焊位置气焊操作

平角焊焊缝倾角为 0°，将互相成一定角度（多为 90°）的两焊件焊接在一起的焊接方法称为平角焊。平角焊时，由于熔池平板金属的下淌，往往在立板处产生咬边和焊脚两边尺寸不等两种缺陷，如图 7-13 所示，操作要点如下。

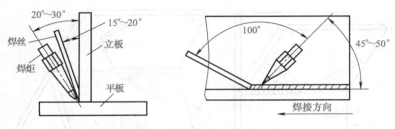

图 7-13 平角焊位置气焊操作

① 起焊前预热，应先加热平板至暗红色再逐渐将火焰转向立板，待起焊处形成熔池后，方可加入焊丝施焊，以免造成根部焊不透的缺陷。

② 焊接过程中，焊炬与平板之间保持 45°～50° 夹角，与立板保持 20°～30° 夹角，焊丝与焊炬夹角约为 100°，焊丝与立板夹角为 15°～20°。焊接过程中焊丝应始终浸入熔池，以防火焰对熔化金属加热过度，避免熔池金属下淌。操作时，焊炬做螺旋式摆动前进，可使焊脚尺寸相等。同时，应注意观察熔池，及时调节倾角和焊丝填充量，防止咬边。

③ 接近收尾时，应减小焊炬与平面之间的夹角，提高焊接速度，并适当增加焊丝填充量。收尾时，适当提高焊炬，并不断填充焊丝，熔池填满后，方可撤离焊炬。

3. 横焊位置气焊操作

焊缝倾角为 0°～5°、焊缝转角为 70°～90° 的对接焊缝，或焊缝倾角为 0°～5°、焊缝转角为 30°～55° 的角焊缝的焊接位置称为横焊位置，如图 7-14 所示。平板横对接焊由于金属熔池下淌，焊缝上边容易形成焊瘤或未熔等缺陷，横焊操作要点如下。

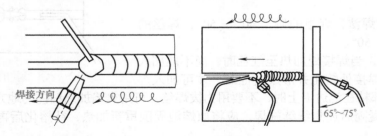

图 7-14 横焊位置气焊操作

① 选用较小的火焰能率（比立焊的稍小些）。适当控制熔池温度，既保证熔透，又不能使熔池金属因受热过度而下坠。

② 操作时，焊炬向上倾斜，并与焊件保持 65°～75°，利用火焰的吹力来托住熔池金属，防止下淌，焊丝要始终浸在熔池中，并不断把熔化金属向上边推去，焊丝做来回半圆形或斜环形摆动，并在摆动的过程中被焊接火焰加热熔化，以避免熔化金属堆积在熔池下面而形成咬边、焊瘤等缺陷。在焊接薄件时，焊嘴一般不做摆动；焊接较厚件时，焊嘴可做小的环形摆动。

③ 为防止火焰烧手，可将焊丝前端 50～100mm 处加热弯成 <90°（一般为 45°～60°），手持的一端宜垂直向下。

4. 立焊位置气焊操作

焊缝倾角在 80°～90°、焊缝转角在 0～180° 的焊接位置称为立焊位置，焊缝处于立面上的竖直位置。立焊时熔池金属更容易下淌，焊缝成形困难，不易得到平整的焊缝。立焊的操作要点如下。

① 立焊时，焊接火焰应向上倾斜，与焊件成 60° 夹角，并应少加焊丝，采用比平焊小 15% 左右的火焰能率进行焊接。焊接过程中，在液体金属即将下淌时，应立即把火焰向上提起，待熔池温度降低后，再继续进行焊接。一般为了避免熔池温度过高，可以把火焰较多地集中在焊丝上，同时增加焊接速度来保证焊接过程的正常进行。

② 要严格控制熔池温度，不能使熔池面积过大，也不能过深，以防止熔池金属下淌。熔池应始终保持扁圆或椭圆形，不要形成尖形。焊炬沿焊接方向向上倾斜，借助火焰的气流吹力托住熔池金属，防止下淌。

③ 为方便操作，将焊丝弯成 120°～ 140° 便于手持焊丝正确施焊。焊接时，焊炬不做横向摆动，只做单一上下跳动，给熔池一个加快冷却的机会，保证熔池受热适当，焊丝应在火焰气流范围内做环形运动，将熔滴有节奏地添加到熔池中。

④ 立焊 2mm 以下厚度的薄板，应加快焊速，使液体金属在下淌前就凝固。不要使焊接火焰做上下的纵向摆动，可做小的横向摆动，以疏散熔池中间的热量，并把中间的液体金属带到两侧，以获得较好的成形。

⑤ 焊接 21 ～ 4mm 厚的工件可以不开坡口，为了保证熔透，应使火焰能率适当大些。焊接时，在起焊点应充分预热，形成熔池，并在熔池上熔化出一个直径相当于工件厚度的小孔，然后用火焰在小孔边缘加热熔化焊丝，填充圆孔下边的熔池，一面向上扩孔，一面填充焊丝完成焊接。

⑥ 焊接 5mm 以上厚度的工件应开坡口，最好也能先烧一个小孔，将钝边熔化掉，以便焊透。

平板的立焊一般采用自下而上的左焊法，焊炬、焊丝的相对位置如图 7-15 所示。

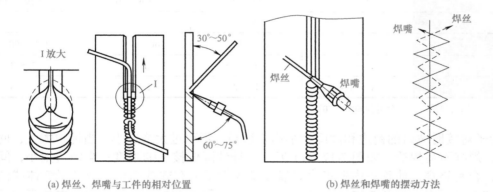

(a) 焊丝、焊嘴与工件的相对位置　　　　　(b) 焊丝和焊嘴的摆动方法

图 7-15　立焊位置气焊操作

5. 仰焊位置气焊操作

焊缝倾角在 0 ～ 15°、焊缝转角在 165°～ 180° 的对接焊缝，焊缝倾角在 0 ～ 15°、焊缝转角在 115°～ 180° 的角焊缝的焊接位置称为仰焊位置。焊接火焰在工件下方，焊工需仰视工件方能进行焊接，平板对接仰焊操作如图 7-16 所示。

仰焊由于熔池向下，熔化金属下坠，甚至滴落，劳动条件差，生产效率低，所以难以形成满意的熔池及理想的焊缝形状和焊接质量，仰焊一般用于焊接某些固定的焊件。仰焊操作要点如下。

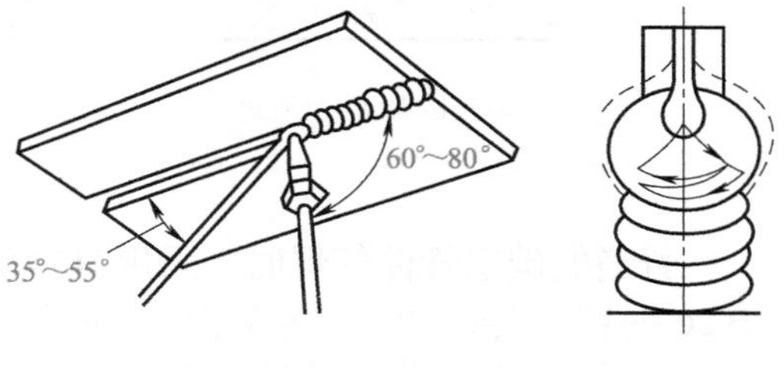

图 7-16　平板对接仰焊操作

① 选择较小的火焰能率，所用焊炬的焊嘴较平焊时小一号。严格控制熔池温度、形状和大小、保持液态金属始终处于黏团状态。应采用较小直径的焊丝，以薄层堆敷上去。

② 焊带坡口或较厚的焊件时，必须采取多层焊，防止因单层焊熔滴过大而下坠。

③ 焊接接头仰焊时，焊嘴与焊件表面成60°～80°，焊丝与焊件夹角为35°～55°。在焊接过程中焊嘴应不断做扁圆形横向摆动，焊丝做"之"字形运动，并始终浸在熔池中，如图7-16所示，以疏散熔池的热量，让液体金属尽快凝固，可获得良好的焊缝成形。

④ 仰焊可采用左焊法，也可用右焊法。左焊法便于控制熔池和送入焊丝，操作方便，采用较多；右焊法焊丝的末端与火焰气流的压力能防止熔化金属下淌，使得焊缝成形较好。

⑤ 仰焊时应特别注意操作姿势，防止飞溅金属微粒和金属熔滴烫伤面部及身体，并应选择较轻便的焊炬和细软的橡胶管，以减轻焊工的劳动强度。

五、管子的气焊操作

管子气焊时，一般采用对接头。管子的用途不同，对其焊接质量的要求也不同，质量要求高的管子的焊接，如电站锅炉管等，往往要求单面焊双面成形，以满足较高工作压力的要求。对于要求中压以下的管子，如水管、风管等，则应要求对接接头不泄漏，且要达到一定的强度。当壁厚 <2.5mm 时，可不开坡口；当壁厚＞2.5mm 时，为使焊缝全部焊透，需将管子开成 V 形坡口，并留有钝边，管子气焊时的坡口形式及尺寸见表7-12。

表7-12　管子气焊时的坡口形式及尺寸

管壁厚度 /mm	2.5 ≤	2.5 > 6	> 6～10	> 10～15
坡口形式	—	V形	V形	V形
坡口角度	—	60°～90°	60°～90°	60°～90°
钝边 /mm	—	0.5～1.5	1～2	2～3
间隙 /mm	1～1.5	1～2	2～2.5	2～3

注：采用右焊法时坡口角度为60°～70°。

管子对接时坡口的钝边和间隙大小均要适当，不可过大或过小。当钝边太大，间隙过小时，焊缝不易焊透，如图7-17（a）所示，导致降低接头的强度；当钝边太小，间隙过大时，容易烧穿，使管子内壁产生焊瘤会减少管子的有效截面积，增加了气体或液体在管内的流动阻力，如图7-17（b）所示；接头一般可焊两层，应防止焊缝内外表面凹陷或过分凸出，一般管子焊缝的加强高度不得超过管子外壁表面1～2mm（或为窄子壁厚的1/4），其宽度应盖过坡口边缘1～2mm，并应均匀平滑地过渡到母材金属，如图7-17（c）所示。

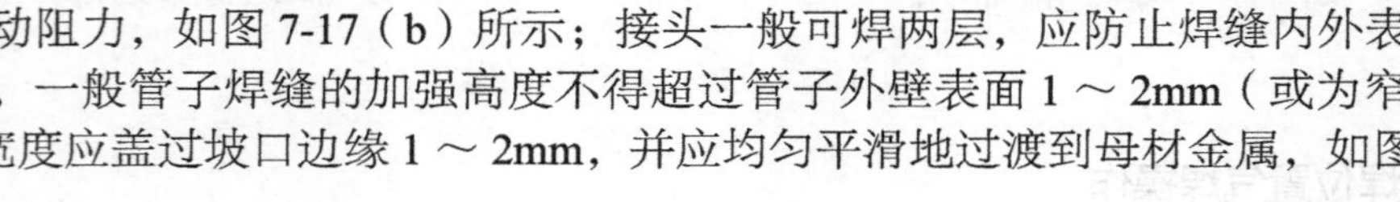

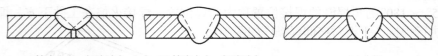

(a) 钝边太大，间隙过小　　(b) 钝边太小，间隙过大　　(c) 合格

图7-17　管子对接时坡口的钝边和间隙

普通低碳钢管件气焊时，采用 H08 等焊丝，基本上可以满足产品要求。但焊接电站锅炉 20 钢管等重要的低碳钢管子时，必须采用低合金钢焊丝，如 H08MnA 等。

管子的气焊操作工艺见表7-13。

表 7-13　管子的气焊操作工艺

气焊操作类型	工艺说明

水平固定管的气焊操作

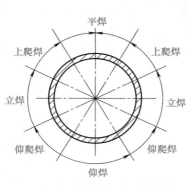

图 1　水平固定管全位置焊接的分布

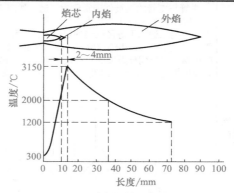

图 2　中性焰的温度分布图

水平固定管环缝包括平、立、仰三种空间位置的焊接，也称全位置焊接。焊接时，应随着焊接位置的变化而不断调整焊嘴与焊丝的夹角，使夹角基本保持不变。焊嘴与焊丝的夹角，通常应保持在 90°；焊丝、焊嘴和工件的夹角一般为 45°。根据管壁的厚薄和熔池形状的变化，在实际焊接时适当调整和灵活掌握，以保持不同位置时的熔池形状，既保证熔透，又不致过烧和烧穿。水平固定管全位置焊接的分布如图 1 所示。在焊接过程中，为了调整熔池的温度，建议焊接火焰不要离开熔池，利用火焰的温度分布图（图 2）进行调节

当温度过高时，将焊嘴对着焊缝熔池向里送进一点，一般为 2～4mm 的调节范围。其火焰温度可在 1000～3000℃的范围内进行调节，这样操作既能调节熔池温度，又不使焊接火焰离开熔池，让空气有侵入的机会，同时又保证了焊缝底部不产生内凹和未焊透，特别是在第一层焊接时采用这种方法更为有利。因这种操作方法焊嘴送至距离很小，内焰的最高温度处至焰芯的距离通常只有 2～4mm，所以难度较大，不易控制水平固定管的焊接，应先进行定位焊，然后再正式焊接。在焊接前半圈时，起点和终点都要超过管子的竖直中心线 5～10mm；焊接后半圈时，起点和终点都要和前段焊缝搭接一段，以防止起焊处和收口处产生缺陷。搭接长度一般为 10～20mm，如图 3 所示

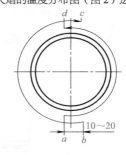

a、d 先焊半圈的起点和终点
b、c 后焊半圈的起点和终点

图 3　水平固定管的焊接起点和终点的确定

转动管子的气焊操作

由于管子可以自由转动，因此，焊缝熔池始终可以控制在方便的位置上施焊。若管壁＜2mm 时，最好处于水平位置施焊；对于管壁较厚和开有坡口的管子，不应处于水平位置焊接，而应采用爬坡焊。因为管壁厚，填充金属多，加热时间长，如果熔池处于水平位置，不易得到较大的熔深，也不利于焊缝金属的堆高，同时易使焊缝成形不良。采用左焊法时，则应始终控制在与管子垂直中心线成 20°～40°角的范围内进行焊接，如图 4（a）所示。可加大熔深，并能控制熔池形状，使接头均匀熔透。同时使填充金属熔滴自然流向熔池下部，使焊缝成形快，且有利于控制焊缝的高度，更好地保证焊接质量。每次焊接结束时，要填满熔池，火焰应慢慢离开熔池，以避免出现气孔、凹坑等缺陷。采用右焊法时，火焰吹向熔化金属部分，为防止熔化金属因火焰吹力而造成焊瘤，熔池应控制在与管子垂直中心线成 10°～30°角的范围内，如图 4（b）所示。当焊接直径为 200～300mm 的管子时，为防止变形，应采用对称焊法

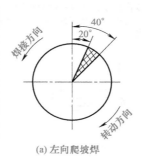

(a) 左向爬坡焊

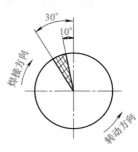

(b) 右向爬坡焊

图 4　转动管子的左向和右向爬坡焊

气焊操作类型	工艺说明
主管与支管的装配气焊操作	主管与支管的连接件通常称为三通。如图5（a）所示为主管水平放置、支管垂直向上的等径固定三通的焊接顺序；图5（b）所示为主管竖直、支管水平旋转的不等径固定三通的焊接顺序。三通的装配气焊操作要点：等径三通和不等径三通的定位焊位置和焊接顺序如图5所示，采用这种对称焊顺序可以避免焊接变形；管壁厚度不等时，火焰应偏向较厚的管壁一侧；焊接不等径三通时，火焰应偏向直径较大的管子一侧；选用的焊嘴要比焊同样厚度的对接接头大一号；焊接中碳钢钢管三通时，要先预热到150～200℃，当与低碳钢管厚度相同时，应选比焊低碳钢小一号的焊嘴 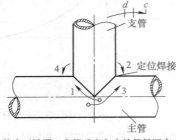 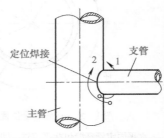 (a) 主管水平放置、支管垂直向上的等径固定三通　　(b) 主管竖直、支管水平放置的不等径固定三通 图5　三通的焊接顺序 1～4—焊接顺序号
垂直固定管的气焊操作	管子垂直立放，接头形成横焊缝，其操作特点与直缝横焊相同，只需随着环形焊缝的前进而不断地变换位置，以始终保持焊嘴、焊丝和管子的相对位置不变，从而更好地控制焊缝熔池的形状。垂直固定管常采用的对接接头形式如图6所示。通常采用右焊法，焊嘴、焊丝与管子轴线和切线方向的夹角如图6、图7所示。垂直固定管的气焊操作要点如下 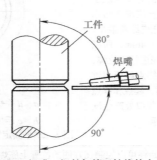 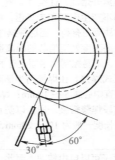 图6　焊嘴、焊丝与管子轴线的夹角　　图7　焊嘴、焊丝与管子切线方向的夹角 　　采用右焊法，在开始焊接时，先将被焊处适当加热，然后将熔池烧穿，形成一个熔孔，这个熔孔一直保持到焊接结束，如图8所示。形成熔孔的目的有两个：第一是使管子熔透，以得到双面成形；第二是通过控制熔孔的大小来控制熔池的温度。熔孔的大小应控制在等于或稍大于焊丝直径。熔孔形成后，开始填充焊丝。施焊过程中焊炬不做横向摆动，而只在熔池和熔孔间做前后微摆动，以控制熔池温度。若熔池温度过高时，为使熔池得以冷却，此时火焰不必离开熔池，可将火焰的焰芯朝向熔孔，内焰区仍然笼罩着熔池和近缝区，保护液态金属不被氧化 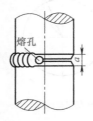  图8　熔孔和运条范围　　　　图9　r形运条法

气焊操作 类型	工艺说明
垂直固定 管的气焊 操作	在施焊过程中，焊丝始终浸在熔池中，不停地以 r 形往上挑钢水，如图 9 所示。运条范围不要超过管子对口下部坡口的 1/2 处，如图 8 所示，要在 a 范围内上下运条，否则容易造成熔滴下坠现象。焊缝因一次焊成，所以焊接速度不可太快，必须将焊缝填满，并有一定的加强高度。如果采用左焊法，需进行多层焊，其焊接顺序如图 10 所示。 (a) 单边 V 形坡口多层焊　　　　(b) V 形坡口多层焊 图 10　多层焊焊接顺序 1～3—焊接顺序号

第三节　气焊操作实例

一、低碳钢薄板过路接线盒的气焊操作训练实例

过路接线盒是电气线路中一种常用的安全、保护装置，其作用是保护几路电线汇合或分叉处的接头，外形如图 7-18 所示。过路接线盒由厚 1.5～2mm 的低碳钢板折边或拼接制成，尺寸大小视需要而定，本实例的尺寸为长 200mm、宽 100mm、高 80mm。

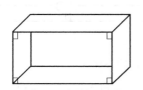

图 7-18　过路接线盒

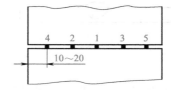

图 7-19　定位焊起点焊的确定

1. 焊前准备

焊前将被焊处表面用砂布打磨出金属光泽。采用直径为 2mm 的 H08A 焊丝，H01-6 焊炬，配 2 号焊嘴，预热火焰为中性焰。

2. 操作要点

定位焊必须焊透，焊缝长度为 5～8mm，间隔为 50～80mm，焊缝交叉处不准有定位焊缝。定位焊起点焊的确定如图 7-19 所示。采用左焊法，先焊短缝，后焊长缝，每条焊缝在焊接时都能自由地伸缩，以免接线盒出现过大的变形。焊接速度要快，注意焊嘴与熔池的距离，使焊丝与母材的熔化速度相适应。收尾时火焰缓慢离开熔池，以免冷却过快而出现缺陷。

二、低碳钢薄板的平对接气焊操作训练实例

1. 焊前准备

① 设备和工具。氧气瓶和乙炔瓶、减压器、射吸式焊炬 H01-6。

② 辅助器具。气焊护目镜、通针、火柴或打火枪、工作服、手套、胶鞋、手锤、钢丝钳等。

③ 焊件。低碳钢板两块，长 × 宽 × 厚 = 200mm×100mm×2mm。

2. 操作要点

将厚度和尺寸相同的两块低碳钢板，水平放置到耐火砖上摆放整齐，目的是不让热量传走，为了使背面焊透，需留约 0.5mm 的间隙。

（1）定位焊

定位焊的作用是装配和固定焊件接头的位置。定位焊焊缝的长度和间距视焊件的厚度和焊缝长度而定，焊件越薄，定位焊焊缝的长度和间距应越小，反之则应加大。焊件较薄时，定位焊可由焊件中间开始向两头进行焊接，如图 7-20（a）所示，定位焊焊缝的长度为 5～7mm，间隔为 50～100mm；焊件较厚时，定位焊则由两头开始向中间进行，定位焊焊缝的长度为 20～30mm，间隔 200～300mm，如图 7-20（b）所示。对定位焊点的横截面由焊件厚度来决定，随厚度的增加而增大。定位焊点不宜过长，更不宜过宽或过高，但要保证熔透，以避免正常焊缝出现高低不平、宽窄不一和熔合不良等缺陷。对定位焊点横截面的要求如图 7-21 所示。

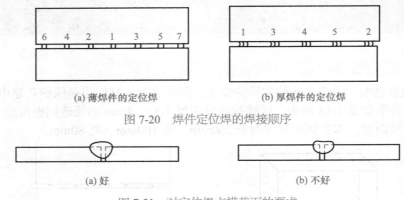

（a）薄焊件的定位焊　　　　　　（b）厚焊件的定位焊

图 7-20　焊件定位焊的焊接顺序

（a）好　　　　　　　　（b）不好

图 7-21　对定位焊点横截面的要求

定位焊后，为了防止角变形，并使背面均匀焊透，可采用焊件预先反变形法，即将焊件沿接缝向下折成 160° 左右，如图 7-22 所示，然后用胶木锤将接缝处校正平齐。

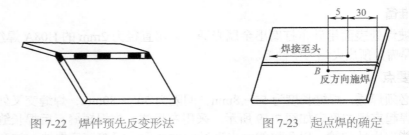

图 7-22　焊件预先反变形法　　　　　　图 7-23　起点焊的确定

（2）焊接

从接缝一端预留 30mm 处施焊，其目的是使焊缝处于板内，传热面积大，基本金属熔化

时，周围温度已升高，冷凝时不易出现裂纹。焊接到终点时，整个板材温度已升高，再焊预留的一段焊缝，采取反方向施焊，接头应重叠 5mm 左右，起焊点的确定如图 7-23 所示。

采用左向焊法时，焊接速度要随焊件熔化情况而变化。要采用中性焰，并对准接缝的中心线，使焊缝两边缘熔合均匀，背面焊透要均匀。焊丝位于焰芯前下方 2～4mm 处，如在熔池边缘下被粘住，不要用力拔焊丝，应用火焰加热焊丝与焊件接触处，焊丝即可自然脱离。在焊接过程中，焊炬和焊丝要做上下往复相对运动，其目的是调节熔池温度，使焊缝熔化良好，并控制液体金属的流动，使焊缝成形美观。如果熔池不清晰，有气泡、火花飞溅或熔池沸腾现象，原因是火焰性质发生了变化，应及时将火焰调节为中性焰，然后进行焊接，始终保持熔池大小一致才能焊出均匀的焊缝。熔池大小可通过改变焊炬角度、高度和焊接速度来调节。如发现熔池过小，焊丝不能与焊件熔合，仅敷在焊件表面，表明热量不足，因此应增加焊炬倾角，减慢焊接速度。如发现熔池过大，且没有流动金属时，表明焊件被烧穿。此时应迅速提起火焰或加快焊接速度，减小焊炬倾角，并多加焊丝。如发现熔池金属被吹出或火焰发出"呼呼"声，说明气体流量过大，应立即调节火焰能率；如发现焊缝过高，与基本金属熔合不圆滑，说明火焰能率低，应增加火焰能率，减慢焊接速度。在焊件间隙大或焊件薄的情况下，应将火焰的焰芯指在焊丝上，使焊丝阻挡部分热量，防止接头处熔化过快。在焊接结束时，将焊炬火焰缓慢提起，使焊缝熔池逐渐减小。为了防止收尾时产生气孔、裂纹、熔池没填满产生凹坑等缺陷，可在收尾时多加一点焊丝。

在整个焊接过程中，应使熔池的形状和大小保持一致。焊接尺寸随焊件厚度增加，焊缝高度、焊缝宽度也应增加。本焊件厚度为 2mm，合适的焊缝高度为 1～2mm，宽度为 6～8mm。

3. 施焊注意事项

定位焊产生缺陷时，必须铲除或打磨后修补，以保证质量；焊缝不要过高、过宽、过低、过窄。焊缝边缘与基本金属要圆滑过渡，无过深、过长的咬边；焊缝背面必须均匀焊透，焊缝不允许有粗大的焊瘤和凹坑，焊缝直线度要好。

三、水桶的气焊操作训练实例

某水桶高约 1m，直径为 0.5m，用板厚为 1.5mm 的低碳钢板制成。气焊时选用 H01-6 型焊炬配 2# 焊嘴，采用直径为 2m 的 H08A 低碳钢焊丝。焊接方向选择左焊法。考虑到焊接桶体纵向对接焊缝的焊接变形，采用退焊法焊接（图 7-24）。纵缝气焊时，焊炬和焊缝夹角为 20°～30°，焊炬和焊丝之间夹角为 100°～110°。焊接时焊嘴做上下摆动，可防止气焊时将薄板烧穿。桶体纵缝焊完后，在焊接桶体和桶底的连接焊缝时，桶底采用卷边形式，

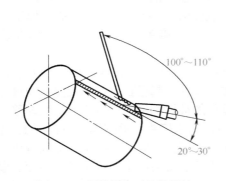

图 7-24　桶体纵向对接缝焊接

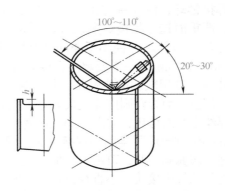

图 7-25　桶体和桶底的焊接

卷边高度 h 的单位可选为 mm。焊接时，焊嘴做轻微摆动，卷边熔化后可加入少许焊丝，为避免桶体热量过大，焊接火焰应略偏向外侧。焊嘴、焊丝、焊缝之间的夹角和纵缝焊接时基本相同，如图 7-25 所示。

四、油箱及油桶的补焊操作训练实例

油箱或油桶在使用过程中，由于某种原因造成磨损、裂纹、撞伤等，产生漏油现象，一般采取气焊补焊修复。其补焊方法与气焊薄板工件相同，但必须将油箱或油桶内的汽油及残余可燃气体清除干净，以防止在补焊过程中发生爆炸事故。

为防止油箱或油桶补焊时发生爆炸，补焊前首先应将油箱或油桶内剩余汽油倒净，然后用碱水清洗。火碱的用量一般每个汽油箱或油桶 500g，分 3 次用。首先往油箱内倒入半箱（桶）开水，并将火碱投入箱（桶）内，将口堵住，用力摇晃箱（桶）体半小时，然后将水倒出，再加入碱水洗涤。敞开口，静放一至两天，待残存的可燃气体排净后，再焊接。或者经清洗干净后装水，水面距焊缝处 50mm 即可，立即焊接。对于柴油箱（桶）和机油箱（桶），用热水清洗几次后，装水即可焊接。补焊前，必须把油箱或油桶的所有孔盖全部打开，以便排气。为确保安全，焊工应尽量避免站在桶的端头处施焊，以防爆炸伤人。

所补缺陷为裂纹时，若长度为 8mm 以下可直接补焊，大于 8mm 者应在裂纹末端钻直径为 2～3mm 的止裂孔，如图 7-26（a）所示；或先将裂纹的两端封焊，以免受热膨胀时使裂纹延伸。补焊处若是穿孔，其穿孔面积 < 25mm² 时，可直接补焊，补焊时由孔的周围逐步焊至中心；若穿孔面积 > 25mm² 时，需加补片进行补焊。补片的材料及厚度要与该油箱相同。将穿孔边沿卷起 2～2.5mm，卷边 90°，然后根据补焊孔洞的大小制作补片，并将补片做成凹形进行卷边焊，如图 7-26（b）所示。焊接所用的火焰性质、火焰能率、焊丝和焊嘴的运动情况同气焊薄钢板一样。

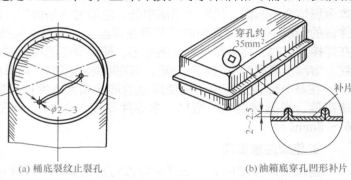

(a) 桶底裂纹止裂孔　　(b) 油箱底穿孔凹形补片

图 7-26　油箱裂纹及穿孔补焊前的处理

五、链环的气焊操作训练实例

链环一般采用低碳钢棒料制成，小直径链环的每个接头部位一般都用气焊连接。用气焊方法焊接链环，应注意防止接头处产生过热或过烧现象，接头的过热或过烧会降低接头的强度，严重时造成报废。所以针对不同直径的链环，应考虑采取不同的气焊工艺和具体的操作方法。当气焊直径小于 4mm 的链环时，其对接接头可以不开坡口，但在装配时留 0.5～1.5mm 的间隙，只需要单面焊接即可。

操作时，选用较弱的中性焰，把环接头放成平焊位置。刚开始加热时，火焰要避开链环的其他部位，而焊丝则应靠近被焊处，同时和被焊处一起受到火焰的加热。当链环焊处熔化时，焊丝也同时熔化，立即把焊丝熔滴滴向熔化的被焊部位，然后将火焰立即移开被焊部位，被焊部位就形成了牢固的焊接接头。焊完后，如果接头不够饱满，可再滴上一滴熔滴。如果焊缝金属偏向一侧，可用火焰加热使之熔化，让偏多一侧的焊缝金属流向偏少一侧，使之形成均匀的气焊接头。小直径链环气焊时，稍不注意就会产生熔合不良、烧穿、塌腰、过热或过烧等缺陷。气焊这类链环应十分小心谨慎，注意焊件、焊丝和火焰之间的互相协调。

当气焊 4mm 以上、8mm 以下直径的链环时，也可采用不开坡口的接头形式，但装配间隙应考虑加大，一般取 2～3mm。气焊时采用双面焊的形式，一面焊完后再焊另一面，然后修整两个侧面的成形。这类链环气焊时，应注意保证焊透，同时避免产生过烧等现象。气焊直径 > 8mm 的链环时，其接头开焊接坡口，坡口形式如图 7-27 所示。在装配时留有 2～3mm 间隙，并留有 1～2mm 的钝边。

气焊时，如果选择图 7-27（a）所示鸭嘴形坡口，应先焊一面再焊另一面，然后修整两侧。如果选择图 7-27（b）所示的圆锥形坡口，沿圆周进行焊接。链环接头应保证均匀饱满，通常焊完后表面有 1～1.5mm 的加强高。

六、通风管道的气焊操作训练实例

加热炉的通风管道部件用 1.5mm 厚低碳钢板制成，外形如图 7-28 所示。焊接操作要点：①焊前被焊处用砂布打磨至露出金属光泽；②采用直径为 2mm 的 H08 或 H08A 焊丝，H01-6 型焊炬，配 1 号或 2 号焊嘴，火焰为中性焰；③零件 A、B 及 C 定位焊缝按上例要求进行。先将各零件自行装配定位，然后再组装成部件；④零件 B 上直缝从圆口方向焊接。焊缝 2 采取从下至上两半圈对称焊接。零件 A 上直缝放置在平焊位置，用分段逆向法或跳焊法焊接。零件 C 接焊缝 7，从 B 向 C 方向焊接。零件 B 与零件 C 连接处，先焊焊缝 3、4，后焊焊缝 5、6。其余操作要点同低碳钢薄板过路接线盒。

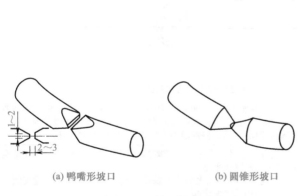

(a) 鸭嘴形坡口　　　　(b) 圆锥形坡口

图 7-27　链环坡口形式

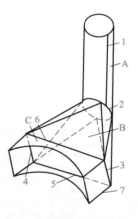

图 7-28　通风管道部件

第四节　气割操作技能

一、手工气割基本操作

1. 手工气割的一般操作

表 7-14　手工气割的一般操作

类别	操作要点说明
气割前的准备	为了保证气割质量，必须掌握操作方法。气割前，要仔细地检查工作场地是否符合安全生产的要求，同时检查乙炔气瓶、减压器、管路及焊炬的工作状态是否正常。开启乙炔瓶阀及调节乙炔减压器，开启氧气瓶阀以及调节氧气减压器，将氧气调节到所需的工作压力

类 别	操作要点说明
气割前的准备	将割件放在割件架上，或把割件垫高至与地面保持一定距离，切勿在离水泥地很近的位置或直接放在水泥地面上切割，防止水泥发生爆溅。然后将割件表面的污垢、油漆以及铁锈等清除掉 根据割件厚度选择火焰能率（即割嘴号码），并点火调整好预热火焰（中性焰）。然后试开切割氧气阀，检查切割氧（风线）是否以细而直的射流喷出。同时检查预热火焰是否正常，若不正常（焰心呈尖状），应调好。如果风线不好，可用通针通一通割嘴的喷射孔
气割过程	气割开始时，首先将切割边缘用预热火焰加热到燃烧温度，实际上是将割件表面加热至接近熔化的温度（灼红尚未熔化状态），再开启切割氧，按割线进行切割 气割过程中，火焰焰心离开割件表面的距离为 3～6mm。割嘴与割件的距离要求在整个气割过程中保持均匀，否则会影响气割质量 在手工气割中，可采用割嘴沿气割方向前倾 20°～30°，如图1所示，以提高气割速度。 气割质量在很大程度上与气割速度有关，从熔渣的流动方向可以判断气割速度是否适宜。气割速度正常时，熔渣的流动方向基本上与割件表面相垂直，如图2（a）所示。当气割速度过高时，熔渣将成一定的角度流出，即产生较大的后拖量，如图2（b）所示 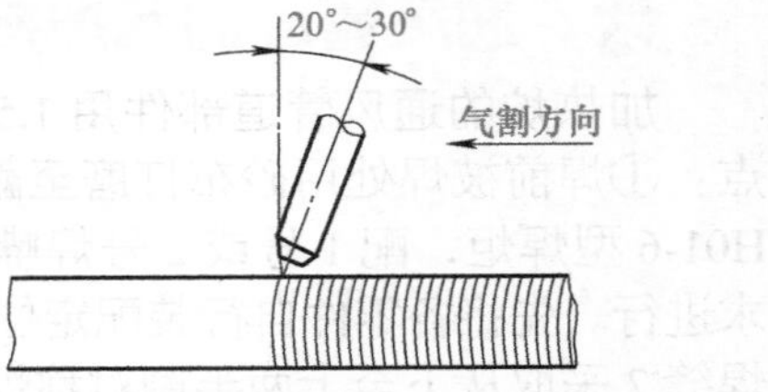 图1 割嘴沿气割方向前倾 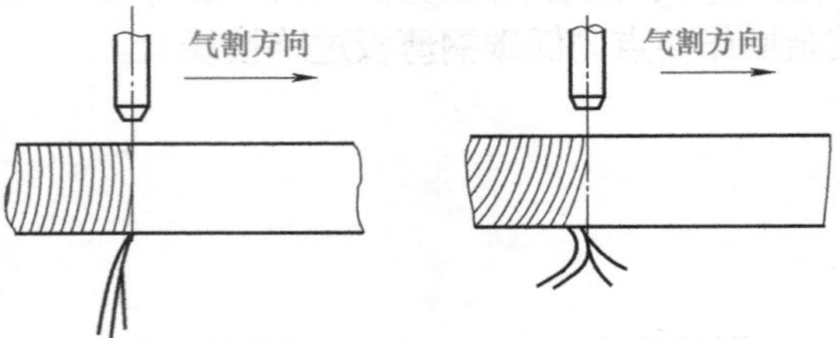 (a) 速度适当 　　(b) 速度过快 图2 气割速度与熔渣流动方向的关系 在气割较长的直线或曲线形板材时，一般割 300～500mm 后应移动一下位置。此时先关切切割氧调节阀，将割炬火焰离开割件，然后移动身体的位置，再将割件起割表面预热到燃点，并缓慢地开启切割氧继续切割。对薄板切割时，可先开启切割氧射流，然后将割炬的火焰对准切割处继续气割
气割结束	当气割将近结束时，割嘴应略向气割方向前倾一定角度，使割缝下部的钢板先割穿，并注意余料的下落位置，然后将钢板全部割穿，这样收尾的割缝较平整 气割结束后，应迅速关闭切割氧调节阀，并将预热火焰的乙炔调节阀和氧气调节阀先后关闭。然后将氧气减压器的调节螺钉旋松，关闭氧气瓶阀和乙炔输送阀 气割过程中，若发生回火而使火焰突然熄灭的情况，可先关闭切割氧和预热火焰氧气阀门，待几秒后，由于乙炔阀门未关闭，而又重新点燃火焰，此时，继续开启预热火焰氧气阀门进行工作，但操作要求熟练

2. 薄板气割的工艺要点

薄钢板（4mm 以下）气割时，易引起切口上边缘熔化，下边缘挂渣；又容易引起割后变形；还容易出现割开后又熔合到一起的情况。薄板气割的方法有单板切割和多层气割两种，见表 7-15。

表 7-15　薄板气割的工艺要点

类 别	工艺要点说明
单板切割	为了防止产生上述缺陷，气割时常采取如下的措施 ① 选用 G01-30 型割炬和小号割嘴 ② 采用小的火焰能率 ③ 割嘴后倾角度加大到 30°～45° ④ 割嘴与割件间距加大到 10～15mm ⑤ 加快切割速度

类别	工艺要点说明
多层气割	成批生产时，可采取多层气割法气割，即把多层薄钢板叠放在一起，用气割一次割开。多层气割应注意按如下操作要点进行 ① 将待切割的钢板表面清理干净，并平整好 ② 将钢板叠放在一起，上下钢板应错开，使端面形成3°～5°的倾斜角，如右图所示 ③ 用夹具将多层钢板夹紧，使各层紧密相贴；如果钢板的厚度太薄，应在上下用两块6～8mm的钢板作为上下盖板，以保证夹紧效果 ④ 按多层叠在一起的厚度选择割炬和割嘴，气割时割嘴始终垂直于工件的表面 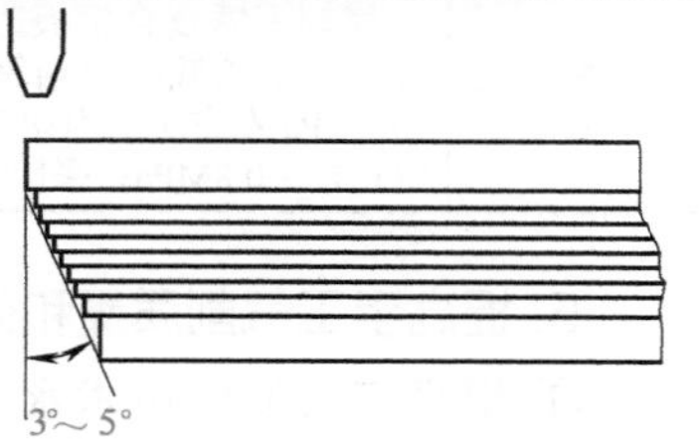	多层气割

3. 大厚度钢板气割的主要困难和工艺要点

表 7-16　大厚度钢板气割的主要困难和工艺要点

类别	说　明
大厚度钢板气割的主要困难	5mm以上且20mm以下属于中厚度钢板，按上述方法气割即可以得到良好的割口。20mm以上且60mm以下是厚钢板，一般厚度超过100mm的为大厚度钢板。大厚度钢板气割的主要困难如下 ① 割件沿厚度方向加热不均匀，使下部金属燃烧比上部金属慢，切割后拖量大，有时甚至割不透。厚度在50mm以下的钢板只要气割工艺参数得当是不会产生后拖量的，当厚度超过60mm时，无论采取什么措施也很难消除后拖量，只能努力使后拖量减小 ② 较大的氧气压力和较大流量的气流的冷却作用，降低了切口的温度，使切割速度缓慢 ③ 熔渣较多，易造成切口底部熔渣堵塞，影响气割的顺利进行 由于上述困难，厚板气割时应采取一些必要的措施
大厚度钢板气割的工艺要点	由于大厚度钢板气割有如上难点，切割时应采取如下方法 ① 采用大号割炬和割嘴，以获得大的火焰能率。当厚度不大于30mm时，可采用G01-30型割炬；当厚度为30～100mm时，应采用G01-100型割炬，或G02-100型等压式割炬；当厚度超过100mm时，应选用G01-300型或G02-300型割炬 ② 由于耗气量大，应采取氧气瓶排和溶解乙炔气瓶排供气，以增加连续工作时间。切割大厚度工件的氧气和乙炔消耗量大，最大时一瓶氧气只能用十几分钟，故需要连续瓶排使用，才能保证连续切割。一般可连成5瓶一排，若仍不能满足要求，可用到10瓶一排 ③ 使用等压式割炬，以减小回火的可能。等压式割炬的乙炔压力相对较高，故不易回火 ④ 采用底部补充加热。当工件太厚时，靠预热火焰使上下均匀受热是不可能的，可在割件底部附加热源补充加热，以提高割件底部的温度 采取如上措施，能有效地提高大厚度工件的气割质量

4. 几种特殊情况的气割工艺要点

表 7-17　几种特殊情况的气割工艺要点

类别	工艺要点说明
开孔零件的气割	气割厚度小于50mm的开孔零件时，可直接开出气割孔。先将割嘴垂直于钢板进行预热，当起割点钢板呈暗红色时，可稍开启切割氧。为防止飞溅熔渣堵塞割嘴，要求割嘴应稍微后倾15°～20°，并使割嘴与割件距离大些。同时，沿气割方向缓慢移动割嘴，再逐渐增加切割氧压力并将割嘴角度转为垂直位置，将割件割穿，然后按要求的形状继续气割。如手工割圆时，可采用简易划规式割圆器
钢管及方钢、圆钢的气割	气割固定或可转动钢管时，要掌握如下要领：一是预热时，火焰应垂直于管子的表面，待割透后将割嘴逐渐前倾，直到接近钢管的切线方向后，再继续气割；二是割嘴与钢管表面的相对运动总是使割嘴向上移动。另外，一般气割固定管是从管子下部开始，对可转动钢管的气割则不一定，但气割结束时均要使割嘴的位置在钢管的上部，以有利于操作安全和避免断管下坠碰坏割嘴 方钢的边长不大时，与切割钢板相同；当方钢的边长很大时，无法直接割透，则按右图（a）所示的方法和顺序切割，即先切割①区，再切割②区，最后切割③区 圆钢气割可从横向一侧开始，先垂直于表面预热，如右图（b）所示的割炬位置1。随后在慢慢打开切割氧气的同时，将割嘴转为与地面相垂直的位置，如右图（b）所示的割炬位置2，这时加大切割氧流，使圆钢割透。割嘴在向前移动的同时，稍做横向摆动。如果圆钢的直径很大，无法一次割透，割至直径1/4～1/3深度后，再移至右图（b）所示的割炬位置3继续切割 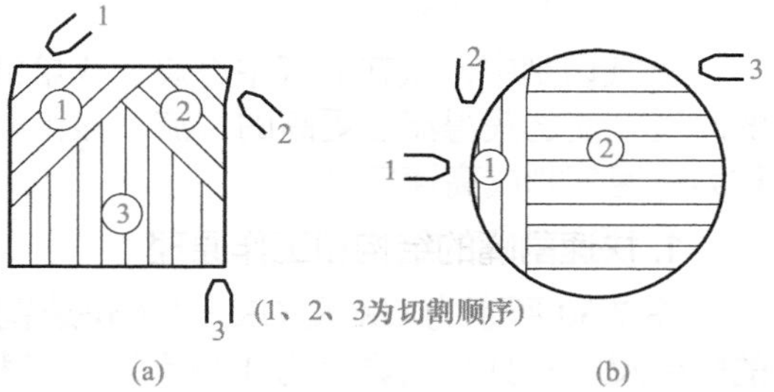

（1、2、3为切割顺序）

方钢与圆钢的气割

类别	工艺要点说明
复合钢板的气割	气割不锈复合钢板时，碳钢面必须朝上，割嘴应前倾以增加切割氧流所经过的碳钢的厚度，同时，必须使用较低的切割氧压力和较高的预热火焰氧气压力。如气割（16+4）mm复合板时，预热氧压力（0.7MPa左右）约为切割氧压力的3倍。它的最佳工艺参数为：切割速度360～380mm/min；氧气管道压力0.7～0.8MPa；采用G01-300割炬、2号割嘴；割嘴与工件距离5～6mm

5. 提高手工气割质量和效率的方法

① 提高工人操作技术水平。

② 根据割件的厚度，正确选择合适的割炬、割嘴、切割氧压力、乙炔压力和预热氧压力等气割参数。

③ 选用适当的预热火焰能率。

④ 气割时，割炬要端平稳，使割嘴与割线两侧的夹角为90°。

⑤ 要正确操作，手持割炬时人要蹲稳。操作时呼吸要均匀，手勿抖动。

⑥ 掌握合理的切割速度，并要求均匀一致。气割的速度是否合理，可通过观察熔渣的流动情况和切割时产生的声音加以判别，并灵活控制。

⑦ 保持割嘴整洁，尤其是割嘴内孔要光滑，不应有氧化铁渣的飞溅物粘到割嘴上。

⑧ 采用手持式半机械化气割机，它不仅可以切割各种形状的割件，具有良好的切割质量，还由于它保证了均匀稳定的移动，所以可装配快速割嘴，大大地提高切割速度。如将G01-30型半自动气割机改装后，切割速度可从原来7～75cm/min提高到10～240cm/min，并可采用可控硅无级调整。

⑨ 手工割炬如果装上电动匀走器（图7-29），利用电动机带动滚轮使割炬沿割线匀速行走，既减轻劳动强度，又提高了气割质量。

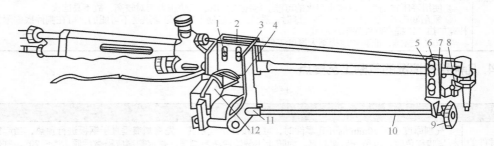

图7-29　手工气割电动匀走器结构

1—螺钉；2—机架压板；3—电动机架；4—开关；5—滚轮架；6—滚轮架压板；
7—辅轮架；8—辅轮；9—滚轮；10—轴；11—联轴器；12—电动机

二、快速优质切割

氧气切割中，铁在氧气中燃烧形成熔渣被高速氧气吹开而达到被切割的目的。通过割嘴的改造，使之获得流速更高的气流，强化燃烧和排渣过程，可使切割速度进一步提高的方法称为快速气割或高速气割。

1. 快速割嘴的结构和工作原理

图7-30所示为GK及GKJ系列快速割嘴的结构，图中（括弧外数字为30°尾锥面割嘴的配合尺寸；括弧内数字为45°尾锥面割嘴的配合尺寸）快速割嘴可与国家相关标准规定的割炬配套使用。

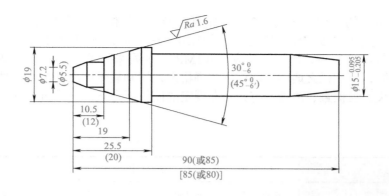

图 7-30　GK 及 GKJ 系列快速割嘴的结构

　　快速割嘴的工作原理：根据氧 - 乙炔气割原理，如果要大大提高气割速度，就必须增加气割氧射流的流量和动能，以加速金属的燃烧过程和增强吹除氧化熔渣的能力。普通割嘴气割氧孔道由于是直孔形，所以对气割氧射流的流量的动能没有增强作用。而快速优质气割割嘴的气割氧孔道为拉瓦尔喷管形，即通道呈喇叭喷管形式（图 7-31）。当具有一定压力的氧气流流经收缩段时，处于亚声速状态，通过喉部后，气流在扩散段内膨胀、扩散、加速形成超声速气流。出口处超声速气流的静压力等于外界大气压，因此气流的边界将不再膨胀，保持气流在一段较长的距离内平行一致。这就增加了沿气流方向的动量，增强了切割气流的排渣能力，切割速度显著提高。快速割嘴更适用于大厚度气割和精密气割。

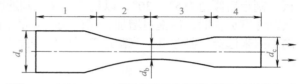

图 7-31　快速割嘴气割氧孔道

1—稳定段；2—收缩段；3—扩散段；4—平直段；
d_a—入口直径；d_b—喉部直径；d_c—出口直径

2. 快速气割的特点

　　快速气割的途径是向气割区吹送充足的、高纯度的高速氧气流，以加快金属的燃烧过程。与普通气割相比，特点是：采用快速气割，切割速度比普通气割高出 30% ～ 40%，切割单位长度的耗氧量与普通气割并无明显差别，切割厚板时，成本还有所降低；切割速度快，传到钢板上的热量较少，降低切口热影响区宽度和气割件的变形；氧气的动量大，射流长，有利于切割较厚的钢板；切口表面粗糙度可达 $Ra6.3 ～ 3.2\mu m$，并可提高气割件的尺寸精度。

3. 快速割嘴喉部直径的选择

　　快速割嘴的喉部直径 d_b 取决于被气割钢板厚度，见表 7-18。扩散段出口马赫数 Ma（气流速度与声速的比值）取决于气割氧管道供气压力对气割速度的要求。一般取 $Ma=2$ 或更低些，当要求气割速度更高时，可选用 2.5 或更高值。出口直径 d_c 取决于喉部直径 d_b 和出口马赫数。

表 7-18　快速割嘴喉部直径的选择　　　　　　　　　　　　　　　mm

钢板厚度	5 ～ 50	50 ～ 100	100 ～ 200	200 ～ 300	300 以上
喉部直径	0.5 ～ 1	1 ～ 1.5	1.5 ～ 2	2 ～ 3	> 3

4. 快速气割对设备、气体及火焰的要求

　　要求调速范围大、行走平稳、体积小、重量轻等。行车速度在 200 ～ 1200mm/min，可

调；为保证气流量的稳定，一般以 3 ～ 5 瓶氧气经汇流排供气。使用高压、大流量减压器。氧气橡胶管要能承受 2.5MPa 的压力，内径在 4.8 ～ 9mm；采用射吸式割炬 G01-100 型改装，也可采用等压式割炬；乙炔压力应 > 0.1MPa，最好采用乙炔瓶供应乙炔气。当预热火焰调至中性焰时，应保证火焰形状匀称且燃烧稳定；切割氧气流在正常火焰衬托下，目测时应位于火焰中央，且挺直、清晰、有力，在规定的使用压力下，可见切割氧气流长度应符合表 7-19。

表 7-19　可见切割氧气流长度

割嘴规格号	1	2	3	4	5	6	7
可见切割氧气流长度 /mm	≥ 80	≥ 100		≥ 120		≥ 150	≥ 180

5. 快速气割的工艺特点

气割时，气割氧压力只取决于气割氧出口马赫数并保持在设计压力范围内，不随气割厚度的变化而变化。如 $Ma=2.0$ 系列割嘴，氧气压力只能为 0.7 ～ 0.8MPa，过高或过低都会使气割氧气流边界成锯齿形，导致气割速度和气割质量下降。直线气割 30mm 以下厚度的钢板，割炬后倾角为 5° ～ 30°，以利于提高气割速度。对于 30mm 以上的钢板，不宜用后倾角。气割速度加快时，后拖量增加，切口表面质量下降，所以应在较宽范围内根据切口表面质量的不同来选择气割速度，气割速度对切口表面粗糙度的影响见表 7-20。

表 7-20　气割速度对切口表面粗糙度的影响

气割速度 / (cm/min)	20	30	40	50
纹路深度 /μm	14.3 ～ 18.4	17.7 ～ 19.5	19.8 ～ 22	41.9
表面粗糙度 Ra/μm	3.2	3.2	6.3	12.5

6. 快速气割参数的选择

采用 $Ma=2.0$ 系列快速割嘴气割不同厚度钢板时的气割参数见表 7-21。大轴和钢轨的气割参数见表 7-22。

表 7-21　采用 $Ma=2.0$ 系列快速割嘴气割不同厚度钢板时的气割参数

钢板厚度 /mm	割嘴喉部直径 /mm	气割氧压力 /MPa	燃气压力 /MPa	气割速度 / (cm/min)	切口宽度 /mm
≤ 5 5 ～ 10 10 ～ 20 20 ～ 40 40 ～ 60	0.7	0.75 ～ 0.8		110.0 110.0 ～ 85.0 85.0 ～ 60.0 60.0 ～ 35.0 35.0 ～ 25.0	约 1.3
20 ～ 40 40 ～ 60 60 ～ 100	1	0.75 ～ 0.8	0.02 ～ 0.04	65.0 ～ 45.0 45.0 ～ 38.0 38.0 ～ 20.0	约 2.0
60 ～ 100 100 ～ 150	1.5	0.7 ～ 0.75		43.0 ～ 27.0 27.0 ～ 20.0	约 2.8
100 ～ 150 150 ～ 200	2	0.7		30.0 ～ 25.0 25.0 ～ 17.0	约 3.5

表 7-22　大轴和钢轨的气割参数

割件	割嘴孔径/mm	切割氧压力/MPa	预热氧压力/MPa	燃气压力/MPa	切割速度/（mm/min）
大轴	4	1.0～1.2	0.3	0.04	120～180
钢轨	2.5	0.55～0.6	0.15	0.04	120[1]，430[2]，90[3]

①采用 CG2-150 型仿形气割机。
②大轴气割机，可采用钢棒引割。
③钢轨的气割速度，也可以按最大厚度选用。

三、氧 - 液化石油气切割

1. 切割优点

氧 - 液化石油气切割的优点是：①成本低，切割燃料费比氧 - 乙炔切割降低 15%～30%；②火焰温度较低（约 2300℃），不易引起切口上缘熔化，切口齐平，下缘粘渣少、易铲除，表面无增碳现象，切口质量好；③液化石油气的汽化温度低，不需使用汽化器，便可正常供气；④气割时不用水，不产生电石渣，使用方便，便于携带，适于流动作业；⑤适宜于大厚度钢板的切割。氧 - 液化石油气火焰的外焰较长，可以到达较深的切口内，对大厚度钢板有较好的预热效果；⑥操作安全，液化石油气化学活泼性较差，对压力、温度和冲击的敏感性低。燃点为 500℃以上，回火爆炸的可能性小。

2. 切割缺点

氧 - 液化石油气切割的缺点是：①液化石油气燃烧时火焰温度低，因此，预热时间长，耗氧量较大；②液化石油气密度大（气态丙烷为 $1.867kg/m^3$），对人体有麻醉作用，使用时应防止漏气和保持良好的通风。

3. 预热火焰与割炬的特点

氧 - 液化石油气预热火焰与割炬的特点是：①氧 - 液化石油气火焰与氧 - 乙炔火焰构造基本一致，但液化石油气耗氧量大，燃烧速度约为乙炔焰的 27%，温度约低于 500℃，但燃烧时发热量比乙炔高出 1 倍左右；②为了适应燃烧速度低和氧气需要量大的特点，一般采用内嘴芯为矩形齿槽的组合式割嘴；③预热火焰出口孔道总面积应比乙炔割嘴大 1 倍左右，且该孔道与切割氧孔道夹角为 10° 左右，以使火焰集中；④为了使燃烧稳定，火焰不脱离割嘴，内嘴芯顶端至外套出口端距离应为 1～1.5mm；⑤割炬多为射吸式，且可用氧 - 乙炔割炬改制。氧 - 液化石油气割炬技术参数见表 7-23。

表 7-23　氧 - 液化石油气割炬技术参数

割炬型号	G07-100	G07-300	割炬型号	G07-100	G07-300
割嘴号码	1～3	1～4	可换割嘴个数	3	4
割嘴孔径/mm	1～1.3	2.4～3.0	氧气压力/MPa	0.7	1
切割厚度/mm	100 以内	300 以内	丙烷压力/MPa	0.03～0.05	0.03～0.05

4. 气割参数的选择

氧 - 液化石油气气割参数的选择如下。

① 预热火焰。一般采用中性焰；切割厚件时，起割用弱氧化焰（中性偏氧），切割过程中用弱碳化焰。

② 割嘴与割件表面间的距离。一般为 6～12mm。

5. 氧 - 液化石油气切割操作

① 由于液化石油气的燃点较高，故必须用明火点燃预热火焰，再缓慢加大液化石油气

流量和氧气量。

② 为了减少预热时间，开始时采用氧化焰（氧与液化石油气混合比为 5 ∶ 1），正常切割时用中性焰（氧与液化石油气混合比为 3.5 ∶ 1）。

③ 一般的工件气割速度稍低，厚件的切割速度和氧 - 乙炔切割相近。直线切割时，适当选择割嘴后倾，可提高切割速度和切割质量。

④ 液化石油气瓶必须旋转在通风良好的场所，环境温度不宜超过 60℃，要严防气体泄漏，否则，有引起爆炸的危险。

除上述几点外，氧 - 液化石油气切割的操作方法与氧 - 乙炔切割的操作方法基本相同。

四、氧 - 丙烷气割

氧 - 丙烷气割时使用的预热火焰为氧 - 丙烷火焰，根据使用效果、成本、气源情况等综合分析，丙烷是比较理想的乙炔代用燃料，目前丙烷的使用量在所有乙炔代用燃气中用量最大。氧 - 丙烷切割要求氧气纯度高于 99.5%，丙烷气的纯度也要高于 99.5%。一般采用 G01-30 型割炬配用 GKJ4 型快速割嘴。与氧 - 乙炔火焰切割相比，氧 - 丙烷火焰切割的特点如下。

① 切割面上缘不烧塌，熔化量少；切割面下缘黏性熔渣少，易于清除；切割面的氧化皮易剥落，切割面的表面粗糙度精度相对较高。

② 切割厚钢板时，不塌边、后劲足，棱角整齐，精度高。

③ 倾斜切割时，倾斜角度越大，切割难度越高；比氧 - 乙炔切割成本低，总成本降低 30% 以上。

氧 - 丙烷火焰的温度比氧 - 乙炔焰低，所以切割预热时间比氧 - 乙炔焰要长。氧 - 丙烷火焰温度最高点在焰芯前 2mm 处。手工切割时，由于手持割炬不平稳，预热时间差异很大；机械切割时预热时间差别很小，具体见表 7-24。手工切割热钢板时，咬缘越小越可减少预热时间。预热时采用氧化焰（氧与丙烷混合比为 5 ∶ 1），可提高预热温度，缩短预热时间。切割时调成中性焰（混合比为 3.5 ∶ 1）。用外混式割嘴机气割钢材的气割参数见表 7-25。U 形坡口的气割如图 7-32 所示，U 形坡口的气割参数见表 7-26。

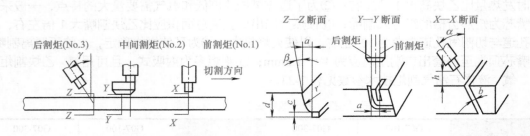

图 7-32　U 形坡口的气割

表 7-24　机械切割时的预热时间

切割厚度 /mm	预热时间 /s	
	乙炔	丙烷
20	5（30）	8（34）
50	8（50）	10（53）
100	10（78）	14（80）

注：括号内为穿孔时间。

使用丙烷气割与氧 - 乙烷气割的操作步骤基本一样，只是氧 - 丙烷火焰略弱，切割速度较慢一些。可采取如下措施提高切割速度。

表 7-25　用外混式割嘴机气割钢材的气割参数

气割参数		割嘴型号		
		F411-600	F411-1000	F411-1500
割缝宽度 /mm		15～20	25～30	25～35
切割厚度 /mm		600	1000	1500
切割速度 /（mm/min）		60～160	25～30	25～30
丙烷气	压力 /MPa	0.04	0.04	0.04
	流量 /（m³/h）	7.4	13	13
预热氧	压力 /MPa	0.059	0.059	0.059
	流量 /（m³/h）	11	20	20
切割氧	压力 /MPa	0.588～0.784	0.588～0.784	0.588～0.784
	流量 /（m³/h）	120	240	300

表 7-26　U 形坡口的气割参数

板厚 δ /mm	割炬	α /（°）	β /（°）	γ /（°）	h /mm	b /mm	d /mm	a /mm	c /mm	r /mm	预热氧压力 /kPa	切割氧压力 /kPa	丙烷压力 /kPa	切割速度 /（mm/min）
60	前割炬	16	—	—	5	2.5	—	—	—	—	200	600	30	240
	中间割炬	—	4	—	8	—	约6	约20	10	23	500	368	30	240
	后割炬（直切割钝边）	—	—	10	5	15	—	—	—	—	200	200	30	240

① 预热时，割炬不抖动，火焰固定于钢板边缘一点，适当加大氧气量，调节火焰成氧化焰。

② 换用丙烷快速割嘴使割缝变窄，适当提高切割速度。

③ 直线切割时，适当使割嘴后倾，可提高切割速度和切割质量。

五、氧熔剂气割

氧熔剂气割法又称为金属粉末切割法，是向切割区域送入金属粉末（铁粉、铝粉等）的气割方法，可以用来切割常规气体火焰切割方法难以切割的材料，如不锈钢、铜和铸铁等。氧熔剂气割方法虽然设备比较复杂，但切割质量比振动切割法好。在没有等离子弧切割设备的场合，是切割一些难切割材料的快速和经济的切割方法。

氧熔剂气割是在普通氧气切割过程中在切割氧气流内加入纯铁粉或其他熔剂，利用它们的燃烧热和除渣作用实现切割的方法。通过金属粉末的燃烧产生附加热量，利用这些附加热量生成的金属氧化物使得切割熔渣变稀薄，易于被切割氧气流排除，从而达到实现连续切割的目的。金属粉末切割的工作原理如图 7-33 所示。

对切割熔剂的要求是在被氧化时能放出大量的热量，使工件达到能稳定地进行切割的温度，同时要求熔剂的氧化物应能与被切割金属的难熔氧化物进行激烈的相互作用，并在短时间内形成易熔、易于被切割氧气流吹出的熔渣。熔剂的成分主要是铁粉、铝粉、硼砂、石英砂等，铁粉与铝粉在氧气流中燃烧时放出大量的热，使难熔的被切割金属的氧化物熔化，并与被切割金属表面的氧化物熔在一起；加入硼砂等可使熔渣变稀，易于流动，从而保证切割过程的顺利进行。

氧熔剂气割方法的操作要点在于除有切割氧气的气流外，同时还有由切割氧气流带出的粉末状熔剂吹到切割区，利用氧气流与熔剂对被切割金属的综合作用，借以改善切割性能，达到切割不锈钢、铸铁等金属的目的。氧熔剂气割所用的设备、器材与普通气割设备大体相同，但比普通氧燃气切割多了熔剂及输送熔剂所需的送粉装置。切割厚度＜300mm 的不锈钢可以使用一般氧气切割用的割炬和割嘴（包括低压扩散型割嘴）；切割更厚的工件时，则需使用特制的割炬和割嘴。氧熔剂切割按照输送熔剂的方式不同，分为体内送粉式和体外送粉式两种，如图 7-34 所示。

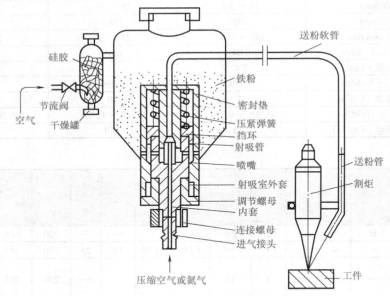

图 7-33 金属粉末切割的工作原理

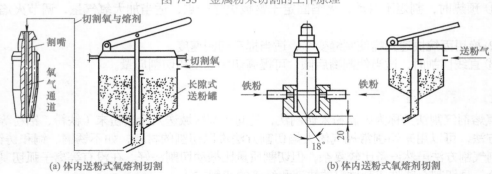

(a) 体内送粉式氧熔剂切割   (b) 体内送粉式氧熔剂切割

图 7-34 氧熔剂切割方式

1. 体内送粉式

体内送粉式氧熔剂切割是利用切割氧通入长隙式送粉罐后，把熔剂粉带入割炬而喷到切割部位的。为防止铁粉在送粉罐中燃烧，一般采用 0.5 ~ 1mm 的粗铁粉，由于铁粉粒度大，送粉速度快，铁粉不能充分燃烧，只适于切割厚度 <500mm 的工件。

2. 体外送粉式

体外送粉式氧熔剂切割是利用压力为 0.04 ~ 0.06MPa 的空气或氮气，单独将细铁粉（> 140 目）由嘴芯外部送入火焰加热区的。由于铁粉粒度小，送粉速度慢，铁粉能充分燃烧放出大量的热量，有效地破坏切口表面的氧化膜，因此，体外送粉式氧熔剂气割可用于切割厚度 > 500mm 的工件。

采用氧熔剂气割不锈钢、铸铁，其切割厚度可大大提高，目前，国内已能切割厚度为 1200mm 的金属材料。体内送粉式和体外送粉式不锈钢氧熔剂的气割参数分别见表 7-27 和表 7-28。

表 7-27　1Cr18Ni9Ti 不锈钢氧熔剂的气割参数（体内送粉式）

气割参数	板厚 /mm					
	10	20	30	40	70	90
割嘴号码	1	1	2	2	3	3
氧气压力 /kPa	440	490	540	590	690	780
氧气耗量 /（kL/h）	1.1	1.3	1.6	1.75	2.3	3.0
燃气（天然气）/（kL/h）	0.11	0.13	0.15	0.18	0.23	0.29
铁粉耗量 /（kg/h）	0.7	0.8	0.9	1.0	2.0	2.5
切割速度 /（mm/min）	230	190	180	160	120	90
切口宽度 /mm	10	10	11	11	12	12

注：铁粉粒度为 0.1 ～ 0.05mm。

表 7-28　18-8 不锈钢氧熔剂的气割参数（体外送粉式）

气割参数	板厚 /mm				
	5	10	30	90	200
氧气压力 /kPa	245	315	295	390	490
氧气耗量 /（kL/h）	2.64	4.68	8.23	14.9	23.7
乙炔压力 /kPa	20	20	25	25	40
乙炔耗量 /（kL/h）	0.34	0.46	0.73	0.90	1.48
铁粉耗量 /（kg/h）	9	10	10	12	15
切割速度 /（mm/min）	416	366	216	150	50

注：铁粉粒度为 0.1 ～ 0.05mm。

　　切割不锈钢及高铬钢时，可采用铁粉作为熔剂；切割高铬钢时，可采用铁粉与石英砂按 1 : 1 比例混合的熔剂。切割时，割嘴与金属表面距离应比普通气割时稍大些，为 15 ～ 20mm，否则容易引起回火。切割速度比切割普通低碳钢稍低一些，预热火焰能率比普通气割高 15% ～ 25%。氧熔剂气割铸铁时，所用熔剂为 65% ～ 70% 的铁粉加 30% ～ 35% 的高炉磷铁，割嘴与工件表面的距离为 30 ～ 50mm。与普通气割参数相比，氧熔剂气割的预热火焰能率要大 15% ～ 25%，割嘴倾角为 5° ～ 10°，割嘴与工件表面距离要大些，否则，容易引起割炬回火。氧熔剂气割铜及其合金时，应进行整体预热，割嘴距工件表面的距离为 30 ～ 50mm。

　　铸铁氧熔剂的气割参数见表 7-29。

表 7-29　铸铁氧熔剂的气割参数

气割参数	厚度 /mm					
	20	50	100	150	200	300
切割速度 /（mm/min）	80 ～ 130	60 ～ 90	40 ～ 50	25 ～ 35	20 ～ 30	15 ～ 22
氧气消耗量 /（m³/h）	0.70 ～ 1.80	2 ～ 4	4.50 ～ 8	8.50 ～ 14.50	13.5 ～ 22.5	17.50 ～ 43
乙炔消耗量 /（m³/h）	0.10 ～ 0.16	0.16 ～ 0.25	0.30 ～ 0.45	0.45 ～ 0.65	0.60 ～ 0.87	0.90 ～ 1.30
熔剂消耗量 /（kg/h）	2 ～ 3.50	3.50 ～ 6	6 ～ 10	9 ～ 13.5	11.50 ～ 14.50	17

　　氧熔剂气割紫铜、黄铜及青铜时，采用的熔剂成分是铁粉 70% ～ 75%、铝粉 15% ～ 20%、磷铁 10% ～ 15%。切割时，先将被切割金属预热到 200 ～ 400℃。割嘴和被切割金属之间的距离根据金属的厚度决定，一般为 20 ～ 50mm。

第五节　气割操作实例

一、各种厚度钢板的气割操作训练实例

1. 薄板切割

切割 2～4mm 的薄板时，因板薄，加热快，散热慢，容易引起切口边缘熔化，熔渣不易吹掉，粘在钢板背面，冷却后不易除去，且切割后变形很大。若切割速度稍慢，预热火焰控制不当易造成前面割开后面又熔合在一起的现象。因此，气割薄板时，为了获得较为满意的效果，应采取如下措施。

①应选用 G01-30 型割炬和小号割嘴。

②预热火焰要小，割嘴后倾角加大到 30°～45°，割嘴与工件距离加大到 10～15mm，切割速度尽可能快些。

③如果薄板成批下料或切割零件，可将薄板叠在一起进行气割。这样，生产率高，切割质量也比单层切割好。叠成多层切割之前，要把切口附近的铁锈、氧化皮和油污清理干净。要用夹具夹紧，不留间隙。

④为保证上、下表面两张薄板不致烧熔，可以用两块 8mm 的钢板作为上、下盖板叠在一起。为了使切割顺利，可将上、下钢板错开使端面叠成 3°～5° 的斜角，如图 7-35 所示。叠板切割可以切割 0.5mm 以上的薄板，总厚度不应大于 120mm。

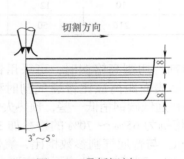

图 7-35　叠板切割

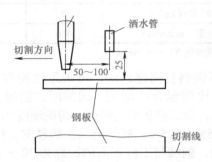

图 7-36　切割薄板时洒水管的配置

用切割机对厚 6mm 以下的零件进行成形气割，为获得必要的尺寸精度，可在切割机上配置洒水管，如图 7-36 所示，边切割边洒水，洒水量为 2L/min。薄钢板的机动气割参数见表 7-30。

表 7-30　薄钢板的机动气割参数

板厚 /mm	割嘴号码	割嘴高度 /mm	切割速度 /（mm/min）	切割氧压力 /MPa	乙炔压力 /MPa
3.2	0	8	650	0.196	0.02
4.5	0	8	600	0.196	0.02
6.0	0	8	550	0.196	0.02

2. 中厚度碳钢板切割

气割 4～20mm 厚度的钢板时，一般选用 01-100G 型割炬，割嘴与工件表面的距离大致为焰芯长度加上 2～4mm，切割氧风线长度应超过工件板厚的 1/3。气割时，割嘴向后倾斜 20°～30°，切割钢板越厚，后倾角应越小。

3. 大厚度碳钢板切割

通常把厚度超过 100mm 的工件切割称为大厚度切割。气割大厚度钢板时，由于工件上下受热不一致，使下层金属燃烧比上层金属慢，切口易形成较大的后拖量，甚至割不透，熔渣易堵塞切口下部，影响气割过程的顺利进行。

① 应选用切割能力较大的（G01-300 型）割炬和大号割嘴，以提高火焰能率。

② 氧气和乙炔要保证充分供应，氧气供应不能中断，通常将多个氧气瓶并联起来供气，同时使用流量较大的双级式氧气减压器。

③ 气割前，要调整好割嘴与工件的垂直度。即割嘴与割线两侧平面成 90°夹角。

④ 气割时，预热火焰要大。先从割件边缘棱角处开始预热，如图 7-37 所示，并使上、下层全部均匀预热，如图 7-37（a）所示。如图 7-37（b）所示上、下预热不均匀，会产生如图 7-37（c）所示的未割透。大截面钢件气割的预热温度见表 7-31。

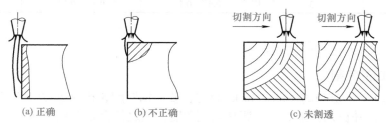

(a) 正确　　　　　(b) 不正确　　　　　(c) 未割透

图 7-37　大厚度钢板气割的预热

表 7-31　大截面钢件气割的预热温度

材料牌号	截面尺寸 /mm	预热温度 /℃
35、45	1000×1000	250
5CrNiMo、5CrMnMo	800×1200	450
14MnMoVB	1200×1200	
37SiMn2MoV、60CrMnMo	ϕ830	
25CrNi3MoV	1400×1400	

操作时，注意使上、下层全部均匀预热到切割温度，逐渐开大切割氧气阀并将割嘴后倾，如图 7-38（a）所示，待割件边缘全部切透时，加大切割氧气流，且将割嘴垂直于割件，再沿割线向前移动割嘴。切割过程中，还要注意切割速度要慢，而且割嘴应做横向月牙形小幅摆动，如图 7-38（b）所示，但此时会造成割缝表面质量下降。当气割结束时，速度可适当放慢，使后拖量减少并容易将整条割缝完全割断。有时，为加快气割速度，可采取先在整个气割线的前沿预热一遍，然后再进行气割。若割件厚度超过 300mm，可选用重型割炬或自行改装，将原收缩式割嘴内嘴改制成缩放式割嘴内嘴，如图 7-39 所示。

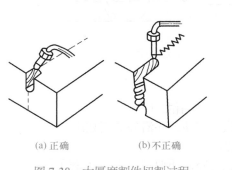

(a) 正确　　　　　(b) 不正确

图 7-38　大厚度割件切割过程

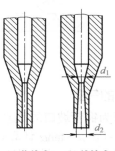

(a) 收缩式　　(b) 缩放式

图 7-39　割嘴内嘴

⑤ 手工气割大厚度钢板（300～600mm）的气割参数见表7-32。在气割过程中，若遇到割不穿的情况，应立即停止气割，以免气涡和熔渣在割缝中旋转使割缝产生凹坑，重新起割时应选择另一方向作为起割点。整个气割过程，必须保持均匀一致的气割速度，以免影响割缝宽度和表面粗糙度。并应随时注意乙炔压力的变化，及时调整预热火焰，保持一定的火焰能率。

表7-32　手工气割大厚度钢板（300～600mm）的气割参数

工件厚度 /mm	喷嘴号码	预热氧压力 /MPa	预热乙炔压力 /MPa	切割氧压力 /MPa
200～300	1	0.3～0.4	0.08～0.1	1～1.2
300～400	1	0.3～0.4	0.1～0.12	1.2～1.6
400～500	2	0.4～0.5	0.1～0.12	1.6～2
500～600	3	0.4～0.5	0.1～0.14	2～2.5

二、坡口的气割操作训练实例

1. 钢板坡口的气割

气割无钝边V形坡口时（图7-40），首先，要根据厚度 δ 和单边坡口角度 α 计算划线宽度 b（$b=\delta\tan\alpha$），并在钢板上划线。调整割炬角度，使之符合 α 角的要求，采用后拖或前推的操作方法切割坡口，如图7-41所示。为了使坡口宽度一致，也可以用简单的靠模进行切割，如图7-42所示。

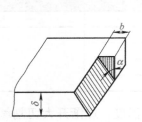

图7-40　V形坡口的手工气割

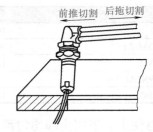

前推切割　后拖切割

图7-41　手工气割坡口的操作方法

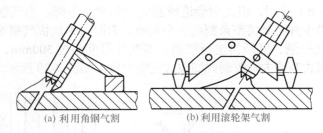

(a) 利用角钢气割　　　　(b) 利用滚轮架气割

图7-42　用辅助工具进行手工气割坡口

2. 钢管坡口的气割

图7-43所示为钢管坡口的气割，操作步骤如下。

① 由公式 $b=(\delta-p)\tan\alpha$ 计算划线宽度 b，并沿外圆周划出切割线。

② 调整割炬角度 α，沿切割线切割。

③ 切割时除保持割炬的倾角不变之外，还要根据钢管上的不同位置，不断调整好割炬

的角度。

三、钢板开孔的气割操作训练实例

割炬
α
δ
p
b

图 7-43　钢管坡口的气割

钢板的气割开孔分为水平气割开孔和垂直气割开孔两种情况。

1. 钢板水平气割开孔

气割开孔时，起割点应选择在不影响割件使用的部位。在厚度＞ 30mm 的钢板开孔时，为了减少预热时间，用錾子将起割点铲毛，或在起割点用电焊焊出一个凸台。将割嘴垂直于钢板表面，采用较大能率的预热火焰加热起割点，待其呈亮红色时，将割嘴向切割方向后倾 20° 左右，慢慢开启切割氧调节阀。随着开孔度增加，割嘴倾角应不断减小，直至与钢板垂直为止。起割孔割穿后，即可慢慢移动割炬，沿切割线割出所要求的孔洞，如图 7-44 所示。利用上述方法也可以气割图 7-45 所示的“8”字形孔洞。

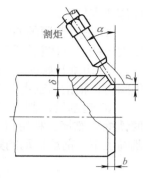

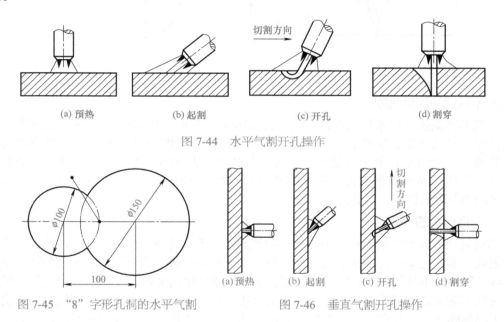

切割方向
(a) 预热
(b) 起割
(c) 开孔
(d) 割穿

图 7-44　水平气割开孔操作

ϕ100
ϕ150
100

图 7-45　“8”字形孔洞的水平气割

切割方向
(a) 预热
(b) 起割
(c) 开孔
(d) 割穿

图 7-46　垂直气割开孔操作

2. 钢板垂直气割开孔

处于铅垂位置的钢板气割开孔的操作方法与水平位置气割基本相同，只是在操作时割嘴向上倾斜，并向上运动以便预热待割部分，如图 7-46 所示。待割穿后，可将割炬慢慢移至切割线割出所需孔洞。

四、难切割材料的气割操作训练实例

1. 不锈钢的振动气割

不锈钢在气割时生成难熔的 Cr_2O_3，所以不能用普通的火焰气割方法进行切割。不锈钢切割一般采用空气等离子弧切割，在没有等离子弧切割设备或需切割大厚度钢板情况下，也可以采用振动气割法。振动气割法是采用普通割炬使割嘴不断摆动来实现切割的方法。这种方法虽然切口不够光滑，但突出的优点是设备简单、操作技术容易掌握，而且被切割工件的厚度可以很大，甚至可达 300mm 以上。不锈钢振动气割如图 7-47 所示。不锈钢振动气割的

操作要点如下。

① 采用普通的 G01-300 型割炬,预热火焰采用中性焰,其能率比气割相同厚度的碳钢要大一些,且切割氧压力也要加大 15%～20%。

② 切割开始时,先用火焰加热工件边缘,待其达到红热熔融状态时,迅速打开切割氧气阀门,稍抬高割炬,熔渣即从切口处流出。

③ 起割后,割嘴应做一定幅度的上下、前后振动,以此来破坏切口处高熔点氧化膜,使铁继续燃烧。利用氧流的前后、上下的冲击作用,不断将焊渣吹掉,保证气割顺利进行。割嘴上下、前后振动的频率一般为 20～30 次/min,振幅为 10～15mm。

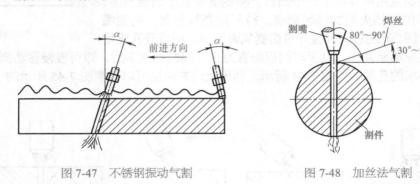

图 7-47　不锈钢振动气割　　　　　图 7-48　加丝法气割

2. 不锈钢的加丝气割

气割不锈钢还可以采用加丝法,选用直径为 4～5mm 的低碳钢丝 1 根,在气割时由一专人将该钢丝以与切割表面成 30°～45°方向不断送入切割气流中,利用铁在氧中燃烧产生最大的热量,使切割处金属温度迅速升高,而燃烧所生成的氧化铁又与三氧化二铬形成熔渣,熔点降低,易于被氧吹走,促使切割顺利进行,如图 7-48 所示。采用加丝法气割时,割炬和割嘴与碳钢相同,不必加大号码。

3. 复合钢板的气割

不锈复合钢板的气割不同于一般碳钢的气割。由于不锈钢复合层的存在,给切割带来一定的困难,但它比单一的不锈钢板容易切割。用一般切割碳钢的气割参数来切割不锈复合钢板,经常发生切不透的现象。保证不锈复合钢板切割质量的关键是使用较低的切割氧气压力和较高的预热火焰氧气压力。因此,应选用等压力式割炬。切割不锈复合钢板时,基层(碳钢面)必须朝上,切割角度应向前倾,以增加切割氧气流所经过的碳钢的厚度,这对切割过程非常有利。操作中应注意将切割氧阀门开得较小一些,而预热火焰调得较大一些。

切割 16mm+4mm 复合钢板时,采用半自动气割机分别送氧的气割参数:切割氧压力为 0.2～0.25MPa,预热气压力为 0.7～0.8MPa。改用手工气割后所采用的气割参数:切割速度为 360～380mm/min,氧气压力为 0.7～0.8MPa,割嘴直径为 2～2.5mm(G01-300 型割炬,2 号嘴头),嘴头与工件距离为 5～6mm。

4. 铸铁的振动气割

铸铁材料的振动气割原理和操作方法基本上与不锈钢振动切割相同。切割时,以中性火焰将铸铁切口处预热至熔融状态后,再打开切割氧气阀门,进行上、下振动切割。每分钟上、下振动 30 次左右,铸铁厚度在 100mm 以上时,振幅为 8～15mm。当切割一段后,振动次数可逐渐减少。甚至可以不用振动,而像切割碳钢板那样进行操作,直至切割完毕。

切割铸铁时,也可采用沿切割方向前后振动或左右横向振动的方法进行振动切割。如采用横向振动,根据工件厚度的不同,振动幅度可在 8～10mm 范围内变动。

第八章
其他焊接方法

一、电阻焊的特点及应用范围

焊件组合后通过电极施加压力，利用电流通过接头的接触面及邻近区域产生的电阻热进行焊接的方法称为电阻焊。主要分为点焊、缝焊、凸焊及对焊。

1. 电阻焊的特点

① 电阻焊是利用焊件内部产生的电阻热由高温区向低温区传导，加热并熔化金属实现焊接的。电阻焊的焊缝是在压力下凝固或聚合结晶，属于压焊范畴，具有锻压特征。由于焊接热量集中，加热时间短，焊接速度快，所以热影响小，焊接变形与应力也较小，因此，通常焊后不需要校正及焊后热处理。

② 通常不需要焊条、焊丝、焊剂、保护气体等焊接材料，焊接成本低。电阻焊的熔核始终被固体金属包围，熔化金属与空气隔绝，焊接冶金过程比较简单。操作简单，易于实现自动化，劳动条件较好，生产率高，可与其他工序一起安排在组装焊接生产线上。但是闪光焊因有火花喷溅，还需隔离。

③ 由于电阻焊设备功率大，焊接过程的程序控制较复杂。自动化程度较高，使得设备的一次性投资大，维修困难，而且常用的大功率单相交流焊机不利于电网的正常运行。

④ 点焊、缝焊的搭接接头不仅增加构件的质量，而且使接头的抗拉强度及疲劳强度降低。电阻焊质量目前还缺乏可靠的无损检测方法，只能靠工艺试样、破坏性试验来检查，以及靠各种监控技术来保证。

2. 电阻焊的应用范围

电阻焊广泛应用于航空、航天、能源、电子、汽车、轻工等各工业部门。

二、点焊

（一）点焊的特点、应用范围及过程

点焊是将焊件组装成搭接接头，并在两电极之间压紧，电流在接触处便产生电阻热，当

焊件接触加热到一定的程度时断电（锻压），使焊件可与圆点熔合在一起而形成焊点。焊点形成过程可分为焊件压紧、通电加热进行焊接、断电（锻压）3个阶段。

1. 点焊的特点

① 焊件间靠尺寸不大的熔核进行连接。熔核应均匀、对称分布在两焊件的接合面上。焊接电流大，加热速度快，焊接时间短，仅需要千分之几秒到几秒时间。

② 焊接时不用填充金属、焊剂，焊接成本低。操作简单，易于实现自动化，生产效率高，劳动条件好。

2. 点焊的应用范围

点焊广泛应用于汽车驾驶室、轿车车身、飞机机翼、建筑用钢筋、仪表壳体、电器元件引线、家用电器等，可焊接低碳钢、低合金钢、镀层钢、不锈钢、高温合金、铝及铝合金、钛及钛合金、铜及铜合金等，可焊接不同厚度、不同材料的焊件。最薄可点焊 0.005mm，最大厚度低碳钢一般为 2.5～3.0mm，小型构件为 5～6mm，特殊情况可达 10mm；钢筋和棒料的直径可达 25mm；铝合金电阻点焊的最大厚度为 3.0mm；耐热合金厚度为 3.0mm，低合金钢、不锈钢厚度小于 6mm；不等厚度时，厚度比一般不超过 1.3。电阻点焊的种类及应用范围见表 8-1。

表 8-1 电阻点焊的种类及应用范围

点焊种类	图示	特点	所需设备			应用范围
			电源组成	控制开关	复杂程度	
工频交流点焊	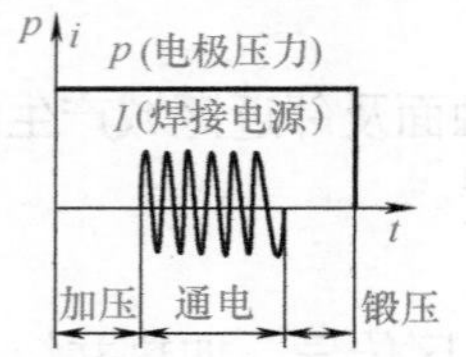	电流幅值大小不变，通电时间较长，压力恒定	焊接变压器	机械或继电器式	最简单，一般为小型	各种钢材不重要件
				半同步电子离子式	较简单，一般为中、大型	各种钢材一般件
				同步电子离子式	较复杂，一般为中、大型	各种重要的钢材件，一般的铝及其合金件
工频交流多脉冲点焊	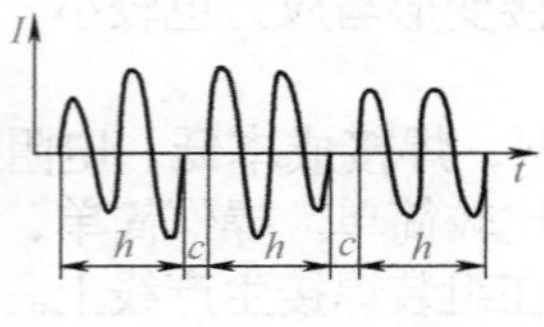	电流幅值可调，通电时间较长；可连续通电；压力恒定	焊接变压器	半同步电子离子式	较复杂	要求焊前预热和焊后缓冷的低合金钢和硬铝等
				同步电子离子式	复杂	
直流冲击波点焊	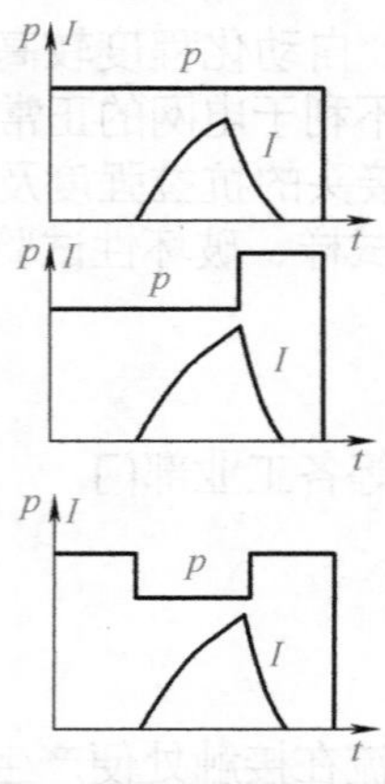	电流渐增，通电时间较短，压力可分为恒定压力、提高预压力和提高锻压力	变压器、整流器和焊接变压器	同步电子离子式	很复杂，一般为大型	一般的和重要的铝及铝合金件

点焊种类	图示	特点	所需设备			应用范围
			电源组成	控制开关	复杂程度	
电容储能点焊	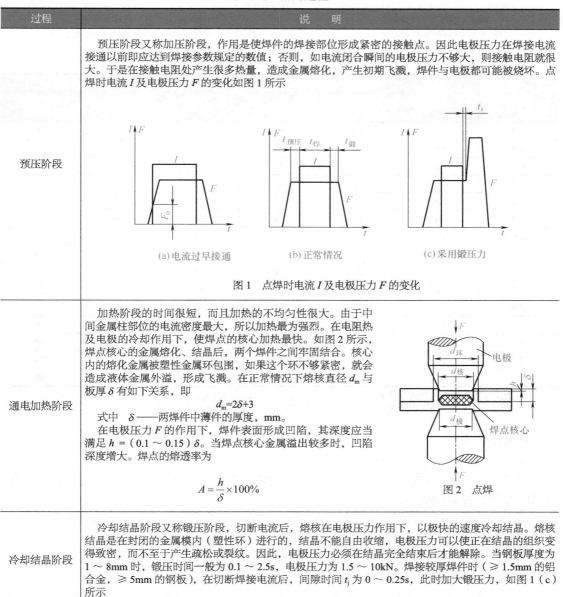	电流渐增，通电时间极短	变压器、电容器和焊接变压器	机械、继电器或电子离子式	小型较简单，大型较复杂	异种金属、铝及铝合金不等厚件及精密件和重要件

3. 点焊过程

表 8-2　点焊过程

过程	说　明
预压阶段	预压阶段又称加压阶段，作用是使焊件的焊接部位形成紧密的接触点。因此电极压力在焊接电流接通以前即应达到焊接参数规定的数值；否则，如电流闭合瞬间的电极压力不够大，则接触电阻就很大。于是在接触电阻处产生很多热量，造成金属熔化，产生初期飞溅，焊件与电极都可能被烧坏。点焊时电流 I 及电极压力 F 的变化如图 1 所示 (a)电流过早接通　　(b)正常情况　　(c)采用锻压力 图 1　点焊时电流 I 及电极压力 F 的变化
通电加热阶段	加热阶段的时间很短，而且加热的不均匀性很大。由于中间金属柱部位的电流密度最大，所以加热最为强烈。在电阻热及电极的冷却作用下，使焊点的核心加热最快。如图 2 所示，焊点核心的金属熔化、结晶后，两个焊件之间牢固结合。核心内的熔化金属被塑性金属环包围，如果这个环不够紧密，就会造成液体金属外溢，形成飞溅。在正常情况下熔核直径 d_m 与板厚 δ 有如下关系，即 $$d_m=2\delta+3$$ 式中　δ——两焊件中薄件的厚度，mm。 　　在电极压力 F 的作用下，焊件表面形成凹陷，其深度应当满足 $h=(0.1\sim0.15)\delta$。当焊点核心金属溢出较多时，凹陷深度增大。焊点的熔透率为 $$A=\frac{h}{\delta}\times100\%$$ 图 2　点焊
冷却结晶阶段	冷却结晶阶段又称锻压阶段，切断电流后，熔核在电极压力作用下，以极快的速度冷却结晶。熔核结晶是在封闭的金属模内（塑性环）进行的，结晶不能自由收缩，电极压力可以使正在结晶的组织变得致密，而不至于产生疏松或裂纹。因此，电极压力必须在结晶完全结束后才能解除。当钢板厚度为 $1\sim8$mm 时，锻压时间一般为 $0.1\sim2.5$s，电极压力为 $1.5\sim10$kN。焊接较厚焊件时（$\geqslant1.5$mm 的铝合金，$\geqslant5$mm 的钢板），在切断焊接电流后，间隙时间 t_j 为 $0\sim0.25$s，此时加大锻压力，如图 1（c）所示

（二）点焊结构设计

1. 接头形式和接头尺寸

① 接头形式。最常见的是板与板点焊时采用搭接和卷边接的形式，点焊接头形式如图 8-1 所示。圆棒的点焊也比较常用，圆棒与圆棒、圆棒与板材的点焊如图 8-2 所示。

② 接头尺寸。为保证点焊接头质量，点焊接头尺寸设计应该恰当。推荐点焊接头尺寸见表 8-3。

（a）搭接　　　　（b）卷边接　　　　圆棒与圆棒的点焊　　　　圆棒与板材的点焊

图 8-1　点焊接头形式　　　　　　图 8-2　圆棒与圆棒、圆棒与板材的点焊

表 8-3　推荐点焊接头尺寸

薄件厚度 δ/mm	熔核直径 d/mm	单排焊缝最小搭边[①] b/mm		最小工艺点距[②] e/mm		
		轻合金	钢、钛合金	轻合金	低合金钢	不锈钢、耐热钢、耐热合金
0.3	2.5^{+1}	8.0	6	8	7	5
0.5	3.0^{+1}	10	8	11	10	7
0.8	3.5^{+1}	12	10	13	11	9
1.0	4.0^{+1}	14	12	14	12	10
1.2	5.0^{+1}	16	13	15	12	11
1.5	6.0^{+1}	18	14	20	14	12
2.0	$7.0^{+1.5}$	20	16	25	18	14
2.5	$8.0^{+1.5}$	22	18	30	20	16
3.0	$9.0^{+1.5}$	26	20	35	24	18
3.5	10^{+2}	28	22	40	28	22
4.0	11^{+2}	30	26	45	32	24
4.5	12^{+2}	34	30	50	26	26
5.0	13^{+2}	36	34	55	40	30
5.5	14^{+2}	38	38	60	46	34
6.0	15^{+2}	43	44	65	52	40

① 搭边尺寸不包括弯边圆角半径 r；点焊双排焊缝或连接 3 个以上零件时，搭边应增加 25%～35%。
② 若要缩小点距，则应考虑分流而调整规范；焊件厚度比大于 2 或连接 3 个以上零件时，点距应增加 10%～20%。

2. 结构形式

被焊工件结构的设计应考虑以下因素。

① 伸入焊机回路内的铁磁体工件或夹具的断面面积应尽可能小，且在焊接过程中不能剧烈的变化，否则会增加回路阻抗，使焊接电流减小。

② 尽可能采用具有强烈水冷的通用电极进行点焊。可采用任意顺序来进行点焊各焊点，以防止变形。焊点离焊件边缘的距离不应太小。

③ 焊点不应布置在难以形变的位置，点焊结构如图 8-3 所示。

3. 焊点位置分布

一般要求在满足设计强度的情况下，尽量使焊点位置便于施焊。刚度较小的地方工艺性好，质量易保证。焊点位置分布如图 8-4 所示。

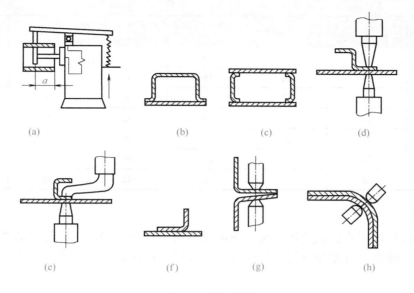

图 8-3　点焊结构

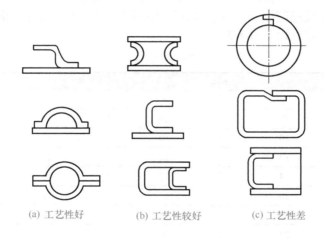

(a) 工艺性好　　　(b) 工艺性较好　　　(c) 工艺性差

图 8-4　焊点位置分布

4. 搭接的层数及搭接宽度

一般应尽可能采用双层搭接，在次级整流式焊机上采用多层搭接保证焊接质量。点焊接头的搭接宽度见表 8-4。

表 8-4　点焊接头的搭接宽度　　　　　　　　　　　　　　mm

最薄零件厚度	单排焊点			双排焊点		
	结构钢	耐热钢及其合金	轻合金	结构钢	耐热钢及其合金	轻合金
0.5	8	6	12	16	14	22
0.8	9	7	12	18	16	22
1.0	10	8	14	20	18	24

最薄零件厚度	单排焊点			双排焊点		
	结构钢	耐热钢及其合金	轻合金	结构钢	耐热钢及其合金	轻合金
1.2	11	9	14	22	20	26
1.5	12	10	16	24	22	30
2.0	14	12	20	28	26	34
2.5	16	14	24	32	30	40
3.0	18	16	26	36	34	46
3.5	20	18	28	40	38	48
3.0	22	20	30	42	40	50

5. 边距

边距是指熔核中心到板边的距离。该距离的母材金属应能承受焊接循环中由熔核内部产生的压力。最小的边距与母材金属的成分和强度、截面厚度、电极面的形状和焊接循环有关。

6. 焊点距

点焊时，两个相邻焊点间的中心距称为焊点距。为保证接头强度和减少电流分流，应控制焊点距。在保证强度的前提下，尽量增大焊点间距，多列焊点最好交错排列而不做短形排列。常用金属材料推荐点距见表 8-5。

表 8-5　常用金属材料推荐点距　　　　　　　　　　　　　　　　　mm

板厚	不锈钢、耐热钢	钛合金	低碳钢、低合金钢	铝合金
0.5	8	8	10	15
0.8	9	10	12	17
1.0	10	10	13	20
1.5	12	12	15	25
2.0	14	15	16	27
2.5	16	16	18	30
3.0	18	18	20	30
3.5	20	20	22	30
4.0	22	23	24	35

7. 单焊点最小直径和剪切强度

表 8-6　单焊点最小直径和剪切强度

工作厚度 /mm	焊点直径 /mm	剪切强度 /（N/ 点）					
		10 20	30CrMn-SiA	1Cr8Ni-9Ti	LY12	LF2	LF21
0.5+0.5	3.0	1800	2200	2400	700	500	450
0.5+0.8	3.5	3500	4400	4800	1350	1000	900
1.0+1.0	4.0	4500	6000	6500	1600	1400	1200
1.2+1.2	5.0	7000	10000	10000	2100	1800	1400

工作厚度 / mm	焊点直径 /mm	剪切强度 / (N/ 点)					
		10 20	30CrMn- SiA	1Crl8Ni- 9Ti	LY12	LF2	LF21
1.5+1.5	6.0	10000	12000	12000	3000	2500	1700
2.0+2.0	7.0	14000	18000	18000	4200	3800	—
2.5+2.5	8.0	16000	22000	22000	5500	4500	—
3.0+3.0	9.0	20000	26000	26000	7000	6600	—
3.5+3.5	10.0	24000	34000	34000	9000	7200	—
4.0+4.0	12.0	32000	40000	40000	12000	8500	—

（三）点焊机的正确使用方法

下面以一般工频交流点焊机为例说明点焊机的调节步骤。

① 检查气缸内有无润滑油，如无润滑油会很快损坏压力传动装置的衬环。每天开始工作之前，必须通过注油器对滑块进行润滑。

② 接通冷却水，并检查各支路的流水情况和所有接头处的密封状况。检查压缩空气系统的工作状况。拧开上电极的固定螺母，调节好行程，然后把固定螺母拧紧。调整焊接压力，应按焊接参数选择适当的压力。

③ 断开焊接电流的小开关，踩下脚踏开关，检查焊机各元件的动作，再闭合小开关、调整好焊机。标有电流"通""断"的开关能断开和闭合控制箱中的有关电气部分，使焊机在没有焊接电源的情况下进行调整。在调整焊机时，为防止误接焊接电源，可取下调节级数的任何一个闸刀。

④ 焊机准备焊接前，必须把控制箱上的转换开关放在"通"的位置，待红色信号灯发亮。装上调节级数开关的闸刀，选择好焊接变压器的调节。打开冷却系统阀门，检查各相应支路中是否有水流出，并调节好水流量。

⑤ 把焊件放在电极之间，并踩下脚踏开关的踏板，使焊件压紧，做一工作循环，然后把焊接电源开关放在"通"的位置，再踩下脚踏开关，即可进行焊接。

⑥ 焊机次级电压的选择由低级开始，时间调节的"焊接""维持"延时，应按焊接参数决定。"加压"及"停息"延时应根据电极工作行程在切断焊接电流后进行调节。

当焊机短时停止工作时，必须将控制电路转换开关放在"断"的位置，切断控制电路，关闭进气、进水阀门。当较长时间停止工作时，必须切断控制电路电源，并停止供应水和压缩空气。

（四）焊接顺序和点焊方法

1. 焊接顺序

① 所有焊点都尽量在电流分流值最小的条件下进行点焊。

② 焊接时应先进行定位点焊，定位点焊应选择在结构最难以变形的部位，如圆弧上、肋条附近等。尽量减小变形，当接头的长度较长时，点焊应从中间向两端进行。

③ 对于不同厚度铝合金焊件的点焊，除采用强规范外，不可以在厚件一侧采用球面半径较大的电极，以有利于改善电阻焊点核心偏向厚件的程度。

2. 点焊方法

点焊按一次形成的焊点数，可分为单点焊和多点焊；按对焊件的供电方向，可分为单面点焊和双面点焊，常用点焊方法见表8-7。

表 8-7　常用点焊方法

方法	图示	说明
双面单点焊	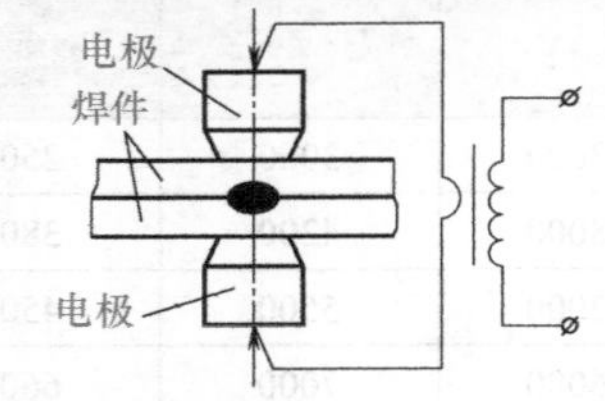	两个电极从焊件上、下两侧接近焊件并压紧,进行单点焊接。此种焊接方法能对焊件施加足够大的压力,焊接电流集中通过焊接区,减少焊件的受热体积,有利于提高焊点质量
单面双点焊	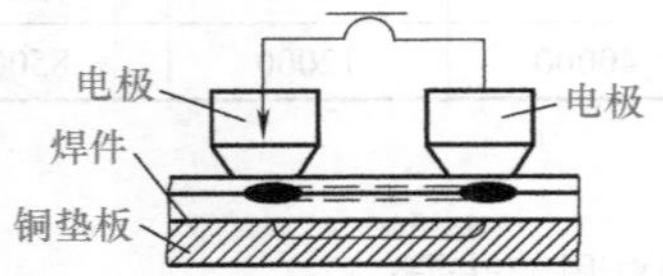	两个电极放在焊件同一面,一次可同时焊成两个焊点。其优点是生产率高,可焊接尺寸大、形状复杂和难以用双面单点焊的焊件,易于保证焊件一个表面光滑、平整、无电极压痕。缺点是焊接时部分电流直接经上面的焊件形成分流,使焊接区的电流密度下降,减小分流的措施是在焊件下面加铜垫板
单面单点焊	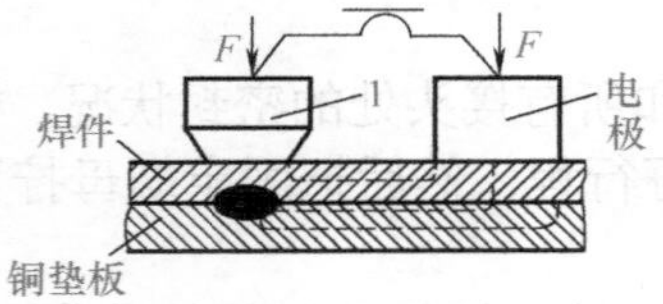	两个电极放在焊件的同一面,其中一个电极与焊件接触的工作面很大,仅起导电快的作用,对该电极也不施加压力。这种方法与单面双点焊相似,主要用于不能采用双面单点焊的场合
双面双点焊	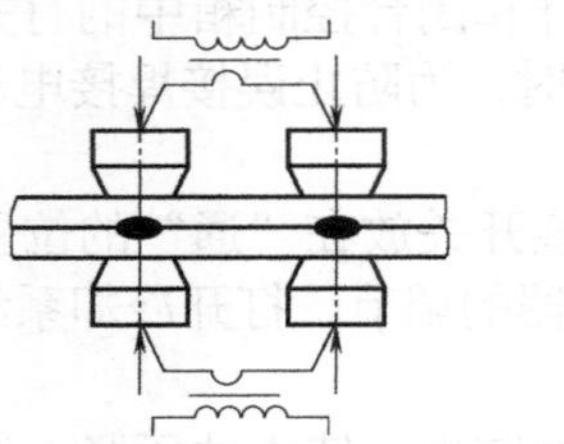	由两台焊接变压器分别对焊件上、下两面的成对电极供电。两台变压器的接线方向应保证上、下对准电极,并在焊接时间内极性相反。上、下两变压器的二次电压成顺向串联,形成单一的焊接回路。在一次点焊循环中可形成两个焊点。其优点是分流小,主要用于厚度较大、质量要求较高的大型部件的点焊
多点焊	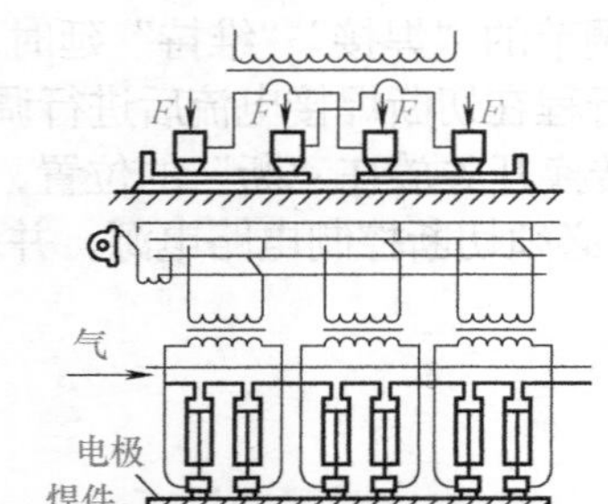	多点焊是指一次可以焊多个焊点的方法。多点焊即可采用数组单面双点焊组合起来,也可采用数组双面单点焊或双面双点焊组合进行点焊。由于这种方法生产率高,在汽车制造工业等大量生产中得到了广泛应用

(五)点焊操作工艺

1. 焊前准备

① 焊件表面清理。焊接前应清除焊件表面的油、锈、氧化皮等污物,一般可采用机械打磨方法和化学清洗方法。

② 焊件装配。装配间隙一般为 0.5 ～ 0.8mm。采用夹具或夹子焊件夹牢。

2.电极的分类及特点（表 8-8）

表 8-8　电极的分类及特点

分类依据	类别	特　　　点
按电极工作表面形状	平面电极	平面电极用于结构钢的电阻点焊，工作部分的圆锥角为 15°～30°
	球面电极	球面电极用于轻合金的电阻点焊，它的优点是易散热、易使核心压固，并且当电极稍有倾斜时，不致影响电流和压力的均衡分布，不致引起内部和表面的飞溅
按电极结构形式	直电极	直电极加压时稳定，通用性好
	特殊电极	特殊电极用于直电极难以工作的场合，根据焊件的形状、开敞性等因素设计特殊电极

注：1. 电极直接影响到电阻点焊的质量。
2. 电阻点焊电极多采用锥体配合，锥度为 1∶5 和 1∶10。

平面电极倾斜的影响如图 8-5 所示。特殊电极如图 8-6 所示。

图 8-5　平面电极倾斜的影响

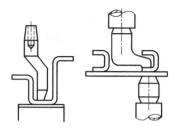

图 8-6　特殊电极

3.点焊焊接参数的选择

① 焊接电流。焊接电流决定析热量的大小，并直接影响熔核直径与焊透率，必然影响焊点的强度。如电流太小，则能量过小，无法形成熔核或熔核过小。如电流太大，则能量过大，容易引起飞溅，电阻点焊时的飞溅如图 8-7 所示。接头拉剪载荷与焊接电流的一般关系如图 8-8 所示。

② 焊接通电时间。焊接通电时间对析热与散热均产生一定的影响。在焊接通电时间内，焊接区析出的热量除部分散失外，将逐步积累，用来加热焊

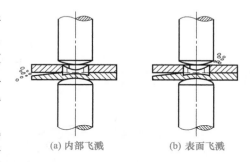

(a) 内部飞溅　　　(b) 表面飞溅

图 8-7　电阻点焊时的飞溅

接区，使熔核扩大到所要求的尺寸。如焊接通电时间太短，则难以形成熔核或熔核过小。点焊析热与散热对熔核尺寸的影响规律与焊接电流相似，拉剪载荷与焊接时间的关系如图 8-9 所示。

③ 电极压力。电极压力大小将影响到焊接区的加热程度和塑性变形程度。随着电极压力的增大，则接触电阻减小，使电流密度降低，从而减慢加热速度，导致焊点熔核减小、强度降低，如图 8-10（a）所示。但当电极压力过小时，将影响焊点质量的稳定性，因此，如在增大电极压力的同时，适当延长焊接时间或增大焊接电流，可使焊点强度的分散性降低，焊点质量稳定，如图 8-10（b）所示。

④ 电极工作端面的形状和尺寸。电极头的形状和尺寸影响焊接电流密度、散热效果、接触面积、焊点工件表面质量。

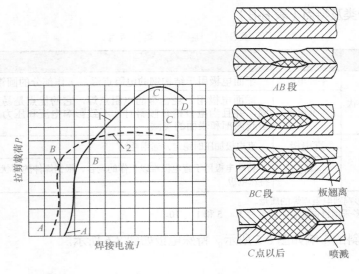

图 8-8　接头拉剪载荷与焊接电流的一般关系

1—板厚 1.6mm 以上；2—板厚 1.6mm 以下

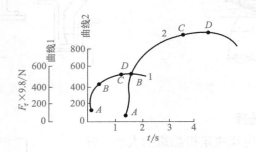

图 8-9　拉剪载荷与焊接时间的关系

1—板厚 1mm；2—板厚 5mm

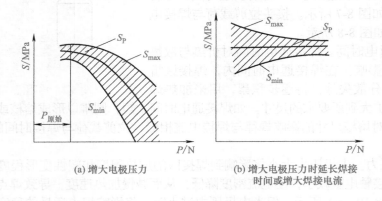

(a) 增大电极压力

(b) 增大电极压力时延长焊接
时间或增大焊接电流

图 8-10　焊点拉剪力与电极压力的关系

S_P—焊点平均拉剪力；S_{max}—焊点最大拉剪力；S_{min}—焊点最小拉剪力

　　熔核尺寸与电极端面直径 d_n 的关系如图 8-11 所示。根据焊件结构形式、厚度及表面质量要求等的不同，使用电极端头的开头有所不同。点焊电极端头形状如图 8-12 所示。

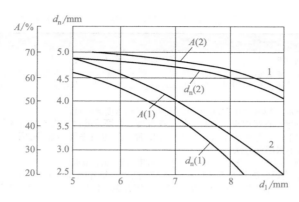

图 8-11　熔核尺寸与电极端面直径 d_n 的关系

曲线 1—1Cr18Ni9Ti 钢；曲线 2—BHC2 钢；板厚 δ=1+1mm

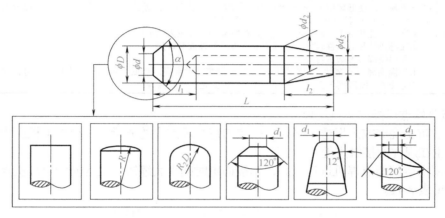

图 8-12　点焊电极端头形状

　　焊接各种钢材用平面电极，焊接纯铝、铝合金、钛合金用球面电极。在点焊过程中，电极头产生压溃变形和粘损，需要不断地修锉电极头。同时规定，锥台形电极头端面尺寸增加 $\Delta d < 15\% \, d_1$ 时，端面到水冷端距离 l_1 的减小也要控制，低碳钢点焊 $l_1 \geqslant 3mm$，铝合金点焊 $l_1 \geqslant 4mm$。

　　通常选择焊点直径为电极表面直径（指平面电极）的 0.9～1.4 倍。

　　⑤ 不等厚度和特殊钢板电阻点焊焊接参数，见表 8-9。

表 8-9　不等厚度和特殊钢板电阻点焊焊接参数

不等厚度	一厚一薄	按薄件略增大焊接电流或通电时间
	三层，中间厚两边薄	按薄件略增大焊接电流或通电时间
	三层，中间薄两边厚	按厚件略减小焊接电流或通电时间
特殊钢板	涂漆	电极压力增加 20%
	镀铅	焊接电流增加 20%～50% 或通电时间增加 20%
	镀锌	电极压力增加 20%
	镀铜	焊接电流增加 20%～50% 或通电时间增加 20%
	磷化	焊接电流增加 30%～50%

　　⑥ 不同厚度、不同材料点焊操作要点及焊接参数，见表 8-10。

表 8-10　不同厚度、不同材料点焊操作要点及焊接参数

类别	操作要点及焊接参数
不同厚度的两板点焊	不同厚度的两板点焊时，由于上、下板电流场分布不对称，加上两板散热条件不相同，导致熔核偏向厚板一侧。为了保证强度及薄件的焊透率（一般要求薄板一侧的焊透率>10%，厚板的一侧达到20%）和表面质量，可按不同情况设法调整熔核偏移量。调整的原则是提高焊件发热量、减少散热。常用方法有下列几种 ①采用大电流、焊接通电时间短、焊接接合点电密度高的规范 ②在薄件侧用小直径电极，但会增加压痕深度。如要求薄件侧表面光滑平整，就不能采用小直径电极。如材料导热性不高、厚度比不大（≤1∶3），厚板侧也可采用小直径的平面电极，但热导率高的材料或厚度比过大时不采用此方法 ③在薄件侧采用热导率较低的电极或增加从电极端面冷却水孔底部的距离 ④在薄件侧放置导热差的工艺垫片或冲工艺凸点。垫片的厚度为0.2～0.3mm，垫片材质应根据焊件的材质来决定，如不锈钢垫片可用来点焊铜或铝合金。使用垫片时注意规范不能过大，以免垫片粘在焊件上 ⑤利用直流电进行点焊，如点焊铝合金时可用直流点焊机
不同材料的点焊	不同材料点焊，如不锈钢与低碳钢或低合金钢点焊时，由于不锈钢的导电性和导热性差，熔核向不锈钢一侧偏移，使低碳钢或低合金钢的熔透率降低。当导电性差的金属比导热性好的金属厚时，熔核偏移更严重。为了获得满意的焊透率，可采取下列措施 ①在导热性和导电性较差的一侧放置接触端面尺寸较大的电极 ②在导热性和导电性较好的金属侧与电极接触处外放置垫片 ③采用硬焊接参数进行点焊 ④为提高焊点的塑性，可在两焊件间加一层第三种金属。当低合金钢与铝点焊时，可在钢表面上先镀一层铜或银；低碳钢与黄铜点焊时，可在钢表面先镀一层锡等

⑦ 超薄件点焊操作要点及焊接参数。

a. 为了防止烧穿或未焊透，必须严格控制每个焊点上的能量，并要求电极压力小，使热量主要产生在焊件间接触点处。

b. 采用电容储能点焊机进行点焊，焊接通电时间大大缩短。电容储能点焊机点焊超薄件焊接参数见表8-11。

表 8-11　电容储能点焊机点焊超薄件焊接参数

材质	焊件厚度 /mm	电容器容量 /μF	电容器充电电压 /V	电极压力 /N	电极头直径 /mm
低碳钢	0.1	50		90～100	
	0.2	90		90～100	
	0.3	150		90～100	
镀锡钢	0.1	30	600	70	2
	0.2	100		80～100	
	0.3	160		80～100	
黄铜	0.1	100		40～50	
	0.3	400		200～240	

4. 常用金属材料点焊时的操作要点

表 8-12　常用金属材料点焊时的操作要点

材料	点焊时的操作要点
低碳钢	低碳钢通常指 C 0.25% 的钢材，点焊焊接性较好。厚度在0.25～6.0mm的低碳钢可用交流点焊机进行点焊。超过该范围的低碳钢需采用特殊的点焊机和特殊的工艺进行点焊。当厚度大于6mm时，由于焊件的刚性大，要使薄件可靠接触，必须有很大的电极压力，另外，核心压实所需的锻压力也很大。当板厚δ大于6mm点焊困难时，需采取下列措施 ①因焊件刚性大，需要增大电极压力 ②电流分流加大，需要大容量焊机 ③厚钢件伸入焊机回路，将减少焊接电流，需要增大焊接电流 ④电极磨损加剧，需增加修锉电极次数

材料	点焊时的操作要点
中碳钢、低合金钢	中碳钢、低合金钢一般指 C > 0.25% 的碳钢和碳当量 > 170.30% 的低合金钢。由于含碳量增加和合金元素的加入，使奥氏体稳定性增加。点焊时，高温停留时间短、冷却速度快，导致奥氏体内成分不均匀，冷却后会出现淬硬组织，使焊点硬度高，塑性低。同时，这些钢结晶温度宽，在熔核结晶时易形成热裂纹。为了提高焊点的塑性和防止裂纹的产生可采取以下措施： ①降低冷却速度，或者采用局部和整体焊后热处理，以提高焊点塑性，对于焊前为淬火状态的低合金结构钢，点焊时的电极压力需提高 15% ~ 20%。为了避免产生飞溅，可采用递增焊接电流或采用带预热电流的规范，对焊件进行预热，以提高塑变能力 ②采用软规范点焊。通电时间为焊接同厚度低碳钢的 3 ~ 4 倍。但软规范点焊存在着热影响区大、晶粒长大严重、焊接变形大、接头力学性能降低等缺点，因此，通常仅用于焊接质量要求一般的焊件 ③采用双脉冲范围点焊可使熔核在凝固时受到补充加热，因而降低凝固速度，同时增加电极压力的压实效果
不锈钢	①奥氏体不锈钢点焊。奥氏体不锈钢电导率低，导热性差，淬硬倾向小且不带磁性，因此点焊焊接性良好。与低碳钢相比，一般采用小电流、短时间、普通工频交流点焊即可。但应注意，不锈钢的高温强度高，必须提高电极（推荐用 2 类或 3 类电极合金）压力。因不锈钢焊后变形大，故应注意焊接顺序，加强冷却，宜采用短时间加热规范 ②马氏体不锈钢。马氏体不锈钢由于有淬火倾向，点焊时要求采用较长的焊接时间。为消除淬硬组织，最好采用焊后回火的双脉冲点焊。点焊时一般不采用电极的外部水冷却，以免淬火而产生裂纹
高温合金钢	高温合金主要有镍基合金和铁基合金两类，电阻率和高温强度比不锈钢还大，所以可采用小电流、短时间、大电极压力。在点焊时要尽量避免重复再热，否则会产生裂纹，引起接头性能降低
铝合金	铝合金的电导率、热导率大，易产生氧化膜。点焊时，接头强度波动大，表面易过热并产生飞溅，塑性温度区窄，易出现缺陷。对此，应采取以下措施予以解决 ①焊前应进行彻底的清理。接头区焊件表面清理宽度为 30 ~ 50mm，一般采用化学清理效果较好，清理后施焊时不能超过 3 天 ②点焊时，应选用短时、大电流的硬规范，但应采用较低的电极压力 ③必须精确控制点焊各阶段的时间和采用阶梯形或鞍形压力 ④应选用电导率和热导率均高的电极，电极头工作端面应经常清理，以加强电极对焊点的冷却作用
钛及钛合金	钛虽然容易与氧、氮、氢等气体相互作用，但在点焊时熔核金属不直接和气体接触，所以不必采取特殊保护措施。钛及钛合金的热物理性能与奥氏体不锈钢相似，其点焊焊接性良好，点焊焊接参数与奥氏体不锈钢相似
铜及铜合金	目前纯铜点焊很困难，其原因是纯铜的电导率及热导率相当高。铜合金焊接性取决于导电性，导电性越好，点焊则越困难。如铜镍合金和硅青铜则很容易点焊，H62 黄铜则较难点焊
镀层钢板	镀锌钢板的熔点低（约为 419℃），在焊接过程中，锌层首先熔化，在电极与焊件接触面上流布，使接触面积增大。电极与焊件接触面上的镀层熔化后，与电极工作黏结，锌向电极中扩散，使铜电极合金化，导电、导热性能变坏。连续点焊时，电极头将迅速过热而变形，焊点强度逐渐降低，直至产生未焊透。点焊镀锌钢板与低碳钢相比，点焊规范有下列主要特点 ①焊接电流大，适用电流范围窄 ②焊接时间不宜过长，否则焊件与电极接触面上温度升高，破坏镀层、降低电极使用寿命和生产率 ③采用略高的电极压力，以便将熔化的锌层挤到焊区周围。同时降低残留在熔核内部的含锌量，减少发生裂纹的可能性 电极材料为 A 组 2 类，电极锥角为 100° ~ 140°，电极头直径为较薄焊件厚度的 4 ~ 5 倍，冷却水流量为 10 ~ 12L/min。点焊过程中，在电极的端面或周围容易堆积一层锌，应根据情况进行清理或更换电极
镀铝钢板	镀铝钢板分为两类：第一类以耐热为主，表面镀有一层厚 20 ~ 25μm 的 Al-Si 合金（含 Si 6% ~ 8.5%）可耐 640℃高温；第二类以耐腐蚀为主，为纯铝镀层，镀层厚为第一类的 1 ~ 3 倍。点焊这两类镀铝钢板时都可以获得强度良好的焊点 电极材料为 A 组 2 类，电极端面为球面电极，电极头球半径为 25mm（适合厚度 ≤ 0.6mm 的焊件）或 50mm（适合厚度 > 0.6mm 的焊件）。电极用到一定程度时需要采用 160 目或 240 目氧化铝砂布进行修正 由于镀层的导电、导热性好，因此需要较大的焊接电流。对于第二类镀铝钢板，由于镀层厚，应采用较大的电流和较低的电极压力

（六）点焊质量常见影响的因素

焊点质量（接头质量）直接影响着焊件的强度和使用性能。焊点质量必须符合表 8-13 的要求。

表 8-13　焊点质量的影响因素

影响因素		说明
焊点接头尺寸	熔核直径	低倍磨片上的熔核尺寸如下图所示 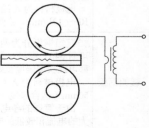 低倍磨片上的熔核尺寸 熔核直径 d 与电极工作表面直径有关，只要采用合适的电极直径和正确的焊接参数就能获得符合要求的熔核直径。熔核直径与电极头直径的关系为 $d=(0.9\sim1.4)d_{极}$。熔核直径 d 还应满足下列关系 $$d=2\delta+3\,(\text{mm})$$ 式中　d——熔核直径，mm 　　　δ——焊件厚度，mm
	焊透率	点焊、凸焊和缝焊时焊件的焊透程度，以熔深与板厚的百分比表示。焊透率的表达式为 $$n=\dfrac{h}{\delta-c}\times100\%$$ 式中　n——焊透率，mm 　　　h——熔深，mm 　　　δ——焊件厚度，mm 　　　c——压痕深度，mm 两板上的焊透率应分别计算，一般焊透率应为 20%～80%，但镁合金的最大焊透率只能为60%，而钛合金可达到 90%。焊接不同厚度焊件时，每一焊件上的最小焊透率可为薄件厚度的 20%
	压痕深度	在电极压力的作用下，焊件表面会形成凹陷。压痕深度是指焊件表面至压痕底部的距离。其表达式 $h=(0.1\sim0.15)\delta$ mm，式中，δ 为焊件厚度，mm。当两焊件厚度比 > 2∶1 或在难以接近的部位施焊，以及在焊件一侧采用平头电极时，压痕深度可增大至 $(0.2\sim0.25)\delta$
焊点接头强度		通常以正接强度和抗剪强度之比作为判断接头延性的指标，比值增大，则接头的延性越好。国家相关标准规定了接头剪切拉伸疲劳试验方法。对于多个焊点形成的接头强度，还取决于焊点距、边距、搭接宽度和焊点分布

三、缝焊

（一）缝焊的特点、应用范围及基本形式

工件装配搭接或对接接头并置于两滚轮之间，滚轮加压工件并转动，连续或断续送电，使之形成一条连续焊缝的电阻焊方法称为缝焊，如图 8-13 所示。

1. 特点

缝焊实质上是一连续进行的点焊。缝焊时接触区的电阻、加热过程、冶金过程和焊点的形成过程都与点焊相似。缝焊与点焊相比具有如下特点。

图 8-13　缝焊

① 焊件不是处在静止的电极压力下，而是处在滚轮旋转的情况下，因此会降低加压效果。

② 焊件的接触电阻比点焊小，而焊件与滚轮之间的接触电阻比点焊时大。

③ 前一个焊点对后一个焊点的加热有一定的影响。这种影响主要反映在分流影响和热

作用两个方面。缝焊时有一部分焊接电流流经已经焊好的焊点，削弱了对下一个正在焊接的焊点加热。另外，由于焊点靠得很近，上一个焊点焊接时会对下一个焊点有预热作用，有利于加热。

④ 滚轮连续滚动，在焊件各点的停止时间短，焊件表面散热条件较差。焊件表面易过热，容易与滚轮黏结而影响表面质量。

2. 应用范围

① 缝焊广泛用于油桶、罐头桶、暖气片、飞机和汽车油箱等密封容器的薄板焊接。

② 可焊接低碳钢、合金钢、镀层钢、不锈钢、耐热钢、铝及铝合金、铜及铜合金等金属。

3. 基本形式

缝焊按滚轮转动与馈电方式不同可分为连续缝焊、断续缝焊和步进缝焊 3 种形式，见表 8-14。

表 8-14　缝焊的基本形式

缝焊形式	说　　明
连续缝焊	焊件在两个滚轮电极连续移动（即滚轮连续转动），焊接电流也连续通过滚轮易发热和磨损，焊核周围易过热，熔核附近也容易过热，焊缝易下凹，这种工艺方法一般很少采用，但在高速缝焊时（4～15m/min），50Hz 交流电的每半周将形成一个焊点，其近似于断续缝焊，可在制桶、罐时采用
断续缝焊	焊件连续移动时，而焊接电流断续通过，在这种情况下，滚轮和工件在电流休止时间内得到冷却，减小热影响区的宽度和焊件的变形，从而获得较好的焊接质量。但是在熔核冷却时，滚轮以一定速度离开焊件，不能充分地挤压，致使某些金属会出现缩孔甚至裂纹，防止这种缺陷的方法是加大焊点与焊点之间的搭接量（＞50%），即降低缝焊速度，但最后一点的缩孔需采取在焊缝收尾部分逐点减小焊接电流的方法解决
步进缝焊	将焊件置于两滚轮电极之间，滚轮电极连续加压，间隙滚动，当滚轮停止滚动时通电，滚动时断电，这种交替进行的缝焊方法称为步进缝焊。由于焊件断续移动（即滚轮间隙式滚动），电流在焊件静止时通过。因此金属的熔化和熔核的结晶均处于滚轮不动时进行，从而改善了散热及锻压条件，提高了焊接质量和滚轮的使用寿命。步进缝焊广泛应用于铝、镁合金和焊件厚度＞4mm 的其他金属

（二）缝焊机的正确使用方法

表 8-15　缝焊机的正确使用方法

工序	使用方法说明
焊机的安装	以 FNI-150-1 型缝焊机为例 ① 安装缝焊机和控制箱时，不必用专门的地基。缝焊机为三相电源时应接保护短路器，并与控制箱相连。将 0.5MPa 的压缩空气源和焊机进气阀门相连，压力变化为 0.05MPa，同时进行密封性检查 ② 将水源接在焊机和控制箱的冷却系统，并检查密封状况，同时接好排水系统。缝焊机和控制箱应可靠接地
焊机的检查	① 安装好后应进行外部检查，特别是二次回路的接触部分。对于横向焊接的缝焊机，在拧紧电极的减振弹簧时，使距焊轮较远的弹簧较紧，中间的次之，距焊轮较近的弹簧则较松 ② 检查主动焊轮转动的方向，对于横向缝焊机一般从右到左
焊机的调整	① 调整电极的支撑装置，保持正确的位置，使导电轴不受焊轮的压力 ② 为了使上下焊轮的边缘相互吻合，在横向缝焊机上，沿下导电轴的螺纹移动接触套筒，且用锁紧螺母固紧
焊接压力的调节	焊接压力由气缸上气室中压缩空气的压力决定，压缩空气用减压阀调节。当需要减小储气室内压缩空气压力时，要放松减压阀上的调节螺钉，旋开通过储气筒上的旋塞，把部分压缩空气从储气室放出，然后再增高压力到所需值。上电极部分的起落可用支臂上的前部开关操纵，但必须先踏下脚踏开关的踏板一次。在调节时，为了防止误接通焊接电流，应取下调节级数开关上的任一把闸刀
焊接速度的调节	用一定长度的板条通过焊轮的时间来计算焊接速度。但要考虑到焊接速度由主动焊轮的直径来决定，并且随着焊轮的磨损，焊接速度也相应减小 在电动机工作时，旋转手轮，即可调节焊接速度。顺时针旋转时，焊接速度增加，逆时针方向旋转时，焊接速度减小

工序	使用方法说明
焊接规范的调节	焊接电流的调节可通过改变焊接变压器级数和控制箱上的"热量调节"来进行。而焊接时间包括脉冲和停息周数,可用控制箱上相应的手柄调节。焊接时规范调节的原则是焊接变压器级数开始时应选得低一些,控制箱上"热量控制"手柄放在1/4刻度的地方,并使"脉冲"和"停息"时间各为3周,焊接压力偏高一些,然后再改变焊接电流和焊接压力,相互配合选择最佳规范
焊接启动和停止	① 接上电源,将控制箱门上的开关放在"通"的位置,红色信号灯亮,绿色信号灯亮,冷却水接通正常。同时将"热量控制""脉冲"等手柄置于适当位置 ② 加油润滑所有运动部分,选择好焊接变压器的级数,将压缩空气输入气路系统,并用减压阀确定电极压力 ③ 将焊件或试样放到下轮轴上,踩下脚踏开关的踏板使焊件压紧,将开关拨到焊接电流"通"的位置,第二次踩下踏板,焊接开始 ④ 当焊件焊好后,第三次踩下踏板,切断电流,使电极向上,并停止电极的转动
工作间断	如果短暂停歇,应把焊机控制电路转换开关放在"断"的位置。把控制箱的控制开关放在"断"的位置。切断焊机开关,关闭压缩空气,关闭冷却水
停止工作	如焊机长期停用,必须将零件工作表面涂上油脂,并粘上纸,涂漆面还应擦干净

(三)缝焊的操作工艺

1. 焊前准备

① 焊前清理。焊前应对接头两侧附近宽约20mm处进行清理。

② 焊件装配。采用定位销或夹具进行装配。

2. 定位焊点焊的定位

定位焊点焊或在缝焊机上采用脉冲方式进行定位,焊点间距为75~150mm,定位焊点的数量应能保证焊件固定住。定位焊的焊点直径应不大于焊缝的宽度,压痕深度小于焊件厚度的10%。

3. 定位焊后的间隙

① 低碳钢和低合金结构钢。当焊件厚度≤0.8mm时,间隙<0.3mm;当焊件厚度>0.8mm时,间隙<0.5mm。重要结构的环形焊缝应<0.1mm。

② 不锈钢。当焊缝厚度<0.8mm时,间隙<0.5mm,重要结构的环形焊缝应<0.1mm。

③ 铝及合金。间隙小于较薄焊件厚度的10%。

4. 缝焊焊接参数的选择

表8-16 缝焊焊接参数的选择

焊接参数	选择方法
焊点间距	焊点间距通常在1.5~4.5mm,并随着焊件厚度的增加而增大,对于不要求气密性的焊缝,焊点间距可适当增大
焊接电流	焊接电流的大小,决定了熔核的焊透率和重叠量,焊接电流随着板厚的增加而增加,在缝焊0.4~3.2mm钢板时,适用的焊接电流为8.5~28kA。焊接电流还要与电极压力相匹配。在焊接低碳钢时,熔核的平均焊透率控制在钢板厚度的45%~50%,有气密性要求的焊接重叠量为15%~20%,以获得气密性较好的焊缝。缝焊时,由于熔核互相重叠而引起较大的分流,因此此焊接电流比点焊的电流提高15%~30%,但过大的电流,会导致压痕过深和烧穿等缺陷
电极压力	电极压力对熔核尺寸和接头质量的影响与点焊相同。在各种材料缝焊时,电极压力至少要达到规定的最小值,否则接头的强度会明显下降。电极压力过低,会使熔核产生缩孔,引起飞溅,并因接触电阻过大而加剧滚轮的烧损;电极压力过高,会导致压痕过深,同时会加速滚轮变形和损耗。所以要根据板厚和选定的焊接电流,确定合适的电极压力
焊接通电时间和休止时间	缝焊时,熔核的尺寸主要决定于焊接时间,焊点的重叠量可由休止时间来控制。因此,焊接通电时间和休止时间应有一个适当的匹配比例。在较低的焊接速度下,焊接通电时间和休止时间的最佳比例为(1.25~2):1。以较高速度焊接时,焊接时间与休止时间之比应在3:1以上

焊接参数	选择方法
焊接速度	焊接速度决定了滚轮与焊件的接触面积和接触时间，也直接影响接头的加热和散热 　　当焊接速度增加时，为了获得较高的焊接质量，必须增加焊接电流，如过快的焊接速度，则会引起表面烧损、电极黏附而影响焊缝质量 　　通常焊接速度根据被焊金属种类、厚度和对接头强度的要求来选择。在焊接不锈钢、高温合金钢和非铁金属时，为获得致密性高的焊缝、避免飞溅，应采用较低的焊接速度；当对接头质量要求较高时，应采用步进缝焊，使熔核形成的全过程在滚轮停转的情况下完成。缝焊机焊接速度的调节范围为 $0.5 \sim 3\text{m/min}$ 　　缝焊焊接参数的选择与点焊类似，通常是按焊件板厚、被焊金属的材质、质量要求和设备能力来选取。通常可参考已有的推荐数据初步确定，再通过工艺试验加以修正 　　滚轮尺寸的选择与点焊电极尺寸的选择一致。为减小搭边尺寸，减轻结构重量，提高热效率，减少焊机功率，近年来多采用接触面积宽度为 $3 \sim 5\text{mm}$ 的窄边滚轮

5. 焊接周期

断续焊接时，一个焊接周期的总时间用下式确定：

$$T = t_{焊} + t_{歇} \tag{8-1}$$

式中　$t_{焊}$——焊接电流脉冲的时间，s；

　　　$t_{歇}$——间歇时间，s。

也可根据下式的关系推算焊接周期的总时间：

$$a = vt$$
$$t = \frac{a}{v} \tag{8-2}$$

式中　a——所给定的焊点间距，mm；

　　　v——焊接速度，mm/s。

若将 v 换成常用单位 m/min，则 $t = 0.06a/v$。

6. 缝焊的分类及各种缝焊方法的选择

表 8-17　缝焊的分类及各种缝焊方法的选择

缝焊类型	图示	缝焊方法
搭接缝焊	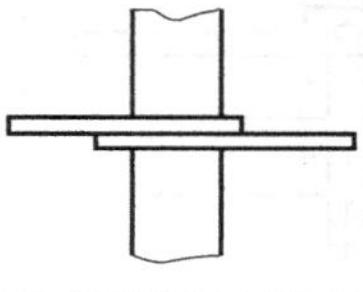	可用一对滚轮或用一个滚轮和一根芯轴电极进行缝焊，接头的最小搭接量与点焊相同，搭接缝焊又可分为双面缝焊、单面单缝缝焊、单面双缝缝焊，以及小直径圆周缝焊等
压平缝焊	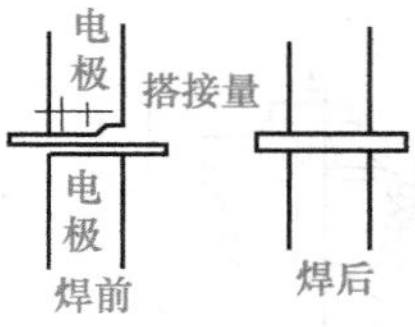	两焊件少量地搭接在一起，焊接时将接头压平，压平缝焊时的搭接量一般为焊件厚度的 $1 \sim 1.5$ 倍。焊接时可采用圆锥形面的滚轮，其宽度应能覆盖接头的搭接部分。另外，要使用较大焊接压力和连续电流。压平缝焊常用于食品容器和冷冻机衬套等产品的焊接
铜线电极缝焊	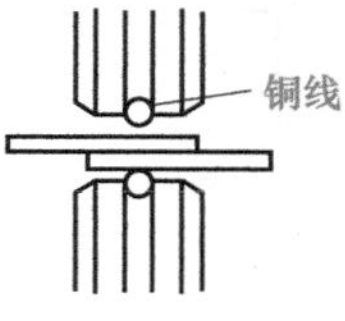	铜线电极缝焊是解决镀层钢板缝焊镀层粘着滚轮的有效方法。焊接时，将圆铜线不断地送到滚轮和焊件之间后，再连续地盘绕在另一个绕线盘上，使镀层仅黏附在铜线上，不会污染滚轮。由于这种方法焊接成本不高，主要应用于制造食品罐头。如果先将铜线轧成扁平线再送入焊区，搭接接头和压平缝焊一样

缝焊类型	图示	缝焊方法
垫箔对接缝焊	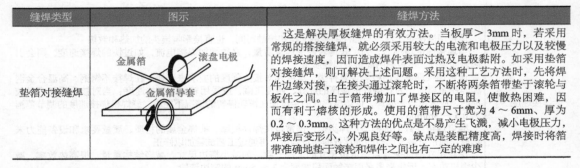	这是解决厚板缝焊的有效方法。当板厚＞3mm时，若采用常规的搭接缝焊，就必须采用较大的电流和电极压力以及较慢的焊接速度，因而造成焊件表面过热及电极黏附。如采用垫箔对接缝焊，则可解决上述问题。采用这种工艺方法时，先将焊件边缘对接，在接头通过滚轮时，不断将两条箔带垫于滚轮与板件之间。由于箔带增加了焊接区的电阻，使散热困难，因而有利于熔核的形成。使用的箔带尺寸宽为 4～6mm、厚为 0.2～0.3mm。这种方法的优点是不易产生飞溅，减小电极压力，焊接后变形小，外观良好等。缺点是装配精度高，焊接时将箔带准确地垫于滚轮和焊件之间也有一定的难度

7. 接头形式与尺寸

缝焊的接头形式如图 8-14 所示，最常用的缝焊接头形式是卷边接头和搭接接头。卷边宽度不宜过小，板厚为 12mm 时，卷边≥12mm；板厚为 1.5mm 时，卷边≥16mm；板厚为 2mm 时，卷边≥18mm。搭接接头的应用最广，搭边长度为 12～18mm。常用缝焊接头推荐尺寸见表 8-18。

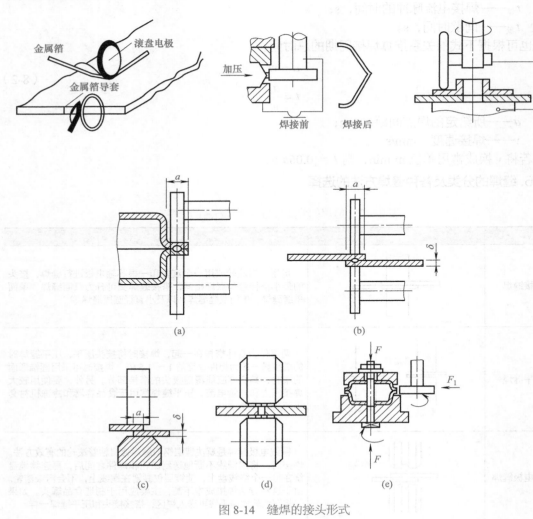

图 8-14　缝焊的接头形式

表 8-18　常用缝焊接头推荐尺寸   mm

简　图	薄件厚度 δ	焊缝宽度 c	最小搭边宽度 b	
			轻合金	钢、钛合金
	0.3	2.0^{+1}	8	6
	0.5	2.5^{+1}	10	8
	0.8	3.0^{+1}	10	10
	1.0	3.5^{+1}	12	12
	1.2	4.5^{+1}	14	13
	1.5	5.5^{+1}	16	14
	2.0	$6.5^{+1.5}$	18	16
	2.5	$7.5^{+1.5}$	20	18
	3.0	$8.0^{+1.5}$	24	20

注：搭边尺寸不包括弯边圆角半径；缝焊双排焊缝和连接 3 个以上零件时，搭边应增加 25% ～ 35%。

8. 常用金属材料缝焊焊接操作要点

表 8-19　常用金属材料缝焊焊接操作要点

金属材料	缝焊焊接操作要点说明
低碳钢	低碳钢的缝焊性最好。对于没有油和锈的冷轧钢，焊前可以不进行特殊清理，而热轧低碳钢则应在焊前进行喷丸或酸洗。对于较长的纵缝，由于在缝焊过程中会引起焊接电流的变化而影响到缝焊质量。因此，应注意从中间向两端焊；把长缝分成几段，用不同的焊接参数；采用次级整流式焊机；采用具有恒流控制功能的控制箱
淬火合金钢	可淬硬合金钢缝焊时，为消除淬火组织，也需要采用焊后回火的双脉冲加热方式。在焊接和回火时，工件应停止移动，且在步焊机上进行。如果缺少这种设备，只能在断续缝焊机上进行时，建议采用焊接时间较长的软规范进行焊接
镀层钢板	焊镀锌钢板时，当温度超过锌的沸点（906℃），由于锌的蒸发会向热影响区扩散而引起接头脆性的增加，甚至会产生裂纹，而且焊件表面的熔化锌层与铜滚轮形成铜锌合金，既增大了滚轮表面电阻，造成散热差，又会粘连在滚轮上。所以缝焊镀层钢时应采用小电流、低速焊和强烈的外部水冷却，以及采用压花钢滚轮等。对于第二类镀铝钢板，也和点焊一样，必须将电流增大 15% ～ 20%，同时还必须经常修整滚轮
高温合金	高温合金缝焊时，由于电阻率高和缝焊的重复加热，更容易产生结晶偏析和过热组织，甚至使工件表面挤出毛刺。应采用很慢的焊接速度、较长的休止时间以利于散热
不锈钢	由于不锈钢的电导率和热导率低，高温强度高，线胀系数大，所以缝焊时应采用小的焊接电流、短的焊接通电时间、大的电极压力和中等的焊接速度，同时应注意防止变形。不锈钢的缝焊困难较少，通常可以在交流缝焊机上进行
非铁金属	① 铝及其合金的缝焊。由于铝及其合金的电阻率小，热导率大，分流严重，焊件表面容易过热，滚轮粘连严重，容易造成裂纹、缩孔等缺陷。缝焊铝及其合金时，焊接电流要比点焊增加 5% ～ 10%，电极压力提高 5% ～ 10%，且降低焊接速度。采用交流及三相供电的直流脉冲或次级整流步进缝焊机和球形端面滚轮，并必须用外部水冷 ② 钛及其合金的缝焊。钛及其合金缝焊时没有太大困难。焊接规范与不锈钢大致相同，但电极压力要低一些 ③ 铜及其合金的缝焊。铜及其合金由于电导率和热导率高，几乎不能采用缝焊。对于电导率低的铜合金，如磷青铜、硅青铜和铝青铜等可以缝焊，但需要采用比低碳钢高的电流和较低的电极压力

四、凸焊

（一）凸焊的特点及应用范围

凸焊是在一个工件的贴合面上，预先加工出一个或多个凸起点，使其与另一个工件表面相接触加压并通电加热，然后压塌，使这些接触点形成焊点的电阻焊方法。

1. 凸焊的特点

一般情况下，凸焊可以代替点焊将小零件相互焊接或将小零件焊到大零件上。凸焊的主要优点如下。

① 在一个焊接循环内可同时焊接多个焊点，不仅生产率高，而且可在窄小的部位上布置焊点而不受点距的限制。

② 由于电流密集于凸点，电流密度大，能获得可靠成形较小的熔核。

③ 凸焊焊点的位置比点焊焊点更为准确，尺寸一致，而且由于凸点大小均匀，凸焊焊点质量更为稳定。因此，凸焊焊点的尺寸可以比点焊焊点小。

④ 由于在规定凸点的尺寸和位置方面有很大灵活性，所以至少焊接 6∶1 厚度比的工件是可能的。凸点通常设在较厚的零件上。

⑤ 由于可以将凸点设置于一个零件上，所以可以最大限度地减轻另一个零件外露表面的压痕。工件表面上的任何轻微变形，可用砂纸打磨，并与母材找平。

⑥ 凸焊采用平面大电极，其磨损程度比点焊电极小得多，因而降低了电极保养费用。在某些情况下，焊接小零件时，可把夹具或定位件与焊接模块或电极接合起来。

⑦ 对油、锈、氧化皮以及涂层等的敏感性比点焊小，因为在焊接循环开始阶段，凸点的尖端可将这些外部物质压碎。工件表面干净时，焊缝的质量将会更高。

常用凸焊的类型、特点及应用见表 8-20。

表 8-20　常见凸焊的类型、特点及应用

凸焊类型	特点	应用
单点凸焊	凸点设计成球面形、圆锥形和方形，并预先压制在薄件或厚件上	应用最广，一般在凸焊机上进行，单点凸焊也可在点焊机上进行
多点凸焊		
环焊	在一个工件上预制出凸环或利用工件原有的型面、倒角构成的锐边，焊后形成一条环焊缝	最好用次级整流焊机焊接，环缝直径 < 25mm 时可用交流焊机
T 形焊	在杆形件上预制出单个或多个球面形、圆锥形、弧面形及齿形等凸点，一次加压通电焊接	可用点焊机或凸焊机焊接
线材交叉焊	利用线材（$\phi < 10mm$）凸起部分相接触进行焊接	主要用于钢筋网焊接，可采用通用点焊机或专用钢筋多点焊机

2. 凸焊的应用范围

凸焊主要应用于焊接低碳钢和低合金钢的冲压焊。除板材的凸焊外，还有螺母、螺钉、销子、托架和手柄等零件的凸焊，线材的交叉焊、管子的凸焊等。

（二）凸焊参数的选择

1. 焊接电流

凸焊每一焊点所需电流比点焊同样的一个焊点时小，在采用合适的电极压力下不至于挤出过多金属作为最大电流。在凸点完全压溃之前，电流能使凸点熔化作为最小电流。焊件的材质及厚度是选择焊接电流的主要依据。多点凸焊时，总的焊接电流为凸点所需电流总和。

2. 电极压力

电极压力应满足凸点达到焊接温度时全部压溃，并使两焊件紧密贴合。电极压力过大会过早地压溃凸点，失去凸焊的作用，同时因电流密度减小而降低接头强度；压力过小又会造成严重的喷溅。电极压力的大小，同时会影响吸热和散热。电极压力的大小应根据焊件的材质和厚度来确定。

3. 焊接通电时间

凸焊的焊接通电时间比点焊长，如果缩短通电时间，就应增大焊接电流，过大的焊接电流会使金属过热并引起喷溅。对于给定的工件材料和厚度，焊接通电时间应根据焊接电流和凸点的刚度来确定。

4. 凸点所处的焊件

焊接同种金属时，凸点应冲在较厚的焊件上；焊接异种金属时，凸点应冲在电导率较高的焊件上。尽量做到两焊件间的热平衡。

（三）凸焊焊接工艺

1. 凸点接头的形成过程

凸点接头的形成过程与点焊、缝焊类似，可划分为预压、通电加热和冷却结晶3个阶段。

① 预压阶段。在电极压力作用下，凸点与下板贴合面增大，使焊接区的导电通路面积稳定，破坏了贴合面上的氧气化膜，形成良好的物理接触。

② 通电加热阶段。该阶段由压溃过程和成核过程组成。凸点压溃、两板贴合后形成较大的加热区，随着加热的进行，由个别接触点的熔化逐步扩大，形成足够尺寸的熔化核心和塑性区。

③ 冷却结晶阶段。切断焊接电流后，熔核在压力作用下开始结晶，其过程与点焊熔核的结晶过程基本相同。

2. 凸点（凸环）的选择制备

凸焊接头形式如图 8-15 所示。凸点形状如图 8-16 所示，以半圆形及圆锥形凸点应用最广。凸点形状和尺寸见表 8-21。

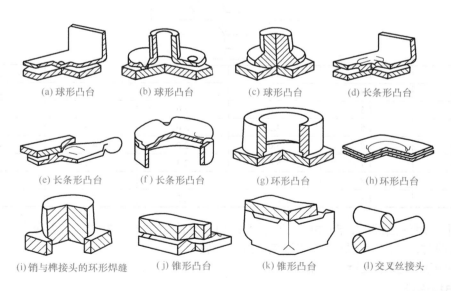

(a) 球形凸台　　(b) 球形凸台　　(c) 球形凸台　　(d) 长条形凸台

(e) 长条形凸台　　(f) 长条形凸台　　(g) 环形凸台　　(h) 环形凸台

(i) 销与榫接头的环形焊缝　　(j) 锥形凸台　　(k) 锥形凸台　　(l) 交叉丝接头

图 8-15　凸焊接头形式

凸点（凸环）的选择和制备还应注意以下几点。

① 检查凸点的形状和尺寸及凸点有无异常现象。为保证各点的加热均匀性，凸点的高度差应不超过 ±0.1mm。各凸点间及凸点到焊件边缘的距离不小于 2D。

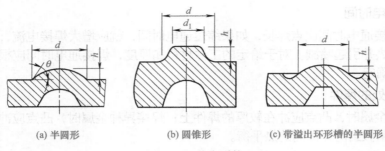

| (a) 半圆形 | (b) 圆锥形 | (c) 带溢出环形槽的半圆形 |

图 8-16　凸点形状

表 8-21　凸点形状和尺寸　　　　　　　　　mm

δ	h	D	b	H	d
0.6	0.6	2.6		0.6	
1.0	1.0	3.0	—	0.9	
1.5	1.0	4.0		1.2	
2.0	1.2	4.5		1.6	
2.5	1.4	3.0	2.0	2.2	3.4
3.0	1.4	3.0	2.0	2.5	3.5
3.5	1.5	3.6	2.0	2.5	3.5
4.0	1.5	4.5	2.0	2.5	4.0
4.5	1.7	5.0	2.0	4.0	4.5
5.0	1.7	5.0	2.3	4.5	5.0
5.5	1.8	5.2	2.5	5.0	5.5
6.0	1.8	5.2	2.5	5.5	6.0

② 不等厚件凸焊时，凸件应在厚板上；但厚度比超过 1 : 3 时，凸点应在薄板上。异种金属凸焊时，凸点应在导电性和导热性好的金属上。

③ 应按点焊要求进行焊件清理。

3. 电极设计

电极材料为 A 组 2 类或 3 类材料。点焊用的圆形平头电极用于单点凸焊时，电极头直径应不小于凸点直径的 2 倍。大平头棒状电极适用于局部位置的多点凸焊。具有一组局部接触面的电极，将电极在接触部位加工出突起接触面，或将较硬的铜合金嵌块固定在电极的接触部位。

（四）凸点位移的原因及预防措施

1. 凸点位移的原因

一般凸点熔化期电极要相应地跟随着移动，若不能保证足够的电极压力，则凸点之间的收缩效应将引起凸点的位移，凸点位移使焊点强度降低。

2. 预防凸点位移的措施

① 凸点尺寸相对于板厚不应太小。为减小电流密度而使凸点过小，易造成凸点熔化而母材不熔化的现象，难以达到热平衡，甚至出现位移，因而焊接电流不能低于某一限度。

② 多点凸焊时凸点高度如不一致，最好先通预热电流使凸点变软。

③ 为达到良好的随动性，最好采用提高电极压力或减小加压系统可动部分量的措施。

④ 凸点的位移与电流的平方成正比，因此在能形成焊核的条件下，最好采用较低的电流值。

⑤ 尽可能增大凸点间距，但不宜大于板厚的 10 倍。

⑥ 要充分保证凸点尺寸、电极平行度和焊件厚度的精度是较困难的。因此，最好采用可转动电极即随动电极。

五、对焊

（一）对焊的特点及应用范围

对焊可分为电阻对焊和闪光对焊两种。将工件装配成对接接头，使其端面紧密接触，利用电阻加热至塑性状态，然后迅速施加顶锻力使之完成焊接的方法称为电阻对焊。对焊如图 8-17 所示。工件装配成对接接头，接通电源，并使其端面逐渐移近达到局部接触；利用电阻加热这些接触点（产生闪光），使端面金属熔化，直至端部在一定深度范围内达到预定温度时，迅速施加顶锻力完成焊接的方法称为闪光对焊。

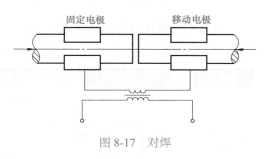

图 8-17　对焊

电阻对焊过程是由预压、加热、顶锻、保持、休止等阶段组成。电阻对焊焊接循环原理如图 8-18 所示。

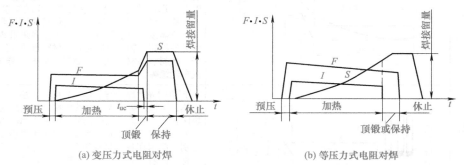

(a) 变压力式电阻对焊　　　　　(b) 等压力式电阻对焊

图 8-18　电阻对焊焊接循环原理

闪光对焊分连续闪光对焊和预热闪光对焊两种。连续闪光对焊是由闪光和顶锻两个阶段组成的，如图 8-19（a）所示。预热闪光对焊是在闪光前，通过预热电流将两焊件端面多次接触、分开，可以减小设备功率和闪光量，缩短闪光时间，焊接较大截面工件，预热闪光对焊如图 8-19（b）所示。

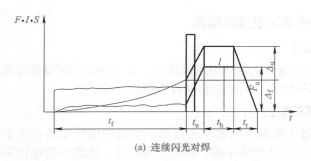

(a) 连续闪光对焊

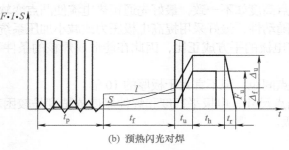

(b) 预热闪光对焊

图 8-19 闪光对焊循环原理

I—电流；F—压力；S—位移；Δ—留量；t_f—烧化时间；t_p—预热时间；t_u—顶锻时间

对焊的特点及应用范围见表 8-22。

表 8-22 对焊的特点及应用范围

类别	图示	特点及应用范围
电阻对焊（工频交流）	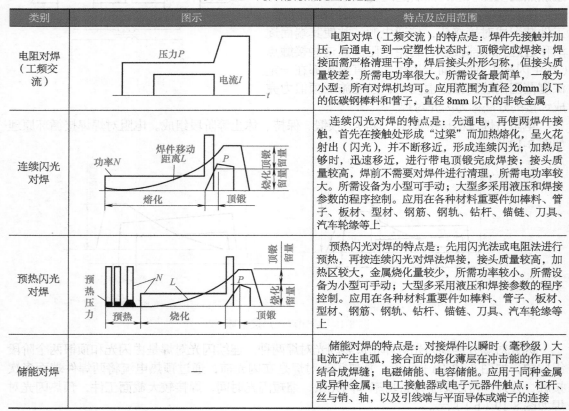	电阻对焊（工频交流）的特点是：焊件先接触并加压，后通电，到一定塑性状态时，顶锻完成焊接；焊接面需严格清理干净，焊后接头外形匀称，但接头质量较差，所需电功率很大。所需设备最简单，一般为小型；所有对焊机均可。应用范围为直径 20mm 以下的低碳钢棒料和管子，直径 8mm 以下的非铁金属
连续闪光对焊		连续闪光对焊的特点是：先通电，再使两焊件接触，首先在接触处形成"过梁"而加热熔化，呈火花射出（闪光），并不断移近，形成连续闪光；加热足够时，迅速移近，进行带电顶锻完成焊接；接头质量较高，焊前不需要对焊件进行清理，所需电功率较大。所需设备为小型可手动；大型多采用液压和焊接参数的程序控制。应用在各种材料重要件如棒料、管子、板材、型材、钢筋、钢轨、钻杆、锚链、刀具、汽车轮缘等上
预热闪光对焊		预热闪光对焊的特点是：先用闪光法或电阻法进行预热，再按连续闪光对焊法焊接，接头质量较高，加热区较大，金属烧化量较少，所需功率较小。所需设备为小型可手动；大型多采用液压和焊接参数的程序控制。应用在各种材料重要件如棒料、管子、板材、型材、钢筋、钢轨、钻杆、锚链、刀具、汽车轮缘等上
储能对焊	—	储能对焊的特点是：对接焊件以瞬时（毫秒级）大电流产生电弧，接合面的熔化薄层在冲击能的作用下结合成焊缝；电磁储能、电容储能。应用于同种金属或异种金属；电工接触器或电子元器件触点；杠杆、丝与销、轴，以及引线端与平面导体或端子的连接

（二）对焊焊接参数的选择

1. 电阻对焊焊接参数的选择

① 伸出长度。焊件伸出夹具电极端面的长度称为伸出长度。如果伸出长度过长，则顶锻时工件会发生失稳旁弯；伸出长度过短，则由于向夹钳口处的散热增强，使工件冷却过于强烈，导致产生塑性变形的困难。伸出长度应根据不同金属材质来决定，如低碳钢为 $(0.5 \sim 1)D$，铝为 $(1 \sim 2)D$，铜为 $(1.5 \sim 2.5)D$（其中 D 为焊件的直径）。

② 焊接电流密度和焊接通电时间。在电阻对焊时，工件的加热主要决定于焊接电流的密度和焊接时间。两者可以在一定范围内相应调配，可以采用大焊接电流密度和短焊接时间（硬规范），也可以采用小焊接电流密度和长焊接时间（软规范）。但是规范过硬时，容易产生未焊透缺陷；过软时，会使接口端面严重氧化，接头区晶粒粗大，影响接头强度。

③ 焊接压力和顶锻压力。它们对接头处的发热和塑性变形都有影响。宜采用较小的焊接压力进行加热，而采用较大的顶锻压力进行顶锻。但焊接压力不宜太低，否则会产生飞溅，增加端面氧化。

2. 闪光对焊焊接参数的选择

表 8-23　闪光对焊焊接参数的选择

参数	说　明
伸出长度	闪光对焊伸出长度如下图所示，主要是根据散热和稳定性确定。在一般情况下，棒材和厚壁管材为 $(0.7 \sim 1.0)D$（D 为直径或边长） 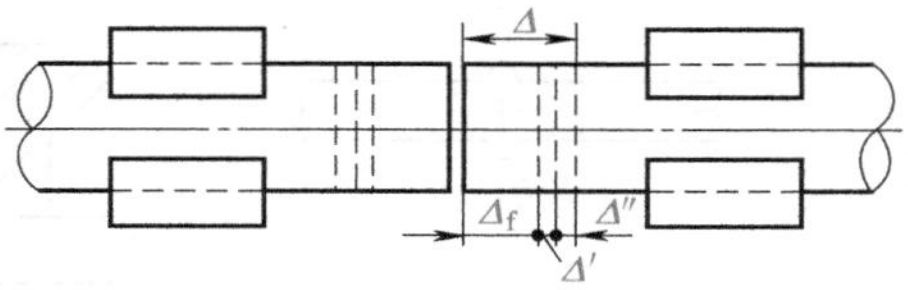 2Δ—总留量；$2\Delta_f$—烧化留量；$2\Delta'$—有电顶锻留量；$2\Delta''$—无电顶锻留量 闪光对焊伸出长度
闪光留量	选择闪光留量时，应满足在闪光结束时整个焊件端面有一层熔化金属，同时在一定深度上达到塑性变形温度。闪光留量过小，会影响焊接质量；过大会浪费金属材料，降低生产率。另外，在选择闪光留量时，预热闪光对焊比连续闪光对焊小 30% ～ 50%
闪光电流	闪光对焊时，闪光阶段通过焊件的电流，其大小取决于被焊金属的物理性能、闪光速度、焊件端面的面积和形状，以及加热状态。随着闪光速度的增加，闪光电流随之增加
闪光速度	具有足够大的闪光速度才能保证闪光的强烈和稳定。但闪光速度过大，会使加热区过窄，增加塑性变形的困难。因此，闪光速度应根据被焊材料的特点，以保证端面上获得均匀金属熔化层为标准。一般情况下，导电、导热性好的材料闪光速度较大
顶锻压力	一般采用顶锻压强来表示。顶锻压强的大小应保证能挤出接口内的液态金属，并在接头处产生一定的塑性变形。同时还取决于金属的性能、温度分布特点、顶锻留量和顶锻速度、工件端面形状等因素。顶锻压强过大，则变形量过大，会降低接头冲击韧性；顶锻压强过低，则变形不足，接头强度下降。一般情况下，高温强度大的金属需要较大的顶锻压强，导性性好的金属也需要较大的顶锻压强
顶锻留量	顶锻留量的大小影响到液态金属的排除和塑性变形的大小。顶锻留量过大，降低接头的冲击韧性；过小，使液态金属残留在接口中，易形成疏松、缩孔、裂纹等缺陷。顶锻留量应根据工件截面积选取，随焊件截面的增大而增加
顶锻速度	一般情况下，顶锻速度越快越好。顶锻速度取决于焊件材料的性能，如焊接奥氏体钢的最小顶锻速度约是珠光体钢的 2 倍。导热性好的金属需要较高的顶锻速度
夹具夹持力	必须保证在整个焊接过程中不打滑，它与顶锻压力和焊件与夹具间的摩擦力有关
预热温度	预热温度是根据焊件截面的大小和材料的性质来选择，对低碳钢而言，一般为 700 ～ 900℃，预热温度太高，因材料过热使接头的冲击韧性和塑性下降。焊接大截面焊件时，预热温度应相应提高
预热时间	预热时间与焊机功率、工件断面积和金属的性能有关，预热时间取决于所需的预热温度

（三）对焊焊接工艺

1. 对焊常用接头形式

电阻对焊接头均设计成等截面对接接头。常用对接接头如图 8-20 所示。闪光对焊常见的接头形式如图 8-21 所示。对于大截面的焊件，为增大电流密度，易激发闪光，应将其中一个焊件的端部倒角。闪光对焊焊件推荐端部倒角尺寸如图 8-22 所示。

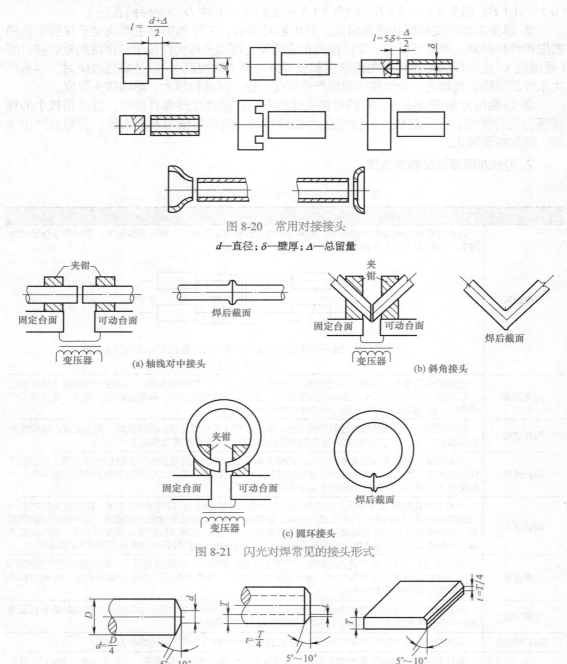

图 8-20　常用对接接头

d—直径；δ—壁厚；Δ—总留量

图 8-21　闪光对焊常见的接头形式

图 8-22　闪光对焊焊件推荐端部倒角尺寸

2. 焊前准备

（1）电阻对焊的焊前准备

① 两焊件对接端面的形状和尺寸应基本相同，使表面平整并与夹钳轴线成 90° 直角。

② 焊件的端面以及与夹具的接触面必须清理干净。与夹具接触的工件表面的氧化物和脏物可用砂布、砂轮、钢丝刷等机械方法清理，也可使用化学清洗方法（如酸洗）。

③ 电阻对焊接头中易产生氧化物夹杂，焊接质量要求高的稀有金属、某些合金钢和非铁金属时，可采用氢、氩等保护气体来解决。

（2）闪光对焊的焊前准备

① 闪光对焊时，由于端部金属在闪光时被烧掉，所以对端面清理要求不高，但对夹具和焊件接触面的清理要求应和电阻对焊相同。

② 对大截面焊件进行闪光对焊时，最好将一个焊件的端部倒角，使电流密度增大，以利于激发闪光。

③ 两焊件断面形状和尺寸应基本相同，其直径之差应 ≤ 15%，其他形状应 ≤ 10%。

3. 闪光对焊的焊后加工方法

表 8-24　闪光对焊的焊后加工方法

焊后加工方法	说　明
切除毛刺及多余的金属	通常采用机械方法，如车、刮、挤压等，一般在焊后趁热切除。焊大截面合金钢焊件时，多在热处理后切除
零件的校形	有些零件（强轮箍、刀具等）焊后需要校形，校形通常在压力机、压胀机或其他专用机械上进行
焊后热处理	焊后热处理根据材料性能和焊件要求而定。焊接大型零件和刀具，一般焊后要求退火处理，调质钢焊件要求回火处理，镍铬奥氏体钢，有时要进行奥氏体化处理。焊后热处理可以在炉中做整体处理，也可以用高频感应加热进行局部热处理，或焊后在焊机上通电加热进行局部热处理，热处理规范根据接头硬度或显微组织来选择

4. 常用金属材料对焊操作要点

表 8-25　常用金属材料对焊操作要点

金属材料	对焊操作要点
碳素钢	随着钢中含碳量的增加，需要相应增加顶锻压强和顶锻留量。为了减轻淬火的影响，可采用预热闪光对焊，并进行焊后热处理
不锈钢	对焊不锈钢闪光对焊的顶锻压力应比焊低碳钢时大 1 ~ 2 倍，闪光速度和顶锻速度也较高
铸铁	铸铁对焊一般采用预热闪光对焊或降低电压连续闪光对焊焊接，用一般连续闪光对焊容易产生白口。采用预热闪光对焊时，预热温度为 970 ~ 1070K，焊后接头的强度、硬度和塑性都接近于基体金属
合金钢	合金元素含量对闪光对焊的影响如下 ①钢中的铝、铬、硅、钼等元素易形成高熔化点的氧化物，因此，顶锻压力应比低碳钢大 25% ~ 50%，同时应采取较大的闪光和顶锻速度，尽可能地减小其氧化 ②钢中合金元素含量增加，材料的高温强度提高，应增加顶锻压强 ③对于珠光体类合金钢，随着合金元素含量增加，淬火倾向增大。焊接时，应采取消除淬火影响的措施。对易于淬火的钢，焊后必须进行回火处理
铝及铝合金	闪光对焊时，必须采用很高的闪光和顶锻速度，大的顶锻留量和强迫形成的顶锻模式，所需功率也比钢件大得多
铜	纯铜的闪光对焊时，必须采取比钢件更大的闪光的顶锻速度 黄铜和青铜必须采用较高的闪光和顶锻速度。为了降低接头的硬度，焊后应进行热处理
铝和铜	铝和铜闪光对焊要相应增大铝的伸出长度；铝和铜对焊时要求闪光速度和顶锻速度尽量高，有电顶锻应严格控制

（四）对焊常见缺陷及预防措施

表 8-26　对焊常见缺陷及预防措施

缺陷	产生原因和预防措施
错位	产生的原因可能是焊件装配时未对准或倾斜、焊件过热、伸出长度过大、焊机刚性不够大等。主要预防措施是提高焊机刚度，减小伸出长度，并适当限制顶锻留量。错位的允许误差一般＜0.1mm，或＜0.5mm 的厚度
裂纹	产生的原因可能是在对焊高碳钢和合金钢时，淬火倾向大。可采用预热、后热和及时退火措施来预防
未焊透	产生的原因可能是顶锻前接口处温度太低、顶锻留量太小、顶锻压力和顶锻速度低，金属夹杂物太多而引起的未焊透。预防措施是采用合适的对焊焊接参数
白斑	是对焊特有的一种缺陷，在断口上表现有放射状灰白色斑。这种缺陷极薄，不易在金相磨片中发现，在电镜分析中才能发现。白斑对冷弯较敏感，但对拉伸强度的影响很小，可采取快速或充分顶锻措施消除

第二节　电渣焊

一、电渣焊的特点、分类与应用范围

1. 电渣焊的特点

电渣焊是利用电流通过液态熔渣所产生的电阻热进行焊接的一种熔焊方法，如图 8-23 所示。电渣焊根据电极形式的不同，可分为丝极电渣焊、板极电渣焊、熔嘴电渣焊和管极电渣焊等几种。

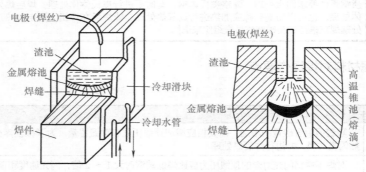

图 8-23　电渣焊焊接过程

电渣焊具有以下特点。

① 焊缝处于垂直位置，或最大倾斜角 30° 左右。

② 焊件均可制成 I 形坡口，只留一定尺寸的装配间隙。特别适合于大厚度焊件的焊接，生产率高，劳动卫生条件较好。

③ 金属熔池的凝固速度低，熔池中的气体和杂质较易浮出，焊缝不易产生气孔和夹渣。

④ 焊缝及近缝区冷却速度缓慢，对碳当量高的钢材，不易再现淬硬组织和冷裂纹倾向，故焊接低合金强度钢及中碳钢时，通常可以不预热。

⑤ 液相冶金反应比较弱。由于渣池温度低，熔渣的更新率也很低，液相冶金反应比较弱，所以焊缝化学成分主要通过填充焊丝或板极合金成分来控制。此外，渣池表面与空气接触，熔池中活性元素容易被氧化烧损。

⑥ 渣池的热容量大，对短时间的电流波动不敏感，使用的电流密度大，一般为

$0.2 \sim 300A/mm^2$。

⑦ 焊接线能量大，热影响区在高温停留时间长，易产生晶粒粗大和过热组织。焊缝金属呈铸态组织。焊接接头的冲击韧性低，一般焊后需要正火加回火处理，以改善接头的组织与性能。

2. 电渣焊的分类

根据电渣焊使用的电极的形状及是否固定的特点，电渣焊的分类及特点见表8-27。

表8-27 电渣焊的分类及特点

分类	图示	特点
手工电渣焊	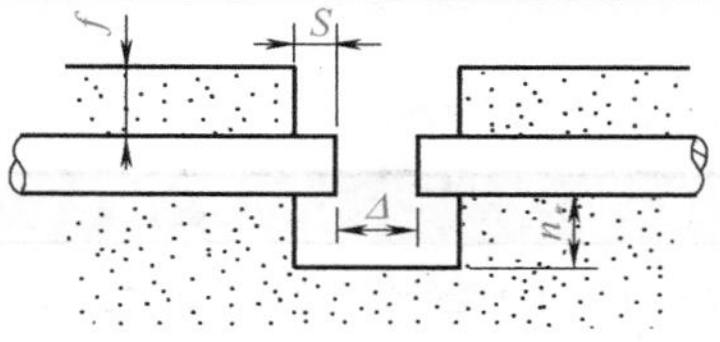 S=5mm；n=10 ～ 20mm；f=50mm；Δ ≥ 20mm	用于断面形状简单，直径小于150mm的焊件。焊件一般都直接固定在带有夹紧装置的铜垫上或砂箱中
丝极电渣焊	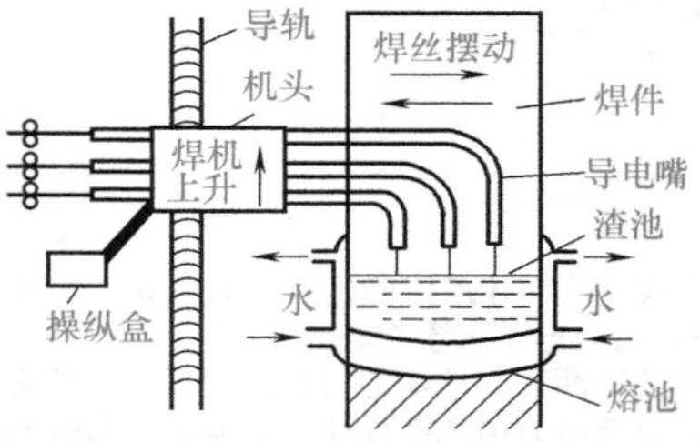	使用的电极为焊丝，它是通过导电嘴送入熔池。熔深和熔宽比较均匀。更适于环缝焊接，对接及丁字接较少用，设备及操作较复杂
板极电渣焊	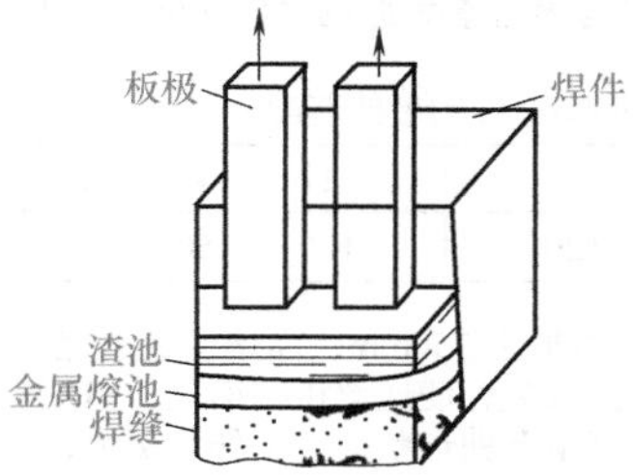	使用的电极为板状，板极由送进机构不断向熔池送进，多用于模具钢、轧辊等。操作复杂，一般不用于普通材料
熔嘴电渣焊	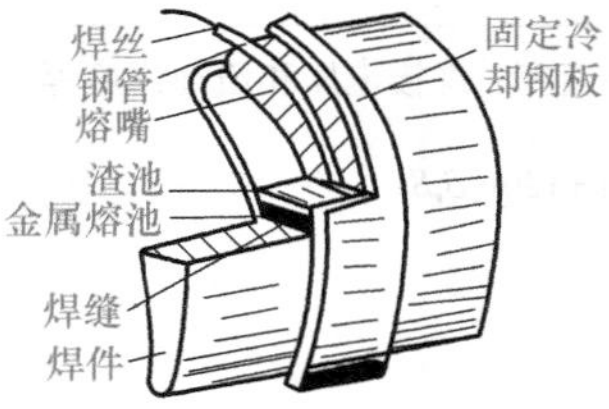	熔化电极为焊丝及固定于装配间隙中的熔嘴。焊接时熔嘴不用送进，与焊丝同时熔化进入熔池，适于变断面焊件和对接及角接焊缝的焊接。设备简单，操作方便，但熔嘴制作及安装费时
管极电渣焊	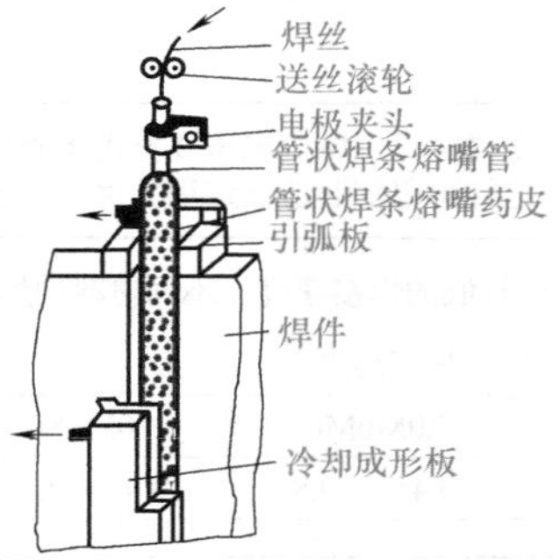	电极是固定在装配间隙中带有涂料的钢管和管中不断向渣池中送进的焊丝，多用于薄板及曲线焊缝的焊件。通过涂料中的合金元素，可以改善焊缝组织及细化晶粒

3. 电渣焊的应用范围

电渣焊主要用于厚壁压力容器纵缝和环焊缝的焊接，以及重型机械制造中大型铸 - 焊、锻 - 焊、组合件焊接和厚板拼焊等大型结构件的制造。可以焊接碳钢、低合金高强度钢、合金钢、珠光体耐热钢，还可焊接铬镍不锈钢、铝及铝合金、钛及钛合金、铜和铸铁等。

焊件厚度为 30 ~ 450mm 的均匀断面（纵缝环缝），多采用丝极电渣焊。焊件厚度大于 450mm 的均匀断面及断面焊件均可采用熔嘴电渣焊。

二、各类电渣焊焊接工艺参数

1. 熔嘴电渣焊焊接工艺参数

表 8-28　熔嘴电渣焊焊接工艺参数

工艺参数	说　明
丝极数量及熔嘴	丝极的数量受焊接设备容量的限制，当丝极数量多时，可使整条焊缝的熔深较均匀，一般丝级之间的最小间距为 50 ~ 60mm。丝极数量可由下式计算得出，即 $$n = \frac{\delta - 40}{d'} + 1 \qquad (1)$$ 式中　n——丝极数量 　　　δ——焊件厚度，mm 　　　d'——丝极间距，mm 由上式求得的 n 值取整数，然后将 n 值再代入上式，这样才最终确定丝极间距 d''。根据经验，在装配间隙内，焊丝间距一般不超过 170mm，焊丝距离工件边缘一般不大于 20mm 熔嘴的结构形式很多，常用的有单丝熔嘴和多丝熔嘴两种。熔嘴的材料应根据对焊缝金属化学成分的要求和焊丝一起综合考虑，例如焊接 20Mn2SiMo 钢，应选用 H10Mn2 焊丝，熔嘴板则选用 15Mn2SiMo。熔嘴的厚度一般为装配间隙大小的 30% 左右。丝极间距 d' 与熔嘴厚度 δ_g 的最佳匹配见表 1，生产中最常用的熔嘴厚度是 5mm、10mm 表 1　丝极间距 d' 与熔嘴厚度 δ_g 的最佳匹配　　　　　　　mm 	丝极间距 d'	4 ~ 6	8 ~ 10	12 ~ 14	18 ~ 20
---	---	---	---	---
熔嘴厚度 δ_g	50 ~ 100	90 ~ 120	120 ~ 150	150 ~ 180	 熔嘴的长度为焊缝长度与引入板、引出板三者总和再加上 350mm。而熔嘴板的宽度 S_g 和数量则由焊缝厚度来决定，如果熔嘴板宽度增大，虽然减少了焊丝的根数，使送丝机构简化，但却需要较大功率的焊接电源，同时熔嘴板的矫正工作量也增加，特别是当熔嘴呈弯曲形状时，工作量更大，因此熔嘴的截面不能过大
焊接电流	焊接电流与丝极数量、送丝速度、熔嘴断面积、焊接速度、焊接电压和渣池深度等有关。例如：直径为 3mm 丝极，焊接电流可按下式进行粗略计算，即 $$I = (2.2v_f + 90)\,n + 120v_w\delta_g S_g \qquad (2)$$ 式中　I——焊接电流，A 　　　n——丝极数量 　　　v_f——送丝速度，m/h 　　　v_w——焊接速度，m/h 　　　δ_g——熔嘴厚度，mm 　　　S_g——熔嘴板宽度，mm
焊接电压	焊接电压一般为 35 ~ 45V，当焊件厚度大而送丝速度较低时，焊接电压要接近上限值。焊接开始时，焊接电压要比正常焊接电压高，然后再逐渐降到正常值，这样可以加速造渣过程并保证焊透
焊接速度	焊接速度 v_w 与焊件厚度和材质有关，厚度大时应选择较低的焊接速度，不同材料的焊接速度见表 2。 表 2　不同材料的焊接速度 | 材料	40CrNi	20MnSiMo	20MnMo	20MnSi	低碳钢
---	---	---	---	---	---
焊接速度 v_w/（m/h）	0.3	0.4 ~ 0.7	0.45 ~ 0.8	0.4 ~ 0.7	0.7 ~ 1.2	

工艺参数	说　明
送丝速度	焊丝的焊接速度 v_w 确定后，可根据下式来确定送丝速度 v_f，即 $$v_f = \frac{v_w(A_d - A_g)}{\sum A}　（3）$$ 式中　v_w——焊接速度，m/h 　　　v_f——送丝速度，m/h 　　　A_d——焊着金属的横截面积，mm^2 　　　$\sum A$——全部丝极的截面积之和，mm^2
渣池深度	在保证电渣过程稳定的前提下，尽可能用较浅的渣池。熔嘴电渣焊的渣池深度一般为 40～50mm，随着送丝速度的增高，渣池深度可适当增加，最深可达 60mm

2.丝极电渣焊焊接工艺参数

丝极电渣焊的焊接规范选择要遵循"三保证"的原则，即保证电渣焊过程具有良好的稳定性，保证焊接接头的质量，保证生产效率要高。同时，要获得稳定的电渣过程，首先应设法避免电弧放电现象的发生，以免电渣过程变为电渣—电弧夹杂交替的过程。一旦电渣—电弧交替产生就破坏了电渣焊的正常进行，严重时可使焊接中断，还可能产生如未焊透、夹渣等缺陷。为防止电弧放电现象发生，应当对焊剂、焊接规范和焊接电源等方面加以控制：一是焊剂的稳弧性应较低，当熔化成渣后，应具有合适的黏度和导电度；二是渣池应有一定的深度；三是应选择合适的工作电压和送丝速度；四是焊机空载电压不宜过高等。但是，也不希望电弧产生的条件过于不好，因为在开始建立渣池或焊接过程中发生漏渣现象时，如不用导电焊剂，常需要先发生电弧来建立和恢复渣池，从而建立或恢复电渣过程。丝极电渣焊焊接工艺参数见表 8-29。

表 8-29　丝极电渣焊焊接工艺参数

工艺参数	说　明
装配间隙	间隙大小影响熔宽、焊机导嘴在其间运动的方便以及焊接生产效率等，装配间隙不应小于 25mm（一般取 25～35mm），最常用的是 28～32mm。随着焊件厚度和焊缝长度的增加，装配间隙可略为增加
焊丝根数、直径及其摆动	为了保证焊透，单根焊丝所担负的焊件金属厚度不应超过 150mm。当采用 HS-1000 型电渣焊机时，不同的金属厚度范围所采用的焊丝根数见下表 焊丝根数与焊件金属厚度的关系 <table><tr><td rowspan="2">焊丝根数</td><td colspan="2">焊件金属厚度 /mm</td></tr><tr><td>不摆动</td><td>摆动</td></tr><tr><td>1</td><td>40～60</td><td>60～150</td></tr><tr><td>2</td><td>60～100</td><td>100～300</td></tr><tr><td>3</td><td>100～150</td><td>150～450</td></tr></table>焊丝的摆动速度一般采用 30～40m/h。为保证焊缝边缘能够焊透，焊丝在滑块旁应停留 3～6s；焊丝直径一般采用 3mm。焊丝伸出长度根据试验及生产经验确定，一般采用 60～80mm 为最适宜
焊接电压和送丝速度	为了保证焊缝金属具有足够的热抗裂纹性能以及焊件边缘焊透，必须根据基本金属的化学成分及单根焊丝所担负的焊件厚度来选择送丝速度和焊接电压。随着焊件金属含碳量或合金元素增加，以及单根焊丝所焊的板厚减小，焊接电压和送丝速度（焊接电流）必须相应降低，见表 8-30
焊丝间的距离	进行多丝焊时，焊丝间的距离 L 可按下式计算确定 当冷却滑块槽深 2～3mm 时，$L=(\delta+10)/n$；当冷却滑块槽深 8～10mm 时，$L=(\delta+18)/n$。 式中　δ——焊件厚度，mm 　　　n——焊丝根数 　　　L——焊丝间距，mm 一般情况下滑块槽深约 2mm
渣池深度	渣池深度主要与焊件厚度、送丝速度有关。表 8-31 为 HJ430 焊接低碳钢的渣池深度的选择

表 8-30　送丝速度和焊接电压的关系

基本金属中的 C 含量 /%	焊接金属的厚度 /mm					
	50		75		100	
	送丝速度临界值 / (m/h)	最小电压 /V	送丝速度临界值 / (m/h)	最小电压 /V	送丝速度临界值 / (m/h)	最小电压 /V
0.13	280	45～47	420	50～52	500	54～56
0.14～0.17	250	44～46	365	49～51	480	54～56
0.18～0.22	230	43～45	335	48～50	440	52～54
0.23～0.26	200	42～44	290	46～48	380	50～52
0.27～0.30	170	42～43	250	45～47	320	48～50
0.31～0.35	155	—	225	43～45	290	48～50
0.36～0.40	140	—	200	43～45	260	46～48

表 8-31　HJ430 焊接低碳钢的渣池深度的选择

焊件厚度 /mm	送丝速度 / (m/h)	渣池深度 /mm	焊件厚度 /mm	送丝速度 / (m/h)	渣池深度 /mm
50	100～150	40	100	100～150	35
	170～220	45		170～220	40
	270～320	50		270～320	45
	370～420	60		370～420	55
	470～520	70		470～520	65

3. 板极电渣焊焊接工艺参数

表 8-32　板极电渣焊焊接工艺参数

工艺参数	说　明
焊接电流	板极电渣焊的电流密度低，一般为 0.4～0.8A/mm²，焊接电流通常按下式计算得出，即 $$I=1.2（v_w+0.2v_p）\delta_p S_p \qquad (1)$$ 式中　I——焊接电流 　　　v_w——焊接速度，约为 $1/3v_p$ 　　　v_p——板极送进速度，一般取 1.2～3.5m/h 　　　δ_p——板极厚度，mm 　　　S_p——板极宽度，mm 在实际生产中，由于板极电渣焊时焊接电流波动范围大，难以测量准确和进行控制，一般根据试焊时焊接电流与板极送进速度之间的比例关系，来控制板极送进速度，一般取 0.5～2m/h，1m/h 的板极送进速度较常用
焊接电压	板极电渣焊的焊接电压一般为 30～40V。电压过高，由于板极端部深入渣池浅，电渣过程不稳定，还会使母材熔深过大，造成母材金属在焊缝中的比例降低，降低了焊缝的抗裂纹性能
装配间隙	板极与工件被焊断面之间距离一般为 7～8mm，工件装配间隙视板极厚度和焊接断面而定，一般为 28～40mm。工件装配间隙下部较小，上部较大，用以补偿焊接时引起的变形
板极数目及位置	板极的数目取决于被焊工件的厚度和板极宽度，单板极焊接工件的厚度一般小于 110～150mm；工件厚度较大时，最好采用多板极。为使电源三相负荷均匀，板极数目尽可能取 3 的倍数。为了获得较为均匀的熔宽，板极与电源的连接应采用跳接接线法，即如果有 6 个板极，分别按 1、2、3、4、5、6 的顺序排列，那么应该使 1 与 4、2 与 5、3 与 6 分别接在电源的三相上
板极尺寸	板极厚度一般为 8～16mm，板极宽度一般不大于 110mm。在焊接更大厚度的工件时，板极宽度不应小于 70mm，这样可避免因板极数目过多带来操作上的困难。板极长度可由下式确定，即 $$L_p = \frac{L_s b}{\delta_p} + L_c \qquad (2)$$ 式中　L_p——板极长度，mm 　　　L_s——焊缝长度总和（包括引入和引出部分的长度），mm 　　　b——装配间隙，mm 　　　δ_p——板极厚度，mm 　　　L_c——板极夹持部分长度，mm

工艺参数	说 明
渣池深度	渣池深度一般控制在 30～35mm，过浅容易产生飞溅，造成电渣过程不稳定，而过深则会引起焊缝表面成形不良和未焊透。但是，当板极送进速度很大或者工件很厚时，要适当增加渣池深度。表 8-33 为铝板的板极电渣焊焊接规范参数的选择

表 8-33　铝板的板极电渣焊焊接规范参数的选择

线材厚度 /mm	焊接电流 /A	焊接电压 /V	板极截面积 /mm²	装配间隙 /mm	焊剂量 /g	焊接速度 /（m/h）
80	3200～3500	30～33	30×60	50～55	500	4
100	4500～5000	30～35	30×70	50～60	700	4
120	5500～6000	30～35	30×90	55～65	800	3.75
160	8000～8500	31～35	29×140	55～65	1250	3.75
220	10000～11000	32～35	29×190	60～65	1600	3.7

4. 管极电渣焊焊接工艺参数

管极电渣焊由于焊后通常直接使用，而不进行热处理，因此，其接头的力学性能主要决定于焊接热过程，必须选择和调整合适的工艺参数来避免晶粒过于长大的倾向。管极电渣焊焊接工艺参数见表 8-34。

表 8-34　管极电渣焊焊接工艺参数

工艺参数	说 明
焊接电压	焊接电压一般为 38～55V，焊件较厚时可相应增加电压。在焊接焊缝下部的电压应比上部的电压大一些，这样可以补偿管极钢管电压下降的影响，从而维持渣池电压不变，使熔深均匀
焊接电流	焊接电流过大，会使管极温度过高，药皮失去绝缘性能，易于焊件产生电弧，导致焊接过程中断；电流过小，会产生未熔合缺陷，并且容易因焊接速度过低而导致晶粒长大严重。实际生产中，通常根据下式来估算焊接电流的大小，即 $$I=(5-7)A_t$$ 式中　A_t——管极截面积，mm²
装配间隙	在保证焊透的情况下，减小装配间隙，可以增加焊接速度，从而降低焊接线能量，有利于提高接头的力学性能。管极电渣焊的装配间隙通常为 20～35mm。间隙不能过小，过小会由于渣池太小而影响电渣过程的稳定性
送丝速度	管极电渣焊的送丝速度比其他电渣焊方法要高，通常为 200～300m/h，焊丝一般为 ϕ3mm。但送丝速度也不能过高，过高容易使焊缝表面成形不良，甚至会产生裂纹缺陷
渣池深度	通常，管极电渣焊所焊工件厚度较小，渣池体积也小，渣池深度在焊接过程中波动较大，为了保证电渣过程稳定，管极电渣焊的渣池深度比一般电渣焊的要大一些，通常为 33～55mm。管极电渣焊的焊接规范参数的选择见表 8-35

表 8-35　管极电渣焊的焊接规范参数的选择

工件材质	接头形式	工件厚度 /mm	管极数量 /根	装配间隙 /mm	焊接电压 /V	焊接速度 /（m/h）	送丝速度 /（m/h）	渣池深度 /mm
Q235A Q345（16Mn） 20	对接接头	40	1	28	42～46	2	230～250	55～60
		60	2	28	42～46	1.5	120～140	40～45
		80	2	28	42～46	1.5	150～170	45～55
		100	2	30	44～48	1.2	170～190	45～55
		120	2	30	46～50	1.2	200～220	55～60
	T形接头	60	2	30	46～50	1.5	80～100	30～40
		80	2	30	46～50	1.2	130～150	40～45
		100	2	30	48～52	1	150～170	45～55

三、电渣焊操作技能

（一）熔嘴电渣焊的操作

熔嘴电渣焊是丝极电渣焊的一种，所不同的是，熔嘴电渣焊的熔化电极除焊丝外，还包括固定于装配间隙中，并与焊件绝缘而又起导丝、导电作用的熔嘴，如图8-24所示。

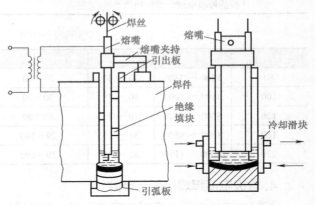

图 8-24　熔嘴电渣焊

1. 熔嘴电渣焊的操作特点

熔嘴电渣焊虽属丝极电渣焊，但由于增加了熔嘴，所以在操作上具有自身的特点。

① 由于熔嘴固定安装在装配间隙中不用送进，故可以制成与焊接断面相似的形状，用来焊接变断面的焊件。

② 因装配间隙是依靠熔嘴和连续送进的焊丝熔化后填充的，使焊接断面尺寸不像板极电渣焊那样受板极长度的限制，所以焊接断面尺寸比板极电渣焊更大。

③ 设备比较简单，不需要机头爬行、冷却滑块提升、焊丝横向摆动等机构，除焊接电源外，只要有合适的送丝机构就可以进行焊接，所以操作方便，容易掌握。

④ 因熔嘴固定在装配间隙中，不易发生与焊件短路，所以操作可靠，但熔嘴的制作和安装较费时间。

熔嘴电渣焊设备由焊接电源、焊丝送进装置、熔嘴夹持机构等组成。

2. 焊接参数的选用

熔嘴电渣焊的焊接参数包括：熔嘴数目、送丝速度、焊接电压、焊接速度、装配间隙、渣池深度等。操作前，应根据结构形式、焊件材料、接头形式和焊件厚度进行选用，见表8-36。

表 8-36　熔嘴电焊接参数的选用

结构形式	焊件材料	接头形式	焊件厚度/mm	熔嘴数目/个	装配间隙/mm	焊接电压/V	焊接速度/（m/h）	送丝速度/（m/h）	渣池深度/mm
非刚性固定结构	Q235A Q345（16Mn） 20	对接接头	80	1	30	40～44	约1	110～120	40～45
			100	1	32	40～44	约1	150～160	45～55
			120	1	32	42～46	约1	180～190	45～55
		T形接头	80	1	32	44～48	约0.8	100～110	40～45
			100	1	34	44～48	约0.8	130～140	40～45
			120	1	34	46～52	约0.8	160～170	45～55
	25 20MnMo 20MnSi	对接接头	80	1	30	38～42	约0.6	70～80	30～40
			100	1	32	38～42	约0.6	90～100	30～40
			120	1	32	40～44	约0.6	100～110	40～45
			180	1	32	46～52	约0.5	120～130	40～45
			200	1	32	46～54	约0.5	150～160	45～55
		T形接头	80	1	32	42～46	约0.5	60～70	30～40
			100	1	34	44～50	约0.5	70～80	30～40
			120	1	34	44～50	约0.5	80～90	30～40

结构形式	焊件材料	接头形式	焊件厚度 /mm	熔嘴数目 /个	装配间隙 /mm	焊接电压 /V	焊接速度 /(m/h)	送丝速度 /(m/h)	渣池深度 /mm
非刚性固定结构	35	对接接头	80	1	30	38～42	约0.5	50～60	30～40
			100	1	32	40～44	约0.5	65～70	30～40
			120	1	32	40～44	约0.5	75～80	30～40
			200	1	32	46～50	约0.4	110～120	40～45
		T形接头	80	1	32	44～48	约0.5	50～60	30～40
			100	1	34	46～50	约0.4	65～75	30～40
			120	1	34	46～52	约0.4	75～80	30～40
刚性固定结构	Q235-A Q345(16Mn) 20	对接接头	80	1	30	38～42	约0.6	65～75	30～40
			100	1	32	40～44	约0.6	75～80	30～40
			120	1	32	40～44	约0.5	90～95	30～40
			150	1	32	44～50	约0.4	90～100	30～40
		T形接头	80	1	32	42～46	约0.5	60～65	30～40
			100	1	34	44～50	约0.4	70～75	30～40
			120	1	34	44～50	约0.4	80～85	30～40
大断面结构	25、35 20MnMo 20MnSi	对接接头	400	3	32	38～42	约0.4	65～70	30～40
			600	4	34	38～42	约0.3	70～75	30～40
			800	6	34	38～42	约0.3	65～70	30～40
			1000	6	34	38～44	约0.3	75～80	30～40

3. 熔嘴电渣焊的操作要点

首先将熔嘴安装在装配间隙中，并固定在熔嘴夹持机构上。强迫成形装置采用固定式水冷成形块，在焊接过程中交替更换。使用时，先将成形块支撑架焊在焊件上，然后用螺钉将水冷成形块顶紧。成形块支撑架的形状如图8-25所示。开始焊接时接通电源，再将焊丝送下，当焊丝与焊件底部引弧板接触后，开始引燃电弧，此时立即往装配间隙中加入2～3把焊剂，熔化后成为液态熔渣，即渣池，当渣池浸没焊丝端头时，电弧熄灭，电渣过程正式开始。

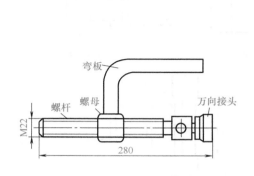

图 8-25　成形块支撑架的形状

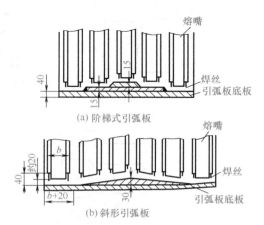

图 8-26　阶梯式引弧板和斜形引弧板

厚度大于400mm的大断面焊件，采用平板引弧板时引弧造渣较困难，可改用阶梯式引弧板和斜形引弧板，如图8-26所示。先送入焊件两侧焊丝，引弧后逐渐形成渣池，渣池加深后向装配间隙内部流动，再依次送入其他焊丝。

引弧造渣时因焊件温度较低，所以要采用较高的焊接电压（比正常焊接电压高 3 ～ 5V）和较慢的送丝速度（80 ～ 100m/h）。但引弧电压也不能太高，否则会引起严重的爆渣。当陆续加入的焊剂不断熔化时，渣池达到一定深度之后，即可将焊接参数调到正常参数，随即进入正常的焊接过程。在焊接过程中，熔嘴的长度将会不断地缩短，因此在熔嘴上的电压降也不断减小（长熔嘴上的电压降约为 0.5V/m），所以随着熔嘴长度的变短，应同时适当减小焊接电压，但送丝速度和渣池深度应保持不变。焊接过程中应经常测量渣池深度，适时添加焊剂。

为了把可能产生凹坑、裂纹等缺陷的收尾部分金属引出焊件外，焊缝的上部尾端也应设置引出板。收尾焊接时，应逐渐减小送丝速度和焊接电压。停止焊接后，割除引弧板（起焊槽）、引出板、定位板，整个焊接过程宣告结束。

（二）直缝丝极电渣焊的操作

丝极电渣焊能够进行直缝和环缝的焊接，目前生产中以直缝用得最多。直缝丝极电渣焊的接头形式有对接接头、T 形接头和角接接头，其中以对接接头应用最为广泛。

1. 焊前准备

直缝丝极电渣焊的焊前准备工作包括坡口制备、焊件装配、强迫成形装置的选用等几个方面。

（1）坡口制备

直缝丝极电渣焊采用 I 形坡口。坡口面的加工比较简单，一般钢板经热切割并清除氧化物后即可进行电渣焊接，铸、锻件由于尺寸误差大、表面不平整等原因，焊前需进行机械切削加工，焊接面的加工要求及加工最小宽度如图 8-27 所示。图中 B 为加工面的最小宽度，当不作为超声探伤面时，$B \geq 60mm$，加工粗糙度为 $Ra2.5\mu m$；当需要采用斜探头超声探伤时，$B \geq 1.5$ 倍焊件厚度（$B_{min} \geq \delta+50mm$），其加工面粗糙度为 $Ra6.3\mu m$。

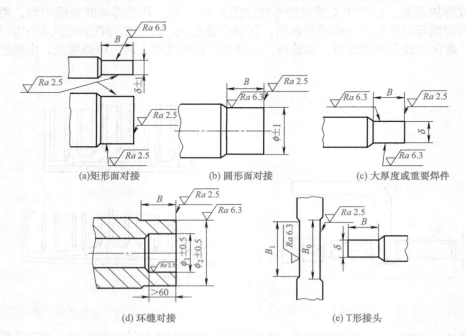

(a)矩形面对接   (b) 圆形面对接   (c) 大厚度或重要焊件

(d) 环缝对接   (e) T形接头

图 8-27　焊接面的加工要求及加工最小宽度

焊后需要进行机械加工的焊接面，焊前应留有一定的加工余量，余量的大小取决于焊接变形量和热处理变形量。焊缝少的简单构件，加工余量取 10 ～ 20mm；焊缝较多的复杂结构件，加工余量取 20 ～ 30mm。

（2）焊件装配

直缝丝极电渣焊有对接接头、T 形接头和角接接头三种接头形式，其装配方式如图 8-28 所示。

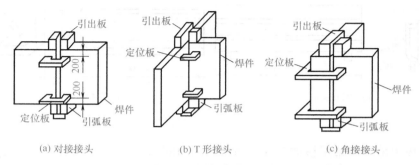

(a) 对接接头　　　　　　(b) T 形接头　　　　　　(c) 角接接头

图 8-28　焊件的装配方式

焊件的一侧焊上定位板（如圆筒形结构，应为内侧），另一侧由于电渣焊机的送丝机构要移动行走，所以不能安放定位板。定位板的形状及尺寸如图 8-29 所示。装配时，定位板距焊件两端约 200mm。较长的焊缝中间要设数个定位板，其间距为 1 ～ 1.5m。厚度大于 400mm 的大断面焊件，定位板的厚度可增大至

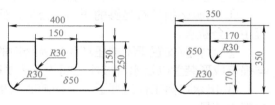

图 8-29　定位板的形状及尺寸

70 ～ 90mm，其余尺寸也应相应加大。焊接结束后，割去定位板与焊件的连接焊缝后，定位板仍可重复使用。

在焊件下端应焊上引弧板，上端焊上引出板。对于厚度大于 400mm 的大断面焊件，引弧板和引出板的宽度为 120 ～ 150mm，长度为 150mm。焊件的装配间隙值根据焊件的厚度确定，见表 8-37。

表 8-37　焊件的装配间隙值　　　　　　　　　　mm

焊件厚度			50 ～ 80	80 ～ 120	120 ～ 200	200 ～ 400	400 ～ 1000	>1000
接头形式	对接接头	装配间隙	28 ～ 32	30 ～ 32	31 ～ 33	32 ～ 34	34 ～ 36	36 ～ 38
	T 形接头		30 ～ 32	32 ～ 34	33 ～ 35	34 ～ 36	36 ～ 38	38 ～ 40

由于沿焊缝高度焊缝的横向收缩值不同，越往上越大，所以焊缝上部装配间隙应比下端大。其差值，当焊件厚度小于 150mm 时，约为焊缝长度的 0.1%；焊件厚度为 150 ～ 400mm 时，一般为焊缝长度的 0.5% ～ 1%。对于非规则断面的焊件，焊前应将焊接面改为矩形断面后再进行焊接。

（3）强迫成形装置的选用

直缝丝极电渣焊时，强迫成形装置的作用是使渣池和熔池内的液态熔渣和液态金属不向外流失，并强制熔池冷却凝固形成具有一定余高、表面光洁平整的焊缝。目前使用的有固定式成形块和移动式成形滑块两种。

① 选用固定式成形块。这种成形块用厚铜板制成，其一侧加工成和焊缝余高部分形状

相同的成形槽，另一侧焊上冷却水套，长度为 300 ~ 500mm，如图 8-30 所示。若焊缝较长，可用几块固定式成形块倒换安装，交替使用。

② 选用移动式成形滑块。成形滑块的基本形状与固定式成形块相同，但长度较短，能安装在电渣焊机的机头上。焊接时，滑块紧贴焊缝，由机头带动向上滑动。移动式成形滑块如图 8-31 所示。

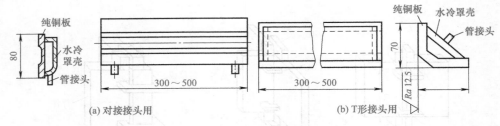

图 8-30　固定式成形块

直缝丝极电渣焊时常用移动式成形滑块，因为固定式成形块较长，操作时会阻碍导电嘴由焊件侧面伸入焊件间隙。强迫成形装置使用时的注意事项如下。

① 水源必须具有足够的压力和流量，保证在施焊过程中不会断水。

② 水管应安置于不被压坏和容易踏扁的地方，水管与强迫成形装置以及水管彼此之间的连接要牢固。

③ 出水口离工作地要近，以便随时测量水温和控制冷却水流量。

④ 冷却水的进水管应接在强迫成形装置的下端，出水管接在上端。

⑤ 焊丝与强迫成形装置不能相碰，以免使强迫成形装置烧坏而引起漏水，这将会造成渣池"爆炸"，严重时会造成事故。

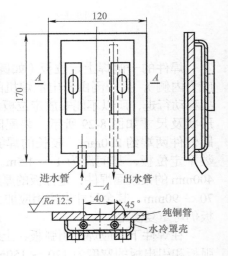

图 8-31　移动式成形滑块

2. 焊接参数的选用

直缝丝极电渣焊的焊接参数是指焊接电流、焊接电压、焊接速度、送丝速度、渣池深度、装配间隙、焊丝数目等。操作前，应根据焊件材料和焊件厚度进行选用，见表 8-38。

表 8-38　焊接参数的选用

焊件材料	焊件厚度/mm	焊丝数目/根	装配间隙/mm	焊接电流/A	焊接电压/V	焊接速度/（m/h）	送丝速度/（m/h）	渣池深度/mm
QZ35A Q345（16Mn） 20	50	1	30	520 ~ 550	43 ~ 47	≤ 1.5	270 ~ 290	60 ~ 65
	70	1	30	650 ~ 680	49 ~ 51	≤ 1.5	360 ~ 380	60 ~ 70
	100	1	33	710 ~ 740	50 ~ 54	≤ 1	400 ~ 420	60 ~ 70
	120	1	33	770 ~ 800	52 ~ 56	≤ 1	440 ~ 460	60 ~ 70
25 20MnMo 20MnSi 20MnV	50	1	30	350 ~ 360	42 ~ 44	≤ 0.8	150 ~ 160	45 ~ 55
	70	1	30	370 ~ 390	44 ~ 48	≤ 0.8	170 ~ 180	45 ~ 55
	100	1	33	500 ~ 520	50 ~ 54	≤ 0.7	260 ~ 270	60 ~ 65
	120	1	33	560 ~ 570	52 ~ 56	≤ 0.7	300 ~ 310	60 ~ 70
	370	3	36	560 ~ 570	50 ~ 56	≤ 0.6	300 ~ 310	60 ~ 70

焊件材料	焊件厚度 /mm	焊丝数目 /根	装配间隙 /mm	焊接电流 /A	焊接电压 /V	焊接速度 /（m/h）	送丝速度 /（m/h）	渣池深度 /mm
25 20MnMo 20MnSi 20MnV	400	3	36	600～620	52～58	≤0.6	330～340	60～70
	430	3	38	650～660	52～58	≤0.6	360～370	60～70
	450	3	38	680～700	52～58	≤0.6	380～390	60～70
35	50	1	30	320～340	40～44	≤0.7	130～140	40～45
	70	1	30	390～410	42～46	≤0.7	180～190	45～55
	100	1	33	460～470	50～54	≤0.6	230～240	55～60
	120	1	33	520～530	52～56	≤0.6	270～280	60～65
	370	3	36	470～490	50～54	≤0.5	240～250	55～60
	400	3	36	520～530	50～55	≤0.5	270～280	60～65
	430	3	38	560～570	50～55	≤0.5	300～310	60～70
	450	3	38	590～600	50～55	≤0.5	320～330	60～70
45	50	1	30	240～280	38～42	≤0.5	90～110	40～45
	70	1	30	320～340	42～46	≤0.5	130～140	40～45
	100	1	33	360～380	48～52	≤0.4	160～180	45～50
	120	1	33	410～430	50～54	≤0.4	190～210	50～60
	370	3	36	360～380	50～54	≤0.3	160～180	45～55
	400	3	36	400～420	50～54	≤0.3	190～210	55～60
	430	3	38	450～460	50～55	≤0.3	220～240	50～60
	450	3	38	470～490	50～55	≤0.3	240～260	60～65

注：焊丝直径为 3mm，接头形式为对接接头。

3. 操作要领

选用 HS-1000 型丝极电渣焊机一台，配以 BP1-3×1000 型焊接变压器，焊丝牌号为 H08A，直径为 3mm，焊剂牌号为 HJ360，焊剂焊前经 250℃烘干 1～2h，焊件材质为 Q235-A 低碳钢，厚度 60mm，长×宽为 2000mm×300mm，共两块。

辅助工具包括錾子、钢丝刷、扳手等。

（1）空车练习

将焊接机头固定在导轨上，并把装配好的焊件放于机头输送焊丝的一侧，将导电嘴伸入焊件接缝的间隙中，调整至导电嘴、焊丝与焊件、移动式成形滑块不相碰为止。空车练习的目的是熟悉控制盘上几个主要按钮的作用及使用方法，了解焊机的工作性能，为正式焊接打下基础。空车练习的操作步骤如下。

① 按动焊接机头的上升按钮，此时焊接机头即沿导轨缓慢上升，至上升高度超过焊件高度后，再按下降按钮，此时焊接机头又沿导轨缓慢下降，重复数次，直到熟练为止。练习过程中要观察焊接机头行走齿轮与导轨齿条的啮合状况，不得有异常声音产生，焊接机头的升降要平稳，中间不能有停顿现象。焊接机头在行走过程中，若发现导电嘴与焊件或移动式成形滑块相碰，则应立即停车，并调整焊件的方位，直到不相碰为止。

② 按动送丝机构中的送丝按钮，使焊丝从导电嘴中平稳输出，观察焊丝输出后是否能垂直下降，没有抛射式弯曲，否则就应调节送丝机构中压紧滚轮的压紧力，直到消除为止。

③ 按动焊丝横向摆动机构的按钮，使导电嘴在焊件装配间隙中来回摆动，调节导电嘴在间隙中的位置，使其处于间隙的中心处，并且要求焊丝从导电嘴输出后离开两侧母材的距离应相等，以免正式焊接时造成一侧产生未熔合现象。

④ 旋开移动式成形滑块冷却水进水开关，观察出水口是否有水流出以及水流量的大小。

（2）焊接操作

直缝丝极电渣焊的焊接操作共分表 8-39 所示几个步骤。

表 8-39　直缝丝极电渣焊的焊接操作

项目	焊接操作说明
引弧造渣	全部焊接电路接通后，按动"送丝"按钮，使焊丝从导电嘴中慢慢伸出，与引弧板的底板接触短路，焊丝与底板间立即引燃电弧，此时从焊件接缝中倒入焊剂，焊剂量要适当，不能压住电弧使电弧熄灭。倒入的焊剂在电弧热的作用下开始熔化，在引弧板底部出现渣池。再加入少量焊剂，使渣池深度逐渐增加、缓慢上升，直至使焊丝浸入渣池中，电弧熄灭，电渣过程正式开始。引弧造渣时焊件温度较低，为使电渣过程较快建立，应采用较高的焊接电压（比正常的焊接电压高 3～5V）和较慢的送丝速度（通常为 80～100m/h）。但焊接电压也不宜太高，否则会引起严重的爆渣，使造渣过程发生困难。当渣池达到所需的深度之后，即可将焊接电压、送丝速度调到正常参数，进入正常焊接 电渣过程也可用导电焊剂来建立。开始阶段在引弧板底部安放一块固体导电焊剂，其牌号为 HJ170，这种焊剂在固态即能导电，将焊丝与其接触短路，电流通过固体导电焊剂产生的电阻热使其熔化成液态熔渣（即为渣池），此时将焊丝插入渣池中，电渣过程就开始
正常焊接	直缝丝极电渣焊属于自动焊接，当引弧造渣过程结束，只要焊接参数选用恰当，焊机各部件的动作正常时，整个焊接过程会相当平稳地进行。正常焊接过程中操作者应注意下列事项 ① 施焊过程中，由于网路电压的变化会引起焊接电流值发生波动，结果就要影响到焊接质量。通常，允许的焊接电流变化值不得超过 30A，否则就要适当调整送丝速度，使焊接电流恢复到预先选定的数值 ② 保持适当的渣池深度是保证电渣过程稳定进行的重要条件。焊接时，熔渣有少量损耗，应随时进行观察：如果渣池沸腾过于激烈，说明渣池过浅；如果渣池表面很平静，则说明渣池过深。渣池的深度可用一根铁丝弯成 90° 后，从间隙中插入渣池，提起后测量焊丝端头沾渣部分的长度来确定，如上图所示。测量渣池深度时，插入位置应远离丝极，以免造成丝极与焊件短路；当发现渣池深度小于 40mm 时，应立即向渣池补充焊剂，否则会使电渣过程不稳定。添加焊剂时，一次加入量不宜过多，否则会使熔池温度突然降低，造成未焊透。添加焊剂不得使用金属工具，以免不慎造成焊丝与焊件短路。通常可采用竹片作为添加焊剂的工具。操作者应注意，添加的焊剂必须保持干燥，若将带有水分的焊剂加入渣池，会引起爆渣事故，容易烫伤人体 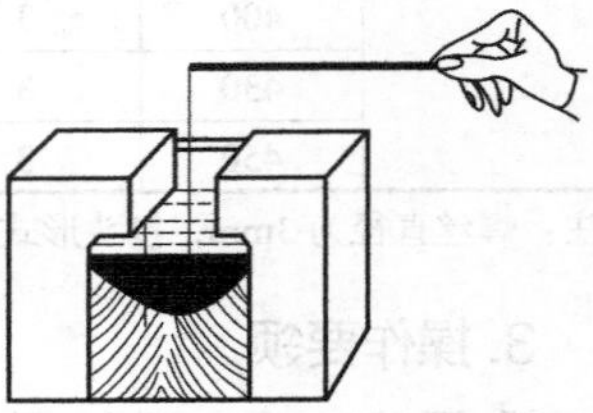 ③ 焊接过程中，如中途被迫中断焊接（停电、漏渣、设备故障），应立即将熔渣全部放掉，用钢楔打入间隙，以防止间隙因收缩变得过小而无法焊接，然后用气割把可能产生气孔、夹渣等缺陷的末尾金属割除；再重新造渣继续焊接
收尾结束	电渣焊由于金属熔池体积较大，凝固时要产生较大的收缩，所以在焊缝结束时要产生一个很大的收缩凹坑，影响焊缝质量。为此收尾时要采取两项措施 ① 在焊件末端加两块有一定高度的引出板，如图 8-28 所示，收尾时将凹坑引至焊件外侧。 ② 在收尾阶段采取断续送丝、降低送丝速度和减小电压等措施，使熔池热量降低，减少收缩。 焊接工作全部结束后，割除引弧板、引出板和定位板

测量焊丝端头沾渣部分

（三）环缝丝极电渣焊的操作

厚壁圆筒形焊件对接时采取环缝丝极电渣焊。焊接时，圆筒形焊件转动，焊接机头只需完成送丝动作，不需沿导轨上升。环焊缝的首、尾端相接，收尾工作比较复杂，这就增加了操作难度。

1. 焊前准备

环缝丝极电渣焊的焊前准备工作包括焊件的装配、吊装装配件、安装水冷成形滑块支撑装置，以及正确选用焊接参数等几方面。

（1）焊件的装配

装配时，将焊件的外圆先划分 8 等分线，然后焊上引弧板及定位塞铁，如图 8-32 所示。

再将另一段焊件装配好，与引弧板及定位塞铁焊牢。为保证焊接过程中不产生漏渣，两段焊件内、外圆的平面度误差应小于 1mm。

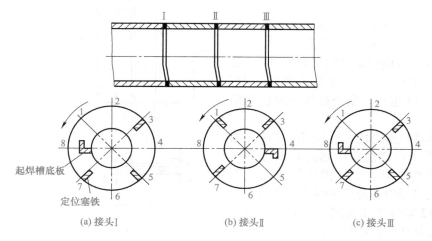

图 8-32　示意图

由于环缝的横向收缩不同，故应采用不同的装配间隙值，见表 8-40。

表 8-40　焊件的装配间隙值　　　　　　　　　　　　　　　　　mm

焊件厚度			50 ～ 80	80 ～ 120	120 ～ 200	200 ～ 300	300 ～ 450
位置	8 号线	装配间隙	29	32	33	34	36
	5 号线		31	34	35	36	40
	7 号线		30	33	34	35	37

当焊件上有多条环缝时，为减少弯曲变形，相邻焊缝引弧板的位置应错开 180°。

（2）吊装配件

焊件装配结束后，应将焊件吊运至焊机旁，并使装配间隙处于垂直位置。环缝丝极电渣焊应采用焊接滚轮架，将焊接滚轮架固定在刚度大的平台上，如图 8-33 所示。

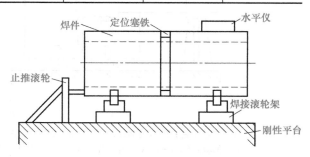

图 8-33　焊接滚轮架固定在刚度大的平台

焊接滚轮架应安放在每段焊件的近中心处，以保持稳定。焊件放于焊接滚轮架上后应用水平仪测量焊件是否处于水平位置，并转动焊件几圈，以确定焊件转动时其轴向移动的方向，面对其移动方向应顶上止推滚轮，以防止焊接时焊件产生轴向移动。

（3）安装水冷成形滑块支撑装置

环缝丝极电渣焊时，焊件转动，渣池及金属熔池基本保持在固定位置，故内、外圆强迫成形装置采用固定式水冷成形滑块。一种水冷成形滑块的形状及尺寸如图 8-34 所示，它可以根据焊件的内圆尺寸制成相应的弧形。内、外圆水冷成形滑块使用前应进行认真检查：首先检查并校平水冷成形滑块使与焊件间无明显的缝隙，以保证焊接过程中不产生漏渣；其次要保证没有渗漏，以免焊接过程中漏水，迫使焊接过程中止；最后应检查进、出水方向，确保下端进水、上端出水，以防焊接时水冷成形滑块内产生蒸汽，造成爆渣，发生伤人事故。

内、外圆水冷成形滑块需采用支撑装置顶牢在焊件上（图 8-35）。外圆水冷成形滑块支撑装置由滑块顶紧机构（焊机附），调节滑块上、下移动机构 13 及调节滑块前、后移动机构 14 组成。整个机构固定在焊机底座上。

内圆水冷成形滑块支撑装置的作用：确保滑块在整个焊接过程中始终紧贴焊件内壁，同时在焊件转动时，滑块始终固定不动，在焊接过程中不会产生漏渣；内圆水冷成形滑块 12 靠悬挂在固定板 7 上的滑块顶紧装置 9 顶紧在内圆焊缝处，固定板 7 焊在

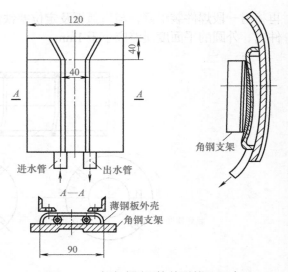

图 8-34　水冷成形滑块的形状及尺寸

固定钢管 3 上，固定钢管靠近焊缝的一端，由套在固定钢管上的滚珠轴承 8 和 3 个成 120° 分布的可调节螺钉 5，固定在与焊件同心圆的位置上。当焊件转动时，由于固定钢管和可调节螺钉之间有滚珠轴承，故可调节的螺钉随焊件转动而固定钢管不动，因而固定在钢管固定板上的内圆水冷成形滑块也固定不动，固定钢管另一端则由夹紧架 2 固定不动。

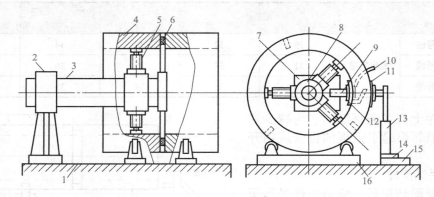

图 8-35　内、外圆水冷成形滑块采用的支撑装置

1—焊接平台；2—夹紧架；3—固定钢管；4—焊件；5—可调节螺钉；6—定位塞铁；7—固定板；
8—滚珠轴承；9—滑块顶紧装置；10—导电杆；11—外圆水冷成形滑块；12—内圆水冷成形滑块；
13—滑块上、下移动机构；14—滑块前、后移动机构；15—焊机底座；16—焊接滚轮架

焊前必须认真调节 3 个可调节螺钉 5，使其伸出长度相等，以使右端钢管中心和焊件中心相重合。同时调节夹紧架 2 的高度，使钢管中心线和焊件中心线相重合，以确保焊接过程中焊件转动而内圆水冷成形滑块始终贴紧焊件内圆，而不致漏渣。

焊接以前应通过调节滑块上、下移动机构 13 的高低，使滑块中心线和焊件水平中心线重合，通过调节滑块前、后移动机构 14，使滑块贴紧在焊件外圆上。

（4）焊接参数的选用

环缝丝极电渣焊的焊接参数是指焊接电流、焊接电压、焊接速度、送丝速度、渣池深度、装配间隙、焊丝数目等。操作前，应根据焊件材料、焊件外圆直径、焊件厚度进行选用，见表 8-41。

表 8-41　焊接参数的选用

焊件材料	焊件外圆直径 /mm	焊件厚度 /mm	焊丝数目 / 根	装配间隙 /mm	焊接电流 /A	焊接电压 /V	焊接速度 / (m/h)	送丝速度 / (m/h)	渣池深度 /mm
25	600	80	1	33	400～420	42～46	≤0.8	190～200	45～55
		120	1	33	470～490	50～54	≤0.7	240～250	55～60
	1200	80	1	33	420～430	42～46	≤0.8	200～210	55～60
		120	1	33	520～530	50～54	≤0.7	270～280	60～65
		160	2	34	410～420	46～50	≤0.7	190～200	45～55
		200	2	34	450～460	46～52	≤0.7	220～230	55～60
		240	2	35	470～490	50～54	≤0.7	240～250	55～60
	2000	300	3	35	450～460	46～52	≤0.7	220～230	55～60
		340	3	36	490～500	52～54	≤0.7	250～260	60～65
		380	3	36	520～530	52～56	≤0.6	270～280	60～65
		420	3	36	550～560	52～56	≤0.6	290～300	60～65
35	600	50	1	30	300～320	38～42	≤0.7	120～130	40～45
		100	1	33	420～430	46～52	≤0.6	200～210	55～60
		120	1	33	450～460	50～54	≤0.6	220～230	55～60
	1200	80	1	33	390～410	44～48	≤0.6	180～190	45～55
		120	1	33	460～470	50～54	≤0.6	230～240	55～60
		160	2	34	350～360	48～52	≤0.6	150～160	45～55
		240	2	35	450～460	50～54	≤0.6	220～230	55～60
		300	3	35	380～390	46～52	≤0.6	170～180	45～55
	200	200	2	35	390～400	48～52	≤0.6	180～190	45～55
		240	2	35	420～430	50～54	≤0.6	200～210	55～60
		280	3	35	380～390	46～52	≤0.6	170～180	45～55
		380	3	36	450～460	52～56	≤0.5	220～230	45～55
		400	3	36	460～470	52～56	≤0.5	230～240	55～60
		450	3	38	520～530	52～56	≤0.5	270～280	60～65
45	600	60	1	30	260～280	38～40	≤0.5	100～110	40～45
		100	1	33	320～340	46～52	≤0.4	135～145	40～45
	1200	80	1	33	320～340	42～46	≤0.5	130～140	40～45
		200	2	34	320～340	46～52	≤0.4	135～145	40～45
		240	2	35	350～360	50～54	≤0.4	155～165	45～55
	2000	340	3	35	350～360	52～56	≤0.4	150～160	45～55
		380	3	36	360～380	52～56	≤0.3	160～170	45～55
		420	3	36	390～400	52～56	≤0.3	180～190	45～55
		450	3	38	410～420	52～56	≤0.3	190～200	45～55

注：焊丝直径为 3mm。

2. 操作过程

表 8-42　环缝丝极电渣焊的操作特点和操作过程

类别	说　明
操作特点	环缝丝极电渣焊与直缝丝极电渣焊虽同属丝极电渣焊，但操作上却又有自身的特点，这些特点可归纳如下 　　① 环缝丝极电渣焊焊接时，焊件需放在焊接滚轮架上转动，转动速度就是焊接速度。焊接厚壁件时，由于内、外圆周线速度差较大，使焊接熔池金属将从内圆向外圆方向移动，因此靠近外圆处母材的熔深变小，没有直缝丝极电渣焊时熔深均匀

类别	说　明
操作特点	② 焊接机头在焊接过程中大部分时间静止不动，只完成焊丝的送丝和摆动动作，仅在收尾时暂作上升运动 ③ 焊缝的首、尾相接，使操作时产生一系列困难。引弧处不能引至焊缝之外，要从焊件上建立渣池引弧，然后在焊接过程中需切割引弧部分，将未焊透部分切除，并按照收尾处的要求切割成形。收尾时与直缝丝极电渣焊相仿，要将收尾处引出，此时要采用一种特殊的收尾模，在焊接过程中装焊上

操作过程	引弧造渣	环缝引弧造渣除采用平底板外，当焊件厚度大于 100mm 时，常采用斗式引弧板，以减少引弧部分的切割工作量，如下图所示 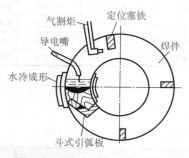 (a)斗式引弧板引弧造渣　　(b) 随渣池的形成，焊件转动，　(c) 放入第2块起焊塞铁 放入第1块起焊塞铁 引弧部分的切割工作量 　开始先用一根焊丝引弧造渣，渣池形成后，逐渐转动焊件，待渣池液面扩大后，放入第 1 块起焊塞铁，在塞铁和装配间隙中的焊件侧面用定位焊焊牢，随着焊件的不断转动，渣池液面的不断扩大，送入第 2 根焊丝，再随渣池液面的进一步扩大，依次放入第 2 块起焊塞铁，定位焊牢，并安上外圆水冷成形滑块，逐步摆动焊丝，进入正常焊接过程
	切割定位塞铁	随着焊接过程的进行和焊件不断地转动，要依次割去焊件间隙中的定位塞铁，并沿内圆切线方向割掉始焊部分，以形成引出部分的侧面（图 8-36）
	引出部分的操作	在引出部分焊上 ⌐ 形引出板，将渣池引出焊件。⌐ 形引出板的形状如图 8-37 所示 　引弧部分切割后即清除氧化皮，并将 ⌐ 形引出板焊在焊件上。当 ⌐ 形引出板转至和地面垂直位置时，焊件停止转动（此时焊件内切割好的引出部分也与地面垂直），随着渣池上升，逐发放上外部挡板，焊接机头随之上升（图 8-38）。此时不能降低焊接电流和焊接电压，否则内壁易产生未焊透。操作时应注意，导电嘴不能与内壁相碰短路，同时又要使焊丝尽量靠近内壁，以保证焊透；待渣池全部引出焊件后，再逐渐降低焊接电流、焊接电压
	焊接结束	将焊件从焊接滚轮架上吊运下，割除 ⌐ 形引出板，整个焊接过程宣告结束

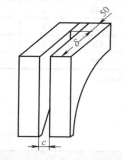

图 8-36　形成引出部分的侧面　　　图 8-37　⌐ 形引出板的形状

（四）丝极电渣焊的操作

　　利用电流通过液体熔渣所产生的电阻热进行焊接的一种熔焊方法称为电渣焊。根据其使用的电极形状，可分为丝极电渣焊、熔嘴电渣焊和板极电渣焊等。

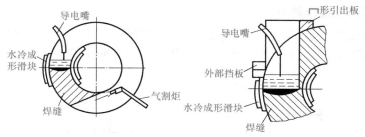

图 8-38　示意图

1. 电渣过程的建立

将一厚度为 100mm 的低碳钢板，中间钻一深度为 70～80mm、直径为 20mm 的圆孔作为焊件。将弧焊变压器的出线端连接在手把和焊件之间，如图 8-39 所示。

首先在焊件的圆孔内放入少量铁屑，将长度为 300～400mm、直径为 8mm 的低碳钢圆钢底端加工成圆锥状，作为金属电极。并夹持在手把上，启动焊机，这时电压表上指针标出焊机的空载电压值，此时焊工手持手把将金属电极（圆钢）从焊件圆孔中慢慢伸入，应注意，不要使电极和焊件周围的金属相碰，以免造成接触短路而引发电弧，接着迅速从焊件圆孔端口加入少量牌号为 HJ431 的焊剂，当电极轻

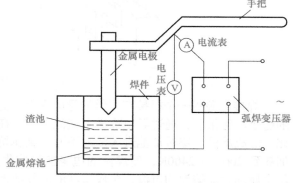

图 8-39　弧焊变压器的出线端连接

轻接触圆孔底部的铁屑时，就开始发生电弧，焊剂在电弧热作用下迅速熔化成为液态熔渣，称为渣池，覆盖在由铁屑熔化的金属上面。经过 1～2min 后，渣池已达到一定的深度时，将电极插在熔融的渣池内，于是电弧消失，电流从电极末端通过渣池经过焊件金属形成一回路，于是电渣过程就正式建立。

为了保持正常的电渣过程，使用的焊接参数为：焊接电流 130～150A，焊接电压 30～34V，渣池深度 35～40mm。整个操作过程可以通过电压表指针的指示值来进行控制。当发现焊接电压值过低（即电极离开金属熔池表面的距离太短），可稍微放慢电极的送进速度或临时将电极向上提拉一下，当发现焊接电压过高时，应加快电极的送进速度。送进电极的过程中，应避免电极与金属熔池短路（此时电压表指示值为 0）或电极露出渣池表面：前者时间一长会造成电极和金属熔池焊合在一起；后者使电极在渣池表面打弧，使熔渣飞溅，破坏电渣过程。操作结束时，只要迅速将电极拉出渣池，电渣过程即宣告中断。整个电渣过程的操作如图 8-40 所示。

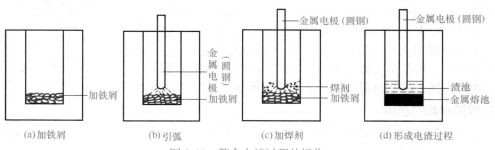

(a)加铁屑　　　　　(b)引弧　　　　　(c)加焊剂　　　　(d)形成电渣过程

图 8-40　整个电渣过程的操作

2. 丝极电渣焊的操作要点

丝极电渣焊是利用焊丝（为使焊丝通过导电嘴时易于弯曲，焊丝直径不超过 3mm）作为电极形成电渣过程而进行焊接的一种电渣焊方法，如图 8-41 所示。

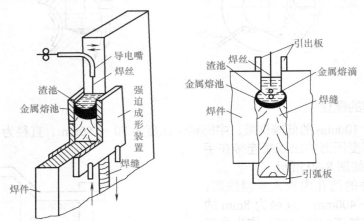

图 8-41　丝极电渣焊

焊接电源的一个极接在焊丝的导电嘴上，另一个极接在焊件上。焊丝由机头上送丝机构的送丝滚轮带动，通过导电嘴送入渣池。焊丝在其自身的电阻热和渣池热的作用下被加热熔化，形成熔滴后穿过渣池进入渣池下面的金属熔池。电流通过渣池时，将渣池内熔渣的温度加热到 2000 ～ 2400K，使焊件的边缘加热熔化，焊件的熔化金属也进入金属熔池。随着焊丝金属向金属熔池的过渡，金属熔池液面及渣池表面不断地升高。为使焊接机头上的送丝导电嘴与金属熔池液面之间的相对高度保持不变，焊接机头亦应随之同步上升，上升速度应该与金属熔池的上升速度相等，这个速度就是焊接速度。随着金属熔池液面的上升，金属熔池底部的液态金属开始冷却结晶，形成焊缝。丝极电渣焊在操作过程中具有如下特点。

① 丝极电渣焊的焊接方向是由下往上，呈垂直状态，所以焊接接头的轴线是垂直的。但是从某一瞬时看，实际上是一种垂直移动的平焊位置焊接法。

② 全部焊接动作均通过丝极电渣焊机来完成，所以是属于一种自动焊接法，操作者只需通过操纵盘上的按钮来进行控制整个焊接过程，仅仅在必要时通过人工测量一下渣池深度和添加必要的焊剂。

③ 丝极电渣焊焊工的操作技能，主要表现在会熟练地使用操纵焊机、选择合理的焊接参数焊接不同厚度的焊件，能及时排除焊接过程中可能出现的各种故障，以及能分析焊接缺陷产生的原因并提出预防措施。

（五）板极电渣焊的操作

用金属板条代替焊丝作为电极的电渣焊，称为板极电渣焊，如图 8-42 所示。由于板极很宽，所以操作时不必做横向摆动。此外，因板极的断面积大，刚性大，自身电阻小，所以板极伸出长度可以很长，焊接时可以由上方送进，省略了从侧面伸入装配间隙的导电嘴、焊丝校直机构、焊接机头爬行和冷却滑块的提升装置等，使设备大为简化，操作方便，必要时可以进行手动送进板极。

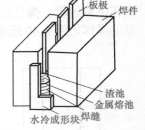

图 8-42　板极电渣焊

1. 焊接参数的选用

板极电渣焊的焊接参数包括焊件装配间隙、板极尺寸和数目、焊接电流、焊接电压、渣池深度等，见表 8-43。

表 8-43　板极电渣焊的焊接参数

参数	说　明
焊件装配间隙	板极与焊件间距离应保持在 7 ～ 8mm，在此基础上决定装配间隙为 28 ～ 40mm
板极数目及尺寸	单板极焊接焊件厚度为 110 ～ 150mm，多板极时板极数应取 3 的倍数；板极尺寸厚为 8 ～ 16mm，宽为 70 ～ 110mm，长为焊缝长度的 4 ～ 5 倍
焊接电流	应为板极截面积的 0.4 ～ 0.8
焊接电压	常取 30 ～ 40V
渣池深度	常取 30 ～ 35mm

2. 操作要领

引弧造渣时将板极端部切成 60° ～ 90° 的尖角，也可将板极端部切出或焊上 1 块长为 100mm 左右而宽度较小的板条。引弧方法除采用铁屑引弧造渣和导电焊剂无弧造渣外，还可采用注入熔渣法，即预先将焊剂放在坩埚内熔化，然后注入引弧槽内。

焊缝的收尾除采用间断送进板极、逐渐减小焊接电流和电压等措施外，还可以采用间断供电的方法，停电时间为 5 ～ 15s，依次增加；供电时间为 10 ～ 5s，依次减小。重复进行 5 ～ 7 次。

（六）管极电渣焊的操作

用一根涂有药皮的管子代替熔嘴板的电渣焊，称为管极电渣焊。管极电渣焊是熔嘴电渣焊的一个特例。其电极为固定在接头间隙中的涂料钢管和不断地向渣池中送进的焊丝。因涂料药皮有绝缘作用，故管极不会和焊件短路，装配间隙可缩小，能节省焊接材料，提高焊接生产率。由于只用 1 ～ 2 根管极，故操作方便。

1. 焊接参数的选用

管极电渣焊的焊接参数包括送丝速度、焊接电压、焊接速度、装配间隙、渣池深度、管极数目。操作前，应根据结构形式、工件材料、接头形式和焊件厚度进行选用，见表 8-44。

表 8-44　管极电渣焊的焊接参数

结构形式	工件材料	接头形式	焊件厚度/mm	管极数目/根	装配间隙/mm	焊接电压/V	焊接速度/(m/h)	送丝速度/(m/h)	渣池深度/mm
非刚性固定结构	Q235-A Q345（16Mn） 20	对接接头	40	1	28	42 ～ 46	约 2	230 ～ 250	55 ～ 60
			60	2	28	42 ～ 46	约 1.5	120 ～ 140	40 ～ 45
			80	2	28	42 ～ 46	约 1.5	150 ～ 170	45 ～ 55
			100	2	30	44 ～ 48	约 1.2	170 ～ 190	45 ～ 55
			120	2	30	46 ～ 50	约 1.2	200 ～ 220	55 ～ 60
		T 形接头	60	2	30	46 ～ 50	约 1.5	80 ～ 100	30 ～ 40
			80	2	30	46 ～ 50	约 1.2	130 ～ 150	40 ～ 45
			100	2	32	48 ～ 52	约 1.0	150 ～ 170	45 ～ 55
刚性固定结构	Q235-A Q345（16Mn） 20	对接接头	40	1	28	42 ～ 46	约 0.6	60 ～ 70	30 ～ 40
			60	2	28	42 ～ 46	约 0.6	60 ～ 70	30 ～ 40
			80	2	28	42 ～ 46	约 0.6	75 ～ 80	30 ～ 40
			100	2	30	44 ～ 48	约 0.6	85 ～ 90	30 ～ 40
			120	2	30	46 ～ 50	约 0.5	95 ～ 100	30 ～ 40

2. 操作要点

将焊件按选定的装配间隙用定位板安装在一起，在下部焊上引弧板，上部焊上引出板，再将管极夹持装置固定在焊件上。管极用铜夹头夹紧，以利于导电。管极离引弧槽底板的距离为 15 ～ 25mm。引弧造渣时，为防止因渣池上升太快产生始焊段未焊透，故采用较低的送丝速度（约 200m/h）；为保证电渣过程的稳定进行和焊缝的上、下熔宽基本一致，在送丝速度一定的情况下，焊接过程中应尽量保持焊接电压和渣池深度不变。

收尾时，同样应对焊缝进行补缩，即适当降低焊接电压并断续送进焊丝。

（七）电渣焊操作时的注意事项

表 8-45　电渣焊操作时的注意事项

项目	注意事项说明
电渣焊时的安全用电	电渣焊时，单相空载电压超过 60V，两相之间的电压可达 100V 以上，均超过 36V 的安全电压。因此，焊工在作业过程中，具有触电的危险性，必须遵循下列安全用电规则 ①焊工应避免在带电情况下触及电极，当必须在带电情况下触及电极时，应戴有干燥的皮手套，使用的扳手、钢丝钳等应用黑胶布绝缘 ②不允许焊工在带电情况下，同时接触两相电极
电渣焊时防止有害气体的产生	电渣焊用焊剂 HJ360 内含 $CaF_2$10% ～ 19%（质量分数），固态导电焊剂 HJ170 内含 $CaF_2$27% ～ 40%（质量分数），焊接时，焊剂中的 CaF_2 发生分解，产生有毒气体 HF，影响焊工身体健康。为此，应采取如下预防措施 ①电渣焊作业区应加强通风措施，尽量排除有毒气体 ②焊工进入半封闭的简体、梁体进行操作时，时间不能过长，并应有人在外面接应 ③通风不良的焊件应开排气孔
防止烧伤的措施	（1）产生爆渣或漏渣的原因 ①焊接面附近有缩孔，焊接时熔穿，气体进入渣池 ②引弧板、引出板和焊件之间间隙大，熔渣流入间隙 ③水分进入渣池：进、出水管阻塞或压扁，引起水冷成形滑块熔穿；焊丝、熔嘴板、板极将水冷成形滑块击穿；耐火泥太湿；焊剂潮湿；水冷成形滑块漏水 ④电渣过程不稳定 ⑤焊件错边太大，水冷成形滑块与焊件不密合 （2）防止爆渣或漏渣的措施 ①焊前对焊件应严格检查有无缩孔等孔洞或裂纹等缺陷。若有缺陷，要清除干净，被焊后方能进行电渣焊 ②提高装配质量 ③焊前仔细检查供水系统，焊剂应烘干 ④正确选择焊接参数，确保电渣过程稳定进行 ⑤焊件应按工艺要求装配，水冷成形滑块应与焊件密合

四、电渣焊焊后热处理

常规电渣焊由于其热循环的特点，焊后使焊缝晶粒长大，焊接接头的力学性能有所降低，并存在一定的内应力，因此通常要进行焊后热水处理。

1. 退火处理

热处理温度为 500 ～ 700℃，处理后不发生相变，只能消除焊接应力，力学性能无明显变化，可用于复杂工件的中间热处理和冲击性能要求不高的工件。

2. 高温退火处理

热处理温度为 A_{c3}+（30 ～ 50）℃，处理后魏氏体组织基本消除，冲击韧性提高，但不如正火 + 回火处理完善，在无法正火的条件下采用。

3. 正火 + 回火处理

先进行正火处理，温度为 A_{c3}+（30 ～ 50）℃，经空冷后再接着进行回火处理，温度为 500 ～ 700℃。处理后不仅魏氏体组织消除，晶体细化，而且冲击韧性提高。

单熔嘴电渣焊和管状电渣焊由于热输入量减少，可以考虑不进行热处理或只进行消除应力处理。是否热处理，也可由用户同制造商或工艺设计部门协商处理。

第三节　等离子弧焊接与切割

一、等离子弧的形成

等离子弧是电弧的一种特殊形式，是借助水冷喷嘴的外部拘束作用使电弧的弧柱区横截面受到约束，从而使电弧的温度、能量密度以及等离子流速等得到显著增加。电弧在等离子枪中受到压缩，能量更加集中，其横截面的能量密度可提高到 $10^5 \sim 10^6 \mathrm{W/cm^2}$，弧柱中心温度可达到 $15000 \sim 33000\mathrm{K}$。在这种情况下，弧柱中的气体随着电离度的提高而转化为等离子体，这种压缩电弧称为等离子弧。

等离子弧的形成机理如图 8-43 所示。

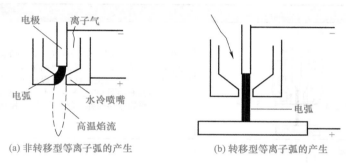

(a) 非转移型等离子弧的产生　　　　(b) 转移型等离子弧的产生

图 8-43　等离子弧的形成机理

等离子弧在形成过程中受到三种压缩效应，即人们常常提到的机械压缩效应、热压缩效应以及磁压缩效应，见表 8-46。

表 8-46　三种压缩效应

效应类别	说　　明
机械压缩	电弧通路上增加了水冷的铜喷嘴，并且送入工作气体，使电弧在发射过程中受到喷嘴孔径的拘束而不能自由扩散，这种拘束作用就是机械压缩效应
热压缩	当电弧通过水冷的喷嘴时，它受到外部不断送来的冷气流及导热性很好的水冷喷嘴孔道壁的冷却作用，弧柱外围气体的温度降低，导电截面缩小，这就是热压缩效应。如果在已变小的截面上通过与原来同样大小的电流，单位截面上的电流值就变大，这实际就是带电粒子密度的提高，自然也就是温度的升高。但是，要想在已经缩小的截面上通过同样的电流，则必须提高供给电压，这时弧柱的电场强度才会增高
磁压缩	磁压收缩效应是指电弧电流自己产生的磁场对弧柱的压缩作用。把弧柱看成一束平行的导线，在流过同方向电流时，该束互相平行的导线就会力图互相靠紧，其作用随电流密度的提高而增强。磁压缩效应在自由燃烧的电弧中也存在，但由于等离子弧有较高的电流密度，磁压缩应比前者要强些。但是它是以热压缩效应为前提的，在已经收缩的较细的弧柱中，这种压缩效应得到进一步增强

二、等离子弧的类型

① 按工作气体对等离子弧进行的分类及其用途见表 8-47。

表 8-47 按工作气体对等离子弧进行的分类及其用途

等离子弧类型	工作气体	主要用途	切割厚度/mm
氢等离子弧	Ar、Ar+H_2 Ar+N_2 Ar+N_2+H_2	切割不锈钢、有色金属及其合金	4 ~ 140
氮等离子弧	N_2、N_2+H_2		0.5 ~ 100
空气等离子弧	压缩空气	切割碳钢和低合金钢，也适用于切割不锈钢和铝	0.1 ~ 40 （碳钢和低合金钢）
氧等离子弧	O_2 或非纯氧		0.5 ~ 40
双重气体等离子弧	N_2（工作气体） CO_2（保护气体）	切割不锈钢、铝和碳钢，不常用	≤ 25
水再压缩等离子弧	N_2（工作气体） H_2O（压缩电弧用）	切割碳钢和低合金钢，不锈钢以及铝合金等有色金属	0.5 ~ 100

② 根据电源的不同接法，等离子弧主要有表 8-48 所示三种形式。

表 8-48 等离子弧的三种形式

类型	图示	说明
转移型等离子弧	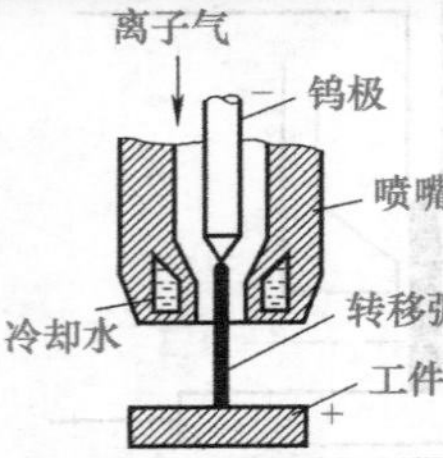	转移型等离子弧简称转移弧，它是在接负极的钨极与正析的工件之间形成的，在引弧时要用喷嘴接电源正极，产生小功率的非转移弧，而后工件转接正极将电弧引出去，同时将喷嘴断电，转移弧有良好的压缩性，电流密度和温度都高于同样焊枪结构和功率的非转移弧。转移弧主要用于切割、焊接及堆焊
非转移型等离子弧	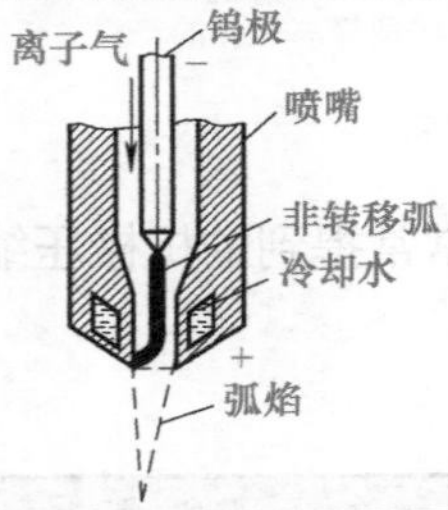	非转移型等离子弧简称非转移弧，它是在接负极的钨极与正极的喷嘴之间形成的，工件不带电。等离子弧在喷嘴内部不延伸出来，但从喷嘴中喷射出的高速焰流。非转移弧常用于喷涂、表面处理及焊接或切割的金属或非金属
联合型等离子弧	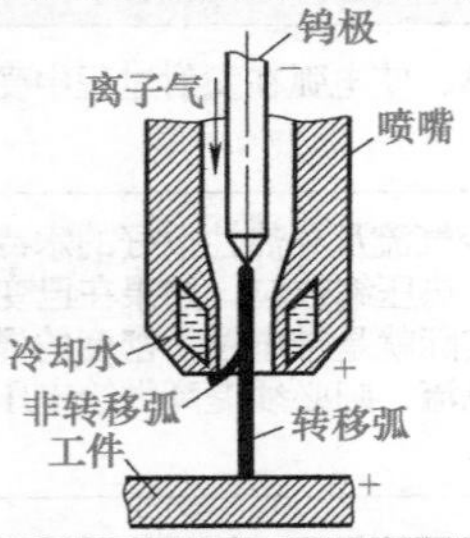	联合型等离子弧由转移弧和非转移弧联合组成，它主要用于电流在 100A 以下微束等离子焊接，以提高电弧的稳定性。在用金属粉末材料进行等离子堆焊时，联合型等离子弧可以提高粉末的熔化速度，从而减少熔深和焊接热影响区

三、等离子弧焊接的应用范围

等离子弧焊可焊接低碳钢、低合金钢、不锈钢、耐热钢、铜及铜合金、镍及镍合金、钛及钛合金、铝及铝合金等。充氩箱内等离子弧还可以焊接钨、钼、钽、铌、锆及其合金，微束等离子弧焊接薄件具有明显的优势，0.01mm 的板厚或直径都能进行焊接。大电流等离子弧焊时，不开坡口、不留间隙、不填焊丝、不加衬垫，一次可焊透 712mm。大电流等离子弧焊一次可焊透厚度见表8-49。

表8-49　大电流等离子弧焊一次可焊透的厚度　　　　　　　　mm

材料	不锈钢	低合金钢	钛及钛合金	铝及铝合金	镍及镍合金	低合金锡	低碳钢	铜合金
焊接厚度范围	≤8	≤8	≤12	≤12	≤6	≤7	≤8	≤2.5

四、等离子弧焊接工艺参数及操作要点

1. 等离子弧焊接工艺参数

小孔型等离子弧焊接时，焊接过程中确保小孔的稳定，是获得优质焊缝的前提。影响小孔稳定性的主要工艺参数有离子气流量、焊接电流及焊接速度，其次为喷嘴距离和保护气体流量等，其说明见表8-50。

表8-50　等离子弧焊接工艺参数

参数	说　　明
离子气流量	离子气流量增加，可使等离子流力和熔透能力增大。在其他条件不变时，为了形成小孔，必须要有足够的离子气流量。但是离子气流量过大也不好，会使小孔直径过大而不能保证焊缝成形。喷嘴孔径确定后，离子气流量大小视焊接电流和焊接速度而定，亦即离子气流量、焊接电流和焊接速度三者之间要有适当的匹配
焊接电流	焊接电流增加，等离子弧穿透能力增加。和其他电弧方法一样，焊接电流总是根据板厚或熔透要求来选定。电流过小，不能形成小孔；电流过大，又将因小孔直径过大而使熔池金属坠落。此外，电流过大还可能引起双弧现象。因此，在喷嘴结构确定后，为了获得稳定的小孔焊接过程，焊接电流只能被限定在某一个合适的范围内，而且这个范围与离子气的流量有关。如图8-44（a）所示为喷嘴结构，板厚和其他工艺参数给定时，用试验方法在8mm厚不锈钢板上测定的小孔型焊接电流和离子气流量的匹配关系。图中1为普通圆柱形喷嘴，2为三孔形收敛扩散喷嘴，后者降低了喷嘴压缩程度，因而采用这种喷嘴可提高工件厚度和焊接速度
焊接速度	焊接速度也是影响小孔效应的一个重要工艺参数。其他条件一定时，焊接速度增加，焊接热输入减小，小孔直径也随之减小，最后消失。反之，如果焊接速度太低，母材过热，背面焊缝会出现下陷甚至熔池泄漏等缺陷。焊接速度的确定，取决于离子气流量和焊接电流。这三个工艺参数相互匹配关系如图8-44（b）。由图可见，为了获得平滑的小孔焊接焊缝，随着焊速的提高，必须同时提高焊接电流。如果焊接电流一定，增大离子气体流量就要增大焊速。若焊速一定，增加离子气流量应相应减小电流
喷嘴距离	距离过大，熔透能力降低；距离过小则易造成喷嘴被飞溅物粘污。一般取3～8mm。和钨极氩弧型焊相比，喷嘴距离变化对焊接质量的影响不太敏感
保护气体流量	保护气体流量应与离子气流量有一定适当的比例，离子气流量不大而保护气体流量太大时会导致气流的紊乱，将影响电弧稳定性和保护效果。小孔型焊接保护气体流量一般为15～30L/min。常用的4类金属（碳钢和低合金钢、不锈钢、钛合金、铜和黄铜）小孔型等离子弧焊接工艺参数参考值见表8-51

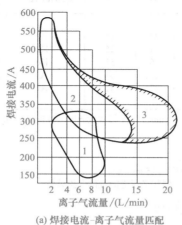

(a) 焊接电流-离子气流量匹配

图 8-44

1—普通圆柱形喷嘴；2—三孔形收敛扩散喷嘴；3—加填充金属可消除咬肉的区域

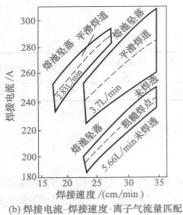

(b) 焊接电流-焊接速度-离子气流量匹配

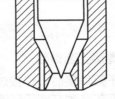

(c) 电极在收敛扩散型喷嘴中的相对位置

图 8-44　小孔型焊接工艺参数匹配

表 8-51　小孔型等离子弧焊接工艺参数参考值

材料	厚度 /mm	接头及坡口形式	电流 /A（直流正接）	电弧电压 /V	焊接速度 /（cm/min）	气体成分	气流流量 /（L/min）		备注[①]
							离子气	保护气体	
碳钢和低合金钢	3.2	I 形对接	185	28	30	Ar	6.1	28	小孔技术
	4.2		200	29	25		5.7	28	
	6.4[②]		275	33	36		7.1	28	
不锈钢[③]	2.4	I 形对接	115	30	61	Ar95%+H₂5%	2.8	17	小孔技术
	3.2		145	32	76		4.7	17	
	4.8		165	36	41		6.1	21	
	6.4		240	38	36		8.5	24	
	9.5：根部焊接填充焊道	V 形对接[④]	230	36	23	Ar95%+H₂5%He	5.7	21	小孔技术 填充丝[⑤]
			220	40	18		11.8	83	
钛合金[⑥]	3.2	V 形对接	185	21	51	Ar	3.8	28	小孔技术
	4.8		175	25	33	Ar	3.5	28	
	9.9		225	38	25	Ar75%+ Ar25%	15.1	28	
	12.7		270	36	25	Ar50%+ Ar50%	12.7	28	
	15.1	V 形坡口[⑦]	250	39	18	Ar50%+ Ar50%	14.2	28	
铜和黄铜	2.4	V 形对接	180	28	25	Ar	4.7	28	小孔技术
	3.2		300	33	25	He	3.8	5	一般熔焊技术[⑧]
	6.4		670	46	51	He	2.4	28	一般熔焊技术
	2.0[③]（Cu70-Zn30）		140	25	51	Ar	3.8	28	小孔技术
	3.2[③]（Cu70-Zn30）		200	27	41	Ar	4.7	28	小孔技术

①碳钢和低合金钢焊接时喷嘴高度为 1.2mm，焊接其他金属时为 4.8mm；采用多孔喷嘴。
②预热到 316℃，焊后加热至 339℃，保温 1h。
③焊缝背面需作保护气体保护。
④ 60° V 形坡口，钝边高度为 4.8mm。
⑤直径 1.1mm 的填充金属丝，送丝速度为 152cm/min。
⑥要求采用保护焊缝背面的气体保护装置和带后拖的气体保护装置。
⑦ 30° V 形坡口，钝边高度为 9.5mm。
⑧采用一般常用的熔化技术和石墨支撑衬垫。

　　熔透型等离子弧焊的工艺参数项目和小孔型等离子基本相同。工件熔化和焊缝成形过程与钨极氩弧焊相似，中、小电流（0.2～100A）熔透型等离子弧焊常采用联合型弧。由于非转移弧（维弧）的存在，使得主弧在很小电流下（＜1A）也能稳定燃烧。弧的阳极斑点位于喷嘴孔壁上，弧电流过大容易损坏喷嘴，一般选用 2～5A。熔透型等离子弧焊接工艺参数参考值见表 8-52。

表 8-52　熔透型等离子弧焊接工艺参数参考值

厚度 /mm	焊接电流 /A	电弧电压 /V	焊接速度 /（cm/min）	离子气（Ar） /（L/min）	保护气体 /（L/min）	喷嘴孔径 /mm	备注
不锈钢							
0.025	0.3	—	12.7	0.2	8（Ar99%+$H_2$1%）	0.75	
0.075	1.6	—	15.2	0.2	8（Ar99%+$H_2$1%）	0.75	
0.125	1.6	—	37.5	0.28	7（Ar99.5%+$H_2$0.5%）	0.75	卷边焊
0.175	3.2	—	77.5	0.28	9.5（Ar96%+$H_2$4%）	0.75	
0.25	5	30	32.0	0.5	7（Ar100%）	0.6	
1.6	46	—	25.4	0.47	12（Ar95%+$H_2$5%）	1.3	
2.4	90	—	20.0	0.7	12（Ar95%+$H_2$5%）	2.2	手工对接焊
3.2	100	—	25.4	0.7	12（Ar95%+$H_2$5%）	2.2	
镍合金							
0.15	5	22	30.0	0.4	5（Ar100.5%）	0.6	
0.56	4～5	—	15.0～20.0	0.28	7（Ar92%+$H_2$8%）	0.8	
0.71	5～7	—	15.0～20.0	0.28	7（Ar92%+$H_2$8%）	0.8	对接焊
0.91	6～8	—	12.5～17.5	0.33	7（Ar92%+$H_2$8%）	0.8	
1.2	10～12	—	12.5～15.0	0.38	7（Ar92%+$H_2$8%）	0.8	
钛							
0.75	3	—	15.5	0.2	8（Ar100%）	0.75	
0.2	5	—	15.5	0.2	8（Ar100%）	0.75	手工对接焊
0.37	8	—	12.5	0.2	8（Ar100%）	0.75	
0.55	12	—	25.0	0.2	8（He75%+Ar25%）	0.75	
哈斯特洛伊合金							
0.125	4.8	—	25.0	0.28	8（Ar100%）	0.75	
0.25	5.8	—	20.0	0.28	8（Ar100%）	0.75	对接焊
0.5	10	—	25.0	0.28	8（Ar100%）	0.75	
0.4	13	—	50.0	0.28	4.2（Ar100%）	0.9	
不锈钢丝							
0.75	1.7	—	—	0.28	7（Ar85%+$H_2$15%）	0.75	搭接时间 1s
0.75	0.9	—	—	0.28	7（Ar85%+$H_2$15%）	0.75	端接时间 0.6s
镍丝							
0.12	0.1	—	—	0.28	7（Ar100%）	0.75	
0.37	1.1	—	—	0.28	7（Ar100%）	0.75	搭接热电偶焊
0.37	1.0	—	—	0.28	7（Ar98%+$H_2$2%）	0.75	
钽丝与镍丝							
0.5	2.5	—	焊 1 点 为 0.2s	0.2	9.5（Ar100%）	0.75	点焊
纯铜							
0.025	0.3	—	12.5	0.28	9.5（Ar99.5%+$H_2$0.5%）	0.75	卷边焊
0.075	10	—	15.0	0.28	9.5（Ar92.5%+$H_2$7.5%）	0.75	对接焊

2. 等离子弧焊接操作要点

表 8-53　等离子弧焊接操作要点

类别	操作要点说明
焊前	准备手工焊时，头戴头盔式面罩，右手持焊枪，左手拿焊丝 ① 检查焊机气路并打开气路，检查水路系统并接通电源上的电源开关 ② 检查电极和喷嘴的同轴度，接通高频振荡器回路，高频火花应在电极与喷嘴之间均匀分布且达 80% 以上

类别	操作要点说明
引弧	① 接通电源后提前送气至焊枪，接通高频回路，建立非转移弧 ② 焊枪对准工件达适当的高度，建立起转移弧，形成主弧电流，进行等离子弧焊接，随即非转移弧回路、高频回路自动断开，维弧电流被切断。另一种方法是电极与喷嘴接触。当焊接电源、气路、水路都进入开机状态时，按下操作按钮，加上维弧回路空载电压，使电极与喷嘴短路，然后回抽向上，在电极与喷嘴之间产生电弧，形成非转移电弧。焊枪对准工件，等离子弧形成（转移弧），引弧过程结束，维弧回路自动切断，进入施焊阶段 ③ 小孔型等离子弧焊的引弧，板厚 <3mm 的纵缝和环缝，可直接在工件上引弧，工件厚度较大的纵缝可采用引弧板引弧。但由于环缝不便加引弧板，必须在工件上引弧，因此，应采用焊接电流和离子气递增的办法，完成引弧建立小孔的过程。厚板环缝小孔型焊接电流及离子气流量斜率控制曲线如下图所示 厚板环缝小孔型焊接电流及离子气流量斜率控制曲线
焊接	操作方法与钨极氩弧焊相同
收尾	采用熔透法焊，收尾可在工件上进行，但要求焊机具有离子气流量和焊接电流递减功能，避免产生弧坑等缺陷。若收尾处可能会产生弧坑，应适当添加与工件相匹配的焊丝来填满弧坑。采用穿透法焊收尾时，纵缝厚板应在引出板上收尾，环缝只能在工件上收尾，但要采取焊接电流和离子气流量递减的方法来解决小孔问题。厚板环缝小孔型焊接电流及离子气流量斜率控制曲线如上图所示
不同位置的等离子弧焊操作要点	对接焊操作焊炬与焊接方向的夹角为 70°～80°，焊炬与两侧平面各为 90° 的夹角，采用左焊法。自动焊焊炬与工件可成 90° 的夹角。等离子弧焊各种位置的操作方法与钨极氩弧焊相似。 操作应注意在引弧后，等离子弧加热工件达到一定的熔深时，较高压力的等离子气流从熔池反面流出，把熔池内的液体金属推向熔池的后方，形成隆起的金属壁，从而破坏焊缝成形，使熔池金属严重氧化，甚至产生气孔，这就是引弧时的翻弧现象。为了避免这种现象，在焊接刚开始时，选用较小的焊接电流和较小的离子气流，使焊缝的熔深逐渐增加，等焊到一定的长度后再增加焊接电流并达到一定的工艺定值，同时工件或焊枪暂停移动，增加离子气流量达到规定值。此时工件温度较高，受到等离子弧热量和等离子流力的作用，便很快形成穿透型小孔，一旦小孔形成，工件移动（或焊枪移动）进入正常焊接过程。为防止翻弧，可先在起焊部位钻一个 ϕ2mm 的小孔

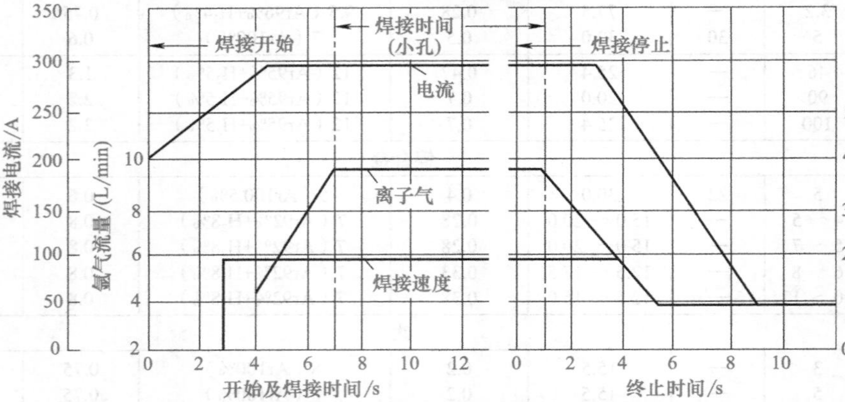

五、等离子弧切割工艺

等离子弧切割的工艺参数包括工作气体的种类及流量、切割电流、空载电压和切割电压、切割速度以及喷嘴到工件的高度，其说明见表 8-54。

表 8-54 等离子弧切割的工艺参数

工艺参数	说　明
工作气体的种类及流量	等离子弧切割最常用的气体为氩气、氮气、氮和氩混合气体、氮和氢混合气体以及氩和氢混合气体等，使用时根据不同的切割材料和工艺条件而选用合适的气体。空气等离子弧切割采用压缩空气或离子气为工作气体，而外喷射为压缩空气。水再压缩和等离子弧切割常用气体为工作气体，外喷射为高压水。等离子弧切割常用气体见表 1。由于氮气是双原子气体，热压缩效应好，动能大，但引弧和稳弧性差。氢气的引弧和稳弧性更差，且使用安全要求高，常作为切割大厚度板材的辅助气体。氩气是单原子气体，引弧性和稳弧性好，但切割气体流量大，不经济，常与双原子气体混合使用

工艺参数	说　明

表1　等离子弧切割常用气体的选择

工件厚度 /mm	气体种类及含量	空载电压 /V	切割电压 /V
≤ 120	N_2	250 ～ 350	150 ～ 200
≤ 150	N_2 + Ar（$N_2$60% ～ 80%）	200 ～ 350	120 ～ 200
≤ 200	N_2 + H_2（$N_2$50% ～ 80%）	300 ～ 500	180 ～ 300
≤ 200	Ar + H_2（$H_2$35%）	350 ～ 500	150 ～ 300

工作气体的种类及流量

气体流量应该与喷嘴孔径大小相适应。气体流量较大，有利于压缩电弧，使等离子弧的能量更加集中，从而使切割电压得到提高，有利于提高切割速度和获得较好的切割质量。但是，如果切割气体流量过大，会造成电弧不稳定，并且冷空气会带走较多的热量，从而降低了切割能力

通常情况下，某一种割炬在设计时已经定好工作气体流量的大小，一般按规定值供给气体即可。当切割材料的厚度差别较大时，可以做适当的调整。如用非氧化性气体切割厚度 100mm 以下不锈钢，气体常用流量为 42 ～ 59L/min，而厚度在 100 ～ 250mm 时，流量可增大至 50 ～ 130L/min

切割电流

电流和电压决定等离子弧的功率。随着功率的提高，切割速度和切割厚度都相应增加。一般依据厚度及切割速度选择切割电流。切割电流应该和一定尺寸的电极和喷嘴相对应，对于厚度一定的板材，切割电流越大，切割速度也越快，但是切割电流过大，容易导致电极和喷嘴烧损，并且容易产生双弧现象

空载电压和切割电压

空载电压与使用的工作气体的电离度有关，根据预定使用的工作气体种类及切割厚度，空载电压在电源设计时已经确定，它影响着切割电压。较高的空载电压，容易引弧，但电压高，尤其是手工操作时，存在安全问题。切割电压不是一个独立的工艺参数，它除与空载电压有关以外，还取决于工作气体的种类及流量、喷嘴的结构、喷嘴与工件之间的距离和切割速度等因素。增加气体流量和改变气体成分可以提高切割电压。但一般切割电压不应超过空载电压的 2/3，否则电弧就不稳定，容易导致熄弧。在切割大厚度板材和采用双原子气体时，空载电压相应要高些。此外，空载电压还要与割枪的结构、喷嘴到工件的距离、气体流量等因素有关

切割速度

切割速度是指切割过程中割炬与工件的相对移动速度，它是衡量切割生产率的主要指标。同时切割速度影响着切割质量，合适的切割速度可以获得良好的切口表面。在切割功率一定的情况下，提高切割速度可以使切口变窄，热影响区变小，但如果速度过快，就不能割透工件。过慢的切割速度不仅影响生产率，同时对切口的质量有严重的影响。切割速度是一个取决于板材厚度、切割电流、切割电压、气体种类和流量，以及喷嘴结构等因素的量

喷嘴到工件的高度

喷嘴到工件的距离增加时，会导致有效热量减少，对熔融金属的吹力减少使得熔融在切口下端形成熔瘤，影响切割质量，还会导致双弧现象的出现。但当距离过小时，喷嘴与工件间又容易造成短路而导致喷嘴烧坏

在电极的内缩量一定时（一般为 2 ～ 4mm），喷嘴到工件的距离应该保持在 6 ～ 8 mm。除正常切割外，空气等离子弧切割时喷嘴与工件可以相互接触，使喷嘴紧贴着工件表面滑动，这种切割方式叫做接触切割或笔式切割，其切割厚度约为正常切割时的 1/2

切割工艺参数参考

几乎所有的金属材料和非金属材料都可以用等离子弧切割，表 8-55 给出了各种不同厚度材料的等离子弧切割工艺参数

表 8-55　各种不同厚度材料的等离子弧切割工艺参数

材料	工件厚度 /mm	喷嘴孔径 /mm	空载电压 /V	切割电流 /A	切割电压 /V	氮气流量 /（L/h）	切割速度 /（m/h）
不锈钢	8	3	160	185	120	2100 ～ 2300	45 ～ 50
	20	3	160	220	120 ～ 125	1900 ～ 2200	32 ～ 40
	30	3	230	280	135 ～ 140	2700	35 ～ 40
	45	3.5	240	340	145	2500	20 ～ 25
铝及铝合金	12	2.8	215	250	125	4400	784
	21	3.0	230	300	130	4400	75 ～ 80
	34	3.2	240	350	140	4400	35
	80	3.5	245	350	150	4400	10
紫铜	5	—	—	310	70	1420	94
	18	3.2	180	340	84	1660	30
	38	3.2	252	304	106	1570	11.3

材料	工件厚度 /mm	喷嘴孔径 /mm	空载电压 /V	切割电流 /A	切割 电压/V	氮气流量 /（L/h）	切割速度 /（m/h）
低碳钢	50	7	252	300	110	1050	10
	80	10	252	300	110	1230	5
铸铁	5	—	—	300	70	1450	60
	18	—	—	360	73	1510	25
	35	—	—	370	100	1500	8.4

第四节　钎焊与扩散焊

一、钎焊

（一）钎焊的分类及钎焊质量

1. 钎焊的分类

根据使用钎料的不同，钎焊一般分为软钎焊和硬钎焊。①软钎焊，钎料液相线温度低于450℃。②硬钎焊，钎料液相线温度高于450℃。

2. 钎焊质量

钎焊质量除与钎焊方法、钎料、钎剂（或保护气体）有关外，还在很大程度上取决于焊前的表面清理、接头间隙精度、焊后清洗等条件。

搭接接头间隙是影响钎缝致密性和接头强度的主要因素。

① 间隙太小，妨碍钎料流入；间隙过大，破坏钎缝的毛细作用，钎料不能填满间隙。

② 必要时采用负间隙（过盈配合），强度最大。

③ 异种材料钎焊时，必须考虑两种不同材料的线胀系数对钎焊间隙的影响。

（二）应用范围

1. 焊件材料

适合钎焊的同种和异种材料有碳钢、碳素工具钢、低合金钢、硬质合金、高速钢、铸铁、不锈钢、耐热合金、铝及铝合金、铸铝合金、钛及钛合金、银、陶瓷、陶瓷-金属、铝-铜等。

2. 应用

钎焊广泛用于制造铝换热器、铜换热器、大型板式换热器、夹层结构、硬质合金刀具、电真空器件、波导、飞机结构、火箭发动机部件等。

（三）焊接工艺

1. 材料钎焊性

① 低合金结构钢焊件在调质热处理后钎焊，宜用熔点低的钎料，以免焊件软化。

② 高碳钢焊件，如果钎焊后需进行热处理，宜用铜钎料（固相线1083℃，而一般渗碳或淬火温度很少大于940℃），也可用固相线比热处理温度高的黄铜钎料。钎焊和热处理两工序同时进行。

③ 可锻铸铁、球墨铸铁比灰铸铁更容易钎焊。可锻铸铁中碳、硅含量少，石墨呈团絮状。铸铁钎焊前，允许清除待焊面上的石墨。

④ 不锈钢钎焊时，应考虑焊件的工作温度（低于230℃用铜钎料，不能用铜锌、铜磷钎料，防止开裂；低于70℃用银钎料；低于600℃用铜镍钎料、锰基钎料；低于900℃用镍基钎料）。

⑤ 铜及铜合金（除磷脱氧铜、无氧铜外）不能在氢气中钎焊；黄铜（含Zn25%～40%）不应在氨气中钎焊，以免产生裂纹；含Pb＜3%的铅黄铜、磷青铜钎焊前，应加热消除应力，并避免产生应力集中；白铜（含Ni＞20%）易产生应力裂纹，除进行消应力处理外，焊前预热，冷却应均匀缓慢，可用不含磷的银钎料；含Pb＞5%的铅黄铜，不能硬钎焊；铝青铜（含Pb≤8%），可用低熔点高银钎料钎焊；铍青铜（含Ni＞30%的白铜），不能用铜磷钎料钎焊。

⑥ 铝及铝合金，一般均可钎焊，但应注意几点：含镁较高的防锈铝LF5、LF6润湿性差；熔点较高的高强度硬铝（如LC4、LY12）极易过烧，难钎焊；铸造铝合金，因气孔多，不能钎焊。

⑦ 锡和铜硬钎焊时，将产生低熔点的脆性共晶。

⑧ 钎焊不锈钢、镍基合金时，也可能产生应力裂纹。

⑨ 钢及钛合金、可伐合金、镍合金、蒙乃尔合金、高温合金等材料钎焊时，可先覆铝（浸熔于铝中），然后和铝硬钎焊（用铝基钎料），但钎焊时间要短，防止产生脆性物。

2. 影响润湿性的因素

① 钎料和母材成分。当液态钎料与母材在液态下不发生作用时，它们之间的润湿性较差。

② 钎焊温度。钎焊温度增高，有利于提高钎料对母材的润湿性，但温度过高，会发生钎料流失现象。

③ 金属表面的氧化物。金属表面氧化物的存在，会妨碍钎料的原子与母材接触，使液态钎料团聚成球状，这是一种不润湿现象。

④ 母材表面的状态。钎料在粗糙表面的润湿性比在光滑表面要好，因为纵横交错的沟槽，对液体钎料起着特殊的毛细作用，促进了钎料沿钎焊表面的流动。

3. 钎料与钎剂的工艺性

（1）钎料

① 钎料的熔点。应低于钎焊金属的熔点，在高温下工作的零件，钎料的熔点应高于工作温度。

② 钎料的润湿能力。熔融的钎料应能很好地润湿金属，并容易在金属表面漫流。

③ 扩散和溶解的能力。钎料要有和母材相互扩散和溶解的能力，以获得牢固的接头。

④ 钎料的成分。钎料中不应含有对母材有害的成分（如用铜磷合金钎焊钢就不合适）或容易形成气孔的成分。

⑤ 钎料物理性质。尽可能与母材相似。

⑥ 抗氧化性。钎料金属应不易被氧化，或形成氧化物后容易除去。

⑦ 经济性。钎料成分中一般不应选用稀有和昂贵的原材料。

（2）钎剂

钎焊时钎剂起着如下所述的重要作用。

① 减小钎料的表面张力，改善钎料对钎焊金属的润湿性。

② 净化钎焊金属表面。

③ 溶解液态钎料表面的氧化物。

④ 在钎焊过程中保护母材和熔融的钎料不被氧化。

⑤ 钎剂作为电解液，使钎料的润湿性得到显著改善。

由于钎剂应具有上述作用，对钎剂要求如下。

① 钎剂的熔化温度应低于钎料的熔化温度，钎剂的蒸发温度则比钎料的熔化温度高。

② 钎剂应能很好地溶解氧化物，或与氧化物形成易熔化合物。

③ 在钎焊温度下，钎剂应有良好的流动性，使其容易均匀地在钎焊表面流动，但流动不宜过大，以免流失。

④ 钎剂最易溶解氧化物和其他化合物的温度，应比钎料的熔化温度稍低些。

⑤ 钎剂及其分解物不应与钎焊金属和钎料发生有害的化学作用。

⑥ 钎剂应形成一层均匀的覆盖层，以防止钎缝金属的继续氧化。

⑦ 钎剂及其分解物的密度尽可能小，以便浮在钎缝表面，不致形成夹杂物。

⑧ 钎剂的残渣有腐蚀作用（松香除外），因此，钎焊后钎剂的残渣应容易除去。

⑨ 钎剂对金属不应有腐蚀作用，在钎焊过程中不应放出有害气体。

4. 钎料和钎剂的应用

（1）钎料

① 钎料通常制成丝状、箔状及粉末状等，也可制成双金属钎料片。一般根据零件形状、生产量的多少而定。

② 除火焰钎焊和电弧钎焊外，钎料和钎剂要放在接头里面或尽可能靠近接头。

③ 如果必要，在装配和加热时，应备有放钎料的槽或其他衬托，如图 8-45 所示。

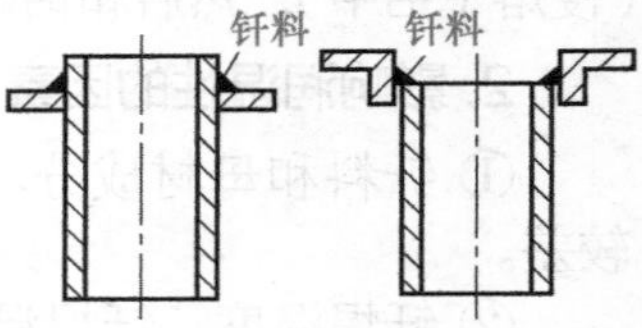

图 8-45　钎料的放置

（2）钎剂

① 粉末状钎剂常用调和剂制成膏状，涂刷或挤敷在连接的接缝部位。

② 钎焊小焊件时，钎剂可用眼药滴管或注射器针管挤敷；大焊件则采用喷涂、刷涂或浸沾方法。

5. 常用材料的钎焊性及钎料、钎剂的选择

表 8-56　常用材料的钎焊性及钎料、钎剂的选择

材料	钎焊性		钎料	钎剂	备注
	硬钎焊	软钎焊			
碳钢、低合金结构钢	优	优	铜锌钎料（H62） 紫铜 银基钎料 锡铅钎料	硼砂或硼砂 + 硼酸混合物 硼砂或保护气体钎焊剂 剂 104 氯化锌或加氯化铵水溶液	—
碳素工具钢	良	—	H62 紫铜 银基钎料	硼砂或硼砂 + 硼酸混合物 硼砂或保护气体钎焊剂 剂 102、剂 104	—
高速钢和碳钢	良	—	高碳锰铁	硼砂	—
硬质合金	良	—	H62、料 104 料 315	硼砂或硼砂 + 硼酸混合物 剂 102	—
铸铁	良	—	H62 银基钎料	硼砂或硼砂 + 硼酸混合物 剂 102	—

材料		钎焊性		钎料	钎剂	备注
		硬钎焊	软钎焊			
不锈钢	（18-8）	良	良	HLCuNi30-2-0.2 铜 银基钎料 镍基钎料 锰基钎料 锡基钎料	201 号 气体钎焊剂 剂 102、剂 104 201 号、气体或真空钎焊 磷酸水溶液、氯化锌 盐酸水溶液	—
	1Cr13	良	—	HLCuNi30-2-0.2 铜 银基钎料 镍基钎料 锰基钎料 锡基钎料	201 号 气体钎焊剂 剂 102、剂 104 201 号、气体或真空钎焊 磷酸水溶液、氯化锌 盐酸水溶液	—
高温合金		良	—	银基钎料 铜 镍基钎料	剂 102 保护气体或真空钎焊 保护气体或真空钎焊	—
银		优	优	锻基钎料 锡基钎料	剂 102、剂 104 松香酒精溶液	
铜、黄铜、青铜		优	优	铜磷钎料 铜锌钎料 银基钎料 镉基钎料 铅基钎料 锡铅钎料	焊铜不用钎剂；铜合金用硼砂或硼砂 + 硼酸混合物 硼砂或硼砂 + 硼酸混合物 剂 102、剂 104 剂 205 氯化锌水溶液 松香酒精溶液、氯化锌水溶液、氯化氨水溶液	
铝及铝合金	L2、LF21 LF1 — — LF2 — — — —	优	优	铝基钎料 料 501 料 607 料 505 铝钎焊板 铝基钎料 料 501 料 502 料 607 料 505 铝钎焊板	剂 201、剂 206 刮擦法、剂 203 剂 204 剂 202 浸沾钎剂 1 号、2 号 剂 201、剂 202 刮擦法 剂 203 剂 204 剂 202 浸沾钎剂 1 号、2 号	真空钎焊不用钎剂
	LF5 LF6 LD2 LD5 LD6 LY12 LC4	差 良 良 困难 困难 差 差	—	— — — 铝基钎料 料 402 — —	— — — 剂 201、剂 206 浸沾钎剂 1 号、2 号 — —	注意防止过烧，建议用浸沾钎剂不宜钎焊
铸铝合金	Al-Cu 系 Al-Si 系 Al-Mn 系 Al-Zn 系 压铸件	困难 困难 差 良 差		料 505 料 401、料 505 铝基钎料	剂 202 剂 201、剂 202 剂 201、剂 206	容易过烧润湿性差表面氧化 — 母材起泡
钛和钛合金		良	—	Ag-5Al-0.5Mn Ti-15Cu-15Ni Al-1.2Mn	真空或气体保护钎焊 真空氩气保护钎焊	接头塑性差
金刚石和钢		—	—	料 104、H62	硼砂	防止裂纹
铝和铜		—	—	90Sn-10Zn 99Zn-1Pb	剂 203 松香酒精浸沾钎焊	—
陶瓷和金属		—	—	72Ag-28Cu+Ti 粉	真空或气体保护钎焊	陶瓷金属化后钎焊

6. 不同钎焊方法的主要特点

（1）热源及性质

烙铁钎焊：温度低。

火焰钎焊：设备简单，通用性好，生产率低，要求操作技能高。

电阻钎焊：加热快，生产率高，操作技术容易掌握。

感应钎焊：加热快，生产率高，可局部加热，零件变形小，接头洁净，受零件大小限制。

浸沾钎焊：加热快，生产率高，当设备能力大时，可同时焊多件。

炉中钎焊：炉内气可控。炉温控制准确，焊件整体加热，变形小，可同时焊多件、多缝，适于大量生产，成本低。焊件尺寸受炉大小限制。

（2）特点

烙铁钎焊：①适用于钎焊温度低于300℃的软钎焊（用锡 - 铅或锡基钎料）；②钎焊薄、小件，需用钎剂。

火焰钎焊：①适用于钎焊某些受焊件形式、尺寸及设备等限制，不能用真石方法钎焊的焊件；②可用火焰自动钎焊；③可焊钢、不锈钢、硬质合金、铸铁、铜、银、铝及其合金；④常用钎料有铜锌、铜磷、银基、铝基及锌铝钎料。

电阻钎焊：①可在焊件上接通低电压，在焊件上产生电阻热，也可用碳电极通电，产生电阻热，间接加热焊件；②钎焊接头面积小于380mm² 时，经济效果好；③特别适用于某些不宜整体加热的焊件；④最宜焊铜，使用铜磷钎料可不用钎剂；也可焊铜合金、银、钢、硬质合金等；⑤使用的钎料有铜锌、铜磷、银基。常用于钎焊刀具、导线端头等。

感应钎焊：①钎料需预置，一般需用钎剂或用保护气体真空钎焊；②加热时间短，宜采用熔化温度范围小的钎料；③适用于铝、镁外的各种材料及异种材料钎焊，特别是焊接形状对称的管接头；④钎焊异种材料时，应考虑不同磁性及线胀系数的影响；⑤常用的钎料有银基、铜基。

浸沾钎焊：①在熔融钎料槽内浸沾钎焊。软钎焊用于钎焊铜、铜合金，特别适用于钎缝多的复杂焊件，如换热器、电枢导线等；硬钎焊主要用于焊小件，缺点是钎料消耗量大；②在熔盐槽中钎焊，焊件需预置钎料和钎剂，浸入熔盐中，在熔盐中钎焊；③所有熔盐不仅起到钎剂的作用，而且能在钎焊同时向焊件渗碳、渗氮；④适用于焊铜、钢、铝及铝合金。使用铜基、银基、铝基钎料。

炉中钎焊：①在空气中钎焊。软钎料钎焊钢、铜合金。铝基钎料钎焊铝合金，虽用钎剂，焊件氧化仍很严重，故较少应用；②在还原气体如氢、分解氨的保护气体中，不需焊剂，可用铜基、银基钎料钎焊钢、不锈钢、无氧铜等；③在惰性气体如氩的保护气氛中，不用钎剂，可用含锂的银基钎料钎焊钢、不锈钢，银铜钎料焊铜镍（或少用钎剂），以银基钎料焊钢，铜基钎料焊不锈钢；使用钎剂时，可用镍基钎料焊不锈钢、高温合金、钛合金；④在真空炉中钎焊，不需钎剂，以铜基、镍基钎料焊不锈钢、高温合金（尤以钛、铝含量高的高温合金为宜）；用银铜钎料焊铜合金、镍合金、银合金、钛合金；用铝基钎料焊铝合金、钛合金。

二、扩散焊

扩散焊是在一定的温度和压力下使待焊表面相互接触，通过微观塑性变形或通过待焊面产生的微量液相而扩大待焊表面的物理接触，然后，经较长时间的原子相互扩散来实现冶金结合的一种焊接方法。

（一）扩散焊的优缺点

1.扩散焊特点

① 焊接温度一般为 0.4 ～ 0.8 的母材熔化温度，因此，排除了由于熔化给母材带来的影响。

② 可焊接不同种类的材料。

③ 可焊接结构复杂，封闭型焊缝，厚薄相差悬殊，要求精度很高的各种工件。

④ 根据需要可使接头的成分、组织和母材均匀化，接头的性能与母材相同。

由于扩散焊要求表面十分平整、光洁，并能均匀加压，因而，适用范围受到一定限制。扩散焊与其他焊接方法相比较，还具有以下一些优点和缺点。

2.扩散焊优点

① 接头质量好。

② 零部件变形小。

③ 可一次性焊接多个接头。

④ 可焊接大断面接头。

⑤ 可焊接其他焊接方法难于焊接的材料。

⑥ 与其他热加工、热处理工艺结合可获得较大的经济效益。

3.扩散焊缺点

① 对零件待焊表面的制备和装配的要求较高。

② 焊接热循环时间长，生产率低。

③ 设备一次投资较大，而且焊接工件的尺寸受到设备的限制。

④ 对焊缝的焊合质量尚无可靠的无损检测手段。

（二）焊接工艺及参数

为获得优质的扩散焊接头，除根据所焊部件的材料、形状和尺寸等选择合适的扩散焊方法和设备外，精心制备待焊零件，选取合适的焊接条件并在焊接过程中控制主要工艺参数是极其重要的。另外从冶金因素考虑仔细选择合适的中间层和其他辅助材料也是十分重要的。焊接的加热温度、对工件施加的压力以及扩散的时间是主要的工艺参数。

（1）工件待焊表面的制备和清理

工件的待焊表面状态对扩散焊过程和接头质量有很大影响，特别是固态扩散焊。因此，在装配焊之前，待焊表面应做如下处理。

① 表面机加工。表面机加工的目的是获得平整光洁的表面，保证焊接间隙极小，微观上紧密接触点尽可能地多。对普通金属零件可采用精车、精刨（铣）和磨削加工。通常使用的表面粗糙度为 $Ra \leqslant 3.2\mu m$。Ra 大小还与材料本身的硬度有关，对硬度高的材料，Ra 应更小。对加有软中间层的扩散焊和出现液相的扩散焊，粗糙度要求可放宽。对冷轧板叠合扩散焊，因冷轧板表面粗糙度 Ra 较小（通常低于 $0.8\mu m$），故可不用补充加工。

② 除油污和表面浸蚀。去除表面油污的方法很多。通常用酒精、丙酮、三氯乙烯或金属清洗剂除油。有些场合还可采用超声净化方法。

为去除各种非金属表面膜（包括氧化膜）或机加工产生的冷加工硬化层，待焊表面通常用化学浸蚀方法清理。虽然硬化层内晶体缺陷密度高，再结晶温度低，对扩散焊有利，但对某些不希望产生再结晶的金属仍有必要将该层去掉。化学浸蚀方法随被焊材料而异，可参考金相浸蚀剂配方和热轧、热处理后表皮去除浸蚀液的配方，但熔液浓度要作调整，以保证适当浸蚀速度而又不产生过大过多的腐蚀坑，防止产生如吸氢等其他有害的副作用。工件浸蚀至露出金属光泽之后，应立即用水（或热水）冲净。对某些材料可用真空烘烤、辉光放电、离子轰击等方法来清理表面。

清洗干净的待焊零件应尽快组装焊接。如需长时间放置，则应对待焊表面加以保护，如置于真空或保护气氛中。

（2）中间层材料的选择

中间层的作用是：①改善表面接触，从而降低对待焊表面的制备质量要求，降低所需的焊接压力；②改善扩散条件，加速扩散过程，从而可降低焊接温度，缩短焊接时间；③改善冶金反应，避免（或减少）形成脆性金属间化合物和不希望有的共晶组织；④避免或减少因被焊材料之间物理化学性能差异过大所引起的问题，如热应力过大、出现扩散孔洞等。

因此，所选择的中间层材料是：①容易塑性变形；②含有加速扩散的元素，如硼、铍、硅等；③物理化学性能与母材差异较被焊材料之间的差异小；④不与母材产生不良的冶金反应，如产生脆性相或不希望有的共晶相；⑤不会在接头上引起电化学腐蚀问题。

通常，中间层是熔点较低（但不低于焊接温度）、塑性好的纯金属，如铜、镍、铝、银等，或与母材成分接近的含有少量易扩散的低熔点元素的合金。

中间层厚度一般为几十微米，以利于缩短均匀化扩散时间。厚度在 $30 \sim 100\mu m$ 时，可以箔片形式夹在两等待焊表面之间，不能轧成箔的中间层材料，可用电镀、真空蒸镀、等离子喷涂方法直接将中间层材料涂覆在待焊表面，镀层厚可仅数微米。中间层厚度可根据最终成分来计算，初选，通过试验修正确定。

（3）止焊剂

扩散焊中为了防止压头与工件或工件之间某些待定区域被扩散黏结在一起，需加止焊材料（片状或粉状）。这种辅助材料应具有以下性能。

① 高于焊接温度的熔点或软化点。

② 有较好的高温化学稳定性，高温下不与工件、夹具或压头起化学反应。

③ 应不释放出有害气体污染附近待焊表面，不破坏保护气氛或真空度，例如钢与钢扩散焊时，可涂一层氮化硼或氧化钇粉。

④ 焊接工艺参数。

a. 温度。温度是扩散焊最重要的工艺参数，温度的微小变化会使扩散焊速度产生较大的变化。在一定的温度围内，温度高，扩散过程快，所获得的接头强度也高。从这点考虑，应尽可能选用较高的扩散焊温度。但加热温度受被焊工件和夹具的高温强度、工件的相变、再结晶等冶金特性所限制，而且温度高于一定值之后再提高时，接头质量提高不多，有时反而下降。对许多金属的合金，扩散焊温度为 $0.6 \sim 0.8 T_m(K)$，T_m 为母材熔点；对出现液相的扩散焊，加热温度比中间层材料熔点或共晶反应温度稍高一些，但填充间隙后的等温凝固和均匀化扩散温度可略为下降。

b. 压力。在其他参数固定时，采用较高压力能产生较好的接头。压力上限取决于对焊件总体变形量的限度、设备吨位等。对于异种金属扩散焊，采用较大的压力对减少或防止扩散孔洞有作用。除热等静压扩散焊外，通常扩散焊压力在 $0.5 \sim 50MPa$ 进行选择。对出现液相的扩散焊可以选用较低一些的压力。压力过大时，在某些情况下可能导致液态金属被挤出，使接头成分失控。由于扩散压力对第二、三阶段影响较小，在固态扩散时允许在后期将压力减小，以便减小工件变形。

c. 扩散时间。扩散时间是指被焊工件在焊接温度下保持的时间。在该焊接时间内必须保证扩散过程全部完成，以达到所需的强度。扩散时间过短，则接头强度达不到稳定的、与母材相等的强度。但过高的高温高压持续时间，对接头质量不起任何进一步提高的作用，反而会使母材晶粒长大。对可能形成脆性金属间化合物的接头，应控制扩散时间以求控制脆性层的厚度，使之不影响接头性能。扩散焊时间并非一个独立参数，它与温度、压力是密切相关的。温度较高或压力较大，则时间可以缩短。对于加中间层的扩散焊，焊接时间取决于中间层厚度和对接头成分组织均匀度的要求（包括脆性相的允许量）。实际焊接过程中，焊接时间可在一个非常宽的范围内变化。采用某种工艺参数时，焊接时间有数分钟即足够，而用另一种工艺参数时则需数小时。

d. 保护气氛。焊接保护气氛纯度、流量、压力或真空度、漏气率均会影响扩散焊接头质量。常用保护气体是氩气，常用真空度为（1～20）×10⁻³Pa。对有些材料，也可用高纯氮、氢和氦气。在超塑成形和扩散焊组合工艺中常用氩气氛负压（低真空）保护金属板表面。另外，冷却过程中有相变的材料以及陶瓷类脆性材料扩散焊时，加热和冷却速度应加以控制。共晶反应扩散中，加热速度过慢，则会因扩散而使接触面上成分变化，影响熔融共晶生成。

在实际生产中，所有工艺参数的确定均应根据试焊所得接头性能挑选出 1 个最佳值（或最佳范围）。表 8-57 列出了几种常用材料组合扩散焊接的工艺参数。

表 8-57　几种常用材料组合扩散焊接的工艺参数

被焊材料	中间层材料	温度 /℃	压力 /MPa	时间 /min	真空度 /Pa
Al+Al	Si	580	10	1	1.333×10^{-3}
5A05+5A05	无	500	15	10	1.333×10^{-3}
（铝 1035）+TU1	无	400	8	20	1.333×10^{-1}
Al+Ni	无	500	10	30	1.333×10^{-3}
5A06+ 不锈钢	无	550	14	15	1.333×10^{-2}
Cu+Cu	无	850	5	5	1.333×10^{-3}
Cu+Mo	无	850	20	10	1.333×10^{-2}
Cu+Ti	无	860	5	15	1.333×10^{-3}
Mo+Mo	无	1100	160 ～ 400	5	1.333×10^{-2}
Mo+Mo	Ti	915	70	20	1.333×10^{-2}
Mo+Mo	Ta	915	67	20	1.333×10^{-2}
TA6+TA6	无	900	2	60	1.333×10^{-1}
Nb+Nb	无	1200	70 ～ 100	180	1.333×10^{-4}
Nb+Nb	In	985	1	60	1.333×10^{-4}
W+W	Nb	927	70	20	1.333×10^{-2}
Ni+Ni	无	1580	62	45	1.333×10^{-2}
Ta+Ta	Ti	870	70	10	1.333×10^{-2}
（Zr-2）+（Zr-2）	Cu	1040	0.21	90	1.333×10^{-3}
95 瓷 +Cu	无	960	9.8	17	1.333×10^{-4}
95 瓷 +TA1	Al	900	9.8	25	1.333×10^{-4}

第五节　激　光　焊

以聚焦的激光束作为能源轰击焊件所产生的热量进行焊接的方法叫激光焊。激光焊是利用大功率相干单色光子流聚焦而成的激光束热源进行焊接，通常用连续功率激光焊和脉冲功率激光焊两种方法。

激光焊的优点是不需要在真空中进行。缺点则是穿透力不如电子束焊强。激光焊是能进行精确的能量控制，因而可以实现精密微型器件的焊接。它能应用于很多金属，特别是能焊接一些难焊接金属及异种金属。

一、激光焊的特点及应用范围

1. 激光焊的特点

① 由于激光束的频谱宽度窄，经汇聚后的光斑直径可小到 0.01mm，功率密度可达 $10^9 W/cm^2$，它和电子束焊同属于高能焊，可焊 0.1 ～ 50mm 厚的工件。

② 脉冲激光焊加热过程短、焊点小、热影响区小。

③ 与电子束焊相比，激光焊不需要真空，也不存在 X 射线防护问题。

④ 能对难以接近的部位进行焊接，能透过玻璃或其他透明物体进行焊接。

⑤ 激光不受电磁场的影响。

⑥ 激光的电子光转换效率低（0.1% ～ 0.3%）。工件的加工和组装精度要求过高，夹具要求精密，因此焊接成本高。

2. 应用范围

① 用脉冲激光焊能够焊接铜、铁、锆、钽、铝、钛、铌等金属及其合金，主要用于微型件、精密元件和微电子元件的焊接。低功率脉冲激光焊常用于直径 0.5mm 以下金属丝与丝（或薄板）之间的焊接。

② 用脉冲激光焊可以把金属丝或薄板焊接在一起。连续激光焊的应用见表 8-58。

③ 用连续激光焊，除铜、铝合金难得外，其他金属与合金都能焊接。

④ 主要应用于电子工业领域，如微电器件外壳及精密传感器外壳的封焊、精密热电偶的焊接、波导元件的定位焊等。

⑤ 也可用来焊接石英、玻璃、陶瓷、塑料等非金属材料。

⑥ 激光焊接还有其他形式的应用，如激光钎焊、激光 - 电弧焊、激光填丝焊、激光压焊等。激光钎焊主要用于印制电路板的焊接，激光压焊主要用于薄板或薄钢带的焊接。

表 8-58 连续激光焊的应用

应用领域	材料	激光焊接的性能	应用理由	优点	实例
钢铁生产	低碳钢、中碳钢、不锈钢、硅钢	低变形深熔焊	无后热处理，替代 MIG、电阻焊、等离子焊	A B C	钢卷带、钢管
机器生产（汽车、机械）	镀锌钢、低碳钢、中碳钢、低合金钢	低变形，高焊接速度	替代电阻缝焊，简单部件装配焊接	A C D	油箱、变速箱齿轮，传动齿轮，发动机部件
精密设备（飞机测试设备）	铜合金、不锈钢	精密焊接，低变形	精加工后焊接部件	B C E	轮子、油压部件、飞机部件、测试部件
大型结构（重型机械、电机）	不锈钢、低碳钢	深熔焊，低热输入	焊后无需消除应力	A B C	压力容器、真空室、机械部件

注：A—改善操作性；B—提高生产率；C—改善可靠性；D—减小或减轻部件；E—提高精度。

在电厂建造和化工行业，有大量的管 - 管、管 - 板接头，用激光焊可得到高质量的单面焊双面成形焊缝。在舰船制造业，用激光焊焊接大厚度板（可加填充金属），接头性能优于普通的电弧焊，能降低产品成本，提高构件的可靠性，有利于延长舰船的使用寿命。激光焊还应用于电动机定子铁芯的焊接，发动机壳体、机翼隔架等飞机零件的生产，航空涡轮叶片的修复等。

二、激光焊工艺参数

激光焊的焊接工艺可分为脉冲激光焊和连续激光焊两种类型。

（一）脉冲激光焊焊接工艺及参数

1. 脉冲激光焊焊接工艺

脉冲激光焊特别适用于微型件的点焊及连续焊，如薄片与薄片之间的焊接、薄膜的焊接、丝与丝之间的焊接及密封缝焊。脉冲激光焊的焊接工艺一般根据金属的性能、需要的熔深量和焊接方式来决定激光的功率密度、脉冲宽度和波形。脉冲激光焊加热斑点很小，约为微米数量级，每个激光脉冲在金属上形成一个焊点。主要用于微型、精密元件和一些微电子元件的焊接，它是以点焊或由点焊点搭接成的缝焊方式进行的。常用于脉冲激光焊的激光器有红宝石、钕玻璃和 YAG 等几种。

脉冲激光焊所用激光器输出的平均功率低，焊接过程中输入工件的热量小，因而单位时间内所能焊合的面积也小，可用于薄片（0.1mm 左右）、薄膜（几微米至几十微米）和金属丝（直径可小于 0.02mm）的焊接，也可进行一些零件的封装焊。

（1）影响脉冲激光焊的因素

表 8-59　影响脉冲激光焊的因素

影响因素	说　明
焊接加热时的能量密度范围	激光是一个高能量热源，在焊接时要尽量避免焊点金属的蒸发和烧穿，因此必须严格控制它的能量密度，使焊点温度始终保持高于熔点而低于沸点。金属本身的熔点和沸点之间的距离越大，能量密度的范围越宽，焊接过程越容易控制。控制光束能量密度的主要方法有调整输入量、调整光斑大小、改变光斑中的能量分布、改变脉冲宽度和衰减波的陡度
反射率	反射率的大小说明了一种波长的光有多少能量被母材料吸收，有多少能量被反射而损失。大多数金属在激光开始照射时，能将激光束的大部分能量反射回去，所以焊接过程开始的瞬间，就相应的需要较高功率的光束，而当金属表面开始熔化和气化后，其反射率将迅速降低，从而相应的降低光束的能量密度。反射率与温度、激光束的波长、材料的直流电阻率、激光束的入射角、材料的表面状态等因素有关。其具体影响是：温度越高，反射率越低，当接近沸点时，反射率降低到 10% 左右；大多数金属的反射率随波长的增加而增加，但波长的影响只在熔化前产生，一旦金属熔化就不产生影响；母材的直流电阻率越大，反射率越低；激光束的入射角越大，反射率越大；表面光洁度越高，反射率越大。但是，单从外表来看，粗糙的表面也不一定是良好的吸收表面，如对于 1.06μm 波长的激光束来说，粗糙表面也可能是一种散射的表面
焊接时的穿入深度	脉冲激光焊接时，激光束本身对金属的直接穿入深度是有限的。传热熔化成形方式焊接的焊点最大穿入深度主要取决于材料的热扩散率，热扩散率大的穿入深度大，而热扩散率则与传热系数成正比、与密度和比热容成反比。同一种金属，其穿入出境深度取决于脉冲宽度，脉冲宽度越大，则穿入深度也越大，但脉冲宽度的下限应在 1ms 以上，否则有可能成为打孔，而上限应在 10ms 左右，最大熔深可达 0.7mm
聚焦性和离焦量	由于光辉束的传播方向能够成为非常窄的一束，对于焊接来说，就可以得到很小的焊点，这对微型焊件是很重要的。随着波长缩短、工作物质的直径增大，光束的发散角随之变小，光束的宽度相应变窄，焊点尺寸减小。但工作物质的直径不能增大太大，应有一个合适的范围。另外，光斑直径还可以通过缩短焦距而变小。所谓离焦量，指的是以聚集后的激光焦点位置与工件表面相接时为零，离开这个零点的距离量，如激光焦点超过零点时定位负离焦，其距离的数值为负离焦量，反之为正离焦量。激光焦点上的光斑最小，能量密度最大。通过离焦量可调整能量密度

（2）脉冲激光焊接工艺

表 8-60　脉冲激光焊接工艺

类型	工艺说明
薄片与薄片之间的焊接	厚度在 0.2mm 以上的薄片之间的焊接，可以是同种材料，也可以是异种材料，主要采用搭接形式。在选择参数时，主要考虑上片材料的性质、片厚和下片的熔点。将厚度较小、热扩散率较大的金属作为下片，其所需的脉冲宽度和总能量可适当小些，将沸点高而且与沸点距离大的金属作为上片，其所要求的能量密度大些，将对激光波长反射率低的材料作为上片，可减少反射率损失。薄片与薄片之间的焊接接头形式为对接和搭接两种

类型	工艺说明
薄片与薄片之间的焊接	对接：两片金属接缝对齐，激光束从中间同时直接照射两片金属，使其熔化而连接起来，如图1（a）所示。这种方法受结构的限制太大，要求间隙很小，尽量能做到无间隙 端接：属搭接中的一种形式，两片金属重叠一部分，激光束照射在上片端部，使其熔化，上片金属向下片流动而形成焊缝，如图1（b）所示。端接法熔深较小，脉冲宽度较窄，能量较小 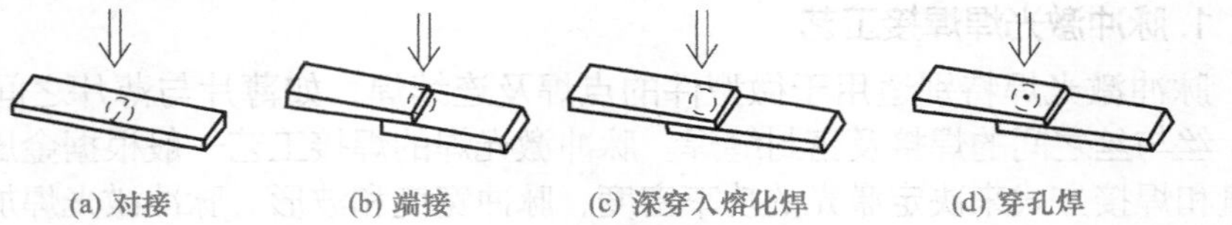 (a) 对接　　(b) 端接　　(c) 深穿入熔化焊　　(d) 穿孔焊 图1　薄片与薄片的焊接方式 深穿入熔化焊：两片金属重叠在一部分，激光束直接照射在上片上，使上片金属的下表面和下片金属的上表面同时熔化而形成焊缝，如图1（c）所示 穿孔焊：两片金属重叠一部分，激光束直接照射在上片，初始激光峰值很高，使斑光中心蒸发成一小孔，随后激光束通过小孔直接照射下片表面，使两片金属熔化而形成焊缝，见图1（d）。焊时有少量飞溅，此法适用于厚片的焊接
丝与丝之间的焊接	适用于脉冲激光焊接的细丝，直径为 0.02～0.2mm 细丝之间的焊接，对激光束能量的控制是很严格的。如能量密度稍大，金属稍有蒸发就会引起断丝，影响焊接质量。如能量密度太大，又可能焊不牢。金属丝越细，对能量要求越严格，对激光器输出的稳定性的要求就严格。细丝之间的焊接，焊点的质量主要是焊点的抗拉强度，它与激光能量和脉冲宽度的关系很大。要保持完全没有蒸发；就需要在较低功率密度、较大脉冲宽度的情况下进行熔化焊接。但脉冲宽度太大，会产生后期蒸发；而脉冲宽度太小，则功率密度就必须提高，又容易产生前期蒸发。丝与丝之间的焊接接头形式有对接、重叠、十字形和 T 字形。其中以粗细不等的十字形接头的焊接难度最大，这是因为细丝受激光照射部分吸收光能熔化后容易流走而造成断裂。此类接头要采用短焦距、大离焦量，光斑尺寸应比细丝直径大 4 倍左右的参数来进行焊接。以便使细丝和粗丝同时熔化，球化收缩而不致引起细丝断裂
密封焊接	脉冲激光密封焊接是以单点重叠方式进行的，其焊点重叠度与密封深度有关。图2所示为焊点的重叠度。由于脉冲激光焊点熔化区的空间形状呈圆锥体，所以当焊点的间距 l_1 大于光斑在金属下表面的熔融直径 d_1 时，密封深度 h_1 小于金属片厚度 δ，如图2（a）所示，这时，虽然焊上了，但还有可能没有密封住。当两焊点的间距 l_1 小于或等于在金属下表面的熔融直径 d_2 时，其密封深度将大于金属的上片厚度，如图2（b）所示，这时的光斑密封焊最好 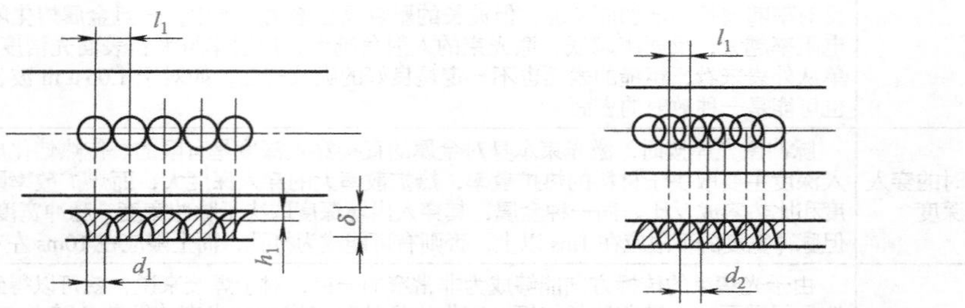 (a) 焊点重叠度小于金属下表面的熔融直径　　(b) 焊点重叠度大于金属下表面的熔融直径 图2　焊点的重叠度
异种金属的焊接	对于可以形成合金的结构，熔点及沸点分别相近的两种金属，能够形成牢固接头的激光焊参数范围较大，温度范围可选择在熔点和沸点之间。如果一种金属的熔点比另一种金属的沸点还要高得多，则这两种金属形成牢固接头的激光焊参数范围就很窄。甚至不可能进行焊接，这是由于一种金属开始熔化时另一种金属已经蒸发。在这种情况下进行的焊接，可采用过渡金属来解决

2. 脉冲激光焊焊接参数

脉冲激光焊有 4 个主要焊接参数，它们是脉冲能量、脉冲宽度、功率密度和离焦量，见表 8-61。

表 8-61　脉冲激光焊焊接参数

参数	说　明
脉冲能量和脉冲宽度	脉冲激光焊时，脉冲能量决定了加热能量大小，它主要影响金属的熔化量；脉冲宽度决定焊接时的加热时间，它影响熔深及热影响区（HAZ）大小。脉冲能量一定时，对于不同材料，各存在着一个最佳脉冲宽度，此时焊接熔深最大，它主要取决于材料的热物理性能，特别是热导率和熔点。导热性好、熔点低的金属易获得较大的熔深。脉冲能量和脉冲宽度在焊接时有一定的关系，而且随着材料厚度与性质的不同而变化。焊接时，激光的平均功率 P 由如下公式决定 $$P = \frac{E}{\Delta\tau} \qquad (1)$$ 式中　P——激光功率，W 　　　E——激光脉冲量，J 　　　$\Delta\tau$——脉冲宽度，s 可见，为了维持一定的功率，随着脉冲能量的增加，脉冲宽度必须相应增加，才能获得较好的焊接质量
功率密度	激光焊时功率密度决定焊接过程和机理。在功率密度较小时，焊接以传热焊的方式进行，焊点的直径和熔深由热传导所决定，当激光斑点的功率密度达到一定值（10^6W/cm²）后，焊接过程中将产生小孔效应，形成深宽比大于 1 的深熔焊点，这时金属虽有少量蒸发，并不影响焊点的形成。但功率密度过大后，金属蒸发剧烈，导致气化金属过多，在焊点中形成一个不能被液态金属填满的小孔，不能形成牢固的焊点。脉冲激光焊时，功率密度由如下公式决定： $$P_d = \frac{4E}{\pi d^2 \Delta\tau} \qquad (2)$$ 式中　P_d——激光光斑上的功率密度，W/cm² 　　　E——激光脉冲能量，J 　　　d——光斑直径，cm 　　　$\Delta\tau$——脉冲宽度，s
离焦量	离焦量 ΔF 是指焊接时焊接表面离聚焦光束最小斑点的距离，也有人称之为焦量。激光束通过透镜聚焦后，有一个最小光斑直径，如果焊件表面与之重合，则 $\Delta F = 0$；如果焊件表面在它下面，则 $\Delta F > 0$，称之为正离焦量；反之，则 $\Delta F < 0$，称为负离焦量。改变离焦量，可以改变激光加热斑点的大小和光束入射状况，焊接较厚板时，采用适当的负离焦量可以获得最大熔深。但离焦量太大会使光斑直径变大，降低光斑上的功率密度，使熔深减小。离焦量的影响，在下面连接激光焊的有关部分还会进一步论述

（二）连续激光焊焊接工艺及参数

连续激光焊所使用的焊接设备一般为 CO_2 激光器，因为它输出的功率比其他激光器高，效率也比其他激光器高，且输出稳定，所以可进行薄板精密焊及 50mm 厚板深穿入焊。CO_2 激光器广泛应用于材料的激光加工。激光焊用的高品 CO_2 激光器连续输出功率为数千瓦至数十千瓦（最大可有 25kW）。

1. 连续激光焊焊接工艺

（1）接头形式及装配要求

常用的 CO_2 激光焊接头形式如图 8-46 所示。在激光焊时，用得最多的是对接接头。为了获得良好的焊缝，焊前必须将焊件装配良好。各类接头的装配要求见表 8-62。对接时，如果接头错边太大，会使入射激光在板角处反射，焊接过程不能稳定。薄板焊时，间隙太大，焊后焊缝表面成形不饱满，严重时形成穿孔。搭接时板间间隙过大，则易造成上下板间熔合不良。

在激光焊过程中，焊件应夹紧，以防止热变形。光斑垂直于焊接运动方向对焊缝中心的偏离量应小于光斑半径。对于钢铁等材料，一般焊前对焊件表面进行除锈、脱脂处理即可；在要求较严格时，可能需要酸洗，焊前用乙醇、丙酮或四氯化碳清洗。

激光深熔焊可以进行全位置焊，在起焊和收尾处渐变过渡，可通过调节激光功率的递增和衰减过程或改变焊接速度来实现；在焊接环缝时，可实现首尾平滑连接。利用内反射来增强激光吸收的焊缝常常能提高焊接过程的效率和熔深。

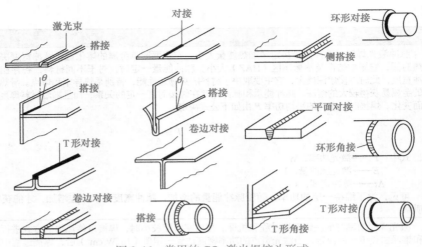

图 8-46 常用的 CO_2 激光焊接头形式

表 8-62 各类接头的装配要求

接头形式	允许最大间隙	允许最大上下错边量	接头形式	允许最大间隙	允许最大上下错边量
对接接头	0.10δ	0.25δ	搭接接头	0.25δ	—
角接接头	0.10δ	0.25δ	卷边接头	0.1δ	0.25δ
T 形接头	0.25δ	—			

注：δ 为板厚。

（2）填充金属

尽管激光焊适合于自熔焊，但在一些应用场合，仍需要填充金属。其优点是：能改变焊缝化学成分，从而达到控制焊缝组织、改善接头力学性能的目的。在有些情况下，还能提高焊缝抗结晶裂纹敏感性。另外，允许增大接头装配公差，改善激光焊接头准备的不理想状态。实践表明，间隙超过板厚的 3%，自熔焊缝将不饱满。激光填丝焊如图 8-47 所示。填充金属常常以焊丝的形式加入，可以是冷态，也可以是热态。填充金属的施加量不能过大，以免破坏小孔效应。

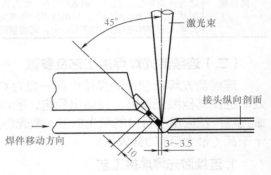

图 8-47 激光填丝焊

（3）激光焊参数及其对熔深的影响

① 激光功率 P。通常激光功率是指激光器的输出功率，没有考虑导光和聚焦系统所引起的损失。激光焊熔深与激光输出功率密度密切相关，是功率和光斑直径的函数。对一定的光斑直径，在其他条件不变时，焊接熔深 h 随着激光功率的增加而增加。尽管在不同的试验条件下可能有不同的结果，但熔深随激光功率 P 的变化大致有两种典型的试验曲线，用公式近似地表示为

$$h \approx P^k \tag{8-3}$$

式中 h——熔深，mm；

  P——激光功率，kW；

  k——常数，$k \leq 1$，k 的典型试验值为 0.7 和 1.0。

图 8-48 所示为激光焊时熔深与激光功率的关系。图 8-49 所示为不同厚度材料焊接时所需的激光功率。

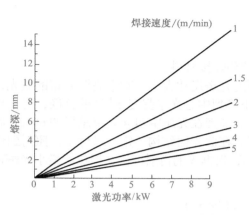

图 8-48　熔深与激光功率的关系

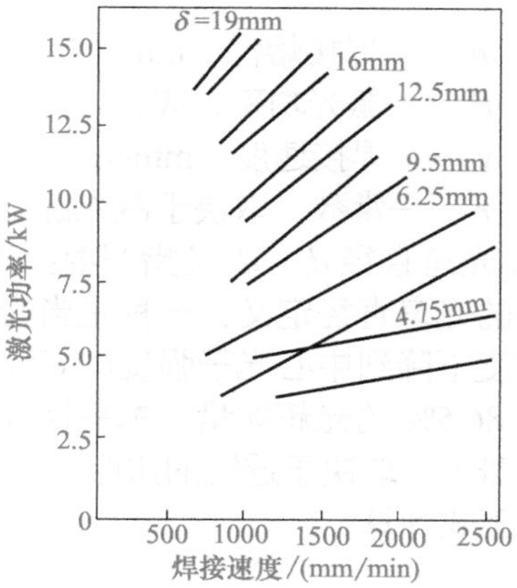

图 8-49　不同厚度材料焊接时所需的激光功率

② 焊接速度 v。在一定的激光功率下，提高焊接速度，热输入下降，焊接熔深减小，如图 8-50 所示。一般来说，焊接速度与熔深之间有下面的近似关系：

$$h \approx \frac{r}{v} \tag{8-4}$$

式中　h——焊接熔深，mm；

　　　v——焊接速度，mm/s；

　　　r——小于 1 的常数。

尽管适当降低焊接速度可加大熔深，但若焊接速度过低，熔深却不会再增加。反而使熔宽增大，如图 8-51 所示。其主要原因是，激光深熔焊时，维持小孔存在的主要动力是金属蒸气的反冲压力，在焊接速度低到一定程度后，热输入增加，熔化金属越来越多，当金属气化所产生的反冲压力不足以维持小孔的存在时，小孔不仅不再加深，甚至会崩溃，焊接过程蜕变为传热焊型焊接，因而熔深不会再增大。

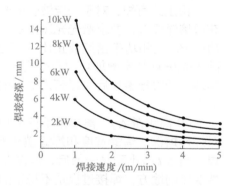

图 8-50　焊接速度对焊接熔深的影响

图 8-51　不同焊接速度下所得到的熔深（P=8.7kW，δ=12mm）

另一个原因是随着金属气化的增加，小孔区温度上升，等离子体的浓度增加，对激光的吸收增加。这些原因使得低速焊时，激光焊熔深有一个最大值。也就是说，对于给定的激光功率等条件，存在一维持深熔焊接的最小焊接速度。熔深与激光功率和焊接速度的关

系为

$$h = \beta P^{1/2} v^{-r}$$ （8-5）

式中　　h —— 焊接熔深，mm；

　　　　P —— 激光功率，W；

　　　　v —— 焊接速度，mm/s；

　　β，r —— 常数，取决于激光源、聚焦系统和焊接材料。

③ 光斑直径 d_0。d_0 是指照射到焊接表面的光斑尺寸大小。对于高斯分布的激光，有两种不同的光斑直径定义：一种是当光子强度下降到中心光子强度 e^{-1} 时的直径；另一种是当光子速度下降到中心光子强度的 e^{-2} 时的直径。前者在光斑中包含光束总量的 60%，后者则包含了 86.5% 的光辉能量，本书推荐 e^{-2} 束径。在激光器结构一定的条件下，照射到焊件表面的光斑大小取决于透镜的焦距 f 和离焦量 Δf，根据光的衍射理论，聚焦后最小光斑直径 d_0 可以用下式计算。

$$d_0 = 2.44 f \lambda \frac{(3m+1)}{D}$$ （8-6）

式中　　d_0 —— 最小光斑直径，mm；

　　　　f —— 透镜的焦距，mm；

　　　　λ —— 激光波长，mm；

　　　　D —— 聚焦前光束直径，mm；

　　　　m —— 激光振动模的阶数。

由上式可知，对于一定波长的光束，f / D 和 m 值越小，光斑直径越小。通常，焊接时为获得熔深焊缝，要求激光光斑上的功率密度高。提高功率密度的方式有两个：一是提高激光功率 P，它和功率密度成正比；二是减小光斑直径，功率密度与直径的平方成反比。因此，减小光斑直径比增加功率有效得多。减小 d_0 可以通过使用短焦距镜和降低激光束横模阶数实现。低阶模聚焦后可以获得更小的光斑。对焊接和切割来说，希望激光器以基模或低阶模输出。

④ 离焦量 Δf。离焦量不仅影响焊件表面光辉光斑大小，而且影响光束的入射方向，因对焊接熔深、焊缝宽度和焊缝横截面形状有较大影响。在 Δf 很大时，熔深很小，属于传热焊，当 Δf 减小到某一值后，熔深发生踊跃性增加，此处标志着小孔产生，在熔深发生跳跃性变化的地方，焊接过程是不稳定的，熔深随着 Δf 的微小变化而改变很大。激光深熔焊时，熔深最大时的焦点位置是位于焊件表面下方某处，此时焊缝成形也最好。在 $|\Delta f|$ 相等的地方，激光光斑大小相同，但其熔深并不相同。其主要原因是壁聚焦效应对 Δf 的影响。在 $\Delta f < 0$ 时，激光经孔壁反射后射向四面八方，并且随着孔深的增加，光束是发散的，孔底处功率密度比前种情况低得多，因此熔深变小，焊缝成形也变差，铝合金激光焊时，在不同焊接速度下，离焦量对焊接熔深的影响如图 8-52 所示。

⑤ 保护气体。激光焊时采用保护气体有两个作用：一是保护焊缝金属不受有害气体的侵袭，防止氧化污染，提高接头的性能；二是影响焊接过程中的等离子体，这直接与光能的吸收和焊接机理有关。前面曾指出，高功率 CO_2 光辉深熔焊过程中形成的光辉等离子体对激光束产生吸收、折射和散射等。从而降低焊接过程的效率，其影响程度与等离子体形态有关。等离子体形态又直接与焊接参数特别是焊件功率密度、焊接速度和环境气体有关。功率密度越大，焊接速度越低，金属蒸气和电子密度越大，等离子体越稠密，对焊接过程的影响也就越大。在激光焊过程中吹保护气体，可以抑制等离子体，其作用机理如下。

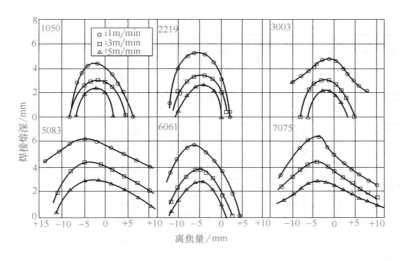

图 8-52 离焦量对焊接熔深的影响

注：图中 1050、2219、3003、5083、6061、7075 为铝合金牌号。

第一，通过增加电子与离子、中性原子三体碰撞来增加电子的复合速率，降低等离子体中的电子密度。中性原子越轻，碰撞频率越高，复合速率越高。另外，所吹气体本身的电离能要较高，才不致因气体本身的电离而增加电子密度。

氦气最轻而且电离能量高，因而使用氦气作为保护气体，对等离子体的抑制作用最强，焊接时熔深最大，氩气的效果较差。但这种差别只是在激光功率密度较高，焊接速度较低，等离子体密度大时，才较明显。在较低功率、较高焊接速度下，等离子体很弱，不同保护气体的效果差别很小。

第二，利用流动的保护气体，将金属蒸气和等离子体从加热区吹除。气体流量对等离子体的吹除有一定的影响。气体流量太小，不足以驱除熔池上方的等离子体云，随着气体流量的增加，驱除效果增强，焊接熔深也随之加大。但也不能过分增加气体流量，否则会引起不良后果和浪费，特别是在薄板的焊接时，过大的气体流量会使熔池下落形成穿孔。图 8-53 所示为不同气体流量下的熔深。由图可知，气体流量大于 17.5L/min 后，熔深不再增加。

吹气喷嘴与焊件的距离不同，熔深也不同。

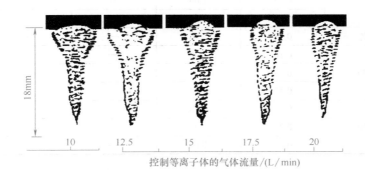

图 8-53 不同气体流量下的熔深

（4）连续 CO_2 激光焊焊接参数

表 8-63　连续 CO_2 激光焊焊接参数

材料	厚度 /mm	焊速 /（cm/s）	缝宽 /mm	深宽比	功率 /kW
对接焊缝					
321 不锈钢	0.13	3.81	0.45	全焊透	
	0.25	1.48	0.71	全焊透	
	0.42	0.47	0.76	部分焊透	
17-7 不锈钢	0.13	4.65	0.45	全焊透	5
302 不锈钢	0.13	2.12	0.50	全焊透	
	0.20	1.27	0.50	全焊透	
	0.25	0.42	1.00	全焊透	
	6.35	2.14	0.70	7	3.5
	8.9	1.27	1.00	3	8
302 不锈钢	12.7	0.42	1.00	5	20
	20.3	21.1	1.00	5	20
	6.35	8.47	—	6.5	16
因康镍合金 600	0.10	6.35	0.25		
	0.25	1.69	0.45		
镍合金 200	0.13	1.48		全焊透	5
蒙乃尔合金 400	0.25	0.60	0.60		
工业纯钛	0.13	5.92	0.38		
	0.25	2.12	0.55		
低碳钢	1.19	0.32	—	0.63	0.65
搭接焊缝					
镀锡钢	0.30	0.85	0.76	全焊透	0
	0.40	7.45		部分焊透	5
302 不锈钢	0.76	1.27	0.60		
	0.25	0.60		全焊透	
角焊缝					
321 不锈钢	0.25	0.85	—	—	5
端接焊缝					
321 不锈钢	0.13	3.60	—	—	
	0.25	1.06	—	—	
	0.42	0.60	—	—	
17-7PH 不锈钢	0.13	1.90	—	—	
因康镍合金 600	0.10	3.60	—	—	5
	0.25	1.06	—	—	
	0.42	0.60	—	—	
镍合金 200	0.18	0.76	—	—	
蒙乃尔合金 400	0.25	1.06	—	—	
TC4 钛合金	0.50	1.14	—	—	

2. 激光焊焊接参数、熔深及材料热处理性能之间的关系

激光焊焊接参数，如激光功率、焊接速度、焊接熔深，焊缝宽度以及焊接材料性质之间的关系，已有大量的经验数据建立了它们之间关系的回归方程，即：

$$\frac{P}{vh} = a + \frac{b}{r} \tag{8-7}$$

式中　P——激光功率，kW；

　　　h——焊接熔深，mm；

　　　v——焊接速度，mm/s；

　　　a——参数，kJ/mm；

　　　b——修正参数，kJ/mm^2；

　　　r——回归系数。式中 a、b 的值和回归系数 r 的值见表 8-64。

表 8-64　几种材料的 a、b、r 值

材料	激光类型	$a/（kJ/mm^2）$	$b/（kJ/mm）$	r
304 不锈钢	CO_2	0.0194	0.356	0.82
低碳钢	CO_2	0.016	0.219	0.81
	YAG	0.009	0.309	0.92
铝合金	YAG	0.0065	0.526	0.99

三、典型构件的激光焊

1. 汽车组合齿轮的激光焊

激光焊接齿轮具有焊速快、效率高、焊缝窄、热影响区小、变形小等优点。除电子束焊接以外，没有任何焊接方法能与之相比，然而电子束焊接需要超尺寸的真空室和等待时间，且产生 X 射线对操作人员不利，故激光焊接是汽车组合齿轮焊接的有效手段之一。目前激光焊接齿轮已在菲亚特、福特、奔驰等大汽车公司运行多年，目前我国也有汽车公司开始采用。

2. 轿车车身板的激光拼焊

在轿车车身和底板的激光焊接中，可根据轿车车身复杂形状采用激光拼焊技术，可使不同形状、材质、厚度，甚至不同覆层的钢板在生产中实现成形工艺性和结构强度的最佳组合。这不仅优化了轿车用的钢板用材，减轻了轿车重量，而且简化了冲压工艺，提高了材料的利用率，节省了费用，易于实现生产柔性化。激光焊接范围为轿车车身（包括上、下盖板、侧围板、车门等）和轿车底板。例如丰田、德韦尔（DEVILE）、通用、奥迪（AUDI）等汽车公司都在轿车车身生产线上采用了激光拼焊技术。

第六节　高　频　焊

高频焊是专用性很强的焊接方法，生产中应用最多的是钢管的高频焊接，其效率很高。

一、高频焊的原理、特点、分类及应用范围

1. 高频焊的原理

高频焊是电阻焊的一种，它是利用高频电流流经金属连接面产生的电阻热，并施加适当的压力达到金属结合的一种电阻焊方法。根据焊接区高频电的来源不同，高频焊分高频电阻焊和高频感应焊两种，其原理见表 8-65。

表 8-65　高频焊原理

类别	说　明
高频电阻焊原理	高频电阻焊加热焊件的高频电流是直接通过触头导入焊件的。管材纵缝高频电阻焊原理如右图所示。待焊工件 7 的两边缘必须预制成右图中所示的 V 形会合角，焊接时高频电源 6 通过会合角两边的一对滑动接触位置 4 导入工件，由于高频电流的集肤效应，使电流沿着会合角两边的表面层形成往复回路，产生了电阻热，在会合角附近电流密度最大，被快速加热到焊接温度，在挤压辊轮 2 的作用下将管坯两边挤在一起，挤出了氧化物和熔化金属，并在管坯周长上留有一定的挤压量，产生强烈的顶锻，促使金属原子之间形成牢固的结合。挤压辊轮旋转使管坯沿方向 1 前移，然后由焊接机组前边设置的刮刀将挤出的氧化物和部分金属切削除去。如焊接产生金属火花喷溅，则为闪光焊，此方法易于排除金属氧化物，焊接质量高且稳定
高频感应焊原理	高频感应焊时，加热焊件的高频电流是由感应线圈通过磁场感应在焊件上产生的。管材纵缝高频感应焊原理如图 8-54 所示。由感应线圈 4 中的高频电源 6 感应出一个绕管子外周表面、并沿管子 V 形会合角 5 的表面通过的焊接电流 I_1，使管坯 1 边缘极快地加热到焊接温度，经过挤压进行焊接，感应电流的另一部分 I_2，由管坯外周流经内周表面构成回路，由此产生的电阻加热了管坯内表面，实际它的加热对焊缝成形是无关的，故为无效电流，为了减小无效电流，需在管坯内放置由铁氧体组成的阻抗器 3，来增加管内壁的电抗，从而提高焊接效率

右图说明（高频电阻焊原理图）：

管材纵缝高频电阻焊原理
1—管坯运动方向；2—挤压辊轮；3—阻抗器；
4—触头接触位置；5—V 形会合角；
6—高频电源；7—工件

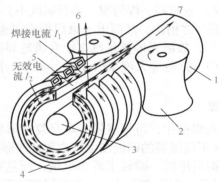

焊接电流 I_1
无效电流 I_2

图 8-54　管材纵缝高频感应焊原理
1—管坯；2—挤压辊轮；3—阻抗器；4—感应线圈；5—V 形会合角；6—高频电源；7—管坯运动方向

2.高频焊的特点、分类及应用范围

表 8-66　高频焊的特点、分类及应用范围

项目	说　明
特点	与普通电阻焊及其他焊接方法比较，高频焊具有以下特点 ①焊接接头的热影响区比电阻焊更窄，接头强度更高。在焊接热循环的顶锻或锻压阶段，所有熔化金属都会从接头处挤出，可消除引起焊接裂纹的低熔点相 ②用摩擦接触或感应导电，其电能的利用率较高。热影响区窄且没有铸造组织，可使一些合金不必进行焊后热处理。焊接薄材料工件不易被压弯或压溃 ③高频焊设备投资费用较高，对工件装配的要求严格，且对连续焊要求制备适当形状的 V 形坡口。必须采取对高频电流的防护措施和避免电波辐射干扰
分类	①按高频电流导入焊件的方式不同分为接触高频焊和感应高频焊 ②按焊接所得到焊缝长度的不同分为高频连续缝焊、高频短缝对接焊和高频点焊等 ③按焊接加热、加压状态不同分为高频闪光焊、高频锻压焊和高频熔化焊

项目	说　　明
应用范围	①高频电阻焊可用于碳钢、铜、铝、锆、钛、镍等多种材料和多种结构类型工件的焊接。高频感应焊用于能全部形成闭合电流通路或完整回路的场合 ②广泛应用于管材的制造，如各种材料的有缝管、异形管、散热片管、螺旋散热片管、电缆套管等 ③能生产各种端面的型材、双金属板和一些机械产品，如汽车轮圈、汽车车厢板、工具钢和碳钢组成的锯条等 　图 8-55 所示是高频焊的基本应用，其中图（b）、（h）、（i）是用高频感应焊，这种焊接方法只适用于能全部在工件内部形成闭合电流通路或完整回路的场合

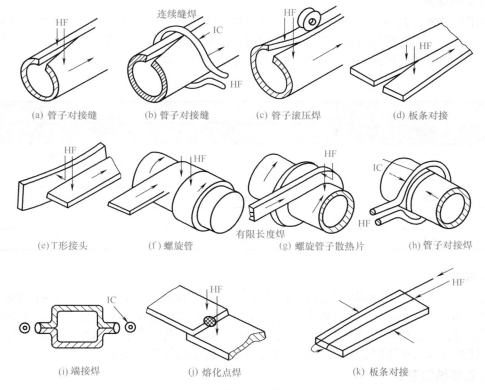

图 8-55　高频焊的基本应用

HF—高频；IC—感应圈

二、高频焊工艺参数

高频焊的焊接速度一般很快，焊接缺陷的动态检查十分困难，因此，设计出最佳的接头形式、焊接参数和焊接装置显得十分重要。

（一）接头形式

高频焊是高速焊接的方法，适用于外形规则、简单，能在高速运动中保持恒定的接头形式，如对接、角接等。

（二）焊接参数的选择

高频焊广泛应用于管材制造，以管材纵缝高频焊为例选择高频焊焊接参数。

1.电源频率

高频焊的频率范围很广，有利于集肤效应和邻近效应的发挥，同时也会使电能高度集中于连接面的表层并快速加热到焊接温度，但频率的选择决定了管坯材质和壁厚。

因有色金属热导率大，需要比钢材更大的焊接速度和更为集中的能量，因此其焊接用的频率要比碳钢管材的高些。此外，焊接薄壁管宜选用高一些的频率，厚壁管材可用低一些的频率，这样易保证焊接缝两边加热宽度适中，沿厚度方向加热易均匀。

一般焊接电源的频率越高，越能充分利用趋表效应和邻近效应，达到节省焊接功率和保证焊接质量的目的，但频率过高将使加热时间延长，加热宽度过窄，焊缝强度下降。通常在焊接中小型管时一般为 170 ～ 500kHz。

2. 焊接速度

由于焊接速度越快，加热时间越短，从而使焊接过程中形成的氧化物进入焊缝金属中的机会大大减少，焊缝质量越高。因此，在焊接装置和机械能力允许的情况下，尽可能选择最大速度。高频电阻焊焊接不同壁厚管子的焊接速度见表 8-67。

表 8-67　高频电阻焊焊接不同壁厚管子的焊接速度

壁厚 /mm	焊接速度 /（mm/s）	
	钢	铝
0.75	4500	5000
1.5	2500	3000
2.5	1500	1800
4	875	1120
6.4	500	620

3. 会合角

会合角的大小对高频焊闪光过程的稳定性、焊缝质量和焊接效率都有较大的影响。通常应取 2°～ 6°，会合角小，邻近效应显著，有利于提高焊接速度，但不能过小，过小时闪光过程不稳定，使过梁爆破后易形成难以压合的深孔或针孔等缺陷；会合角过大时，邻近效应减弱，使得焊接效率下降，功率增加，同时易引起管坯边缘产生褶皱。

4. 管坯坡口形状

薄壁管的管坯坡口用 I 形坡口即可，厚壁管用 X 形坡口，以使整个截面加热均匀。若采用 I 形坡口，在坡口横截面的中心部分会加热不足，而上、下边缘则相反，会造成加热过度。

5. 触头、感应圈和阻抗器的安放

① 电极触头位置。触头尽可能靠近挤压辊，以提高效率。它与两挤压辊中心连线的距离一般取为 20 ～ 150mm。焊铝管时取下限，焊壁厚在 10mm 以上的低碳钢管时取下限，且随管径增大而适当增大，可参考表 8-68 选择。通常两电极触头间的电压为 50 ～ 200V，焊接电流为 1000 ～ 3000A。

表 8-68　电极触头位置（低碳钢）　　　　　　　　　　　　　　　　mm

管外径	16	19	25	50	100
电极触头与两挤压辊中心连线的距离	25	25	30	30	32

② 感应圈位置。感应圈应与管子同心放置，其前端与两挤压辊中心连线的距离也影响焊接质量和效率，其值也随管径和壁厚而定，见表 8-69。

③ 阻抗器位置。阻抗器也应与管坯同轴安放，其头部与两挤压辊中心连线重合或离开

中心连线 10～20mm，以保持较高的焊接效率。阻抗器与管壁之间的间隙一般为 6～15mm，间隙小可提高效率，但不能太小。

表 8-69　感应圈位置（低碳钢）　　　　　　　　　　　　　　mm

管外径	25	50	75	100	125	150	175
感应圈前端与两挤压辊中心连线的距离	40	55	65	80	90	100	110

6. 输入功率

焊接所需的输入功率必须能在较短时间内将连接面加热到焊接温度。它取决于管材的材质和壁厚，铝管焊接所需功率要比钢管的大，厚壁的管子要比薄壁的焊接功率大。对给定的管子焊接时，若输入功率过小，则管坯坡口面加热不足，达不到焊接温度而产生未焊合；若输入功率过大，则管坯坡口面加热温度高于焊接温度而发生过热或过烧，甚至焊缝击穿，造成熔化金属严重喷溅，形成针孔和夹渣等缺陷。

7. 焊接装置功率

焊接装置功率主要根据焊接装置的频率、工作频率、焊接速度、工件的材料和厚度来确定。实际设计中可按下式估算：

$$P = k_1 k_2 t b v \tag{8-8}$$

式中　P ——焊机功率，kW；

k_1 ——材质系数，见表 8-70；

k_2 ——尺寸系数，接触焊时，$k_2 = 1$，感应焊时，k_2 值见表 8-71；

t ——壁厚，mm；

b ——加热宽度，一般假定为 1cm；

v ——焊接速度，m/min。

表 8-70　材质系数

材料	软钢	奥氏体不锈钢	铝	钢
k_1	0.8～1	1.0～1.2	0.5～0.7	1.4～1.8

表 8-71　尺寸系数

钢管外径 /mm	25.4	50.8	76.2	101.6	127	152.4
k_2	1	1.11	1.25	1.43	1.67	2

8. 焊接压力

管坯坡口两边被加热到焊接温度后，就必须对其施加压力才能实现焊接。加压是为了使 V 形开口结构封闭，产生塑性变形，使连接界面原子间产生结合。压力是通过两旁挤压辊轮实现的，一般焊接压力以 100～300MPa 为宜。有些焊机上没有直接测量焊接压力的装置，于是用接头管坯被挤压的量来代替焊接压力。其做法是通过改变挤压辊的间距来控制挤压量。通常挤压量随管壁厚度不同而异，可参考表 8-72 的经验值选取。

表 8-72　管子高频焊挤压量的经验值　　　　　　　　　　　　　　mm

管壁厚 δ	≤1	1～4	4～6
挤压量	δ	$2/3\delta$	$1/2\delta$

三、常用金属材料的焊接要点

（一）常用金属管子焊接的要点

1. 碳钢和低合金高强度钢管的焊接

通常用碳当量评估其焊接性。计算材料碳当量的公式为

$$CE = w(C) + \frac{1}{4}w(Si) + \frac{1}{4}w(Mn) + 1.07w(P) +$$
$$0.13w(Cu) + 0.05w(Ni) + 0.23w(Cr) \qquad (8\text{-}9)$$

当材料的碳当量 < 0.2% 时，其焊接性好，焊后不需进行热处理；碳当量 > 0.65% 时，焊接性差，焊缝硬脆易裂，禁止焊接；碳当量为 0.2% ~ 0.5% 时，焊接性较好，但焊后需在线正火处理，使焊缝硬度与母材一致。

2. 不锈钢管的焊接

不锈钢导热性差、电阻率高，焊接同样直径和壁厚的管子，所需热功率比其他材料的小，在输入功率相同的情况下，能很快达到焊接温度，焊接速度较高。其管坯在成形辊系作用下，易冷作硬化，且回弹大，需正确设计辊系机件，恰当调整辊轮之间的间隙和加大挤压力。另外，为使接头具有良好的耐蚀性能，应采用焊前固溶处理、高的焊接速度和焊后使管材通过冷却器急冷等措施来避免和抑制热影响区析出碳化物。

3. 铝及铝合金管的焊接

铝及铝合金熔点低，易氧化，焊接时接合面很快被加热到熔化温度，且发生剧烈氧化而生成高熔点的 Al_2O_3 膜。

为缩短铝及铝合金在液态温度下的停留时间，同时保证母材能在固相线温度以上焊合，并减少散热所引起温度降低，常提高焊接速度和挤压速度，将 Al_2O_3 膜挤出去。

4. 铜及铜合金管的焊接

铜及铜合金也是非导磁材料，且又都具有良好的导热性，焊接时需采用较高的频率和较高的焊接速度，以使电能更集中于接合面而减少热量散失。焊接黄铜时，接合面加热到熔化时，锌易氧化和蒸发，也需快速加热和挤压，把熔化或氧化的金属挤出去。

（二）散热片与管的高频焊焊接的要点

为增加散热器用管的散热表面积，常用高频焊在管外表面焊上螺旋状的散热片或纵向的散热片，俗称翅（鳍）片管。

图 8-56 所示为翅片与管的高频电阻焊。0.3 ~ 0.5mm 厚的薄翅片可在焊接之前轧制成各种形状，也可在成形的同时连续进行焊接。焊接时管子做前进与回转运动，散热片以一定角度送向管壁，并由挤压辊轮挤到管壁上。当散热片与管壁上的电极触头通高频电时，会合角边缘金属被加热，经挤压而焊接起来。

图 8-57 所示为纵向鳍片与管的高频焊。鳍片的厚度与其高度及与其相焊的管子壁厚有关（一般在 6mm 以下）。管子必须能承受加在鳍片上的挤压力而无明显变形。为了防止管子焊后发生弯曲变形，应同时在管子两侧焊接两条鳍片。

散热片与管高频焊接的速度非常快，其速度范围为 50 ~ 150m/min，可焊管子直径为 16 ~ 254mm，可焊材料很多。低碳钢散热片一般用于低合金钢管。不锈钢散热片可焊到碳钢或不锈钢管上。

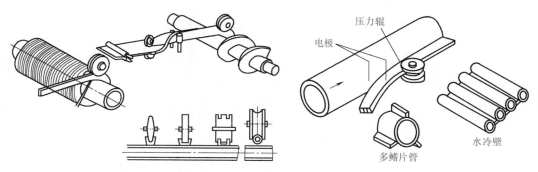

| 图 8-56　翅片与管的高频电阻焊 | 图 8-57　纵向鳍片与管的高频焊 |

（三）型钢的高频电阻焊焊接的要点

高频电阻焊也用于结构型钢的生产，如 T 形、I 形和 H 形梁的生产。图 8-58 所示为用高频电阻焊生产 I 形或 H 形梁的生产线（图中右下角示出了焊接挤压辊和矫直辊工作的局部放大图）。可生产腹板高度达 500mm，厚度达 9.5mm，生产时将三卷带钢抽出送入焊接滚轧机，由两台高频焊机同时将腹板和两个翼板间的 T 形接头焊成，其焊接速度为 125 ～ 1000mm/s。

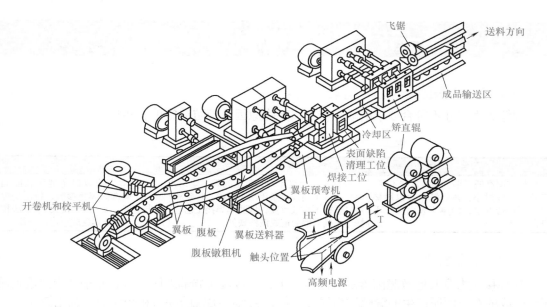

图 8-58　用高频电阻焊生产 I 形或 H 形梁的生产线

第九章
焊接缺陷及处理

（三）整机的高频电路方法检查

第一节 焊接缺陷特征及预防措施

一、焊缝表面尺寸不符合要求

焊缝表面尺寸不符合要求的缺陷特征、产生原因及预防措施见表 9-1。

表 9-1 焊缝表面尺寸不符合要求的缺陷特征、产生原因及预防措施

缺陷特征	产生原因	预防措施
焊缝表面高低不平、焊缝宽窄不齐、尺寸过大或过小、角焊缝单边以地脚尺寸不符合要求，均属于表面尺寸不符合要求	焊件坡口角度不对，装配间隙不均匀，焊接速度不当或运条手法不正确，焊条和角度选择不当或改变，埋弧焊焊接工艺选择不正确等都会造成该种缺欠	选择适当的坡口角度和装配间隙；正确选择焊接参数，特别是焊接电流值，采用恰当的运条手法和角度，以保证焊缝成形均匀一致

二、焊接裂纹

在焊接应力及其他致脆因素的共同作用下，焊接接头局部地区的金属原子结合力遭到破坏而形成的新界面所产生的缝隙称为焊接裂纹，它具有尖锐的缺口和较大的长宽比特征。

1. 热裂纹缺陷特征

焊接过程中，焊缝和热影响区金属冷却到固相线附近的高温区产生的裂纹称为热裂纹。热裂纹缺陷特征产生原因及预防措施见表 9-2。

2. 冷裂纹缺陷特征

焊接接头冷却到较低温度时（对钢来说为 200 ～ 300℃）产生的焊接裂纹称为冷裂纹。冷裂纹缺陷特征产生原因及预防措施见表 9-3。

3. 再热裂纹缺陷特征

焊后焊件在一定温度范围内再次加热（如消除应力热处理或多层焊）而产生的裂纹称为再热裂纹。再热裂纹缺陷特征产生原因及预防措施见表 9-4。

表 9-2 热裂纹缺陷特征产生原因及预防措施

产生原因	预防措施
这是由于熔池冷却结晶时，受到拉应力作用而凝固的过程中，低熔点共晶体形成的液态薄层共同作用的结果。增大任何一方面的作用，都能促使形成热裂纹	控制焊缝中的有害杂质的含量，即碳、硫、磷的含量，减少熔池中低熔点共晶体的形成。焊缝金属中硫、磷的含量一般小于 0.03%。焊丝中的碳质量分数不超过 0.12 %。重要构件焊接应采用碱性焊条或焊剂。控制焊接参数，适当提高焊缝形状系数，尽量避免得到深而窄的焊缝。采用多层、多道焊，焊前预热和焊后缓冷。正确选用焊接接头形式，合理安排焊接顺序，尽量采用对称施焊。采用收弧板将弧坑引至焊件外面，这样，即使发生弧坑裂纹，也不影响焊件本身

表 9-3 冷裂纹缺陷特征产生原因及预防措施

产生原因	预防措施
冷裂纹缺陷主要发生在中碳钢、低合金钢和中合金高强度钢中。原因为：焊材本身具有较大淬硬倾向；焊接熔池中溶解了大量的氢；焊接接头在焊接过程中产生了较大的拘束应力	焊前按规定要求严格烘干焊条、焊剂，以减少氢的来源。严格清理坡口及两侧的污物、水分及锈，控制环境温度。选用优质的低氢型焊接材料及其焊接工艺。焊接淬硬性较强的低合金高强度钢时，采用奥氏体不锈钢焊条。正确选择焊接参数、预热、缓冷、后热以及焊后热处理等。选择合理的焊接顺序，减小焊接内应力。适当增加焊接电流，减慢焊接速度，可减慢热影响区冷却速度，防止形成淬硬组织

表 9-4 再热裂纹缺陷特征产生原因及预防措施

产生原因	预防措施
再热裂纹一般发生在熔点线附近 1200 ～ 1350℃的区域中，对于低合金高强度钢产生再热裂纹的加热温度大致为 580 ～ 650℃。当钢中含铬、钼、钒等合金元素较多时，再热裂纹的倾向增加	控制母材及焊缝金属的化学成分，适当调整对再热裂纹影响大的元素（如铬、钒、硼）的含量。减小接头刚度和应力集中，将焊缝及其与母材交界处打磨光滑。选用高热输入进行焊接。提高预热和后热温度。在焊接过程中采取减小焊接应力的工艺措施，如使用小直径焊条、小焊接参数焊接，焊接时不摆动焊条等。消除应力回火处理时，应避开产生再热裂纹的敏感温度区，敏感温度随钢种而异

三、节层状撕裂

表 9-5 节层状撕裂的缺陷特征、产生原因及预防措施

缺陷特征	产生原因	预防措施
焊接时焊接构件中沿钢板层形成的阶梯状的裂纹称为层状撕裂	轧制钢板中存在着硫化物、氧化物和硅酸盐等非金属夹杂物，在垂直于厚度方向的焊接应力作用下，在夹杂物的边缘产生应力集中，当应力超过一定数值时，某些部位的夹杂物首先开裂并扩展，以后这种开裂在各层之间相继发生，连成一体，形成层状撕裂的阶梯形	严格控制钢材的含硫量，在与焊缝相接的钢材表面预先堆焊几层高强度焊缝，采用强度级别较低的焊接材料

四、气孔

表 9-6 气孔的缺陷特征、产生原因及预防措施

缺陷特征	产生原因	预防措施
焊接时，熔池中的气泡在凝固时未能逸出，残存下来形成的空穴称为气孔	施焊前，坡口两侧有油污、铁锈等存在；焊条或焊剂受潮，施焊前未烘干焊条或焊剂；焊条芯生锈，保护气体介质不纯等；在焊接电弧高温作用下，分解出大量的气体，进入焊接熔池形成气孔。埋弧焊时由于焊缝大，焊缝厚度深，气体从熔池内逸出困难，故生成气孔的倾向比焊条电弧焊大得多。碱性焊条比酸性焊条对铁锈和水分的敏感性大得多，即在同样的铁锈和水分含量下，碱性焊条十分容易产生气孔。当采用未经很好烘干的焊条进行焊接时，使用交流电源，焊缝最易出现气孔。直流正接产生气孔倾向较小；直流反接产生气孔倾向最小。采用碱性焊条时，一定要直流反接，如果使用直流正接，则生成气孔的倾向显著增大。焊接速度增加、焊接电流增大、电弧电压升高都会使气孔倾向增加	焊前对焊条电弧焊坡口两侧各 10mm 内，埋弧自动焊坡口两侧各 20mm 内，仔细清除焊接坡口件表面上的油、锈等污物。焊丝要保持清洁，无锈、无油污。不能使用变质、偏心过大和有缺陷的焊条。焊条、焊剂在焊前按规定严格烘干，并储存于保温筒中，做到随用随取。采用合适的焊接参数，使用碱性焊条焊接时，一定要采用短弧焊。不得正对焊缝吹风，露天作业避免在大风、雨中施焊

五、咬边

表 9-7　咬边的缺陷特征、产生原因及预防措施

缺陷特征	产生原因	预防措施
沿焊趾的母材部位产生的沟槽或凹陷为咬边。咬边会造成应力集中，同时也会减小母材金属的工作面积。埋弧焊时一般不会产生咬边	主要是由于焊接参数选择不当，焊接电流太大，运条速度和焊条角度不适当等；操作不正确，由于电弧过长，电弧在焊缝边缘停留时间短；焊接位置选择不正确，产生电弧偏吹，使焊条电弧偏离焊道而产生咬边	选择正确的焊接电流及焊接速度，电弧不能拉得太长；严格执行工艺规程，掌握正确的运条方法和运条角度；选择合适的焊接位置施焊；选择正确的焊件接线回路位置施焊

六、未焊透

表 9-8　未焊透的缺陷特征、产生原因及预防措施

缺陷特征	产生原因	预防措施
焊接时接头根部未完全熔透的现象称为未焊透。未焊透减小了焊缝的有效工作截面，在根部尖角处产生应力集中，容易引起裂纹，导致结构破坏	焊缝坡口钝边过大，坡口角度太小，焊根未清理干净，间隙太小。焊条或焊丝角度不正确，电流过小，焊接速度过快，弧长过大。焊接时有磁偏现象或电流过大，焊件金属尚未充分加热时，焊条已急剧熔化。层间和母材边缘的铁锈、氧化皮及油污等未清除干净，焊接位置不佳，焊接可达性不好等	正确选定坡口形式和间隙，合理选择焊接参数（电流、电压及焊接速度）。运条时注意调整焊条角度，使母材均匀地熔合。对导热快、散热面积大的焊件，焊前应进行预热。提高焊工操作技术水平，防止焊偏等

七、未熔合

表 9-9　未熔合的缺陷特征、产生原因及预防措施

缺陷特征	产生原因	预防措施
熔焊时，焊道与母材之间、焊道与焊道之间未完全熔化结合部分称为未熔合	层间清渣不干净，焊接电流太小，焊条偏心，焊条摆动幅度太小等	加强层间清渣，正确选择焊接电流，注意焊条摆动等

八、夹渣和焊次瘤

1. 夹渣

表 9-10　夹渣的缺陷特征、产生原因及预防措施

缺陷特征	产生原因	预防措施
焊后残留在焊缝中的熔渣称为夹渣	焊接电流太小，以致液态金属和熔渣分不清。焊接速度过快，使熔渣来不及浮起。多层焊时，层间清理不干净。焊缝成形系数过小以及焊条电弧焊时焊条角度不正确等	采用具有良好工艺性能的焊条，禁止使用过期、变质和药皮开裂的焊条。坡口角度不宜过小，坡口内及两侧、层间的熔渣必须清理干净。选择焊接参数时，电流不可太小，焊速不能太快。焊接时随时调整焊条角度及摆动角度

2. 焊瘤

表 9-11　焊瘤的缺陷特征、产生原因及预防措施

缺陷特征	产生原因	预防措施
焊接过程中，熔化金属流淌到焊缝之外未熔化的母材上，所形成的金属瘤称为焊瘤	焊接参数选择不当，焊接电流太大、电弧电压太大。钝边过小，间隙过大。焊接操作时，焊条摆动角度不对，焊工操作技术水平低	提高焊工操作技术水平。正确选择焊接参数，装配间隙不宜过大。灵活调整焊条角度，掌握运条方法和运条速度，尽量采用平焊位置。严格控制熔池温度，不使其过高

九、塌陷、凹坑和烧穿

1. 塌陷

表 9-12　塌陷的缺陷特征、产生原因及预防措施

缺陷特征	产生原因	预防措施
单面熔焊时，由于焊接工艺选择不当，造成焊缝金属过量透过背面，而使焊缝正面塌陷、背面凸起的现象称为塌陷	塌陷往往是由于装配间隙或焊接电流过大所致	正确选择焊接参数，控制装配间隙，焊接电流不宜过大

2. 凹坑

表 9-13　凹坑的缺陷特征、产生原因及预防措施

缺陷特征	产生原因	预防措施
焊后在焊缝表面或焊缝背面形成的低于母材表面的局部低洼部分称为凹坑。背面的凹坑通常称为内凹，凹坑会减小焊缝的工作截面	电弧拉得过长、焊条倾角不当和装配间隙太大等	提高焊工操作技术水平，控制好弧长。焊条倾角和装配间隙不宜太大。焊接收弧时要严格按照焊接工艺操作。自动焊收弧时分两次按"停止"按钮（先停止送丝，后切断电流）

3. 烧穿

表 9-14　烧穿的缺陷特征、产生原因及预防措施

缺陷特征	产生原因	预防措施
焊接过程中，熔化金属自坡口背面流出，形成穿孔的缺陷称为烧穿	对焊件加热过度	正确选择焊接电流和焊接速度，严格控制焊件的装配间隙。另外，还可以采用衬垫、焊剂垫、自熔垫或使用脉冲电流防止烧穿

十、根部收缩、夹钨和错边

1. 根部收缩

表 9-15　根部收缩的缺陷特征、产生原因及预防措施

缺陷特征	产生原因	预防措施
根部焊缝金属低于背面母材金属的表面。根部收缩减小了焊缝工作截面，还易引起腐蚀	焊工操作不熟练，焊接参数选择不当	合理选择焊接参数，严格执行装配工艺规程，提高焊工操作技术水平

2. 夹钨

表 9-16　夹钨的缺陷特征、产生原因及预防措施

缺陷特征	产生原因	预防措施
钨极惰性气体保护焊时，由钨极进入焊缝中的钨粒称为夹钨。夹钨的性质相当于夹渣	主要是焊接电流过大，使钨极端头熔化，焊接过程中钨极与熔池接触以及采用接触短路法引弧等	正确选择焊接参数，尤其是焊接电流不宜过大。提高焊工操作技术水平，采用正确的操作方法并认真操作

3. 错边

表 9-17　错边产生原因及预防措施

产生原因	预防措施
错边属于形状缺陷，是由于对接的两个焊件没有对正而使板或管的中心线存在平行偏差形成的缺陷。错边严重的焊件，在进行力的传递过程中，由于附加应力和力矩的作用，会促使焊缝发生破坏	操作时要认真负责，板与板、管与管进行对接时，板或管的中心线要对正

第二节　各类焊接方法常见缺陷及预防措施

一、焊条电弧焊常见缺陷及预防措施

表9-18　焊条电弧焊常见缺陷及预防措施

缺陷名称		产生原因	预防措施
外观缺陷	咬边	①焊接电流过大 ②电弧过长 ③焊接速度加快 ④焊条角度不当 ⑤焊条选择不当	①适当减小焊接电流 ②保持短弧焊接 ③适当降低焊接速度 ④适当改变焊接过程中焊条的角度 ⑤按照工艺规程，选择合适的焊条牌号和焊条直径
	焊瘤	①焊接电流太大 ②焊接速度太慢 ③焊件坡口角度、间隙太大 ④坡口钝边太小 ⑤焊件的位置安装不当 ⑥熔池温度过高 ⑦焊工技术不熟练	①适当减小焊接电流 ②适当提高焊接速度 ③按标准加工坡口角度及留间隙 ④适当加大钝边尺寸 ⑤焊件的位置按图放置 ⑥严格控制熔池温度 ⑦不断提高焊工技术水平
	表面凹痕	①焊条吸潮 ②焊条过烧 ③焊接区有脏物 ④焊条含硫或含碳、锰量高	①按规定的温度烘干焊条 ②减小焊接电流 ③仔细清除待焊处的油、锈、垢等 ④选择性能较好的低氢型焊条
未熔合		①电流过大，焊速过高 ②焊条偏离坡口一侧 ③焊接部位未清理干净	①选用稍大的电流，放慢焊速 ②焊条倾角及运条速度适当 ③注意分清熔渣、钢水，焊条有偏心时，应调整角度使电弧处于正确方向
气孔		①电弧过长 ②焊条受潮 ③油、污、锈焊前没清理干净 ④母材含硫量高 ⑤焊接电弧过长 ⑥焊缝冷却速度太快 ⑦焊条选用不当	①缩短电弧长度 ②按规定烘干焊条 ③焊前应彻底清除待焊处的油、污、锈等 ④选择焊接性能好的低氢焊条 ⑤适当缩短焊接电弧的长度 ⑥采用横向摆动运条或者预热，减慢冷却速度 ⑦选用适当的焊条，防止产生气孔
未焊透		①坡口角度小 ②焊接电流太小 ③焊接速度过快 ④焊件钝边过大	①加大坡口角度或间隙 ②在不影响熔渣保护前提下，采用大电流、短弧焊接 ③放慢焊接速度，不使熔渣超前 ④按标准规定加工焊件的钝边
烧穿		①坡口形状不当 ②焊接电流太大 ③焊接速度太慢 ④母材过热	①减小间隙或加大钝边 ②减小焊接电流 ③提高焊接速度 ④避免母材过热，控制层间温度
夹渣		①焊件有脏物及前层焊道清渣不干净 ②焊接速度太慢，熔渣超前 ③坡口形状不当	①焊前清理干净焊件被焊处及前条焊道上的脏物或残渣 ②适当加大焊接电流和焊接速度，避免熔渣超前 ③改进焊件的坡口角度
满溢		①焊接电流过小 ②焊条使用不当 ③焊接速度过慢	①加大焊接电流，使母材充分熔化 ②按焊接工艺规范选择焊条直径和焊条牌号 ③增加焊接速度
裂纹	热裂纹	①焊接间隙大 ②焊接接头拘束度大 ③母材硫含量大	①减小间隙，充分填满弧坑 ②用抗裂性能好的低氢型焊条 ③用焊接性好的低氢型焊条或高锰、低碳、低硫、低硅、低磷的焊条
	冷裂纹	①焊条吸潮 ②焊接区急冷 ③焊接接头拘束度大 ④母材含合金元素过多 ⑤焊件表面油、污多	①按规定烘干焊条 ②采用预热或后热，减慢冷却速度 ③焊前预热，用低氢型焊条，制订合理的焊接顺序 ④焊前预热，采用抗裂性能较好的低氢焊条 ⑤焊接时要保持熔池低氢

缺陷名称	产生原因	预防措施
焊缝形状不符合要求	①焊接顺序不正确 ②焊接夹具结构不良 ③焊前准备不好，如坡口角度、间隙、收缩余量	①执行正确的焊接工艺 ②改进焊接夹具的设计 ③按焊接工艺规定执行
焊缝尺寸不符合要求	①焊接电流过大或小 ②焊接速度不适当，熔池保护不好 ③焊接时运条不当 ④焊接坡口不合格 ⑤焊接电弧不稳定	①调整焊接电流到合适的大小 ②用正确的焊接速度焊接，均匀运条，加强熔渣保护熔池的作用 ③改进运条方法 ④按技术要求加工坡口 ⑤保持电弧稳定

二、埋弧焊常见缺陷与预防措施

表 9-19　埋弧焊缺陷的产生原因与预防措施

缺陷名称	产生原因	预防措施	消除方法
宽度不均匀	①焊接速度不均匀 ②焊丝送进速度不均匀 ③焊丝导电不良	①找出原因排除故障 ②找出原因排除故障 ③更换导电嘴被套（导电块）	消除方法是根据具体情况，部分可用焊条电弧焊焊补修整并磨光
余高过大	①电流太大而电压过低 ②上坡焊时倾角过大 ③环缝焊接位置不当，相对于焊件的直径和焊接速度	①调节规范 ②调整上坡焊倾角 ③相对于一定的焊件直径和焊接速度，确定适当的焊接位置	去除表面多余部分，并打磨圆滑
裂纹	①焊件、焊丝、焊剂等材料配合不当；焊丝中含 C、S 量较高 ②焊接区冷却速度过快而致热影响区硬化 ③多层焊的第一道焊缝截面过小 ④焊缝形状系数太小；角焊缝熔深太大 ⑤焊接顺序不合理；焊件刚度大	①合理选配焊接材料；选用合格的焊丝 ②适当降低焊速以及焊前预热和焊后缓冷 ③焊前适当预热或减小焊接电流，降低焊速（双面焊适用） ④调整焊接规范和改进坡口；调整规范和改变极性（直流） ⑤合理安排焊接顺序；焊前预热及焊后缓冷	去除缺陷后补焊
中间凸起而两边凹陷	焊剂圈过低并有粘渣，焊接时熔渣被粘渣拖压	升高焊剂圈，使焊剂覆盖高度达 30～40mm	①升高焊剂圈，去除粘渣 ②适当焊补或去除重焊
咬边	①焊丝位置或角度不正确 ②焊接规范不当	①调整焊丝 ②调节规范	打磨，必要时补焊
未熔合	①焊丝未对准 ②焊缝局部弯曲过度	①调整焊丝 ②精心操作	去除缺陷部分后，补焊
未焊透	①焊接规范不当（如焊接电流过小，电弧电压过高） ②坡口不合适 ③焊丝未对准	①调整规范 ②修整坡口 ③调节焊丝	去除缺陷部分后补焊，严重的需要整条退修
焊穿	焊接规范及其他工艺因素配合不当	选择适当规范	缺陷处修整后补焊
内部夹渣	①多层焊时，层间清渣不干净 ②多层分道时，焊丝位置不当	①层间清渣彻底 ②每层焊后发现咬边夹渣，必须清除修复	去除缺陷补焊

缺陷名称	产生原因	预防措施	消除方法
气孔	①接头未清理干净或潮湿 ②焊剂潮湿 ③焊剂（特别是焊剂垫）中混有污物 ④焊剂覆盖层厚度不当或焊剂漏斗阻塞 ⑤焊丝表面清理不够 ⑥电压过高	①接头必须清理干净或加热去潮 ②焊剂按规定烘干 ③焊剂必须过筛、吹灰、烘干 ④调节焊剂覆盖层高度，疏通焊剂漏斗 ⑤焊丝必须清理，清理后应尽快使用 ⑥调整电压	去除缺陷后补焊
焊缝金属焊瘤	①焊接速度过慢 ②电压过大 ③下坡焊时倾角过大 ④环缝焊接位置不当 ⑤焊接时前部焊剂过少 ⑥焊丝向前弯曲	①调节焊速 ②调节电压 ③调整下坡焊倾角 ④相对于一定的焊件直径和焊接速度，确定适当的焊接位置 ⑤调整焊剂覆盖状况 ⑥调节焊丝矫直部分	去除焊瘤后，适当刨槽并重新覆盖

三、氩弧焊常见缺陷与预防措施

表 9-20　钨极氩弧焊常见缺陷的产生原因与预防措施

缺陷	产生原因	预防措施
焊缝成形不良	①焊接参数选择不当 ②焊枪操作运走不均匀 ③送丝方法不当 ④熔池温度控制不好	①选择正确的焊接参数 ②提高焊枪与焊丝的配合操作技能 ③提高焊枪与焊丝的配合操作技能 ④焊接过程中密切关注熔池温度
咬边	①焊枪角度不对 ②氩气流量过大 ③电流过大 ④焊接速度太快 ⑤电弧太长 ⑥送丝过慢 ⑦钨极端部过尖	①采用合适的焊枪角度 ②减小氩气流量 ③选择合适的焊接电流 ④减慢焊接速度 ⑤压低电弧 ⑥配合焊枪移动速度的同时，加快送丝速度 ⑦更换或重新打磨钨极端部形状
夹钨	①焊接电流密度过大，超过钨极的承载能力 ②操作不稳，钨极与熔池接触 ③钨极直接在工作上引弧 ④钨极与熔化的焊丝接触 ⑤钨极端头伸出过长 ⑥氩气保护不良，使钨极熔化烧损	①选择合适的焊接电流或更换钨极 ②提高操作技能 ③尽量采用高频或脉冲引弧，接触引弧时要在引弧板上进行 ④提高操作技术，认真施焊 ⑤选择合适的钨极伸出长度 ⑥加大氩气流量等保证氩气的保护措施
夹渣或氧化膜夹层	①氩气纯度低 ②焊件及焊丝清理不彻底 ③氩气保护层流被破坏	①更换使用合格的氩气 ②焊前认真清理焊丝及焊件表面 ③采取防风措施等保证氩气的保护效果
未焊透	①坡口、间隙太小 ②焊件表面清理不彻底 ③钝边过大 ④焊接电流过小 ⑤焊接电弧偏向一侧 ⑥电弧过长或过短	① 1.3～10mm；焊件应留 0.5～2mm 间隙；单面坡口大于 90° ②焊前彻底清理焊件及焊丝表面 ③按工艺要求修整钝边 ④按工艺要求选用焊接电流 ⑤采取措施防止偏弧 ⑥焊接过程中保持合适的电弧长度
焊瘤	①焊接电流太大 ②焊枪角度不当 ③无钝边或间隙过大	①按工艺要求选用焊接电流 ②调整焊枪角度 ③按工艺要求修整及组对坡口

缺陷	产生原因	预防措施
裂纹	①弧坑未填满 ②焊件或焊丝中 C、S、P 含量高 ③定位焊时点距太大,焊点分布不当 ④未焊透引起裂纹 ⑤收尾处应力集中 ⑥坡口处有杂质、脏物或水分等 ⑦冷却速度过快 ⑧焊缝过烧,造成铬镍比下降 ⑨结构刚性大	①收尾时采用合理的方法并填满弧坑 ②严格控制焊件及焊丝中 C、S、P 含量高 ③选择合理的定位焊点数量和分布位置 ④采取措施保证根部焊透 ⑤合理安排焊接顺序,避免收尾处于应力集中处 ⑥焊前严格清理焊接区域 ⑦选择合适的焊接速度 ⑧选择合适的焊接参数,防止过烧 ⑨合理安排焊接顺序或采用焊接夹具辅助进行焊接
烧穿	①焊接电流太大 ②熔池温度过高 ③根部间隙过大 ④送丝不及时 ⑤焊接速度太慢	①选用合适的焊接电流 ②提高技能,焊接中密切关注熔池温度 ③按工艺要求组对坡口 ④协调焊丝给进与焊枪的运动速度 ⑤提高焊接速度

表 9-21　熔化极氩弧焊常见缺陷的产生原因及预防措施

缺陷	产生原因	预防措施
焊缝形状不规则	①焊丝未经校直或校直效果不好 ②导电嘴磨损造成电弧摆动 ③焊接速度过低 ④焊丝伸出长度过长	①检修、调整焊丝校直机构 ②更换导电嘴 ③调整焊接速度 ④调整焊丝伸出长度
夹渣	①前层焊缝焊渣未清除干净 ②小电流低速焊接时熔敷过多 ③采用左焊法操作时,熔渣流到熔池前面 ④焊枪摆动过大,使熔渣卷入熔池内部	①认真清理每一层焊渣 ②调整焊接电流与焊接速度 ③改进操作方法使焊缝稍有上升坡度,使熔渣流向后方 ④调整焊枪摆动幅度,使熔渣浮到熔池表面
气孔	①焊丝表面有油、锈和水 ②氩气保护效果不好 ③气体纯度不够 ④焊丝内硅、锰含量不足 ⑤焊枪摆动幅度过大,破坏了氩气的保护作用	①认真进行焊件及焊丝的清理 ②加大氩气流量,清理喷嘴堵塞或更换保护效果好的喷嘴,焊接时注意防风 ③必须保证氩气纯度大于 99.5% ④更换合格的焊丝进行焊接 ⑤尽量采用平焊、操作空间不要太小,加强操作技能
咬边	①焊接参数不当 ②操作不熟练	①选择合适的焊接参数 ②提高操作技术
熔深不够	①焊接电流太小 ②焊丝伸出长度过长 ③焊接速度过快 ④坡口角度及根部门间隙过小,钝边过大 ⑤送丝不均匀	①加大焊接电流 ②调整焊丝的伸出长度 ③调整焊接速度 ④调整坡口尺寸 ⑤检查、调整送丝机构
裂纹	①焊丝与焊件均有油、锈、水等 ②熔深过大 ③多层焊时第一层焊缝过小 ④焊后焊件内有很大的应力	①焊前仔细清除焊丝、焊件表面的油锈、水分和污物 ②合理选择焊接电流与电弧电压 ③加强打底层焊缝质量 ④合理选择焊接顺序及消除内应力热处理
烧穿	①对于给定的坡口,焊接电流过大 ②坡口根部间隙过大 ③钝边过小 ④焊接速度小,焊接电流大	①按工艺规程调节焊接电流 ②合理选择坡口根部间隙 ③按钝边、根部间隙情况选择焊接电流 ④合理选择焊接参数

四、CO_2 焊常见焊接缺陷及预防措施

表 9-22　CO_2 焊常见焊接缺陷及预防措施

缺陷	产生原因	预防措施
咬边	①焊速过快 ②电弧电压偏高 ③焊炬指向位置不对 ④摆动时，焊炬在两侧停留时间太短	①减慢焊速 ②根据焊接电流调整电弧电压 ③注意焊炬的正确操作 ④适当延长焊炬在两侧的停留时间
焊瘤	①焊速过慢 ②电弧电压过低 ③两端移动速度过快，中间移动速度过慢	①适当提高焊速 ②根据焊接电流调整电弧电压 ③调整移动速度，两端稍慢，中间稍快
熔深不够	①焊接电流太小 ②焊丝伸出长度太小 ③焊接速度过快 ④坡口角度及根部间隙过小，钝边过大 ⑤送丝不均匀 ⑥摆幅过大	①加大焊接电流 ②调整焊丝的伸出长度 ③调整焊接速度 ④调整坡口尺寸 ⑤检查送丝机构 ⑥正确操作焊炬
气孔	①焊丝或焊件有油、锈和水 ②气体纯度较低 ③减压阀冻结 ④喷嘴被焊接飞溅堵塞 ⑤输气管路堵塞 ⑥保护气被风吹走 ⑦焊丝内硅、锰含量不足 ⑧焊炬摆动幅度过大，破坏了 CO_2 气体的保护作用 ⑨ CO_2 流量不足，保护效果差 ⑩喷嘴与母材距离过大	①仔细除油、锈和水 ②更换气体或对气体进行提纯 ③在减压阀前接预热器 ④注意清除喷嘴内壁附着的飞溅 ⑤注意检查输气管路有无堵塞和弯折处 ⑥采用挡风措施或更换工作场地 ⑦选用合格焊丝焊接 ⑧培训焊工操作技术，尽量采用平焊，焊工周围空间不要太小 ⑨加大 CO_2 气体流量，缩短焊丝伸出长度 ⑩根据电流和喷嘴直径进行调整
夹渣	①前层焊缝焊渣去除不干净 ②小电流低速时熔敷过多 ③采用左焊法焊接时，熔渣流到熔池前面 ④焊炬摆动过大，使溶渣卷入熔池内部	①认真清理每一层焊渣 ②调整焊接电流与焊接速度 ③改进操作方法使焊缝稍有上升坡度，使溶渣流向后方 ④调整焊炬摆动量，使熔渣浮到溶池表面
烧穿	①对于给定的坡口，焊接电流过大 ②坡口根部间隙过大 ③钝边过小 ④焊接速度小，焊接电流大	①按工艺规程调整焊接电流 ②合理选择坡口根部间隙 ③按钝边、根部间隙情况选择焊接电流 ④合理选择焊接参数
裂纹	①焊丝与焊件均有油、锈及水分 ②熔深过大 ③多层焊第一道焊缝过薄 ④焊后焊件内有很大内应力 ⑤ CO_2 气体含水量过大 ⑥焊缝中 C、S 含量高，Mn 含量低 ⑦结构应力较大	①焊前仔细清除焊丝及焊件表面的油、锈及水分 ②合理选择焊接电流与电弧电压 ③增加焊道厚度 ④合理选择焊接顺序及消除内应力热处理 ⑤焊前对储气钢瓶应进行除水，焊接过程中对 CO_2 气体应进行干燥 ⑥检查焊件和焊丝的化学成分，调换焊接材料，调整熔合比，加强工艺措施 ⑦合理选择焊接顺序，焊接时敲击、振动，焊后热处理
飞溅	①电感量过大或过小 ②电弧电压太高 ③导电嘴磨损严重 ④送丝不均匀 ⑤焊丝和焊件清理不彻底 ⑥电弧在焊接中摆动 ⑦焊丝种类不合适	①调节电感至适当值 ②根据焊接电流调整弧压 ③及时更换导电嘴 ④检查调整送丝系统 ⑤加强焊丝和焊件的焊前清理 ⑥更换合适的导电嘴 ⑦按所需的熔滴过渡状态选用焊丝

缺陷	产生原因	预防措施
电弧不稳	①导电嘴内孔过大或磨损过大 ②送丝轮磨损过大 ③送丝轮压紧力不合适 ④焊机输出电压不稳 ⑤送丝软管阻力大 ⑥网路电压波动 ⑦导电嘴与母材间距过大 ⑧焊接电流过低 ⑨接地不牢 ⑩焊丝种类不合适 ⑪焊丝缠结	①更换导电嘴，其内孔应与焊丝直径相匹配 ②更换送丝轮 ③调整送丝轮的压紧力 ④检查整流元件和电缆接头，有问题及时处理 ⑤校正软管弯曲处，并清理软管 ⑥一次电压变化不要过大 ⑦该距离应为焊丝直径的 10～15 倍 ⑧使用与焊丝直径相适应的电流 ⑨应可靠连接（由于母材生锈，有油漆及油污使得焊接处接触不好） ⑩按所需的熔滴过渡状态选用焊丝 ⑪仔细解开
焊丝与导电嘴粘连	①导电嘴与母材间距太小 ②起弧方法不正确 ③导电嘴不合适 ④焊丝端头有熔球时起弧不好	①该距离由焊丝直径决定 ②不得在焊丝与母材接触时引弧（应在焊丝与母材保持一定距离时引弧） ③按焊丝直径选择尺寸适合的导电嘴 ④剪断焊丝端头的熔球或采用带有去球功能的焊机
未焊透	①焊接电流太小 ②焊接速度太快 ③钝边太大，间隙太小 ④焊丝伸出长度太长 ⑤送丝不均匀 ⑥焊炬操作不合理 ⑦接头形状不良	①增加电流 ②降低焊接速度 ③调整坡口尺寸 ④减小伸出长度 ⑤修复送丝系统 ⑥正确操作焊炬，使焊炬角度和指向位置符合要求 ⑦接头形状应适合于所用的焊接方法
焊缝形状不规则	①焊丝未经校直或校直不好 ②导电嘴磨损而引起电弧摆动 ③焊丝伸出长度过大 ④焊接速度过低 ⑤操作不熟练，焊丝行走不均匀	①检修焊丝矫正机构 ②更换导电嘴 ③调整焊丝伸出长度 ④调整焊接速度 ⑤提高操作水平，修复小车行走机构

五、点焊和缝焊常见缺陷及排除方法

表 9-23　点焊和缝焊常见缺陷及排除方法

质量问题	产生的可能原因	排除方法	简图
（1）熔核、焊缝尺寸缺陷			
未焊透或熔核尺寸小	焊接电流小，通电时间短，电极压过大	调整焊接参数	
	电极接触面积过大	修整电极	
	表面清理不良	清理表面	
焊透率过大	焊接电流过大，通电时间过长，电极压力不足，缝焊速度过快	调整焊接参数	
	电极冷却条件差	加强冷却，改换导热好的电极材料	
重叠量不够（缝焊）	焊接电流小，脉冲持续时间短，间隔时间长	调整焊接参数	
	焊点间距不当，缝焊速度过快		
（2）外部缺陷			
焊点压痕过深及表面过热	电极接触面积过小	修整电极	
	焊接电流过大，通电时间过长，电极压力不足	调整焊接参数	
	电极冷却条件差	加强冷却	

质量问题	产生的可能原因	排除方法	简图
表面局部烧穿、溢出、表面飞溅	电极修整得太尖锐	修整电极	
	电极或焊件表面有异物	清理表面	
	电极压力不足或电极与焊件虚接触	提高电极压力、调整行程	
	缝焊速度过快，滚轮电极过热	调整焊接速度，加强冷却	
表面压痕形状及波纹度不均匀（缝焊）	电极表面形状不正确或磨损不均匀	修整滚轮电极	
	焊件与滚轮电极相互倾斜	检查机头刚度，调整滚轮电极倾角	
	焊接速度过快或焊接参数不稳定	调整焊接速度，检查控制装置	
焊点表面径向裂纹	电极压力不足，顶锻力不足或加得不及时	调整焊接参数	
	电极冷却作用差	加强冷却	
焊点表面环形裂纹	焊接时间过长	调整焊接参数	
焊点表面粘损	电极材料选择不当	调换合适电极材料	
	电极端面倾斜	修整电极	
焊点表面发黑、包覆层破坏	电极、焊件表面清理不良	清理表面	
	焊接电流过大，焊接时间过长，电极压力不足	调整焊接参数	
接头边缘压溃或开裂	边距过小	改进接头设计	
	大量飞溅	调整焊接参数	
	电极未对中	调整电极同轴度	
焊点脱开	焊件刚度大且装配不良	调整板件间隙，注意装配，调整焊接参数	

（3）内部缺陷

质量问题	产生的可能原因	排除方法	简图
裂纹缩松、缩孔	焊接时间过长，电极压力不足，顶锻力加得不及时	调整焊接参数	
	熔核及近缝区淬硬	选用合适的焊接循环	
	大量飞溅	清理表面，增大电极压力	
	缝焊速度过快	调整焊接速度	
核心偏移	热场分布对贴合面不对称	调整热平衡（不等电极端面，不同电极材料，改为凸焊等）	
结合线伸入	表面氧化膜清除不干净	高熔点氧化膜应严格清除并防止焊前的再氧化	
板缝间有金属溢出（内部飞溅）	焊接电流过大、电极压力不足	调整焊接参数	
	板间有异物或贴合不紧密	清理表面、提高压力或用调幅电流波形	
	边距过小	改进接头设计	
脆性接头	熔核及近缝区淬硬	采用合适的焊接循环	
熔核成分宏观偏析（旋流）	焊接时间短	调整焊接参数	
环形层状花纹（洋葱环）	焊接时间过长		
气孔	表面有异物（镀层、锈等）	清理表面	
胡须	耐热合金焊接参数过软	调整焊接参数	

表 9-24　点焊焊接结构的缺陷及改进措施

缺陷种类	产生的可能原因	改进措施
接头过分翘曲	①装配不良或定位焊距离过大 ②参数过软、冷却不良 ③焊序不正确	①精心装配、增加定位焊点数量 ②调整焊接参数 ③采用合理焊序
搭接边错移	①没定位点焊或定位点焊不牢 ②定位焊点间距过大 ③夹具不能保证夹紧焊件	①调整定位点焊焊接参数 ②增加定位焊点 ③更换夹具
焊点间板件起皱或鼓起	①装配不良、板间间隙过大 ②焊序不正确 ③机臂刚度差	①精心装配、调整 ②采用合理焊序 ③增强刚度

六、电阻对焊和闪光对焊常见缺陷及排除方法

表 9-25　电阻对焊常见缺陷产生原因、检验方法及排除方法

缺陷名称		特征	产生原因	检验方法	排除方法
焊件几何形状不正确	焊件中心线偏差	两个零件的轴线不在一条直线上	①焊件未对准 ②焊件过热或伸出长度太长 ③焊件毛坯加工不正确 ④电极夹头不同心 ⑤电极磨损或安装不牢 ⑥焊机导轨间隙过大或机架刚度差	目视检验	拆除重焊
	焊件倾斜	两个零件的轴线成一角度	①焊件在电极座上安放倾斜 ②电极磨损或安装不当 ③焊机导轨间隙过大或机架刚度差	目视检验	拆除重焊
目见组织缺陷	未焊透	两个零件的端面未熔合在一起	①顶锻前焊件的温度过低,如电流过小,通电时间过短 ②顶锻顶锻余量留得过小 ③顶锻压力不够大或加得过于迟缓,在断电后才顶锻 ④焊件的母材非金属夹杂物太多	①目视检验 ②金相检验 ③X射线探伤检验 ④超声波探伤检验	拆除重焊或挖掉未焊透处金属,用熔焊方法补焊
	夹层	两个零件的端面有夹杂物存在	焊件表面清理不干净,有厚的氧化物,闪光不足且顶锻压力又过大	①金相检验 ②X射线探伤检验 ③超声波探伤检验	拆除重焊或挖掉未焊透处金属,用熔焊方法补焊
目见组织缺陷	裂纹　横裂纹	裂纹垂直于焊件的轴线	焊后冷却过快致使焊接接头变脆	①金相检验 ②X射线探伤检验 ③磁粉探伤检验	清除裂纹边缘金属,用熔焊方法补焊
	裂纹　纵裂纹	裂纹平行于焊件的轴线	①接头过热 ②顶锻压力过大,而过分镦粗		
显微组织缺陷	疏松	焊接接头处金属组织不致密	①加热区域过大 ②顶锻压力过小,熔化金属未挤出	金相检验	清除缺陷处的金属,用熔焊方法补焊
	晶料粗大	接头区域的金属晶粒过于粗大	加热时间过长,温度过高而造成过热	金相检验	可正火处理以细化品粒
	接头内有非金属夹杂物	—	①闪光焊时,闪光不稳定 ②顶锻余量不够 ③顶锻压力不够大	金相检验	清除缺陷处的金属,用熔焊方法补焊
	显微裂缝	接头区域内的金属有显微裂纹	顶锻压力过小	金相检验	清除缺陷处的金属,用熔焊方法补焊

表 9-26　闪光对焊缺陷异常现象、焊接缺陷及消除措施

异常现象和焊接缺陷	消除措施
熔化过分剧烈并产生强烈的爆炸声	①降低变压器级数 ②减慢熔化速度
闪光不稳定	①消除电极底部和内表面的氧化物 ②提高变压器级数 ③加快熔化速度
接头中有氧化膜、未焊透或夹渣	①增加预热程度 ②加快临近顶锻时的熔化速度 ③确保带电顶锻过程 ④加快顶锻速度 ⑤增大顶锻压力
接头中有缩孔	①降低变压器级数 ②避免熔化过程过分强烈 ③适当增大顶锻压力
焊缝金属过烧	①减小预热程度 ②加快熔化速度，缩短焊接时间 ③避免过多带电顶锻
接头区域裂纹	①检验钢筋的碳、硫、磷含量，若不符合规定，应更换钢筋 ②采取低频预热方法，提高预热程度
钢筋表面微熔及烧伤	①消除钢筋被夹紧部位的铁锈和油污 ②消除电极内表面的氧化物 ③改进电极槽口形状，增大接触面积 ④夹紧钢筋
接头弯折或轴线偏移	①正确调整电极位置 ②修整电极钳口或更换已变形的电极 ③切除或矫直钢筋的弯头

七、电渣焊常见故障、原因及预防措施

表 9-27　电渣焊常见故障、原因及预防措施

缺陷名称	产生原因	预防措施
热裂纹	①焊缝中杂质偏析 ②焊丝送进速度过大造成熔池过深，是产生热裂纹的主要原因 ③母材中的 S、P 等杂质元素含量过高 ④焊丝选用不当 ⑤引起结束部分裂纹主要是由于焊接结束时，焊接送丝速度没有逐步降低 ⑥含碳量较高的碳钢及低合金钢焊后未及时进行热处理	①选择优质的电极材料、合适的焊接规范 ②降低焊丝送进速度 ③降低母材中 S、P 等杂质元素含量 ④选用抗热裂纹性能好的焊丝 ⑤焊接结束前应逐步降低焊丝送进速度 ⑥应及时进行热处理
气孔	①水冷成形滑块漏水进入渣池 ②焊剂潮湿 ③采用无硅焊丝焊接沸腾钢，或含硅量低的钢 ④大量氧化铁进入渣池	①焊前仔细检查水冷成形滑块，注意水冷滑块不能漏水 ②焊剂应烘 ③焊接沸腾钢时采用硅焊丝 ④焊件焊接面应仔细清除氧化皮，焊接材料应去锈
夹渣	①焊接参数变动较大或电渣过程不稳定 ②熔嘴电渣焊时，绝缘块熔入渣池过多，使熔渣黏度增加 ③焊剂熔点过高	①保持焊接参数和电渣过程的稳定 ②尽量减少绝缘块熔入渣池的量 ③选择适当焊剂

缺陷名称	产生原因	预防措施
咬边	①热量过大 ②滑块冷却不良 ③滑块装配不准确	①降低电压，提高焊接速度，缩短摆动焊丝在两侧的停留时间 ②增加水流量及滑块接触面积 ③改进滑块结构，用石棉泥填封
未焊透	①电渣过程及送丝不稳定 ②焊接参数不当，如渣池太深等 ③焊丝或熔嘴距水冷成形滑块太远，或在装配间隙中位置不正确	①保持稳定的电渣过程 ②焊接选择合适且保持稳定 ③调整焊丝或熔嘴，使其距水冷成形滑块距离及在焊缝中的位置符合工艺要求
未熔合	①焊接电压过高，送丝速度过低，渣池过深 ②电渣过程不稳定 ③焊剂熔点过高	①选择适当的焊接参数 ②保持电渣过程稳定 ③选择适当的焊剂
冷裂纹	冷裂纹是由于焊接应力过大，金属较脆，因而沿着焊接接头的应力集中处开裂（缺陷处） ①焊接结构设计不合理，焊缝密集，或焊缝在板的中间停焊 ②复杂结构，焊缝很多，没有进行中间热处理 ③高碳钢、合金钢焊后没及时进行热处理 ④焊缝中有未焊透、未熔合缺陷，又没有及时清理 ⑤焊接过程中断，咬口没及时补焊	①设计时，结构上避免密集焊缝及在板中间停焊 ②焊缝很多的复杂结构，焊接一部分焊缝后，应进行中间消除应力热处理 ③高碳钢、合金钢焊后应及时进炉，有的要采取焊前预热，焊后保温措施 ④焊缝上缺陷要及时清理，停焊处的咬口要趁热挖补 ⑤室温低于0℃时，电渣焊后要尽快补焊

八、等离子弧切割常见故障、原因及改善措施

表 9-28 等离子弧切割常见故障和缺陷的产生原因及改善措施

故障和缺陷	产生原因	改善措施
产生"双弧"	①电极对中不良 ②喷嘴冷却差 ③切割时等离子弧气流上翻或熔渣飞溅到喷嘴上 ④钨极内缩量过大或气流量太小 ⑤电弧电流超过临界电流 ⑥喷嘴离工件太近	①调整电极和喷嘴孔的同心度 ②增加冷却水（气）流量 ③掌握正确的切割和打孔要领，适当改变割炬角度或在工件上钻孔后切割 ④减小内缩量，适当增加气体流量 ⑤减小电流 ⑥适当抬高割炬，保持合适的喷嘴高度
"小弧"引不燃	①高频振荡器放电间隙不合适或放电电极端面太脏 ②钨极内缩量过大或与喷嘴短路 ③引弧气路未接通	①调整高频振荡器放电间隙，打磨放电电极端部至露出金属光泽 ②调整钨极内缩量 ③检查引弧气路系统
断弧（主要是小弧转为切割电弧）	①喷嘴高度过大 ②电源空载电压偏低 ③钨极内缩量过大 ④气体流量太大 ⑤工件表面有污垢或焊接工件的电缆与工件接触不良	①适当减小喷嘴高度 ②提高电源空载电压或增加电源串联台数 ③适当减小内缩量 ④减少气体流量 ⑤切割前把工件表面清理干净或用小弧烘烧待切割区域，把焊接工件电缆与工件可靠地连接
钨极烧损严重	①钨极材质不合适 ②工作气体纯度不高 ③电流密度太大 ④气体流量太小 ⑤钨极头部磨得太尖	①应采用钨棒等作电极 ②改用纯度符合要求的气体 ③改用直径大一些的钨极或减小电流 ④适当加大气体流量 ⑤钨极端头重磨成合适角度

故障和缺陷	产生原因	改善措施
喷嘴使用寿命短	①钨极与喷嘴对中不良 ②气体纯度不高 ③喷嘴冷却不良 ④在所用的切割电流下喷嘴孔径偏小	①切割前调整好两者的同心度 ②改用纯度符合要求的气体 ③设法增强冷却水对喷嘴的冷却，若喷嘴壁厚应适当减薄 ④改用孔径大一些的喷嘴
喷嘴迅速烧坏	①产生"双弧" ②气体严重不纯，钨极成段烧熔而使电极与喷嘴短路 ③操作不当，喷嘴与工件短路 ④忘记通水或切割过程中突然断水；转弧时未加大工作气体流量或突然停气	①出现"双弧"时应立即切割电源，找出产生"双弧"的原因并加以克服 ②换用纯度好的气体 ③注意操作 ④装置中应安装水压开关，保持电磁气阀良好，气（水）软管应采用硬橡胶管
切口熔瘤	等离子弧功率不够	适当加大功率
切口太宽	①气体流量过小或过大 ②切割速度过慢 ③切割薄板时窄边导热慢 ④电极偏心或割炬在切口中有偏斜，在切口的一侧就出现熔瘤 ⑤电流太大	①调节到合适的流量 ②适当提高切割速度 ③加强窄边的散热 ④调整电极的同心度，把割炬保持在切口所在的平面内 ⑤适当减小电流
切割面不光洁	①气体流量不够，电弧压缩不好 ②喷嘴孔径太大 ③喷嘴高度太大 ④工件表面有油脂、污垢或锈蚀等	①适当增加气体流量 ②改用孔径小些的喷嘴 ③把割炬压低些 ④切割前将工件清理干净
割不透	气体流量过小	适当增大气体流量
割不透	①切割速度不均匀或喷嘴高度上下波动 ②等离子弧功率不够 ③切割速度太快 ④气体流量太大 ⑤喷嘴高度过大	①熟练操作技术 ②增大功率 ③降低切割速度 ④适当减小气体流量 ⑤把割炬压低些

九、高频焊常见缺陷及预防措施

高频焊时熔化金属几乎全部被挤出焊口，所以不会产生气孔、偏析之类的缺陷。高频焊常见缺陷及预防措施见表9-29。

表9-29 高频焊常见缺陷及预防措施

缺陷名称	产生原因	预防措施
未焊合	①加热不足 ②挤压力不够 ③焊接速度太快	①提高输入功率 ②适当增加挤压力 ③选用合适的焊接速度
夹渣	①输入功率太大 ②焊接速度太慢 ③挤压力不够	①选用适当的输入功率 ②提高焊接速度 ③适当增加挤压力
近缝区开裂	①热态金属受强挤压，使其中原有的纵向分布 ②层状夹渣物向外弯曲过大而引起	①保证母材的质量 ②挤压力不能过大
错边（薄壁管）	①设备精度不高 ②挤压力过大	①修整设备，使其达到精度要求 ②适当降低挤压力

十、凸焊凸点位移的原因及预防措施

表 9-30　凸焊凸点位移的原因及预防措施

凸点位移的原因	预防凸点位移的措施
一般凸点熔化期电极要相应地跟随着移动，若不能保证足够的电极压力，则凸点之间的收缩效应将引起凸点的位移，凸点位移使焊点强度降低	①凸点尺寸相对于板厚不应太小。为减小电流密度而使凸点过小，易造成凸点熔化而母材不熔化的现象，难以达到热平衡，甚至出现位移，因而，焊接电流不能低于某一限度 ②多点凸焊时凸点高度如不一致，最好先通预热电流使凸点变软 ③为达到良好的随动性，最好采用提高电极压力或减小加压系统可动部分的措施 ④凸点的位移与电流的平方成正比，因此在能形成焊核的条件下，最好采用较低的电流值 ⑤尽可能增大凸点间距，但不宜大于板厚的 10 倍 ⑥要充分保证凸点尺寸、电极平行度和焊件厚度的精度是较困难的。因此，最好采用可转动电极（即随动电极）

十一、对焊常见缺陷及预防措施

表 9-31　对焊常见缺陷及预防措施

常见缺陷	预防措施
错位	产生的原因可能是焊件装配时未对准或倾斜、焊件过热、伸出长度过大、焊机刚性不够大等。主要预防措施是提高焊机刚度，减小伸出长度，并适当限制顶锻留量。错位的允许误差一般 < 0.1mm，或 < 0.5mm 的厚度
裂纹	产生的原因可能是在对焊高碳钢和合金钢时，淬火倾向大。可采用预热、后热和及时退火措施来预防
未焊透	产生的原因可能是顶锻前接口处温度太低、顶锻留量太小、顶锻压力和顶锻速度低，金属夹杂物太多而引起的未焊透。预防措施是采用合适的对焊焊接参数
白斑	白斑是对焊特有的一种缺陷，在断口上表现有放射状灰白色斑。这种缺陷极薄，不易在金相磨片中发现，在电镜分析中才能发现。白斑对冷弯较敏感，但对拉伸强度的影响很小，可采取快速或充分顶锻措施消除

十二、气焊时火焰的异常现象及消除方法

气焊时，如点火和焊接中发生了火焰异常现象，应立即找出原因，并采取有效措施加以排除，具体现象及消除方法见表 **9-32**。

表 9-32　火焰的异常现象及消除方法

异常现象	产生原因	消除方法
火焰熄灭或火焰强度不够	①乙炔管道内有水 ②回火保险器性能不良 ③压力调节器性能不良	①清理乙炔橡胶管，排除积水 ②把回火保险器的水位调整好 ③更换压力调节器
点火时有爆声	①混合气体未完全排除 ②乙炔压力过低 ③气体流量不足 ④焊嘴孔径扩大、变形 ⑤焊嘴堵塞	①排除焊炬内的空气 ②检查乙炔发生器 ③排除橡胶管中的水 ④更换焊嘴 ⑤清理焊嘴及射吸管积炭
脱水	乙炔压力过高	调整乙炔压力
焊接中产生爆声	①焊嘴过热，粘附脏物 ②气体压力未调好 ③焊嘴碰触焊缝	①熄灭后仅开氧气进行水冷，清理焊嘴 ②检查乙炔和氧气的压力是否恰当 ③使焊嘴与焊缝保持适当距离
氧气倒流	①焊嘴被堵塞 ②焊炬损坏无射吸力	①清理焊嘴 ②更换或修理焊炬

异常现象	产生原因	消除方法
回火（有"嘘、嘘"声，焊炬把手发烫）	①焊嘴孔道污物堵塞 ②焊嘴孔道扩大，变形 ③焊嘴过热 ④乙炔供应不足 ⑤射吸力降低 ⑥焊嘴离工件太近	①关闭氧气，如果回火严重，还要拨开乙炔胶管 ②关闭乙炔 ③水冷焊炬 ④检查乙炔系统 ⑤检查焊炬 ⑥使焊嘴与焊缝熔池保持适当距离

十三、气焊常见缺陷及预防措施

表 9-33　气焊常见缺陷及预防措施

缺陷类型	产生原因	预防措施
裂纹	焊缝金属中硫含量过高，焊接应力过大，火焰能率小，焊缝熔合不良等	控制焊缝金属的硫含量，提高火焰能率，减小焊接应力等
气孔	焊丝、工件表面清理不干净，含碳量过高，火焰成分不对，焊接速度太快等	严格清理工件表面及焊丝。控制焊丝与基本金属的成分，合理选择火焰及焊接速度等
焊缝尺寸及形状不符合要求	工件坡口角度不当，装配间隙不均匀，焊接参数选择不当等	严格控制装配间隙，合理加工坡口角度，正确选择焊接参数等
咬边	火焰能率调整过大，焊嘴倾斜角度不正确，焊嘴和焊丝运动方法不适当等	正确选择焊接参数及操作方法等
烧穿	对焊件加热过甚，操作工艺不当，焊接速度慢，在某处停留时间过长等	合理加热工件，调整焊接速度，选择合适的操作工艺等
凹坑	火焰能率过大，收尾未填满熔池等	注意收尾时焊接要领，合理选择火焰能率等
夹渣	焊件边缘及焊层清理不干净，焊丝形状系数过小，以及焊丝、焊嘴角度不当等	严格清理焊件边缘及焊层，控制焊接速度，适当提高焊缝形状系数等
未焊接	焊件表面有氧化物，坡口角度太小，间隙太窄，火焰能率不足，焊接速度过快等	严格清理焊件表面，选择合适的坡口角度及焊接间隙，控制焊接速度及火焰能率等
未熔合	火焰能率过低或偏向坡口一侧	选择合适的火焰能率，保证火焰不偏向
焊瘤	火焰能率过大，焊接速度慢，焊件装配间隙过大，焊枪运用方法不正确等	选择合适的焊接速度和火焰能率，调整焊件装配间隙，正确地运用焊枪等

十四、气割常见缺陷及预防措施

表 9-34　气割常见缺陷及预防措施

缺陷形式	产生原因	预防措施
切口断面纹路粗糙	①氧气纯度低 ②氧气压力太大 ③预热火焰能率过大或过小 ④割嘴选用不当或割嘴距离不稳定 ⑤切割速度不稳定或过快	①一般气割，氧气纯度不低于98.5%（体积分数）；要求较高时，不低于99.2%（体积分数）或者高达99.5%（体积分数） ②适当降低氧气压力 ③采用合适的火焰能率预热 ④更换割嘴或稳定割嘴距离 ⑤调整切割速度，检查设备精度及网络电压，适当降低切割速度
切口断面割槽	①回火或灭火后重新起割 ②割嘴或工件有振动	①防止回火和灭火，割嘴不要离工件太近，工件表面要清洁，下部平台不应阻碍熔渣排出 ②避免周围环境的干扰
切割面上缘熔塌	①气割时预热火焰太强 ②切割速度太慢 ③割嘴与气割平面距离太近	①选用合适的火焰能率预热 ②适当提高切割速度 ③气割时割嘴与气割平面距离适当加大

缺陷形式	产生原因	预防措施
气割面直线度偏差过大	①切割过程中断多，重新气割时衔接不好 ②气割坡口时，预热火焰能率不大 ③表面有较厚的氧化皮、铁锈等	①提高气割操作水平 ②适当提高预热火焰能率 ③加强气割前清理被切割表面
气割面垂直度偏差过大	①气割时，割炬与割件板面不垂直 ②切割氧压力过低 ③切割氧流歪斜	①改进气割操作 ②适当提高切割氧压力 ③提高气割操作技术
下缘挂渣不易脱落	①氧气纯度低 ②预热火焰能率大 ③氧气压力低 ④切割速度过慢或过快	①换用纯度高的氧气 ②更换割嘴，调整火焰 ③提高切割氧压力 ④调整切割速度
下部出现深沟	切割速度太慢	加快切割速度，避免氧气流的扰动产生熔渣旋涡
气割厚出现喇叭口	①切割速度太慢 ②风线不好	①提高切割速度 ②适当增大氧气流速，采用收缩扩散型割嘴
后拖量过大	①切割速度太快 ②预热火焰能率不足 ③割嘴选择不合适或割嘴倾角不当 ④切割氧压力不足	①降低切割速度 ②增大火焰能率 ③更换合适的割嘴或调整割嘴后倾角度 ④适量加大切割氧压力
厚板凹心大	切割速度快或速度不均	降低切割速度，并保持速度平稳
切口不直	①钢板放置不平 ②钢板变形 ③风线不正 ④割炬不稳定 ⑤切割机轨道不直	①检查气割平台，将钢板放平 ②切割前校平钢板 ③调整割嘴垂直度 ④尽量采用直线导板 ⑤修理或更换轨道
切割面渗碳	①割嘴离切割平面太近 ②气割时，预热火焰呈碳化焰	①适当提高割嘴高度 ②气割时，采用中性焰预热
切口过宽	①氧气压力过大 ②割嘴号码太大 ③切割速度太慢 ④割炬气割过程行走不稳定	①调整氧气压力 ②更换小号割嘴 ③加快切割速度 ④提高气割技术
发生中断割不透	①预热火焰能率过小 ②切割速度太快 ③被切割材料有缺陷 ④氧气、乙炔气将要用完 ⑤切割氧压力小	①重新调整火焰 ②放慢切割速度 ③检查夹层、气孔缺陷，试以相反的方向重新气割 ④检查氧气、乙炔压力，换用新气瓶 ⑤提高切割氧压力及流量
有强烈变形	切割速度太慢；加热火焰能率过大；割嘴过火；气割顺序不合理	选择合理的工艺，选择正确的气割顺序
产生裂纹	①工件含碳量高 ②工件厚度大	①可采取预热及割后退火处理办法 ②预热温度250℃
碳化严重	①氧气纯度低 ②火焰种类不对 ③割嘴距工件近	①换纯度高的氧气，保证燃烧充分 ②避免加热时产生碳化焰 ③适当提高割嘴高度
切口粘渣	①氧气压力小，风线太短 ②割薄板时切割速度低	①增大氧气压力，检查割嘴 ②加大切割速度
熔渣吹不掉	氧气压力太小	提高氧气压力，检查减压阀通畅情况
割后变形	①预热火焰能率大 ②切割速度慢 ③气割顺序不合理 ④未采取工艺措施	①调整火焰 ②提高切割速度 ③按工艺采用正确的气割顺序 ④采用夹具，选用合理起割点等

十五、高频焊常见缺陷及预防措施

高频焊时熔化金属几乎全部被挤出焊口，所以不会产生气孔、偏析之类的缺陷。高频焊常见缺陷及预防措施见表9-35。

表9-35 高频焊常见缺陷及预防措施

缺陷名称	产生原因	预防措施
未焊合	①加热不足 ②挤压力不够 ③焊接速度太快	①提高输入功率 ②适当增加挤压力 ③选用合适的焊接速度
夹渣	①输入功率太大 ②焊接速度太慢 ③挤压力不够	①选用适当的输入功率 ②提高焊接速度 ③适当增加挤压力
近缝区开裂	①热态金属受强挤压，使其中原有的纵向分布 ②层状夹渣物向外弯曲过大而引起	①保证母材的质量 ②挤压力不能过大
错边（薄壁管）	①设备精度不高 ②挤压力过大	①修整设备，使其达到精度要求 ②适当降低挤压力

十六、钎焊缺陷及排除方法

表9-36 钎焊缺陷特征、产生原因、检验方法及排除方法

缺陷名称	特征	产生原因	检验方法	排除方法
钎缝未填满	钎焊接头的间隙部分没有填满钎料	①接头设计或装配不正确，如间隙太小或太大，装配时零件歪斜 ②钎焊件表面清理不干净 ③钎剂选择不当 ④钎焊时焊件加热不够 ⑤钎料流布性不好	目视检验	对未填满的钎缝重新钎焊
纤缝成形不良	钎料只在一面填满间隙，没有形成圆角，钎缝表面粗糙不平	①钎料流布性不好 ②钎剂数量不足 ③焊件加热不均匀 ④钎焊温度下保温时间太长 ⑤钎料颗粒太大	目视检验	用钎焊方法补焊
气孔	钎缝金属表面或内部有孔穴	①焊件表面清理不干净 ②钎剂作用不强 ③钎缝金属过热	目视检验 X射线探伤检验	清除表面的钎缝，重新钎焊
夹杂物	钎缝内留有钎剂等夹杂物	①钎剂颗粒太大 ②钎剂数量不够 ③钎焊接头间隙不合适 ④钎料从两面流入钎缝 ⑤钎焊时钎剂被流动的钎剂包围 ⑥钎剂和钎料的熔点不合适 ⑦钎剂密度太大 ⑧焊件加热不均匀	目视检验 X射线探伤检验	清除有夹杂物的钎缝，用钎焊方法补焊
表面浸蚀	钎焊金属表面被钎料浸蚀	①钎焊温度过高 ②钎焊时加热时间太长 ③钎料与母材有强烈的扩散作用	目视检验	用机械方法修锉
裂缝	钎缝金属中存在裂缝	①钎料凝固时零件移动 ②钎料结晶间隔大 ③钎料与母材的热膨胀系数相差较大	目视检验 X射线探伤检验	用重新钎焊的方法补焊

十七、扩散焊常见缺陷及预防措施

1.同种金属扩散焊常见缺陷及预防措施

表9-37 同种金属扩散焊常见缺陷及预防措施

常见缺陷	预防措施
未焊透	未焊透产生的主要原因是焊接温度低、压力不足、焊接时间短、真空度低、待焊面加工精度低、清理不干净及结构位置不正确等。预防措施是采用合适的扩散焊工艺
界面处有微孔	界面处有微孔的主要原因是等焊面粗糙不平。预防措施是待焊面精度要达到规定的要求
残余变形	残余变形产生的主要原因是焊接压力太大、温度过高、保温时间太长等。预防措施是采用合理的扩散焊焊接参数
裂纹	裂纹是由于加热和冷却速度太快、焊接压力过大、焊接温度过高、加热时间太长、待焊面加工粗糙等引起的。预防措施是针对产生的原因采用合理的焊接参数
熔化	熔化产生的主要原因是加热量太大，焊接保温时间太长；加热装置结构不正确或加热装置同焊件的相应位置不对。预防措施是采用合理的扩散焊焊接参数和选用合理加热装置及将焊件位置放正确
错位	错位产生的主要原因是夹具结构不正确，预防措施是设计合理的夹具并将零件放置妥当

2.异种材料扩散焊常见缺陷、产生原因及预防措施

表9-38 异种材料扩散焊常见缺陷、产生原因及预防措施

材料名称	焊接缺陷	缺陷产生的原因	预防措施
青铜+铸铁	青铜一侧产生裂纹，铸铁一侧变形严重	扩散焊时加热温度、压力不合适	选择合适的焊接参数，焊接室中的真空度要合适
钢+铜	铜母材一侧结合强度差	加热温度不够，压力不足，焊接时间短，接头装配位置不正确	提高加热温度、压力，延长焊接时间，接头装配合理
铜+铝	接头严重变形	加热温度过高，压力过大，焊接保温时间过长	加热温度、压力机保温时间应合理
金属+玻璃	接头贴合，强度低	加热温度不够，压力不足，焊接保温时间短，真空度低	提高焊接温度，增加压力，延长焊接保温时间，提高真空度
金属+陶	产生裂纹或剥离	线胀系数相差太大，升温过快，冷速太快，压力过大，加热时间过长	选择线胀系数相近的两种材料，升温、冷却应均匀，压力适当，加热温度和保温时间适当
金属+半导体材料	错位、尺寸不合要求	夹具结构不正确，接头安放位置不对，工件振动	夹具结构合理，接头安放位置正确，周围无振动

十八、摩擦焊常见缺陷及产生原因

表9-39 摩擦焊常见缺陷及产生原因

缺陷名称	缺陷产生的原因
接头偏心	焊机刚度低，夹具偏心，工件端面倾斜或在夹头外伸出量太大
飞边不封闭	转速低，摩擦压力太大或太小，摩擦时间太长或太短，以致顶锻焊接前接头中变形层和高温区太窄；停车慢
未焊透	焊前摩擦表面清理不良，转速低，摩擦压力太大或太小，摩擦时间短，顶锻压力小
接头组织扭曲	速度低，压力大，停车慢
接头过热	速度高，压力小，摩擦时间长
接头淬硬	焊接淬火钢时，摩擦时间短，冷却速度快
焊接裂缝	焊接淬火钢时，摩擦时间短，冷却速度快
氧化灰斑	焊前工件清理不良，焊机振动，压力小，摩擦时间短，顶锻焊接前，接头中的变形层和高温区窄
脆性合金层	焊接会产生脆性合金化合物的一种金属时，加热温度高，摩擦时间长，压力小

第十章
焊接应力与变形

第一节　焊接应力与变形的产生及影响

一、焊接应力与变形的分类

当没有外力存在时，平衡于弹性物体内部的应力叫做内应力，内应力常产生在焊接构件中，焊接构件由焊接而产生的内应力称为焊接应力。金属结构与零件在焊接过程中，常常会产生各式各样的焊接变形以及焊缝的断裂，影响焊接质量，焊接变形就是由焊接而产生。所谓变形是指物体受到外力作用后，物体本身形状和尺寸发生了变化。

变形分为弹性变形和塑性变形（或永久变形）两种：弹性变形，物体在外力作用下产生变形，将外力除去后，物体仍能恢复原来的形状；塑性变形，也叫永久变形，外力除去后，物体不能恢复原来的形状。

焊后焊件中温度冷至室温时残留在焊件中的变形和应力分别称为焊接残余变形和焊接残余应力。焊接变形和应力直接影响焊接结构的制造质量和使用性能，特别是对焊接裂纹的产生、焊接接头处应力水平的提高有着重要的影响。因此，应了解焊接变形和应力产生的原因、种类和影响因素，以及控制和防止的方法。

二、焊接应力和变形产生的原因

变形与内应力通常是同时并存于物体内的。下面举例说明一下内应力和变形产生的机理。

例如有一根钢杆，横放在自由移动的支点上（如图10-1所示的实线所示），对整条钢杆均匀加热，由于钢杆受热膨胀，既变粗又伸长，钢杆的支点也随着钢杆的伸长而自由移动（如图10-1中双点画线所示）。这时，钢杆内没有内应力产生。当钢杆均匀冷却时，由于冷却收缩，钢杆又恢复到原来的形状，钢杆也不会产生塑性变形。

如果将钢杆两端固定，仍对钢杆均匀地进行加热，钢杆受热膨胀而变粗伸长；由于钢杆两端已固定不能伸长了，这时钢杆内就产生了内应力，结果使钢杆发生弯曲和扭曲变形。如果内应力超过了钢的屈服点，钢杆就会发生塑性变形，钢杆变粗，截面增大。同样，当钢杆冷却后，内部会产生受拉的内应力，而钢杆受热产生的弯曲和扭曲变形则相应减小。但因钢杆加热时有塑性变形，所以钢杆的长度不能恢复到原来的形状，若受拉的内应力大于钢的极限应力数值，钢杆就会断裂，如图 10-2 所示。

图 10-1　钢杆自由伸长　　　　　　　　　　图 10-2　钢杆变形

　　在焊接过程中，对焊件进行的局部、不均匀的加热和冷却是产生焊接应力和变形的根本原因。焊接以后，焊缝及热影响区的金属收缩（纵向的和横向的），就造成了焊接结构的各种变形。金属内部发生晶粒组织的转变所引起的体积变化也可能引起焊件的变形。因此，实际变形是各种因素综合作用的结果。

　　焊接残余应力是由于焊缝纵向和横向收缩受到阻碍时，在结构内部产生的一种应力。大多数情况下，焊缝都处在纵向拉应力的状态。

三、焊接应力和变形对焊接结构的影响

表 10-1　焊接应力和变形对焊接结构的影响

类别		说明
焊接应力的影响		在 20 世纪五六十年代，曾多次发生过船舶、飞机、桥梁、压力容器等焊接结构在瞬间发生断裂破坏的灾难性事故，这是一种远低于材料屈服点的断裂，通常叫做低应力脆断。这种脆断与材料本身的脆性倾向和在结构应力集中部位，或刚性拘束较大的部位，存在着拉伸残余应力有关。这种残余应力导致产生裂纹并使裂纹迅速发展，最后使结构发生断裂破坏 焊接应力还会降低结构刚度、受压构件的稳定性、机械加工精度，使焊后机械加工或使用过程中的构件发生变形，在某些情况下，还会使在腐蚀介质下工作的焊件产生应力腐蚀 但是必须指出，在一般性结构中存在的焊接应力对结构使用的安全性影响并不大，所以，对于这样的结构，焊后可以不采取消除应力的措施
焊接变形的影响	降低装配质量	如筒体纵缝横向收缩，与封头装配时就会发生错边，使装配发生困难。错边量大的焊件，在外力作用下将产生应力集中和附加应力，使结构安全性下降
	增加制造成本、降低接头性能	焊件一旦产生焊接变形，常需矫形后才能组装。因此，使生产率下降、成本增加。冷矫形会使材料发生冷作硬化，使塑性下降
	降低结构承载能力	由于焊接变形产生的附加应力会使结构的实际承载能力下降

四、焊接残余应力的分布与影响

　　当构件上随局部载荷或经受不均匀加热时，都会在局部区域产生塑性变形；当局部外载撤去以后或热源离去，构件温度恢复到原始的均匀状态时，由于在构件内部发生了不能恢复的塑性变形，因而产生了相应的内应力，即称为残余应力。构件中残留下来的变形，即称为残余变形。

1. 焊接残余应力的分布

　　一般厚度不大的焊接结构，残余应力是双向的，即纵向应力 σ_x 和横向应力 σ_y，残余应力在焊件上的分布是不均匀的，分布状况与焊件的尺寸、结构和焊接工艺有关。长板上纵向应力 σ_x 的分布如图 10-3 所示，横向应力 σ_y 的分布如图 10-4 所示。

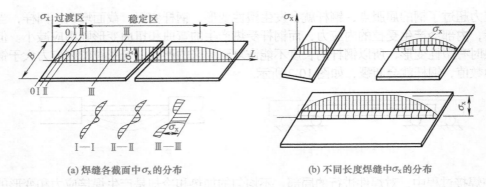

(a) 焊缝各截面中 σ_x 的分布　　　　　(b) 不同长度焊缝中 σ_x 的分布

图 10-3　焊缝中 σ_x 的分布

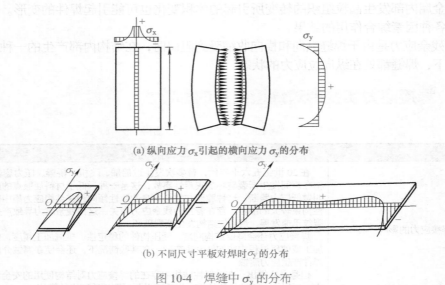

(a) 纵向应力 σ_x 引起的横向应力 σ_y 的分布

(b) 不同尺寸平板对焊时 σ_y 的分布

图 10-4　焊缝中 σ_y 的分布

　　厚板焊接接头，除纵向应力 σ_x 和横向应力 σ_y 外，还存在较大的厚度方向上的应力 σ_z。三个方向的内应力分布也是不均匀的，如图 10-5 所示。

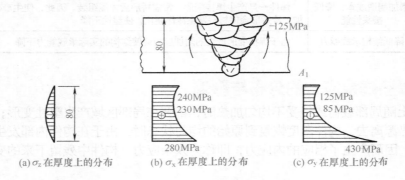

(a) σ_z 在厚度上的分布　　(b) σ_x 在厚度上的分布　　(c) σ_y 在厚度上的分布

图 10-5　厚板多层焊中的应力分布

2. 残余应力的影响

　　① 对静载强度的影响。如材质的塑性和韧性较差处于脆性状态，则拉伸应力与外载叠加可能使局部应力首先达到断裂强度，导致结构早期破坏。

② 对结构刚度的影响。当外载产生的应力 σ 与结构中某局部的内应力之和达到屈服点时，就使这一区域丧失了进一步承受外载的能力，造成结构的有效截面积减小，结构刚度也随之降低，使结构的稳定性受到破坏。

③ 如果在应力集中处存在拉伸内应力，就会使构件的疲劳强度降低。

④ 构件中存在的残余应力，在机械加工和使用过程中，由于内应力发生了变化，而可能引起结构的几何延续而发生变化，将使结构尺寸失去稳定性。

⑤ 在腐蚀介质中工作的结构，在拉伸应力区会加速腐蚀而引起应力腐蚀的低应力脆断。在高温工作的焊接结构（如高温容器）残余应力又会起加速蠕变的作用。

第二节 防止和减少焊接应力与变形的措施

一、设计措施

① 尽量减少焊缝的数量和尺寸，采用填充金属少的坡口形式。

② 焊缝布置应避免过分集中，焊缝间应保持足够的距离，如图 10-6 所示。尽量避免三轴交叉的焊缝，并且不把焊缝布置在工作应力最严重的区域，如图 10-7 所示。

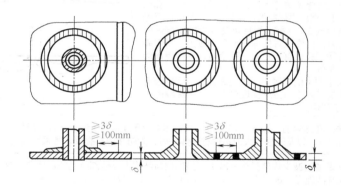

图 10-6 容器接管焊缝布置

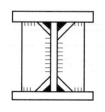

图 10-7 工字梁肋板接头

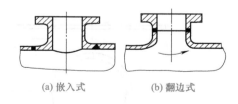

(a) 嵌入式   (b) 翻边式

图 10-8 焊接管连接

③ 采用刚性较小的接头形式，使焊缝能够自由地收缩，如图 10-8 所示。

④ 在残余应力为拉应力的区域内，应尽量避免几何不连续性，以免内应力在该处进一步增高。

二、工艺措施

表 10-2　工艺措施

项目	工艺说明
采用合理的焊接顺序和方向	合理的焊接顺序就是能使每条焊缝尽可能地自由收缩，应该注意以下几点 ①在具有对接及角焊缝的结构中（图1），应先焊收缩量较大的焊缝，使焊缝能较自由地收缩，后焊收缩量较小焊缝 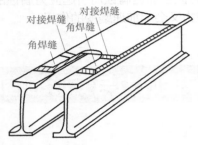　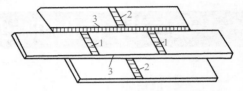 图1　按收缩量大小确定焊接顺序　　　图2　拼板时选择合理的焊接顺序 ②拼板焊时（图2），先焊错开的短焊缝1、2，后焊直通长焊缝3，使焊缝有较大的横向收缩余地 ③工字梁拼接时，先焊在工作时受力较大的焊缝，使内应力合理分布。如图3所示，在接并处两端留出一段翼缘角焊缝不焊，先焊受力最大的翼缘对接焊缝1，然后再焊腹板对接焊缝2，最后焊翼缘顶部的角焊缝3。这样，焊后可使翼缘的对接焊缝承受压应力，而腹板对接焊缝承受拉应力，角焊缝最后焊可保证腹板有一定的收缩余地，这样焊成的梁疲劳强度高 ④焊接平面上的焊缝时，应使焊缝的收缩比较自由，尤其是横向收缩更应保证自由。对接焊缝的焊接方向，应当指向自由端 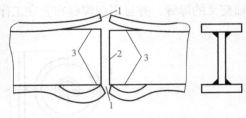 图3　接受力大小确定焊接顺序
预热法	预热法是在施焊前，预先将焊件局部或整体加热至150～650℃。对于焊接或焊补那些淬硬倾向较大的材料的焊件，以及刚性较大或脆性材料焊件时，为防止焊接裂纹，常采用预热法
冷焊法	冷焊法是通过减少焊件受热来减少焊接部位与结构上其他部位间的温度差。具体做法有：尽量采用小的热输入方法施焊，选用小直径焊条，小电流、快速焊及多层多道焊。另外，应用冷焊法时，环境温度应尽可能高，防止裂纹的产生
留裕度法	焊前，留出焊件的收缩裕度，增加收缩的自由度，以此来减少焊接残余应力。如图4所示的封闭焊缝，为减少其切向应力峰值和径向应力，焊接前可将外板进行扳边，如图4（a）所示，或将镶块做成内凹形，如图4（b）所示，使之储存一定的收缩裕度，可使焊缝冷却时较自由地收缩，达到减少残余应力的目的 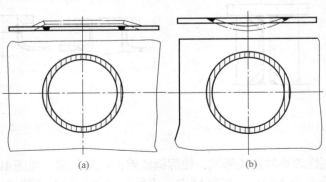 图4　留裕度法应用实例

项目	工艺说明
开减应力槽法	对于厚度大、刚度大的焊件，在不影响结构强度的前提下，可以在焊缝附近开几个减应力槽，以此降低焊件局部刚度，达到减少焊接残余应力的目的。图 5 所示为两种开减应力槽法的应用实例 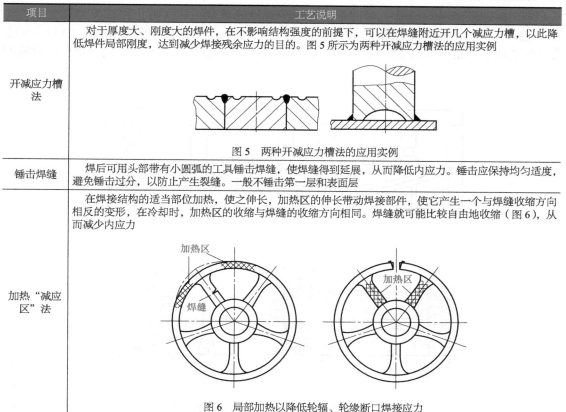 图 5　两种开减应力槽法的应用实例
锤击焊缝	焊后可用头部带有小圆弧的工具锤击焊缝，使焊缝得到延展，从而降低内应力。锤击应保持均匀适度，避免锤击过分，以防止产生裂缝。一般不锤击第一层和表面层
加热"减应区"法	在焊接结构的适当部位加热，使之伸长，加热区的伸长带动焊接部件，使它产生一个与焊缝收缩方向相反的变形，在冷却时，加热区的收缩与焊缝的收缩方向相同。焊缝就可能比较自由地收缩（图 6），从而减少内应力 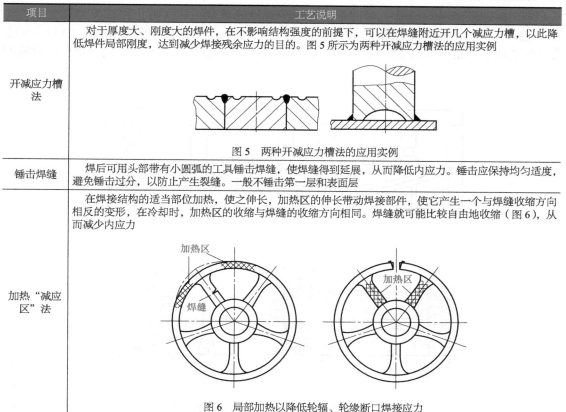 图 6　局部加热以降低轮辐、轮缘断口焊接应力

三、防止和减少焊接应力与变形的实例

1. 防止和减少焊接应力的实例

图 10-9 所示是从焊接结构的设计方面来减小焊接接头的刚性，从而减少了焊接应力的实例。图 10-9 中所示的是带法兰的管座的容器壳体上的连接，翻边式比插入式的焊接应力小。图 10-10 所示是从工艺上采用先焊错开的短焊缝 1、2，后焊直通长焊缝 3，从而减少焊接应力的实例。

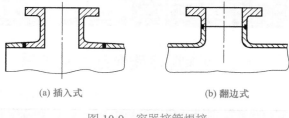

(a) 插入式　　　　(b) 翻边式

图 10-9　容器接管焊接

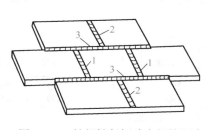

图 10-10　按焊缝长短确定焊接顺序

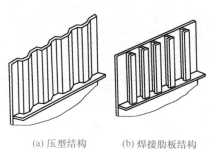

(a) 压型结构　　　　(b) 焊接肋板结构

图 10-11　减少焊缝数量

2. 防止和减少焊接变形的实例

图 10-11 所示是从设计上考虑尽可能减少焊缝的数量，从而防止和减少焊接变形的实例，图 10-11 所示是采用压型的薄板结构 [图 10-11 (a)] 代替肋板结构 [图 10-11 (b)]。图 10-12 所示是槽钢与板条焊接时，为防止和减少变形，在工艺上采用的两种反变形措施的实例。

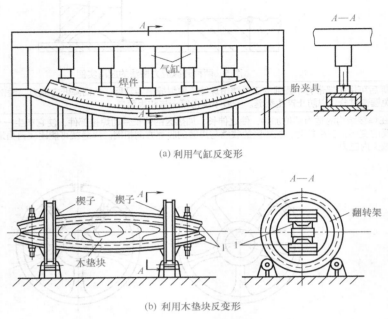

(a) 利用气缸反变形

(b) 利用木垫块反变形

图 10-12　防止构件弯曲变形的反变形措施

第三节　焊接残余应力与变形的消除和矫正

一、消除焊接残余应力的方法

表 10-3　消除焊接残余应力的方法

方法	说　明
整体高温回火	高温保温时间按材料的厚度确定。钢按每 1 ~ 2min/mm 计算，一般不于 30min，不高于 3h。为使板方向上的温度均匀地升高到所要求的温度，当板材表面达到所要求的温度后，还需要均温一段时间。热处理一般在炉内进行。对于大型容器，也可以采用在容器外壁覆盖绝热层，而在容器内部用火焰或电阻加热的办法来处理。整体高温回火可将残余应力消除 80% ~ 90% 处理温度按材料种类选择见下表

各种材料的回火温度

材料种类	碳钢及低、中合金钢[①]	奥氏体钢	铝合金	镁合金	钛合金	铌合金	铸铁
回火温度 /℃	580 ~ 680	850 ~ 1050	250 ~ 300	250 ~ 300	550 ~ 600	1100 ~ 1200	600 ~ 650

①含钒低合金钢在 600 ~ 620℃回火后，塑性、韧性下降，回火温度宜选 550 ~ 600℃

方法	说　明
局部高温回火	将焊缝及其附近应力较大的局部区域加热到高温回火温度，然后保温及缓慢冷却。多用于比较简单，拘束度较小的接头，如管道接头、长的圆筒容器接头，以及长构件的对接接头等。局部高温回火可以采用电阻、红外线、火焰和工频感应加热等 局部高温回火难以完全消除残余应力，但可降低其峰值使应力的分布比较平缓。消除应力的效果取决于局部区域内温度分布的均匀程度。为了取得较好的降低应力效果，应保持足够的加热宽度。例如：圆筒接头加热区宽度一般采取 $B = 5\sqrt{R\delta}$，长板的对接接头取 $B=W$（图1）。式中，R 为圆筒半径；δ 为管壁厚度；B 为加热区宽度；W 为对接构件的宽度 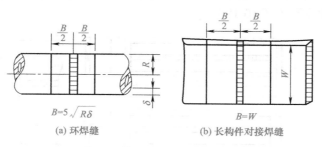 (a) 环焊缝　　　　(b) 长构件对接焊缝 图1　局部热处理的加热区宽度
机械拉伸法	焊后对焊接构件加载，使具有较高拉伸残余应力的区域产生拉伸塑性变形，卸载后可使焊接残余应力降低。加载应力越高，焊接过程中形成的压缩塑性变形就被抵消得越多，内应力也就消除得越彻底 机械拉伸消除内应力对一些焊接容器特别有意义。它可以通过在室温下进行过载的耐压试验来消除部分焊接残余应力
温差拉伸法	在焊缝两侧各用一个适当宽度的氧-乙炔焰炬加热，在焰炬后一定距离外喷水冷却。焰炬和喷水管以相同速度向前移动（图2）。由此，可造成一个两侧高、焊缝区低的温度场。两侧的金属因受热膨胀，对温度较低的焊接区进行拉伸，使之产生拉伸塑性变形，以抵消原来的压缩塑性变形，从而消除内应力。本法对焊缝比较规则，厚度不大（< 40mm）的容器、船舶等板、壳结构具有一定的实用价值，如果工艺参数选择适当，可取得较好的消除应力效果 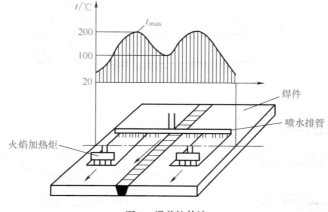 图2　温差拉伸法
锤击焊缝法	在焊后用手锤或一定半径半球形风锤锤击焊缝，可使焊缝金属产生延伸变形，能抵消一部分压缩塑性变形，起到减少焊接应力的作用。锤击时注意施力应适度，以免施力过大而产生裂纹
振动法	本法利用由偏心质量和变速马达组成的激振器，使结构发生共振所产生的循环应力来降低内应力。其效果取决于激振器和构件支点的位置、激振频率和时间。本法设备简单、价廉、处理成本低、时间短，也没有高温回火时金属表面氧化的问题。但是如何控制振动，使之既能降低内应力，而又不使结构发生疲劳破坏等，尚需进一步研究

焊接残余变形主要是由焊接热循环中产生的压缩塑性变形所致，由于塑性变形不可恢复，导致结构收缩而缩短。

二、焊接残余变形的基本形式

焊接残余收缩主要表面在两个方面：①沿焊缝长度方向的收缩，称为纵向收缩；②沿着垂直于焊缝长度方向的收缩的综合效果。焊接残余变形的表现形式大致可分为下列7类：焊件在焊缝方向发生的纵向收缩变形［图10-13（a）］；焊件在垂直焊缝方向发生的收缩变形［图10-13（b）］；挠曲变形（翘曲变形如图10-14所示）；焊件的平面围绕焊缝产生的角位移，称为角变形（图10-15）；发生在承受的压力薄板结构中波浪变形或失稳变形（图10-16）；两焊件的热膨胀不一致，发生的长度方向或厚度方向的错边（图10-17）；以及焊件发生的扭曲变形（图10-18）。

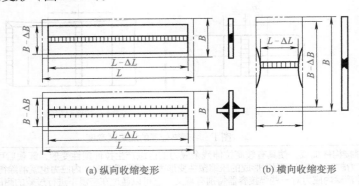

(a) 纵向收缩变形　　　　　　　　(b) 横向收缩变形

图 10-13　收缩变形

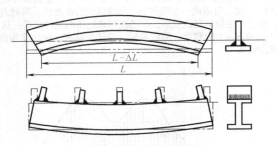

图 10-14　翘曲变形

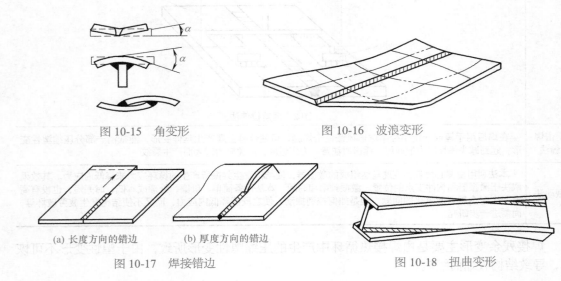

图 10-15　角变形　　　　　　　　　　图 10-16　波浪变形

(a) 长度方向的错边　　　　(b) 厚度方向的错边

图 10-17　焊接错边　　　　　　　　图 10-18　扭曲变形

对于开放形的断面结构（如工字梁）而言，如果在点焊固定后不采用适当的夹具夹紧和正确的焊接顺序，可能会产生螺旋变形。这是因为角变形沿焊缝长度逐渐增加，使构件扭转。改变焊接次序和方向，把两个相邻的焊缝同时向同一方向焊接，可以克服这种变形。

三、焊接残余变形的计算及影响因素

从理论上精确计算焊接残余变形量的大小目前是十分困难的，在工程上通常采用经验公式进行简化计算。

1. 纵向收缩变形

纵向收缩变形收缩量的大小，取决于焊缝及其附近的高温区产生的压缩塑性变形量。影响纵向收缩量大小的因素很多，主要包括焊接方法、焊接参数、焊接顺序以及材料的热物理参数。其中焊接热输入是主要因素，在一般情况下，它与焊接热输入成正比。多层焊时，由于产生的塑性变形区相互重叠，以重叠系数予以修正。对于同样截面积的焊缝，分层越多，每层所用的热输入就越小，因此多层焊所引起的纵向收缩比单层焊小。

间断焊的纵向收缩变形比连续焊小，其效果随 a/e 的减小而提高（式中，a 为分段焊缝的长度；e 为焊缝间距）。在工程上，通常根据结构的形式，利用经验公式进行简化计算。

对于钢质细长构件，如梁、柱等结构的纵向收缩可以通过下式估算背单层焊的纵向收缩量 ΔL。

$$\Delta L = \frac{k_1 A_\mathrm{H} L}{A} \tag{10-1}$$

式中　A_H——塑性变形区面积，mm^2；

　　　L——构件长度，mm；

　　　A——焊缝截面积，mm^2。

　　　k_1——修正系数，它与焊接方法和材料有关，见表 10-4。

表 10-4　修正系数 k_1 与焊接方法和材料的关系

焊接方法	CO_2	埋弧焊	焊条电弧焊	
材料	低碳钢	低碳钢	低碳钢	奥氏体钢
k_1	0.043	$0.071 \sim 0.076$	$0.048 \sim 0.057$	0.076

多层焊的纵向收缩量，将上式中 A_H 改为一层焊缝金属的截面积，并将计算的结果乘以修正系数 k_2。

$$k_2 = 1 + 85\varepsilon_s n \tag{10-2}$$

$$\varepsilon_s = \frac{\sigma_s}{E}$$

式中　n—— 层数。

对于两面有角焊缝的 T 形接头，由公式 $\Delta L = \frac{k_1 A_\mathrm{H} L}{A}$ 计算的收缩量乘以系数 $1.15 \sim 1.40$（公式 $\Delta L = \frac{k_1 A_\mathrm{H} L}{A}$ 中的 A_H 是指一条角焊缝的截面积）。奥氏体钢的热膨胀系数大于低碳钢，其变形比低碳钢大。

2. 横向收缩变形

横向收缩变形的计算比较复杂，有很多经验公式，下面给出一个对接接头的横向收缩量的估算公式，可作参考：

$$\Delta B = 0.18 \frac{A_{\mathrm{H}}}{\delta} \tag{10-3}$$

式中 ΔB——对接接头的横向收缩量，mm；

A_{H}——焊缝截面积，mm^2；

δ——板厚，mm。

3. 挠曲变形（弯曲变形）

挠曲变形（弯曲变形）是指当塑性变形区偏离构件截面形心，导致纵向收缩或横向收缩的假想应力偏离构件截面的中性轴线方向而产生的弯曲变形。构件的挠曲计算公式为

$$f = \frac{ML^2}{8EI} = \frac{P_{\mathrm{f}}eL^2}{8EI} \tag{10-4}$$

对于钢制构件单道焊缝的挠度可用下式估算：

$$f = \frac{k_1 A_{\mathrm{H}} e L^2}{8I} \tag{10-5}$$

多层焊或双面焊缝的挠度以上式的结果乘以与纵向收缩公式中相同的系数 k_2。

4. 角变形

角变形的计算比较困难，不同形式的接头，角变形具有不同的特点。角变形的大小通常根据实验以及经验数据来确定。

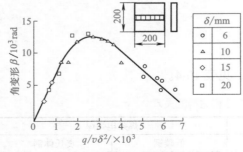

图 10-19 角变形 $q/v\delta^2$ 的关系

① 堆焊。堆焊是在焊接的表面进行的金属熔敷，因此，堆焊时焊缝正面的温度明显高于背面的温度，会产生较大的角变形。其温度差越大，角变形越大。由于温度与焊接热输入有关，所以热输入较大时，角变形也相应较大。但是，当热输入增大到某一临界值时，角变形不再增加，出现减小的现象，如图 10-19 所示。这是因为热输入的进一步增加，使得沿厚度方向的温度梯度减小所致。

② 对接接头。对接接头的坡口角度和焊缝截面积形状对角变形的影响较大。坡口越大，厚度方向的横向收缩越不均匀，角变形越大。对称的双 Y 形比 V 形角变形小，但不一定能够使角变形完全消除。对接接头的角变形不但与坡口形式和焊缝截面积有关，还与焊接方式有关。同样的板厚和坡口形式，多层焊比单层焊的角变形大，层数越多，角变形越大；多道焊比多层焊的角变形大。要采用双 Y、双 U 形式的坡口，如果不采用合理的焊接顺序，仍然会产生角变形。一般应两面交替焊接，最好的方法是两面同时焊接。薄板焊接时，由于正反两面温度差较小，角变形没有明显的规律性。

③ T 形接头。T 形接头的角变形包括筋板相对于主板的角变形和主板自身的角变形两部分。前者相当于对接接头的角变形，不开坡口的角焊缝相当于坡口 90° 的对接接头产生的角变形，如图 10-20（b）中 β' 所示。主板的角变形相当于堆焊产生的角变形，如图 10-20（c）中 β'' 所示。通过开坡口，可以减小筋板与主板之间的焊缝夹角，降低 β'' 值。低碳钢各种板厚和焊角 K 的 T 形接头的角变形可参照图 10-21 所示估计。

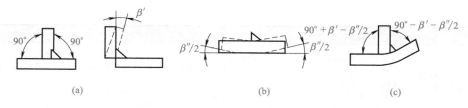

(a)   (b)   (c)

图 10-20 T形接头角焊缝产生的各种角变形

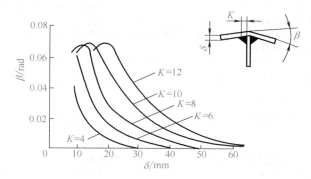

图 10-21 低碳钢各种板厚和焊角 K 的 T 形接头的角变形的关系曲线

四、焊接残余变形的控制与矫正

焊接残余变形的存在对焊接结构的制造精度及使用性能有很大的影响，因此常常在生产过程中采用一些措施对变形进行控制，在生产后对焊接残余变形进行矫正。

1. 控制焊接变形的措施

表 10-5 控制焊接变形的措施

措施		说　明
设计措施	合理选择焊件尺寸	焊件的长度、宽度和厚度等尺寸焊接变形有明显影响。以角焊缝为例，板厚对于角焊缝的角变形影响较大，当厚度达到某一数值（钢约为 9mm，铝约为 7mm）时，角变形最大。另外，在焊接薄板结构时会产生较大的波浪变形。在焊接细长结构时，会产生弯曲变形。因此，需要精心设计焊接结构的尺寸参数（如厚度、宽度、长度和间距等）
	合理选择焊缝尺寸和坡口形式	焊缝尺寸过大，焊接工作量大、填充金属消耗量大，焊接变形也越大。因此，在设计焊缝尺寸时，在保证结构承载能力的条件下，应尽量采用较小的焊缝尺寸。但是，较小的焊缝尺寸由于冷却速度过快，又容易产生焊接缺陷，如焊接裂纹、热影响区硬度过高等。下表列出了不同厚度典型钢板的最小角焊缝尺寸，其中板厚为两板厚度中的较大者

不同厚度典型钢板的最小角焊缝尺寸　　　　　　　　mm

板厚	最小角焊缝尺寸 K	
	3 钢	16Mn 钢
7 ～ 16	4	6
17 ～ 22	6	8
23 ～ 32	8	10
33 ～ 50	10	12
> 50	12	—

由于低合金钢对冷却速度比较敏感，所以在同样厚度条件下，最小焊角尺寸应比低碳钢焊角尺寸大些

措施		说　明
设计措施	合理选择焊缝尺寸和坡口形式	合理地设计坡口形式也有利于控制焊接变形。例如，双 Y 形坡口的对接接头角变形明显小于 V 形坡口对接接头的角变形。但是，为了使双 Y 坡口对接接头角变形消除，还要进一步精心设计坡口的具体尺寸 对于受力较大的丁字接头及十字接头，在保证相同强度的条件下，采用开坡口的焊缝不仅比不开坡口的角焊缝填充金属量小，而且能有效地减小焊接变形。尤其对厚板接头来说意义更大。除坡口形状和尺寸要精心设计外，还要注意坡口位置的设计
	尽量减小不必要的焊缝	焊接结构应该力求焊缝数量少。在设计焊接结构时，有时为了减轻结构的重量需要而选用板厚较薄的构件，采用加强筋板来提高结构的稳定性和刚度。如果使用加强筋板数量过多，将大大增加装配和焊接的工作量，经济差，焊接变形量也较大。因此需要选择合适的板厚和筋板数量，使焊缝节省
	合理安排焊缝位置	应该设法使焊缝位置对称于焊接结构的中性轴，或者接近于中性轴，避免焊接结构的弯曲变形 焊缝对称于中性轴，有可能使焊缝引起的弯曲变形相互抵消。焊缝接近于中性轴，可以减小由焊缝收缩引起的弯曲力矩，使构件的弯曲变形也会减小。焊缝的对称布置在很大程度上取决于结构设计的对称性，所以在设计焊接结构时，应该力求使结构对称
工艺措施	反变形法	通过焊前估算结构变形的大小和方向，然后在装配时给予一个反相方向的变形量，使之与焊后构件的焊接变形相抵消，达到设计的要求。这是生产中最常用的方法。反变形法一般有自由反变形法 [图 1（a）]、塑性反变形法 [图 1（b）]、弹性反变形法 [图 1（c）]三种方式。如果能够精确地控制塑性反变形量，可以得到没有角变形的角焊缝，否则得不到良好的效果。正确的塑性预弯曲量随着板厚、焊接条件和其他因素的不同而变化，而且弯曲线必须与焊缝轴线严格配合，这些都给生产带来困难，实际中很少采用。角焊缝通常采用专门的反变形夹具，将垫块放在工件下面，两边用夹具夹紧，变形量一般不超过弹性极限变形量，这种方法比塑性反变形法更可靠，即使反变形量不够准确，也可以减少角变形，不至于残留预弯曲的反变形 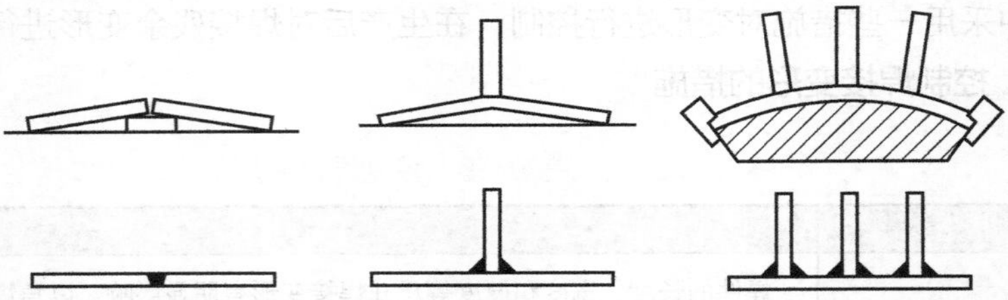 (a) 自由反变形法　　(b) 塑性反变形法　　(c) 弹性反变形法 图 1　减少焊接变形的反变形法
	刚性固定法	这个方法是在没有反变形的条件下，将焊件加以固定来限制焊接变形。采用这种方法，只能在一定程度上减小变形量，效果不及反变形法。但这种方法来防止角变形和波浪变形，效果较好。例如，焊接法兰盘时采用直接点固，或压在平台上，或两个法兰盘背对背地固定起来，如图 2 所示 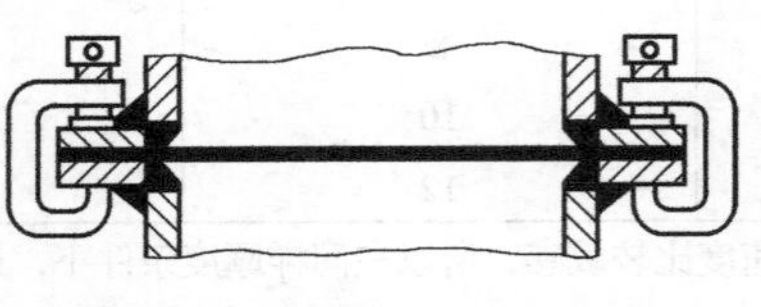 图 2　刚性固定法焊接法兰盘 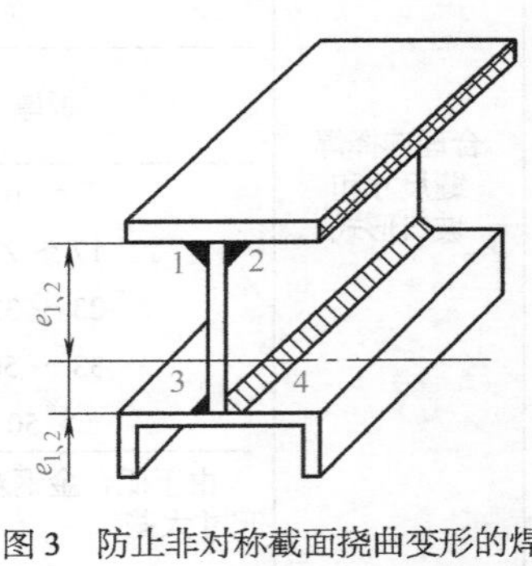　　　图 3　防止非对称截面挠曲变形的焊接

措施		说　明
工艺措施	合理选择焊接方法及焊接规范	选用热输入较低的焊接方法，可以有效防止焊接变形。焊缝不对称的细长结构有时可以选用合适的热输入而不必采用反变形或夹具克服挠曲变形。如图3中的构件，焊缝1、2到中性轴的距离大于焊缝3、4到中性轴的距离，若采用相同的规范焊接，则焊缝1、2引起的挠曲变形大于焊缝3、4引起的挠曲变形，两者不能相互抵消。如果把焊缝1、2适当分层焊接，每层采用小输入，则可以控制挠曲变形 　　如果焊接时没有条件采用热输入较小的方法，又不能降低焊接参数，可采用水冷或铜冷却块的方法限制和缩小焊接热场分布的方法，减少焊接变形
	采用合理的装配焊接顺序	设计装配焊接顺序主要是考虑不同焊接顺序的焊缝产生的应力和变形之间的相互影响，正确选择装配焊接顺序可以有效地控制焊接变形。如图4所示的带盖板的双槽钢焊接工字梁，可以采用三种方案进行焊接 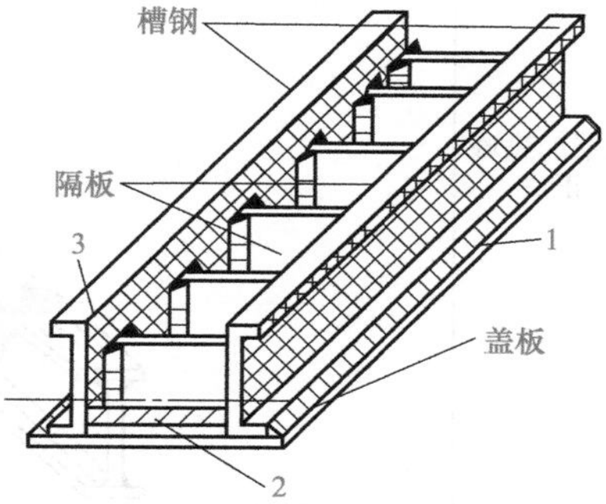 　　方案1：先把隔板与槽向钢装配在一起，焊接角焊缝3，角焊缝3的大部分在槽钢的中性轴以下，它的横向收缩产生上挠度f_3。再将盖板与槽钢装配起来，焊接角焊缝1，角焊缝1在构件断面的中性轴以下，它纵向收缩引起上挠度f_1。最后焊接角焊缝2，角焊缝2也位于断面的中性轴以下，它的横向收缩产生上挠度f_2。构件最终的挠曲变形为$f_1+f_2+f_3$ 图4　带盖板的双槽钢焊接工字梁 　　方案2：先将槽钢与盖板装配在一起，焊接角焊缝1，它的纵向收缩引起上挠度f_1。再装配隔板，焊接角焊缝2，它的横向收缩产生上挠度f_2。最后焊接角焊缝3，此时角焊缝3的大部分在构件断面的中性轴以上，它的横向收缩产生下挠度f'_3。构件最终的挠度为$f_1+f_2-f'_3$ 　　方案3：先将隔板与盖板装配在一起，焊接角焊缝2，盖板在自由状态下焊接，只能产生横向收缩和角变形，若采用压板将盖板紧压在平台上是可以控制角变形的。此时盖板没有与槽钢连接，因此焊缝2的收缩不引起挠曲变形，$f_2=0$。再装配槽钢，焊接角焊缝1，引起上挠度f_1。最后焊接角焊缝3，引起下挠度f'_3。构件最终的挠度为$f_1-f'_3$ 　　比较以上三种方案可以看出，不同的装配焊接顺序导致不同的变形结果，第一种方案挠曲变形最大，第三种最小，第二种介于第一种和第三种之间

2. 矫正焊接变形的方法

　　尽管在焊接结构的设计和生产中采取了许多控制焊接变形的措施，但是焊接残余变形难以完全消除。在必要时，还必须通过分析焊接结构来进行残余变形的矫正。矫正焊接残余变形的方法一般有两大类，见表10-6。

表 10-6　矫正焊接变形的方法

类别	说　明
机械矫正法	利用外力使构件产生与焊接变形方向相反的塑性变形，使两者相互抵消。在薄板结构中，如果焊缝比较规则（直焊缝或环焊缝），采用圆盘形辊轮碾压焊缝及其两侧，使之伸长来达到消除焊接残余变形的目的。这种方法效率高，质量也好。对于塑性较好的材料（如铝）效果更佳 　　图1所示为用加压机械来矫正工字梁焊接变形的例子。除采用压力机外，还可以用锤击法来延展焊缝及其周围压缩塑性变形区域，达到消除焊接变形的目的。这种方法比较简单，经常用来矫正不太厚的板结构。其缺点是劳动强度大，表面质量不好，锤击力不易控制 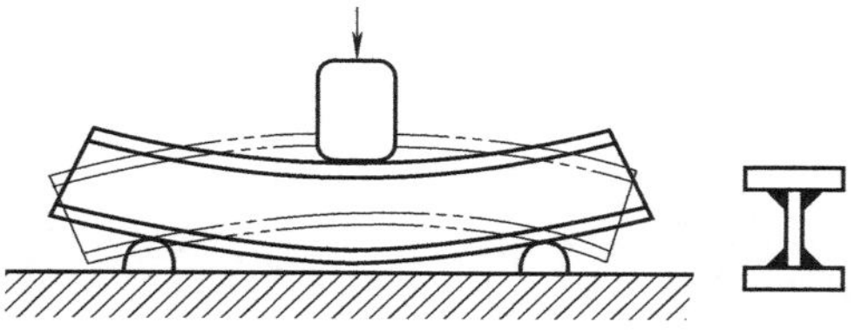 图1　机械矫正法

类别	说　　明
火焰加热矫正法	利用火焰局部加热时产生的压缩塑性变形，使较长的金属在冷却后产生的收缩，来达到矫正变形的目的。火焰加热可采用一般气焊焊炬，矫正效果的好坏，关键在于正确地选择加热位置、加热范围和加热形状 　　如图2（a）中非对称Ⅱ形结构，可以在上下盖板采用三角形加热的办法矫正。非对称工字梁［图2（b）］的上挠曲变形，可在上盖板用矩形加热和腹板用三角形加热的办法矫正。T形接头的角变形可在翼板背面加热进行矫正，如图2（c）所示 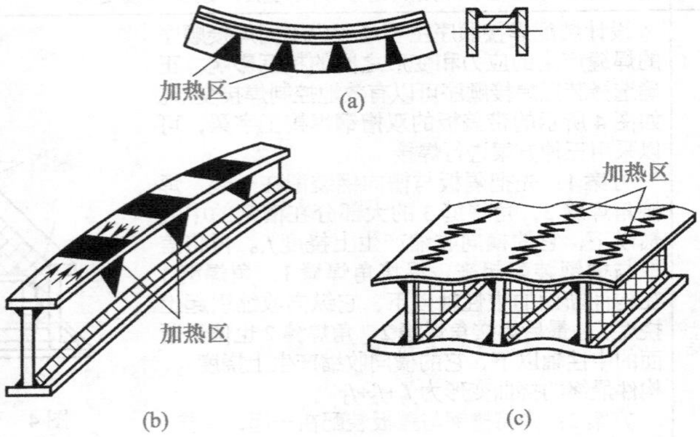 图2　火焰加热矫正法

第十一章
焊接机器人

第一节 焊接机器人基本概念、系统组成及护养

一、焊接机器人基本概念

1. 机器人常用术语

表 11-1 机器人常用术语

名称	说　明
自由度	物体能够相对坐标系进行独立运动的数目称为自由度。自由刚体具有 6 个自由度。自由度通常作为机器人的技术指标，反映机器人的灵活性。焊接机器人一般具有 5 ～ 6 个自由度
位姿	指工具的位置和姿态
末端操作器	位于机器人腕部末端，直接执行工作要求的装置，如夹持器、焊枪、焊钳等
载荷	指机器人手腕部最大负重，通常情况下弧焊机器人的载荷为 5 ～ 20kg，点焊机器人的载荷为 50 ～ 200kg
工作空间	机器人工作时，其腕轴交点能活动的空间范围
重复位姿精度	在同一条件下，重复 N 次所测得的位姿一致的程度
轨迹重复精度	沿同一轨迹跟随 N 次，所测得的轨迹之间的一致程度
示教再现	通过操作示教器移动机器人焊枪，按照工作顺序确定焊枪姿态并存储焊丝端部轨迹点，通过调用各种命令并设定参数，生成一个机器人焊接作业程序。作业程序（或称任务程序）为一组运动及辅助功能命令，机器人可以重复地顺序执行的一系列焊接作业程序

2. 机器人运动控制

（1）机器人连杆参数及连杆坐标系变换

机器人操作机可看作一个开链式多连杆机构，始端连杆就是机器人的基座，末端连杆与工具相连，相邻连杆之间用关节（轴）连接在一起。

6 自由度机器人由 6 个连杆和 6 个关节（轴）组成。编号时，基座称为连杆 0，不包含

在这 6 个连杆内，连杆 1 与基座由关节 1 相连，连杆 2 通过关节 2 与连杆 1 相连，依此类推。机器人手臂关节链如图 11-1 所示。

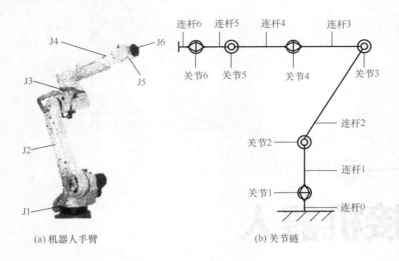

(a) 机器人手臂   (b) 关节链

图 11-1　机器人手臂关节链

下面通过两个关节轴及连杆示意图，说明连杆参数和动作的关系，如图 11-2 所示。

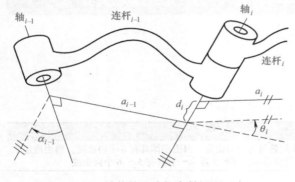

图 11-2　关节轴及连杆参数标识示意

1）连杆参数。

①连杆长度 a_{i-1}。连杆两端轴线的距离。

②连杆扭角 α_{i-1}。连杆两端轴线的夹角，方向为从轴 i-1 到轴 i。

2）连杆连接参数。

①连杆间的距离 d_i。指 a_i 与 a_{i-1} 之间的距离。

②关节角度 θ_i。指 a_i 与 a_{i-1} 之间的夹角，方向为从 a_{i-1} 到 a_i。

（2）机器人运动学

机器人运动学主要包括运动学正问题和运动学逆问题两方面的内容。

① 运动学正问题。对给定的机器人操作机，已知各关节角矢量，求末端执行器相对于参考坐标系的位姿，称为正向运动学。机器人示教时，机器人控制器逐点进行运动学正解运算。

② 运动学逆问题。对给定的机器人操作机，已知末端执行器在参考坐标系中的初始位姿和目标（期望）位姿，求各关节角矢量，称为逆向运动学。机器人再现时，机器人控制器逐点进行运动学逆解运算，并将矢量分解到操作机各关节。

3. 机器人关节驱动机构

（1）驱动电动机

电动机是机器人驱动系统中的执行元件。机器人常采用的电动机有步进电动机和伺服电动机（直流伺服电动机、交流伺服电动机）。

1）步进电动机系统。步进电动机是一种将电脉冲信号转变为角位移或线位移的开环控制精密驱动元件，分为反应式步进电动机、永磁式步进电动机和混合式步进电动机三种。其中，混合式步进电动机的应用最为广泛，是一种精度高、控制简单、成本低廉的驱动方案。

2）伺服电动机系统。在自动控制系统中，伺服电动机用作执行元件，把收到的电信号转换成电动机轴上的角位移或角速度输出，可分为直流和交流伺服电动机两大类。其特点是当信号电压为零时无自转现象，转速随着转矩的增加而匀速下降。伺服电动机具有以下优点。

① 无电刷和换向器，工作可靠，对维护和保养要求低。

② 定子绕组散热比较方便。

③ 惯量小，易于提高系统的快速性。

④ 适应于高速大力矩工作状态。

⑤ 同功率下有较小的体积和重量。

（2）关节减速机构

为了提高机器人控制精度，增大驱动力矩，一般均需配置减速机，其减速机构类型及说明见表11-2。

表11-2　关节减速机构类型及说明

类型	说　明
谐波减速器	由谐波发生器（椭圆形凸轮及薄壁轴承）、柔轮（在柔性材料上切制齿形）以及与它们啮合的钢轮构成的传动机构。该减速器具有结构紧凑，能实现同轴输出；减速比大；同时啮合齿数多，承载能力大；回差小，传动精度高；运动平稳，传动效率较高等优点。其缺点是扭转刚度不足，谐波发生器自身转动惯量大
摆线针轮减速机	行星摆线针轮减速机的全部传动装置可分为三部分，即输入部分、减速部分、输出部分。在输入轴上装有一个错位180°的双偏心套，在偏心套上装有两个滚柱轴承，形成H机构。两个摆线轮的中心孔即为偏心套上转臂轴承的滚道，并由摆线轮与针齿轮上一组环形排列的针齿轮相啮合，以组成少齿差内啮合减速机构（为了减少摩擦，在减速比小的减速机中，针齿上带有针齿套）。 摆线针轮减速机的特点是结构紧凑，能实现同轴输出；减速比大；高刚度，负载能力大；回差小，传动精度高；运动平稳，传动效率较高（可达70%）；可靠性高，寿命长等
滚动螺旋传动	滚动螺旋传动能够实现回转运动与直线运动的相互转换，在一些机器人的直线传动中有应用

（3）关节传动机构

大部分机器人的关节是间接驱动的，通常有链条、链带和平行四边形连杆两种形式，见表11-3。

表11-3　关节传动机构类型及说明

类型	说　明
链条、链带	链条和链带的刚度好，是远程驱动的手段之一，而且能传递较大的力矩
平行四边形连杆	其特点是能够把驱动器安装在手臂的根部，而且该结构能够使坐标变换运算变得极为简单

4. 机器人位置控制

表11-4　机器人位置控制

类别	说　明
关节轴控制原理	绝大多数机器人采用关节式运动形式，很难直接检测机器人末端的运动，只能对各关节进行控制，属于半闭环系统，即仅从电动机轴上闭环。关节轴控制原理框图如图1所示 目前，工业机器人基本操作方式多为示教再现。示教时，不能将轨迹上的所有点都示教一遍，原因一是费时，二是占用大量的存储器。依据机器人运动学理论，机器人手臂关节在空间进行运动规划时，需进行的大量工作是对关节量的插值计算。插补是一种算法，对于有规律的轨迹，仅示教几个特征点。例如，对于直线轨迹，只示教两个端点（起点、终点）；对于圆弧轨迹，需示教三点（起点、终点、中间点），轨迹上其他中间点的坐标通过插补方法获得。实际工作中，对于非直线和圆弧的轨迹，可以切分为若干个直线段或圆弧段，以无限逼近的方法实现轨迹示教。多关节轴机器人控制原理框图如图2所示

类别	说　明
关节轴控制原理	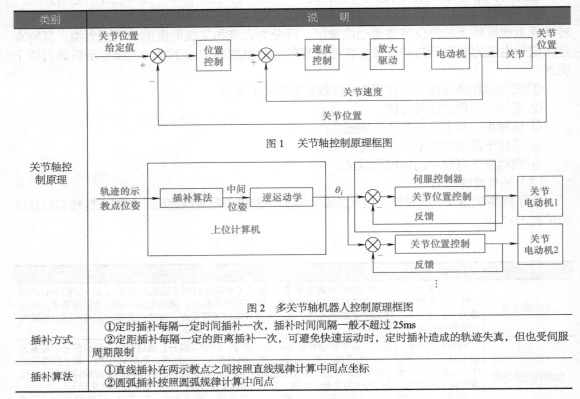图 1　关节轴控制原理框图 图 2　多关节轴机器人控制原理框图
插补方式	①定时插补每隔一定时间插补一次，插补时间间隔一般不超过 25ms ②定距插补每隔一定的距离插补一次，可避免快速运动时，定时插补造成的轨迹失真，但也受伺服周期限制
插补算法	①直线插补在两示教点之间按照直线规律计算中间点坐标 ②圆弧插补按照圆弧规律计算中间点

二、焊接机器人系统的一般组成

　　焊接也称为熔接、镕接，是一种以加热、高温或者高压的方式接合金属，或其他热塑性材料的制造工艺及技术，主要可以通过压焊、钎焊、熔化焊 3 种途径达成材料接合的目的（表 11-5）。

表 11-5　焊接途径

焊接途径	说　明
压焊	在焊接过程中必须对焊件施加压力，适用于各种金属材料和部分非金属材料的加工
钎焊	采用比工件母材熔点低的金属材料作为钎料，利用液态钎料润湿母材，填充接头间隙，并与母材互相扩散实现工件的接合。适合于各种材料的焊接加工，也适合于不同金属或异类材料的焊接加工
熔化焊	通过熔化母材和填充料，冷却后实现材料间连接的方法。熔化焊接的能量来源种类繁多，有气体火焰、电弧、激光、电子束、摩擦和超声波等

　　本节以金属材料的主要焊接工艺形式——机器人弧焊和点焊作为焊接机器人系统的教学对象，阐述焊接机器人系统中的工业机器人、焊接电源和焊接外围设备的功能和维护保养方法。焊接机器人外形如图 11-3 所示。

1. 焊接机器人系统的分类

　　焊接机器人系统是指从事焊接（含切割与喷涂）工作，由工业机器人、焊接电源、焊枪或焊钳、送丝机，以及变位机、气源、除尘器和安全护栏等组成，可完成规定焊接动作、获得合格焊接构件的系统。国际标准化组织（ISO）将焊接机器人定义为一种多用途的、可重复编程的自动控制操作机，具有 3 个或更多可编程的轴，在机器人的最后一个轴的机械接口

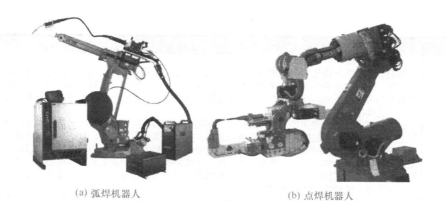

(a) 弧焊机器人   (b) 点焊机器人

图 11-3   焊接机器人

图 11-4   焊接工作站

图 11-5   焊接生产线

安装有焊钳或焊（割）枪，能够进行焊接、切割或热喷涂的工业自动化系统。焊接工业机器人系统主要有焊接工作站（单元）、焊接生产线、弧焊机器人、点焊机器人几种组成形式，见表 11-6。

表 11-6   焊接工业机器人主要系统的组成形式

类别	说　　明
焊接工作站（单元）	焊接机器人与焊接电源和外围设备组成可以独立工作的单元，称之为焊接工作站或焊接机器人单元，如图 11-4 所示 　　如果工件在整个焊接过程中无需改变位置（变位），一般采用夹具将工件直接定位在工作台面上，这是最简单的焊接单元。在实际生产中，大多数工件在焊接过程需要通过变位，使焊缝处在较好的位置（姿态）下进行焊接。需要配置用于改变工件位置的设备（变位机）与工业机器人协调运动才能实现，这是焊接工作站的常规组成 　　为保证焊缝在较好的姿态下进行焊接，可以采用在变位机完成工件变位后，由工业机器人带动焊枪移动进行焊接；也可以在变位机进行变位的同时，工业机器人进行轨迹移动完成焊接。通过变位机的运动及机器人运动的复合，使焊枪相对于工件的运动既能满足焊缝轨迹，又能满足焊接速度及焊枪姿态的要求

續表

類別	說　　明
焊接生產線	焊接機器人生產線比較簡單的集成方法，是把多台工作站（單元）用工件輸送線連接起來組成一條生產線，如圖11-5所示。這種生產線仍然保持了單個工作站的特點，每個站只能用選定的工件夾具及焊接機器人的程序來焊接預定的工件，在更改夾具及程序之前的一段時間內，這條生產線不能用於其他工件的焊接 焊接柔性生產線也是由多個工作站組成，不同的是被焊工件均裝夾在統一的治具上，而治具可以與線上任何一個站的變位機相配合並被自動夾緊。在焊接柔性生產線上，首先需要完成治具編號或工件的識別，自動調出焊接該工件指定工序的焊接程序，控制焊接機器人進行焊接。可以在每一個工作站無需作任何調整的情況下，焊接不同的工件。焊接柔性生產線一般配備有移動小車，可以自動將點固好的工件從存放工位取出，送到空閒的焊接機器人工作站；也可以從焊接機器人工作站上把完成焊接的工件取下。送到成品件流出位置 工廠具體選用何種形式的焊接工業機器人系統，應當根據實際情況選擇。焊接專機適合批量大，改型慢的產品，而且工件的焊縫數量較少、較長，形狀規矩（直線、圓形）的情況；焊接機器人工作站一般適合中、小批量生產，被焊工件的焊縫可以短而多，形狀較複雜；焊接柔性生產線則適於產品品種多，每批數量又很少的情況。在大力推廣智能製造和無人製造的情況下，柔性焊接機器人生產線將是未來的主要發展形式
弧焊機器人	弧焊工藝已在諸多行業中得到普及，弧焊機器人在通用機械、造船等許多行業中得到廣泛運用。弧焊機器人是包括各種電弧焊附屬裝置在內的柔性焊接系統，因而對其性能有著特殊的要求 在弧焊作業中，焊槍尖端應沿著預定的焊道軌跡運動，並不斷填充金屬形成焊縫。因此運動過程中速度的平穩性和重複定位精度是兩項重要指標。一般情況下，焊接速度取30～300cm/min，軌跡重複定位精度為±（0.2～0.5）mm。工業機器人其他一些基本性能要求如下 ①與焊機進行通信的功能 ②設定焊接條件（焊接電流、焊接電壓、焊接速度等），引弧、熄弧焊接條件設置，斷弧檢測及搭接等功能 ③擺動功能和擺焊參數設置 ④坡口填充功能 ⑤焊接異常檢測功能 ⑥焊接傳感器（起始焊點檢出及焊縫跟踪）的接口功能 ⑦與計算機及網絡接口功能
點焊機器人	汽車工業是點焊機器人系統的主要應用領域，在裝配每台汽車車體、車身時，大約60%的焊點是由機器人完成。點焊機器人最初只用於在已拼接好的工件上增加焊點，後來為了保證拼接精度，又需要機器人完成定位焊作業。點焊機器人逐漸被要求有更好的作業性能，主要有 ①點焊機的接口通信功能 ②工作空間大 ③點焊速度與生產線速度相匹配，快速完成小節距的多點定位（每0.3～0.4s移動30～50mm，且準確定位） ④夾持質量大（50～100kg），以便攜帶內裝變壓器的焊鉗 ⑤定位準確，精度約±0.25mm，以確保焊接質量 ⑥內存容量大，示教簡單 ⑦離線編程接口功能

2. 焊接機器人系統的一般組成

焊接機器人工作站（單元）是各種形式的焊接機器人系統的基礎，通常由工業機器人系統、焊接設備、負責機器人或工件移動的機械裝置、工件變位裝置、工件的定位和夾緊裝置、氣體供應系統、焊槍噴嘴或焊鉗電極的清理修整裝置、安全保護裝置等組成。根據工件的具體結構情況、所要焊接的焊縫位置的可達性和對接頭質量的要求，焊接機器人工作站的配置有所不同。

圖11-6所示為兩工位焊接機器人系統，工件在整個焊接過程中需要改變位置（變位），配置有翻轉變位機。在本書下面的闡述中所說的工業機器人系統包括工業機器人、防碰撞傳感器、機器人控制櫃和示教盒等；焊接設備包括焊槍（或焊鉗、切割器和塗裝噴嘴）、焊接

电源、送丝机、焊丝盘、气体供应系统；工件安装平台则包括工作台、夹具等；工件变位装置简称为变位机。外围设备则包括了焊枪喷嘴或焊钳电极的清理修整装置（清枪站）、通风除尘设备和安全保护装置（安全围栏）。在焊接机器人系统中工业机器人系统负责焊接运行轨迹；焊接设备负责提供熔接能源和焊接填充材料、营造焊接环境；工件安装平台和变位机负责夹持工件并与工业机器人系统协同工作，以保证焊缝的最佳位置。外围设备主要负责生产安全和生产准备。

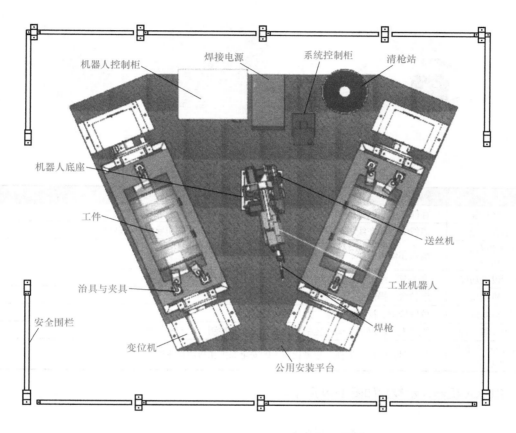

图 11-6　焊接机器人工作站的一般组成

3. 主要设备的基本功能

（1）工业机器人的组成与作用

在焊接机器人系统中一般选用六自由度工业机器人，由机器人本体和控制柜两部分组成。

六自由度工业机器人本体（图 11-7）由底座、大臂、小臂和手腕等部分组成，它有腰部、肩部、肘部和腕部等关节，具有腰部左右摆动、肩部和肘部上下摆动、小臂旋转、腕部摆动和旋转等 6 个自由度。在焊接机器人系统中主要承担搭载焊枪、送丝机和焊丝盘，并根据焊接要求将焊丝顶端准确移动到焊缝所在的位置工作。

机器人控制柜（图 11-8）内部安装有控制板卡，外部配置有相应的按钮，并与示教盒通过电缆连接。控制柜是机器人的重要组成部分，用于控制机器人本体及外部设备工作，以完成特定的任务，其基本功能见表 11-7。

小臂
腕部
肘部
大臂
肩部
底座
腰部

图 11-7 六自由度工业机器人本体

图 11-8 FANUC 工业机器人控制柜

表 11-7 基本功能

类别	说　明
记忆功能	存储作业顺序、运动路径、运动方式、运动速度与生产工艺有关的信息
示教功能	离线编程，在线示教，间接示教。在线示教包括示教盒和导引示教两种
与外围设备联系功能	输入和输出接口、通信接口、网络接口、同步接口
坐标设置功能	有关节、绝对、工具、用户自定义四种坐标系
人机接口	示教盒、操作面板、显示屏
传感器接口	位置检测、视觉、触觉、力觉等
位置伺服功能	机器人多轴联动、运动控制、速度和加速度控制、动态补偿等
故障诊断安全保护功能	运行时系统状态监视、故障状态下的安全保护和故障自诊断

KUKA 机器人示教盒如图 11-9 所示。

(a) 示教盒正面

(b) 示教盒反面

图 11-9 KUKA 机器人示教盒

（2）焊接设备的组成与功能

焊接设备在本书中包括了焊接电源、送丝机、焊枪等。

焊接电源是为焊接提供电流、电压并具有适合该焊接方法所要求的输出特性的设备，也称为焊机（图 11-10）。焊接电源种类繁多，不同焊机有不同的性能和使用场合，其说明见表 11-8。

图 11-10　福尼斯焊机

图 11-11　福尼斯送丝机

表 11-8　不同焊机的使用场合

类别	说　明
交流手工弧焊机	主要用于焊接厚度 2.5mm 以上的各种碳钢
氩弧焊机	常用于焊接厚度 2mm 以下的合金钢
直流焊机	焊接生铁和有色金属
二氧化碳保护焊机	通常用于焊接 2.5mm 以下的薄板构件
埋弧焊机	一般用于焊接 H 钢、桥架等大型钢构件
对焊机	以焊接索链等环形材料为主
点焊机	以点击方式完成两块钢板的焊接
滚焊机	以滚动方式焊接罐底等
高频直缝焊机	主要用于焊接诸如自来水管的直线焊缝
激光焊机	以激光的形式提供焊接能量，常用于不耐温度的产品，如三极管内部接线等

送丝机是一种在控制系统的控制下，可以根据设定的参数连续稳定地送出焊丝的自动化送丝装置，如图 11-11 所示。主要用于机器人焊接、手工焊接、氩弧焊、等离子焊和激光焊等焊接过程中的自动送丝。

焊枪（图 11-12）是在焊接过程中执行焊接操作的部件，有三阴极焊枪、氩弧焊枪、塑料焊枪、CO_2 焊枪、火焰焊枪和电烙铁等。焊枪利用焊机的高电流、高电压产生的热量聚集在焊枪终端熔化焊丝，熔化后的焊丝渗透到需焊接的部位，冷却后使被焊接的物体牢固地连接成一体。

图 11-12　CO_2 气体保护焊枪

三、焊接机器人系统的维护及保养

（一）常规保养

焊接机器人系统是由工业机器人系统、焊接设备、工件安装平台、变位机和外围设备组成的复杂系统，而工业机器人、变位机和焊接电源等本身就是典型的机电一体化设备，只有科学地精心维护才能保证其良好的工作状态，延长其无故障工作时间，以及系统的寿命周期。

1. 常规保养制度

表 11-9　常规保养制度

类别	说　明
日常保养	日常保养又称为设备点检,分为每天班后小保养和每周班后大保养,由设备操作者负责。主要内容为检查设备使用和运转情况,填写好交接班记录;对设备各部件进行擦洗清洁,定时加注润滑剂;对易松脱的零件进行紧固,调整消除设备小缺陷;检查设备零部件是否完整,工件、附件是否放置整齐等
一级保养	一级保养是指两班制工作的设备运行一个月,以操作者为主,维修工人配合进行的保养,经过一级保养后使设备达到外观清洁明亮、油路畅通、操作灵活、运转正常;安全防护、指示仪表齐全、可靠。主要工作内容有 ①检查、清扫、调整电器控制部位 ②彻底清洗、擦拭设备外表,检查设备内部 ③检查、调整各操作、传动机构的零部件 ④检查油泵、疏通油路,检查油箱油质、油量 ⑤检查、调节各指示仪表与安全防护装置 ⑥排除故障隐患和异常,消除泄漏现象等 ⑦记录保养的主要内容,保养过程中发现和排除的隐患异常,试运转结果,试生产工件精度,以及运行性能等
二级保养	二级保养是以维持设备的技术状况为主的检修形式,以专业维修人员为主完成,操作工协助,主要针对设备易损零部件的磨损与损坏进行修复或更换。二级保养前后应对设备进行动、静态技术状况测定,并认真做好保养记录 二级保养除完成一级保养的全部工作外,还要求对润滑部位进行全面清洁,结合换油周期检查润滑油质,进行清洗换油。检查设备动态技术状况(噪声、振动、温升、油压等)与主要精度(波纹、表面粗糙度等),调整设备安装水平,校验机装仪表,测量绝缘电阻;更换或修复零部件,修复安全装置,清洗或更换轴承等。经过二级保养后要求设备精度和性能达到工艺要求,无漏油、漏水、漏气、漏电现象,声响、振动、压力、温升等符合标准

2. 工业机器人系统的保养

工业机器人系统由机器人本体、控制柜、示教盒和外加传感器等组成,不同的机器人系统保养的要求和内容略有不同,定期保养周期一般分为日常、三个月、六个月、一年、两年和三年等,具体说明见表 11-10。

表 11-10　保养周期

类别		说　明
日常保养	本体的日常保养	①各轴的电缆、动力电缆与通信电缆的连接是否良好 ②各轴的运动状况是否正确,有无异常振动和噪声 ③本体齿轮箱、手腕等是否有漏油、渗油现象 ④机器人零件是否正常 ⑤检查机器人本体电池 ⑥各轴电机的温升与抱闸是否正常 ⑦各轴的润滑是否良好 ⑧各轴的限位挡块是否松动
	机器人控制柜和示教盒的日常保养	①内部有无杂物、灰尘等,密封是否良好 ②电气接头是否松动,电缆是否松动或者有破损的现象 ③检查程序存储电池 ④检测示教器按键的有效性,急停回路是否正常,显示屏是否正常显示,触摸功能是否正常 ⑤检测机器人是否可以正常完成程序备份和重新导入功能 ⑥检查变压器以及熔丝
	三个月保养	①清除机器人本体和控制柜上的灰尘和杂物 ②拧紧机器人上的盖板和各种附加件 ③检查接插件的固定状况是否良好 ④检查并重新连接机械本体的电缆 ⑤检查控制柜连接电缆 ⑥检查控制器的通风情况

类别	说　明
六个月保养	六个月保养主要针对有平衡块的机器人进行，检查并更换平衡块轴承的润滑油，具体要求按随机的机械保养手册
一年保养	一年保养主要是更换机器人本体上的电池，而三年保养则需要更换机器人减速器的润滑油

3. 焊接设备的保养

焊接设备的保养周期分为日常保养（每日检查与保养）、每月保养、三月保养、半年保养和一年保养。

日常保养（每日检查与保养）由操作者完成，主要检查设备的各个阀门、开关是否正常；设备的各个自动部件是否正常运转；焊接前进行试点火，检查焊接火焰是否呈蓝色。

每月保养的主要内容为各连接部位是否有异常声音；各电机是否有异常噪声；配管是否有泄漏。

三月保养主要工作是检查电气连接是否完好，过滤器是否有附着物，油槽是否有沉淀物。

半年保养主要检查各动作与各处压力表指示是否正常。各动作部件的运动速度是否符合要求，轴承温升是否在正常范围内，气管接头是否牢固、是否漏气；拧紧各固定螺钉、保证管道固定可靠。

每年须对电压表、电流表进行校准，测试电气系统绝缘参数，检查气压回路。

（二）主要配套设备与保养

要使焊接机器人系统能够顺利完成工件的焊接，还需要有相应的配套设备。主要有工业机器人的底座，工件的固定工作台，工件的变位、翻转、移位装置，工业机器人的龙门机架、固定机架和移动装置，通风除尘设备和安全围栏等。

工件的固定还需要有治具和夹具，还可能需要配备清枪、剪丝装置和焊钳电极的修整、更换装置等辅助设备。大部分工业机器人的生产厂家都有自己的标准配套设备可供选用，如果选用非机器人生产商的配套设备，必须考虑兼容性问题。

1. 变位机的种类

变位机是用来带动待焊工件，使其待焊焊缝运动至理想位置，方便施焊作业的设备。变位机可使焊缝处于水平或船形位置，易于获得质量高、外观好的焊接接头。变位机在焊接机器人系统中占有重要的地位，种类比较多，应根据实际情况选择。

变位机是一个品种多，技术水平较高，小、中、大发展齐全的产品。变位机在技术上分为普通型和无隙传动伺服控制形两类，额定负荷范围达到 $0.1 \sim 18000kN$。生产焊接操作机、滚轮架、焊接系统及其他焊接设备的厂家，大都生产焊接变位机；生产焊接机器人的厂家，大都生产机器人配套的焊接变位机。但以焊接变位机为主导产品的企业非常少见，Severt 公司、Aroson 公司是比较典型的生产焊接变位机的企业。CLOOS、IGM、松下等工业机器人公司都生产与机器人配套的伺服控制焊接变位机。

变位机的种类及说明见表 11-11。

表 11-11　变位机的种类及说明

类别	说　明
焊接工作台	若被焊工件的焊缝少，或处在水平位置，或对焊接质量要求不很高，焊接时不需工件变位，可以将工件固定在工作台上。工作台上面可以固定一个或多个夹具，机器人在各工位间来回焊接，虽然操作工人需要翻转工件和装卸工件才能完成一个工件的焊接，但可节省一套工件变位（翻转）机等的投资，且生产节拍一般也能保证

类别	说　明
旋（回）转工作台	 　　旋（回）转工作台只有一个使工件旋转的台面，没有倾斜功能。工作台上的旋（回）转盘是由电动机驱动，可以实现无级变速。旋（固）转工作台多用于环形焊缝的焊接，即转盘带动工件旋转，机器人将焊枪定位在工件上方进行焊接。此类旋（回）转工作台通常采用圆形工作台面，可以设计成两工位的旋（回）转工作台，每次转动180°，把工件轮流送到焊接工作区和工件上下料区。也可通过分度机构驱动台面做分度转动，每次只转动30°、45°、60°或90°，将固定在转盘周边的工件依次送入、送出焊接区。如把工件固定在转盘中心，则可将工件的不同侧面分别转向机器人以便焊接，如图1所示 　图1　旋（回）转工作台
旋转倾翻变位机	 　　旋转倾翻变位机（图2）是在上述旋（回）转工作台的基础上增加一个使转盘能倾斜的轴。该类变位机的旋转轴大多由伺服电动机通过变速箱驱动，闭环控制，无级调速，可与工业机器人实现联动。倾斜轴有气缸驱动的也有电动机驱动的，但气缸只能倾斜有限的几个选定角度，并用定位销锁定位置，而电动机驱动的可实现无级定位。转盘可由电动机驱动连续转动或通过分度机驱动做分度转动。此类变位机可以使工件焊缝处于水平或船形位置。但最大倾斜的角度有限，一般只能向下倾斜90°～120°。这种变位机多用于重心较低、较短小的工件 　图2　旋转倾翻变位机
翻转变位机	 　　翻转变位机是由头座和尾架组成，适用于长工件的翻转变位，如图3所示。一般由伺服电动机驱动头座转盘，采用码盘反馈实现闭环控制，可以任意调速和定位。但也可通过分度机构驱动，翻转几个固定的位置。尾架的转盘轴为被动轴。通常头座、尾架之间用一个长方形框架连接起来，框架上装有固定工件的夹具。有时也可利用长工件本身来连接头座，但注意装配定位焊后工件要有足够的刚性和强度来传递扭矩，以便能正常运动 　图3　翻转变位机

2. 变位机的维护与保养

表 11-12　变位机的维护与保养

类别	说　明
变位机的安全操作	①变位机须由专门人员操作，严禁超载使用本设备进行焊接作业 ②吊装工件时，不得撞击工作台，避免造成设备损坏 ③当工作台上装有工件，进行翻转时应当避免工件碰撞到地面 ④每次变换工作台旋转方向时，须确认工作台静止后再变向 ⑤选用合适的螺栓工件，防止侧翻时工件从工作台滑落 ⑥低温使用本设备时，必须空载运行5min预热后再工作 ⑦每次使用设备前，须确保翻转限位器灵敏、可靠 ⑧设备有异常声音或故障时必须停用，严禁设备带病运行

类别	说　　明
变位机的日常保养	①每天使用设备前，清除旋转齿轮及翻转齿轮上的污物并适量加注润滑油 ②每天使用设备前，检查设备电缆线的完好性，发现破皮、断裂、接触不良等及时修复 ③每次焊接完工件后，及时清除工作台上的焊渣等 ④每天工作结束后，认真如实填写设备交接班记录，详细记录设备运行情况
变位机的一级保养	①每次一级保养时，清除配电箱内灰尘，并检查紧固配电箱内各部位接线端子 ②每次一级保养时，检查工作台回转轴及轴承是否顺畅，有无异响，及时更换受损轴承 ③每次一级保养时，检查回转、翻转变速箱的润滑油，及时更换或添加 ④认真填写设备定期保养记录

3. 外围设备的保养

本节所指外围设备主要有清枪站、通风除尘设备和安全围栏两部分。安全围栏是保护人身安全、保证安全生产的重要屏障，其保养的重点是安全防护开关是否正常工作，连接电缆接头有无松动现象，每日均须进行检查和保养。

外围设备的保养说明见表 11-13。

表 11-13　外围设备的保养说明

类别	说　　明
焊枪喷嘴的清理装置	一般 CO_2（MAG）气体保护焊有较大的飞溅，会逐步粘在焊枪的喷嘴和导电嘴上，影响气体保护效果、送丝的稳定性。因此，根据飞溅的大小情况，在每次焊接若干个工件后对喷嘴和导电嘴进行一次清理 当工业机器人运行焊枪喷嘴清理子程序时，机器人将焊枪送到清理装置的上方，清理装置中的接近开关接到焊枪到位或接收到机器人控制柜发出的开始清理信号后，自动清理装置的气动夹钳将喷嘴夹紧，清理飞溅的弹簧刀片开始升起并旋转，一边高速旋转，一边慢慢伸入喷嘴内，将喷嘴和导电嘴表面黏附的飞溅颗粒刮下来 使用带有通向喷嘴的高压气管的焊枪时，待弹簧刀片清理飞溅时及清理完毕后，从高压管向喷嘴里喷出一股高速气流，将喷嘴内的残留飞溅颗粒彻底清除。喷嘴清理后，弹簧刀片下降，气动夹钳松开，并发出信号给控制柜，工业机器人将焊枪移动到喷防飞溅油的喷嘴上方，用压缩空气把防飞溅油喷入喷嘴内。防飞溅油能减轻飞溅颗粒在喷嘴和导电嘴上的黏附牢度
剪焊丝装置	配备剪焊丝装置是为了去掉焊丝端头上的小球保证引弧的一次成功率。目前大多数弧焊机器人所选用的焊接电源有熄弧时自动去除焊丝端头小球的功能。多数情况下，焊丝端头在熄弧时已经没有大的小球，可以不配备剪焊丝装置。如果工业机器人需要利用焊丝的端头来进行接触寻位，焊丝的伸出长度必须保持一致，则必须配备剪焊丝装置 工业机器人运行剪焊丝子程序时，机器人将焊枪送到指定位置，焊枪和刀片相对位置固定，送丝机自动点送一段焊丝后，剪丝机自动将焊丝剪断，使每次剪后的焊丝伸出长度（干伸长）保持一致，均为预定长度（15～25mm）
清枪站的保养	清枪站综合了焊枪喷嘴清理和剪丝功能，是焊接生产线的必备设备，主要用以保证生产线的高效运行，而一般焊接工作站较少配备，如下图所示。  清枪站

类别	说　明
清枪站的保养	在对清枪站维护保养时，必须将压缩空气切断，防止自动或他人误操作，导致清枪站意外工作而对人身造成伤害。在清枪站运行时，不得触摸旋转刀头和剪丝机，避免对肢体造成伤害，防止身上佩带物品或衣服被旋转的刀头卷入清枪站机构中。在使用硅油喷射装置时，注意防止喷射出的飞溅液意外进入眼睛。清枪站的维护保养内容如下 ①由于V形块是焊枪清枪时候的定位装置，与喷嘴必须紧贴，才能保证位置准确。V形块必须每日清理干净，避免清枪时对焊枪造成损坏 ②由于V形块在长时间的清枪过程中容易磨损，需要通过V形块调整支架来调节位置，才能保证清枪的准确，须保证清理干净 ③气动马达是清洁焊枪的绞刀的动力装置，因在更换绞刀时需要松开紧固螺栓，将气动马达放下来，才能更换绞刀，所以及时清洁，避免调整气动马达时产生位置偏差 ④定期清理剪丝机气动回路，避免剪丝不顺畅 ⑤收集杯用于盛放焊渣及剪切掉的焊丝。在每班工作完成后，应该及时清理收集杯 ⑥每周拧开气动马达下面的胶木螺钉放水以免使转轴生锈影响转动。每周检查一次硅油瓶中的硅油
除尘器的维护保养	焊接工业机器人系统一般采用袋式除尘器，或者过滤网式除尘器，均属于滤料过滤除尘。其中维护保养内容如下 在袋式除尘器的日常运行中，由于运行条件会发生某些改变，或者出现某些故障，都将影响设备的正常运转状况和工作性能，要定期地进行检查和适当的调节，以延长滤袋寿命，降低动力消耗 ①及时检查流体阻力。如出现压差增高，意味着滤袋出现堵塞、滤袋上有水汽冷凝、清灰机构失效、灰斗积灰过多以致堵塞滤袋、气体流量增多等情况。而压差降低则意味着出现了滤袋破损或松脱、进风侧管道堵塞或阀门关闭。箱体或各分室之间有泄漏现象、风机转速减慢等情况 ②及时消除安全隐患。在处理焊接尾气时，常有高温的焊渣、火星等进入系统之中，同时，大多数滤料是易燃烧、摩擦易产生积聚静电的材质，在这样的运转条件下，存在着发生燃烧、爆炸事故的危害，务必采取防止燃烧、爆炸和火灾事故的措施

第二节　常用机器人简介

一、FANUC 机器人简介

FANUC 弧焊机器人系统主要包括机器人系统（机器人本体、机器人控制柜、示教盒）、弧焊电源系统（焊机、送丝机、焊枪、焊丝盘支架）、焊枪防碰撞传感器、变位机、焊接工装系统（机械、电控、气路/液压）、清枪站、控制系统(PLC 控制柜、操作台)、安全系（围栏、安全光栅、安全锁）和排烟除尘系统（自净化除尘设备、排烟罩、管路）等。弧焊机器人系统如图 11-13 所示。

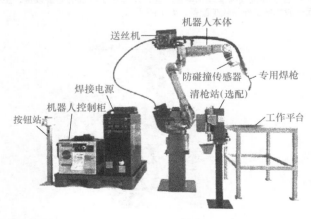

图 11-13　弧焊机器人系统

1. 机器人本体

机器人是由通过伺服电动机驱动的轴和手腕构成的机构部件。手腕叫做手臂，手腕的接合部叫做轴或者关节。最初的 3 轴（J1、J2、J3）叫做基本轴。机器人的基本组成如图 11-14 所示。

手腕轴对安装在法兰盘上的末端执行器（工具）进行操控，如进行扭转、上下摆动、左右摆动之类的动作。

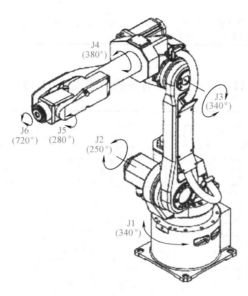

图 11-14　机器人的基本构成

2. 机器人示教器

机器人示教器如图 11-15 所示。

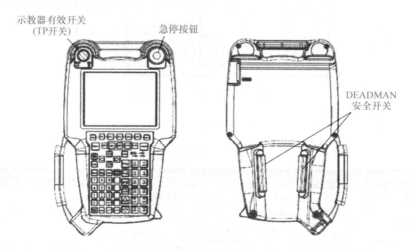

图 11-15　机器人示教器

（1）安全保护开关
安全保护开关说明见表 11-14。

表 11-14　安全保护开关

类型	说　　明
急停按钮	该开关通过切断伺服开关使机器人和外部轴操作立刻停止。若出现突发紧急情况，及时按下红色急停按钮，机器人将被锁住停止运动，待危险或报警解除后，顺时针旋转按钮，该按钮将自动弹起释放
DEADMAN 安全开关	该开关的作用是在操作时确保操作者安全。当示教器有效时，轻按一个或两个 DEADMAN 开关打开伺服电源，才能手动操作机器人；当开关被释放时，切断伺服开关，机器人立即停止运动，并出现报警
示教器有效开关（TP 开关）	该开关控制着示教器的有效或无效。当开关拨到"ON"时示教器有效；当开关拨到"OFF"时示教器无效（示教器被锁住将无法使用）

（2）按键功能

示教器面板按键如图 11-16 所示，其对应的功能见表 11-15。

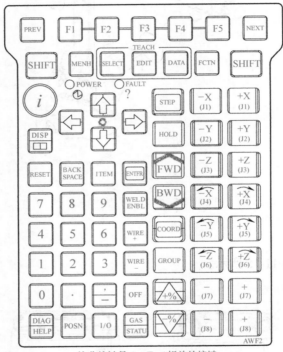

这些按键是 Arc Tool 相关的按键，
根据应用程序不同对应不同功能

图 11-16　示教器面板按键

表 11-15　示教器按键功能

按键	功　　能
F1、F2、F3、F4、F5	功能键，用来选择屏幕最下行的功能键菜单
PREV	返回键，将屏幕界面返回之前显示的界面。根据实际操作，在某些情况下不会返回
NEXT	翻页键，将功能键（屏幕最下面的那一行功能键）菜单切换到下一页
SHIFT	SHIFT 键与其他按键同时按下时，可以进行运动进给、位置数据的示教、程序的启动。左右两边的 SHIFT 键功能相同
MENU	显示出菜单画面
SELECT	一览键，用来显示程序一览画面（即显示出编写过的程序名列表）

按键	功　能
EDIT	编辑键，用来显示程序编辑画面（即进入最近一次打开的程序内）
DATA	数据键，用来显示数据画面（按 F1 键即可查看数据列表）
FCTN	辅助键，用来显示辅助菜单（一般终止程序的时候会用到）
DISP/ □	画面切换键（先按下 SHIFT 键使用），分割屏幕（单屏、双屏、三屏、状态 / 单屏）
↑、↓、←、→	光标键，用来移动光标（光标是指可在示教操作盘画面上移动的黑色标志）
RESET	报警消除键可以消除示教器异常
BACK SPACE	删除键，用来删除光标位置之前一个字符或数字
ITEM	项目选择键，按下此键然后输入相应的行号即可快速地将光标移动到该行
ENTER	确认键，一般在输入数值后需要按此键进行确认，选择需要的菜单后按此键进入菜单内
WELD ENBL	切换焊接的有效，无效（先按下 SHIFT 键使用）。单独按下此键将显示测试执行和焊接画面
WIRE+	手动往前送丝
WIRE–	手动往回抽丝
OTF	显示焊接微调整画面（不常用）
DIAG/HELP	诊断，帮助键。显示系统版本（先按下 SHIFT 键使用）。单独按下此键将移动到报警画面
POSN	位置显示键，显示当前机器人所处位置坐标（当坐标系为关节坐标系时显示各个轴的关节角度，当坐标系为世界坐标系时显示 TCP 在世界坐标系下的直角位置）
I/O	输入，输出键，用来显示 I/O 画面
GAS/STATUS	气检（先按下 SHIFT 键使用）。单独按下此键将显示焊接状态画面
STEP	单步模式与连续模式切换键，用于编程时一步一步地运行已编好的程序
HOLD	暂停键，用来暂停正在运行的程序
FWD、BWD	前进键、后退键（先按下 SHIFT 键使用），用于程序的启动。FWD 为正向执行，BWD 为倒退执行
COORD	切换坐标系。一般进行世界坐标系和关节坐标系的切换，多次按动将在各种坐标系之间进行循环
+%、–%	倍率键，用来进行速度倍率的变更
+X、+Y、+Z、–X、–Y、–Z	JOG 键即运动键（先按下 SHIFT 键使用），用于编程时手动移动机器人

（3）示教器的显示屏

① 示教器画面。示教器画面各位置显示含义如图 11-17 所示。

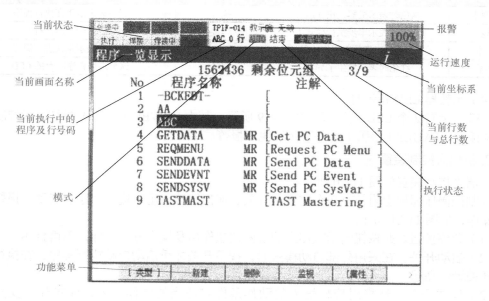

图 11-17　示教器画面各位置显示含义

②状态窗口。示教器显示画面的上部窗口叫做状态窗口，如图 11-18 所示，包括 8 个软件 LED 显示、报警显示、倍率值显示。8 个软件 LED 显示的含义见表 11-16，带有图标的显示表示"ON"，不带图标的显示表示"OFF"。

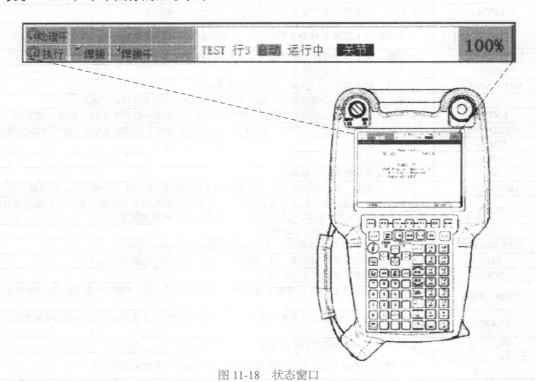

图 11-18　状态窗口

表 11-16　8 个软件 LED 显示的含义

显示 LED	定义	显示 LED	定义
处理中	绿色时表示机器人正在运行	执行	绿色时表示正在执行程序
单步	黄色时表示单步执行模式下	焊接	绿色时表示焊接打开
暂停	红色时表示处于暂停阶段	焊接中	绿色时表示正在进行焊接
异常	红色时表示发生了异常	空转	这是应用程序固有的 LED

（4）示教器 LED 指示灯

示教器上有 2 个 LED 指示灯如图 11-19 所示，其中 POWER（电源）绿灯表示控制装置的电源接通，FAULT（报警）红灯表示发生了报警。

3. 机器人控制装置

机器人控制装置如图 11-20 所示。

控制柜操作面板上附带有几个按钮、开关、连接器等，用来进行程序的启动、报警的解除等操作，如图 11-21 所示。

（1）急停按钮。此按钮同示教器上的急停按钮作用及操作方式一样，不再赘述。

（2）启动开关。在采用外部自动模式时，按下开关才可启动自动执行程序，在执行程序时此开关绿灯亮起。

（3）模式开关。选择对应机器人的动作条件和适当的操作方式，模式开关及介绍如图 11-22 所示。

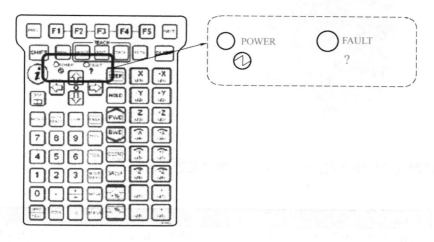

图 11-19　LED 指示灯

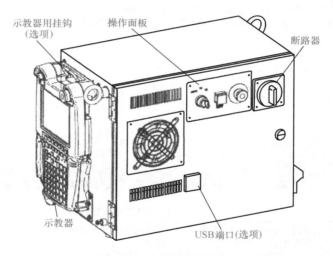

图 11-20　机器人控制装置

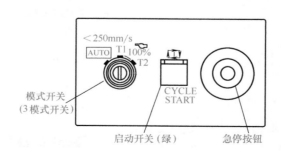

图 11-21　控制柜操作面板

模式

T1模式：机器人运行速度最大不超过250mm/s

T2模式：机器人最大运行速度可达2000mm/s

AUTO模式：外部自动运行程序模式

图 11-22　模式开关及介绍

（4）机器人的启动方式。机器人的启动方式见表11-17。

表 11-17　机器人的启动方式

启动方式	说　明
初始化 启动	执行初始化启动时，程序、设定等所有数据都将丢失。此外，出厂时所设定的零点标定数据也将被擦除。因此在更换主板和软件以外的情形下，请勿执行。此外，初始化启动前，应进行所需程序以及系统文件的备份。初始化启动完成时，自动执行控制开机 初始化启动步骤如下 ①在同时按住示教器的 F1 键和 F5 键的状态下开机，直至显示初始化启动页面，如图 1 所示，选择"3.INIT start" ②在确认初始化启动的启动情况时，输入"1"（YES） ③初始化启动完成时，自动执行控制开机，显示控制开机菜单 *** BOOT MONITOR *** Base version V8.30P/16　[Release 3] ****** BMON MENU ****** 1. Configuration menu 2. All software installation(MC:) 3. INIT start 4. Controller backup/restore 5. Hardware diagnosis 6. Maintenance 7. All software installation(Ethernet) 8. All software installation(USB) Select : 3 *** BOOT MONITOR *** Base version V8.30P/16　[Release 3] 4. Controller backup/restore 5. Hardware diagnosis 6. Maintenance 7. All software installation(Ethernet) 8. All software installation(USB) Select : 3 CAUTION: INIT start is selected Are you SURE ? (Y=1/N=else) : 1 图 1　初始化启动页面
控制启动	执行控制启动时，虽然不能通过控制启动菜单来进行机器人的操作，但是可以进行通常无法更改的系统变量的更改、系统文件的读出及机器人的设定等操作 控制启动步骤：在同时按住示教器的 F1 键和 F5 键的状态下开机，直至显示配置菜单页面，然后选择"3.Controlled start"，如图 2 所示 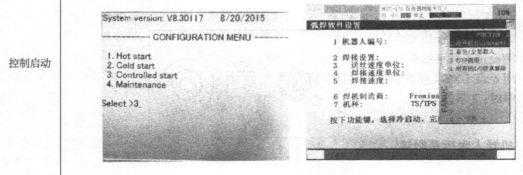 图 2　选择控制启动

启动方式	说　明
冷启动	冷启动是在停电处理无效的情况下执行通常的通电操作时使用的一种开机方式。冷启动执行如下处理 ①数字 I/O、模拟 I/O、机器人 I/O、组 I/O 的输出成为 OFF 或者 0（零） ②程序的执行状态"结束"，当前行返回程序的开头 ③速度倍率返回初始值 ④手动进给坐标系成为关节坐标系。 冷启动步骤为：在同时按住示教器的 PREV（返回）键和 NEXT（下一页）键的状态下开机，直至显示配置菜单页面，然后选择"2.Cold start"，如图 3 所示 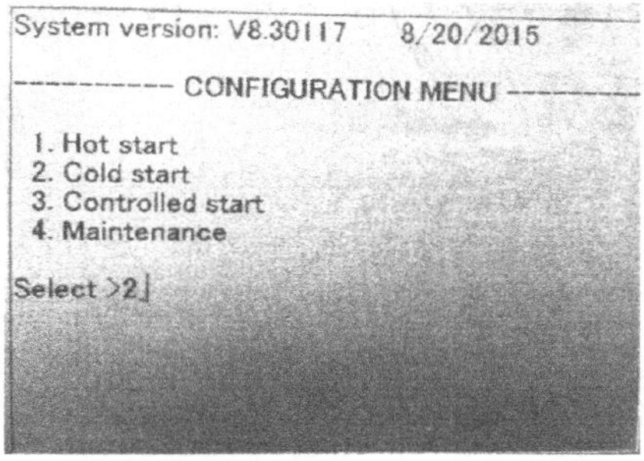 图 3　选择冷启动
热启动	热启动（开机）是在停电处理有效时，执行通常的通电操作所使用的一种开机方式 热开机执行如下处理 ①数字 I/O、模拟 I/O、机器人。I/O、组 I/O 的输出成为与电源切断时相同的状态 ②程序的执行状态，成为与电源切断时相同的状态。切断电源时，程序正在执行的情况下进入"暂停"状态 ③速度倍率、手动进给坐标系、机床锁住成为与电源切断时相同的状态 热启动步骤：在同时按住示教器的 PREV（返回）键和 NEXT（下一页）键的状态下开机，直到显示配置菜单页面，然后选择"1.Hot start"，如图 4 所示 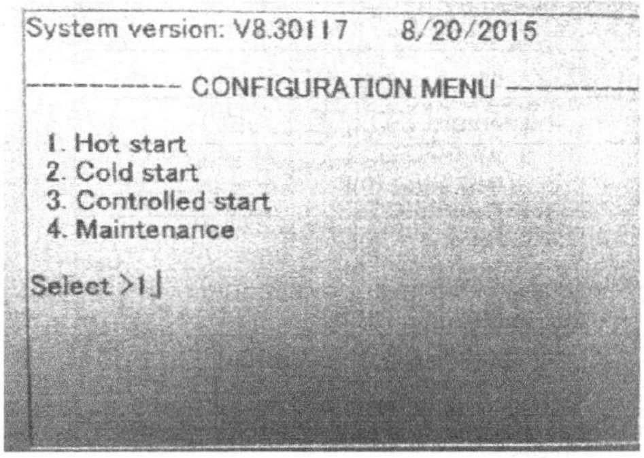 图 4　选择热启动

二、ABB 机器人简介

1. ABB 机器人本体构造及技术参数

（1）ABB 机器人本体构造

机器人本体模拟人的手臂进行动作，具有 6 轴，是机器人主要部件之一，如图 11-23 所示。它是由通过伺服电动机驱动的轴和手腕构成的机构部件。手腕轴对安装在法兰盘上的末端执行器（工具）进行操控，如进行扭转、上下摆动、左右摆动之类的动作。

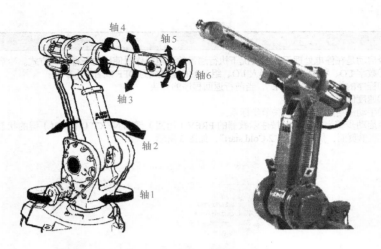

图 11-23　具有 6 轴的机器人本体

（2）机器人本体技术参数

表 11-18　IRB1410 机器人本体技术参数

规　格			工作范围与载荷图
机器人	承重能力 5kg	第 5 轴到达距离 1.4mm	
附加载荷	第 3 轴	18kg	
	第 1 轴	19kg	
轴数	机器人本体	6	
	外部设备	6	
集成信号源		上臂 12 路信号	
集成气源		上臂最高 $8 \times 10^5 Pa$	
性　能			
重复定位精度		0.05mm（ISO 试验平均值）	
运动	TCP 最大速度	2.1m/s	
	连续旋转轴	6	
电气连接			
电源电压		200 ～ 600V，50/60Hz	
变压器额功率		4kV·A/7.8kV·A，带外轴	
物理特性			
机器人安装		落地式	
机器人底座尺寸		620mm×450mm	
机器人质量		225kg	
环　境			
环境温度（机器人单元）		5 ～ 45℃	
相对湿度		最高 95%	
防护等级		电气设备为 1P 54，机械设备需干燥环境	
噪声水平		最高 70dB（A）	
辐射		EMC/EMI 屏蔽	
洁净室		100 级，美国联邦标准 209e	

2.ABB 机器人控制器

控制器是机器人的神经中枢，负责处理机器人工作过程中的全部信息和控制其全部动作。机器人控制装置由电源装置、用户接口电路、动作控制电路、存储电路、I/O 电路等构成。

ABB 控制器部件名称如图 11-24 和图 11-25 所示。

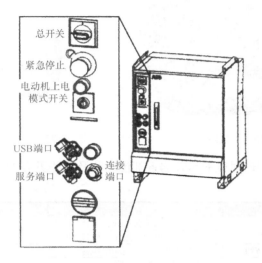

图 11-24　控制开关按钮

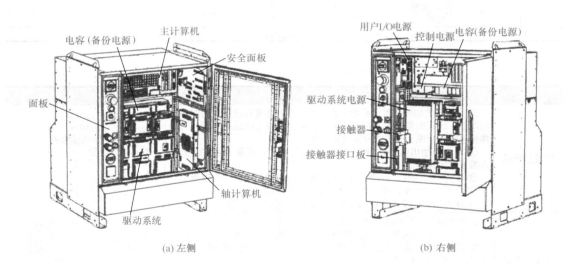

(a) 左侧　　　　　　　　　　　　　　　　(b) 右侧

图 11-25　控制器内部左右侧

3.ABB 机器人示教器

（1）示教器结构及功能

示教器（TP）又称示教盒，如图 11-26 所示。示教器主要用于输入、调试程序，是编程的重要窗口，具有触摸屏表面，也是主管应用工具软件与用户之间的接口的操作装置，通过示教器可以控制大多数机器人操作。示教器各部位的标识及字母如图 11-27所示。

图 11-26 示教器

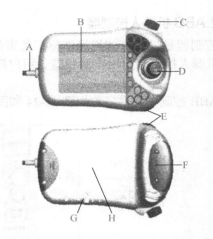

图 11-27 示教器各部位的标识及字母

图 11-27 所示标识字母对应的示教器各部位名称及功能见表 11-19。

表 11-19 示教器各部位名称及功能

标识字母	名称	功　　能
A	连接器	由电缆线和接头组成，连接控制柜，主要用于数据的输入
B	触摸屏	显示操作页面，用于点触摸操作
C	紧急停止按钮	紧急停止，断开电动机电源
D	控制杆	手动控制机器人运动
E	USB 端口	与外部移动储存器连接，实现数据交换
F	使动装置	手动电动机上电，失电按钮
G	触摸笔	专用于触摸屏幕操作
H	重置按钮	重新启动示教器系统

表 11-20 示教器面板按钮操作

名　称	说　　明	图　示
预设按钮键	这类按钮的功能是可以根据个人习惯或工种需要自己设定它们各自的功能，设定时需要进入控制面板的自定义键设定中进行操作。对于焊接机器人来说，一般情况下设定如下 ①A 为手动出丝，目的是检验送丝轮工作是否正常或者方便机器人编程时定点等 ②B 为手动送气，目的是确认气瓶是否打开以及调节送气流量 ③C 为手动焊接，在手动点焊时使用（不常用） ④D 为不进行设置，待需要某项手动功能时再进行设置	A～D—预设按钮 E—选择机械单元 F、G—选择操纵模式 H—切换增量 J—步退执行程序 K—执行程序 L—步进执行程序 M—停止执行程序
选择切换功能键	这类按钮可以根据图标提示知道它们的功能 ①E 为切换机械单元，通常情况下可以切换机器人本体与外部轴 ②F 为线性与重定位模式选择切换，按第一下按钮为选择"线性"模式，再按一下会切换成"重定位"模式 ③G 为 1-3 轴与 4-6 轴模式切换，按一下按钮会选择 1-3 轴运动模式，再按一下会切换成 4-6 轴运动模式 ④H 为"增量"切换，按一下按钮切换成有"增量"模式（增量大小在手动操纵中设置），再按一下切换成无"增量"模式	
运行功能键	运行功能键在运行程序时使用，按下"使能器"启动电动机后才能使用该区域的按钮 ①J 为步退按钮，使程序后退一步的指令 ②K 为启动按钮，开始执行程序 ③L 为步进按钮，使程序前进一步 ④M 为停止按钮，停止程序执行	示教器面板各区域名称

（2）示教器面板按钮操作

示教器面板为操作者提供丰富的功能按钮，目的就是使机器人操作起来更加快捷简便。示教器面板各区域名称及说明见表11-20。

（3）示教器操作界面

示教器在没有进行任何操作之前，它的触摸屏操作界面大致由四部分组成，即系统主菜单、状态栏、任务栏和快捷菜单，如图11-28所示，其说明见表11-21。

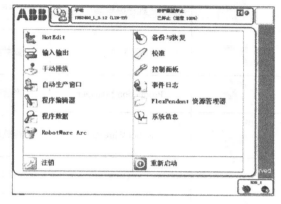

图 11-28　示教器操作界面　　　　　　图 11-29　系统主菜单中的功能项目

A—ABB系统主菜单；B—操作员窗口；C—状态栏；

D—关闭按钮；E—任务栏；F—快速设置菜单

表 11-21　示教器触摸屏操作界面

类别	说　明
系统主菜单	单击ABB系统主菜单，会跳出一个界面，这个界面就是机器人操作、调试、配置系统等各类功能的入口，如图11-29所示 系统主菜单的项目图标及功能说明见表11-22
状态栏	显示当前状态的相关信息，例如操作模式、系统、活动机械单元等，如下图所示。其中选定的机械单元（以及与选定单元协调的任何单元）以边框标记，活动单元显示为彩色，而未启动的单元则呈灰色 A—操作员窗口　B—操作模式　C—系统名称（和控制器名称）　D—控制器状态 E—程序状态　F—机械单元状态栏显示的当前状态相关信息
任务栏	用于显示已打开的窗口，最多能显示6个窗口
快速设置菜单	单快速设置菜单采用更加快捷的方式，菜单上的每个按钮显示当前选择的属性值或设置。在手动模式中，快速设置菜单按钮显示当前选择的机械单元、运动模式和增量大小

表 11-22　系统主菜单的项目图标及功能说明

图标	名称	功能说明
	Hot Edit	在程序运行的情况下，坐标和方向均可调节
	输入输出	查看输入、输出信号

图标	名称	功能说明
	手动操纵	手动移动机器人时，通过该按钮选择需要控制的单元，如机器人或变位机等
	自动生产窗口	由手动模式切换到自动模式时，此窗口自动跳出，用于在自动运行过程中观察程序运行状况
	程序编辑器	用于建立程序、修改指令，以及程序的复制、粘贴等操作
	程序数据	设置数据类型，即设置应用程序中不同指令所需的不同类型数据
	Production Manager	生产管理，显示当前的生产状态
	Robot Ware Arc	弧焊软件包，主要用于启动与锁定焊接等功能
	注销	切换用户
	备份与恢复	备份程序、系统参数等
	校准	用于输入、偏移量及零位等的校准
	控制面板	参数设定、I/O 单元设定、弧焊设备设定、自定义键设定及语言选择等
	事件日志	记录系统发生的事件，如电动机上电、失电、出现操作错误等
	Flex Pendant 资源管理器	新建、查看、删除文件夹或文件等
	系统信息	查看整个控制器的型号、系统版本和内存等信息
	重新启动	重新启动系统

（4）使动装置及摇杆的正确使用

表 11-23　使动装置及摇杆的正确使用

类别	说明
使动装置	使动装置是工业机器人为保证操作人员安全而设置的。只有在按下使能器按钮并保持在"电机开启"的状态，才可以对机器人进行手动操作与程序调试。当发生危险时，人会本能地将使能器按钮松开或抓紧，机器人则会马上停下来，保证安全。使能器按钮有三个位置 ①不按（释放状态）。机器人电动机不上电，机器人不能动作 ②轻轻按下。机器人电动机上电，机器人可以按指令或摇杆操纵方向移动 ③用力按下。机器人电动机失电，机器人停止运动
摇杆	摇杆主要在手动操作机器人运动时使用，它属于三方向控制，摇杆扳动幅度越大，机器人移动的速度越大。摇杆的扳动方向和机器人的移动方向取决于选定的动作模式，动作模式中提示的方向为正方向移动，反方向为负方向移动

三、OTC 机器人简介

1.OTC 机器人常用术语

表 11-24　OTC 机器人常用术语

术语	说明
悬式示教作业操纵按钮台	进行机器人的手动操作或示教等
Deadman 开关	不使机器人因误操作等而不意决发生动作的安全装置。Deadman 开关装置在悬式示教作业操纵按钮台的背面。只有按 Deadman 开关，才能进行机器人的手动操作或前进 / 后退检查
示教模式	编制程序的模式
再生模式	自动执行所编制程序的模式
运转准备	机器人的动力状态，运转准备 "ON" 时为供给动力，运转准备 "OFF" 时为紧急停止
示教	教机器人学习动作或焊接作业，所教内容记录在作业程序内
作业程序	记录机器人的动作或焊接作业执行顺序的文件
移动命令	使机器人移动的命令
应用命令	使机器人在动作途中进行各种辅助作业（焊接，程序的转移，外部 I、O 控制等）的命令
步骤	示教移动命令或应用命令的语句，即在程序内写入连续号码。此类号码即为步骤
精确度	机器人会正确重现所示教的位置，但有时也存在误差。指定动作应该精确到什么程度的功能就称为精确度
坐标	机器人备有坐标。通常称为机器人坐标，是以机器人的正面为基准，前后为 X 坐标，左右为 Y 坐标，上下为 Z 坐标所组成的正交坐标，此坐标即为直线内插动作或移动动作的计算基准。另外，还备有工具坐标，以工具的安装面（凸绷面）为基准
轴	机器人由电动机控制。各个电动机控制的部分称为轴。以 6 个电动机控制的机器人称为 6 轴机器人
辅助轴	机器人以外的轴（定位器或滑动器）总称为辅助轴
前进检查 / 后退检查	使所编制的程序以低速逐一按步骤动作，进行示教位置确认的功能。有前进检查 (go)、后退检查（back）两种
起动	再生所编制的程序，称为起动
停止	使起动状态（再生）的机器人停下来，称为停止
紧急停止	使机器人（或系统）紧急停下来，称为紧急停止。一般系统内备有多个紧急停止按钮，按下任何一个，系统即当场停止
机构	作为控制动作集体，无法再进行分解的单位，如 "操纵器" "定位器" "伺服焊枪" "伺服行驶" 等。操纵器加上伺服焊枪，像这样的结构称为 "多重机构"。对于多重机构，若为手动操作的话，必须先规定是哪个机构的操作
组件	编制作业程序的单位。构成组件的机构，有一个的情形，也有多个的情形（多重机构）。通常组件是全体仅使用一个，因此不必在意，多重组件规程（NACHI 以往称为 "多重机器人"，DAIHEN 以往称为 "多重机器人"）可同时运转多个组件

2.OTC 机器人系统构成及功能

机器人系统通常是由连接于一台控制装置的机器人与示教器，以及外围设备所组合而成的，如图 11-30 所示。

（1）机器人本体

机器人本体通常有 5 个自由度以上，一般采用具有 6 个自由度的机器人。表 11-25 中机器人为 FD–V6 机器人，主要用于弧焊。通常对机器人本体的要求如下：

①可以保证焊枪的任意空间轨迹和姿态。

②可以保证点至点的精确移动。

③可以保证重复精度达到 ±0.2mm。

④可以通过示教和再现方式或通过编程方式工作。

⑤应具有各种直线和圆的插补功能。

⑥应具有各种摆动功能。

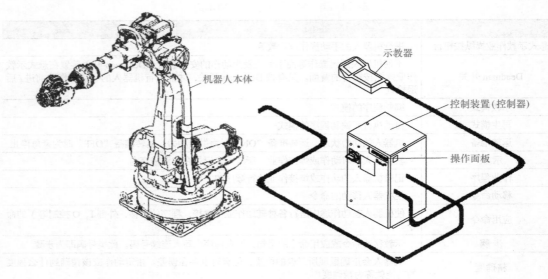

图 11-30　机器人系统

表 11-25　FD-V6 机器人技术参数

项目			参数
型号			FD–V6
轴数			6 轴
负载			4kg
重复定位精度			±0.08mm
驱动功率			2550W
动作范围	基本轴 J1		±170°～（±50°）
	基本轴 J2		−155°～+90°
	基本轴 J3		−170°～+180°
	手臂轴 J4		±155°
	手臂轴 J5		−45°～+225°
	手臂轴 J6		±205°
最大速度	基本轴 J1		3.66rad/s{210(°)/s} 3.32rad/s{190(°)/s}
	基本轴 J2		3.66rad/s{210(°)/s}
	基本轴 J3		3.66rad/s{210(°)/s
	基本轴 J4		7.33rad/s{420(°)/s}
	基本轴 J5		7.33rad/s{420(°)/s}
	基本轴 J6		10.5rad/s{602(°)/s}
荷载能力	允许扭矩 J4		10.1N·m
	允许扭矩 J5		10.1N·m
	允许扭矩 J6		2.94N·m
	允许转动惯量 J4		0.38kg·m²
	允许转动惯量 J5		0.38kg·m²
	允许转动惯量 J6		0.03kg·m²

项目	参数
机器人动作范围截面面积	2.94m² × 340°
周围温度、湿度	0 ～ 45℃，20% ～ 80%RH（无冷凝）
本体质量	154kg
第 3 轴可载能力	10kg
安装方式	地面 / 侧挂 / 吊装

（2）FD11 机器人控制装置

控制装置是弧焊机器人的大脑和核心，前面装有电源开关，其侧面连接有示教器及操作箱，如图 11-31 所示。

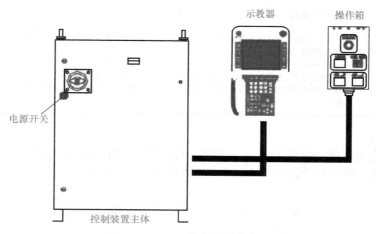

图 11-31　FD11 机器人控制装置

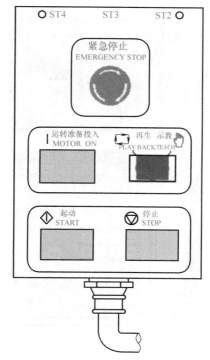

图 11-32　操作箱面板

（3）操作箱

操作箱面板装有按钮，以供执行所需的必要最低限度的操作，如运转准备投入、自动运转的起动/停止、紧急停止、再生/示教模式的切换等操作，如图 11-32 所示。操作箱的各按钮及开关功能见表 11-26。

表 11-26　操作箱的各按钮及开关功能

名称	功　能
运转准备投入按钮	使机器人进入运转准备状态，即将开始动作
起动按钮	再生模式下，起动指定的作业程序
停止按钮	再生模式下，停止运行中的作业程序
模式转换开关	切换模式，可切换为再生/示教模式。此开关与悬式示教作业操纵按钮台的"TP作动开关"组合使用
紧急停止按钮	当按下此按钮时，机器人就紧急停止。不论按下操作箱还是悬式示教作业操纵按钮台上的紧急停止按钮，都可使机器人紧急停止。若要取消紧急停止，则将按钮向右旋转（按钮回归原位）

（4）示教器

示教器上有操作键、按钮及开关等装置，可执行程序的编制或各种设定，如图 11-33 所示。示教器按钮、开关的功能见表 11-27，各种操作键的功能见表 11-28。

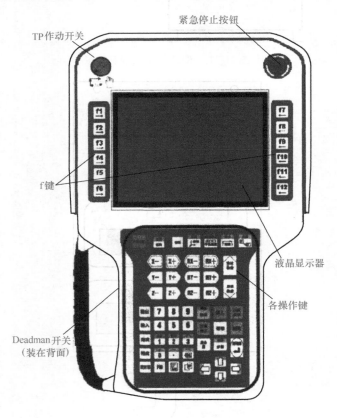

图 11-33　示教器

表 11-27　示教器按钮、开关的功能

外观	名称	功能
	TP 动作开关	与操作面板或操作箱的模式转换开关相组合，切换为示教模式或再生模式
	紧急停止按钮	按此按钮，机器人就紧急停止。若要取消紧急停止，则将按钮向右旋转（按钮回归原位）
	Deadman 开关	装在背面的开关，在示教模式下手动操作机器人的情况下使用。通常仅装在左手侧，也有选购左右均装设者 一旦握住 Deadman 开关，即可供应动力给机器人（运转准备变为 ON），仅在握住 Deadman 开关期间，可进行手动操作 一旦发生危险，迅速松开开关，机器人立即停止动作

表 11-28　各操作键的功能

外观	名称	功能
动作可能	动作可能	与其他按键同时按下，执行各种功能
系统 机构	系统 / 机构	单独按下该键：机构的切换 在系统内有多个机构被连接的情形下，可切换成手动操作机构 与"动作可能"键同时按下：系统的切换 在系统内定义有多个机构的情形下，可切换成操作对象的系统
协调	协调	为连接多个机构的系统所使用的按键，具有以下功能： 单独按下该键：协调手动操作的选择 / 解除 选择 / 解除协调手动操作 与"动作可能"键同时按下：协调动作的选择 / 解除 在示教时选择，解除协调动作。当针对移动命令指定协调动作时，在步进号码之前会显示"H"
插补 坐标	插补 / 坐标	单独按下该键：坐标的切换 在手动操作时，切换成以动作为基准的坐标系。每次按下时，即切换成各轴单独坐标、直角坐标（或使用者坐标）及工具坐标，并显示于液晶画面 与"动作可能"键同时按下：插补种类的切换 切换记录状态的插补种类（接点插补 / 直线插补 / 圆弧插补）
检查速度 / 手动速度	检查速度 / 手动速度	单独按下该键：手动速度的变更 切换手动操作时机器人的动作速度。每次按下时，可切换 1 ～ 5 的动作速度（数字越大，速度越快）。除此以外，还具备以下功能： NACHi 此按键所选择的手动速度，也决定记录于步进的再生速度 DAIHEN 未作上述设定。请在移动命令的示教时设定再生速度 此功能通过"常数设定"→"5 操作和示教条件"→"4 记录速度"→"记录速度的数值"→"决定方法"设定 与"动作可能"键同时按下：检查速度的变更 切换前进检查，后退检查动作时的速度。每次按下时，可切换 1 ～ 5 的动作速度（数字越大，速度越快）
停止 连续	停止 / 连续	单独按下该键：进行连续、非连续的切换 切换前进检查 / 后退检查动作时的连续、非连续。选择连续动作的话，在各步进中机器人的动作不转停止 与"动作可能"键同时按下：进行再生的停止 停止再生中的作业程序（具有与停止按钮相同的功能）

外观	名称	功能
关闭	关闭 / 画面移动	单独按下该键：进行画面的切换、移动 在监视画面有多种显示的情形下，切换成操作对象的画面 与"动作可能"键同时按下：关闭画面 关闭所选择的监视画面
X- X+ RX- RX+ Y- Y+ RY- RY+ Z- Z+ RZ- RZ+	轴操作键	单独按下该键：不起作用 与 Deadman 开关同时按下：轴操作 以手动模式使机器人移动。要移动辅助轴时，预先以"组件 / 机构"切换操作的对象
前进检查 后退检查	前进检查 后退检查	单独按下该键：不起作用 与 Deadman 开关同时按下：前进检查 / 后退检查 执行前进检查 / 后退检查的动作。通常每次在记录位置（步进）上，使机器人停止下来，但也可能机器人连续动作。切换步进 / 连续时，使用"停止 / 连续"键
覆盖 记录	覆盖 / 记录	单独按下该键：移动命令的记录 在示教时，执行移动命令的记录。仅可在作业程序的最后步进选择的情形下使用 与"动作可能"键同时按下：移动命令的覆盖 在目前的记录状态（位置、速度、插补种类、精度）上，覆盖已完成记录的移动命令。但是，只有在变更移动命令的记录内容时才可覆盖。不可在应用命令上写入移动命令，或在其他应用命令上写入应用命令 NACHi 可使用"位置修正""速度""精度"键，分别修正已完成记录的移动命令的记录位置、速度、精度 DAIIEN 可使用"位置修正"键修正已完成记录的移动命令的记录位置 🔍 "速度""精度"键的功能通过"常数设定"→"5 操作和示教条件"→"1 操作条件"→"5 速度键的使用方法"/"6 精度键的使用方法"设定
插入	插入	单独按下该键：不起作用 与"动作可能"键同时按下：移动命令的插入 NACHi 将移动命令插入目前步进的"前" DAIIEN 将移动命令插入目前步进的"后" 🔍 可通过"常数设定"→"5 操作和示教条件"→"1 操作条件"→"7 步进中途插入位置"更换为"前"或"后"
压板 弧焊	压板 / 弧焊	此按键根据应用（用途）不同而有所差异 点焊用途时，单独按下该键：点焊命令设定 用于设定点焊命令的情形：每次按键，切换记录状态的 ON/OFF 与"动作可能"键同时按下：点焊手动加压 将焊枪以手动加压 弧焊用途时，单独按下该键：命令的简易选择 可将移动命令、焊接开始、结束命令及常用的应用命令以简单的操作方式实现，并选择"简易示教模式" 与"动作可能"键同时按下：不起作用
位置 修正	位置修正	单独按下该键：不起作用 与"动作可能"键同时按下：位置的修正 将选择中的移动命令所记忆的位置变更到机器人的当前位置
帮助	帮助	对操作或功能有不清楚的地方时，将其按下，即可调用内置的示范功能（帮助功能）
删除	删除	单独按下该键：不起作用 与"动作可能"键同时按下：步进的删除 删除选择中的步进（移动命令或应用命令）

外观	名称	功能
 复位 R	复位 /R	取消输入，或将设定画面恢复原状。此外，可输入 R 代码（快捷方式代码）。当输入 R 代码时，即可调用所需功能
 程序 步骤	程序 / 步骤	单独按下该键：步进的指定 要调用作业程序内所指定的步进时使用 与"动作可能"键同时按下：程序的指定 调用所指定的作业程序
 Enter	Enter	确定菜单或输入数值的内容
 箭号键（上下左右）	箭号键	单独按下该键：光标的移动 移动光标 与"动作可能"键同时按下：移动、变更 ·在设定内容以多页所构成的画面上，执行页的移动 ·在程序编辑画面上，执行以多行单位的移动 ·维护或常数设定画面等，切换并排的选择项目（收音机按钮） ·示教 / 再生模式画面，变更目前步进的号码
 输出	输 出	单独按下该键：进入应用命令 SETM 的快捷方式 在示教中，调用输出信号命令（应用命令 SETM<FN105>）的快捷方式 与"动作可能"键同时按下：手动信号输出 以手动方式使外部信号置于 ON/OFF
 输入	输 入	在示教中调用输入信号等待"正逻辑"命令（应用命令 WAITI<FN525>）的快捷方式
 速度	速 度	修正已完成记录的移动命令的速度 设定移动命令的速度（设定内容被反映在记录状态上） 此功能通过"常数设定"→"5 操作和示教条件"→"1 操作条件"→"6 速度键的使用方法"设定
 精度	精 度	修正已完成记录的移动命令的精度 设定此后要记录的移动命令的精度（设定内容被反映在记录状态上） 此功能通过"常数设定"→"5 操作和示教条件"→"1 操作条件"→"6 精度键的使用方法"设定
 定时器	定时器	在示教中记录定时器命令（应用命令 DELAY<FN50>）的快捷方式

第三节　焊接机器人编程示教（FANUC）

　　工业机器人是一种先进的自动化设备，但在自动化运转之前，必须撰写控制程序，告诉机器人要完成哪些动作，这是实现机器人自动运行的基础。机器人程序主要由"动作指令"构成，只要熟练掌握机器人手动控制的方法，就可以将其移动到指定的位置，这个移动的过程就是示教。目前，大多数机器人可在示教同时，完成机器人动作指令的输入，形成机器人控制程序。下面将介绍简单的机器人程序，为熟练使用和控制机器人打好基础。

　　不同类型的 FANUC 机器人安装了不同的系统软件，主要有用于搬运的 Handling Tool、用于点焊的 Spot Tool，用于涂胶的 Dispense Tool，用于喷涂的 Paint Tool，用于激光焊接和切割的 Laser Tool，以及用于弧焊的 Arc Tool 等，本节以弧焊机器人的编程为例进行阐述。

一、程序的创建

创建程序首先要确定程序名，使用程序名来区分存储在控制装置存储器中的多个程序。程序创建步骤如下（注意：不能以空格、符号、数字作为程序名的开始字母）。

① 按 SELECT 键进入程序主界面，如图 11-34 所示。

② 按 F2 键进入新建程序界面，如图 11-35 所示。

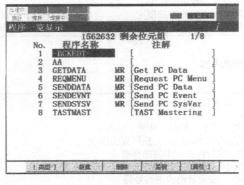 

图 11-34 程序主界面　　　　　　　　　　　图 11-35 新建程序界面

③ 按 ↓ 键选择"大写字"命名方式。按 F1～F5 键及数字键输入字符，如图 11-36 所示。

④ 输入程序名后按 ENTER 键确认，如图 11-37 所示。

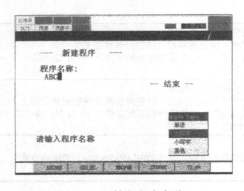 

图 11-36 输入程序名称　　　　　　　　　　图 11-37 确认程序

⑤ 按 F3 键开始编写程序，如图 11-38 所示。

 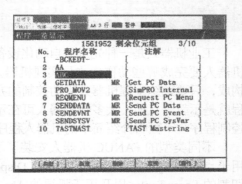

图 11-38 编写程序名称　　　　　　　　　　图 11-39 需要删除的程序

二、程序的删除

不需要的程序可以删除，但是没有终止的程序无法删除，删除时需要先终止程序。删除程序的步骤如下。

① 在程序选择页面，将光标移至需要删除的程序"ABC"上，如图11-39所示。

② 按F3键删除，如图11-40所示。

③ 按F4键选择"是"，程序"ABC"即被删除，如图11-41所示。

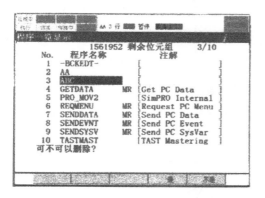

图11-40　示意图

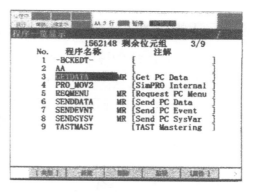

图11-41　示意图

三、程序的复制

程序的复制是将相同的内容复制到具有不同名称的程序中，程序的复制方法如下：

① 在程序选择页面，将光标移到需要复制的程序名上，如图11-42所示。

② 按NEXT键翻页，显示下一页菜单栏，找到需复制的程序名。按F1键复制并新建复制的程序名，如图11-43所示。

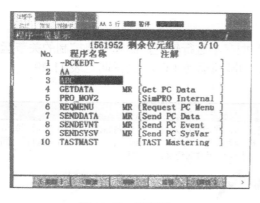

图11-42　示意图

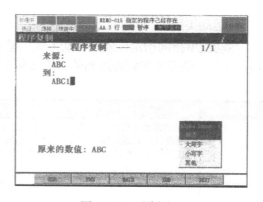

图11-43　示意图

③ 按ENTER键确认并按F4键选择"是"，如图11-44所示。

④ 程序"ABC"的内容即可完全复制到程序"ABC1"中，如图11-45所示。

四、动作指令

所谓动作指令，是使机器人以指定的移动速度和移动方式向作业空间内的指定位置移动的指令，如图11-46所示。

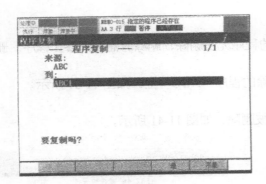

图 11-44 示意图

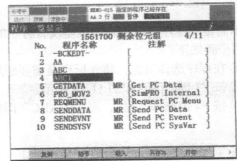

图 11-45 示意图

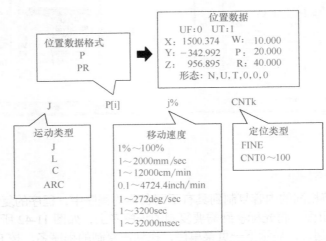

*根据机器人的机型,移动速度的最大值不同。

图 11-46 动作指令

1. 运动类型

运动类型指向指定位置的移动方式。动作类型有不进行轨迹控制和姿势控制的关节运动（J）、进行轨迹控制和姿势控制的直线运动（L）和圆弧运动（C），其说明见表 11-29。

表 11-29 运动类型

类型	说　明
关节运动（J）	关节运动是机器人在两个指定的点之间任意运动,移动中的刀具姿势不受控制,如图 1 所示。关节移动速度以相对最大移动速度的百分比来表示。机器人沿着所有轴同时加速,在示教速度下移动后,同时减速后停止。移动轨迹通常为非线性,在对结束点进行示教时记述动作类型 点对点运动 (Joint—J) P2 目标点 例 1: J P[1] 100% FINE 2: J P[2] 70% FINE P1 开始点 图 1　关节运动类型

类型	说　明
直线运动（L）	直线运动是机器人在两个指定的点之间沿直线运动（图2），以线性方式对从动作开始点到目标点的移动轨迹进行控制的一种移动方法，在对目标点进行示教时记述动作类型。直线移动速度的类型从mm/sec、em/min、inch/min、sec中选择 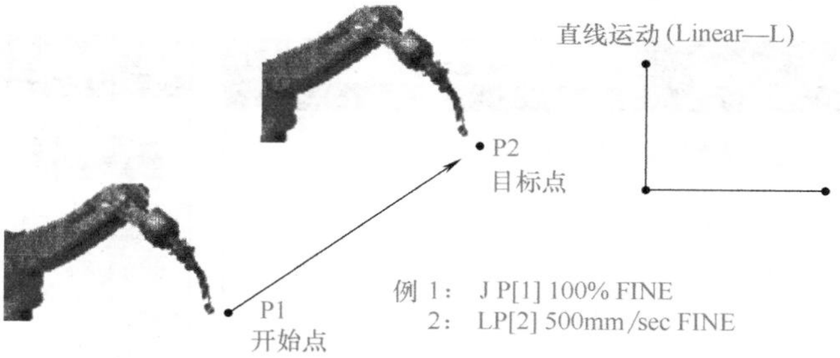 直线运动（Linear—L） P2 目标点 P1 开始点 例1：　J P[1] 100% FINE 　　2：LP[2] 500mm/sec FINE 图2　直线运动类型
圆弧运动（C）	圆弧运动是机器人在3个指定的点之间沿圆弧运动，从动作开始点经过经由点到目标点，以圆弧方式对移动轨迹进行控制的一种移动方法，如图3所示。圆弧移动速度的类型从mm/sec、cm/min、inch/min、sec中选择。其在一个指令中对经由点和目标点进行示教 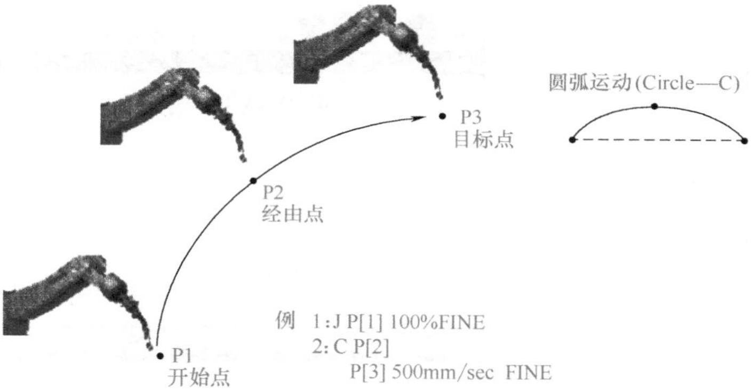 圆弧运动（Circle—C） P3 目标点 P2 经由点 P1 开始点 例　1：J P[1] 100%FINE 　　2：C P[2] 　　　P[3] 500mm/sec　FINE 图3　圆弧运动类型
C圆弧动作（A）	圆弧动作指令下，需要在1行中示教2个位置，即经由点和终点，C圆弧动作指令下，在1行中只示教1个位置，在连接由连续的3个C圆弧动作指令生成的圆弧的同时进行圆弧动作，如图4所示 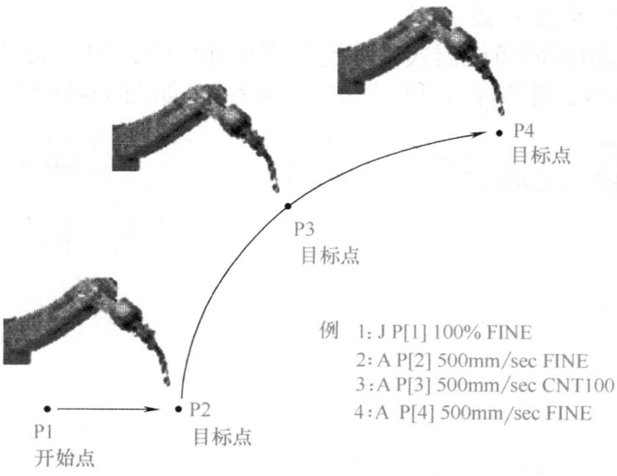 P4 目标点 P3 目标点 P1 开始点 P2 目标点 例　1：J P[1] 100% FINE 　　2：A P[2] 500mm/sec FINE 　　3：A P[3] 500mm/sec CNT100 　　4：A P[4] 500mm/sec FINE 图4　C圆弧动作

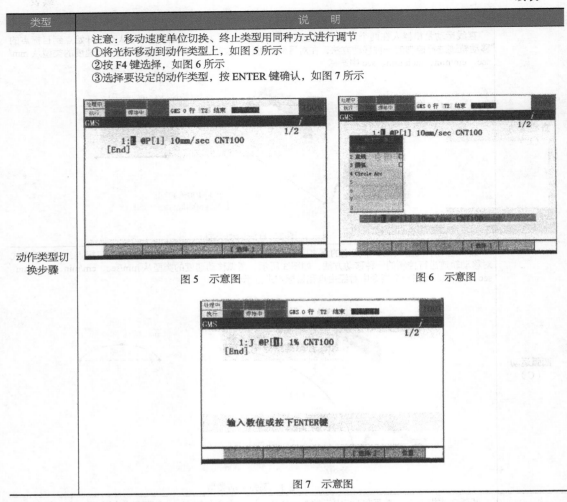

类型	说　明
动作类型切换步骤	注意：移动速度单位切换、终止类型用同种方式进行调节 ①将光标移动到动作类型上，如图 5 所示 ②按 F4 键选择，如图 6 所示 ③选择要设定的动作类型，按 ENTER 键确认，如图 7 所示 图 5　示意图　　图 6　示意图 图 7　示意图

2. 示教点的创建

（1）示教点的创建步骤

① 在程序编辑界面将机器人移动到指定目标位置，如图 11-47 所示。

② 按 F1 POINT 键选择合适的标准动作指令，如图 11-48 所示。

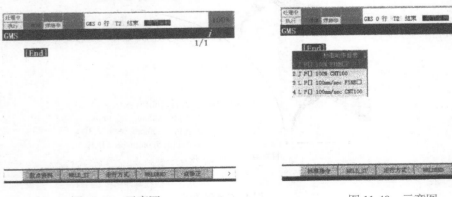

图 11-47　示意图　　　　　　　　图 11-48　示意图

③ 按 ENTER 键确认添加，若标准指令中无所需指令，可对标准指令进行修改，也可添加完成后进行指令修改，如图 11-49 所示。

④ 移动机器人至下一目标位置，重复上述步骤依次添加示教点。

图 11-49　示意图　　　　　　　　　　图 11-50　示意图

（2）修改标准动作指令步骤

① 在程序编辑页面按 F1 POINT 键显示标准动作指令页，如图 11-50 所示。

② 按 F1 ED–DET 键（标准）显示标准动作指令修改页，如图 11-51 所示。

③ 将光标移动到需要修改的指令要素上进行修改，如图 11-52 所示。

④ 修改完成后按 F5 键并选择"完成"，如图 11-53 所示。

⑤ 按 F1 键查看修改后的标准动作指令，如图 11-54 所示。

⑥ F2 WELD–STI、F3 WELD–PT、F4 WELDEND 的修改步骤与 F1 POINT 相同，修改时注意"ED–DET"选项的位置。

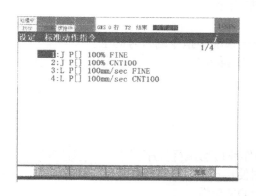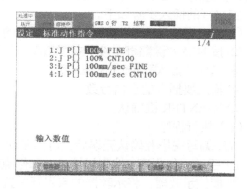

图 11-51　示意图　　　　　　　　　　图 11-52　示意图

（3）示教点的修改

如果示教点已经添加，但其所存储的机器人的位置或姿态与想达到的位置不符时，可以修改示教点所存储的机器人的位置与姿态并重新记忆。

示教点的修改步骤如下：

① 将光标移动到想要修改的动作指令前的行号码上，移动机器人到新的所需位置或姿态。

② 按 SHIFT+F5 键单击 TOUCHUP 键记录新的位置或姿态，记录成功时在动作指令与指令前的行号码之间会显示"@"标志，并且屏幕下方会显示"位置已记录"字样，表示修

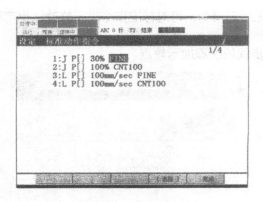

图 11-53 示意图

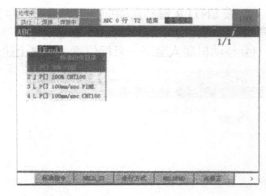

图 11-54 示意图

改完成。

（4）示教点的删除

示教点的删除步骤如下。

① 将光标移动到想要删除的动作指令之前的行号码上。

② 按 NEXT 键翻页找到"编辑"键菜单。

③ 按"F5"键编辑，找到"2 删除"。

④ 选择"删除"并按"ENTER"键确认。

⑤ 若想要删除相邻的多行，则用↑键或↓键选择多行；若删除单行，请忽略此步。

⑥ 按 F4 键选择"是"，确认删除。

（5）空白行的插入

程序中需要插入示教点时不能直接插入，如果直接添加示教点，新的动作指令会覆盖光标所在位置的原指令，需要先插入空白行再添加指令。

空白行的插入步骤如下。

① 将光标移动到想要插入空白行位置的下一条动作指令的行号码上。

② 按 NEXT 键翻页，按 F5 键编辑，找到"1 插入"。

③ 选择"插入"，按 ENTER 键。

④ 输入要插入的空白行数。

⑤ 按 ENTER 键确认。

（6）执行程序

程序编写完毕并确认无误后，可以手动操作或自动执行程序。

1）手动操作程序（搜索焊接参数和修点时使用该方法）步骤如下。

① 握住示教器，将示教器的启用开关置于 ON 位置。

② 将单步执行设置为无效。按下 STEP 键，使得示教器上的软件 LED 的"单步"成为绿色状态。

③ 按下"倍率"键，将速度倍率设置为 100%。

④ 将焊接状态设置为有效。在按住 SHIFT 键的同时按下 WELD ENBL 键，使得示教器上软键 LED 的"焊接"成为绿色状态。

⑤ 向前执行程序。将光标移至程序第一行最左端，轻按背部一侧的安全开关，在按住 SHIFT 键的同时按下 FWD 键，向前执行程序。

2）自动执行程序（批量生产）步骤如下。

① 在所要执行的程序界面，将光标移至第一行程序的最左端，然后执行手动执行程序

的第②③④步。

② 将示教器的启用开关置于 OFF 位置，并将控制柜操作面板的模式选择开关置于 AUTO 位置。

③ 按下 Reset 键清除示教器报警，按下外部自动启动按钮，自动执行程序。

④ 如果未自动执行程序，示教器界面显示提示页面，选择"是"，按下 ENTER 键，然后再次按下外部自动启动按钮。

（7）终止类型（FINE 和 CNT）

FANUC 机器人的终止类型有 FINE（精确）和 CNT（连续）两种形式，CNT 0 与 FINE 作用相同。FINE 表示动作指令使机器人工具中心点 TCP 精确地停止在示教位置上，而 CNT 以连续动作为优先，不一定精确地通过该点，如图 11-55 所示。

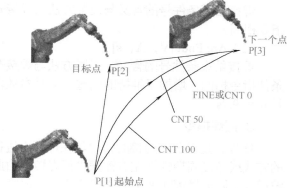

图 11-55　FINE 和 CNT 的区别

F1NE 路径在 P[2] 有明显的停顿，且精确停留在 P[2] 的示教位置上；CNT 0 虽然与 FINE 路径相同，但在 P[2] 不会停顿而是继续往 P[3] 移动；CNT 100 是最远离 P[2] 的路径，但动作的连续性最好；而 CNT 50 则是介于 CNT 0 和 CNT 100 的中间路径。

夹取、加工、放置等对精确性要求高的点位，一般建议使用 FINE；而路径经过位置附近没有干涉碰撞等问题时，则建议采用 CNT 以增加机器人动作的平顺度，同时使循环周期时间也会稍快一点。

它们的作用及注意事项如下。

① 绕过工件的运动使用 CNT 作为运动终止类型，可以使机器人的运动更连贯。

② 当机器人手爪的姿态突变时，会浪费一些运行时间。当机器人手爪的姿态逐渐变化时，机器人可以运动得更快。

③ 用一个合适的姿态求教开始点。

④ 用一个和示教开始点差不多的姿态示教最后一点。

⑤ 在开始点和最后一点之间示教机器人。观察机器人手爪的姿态是否逐渐变化。

⑥ 不断调整，尽可能使机器人的姿态不要突变。

注意：当运行程序机器人直线时，有可能会经过奇异点，这时有必要使用附加运动指令或将直线运动方式改为关节运动方式。

五、焊接指令

1. 焊接开始指令

（1）Arc Start[i]

[i] 为焊接条件号，可以设置 1 ～ 32 号。点击 MENU → next page → Data → Weld Sched 或直接按示教器的快捷操作键 DATA，即可进入设置焊接条件画面，如图 11-56 所示。

第一列为焊接条件号，取值范围是 1 ～ 32；第 2 列为焊接电弧电压，单位是伏特（V）；第 3 列为焊接电流，单位是安倍（A）；第 4 列为焊接速度，单位为 cm/min。

（2）Arc start [V，A]

用于设置焊接开始条件，在图 11-72 中选定需要输入的焊接条件号，可以通过数字键直接输入数据。

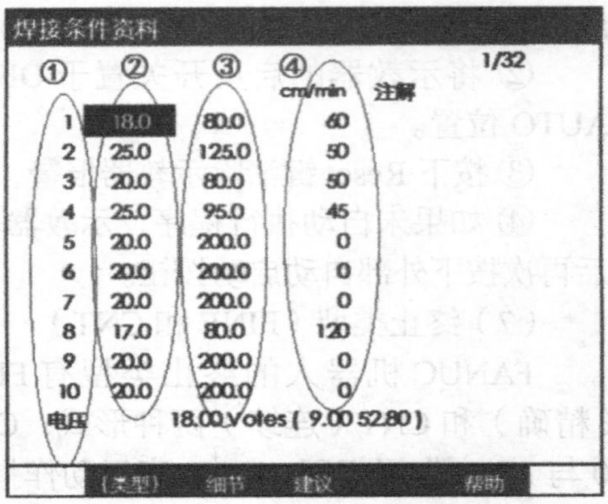

图 11-56　焊接条件设置画面

2. 焊接结束指令

（1）Arc End [i]

焊接结束条件号的含义与设置方法与焊接开始指令相同。

（2）Arc Endt [V，A，s]

焊接结束条件号的含义、设置方法与焊接开始条件指令相同，增加了维持时间选项，其参数范围是 0 ～ 9.9s。

3. 摆焊指令

摆焊就是机器人焊接时，焊丝在焊件上进行有规律的横向摆动的焊接操作。通过以特定的方式或角度周期性地左右摇摆进行焊接，由此增大焊缝宽度、提高焊接强度。摆焊有正弦波摆焊、圆形摆焊和 8 字形摆焊等几种，程序指令格式如下。

正弦波摆焊：Weave Sine（Hz，mm，sec，sec）。

圆形摆焊：Weave Circle（Hz，mm，sec，sec）。

8 字形摆焊：Weave Figure 8（Hz，mm，sec，sec）。

① 开始指令 Weave [i]。

[i] 为焊接件号，可以设置 1 ～ 16 号。点击菜单（MENU）→下一页（—next page—）→数据（Data）→焊接参数（Weld Sched），或者直接按示教器的快捷操作键 DATA，即可进入设置焊接条件画面。摆焊参数主要有以下几种。

摆焊频率（FREQ）：单位 Hz，取值范围为 0.0 ～ 99.9。

摆焊幅宽（AMYP）：单位 mm，取值范围是 0.0 ～ 25.0。

摆焊左停留时间（L — DW）：单位 sec（秒），取值范围 0.0 ～ 1.0。

摆焊右停留时间（R — DW）：单位 sec（秒），取值范围 0.0 ～ 1.0。

② 摆焊结束指令 Weave End。

六、手动测试

在撰写机器人程序的过程中，不一定要等待整个程序完成后才开始测试程序的正确性，可以随时手动测试。基于安全的考虑，建议测试时将机器人速度放慢，或切换到 T1 慢速示教模式。测试时先进行 STEP“单段状态测试”，按下 STEP 功能键可在“连续状态”和“单段状态”之间切换。“连续状态”下菜单上方的“单段（STEP）”图标为绿色，“单段状态”下“单段（STEP）”图标为黄色。

手动测试时须把光标移动到程序的第 1 行，也就是使行号 [1] 为反白。按下操作面板中的 SHIFT 和 FWD（SHIFT + FWD）键，即可进行“单段测试”。

所谓“单段测试”就是每次只执行一行程序，所谓 SHIFT + FWD 就是按着 SHIFT 键不放，单击 FWD 键后放开，即开始执行程序动作，菜单上方的图标显示为“运转”。程序执行完毕后，即使按着 SHIFT 键不放，机器人动作也会停止。如果在程序没有执行完毕前松开 SHIFT 键，机器人动作暂停，程序进入暂停状态，菜单上方显示“暂停”图标。暂停状态下，再次按下 SHIFT + FWD 键，即可继续执行程序。程序执行完成后，就不再出现暂停状态，而显示“已终止”状态。

如果"单段状态"测试没有问题，按操作键 STEP 切换到"连续状态"，重新测试该程序的连续动作。若连续测试也没有问题，则可以将机器人的速度调整为自动生产时需要的速度，并切换到全速示教模式继续测试，直到可以投入生产。

第四节　机器人焊接示教

一、FANUC 机器人直线轨迹焊接编程与操作

FANUC 机器人编程有示教编程和离线编程两种，下面以点位运动为例讲解示教编程的基本方法。

按下操作面板（TP）上的 F1 功能键，此时应当显示为如图 11-57 所示的校点资料画面。如果不是，按 NEXT 功能键，直到显示为止。选择图 11-57 中任意一个选项，即可记录机器人当前的位置，并同时完成一行动作指令的编写。接下来手动移动机器人的工具中心点到下一个位置，按下 SHIFT+F1 键，即可记录第 2 个位置，并完成第 2 行动作指令。重复每一个位置的点位示教，即可完成如下程序。

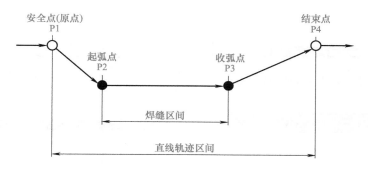

图 11-57　FANUC 机器人直线焊接运行轨迹与焊键示意图

1：J P [1] 100%FINE
2：J P [2] 100%FINE
3：J @ P [3] 100%FINE
[End]

此段程序会使机器人执行如下动作，从机器人当前位置移动到第 1 个记录位置，然后移动到第 2 个记录位置，再移动到第 3 个记录位置。这就是点位示教编程的过程。

1. 直线焊接编程示例

机器人直线焊接就是机器人引导焊枪在平板上，用直线的先上后下的焊枪位置，小角度地前向焊接一条 V 形焊缝。练习时建议按 FANUC 机器人公司给定的初学者直线焊接条件进行，具体参数如下：

① 焊丝干伸长为 15mm。
② 收弧行走速度为 1000mm/min。
③ 焊缝长度为 50mm。

机器人进行直线焊接时，从安全点 P1 沿直线轨迹走到起弧点 P2，焊机起弧开始直线焊接，枪头走到收弧点 P3 点，焊机灭弧停止焊接，但机器人继续沿直线轨迹走到结束点 P4，

这就是机器人直线焊接时的运行轨迹与焊缝示意图。下面以此轨迹为例，讲解直线焊接的示教编程过程。

（1）建立程序文件

按第三节"一、程序的创建"所述方法完成程序名的创建，接下来进行示教编写直线焊接程序。首先解除 DEADMEN 开关，开始记录安全点（或称为原点）位置信息。按第三节"四、动作指令"中"2.示教点的创建"所述的方法完成起弧点记录，如图 11-58 所示。

完成示教点记录之后，对于初学者应适应调低机器人运行速度，通过单击"机器人运动控制键"移动焊枪头（TCP）到起弧点 P2。特别注意使用 F1 键记录的点是机器人移动的点位信息，而 P2 点为起弧点，在记录保存时应使用"F2（ARCSTART）"，如图 11-59 所示。

操控机器人移动到收弧点 P3，按下 F4 键（ARCEND），完成收弧点的记录，如图 11-60 所示。继续移动机器人到焊接轨迹结束点 P4，按 F1 键记录该点位的关节点。

图 11-58　示教点记录画面

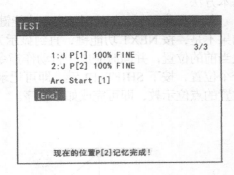

图 11-59　起弧点的记录

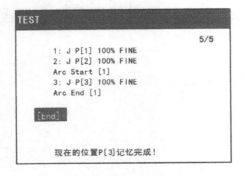

图 11-60　收弧点的记录

图 11-61　动作类型的更改

（2）程序内容的示教编辑

由于示教记录的是关节运动的点位，对于直线焊接需要将动作指令从关节动作改为直线动作。移动光标到需要更改动作类型的字符，如第 2 行的 J 前，按下 F4 键（选择），出现如图 11-61 所示画面。在打开的选择框中有"关节""直线""圆弧"等选项，对于直线焊接需要选择第 2 项（直线），点击 ENTER（确定）键后，即完成了动作类型的更改。

采用相同的操作完成直线上各点的修改后，还需要使枪头在完成焊接后回到原点。使用按下 SHIFT+F2 快捷键的方法就可构建回原点程序行，如图 11-62 所示。但此时记录的是与第 4 点坐标信息相同的第 5 点，如回到原点 P[1]，则将光标移动到 P[5] 中的数字 5 上面，直接输入数字 1，此行程序的功能是控制机器人关节运行回到与第 1 行坐标信息相同的 P[1]，如图 11-63 所示。

图 11-62　构建回原点程序行

图 11-63　修改回原点程序行

2. 输入焊接参数

在完成直线焊接动作指令编写之后，要使程序能够进行自动焊接，还需要输入焊接参数。下面以图 11-64 所示的未输入焊接参数的程序为例，讲解如何输入焊接参数。在图 11-64 所示的焊接程序的第 3 行，起弧命令 Arc Start [1] 方括号中的数字 1 表示的是所选用的焊接参数（Weld Schedule）号。FANUC 机器人有 32 个可用的焊接参数号可供设置和选用。直接按 DATA 键，即可打开如图 11-56 所示的焊接条件设置画面，进行各焊接参数号中的焊接参数的设置。

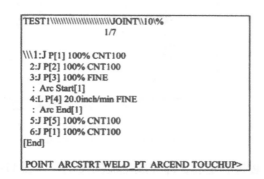

图 11-64　未输入焊接参数的程序

图 11-65　焊接参数设置启动按钮

下面焊接参数设置操作以 FANUC 机器人——林肯的焊接机器人为例进行介绍。完成焊接参数设置后，Arc Start [1] 和 Arc End [2] 方括号中的数字就是焊接参数号，机器人将调用设定的焊接参数进行焊接。

林肯焊机的焊接参数在与 FANUC 机器人集成的系统中，所有的焊接参数均是通过示教器来设定的。在示教器上按图 11-65 所示中的 DATA 键，打开如图 11-66 所示的焊接条件设置画面。在这个画面中用户可以设置多达 32 种的焊接技术参数，图中所示的 4 列分别是序号、电压、电流和焊接速度，其中后 3 列就是机器人焊接系统需要设置的 3 种主要焊接工艺参数。直接移动光标，将图 11-66 中高亮显示的数字 18.0 删除，即可呈现电压设置前的画面，用数字键输入数据，在按 ENTER 键确认之前，在画面的下方电压栏将一直显示上次的电压值，如图 11-67 所示。

输入合理的电弧电压数据并按 ENTER 键，即完成了电压的设定，在画面下方显示设定的电压值，如图 11-68 所示。将光标横向移动到第 3 列，即显示电流设定前的画面，如图 11-69 所示。

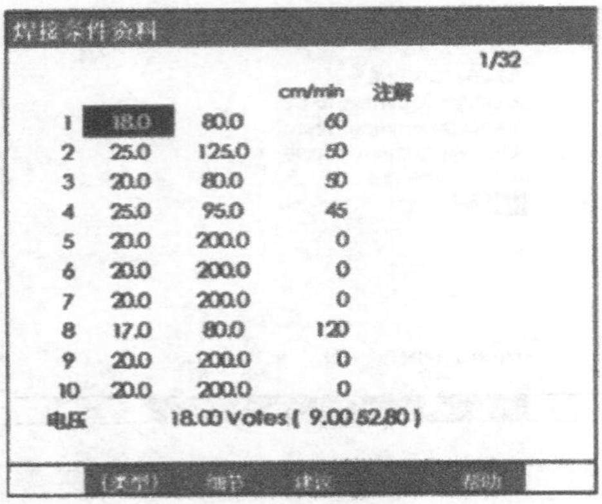

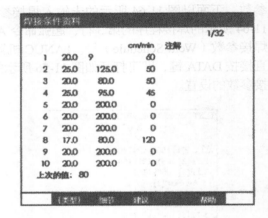

图 11-66 焊接条件设置界面

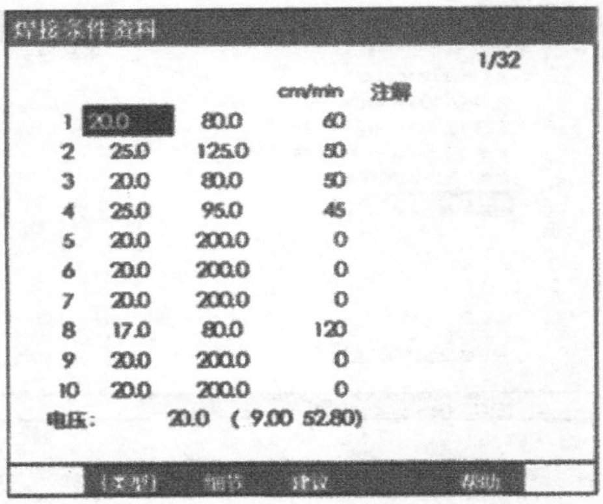

图 11-67 电压设定前画面

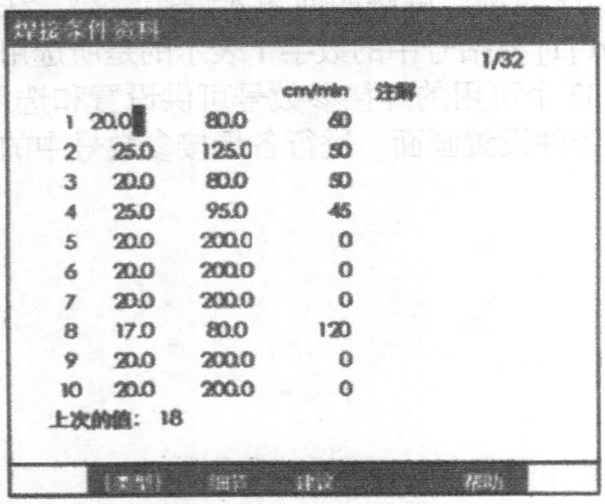

图 11-68 电压设定后画面

图 11-69 电流设定前画面

同样，在输入焊接电流数据并按 ENTER 键确定后，即完成电流的设定，如图 11-70 所示。将光标移动到第 4 列，按同样操作步骤，可以完成焊接速度的设定，速度单位为 cm/min，如图 11-71 所示。

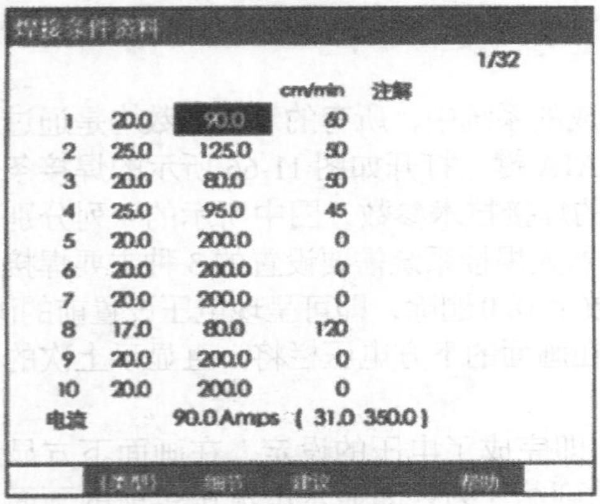

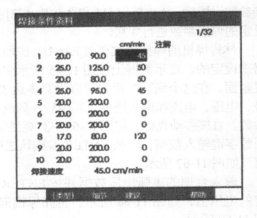

图 11-70 电流设定后画面

图 11-71 焊接速度设定后画面

用户可以对焊接参数号内的参数方便地进行修改。如果需要修改，只需移动光标到 Arc Start 这行，直接在中括号内键入焊接参数号，界面上将出现 F3-Value 键。按下该键后方括号内变成 [0.0Trim，0.0IPM]，如图 11-72 所示。移动光标到中括号内，移到 Trim 处输入"90"，然后按下 ENTER 键；移到 IPM 处输入"300"，然后按下 ENTER 键，就完成了焊接参数的修改，如图 11-73 所示。

1:J P[1] 100% CNT100	1:J P[1] 100% CNT100

1:J P[1] 100% CNT100
2:J P[2] 100% CNT100
3:J P[3] 100% FINE
 : Arc Start[0.0Trim,0.0IPM]
4:L P[4] 20.0inch/min FINE
 : Arc End[1]
5:J P[5] 100% CNT100
6:J P[1] 100% CNT100
[End]

图 11-72　手动修改焊接参数前

1:J P[1] 100% CNT100
2:J P[2] 100% CNT100
3:J P[3] 100% CNT100
 : Arc Start[90.0Trim,300.0IPM]
4:L P[4] 20.0inch/min FINE
 : Arc End[1]
5:J P[5] 100% CNT100
6:J P[1] 100% CNT100
[End]

图 11-73　手动修改焊接参数后

3. 调试运行程序

在进行焊接运行之前，应按第三节"六、手动测试"所述进行"单段"和"连续"状态下的手动测试。所有测试完成后，在进行焊接之前，应将机器人设置为焊接模式。即关闭"单段运行"（Step off），调整速度为设定的焊接速度（Speed to 100%），按"SHIFT"+"WELD ENBL"焊接使能键，并确认"WELD：ENBL"为点亮状态。

确认机器人处于焊接模式后，将焊丝剪短到接近导电嘴，打开焊接电源，并提醒机器人焊接系统区域内的人注意安全。然后，按"SHIFT"+"FWD"键即可进行焊接运行。

二、FANUC 机器人圆弧轨迹焊接编程与操作

1. 圆弧焊接编程

机器人圆弧焊接运行轨迹与焊缝示意图如图 11-74 所示。机器人从起点 P1 开始走直线轨迹，到 P2 点起弧开始圆弧焊接，经过焊接中间点 P3、P4、P5 圆弧焊接到 P6 点灭弧，停止焊接，但机器人继续走直线轨迹到 P7 点。

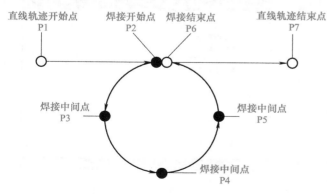

图 11-74　机器人圆弧焊接运行轨迹与焊缝示意图

图 11-75　J 指令改为 C 指令之前画面

（1）上半圆弧示教编程

特别注意一点，FANUC 机器人不能一次性完成整个圆弧的示教，只能分成上下两部分分别进行。参照前述方法完成程序命名，解除 DEADMEN 开关，切换至全局坐标系，控制机器人到达安全点位 P1，按 F1 键记录此坐标。

初学者适应调低机器人运行速度，操作移动方向按键，移动机器人到圆弧焊接开始点 P2（起弧点），按 F1 键记录此点为机器人一般运动，焊接起弧点需要按 F2 键记录。继续按前述方法操作，记录焊接中间点 P3。此点为半圆弧的中间位置，不能用关节动作 J 指令，而需要改用圆弧动作 C 指令。

移动光标到第 3 行字母 J 上，如图 11-75 所示。按下 F4 键，出现如图 11-61 所示的动作类型选择画面。选定第 3 项"圆弧"，按 ENTER 键确定，完成动作指令修改，如图 11-76 所示。

特别注意一下，半圆弧的最后一个点的缺省值被机器人自动调入。可以先调高速度使机器人能够较快地接近半圆结束点附近。然后再调低速度，使机器人能够比较准确地到达结束点。按 SHIFT+F3 键记录半圆结束点 P4，完成半圆的示教，如图 11-77 所示。

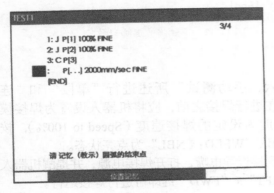

图 11-76　完成指令修改

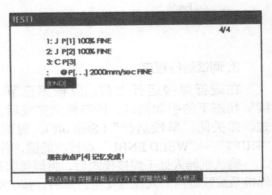

图 11-77　上半圆结束点记录

（2）下半圆弧示教编辑

以当前点为示教的原点，按 F1 键记录该点位置。将机器人运动到下半圆的中间点 P5，记录点位置坐标，并将关节动作指令 J 改为圆弧动作指令 C，如图 11-78 所示。按直线焊接相同的方法，记录下半圆弧结束点 P6 的坐标，如图 11-79 所示。

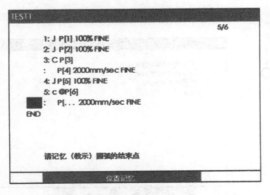

图 11-78　记录下半圆中间点位

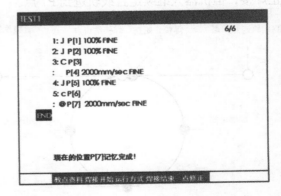

图 11-79　下半圆结束点

采用与直线焊接相同的操作方法和步骤，完成回原点程序行的编写，如图 11-80 所示。至此，圆弧焊接的动作指令部分的示教编程结束。

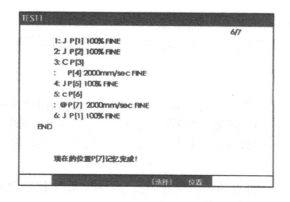

```
TEST1                                    6/7

    1: J P[1] 100% FINE
    2: J P[2] 100% FINE
    3: C P[3]
      : P[4] 2000mm/sec FINE
    4: J P[5] 100% FINE
    5: C P[6]
      : @P[7] 2000mm/sec FINE
    6: J P[1] 100% FINE
  END

  现在的位置P[7]记忆完成!


            [选择]   位置
```

图 11-80 完成的圆弧轨迹程序

```
1: J P[1] 100% CNT 100
2: J P[2] 100% CNT 100
3: J P[3] 100% FINE
    Arc Start [1]
4: Weave Sine [1]
5: L P[4] 10 IPM FINE
    Arc End [1]
6: Weave End
7: J P[5] 100% CNT 100
8: J P[1] 100% CNT 100
End
```

图 11-81 圆弧焊接程序

2. 焊接参数的输入

参照直线焊接的参数输入方法，完成圆弧焊接程序，如图 11-81 所示。在该程序中增加了摆焊指令，以增大焊缝宽度提高焊接强度。

摆焊指令与焊接参数类似，摆焊开始指令 weave[i] 方括号中的数字 i 表示的是所选用的摆焊条件（weave Schedule）号。FANUC 机器人有 16 个可用的摆焊条件号可供设置和选用。直接按 DATA 键即可打开如图 11-82 所示的摆焊条件设置画面，进行各焊接条件号中的摆焊条件的设置。

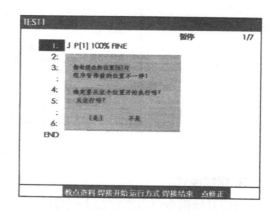

```
DATA Weave Sched          JOINT 30%
                              1/32
   FREQ (Hz) AMP (mm) R_DW (sec) L_DW (sec)
    1.0       4.0      0.100      0.100
 2  1.0       4.0      0.100      0.100
 3  1.0       4.0      0.100      0.100
```

图 11-82 焊接条件号

```
TEST1                          暂停    1/7
  1.  J P[1] 100% FINE
  2:
  3:   指令现在的位置[6]与
   :   程序暂停前的位置不一样!
  4:
  5:   确定要从这个位置开始执行吗?
  6:   从这行吗?
  6:      [是]       不是
  END

   教点资料 焊接开始 运行方式 焊接结束 点修正
```

图 11-83 运行前确认对话框

摆焊指令有正弦波摆焊 Weave Sine，圆形摆焊 Weave Circle 和 8 字形摆焊 Weave Figure 8 三种形式，在编辑界面中按 F1（INST）键，可以插入程序行来完成。摆焊指令方括号中的序号可以调用已经设定的摆焊条件。

3. 调试运行程序

圆弧焊接的准备工作和手工测试工作与直线焊接一样，完成这些任务后方可进行实际自动焊接。

首先，选择"连续"，按下 SHIFT+FWD 键，出现如图 11-83 所示对话框。确认后，机器人连续运行，光标在各程序号前闪烁，表示当前运行的程序行。运行结束后，机器人回到原点，圆弧焊接结束。

三、FANUC 机器人摆焊轨迹焊接编程与操作

摆焊功能是在弧焊时，焊枪面对焊接方向以特定角度周期性左右摇摆进行焊接，由此增大焊缝宽度，以提高焊接强度的一种方法。

1. 摆焊模式

使用横摆指令时，必须指定摆焊模式。摆焊模式有多种，FANUC 机器人自带 5 种常用摆动模式，包括 SIN 型、SIN2 型（很少用）、圆形、8 字形和 L 形（很少用）。同时，机器人还配有用户自定义摆焊模式的功能，用户可以根据自己的焊接工艺要求设计摆焊模式。

2. 摆焊指令

摆焊指令是使机器人执行摆焊的指令，即在执行摆焊开始指令、摆焊结束指令之间所示教的动作语句时，执行摆焊动作。摆焊程序示例如图 11-84 所示。

摆焊指令中存在以下种类的指令，

（1）摆动开始指令

① Weave（模式）[i]（摆动（模式））指令。

② Weave（模式）[Hz, mm, see, Sec] 指令。

（2）摆动结束指令

① Weave End（摆动结束）指令。

② Weave End [i]（摆动结束）指令。

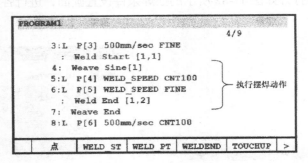

图 11-84　摆焊程序示例

3. 摆焊模式

摆焊开始指令可以指定如下摆焊模式。

① 正弦形摆焊。是弧焊中标准的摆焊模式，较常用，如图 11-85 所示。可以与电弧传感器、多层焊接功能组合使用。

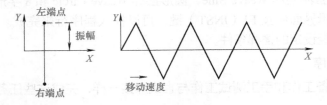

图 11-85　正弦形摆焊

② 圆形摆焊。是一边描绘圆一边前进的摆焊模式，不常用，如图 11-86 所示。主要在搭接接头和具有较大的盖面焊缝中使用。

③ 8字形摆焊。是一边描绘8字一边前进的摆焊模式，不常用，如图11-87所示。主要用于实现厚板焊接和表面/外装精磨、提高强度等目的中。

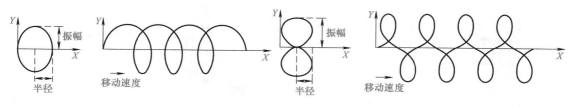

图 11-86　圆形摆焊

图 11-87　8字形摆焊

4. 添加摆焊指令

（1）添加摆焊指令示教的步骤

① 进入编程界面。

② 按 NEXT 键翻页，显示"指令"。

③ 按 F1（指令）键，显示多个指令选择菜单。

④ 选择"WAVE 摆焊"指令按 ENTER 键，如图11-88所示。

⑤ 选择需要添加的指令，按 ENTER 键添加，如图11-89所示。

⑥ 在添加的指令上设定参数。

⑦ 输入条件号1，按 ENTER 键确认。

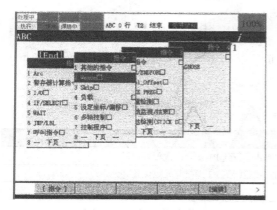

图 11-88　摆焊指令菜单

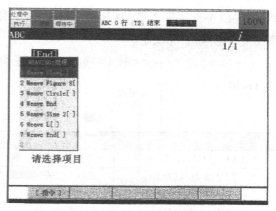

图 11-89　摆焊指令选项

（2）设定摆焊条件的步骤

① 按 MENU 键。

② 选择下一页，选择"3 数据"中的摆焊设定，如图11-90所示。

③ 将光标移动到需要设定的摆焊条件上进行修改。

④ 按 F2（详细）键，在相应的条目上修改详细参数。

a. 方位角是指定在摆焊平面上摆焊的倾斜度（单位 deg）。该值为正时，左端点向着行进方向倾斜；为负时，右端点向着行进方向倾斜。

b. 通过将方位角设置为 90deg 或者 −90deg，就可以向着行进方向（与行进方向平行的方向）执行摆焊动作。

（3）直接输入摆焊数值的步骤

① 按 F3（数值）键，选择"直接输入参数"，如图11-91所示。

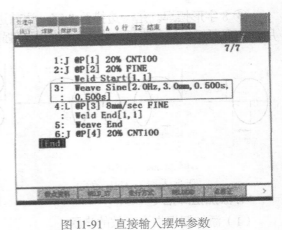

图 11-90　摆焊设定　　　　　　　图 11-91　直接输入摆焊参数

② 直接输入频率、摆幅、左右停留时间等参数。

四、示教实例

在示教图 11-92 所示的焊缝中，要求在 P2 到 P3 的直线段加入摆动焊接，圆弧部分 P5—P3—P6 的焊段不需要加入摆动焊接，焊接参数、摆动参数根据实际情况设定。

该实例的焊接示教程序编写及注释见表 11-30。

图 11-92　焊接示教作业图

表 11-30　焊接示教程序编写及注释

示教程序	注释说明
1 J P [1] 50% CNT 100	机器人以关节运动 J 的方式运行到 P1 安全点位置并记录
2 J P [2] 50% FINE	机器人以关节运动 J 的方式运行到 P2 焊接开始点位置并记录
Weld Start [1，1]	开始焊接
3 Weave Sine [1]	加入摆动焊接
4 L P [3] 8mm/sec FINE	机器人以直线运动 L 的方式运行到 P3 点位置并记录
Weld End [1，1]	焊接结束
5 Weave End [1]	摆动焊接结束
6 J P [4] 50% CNT 100	机器人以关节运动 J 的方式运行到 P4 安全点位置并记录
7 J P [5] 50% FINE	机器人以关节运动 J 的方式运行到 P5 焊接开始点位置并记录
Weld Start [1，1]	开始焊接
8 C P [6]	机器人以圆弧运动 C 的方式运行到 P6 点位置并记录
P [7] 8mm/sec FINE	机器人以圆弧运动 C 的方式运行到 P7 点位置并记录
Weld End [1，1]	焊接结束
9 CALL HOME	机器人回 HOME 原点
10 END	程序以 END 结束

参考文献

［1］ 张能武.焊工入门与提高全程图解.北京：化学工业出版社，2018.

［2］ 陈祝年.焊接工程师手册.北京：机械工业出版社，2002.

［3］ 李亚江.焊接材料的选用.北京：化学工业出版社，2004.

［4］ 刘森.简明焊工技术手册.北京：金盾出版社，2006.

［5］ 王亚君.电焊工操作技能.北京：中国电力出版社，2009.

［6］ 史春光，等.异种金属的焊接.北京：机械工业出版社，2012.

［7］ 徐越兰.电焊工实用技术手册.南京：江苏科学技术出版社，2006.

［8］ 朱学忠.焊工（高级）.北京：人民邮电出版社，2003.

［9］ 龚国尚，严绍华.焊工实用手册.北京：中国劳动社会保障出版社，1993.

［10］ 范绍林.焊工操作技巧.北京：化学工业出版社，2008.

［11］ 孙景荣.实用焊工手册.北京：化学工业出版社，2007.

［12］ 王兵.实用焊工技术手册.北京：化学工业出版社，2014.

［13］ 朱兆华，郭振龙.焊工安全技术.北京：化学工业出版社，2005.

［14］ 张应立.气焊工初级技术.北京：金盾出版社，2008.

［15］ 王洪军.焊工技师必读.北京：人民邮电出版社，2005.

［16］ 刘云龙.焊工接工程师手册.北京：机械工业出版社，2000.

［17］ 刘春玲.焊工实用手册.合肥：安徽科学技术出版社，2009.

［18］ 徐越兰.焊工简明实用手册.南京：江苏科学技术出版社，2008.

［19］ 机械工业职业教育研究中心组.电焊工技能实战训练.北京：机械工业出版社，2008.